UG NX 中文版从入门到精通(2022)

胡仁喜　刘昌丽 等编著

机 械 工 业 出 版 社

本书主要介绍了 UG NX 基础环境、UG NX 基本操作、曲线操作、草图绘制、实体建模、特征建模、特征操作、编辑特征、信息和分析、曲面操作、同步建模与 GC 工具箱、钣金设计、工程图、装配特征。

本书能够使读者掌握 UG NX 的模型设计理念和技巧，迅速提高读者的工程设计能力。

本书配送的电子资料中包含了全书实例源文件，以及全部基础知识与实例同步讲解动画 AVI 文件，可以帮助读者更加形象直观地学习本书。

本书可作为学习 UG NX 工程设计的初、中级用户的教材或自学参考书，也可以作为工程设计人员的 UG NX 操作使用手册。

图书在版编目（CIP）数据

UG NX中文版从入门到精通：2022 / 胡仁喜等编著.
—北京：机械工业出版社，2023.2
ISBN 978-7-111-72654-8

Ⅰ. ①U… Ⅱ. ①胡… Ⅲ. ①计算机辅助设计—应用软件
Ⅳ. ①TP391.72

中国国家版本馆CIP数据核字(2023)第028747号

机械工业出版社（北京市百万庄大街 22 号　邮政编码 100037）
策划编辑：曲彩云　　责任编辑：王　珑
责任校对：刘秀华　　责任印制：任维东
北京中兴印刷有限公司印刷
2023 年 3 月第 1 版第 1 次印刷
184mm×260mm · 25.75 印张 · 636 千字
标准书号：ISBN 978-7-111-72654-8
定价：89.00 元

电话服务　　网络服务
客服电话：010-88361066　机 工 官 网：www.cmpbook.com
010-88379833　机 工 官 博：weibo.com/cmp1952
010-68326294　金 书 网：www.golden-book.com
封底无防伪标均为盗版　机工教育服务网：www.cmpedu.com

前 言

UG NX 是西门子公司推出的集 CAD/CAE/CAM 于一体的三维参数化软件，是目前最先进的计算机辅助设计、分析和制造软件之一，它为产品设计以及加工过程提供了数字化造型和验证手段。自从 1990 年进入中国市场后，UG NX 很快以其先进的理论基础、强大的工程背景、完善的功能和专业化的技术服务博得了广大 CAD/CAM 用户的好评，并广泛应用于航空、航天、汽车、钣金和模具设计等领域。

UG NX 的各种功能是通过各功能模块来实现的，不同的功能模块具有不同的用途。本书强调实用性，在内容上以 UG NX 最基本和最常用的功能为主，各章节安排以知识点为主线，详细介绍了使用 UG NX 进行模型设计的相关知识，并采用了内容与实例相结合的方式，以培养读者由点到面的设计思想，使其具有融会贯通、举一反三的能力。

全书分为 13 章。第 1 章为 UG NX 基础环境，介绍了 UG NX 用户界面、主菜单、功能区、系统的基本设置以及 UG NX 参数首选项；第 2 章为 UG NX 基本操作，介绍了视图布局设置、工作图层设置、选择对象的方法；第 3 章为曲线操作，介绍了曲线绘制、派生曲线和曲线编辑的相关命令；第 4 章为草图绘制，介绍了草图工作平面、草图定位、草图曲线、草图操作和草图约束的相关命令；第 5 章为实体建模，介绍了基准建模、拉伸、旋转、沿引导线扫掠和管；第 6 章为特征建模，介绍了孔特征、凸台、块、圆柱、圆锥、球、腔、垫块、键槽、槽、三角形加强筋、球形拐角、齿轮建模和弹簧设计；第 7 章为特征操作，介绍了布尔运算、拔模、边倒圆、倒角、面倒圆、螺纹、抽壳、阵列特征和镜像特征；第 8 章为编辑特征、信息和分析，介绍了各种编辑特征的方法以及各种信息查询和分析方法；第 9 章为曲面操作，介绍了曲面造型和编辑曲面；第 10 章为同步建模与 GC 工具箱，介绍了修改面、细节特征、重用和 GC 工具箱；第 11 章为钣金设计，介绍了钣金预设置、基础钣金特征和高级钣金特征；第 12 章为工程图，介绍了工程图概述、工程图参数设置、图纸操作、视图操作和图纸标注；第 13 章为装配特征，介绍了装配概述、自底向上装配、装配爆炸图、组件家族、装配序列化、可变形部件装配和装配排列。

随书配赠了电子资料，其中包含了全书基础知识、实例操作过程 AVI 文件和实例源文件，可以帮助读者更加形象直观地学习本书内容。读者可以登录百度网盘（地址：https://pan.baidu.com/s/1FvLG6mqQfgjGIDdYu62Uww；密码：swsw）进行下载。

本书由河北交通职业技术学院的胡仁喜博士和刘昌丽主编，参加其中部分编写工作的还有康士廷、闫聪聪、杨雪静、卢园、孟培、李亚莉、解江坤、秦志霞、张亭、毛瑢、闫国超、吴秋彦、甘勤涛、李兵、王敏、孙立明、王玮、王培合、王艳池、王义发、王玉秋、张琪、朱玉莲、徐声杰、张俊生、王兵学。由于编者水平有限，书中不足之处在所难免，望广大读者发邮件到 714491436@qq.com 予以指正，编者将不胜感激。也欢迎加入三维书屋图书学习交流群（QQ：334596627）交流探讨。

编 者

目　录

前言
第 1 章　UG NX 基础环境 1
1.1　UG NX 用户界面 2
1.1.1　UG NX 的启动 2
1.1.2　UG NX 中文版界面 2
1.2　主菜单 4
1.3　功能区 5
1.3.1　功能区选项卡的设置 6
1.3.2　常用功能区选项卡 6
1.4　系统的基本设置 7
1.4.1　环境设置 7
1.4.2　默认参数设置 8
1.5　UG NX 参数首选项 10
1.5.1　对象首选项 10
1.5.2　可视化 12
1.5.3　用户界面首选项 17
1.5.4　选择首选项 21
1.5.5　资源板首选项 22
1.5.6　草图首选项 22
1.5.7　装配首选项 24
1.5.8　建模首选项 26
第 2 章　UG NX 基本操作 30
2.1　视图布局设置 31
2.1.1　布局功能 31
2.1.2　布局操作 33
2.2　工作图层设置 34
2.2.1　图层的设置 35
2.2.2　图层的类别 36
2.2.3　图层的其他操作 36
2.3　选择对象的方法 37
2.3.1　“类选择”对话框 37
2.3.2　“选择”工具栏 39
2.3.3　“快速拾取”对话框 39
2.3.4　部件导航器 40
第 3 章　曲线操作 41
3.1　曲线绘制 42

3.1.1 直线和圆弧........42
3.1.2 基本曲线........43
3.1.3 多边形........45
3.1.4 抛物线........45
3.1.5 双曲线........46
3.1.6 螺旋........46
3.1.7 规律曲线........47
3.1.8 实例——规律曲线........48
3.1.9 艺术样条........49
3.1.10 文本........50
3.1.11 点........51
3.1.12 点集........51
3.1.13 实例——六角螺母........53
3.2 派生曲线........55
3.2.1 相交曲线........55
3.2.2 截面曲线........56
3.2.3 实例——截面曲线........58
3.2.4 抽取曲线........59
3.2.5 偏置曲线........59
3.2.6 在面上偏置曲线........61
3.2.7 投影曲线........63
3.2.8 镜像........64
3.2.9 桥接........64
3.2.10 简化........65
3.2.11 缠绕/展开........66
3.2.12 组合投影........67
3.3 曲线编辑........67
3.3.1 编辑曲线参数........67
3.3.2 修剪曲线........68
3.3.3 修剪拐角........69
3.3.4 分割曲线........69
3.3.5 拉长曲线........70
3.3.6 编辑圆角........71
3.3.7 编辑曲线长度........72
3.3.8 光顺样条........73
3.3.9 实例——碗轮廓线........73
3.4 综合实例——渐开曲线........76
第 4 章 草图绘制........81

4.1 草图工作平面......82
4.2 草图定位......83
4.3 草图曲线......84
4.3.1 轮廓......84
4.3.2 直线......84
4.3.3 圆弧......84
4.3.4 圆......85
4.3.5 派生曲线......85
4.3.6 修剪......86
4.3.7 延伸......86
4.3.8 圆角......87
4.3.9 矩形......88
4.3.10 拟合曲线......88
4.3.11 样条......89
4.3.12 椭圆......90
4.3.13 二次曲线......90
4.3.14 实例——轴承草图......90
4.4 草图操作......95
4.4.1 镜像......95
4.4.2 添加现有的曲线......95
4.4.3 相交......96
4.4.4 投影......96
4.5 草图约束......97
4.5.1 尺寸约束......97
4.5.2 几何约束......99
4.5.3 实例——阶梯轴草图......101
4.6 综合实例——拨片草图......104
第 5 章 实体建模......111
5.1 基准建模......112
5.1.1 基准平面......112
5.1.2 基准轴......114
5.1.3 基准坐标系......114
5.2 拉伸......115
5.2.1 参数及其功能简介......116
5.2.2 实例——底座......119
5.3 旋转......123
5.3.1 参数及其功能简介......123
5.3.2 实例——垫片......124

5.4 沿引导线扫掠......129
5.4.1 参数及其功能简介......129
5.4.2 实例——基座......129
5.5 管......134
5.5.1 参数及其功能介绍......134
5.5.2 实例——圆管......135
5.6 综合实例——键......136
第 6 章 特征建模......139
6.1 孔特征......140
6.1.1 参数及其功能简介......140
6.1.2 创建步骤......143
6.1.3 实例——防尘套......143
6.2 凸台......145
6.2.1 参数及其功能简介......145
6.2.2 创建步骤......145
6.2.3 实例——固定支座......145
6.3 块......149
6.3.1 参数及其功能简介......149
6.3.2 创建步骤......149
6.3.3 实例——角墩......150
6.4 圆柱......152
6.4.1 参数及其功能简介......152
6.4.2 创建步骤......153
6.4.3 实例——三通......153
6.5 圆锥......154
6.5.1 参数及其功能简介......155
6.5.2 创建步骤......155
6.5.3 实例——锥形管......155
6.6 球......157
6.6.1 参数及其功能简介......157
6.6.2 创建步骤......157
6.6.3 实例——滚珠 1......157
6.7 腔......159
6.7.1 参数及其功能简介......159
6.7.2 创建步骤......161
6.7.3 实例——腔体底座......161
6.8 垫块......166
6.8.1 参数及其功能简介......167

6.8.2 创建步骤……167
6.8.3 实例——叉架……167
6.9 键槽……172
6.9.1 参数及其功能简介……172
6.9.2 创建步骤……172
6.9.3 实例——轴 1……173
6.10 槽……182
6.10.1 参数及其功能简介……182
6.10.2 创建步骤……182
6.10.3 实例——轴槽……182
6.11 三角形加强筋……186
6.11.1 参数及其功能简介……186
6.11.2 创建步骤……187
6.11.3 实例——底座加筋……187
6.12 球形拐角……188
6.12.1 参数及其功能简介……188
6.12.2 创建步骤……189
6.13 齿轮建模……189
6.13.1 参数及其功能简介……189
6.13.2 创建步骤……191
6.14 弹簧设计……191
6.14.1 参数及其功能简介……191
6.14.2 创建步骤……191
6.15 综合实例——齿轮轴……192
第 7 章 特征操作……202
7.1 布尔运算……203
7.1.1 合并……203
7.1.2 求差……203
7.1.3 相交……204
7.2 拔模……205
7.2.1 参数及其功能简介……205
7.2.2 创建步骤……208
7.3 边倒圆……208
7.3.1 参数及其功能简介……208
7.3.2 创建步骤……209
7.3.3 实例——酒杯 1……210
7.4 倒角……212
7.4.1 参数及其功能简介……213

7.4.2 创建步骤......213
7.4.3 实例——螺栓 1......214
7.5 面倒圆......218
7.5.1 参数及其功能简介......218
7.5.2 创建步骤......219
7.6 螺纹......219
7.6.1 参数及其功能简介......220
7.6.2 创建步骤......222
7.6.3 实例——螺栓 2......222
7.7 抽壳......223
7.7.1 参数及其功能简介......224
7.7.2 创建步骤......224
7.7.3 实例——酒杯 2......224
7.8 阵列特征......228
7.8.1 参数及其功能简介......228
7.8.2 创建步骤......229
7.8.3 实例——滚珠 2......229
7.9 镜像特征......230
7.9.1 参数及其功能简介......231
7.9.2 创建步骤......231
7.10 综合实例——齿轮端盖......231
第 8 章 编辑特征、信息和分析......237
8.1 编辑特征......238
8.1.1 编辑特征参数......238
8.1.2 编辑定位......239
8.1.3 移动特征......239
8.1.4 特征重新排列......239
8.1.5 替换特征......240
8.1.6 抑制/取消抑制特征......241
8.1.7 移除参数......241
8.2 信息......242
8.3 分析......243
8.3.1 几何分析......243
8.3.2 检查几何体......246
8.3.3 曲线分析......247
8.3.4 曲面分析......248
8.3.5 模型比较......251
8.4 综合实例——编辑压板......252

第 9 章　曲面操作........256
9.1　曲面造型........257
9.1.1　点构造曲面........257
9.1.2　曲线构造曲面........259
9.1.3　扫掠........261
9.1.4　抽取几何特征........263
9.1.5　从曲线得到片体........263
9.1.6　有界平面........264
9.1.7　片体加厚........264
9.1.8　片体到实体助理........265
9.1.9　片体缝合........265
9.1.10　桥接........266
9.1.11　延伸........266
9.1.12　规律延伸........268
9.1.13　偏置曲面........269
9.1.14　修剪片体........269
9.1.15　实例——茶壶........270
9.2　编辑曲面........290
9.2.1　X 型........290
9.2.2　I 型........291
9.2.3　扩大........291
9.2.4　更改次数........292
9.2.5　更改刚度........293
9.2.6　法向反向........293
9.3　综合实例——灯罩........293
第 10 章　同步建模与 GC 工具箱........300
10.1　修改面........301
10.1.1　调整面的大小........301
10.1.2　偏置区域........302
10.1.3　替换面........303
10.1.4　移动面........303
10.2　细节特征........305
10.2.1　调整圆角大小........305
10.2.2　圆角重新排序........305
10.2.3　调整倒角大小........306
10.2.4　标记为倒角........306
10.3　重用........306
10.3.1　复制面........306

10.3.2 剪切面......307
10.3.3 镜像面......307
10.4 GC 工具箱......308
10.4.1 齿轮建模......308
10.4.2 实例——圆柱齿轮......310
10.4.3 弹簧设计......313
10.4.4 实例——圆柱拉伸弹簧......314
第 11 章 钣金设计......317
11.1 钣金预设置......318
11.2 基础钣金特征......320
11.2.1 垫片特征......320
11.2.2 弯边特征......320
11.2.3 轮廓弯边......322
11.2.4 放样弯边......323
11.2.5 二次折弯......324
11.2.6 筋......325
11.3 高级钣金特征......327
11.3.1 折弯......327
11.3.2 法向开孔......329
11.3.3 冲压开孔......329
11.3.4 凹坑......330
11.3.5 封闭拐角......331
11.3.6 裂口......332
11.3.7 转换为钣金......332
11.3.8 展平实体......332
11.4 综合实例——抱匣盒......333
第 12 章 工程图......344
12.1 工程图概述......345
12.2 工程图参数设置......346
12.3 图纸操作......350
12.3.1 新建图纸......350
12.3.2 编辑图纸......350
12.4 视图操作......351
12.4.1 基本视图......351
12.4.2 添加投影视图......351
12.4.3 添加局部放大图......352
12.4.4 添加剖视图......353
12.4.5 局部剖视图......354

12.4.6 断开视图......355
12.4.7 对齐视图......355
12.4.8 编辑视图......356
12.4.9 视图相关编辑......357
12.4.10 定义剖面线......358
12.4.11 移动/复制视图......358
12.4.12 更新视图......359
12.4.13 视图边界......359
12.5 图纸标注......360
12.5.1 标注尺寸......360
12.5.2 尺寸修改......361
12.5.3 表面粗糙度......361
12.5.4 注释......362
12.5.5 符号标注......363
12.6 综合实例——踏脚杆......363
第 13 章 装配特征......369
13.1 装配概述......370
13.2 自底向上装配......370
13.2.1 添加已存在组件......370
13.2.2 引用集......372
13.2.3 放置......374
13.3 装配爆炸图......376
11.3.1 创建爆炸图......377
11.3.2 爆炸组件......377
11.3.3 编辑爆炸图......378
13.4 组件家族......379
13.5 装配序列化......380
13.6 可变形部件装配......382
13.7 装配排列......384
13.8 综合实例——柱塞泵......385
13.8.1 柱塞泵装配图......385
13.8.2 柱塞泵爆炸图......396

第 1 章

UG NX 基础环境

基础环境模块是 UG NX 所有其他模块的基本框架，是启动 UG NX 时运行的第一个模块。它为其他 UG NX 模块提供了统一的数据支持和交互环境，可以进行打开、创建、保存、屏幕布局、视图定义、模型显示、分析部件、调用在线帮助和文档、执行外部程序等。

重点与难点

- UG NX 用户界面
- 主菜单
- 功能区
- 系统的基本设置
- UG NX 参数首选项

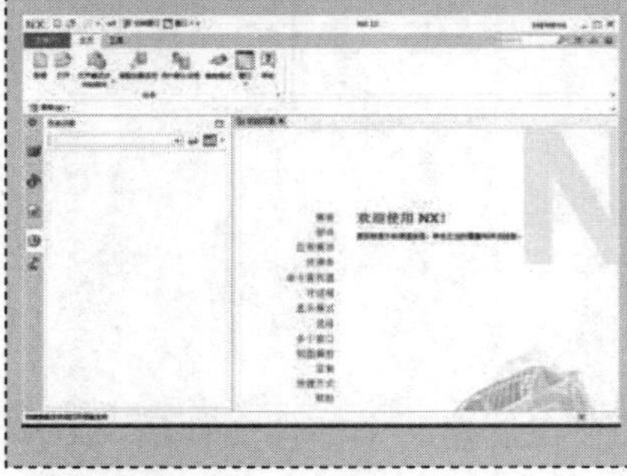

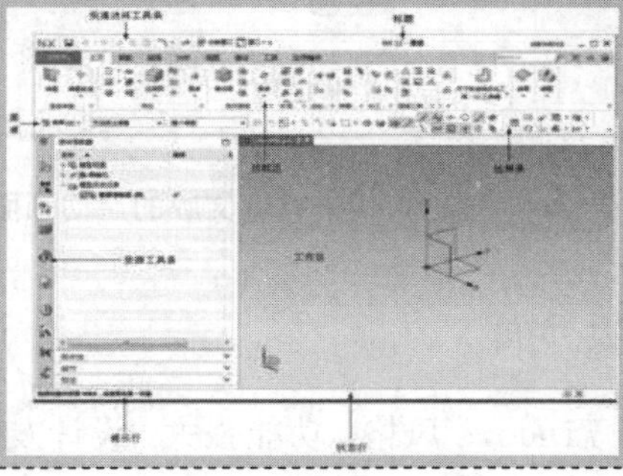

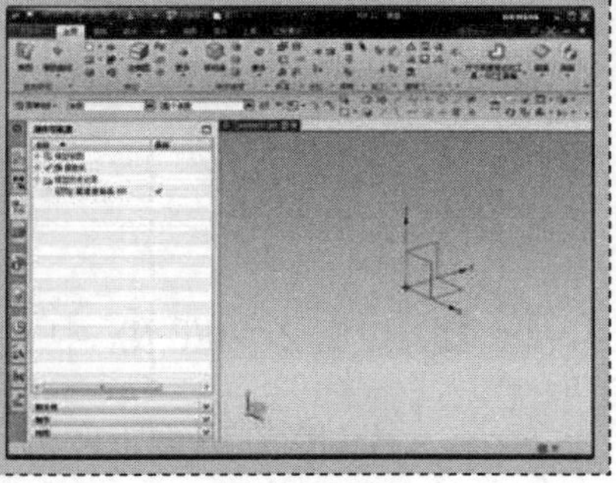

1.1 UG NX 用户界面

本节主要介绍 UG NX 中文版的启动和界面。

1.1.1 UG NX 的启动

启动 UG NX 中文版有 4 种方法：

1）双击桌面上的 UG NX 的快捷方式图标，即可启动 UG NX 中文版。

2）单击桌面左下方的“开始”按钮，在弹出的菜单中选择“程序”→“Siemens NX 2011”→“NX 2011”，启动 UG NX 中文版。

3）将 UG NX 的快捷方式图标拖到桌面下方的快捷启动栏中，只需单击快捷启动栏中 UG NX 的快捷方式图标，即可启动 UG NX 中文版。

4）直接在 UG NX 安装目录中的 Siemens NX 子目录下双击 NX 图标，即可启动 UG NX 中文版。

UG NX 中文版的启动画面如图 1-1 所示。

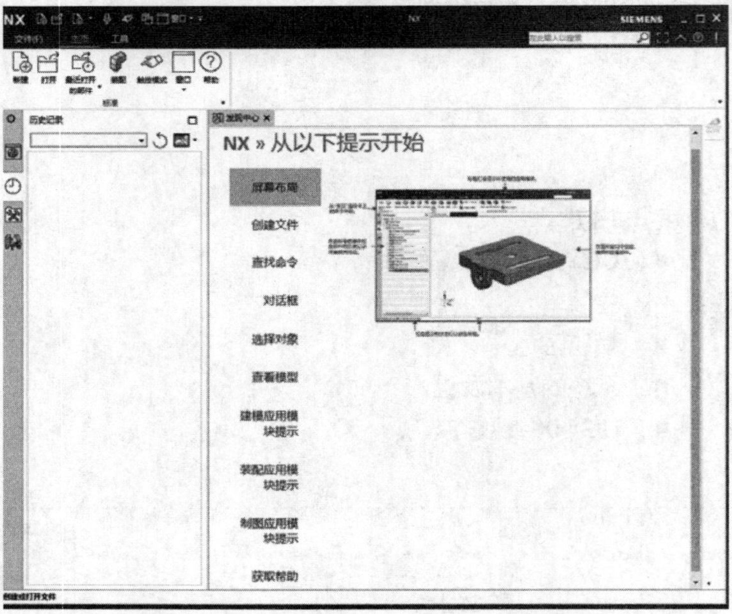

图1-1 UG NX中文版的启动画面

1.1.2 UG NX 中文版界面

UG NX 在界面上倾向于 Windows 风格，功能强大，设计友好。在创建一个部件文件后，UG NX 的主界面如图 1-2 所示。

（1）标题栏　用于显示 UG NX 版本、当前模块、当前工作部件文件名、当前工作部件文件的修改状态等信息。

（2）菜单　用于显示 UG NX 的各功能菜单。主菜单是经过分类并固定显示的。通过主菜单可激发各层级联菜单，UG NX 的所有功能几乎都能在菜单上找到。

（3）功能区　用于显示 UG NX 的常用功能。

（4）绘图窗口　用于显示模型及相关对象。

（5）提示行　用于显示下一操作步骤。

（6）资源工具条　包括装配导航器、部件导航器、主页浏览器、历史记录和系统材料等。

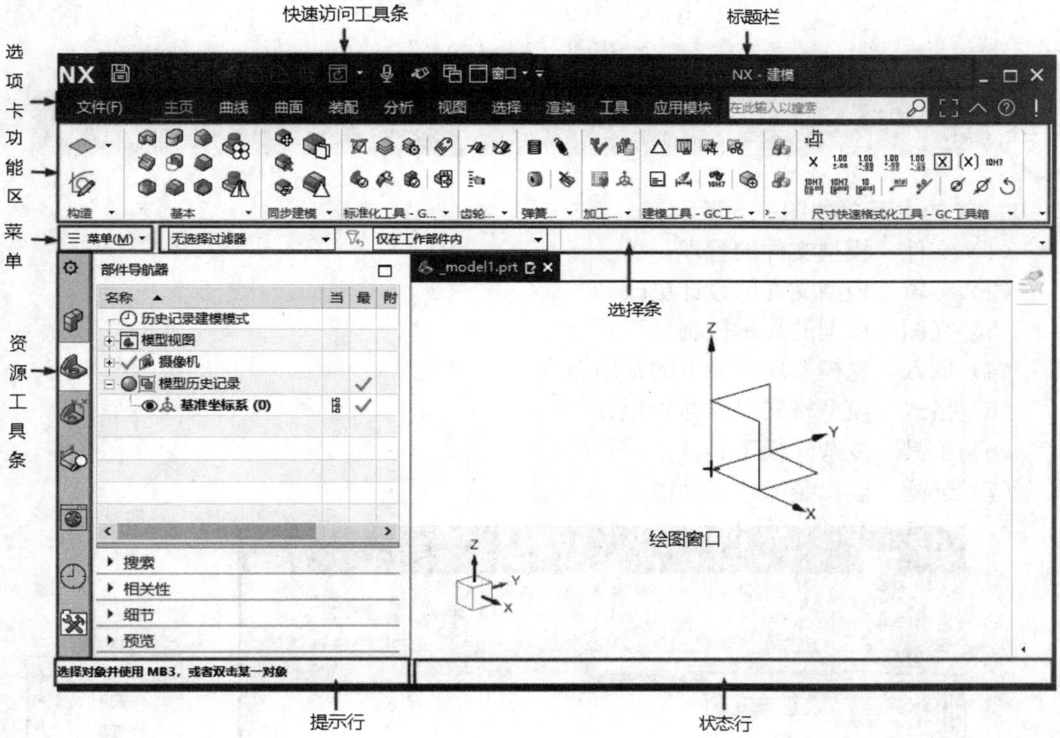

图 1-2　UG NX 的主界面

提示

UG NX 从 9.0 版本开始使用 Ribbon 界面，如果用户不太习惯使用此界面，选择“菜单(M)”→“首选项(P)”→“用户界面(I) …”，打开“用户界面首选项”对话框，在“主题”选项卡的“类型”下拉列表中选择“经典”（见图 1-3），单击 确定 按钮，即可将界面恢复到经典主题界面，如图 1-4 所示。

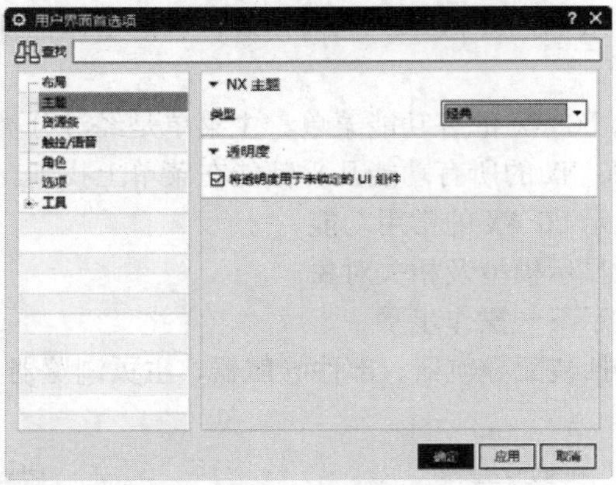

图1-3　选择“经典”

1.2　主菜单

UG NX 的主菜单如图 1-5 所示。

（1）文件　模型文件的管理。

（2）编辑　模型文件的设计更改。

（3）视图　模型的显示控制。

（4）插入　建模模块环境下的常用命令。

（5）格式　模型格式组织与管理。

（6）工具　复杂建模工具。

（7）装配　虚拟装配建模功能。

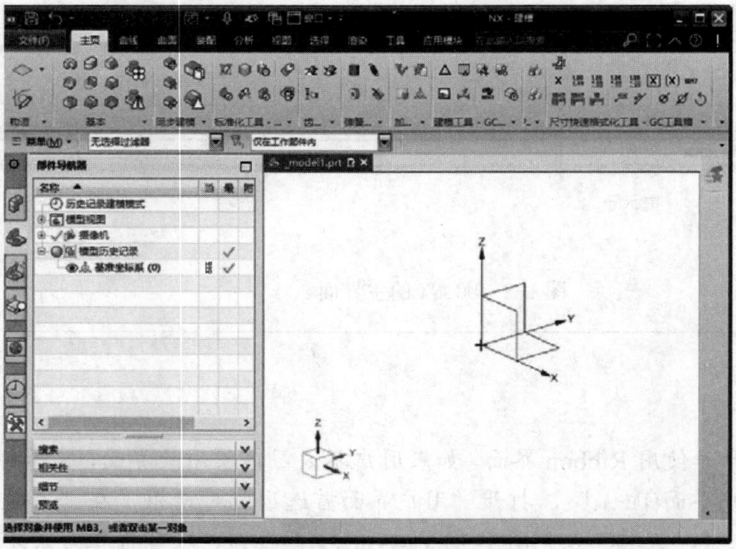

图1-4　UG NX经典主题界面

图1-5　UG NX的主菜单

（8）信息　信息查询。

（9）分析　模型对象分析。

（10）首选项　参数预设置。

（11）窗口　窗口切换。用于切换到已经打开的其他部件文件的图形显示窗口。

（12）GC 工具箱　用于弹簧、齿轮等标准零件的创建以及加工准备。

（13）帮助　使用求助。

1.3 功能区

UG NX 根据实际使用的需要将常用工具组合为不同的功能区，进入某个模块就会显示相应的功能区。用户也可以自定义功能区的显示/隐藏状态。

在功能区中的任意位置右击，弹出如图 1-6 所示的“功能区”设置快捷菜单，用户可以根据自己工作的需要，设置界面中显示的工具栏，以方便操作。设置时，只需在相应功能的选项上单击，使其前面出现一个对钩即可。要取消设置，不想让某个功能区出现在界面上时，只要再次单击该选项，去掉前面的对钩即可。每个功能区上的按钮和菜单上相同命令前的按钮一致。用户可以通过菜单执行操作，也可以通过功能区上的按钮执行操作。但有些特殊命令只能在菜单中找到。

用户可以单击功能区面组上最右下方的按钮，在弹出的下拉菜单中选择在该面组内需要添加或删除的图标按钮，如图 1-7 所示。

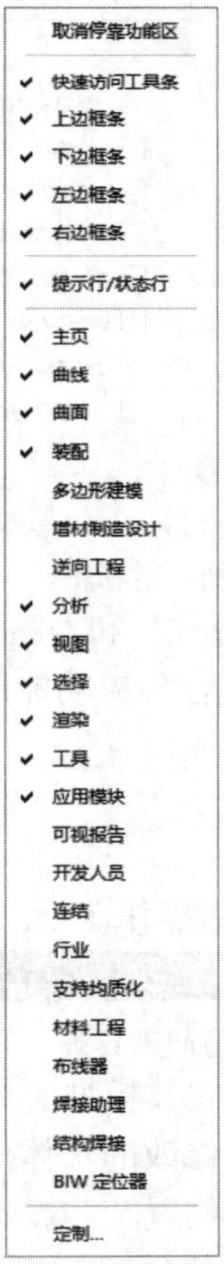

图 1-6　“功能区”设置快捷菜单

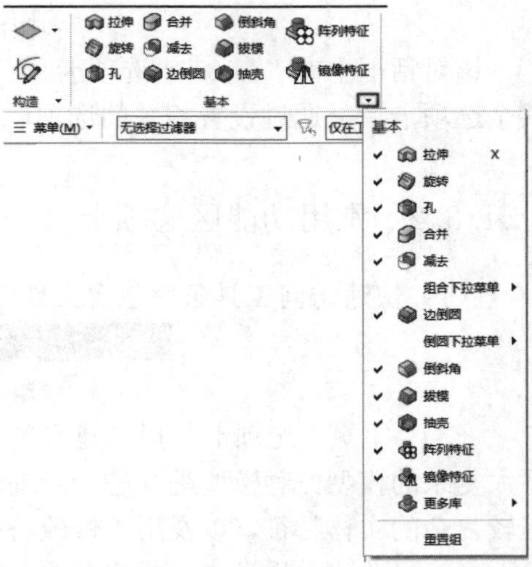

图 1-7　面组下拉菜单

📖1.3.1　功能区选项卡的设置

用户在 UG NX 中可以根据自己的需要来定制用户界面的布局和自定义功能区选项卡，如设置图标的大小、是否在图标下面显示图标的名称、显示哪些图标，设置和改变菜单功能区选项卡中各项命令的快捷键，控制图标在功能区选项卡中的放置位置以及加载自己开发的功能区选项卡等，这可使用户不用在各个功能区选项卡中选择所需图标，只要在自定义功能区选项卡中单击所需图标即可，从而节省更多的时间，大大提高设计效率。

选择“菜单(M)”→“工具(T)”→“定制(Z)...”，打开如图 1-8 所示的“定制”对话框。

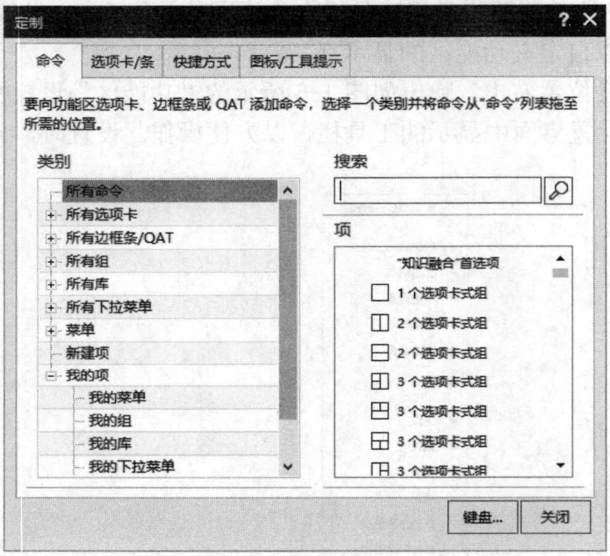

图1-8　“定制”对话框

该对话框中有“命令”“选项卡/条”“快捷方式”和“图标/工具提示” 4 个选项卡。选择某个选项卡后，通过设置相关的选项，就可以进行相应功能区的设置。

📖1.3.2　常用功能区选项卡

（1）快速访问工具条　包含文件系统的基本操作命令，如图 1-9 所示。

图1-9　快速访问工具条

（2）“主页”选项卡　提供建立参数化特征实体模型的大部分工具，主要用于建立规则和不太复杂的模型，对模型进行进一步细化和局部修改的实体形状建立特征，建立一些形状规则但较复杂的实体特征，以及用于修改特征形状、位置及其显示状态等的工具，如图 1-10 所示。

（3）“曲线”选项卡　提供建立各种形状曲线的工具和修改曲线形状与参数的各种工具，如图 1-11 所示。

（4）“曲面”选项卡　提供了构建各种曲面的工具和用于修改曲面形状及参数的各种工具，如图 1-12 所示。

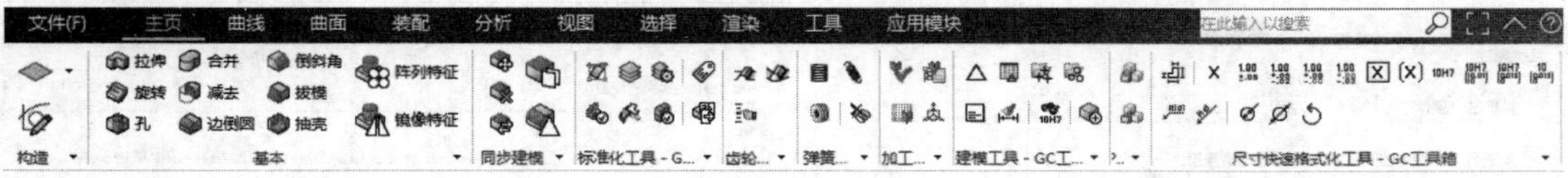

图1-10 “主页”选项卡

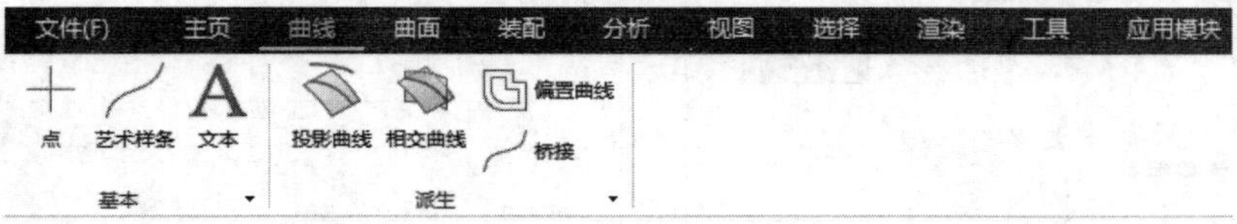

图1-11 “曲线”选项卡

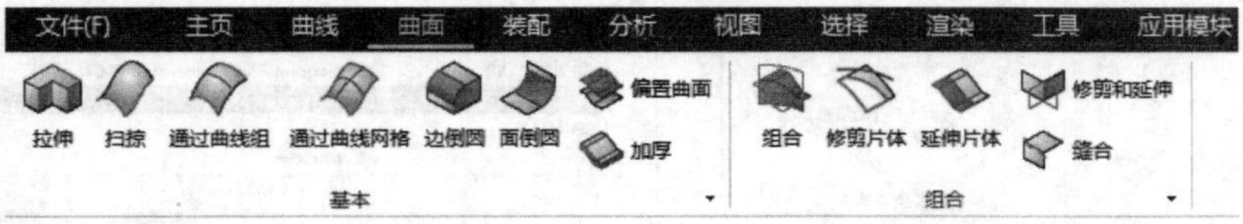

图1-12 “曲面”选项卡

（5）“视图”选项卡　用来对图形窗口的物体进行显示操作，如图 1-13 所示。

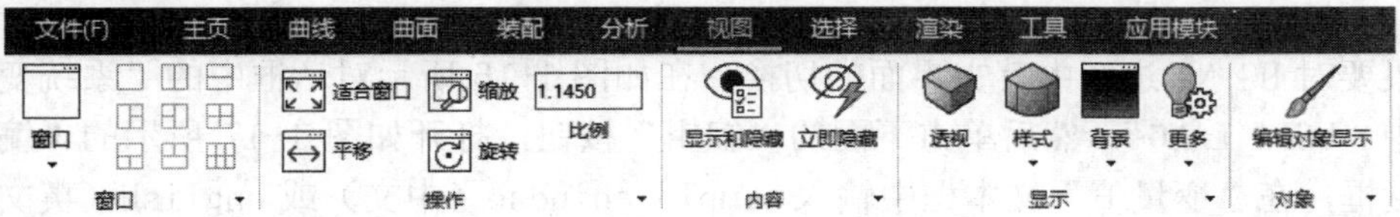

图1-13 “视图”选项卡

（6）“应用模块”选项卡　用于各个模块的相互切换，如图 1-14 所示。

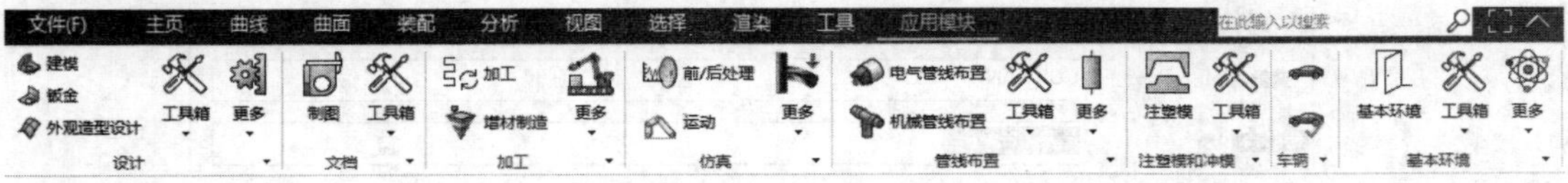

图1-14 “应用模块”选项卡

1.4 系统的基本设置

在使用 UG NX 中文版进行建模之前，首先要对 UG NX 中文版进行系统设置。下面主要介绍系统的环境设置和参数设置。

1.4.1　环境设置

在 Windows 10 中，软件的工作路径是由系统注册表和环境变量来设置的。UG NX 安装以后，会自动建立一些系统环境变量，如 UGII_BASE_DIR、UGII_LANG 和 UG_ROOT_DIR 等。如果用户要添加环境变量，可以在“计算机”图标上右击，在弹出的快捷菜单中选择“属性”命令，在打开的对话框中单击“高级系统设置”选项，打开如图 1-15 所示的“系统属性”对话框，在“高级”选项卡中单击“环境变量”按钮，打开如图 1-16 所示的“环境变量”对话框。

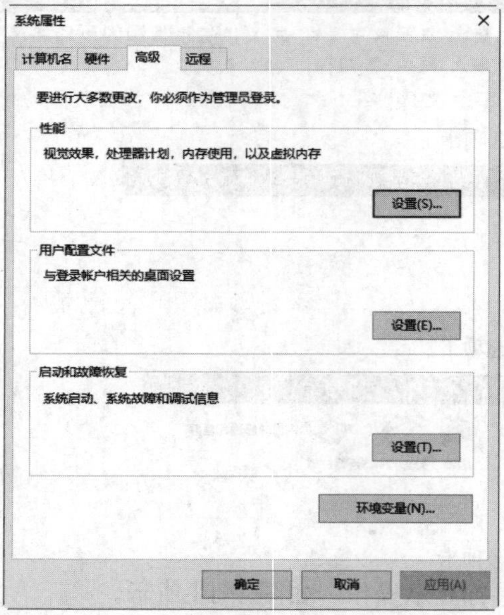

图1-15 “系统属性”对话框

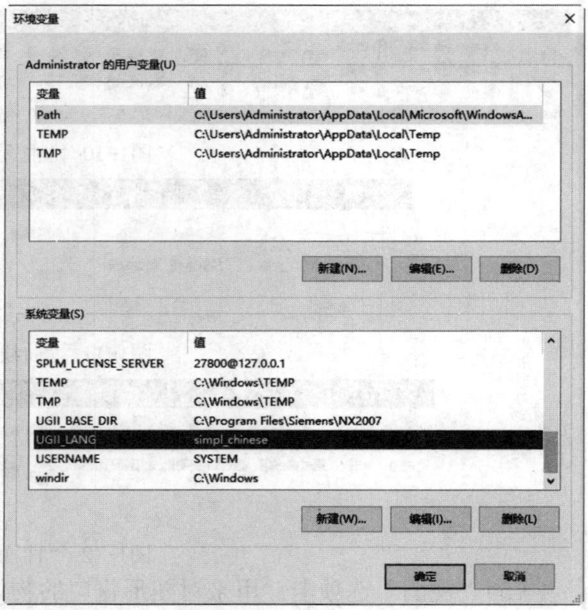

图1-16 “环境变量”对话框

如果要对 UG NX 进行中英文界面的切换，在如图 1-16 所示对话框中的“系统变量”列表框中选中“UGII_LANG”，然后单击下面的“编辑”按钮，打开如图 1-17 所示的“编辑系统变量”对话框，在“变量值”文本框中输入 simple_chinese（中文）或 english（英文）就可实现中英文界面的切换。

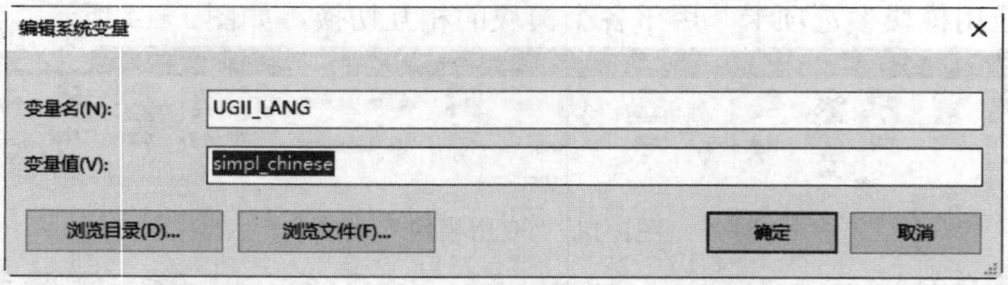

图1-17 “编辑系统变量”对话框

1.4.2 默认参数设置

在 UG NX 环境中，操作参数一般都可以修改。大多数的操作参数（如图形中尺寸的单位、尺寸的标注方式、字体的大小以及对象的颜色等）都有默认值，而参数的默认值都保存在默认参数设置文件中，当启动 UG NX 时，会自动调用默认参数设置文件中的默认参数。UG NX 提供了修改默认参数方式，用户可以根据自己的习惯预先设置默认参数的默认值，来提高设计效率。

选择“菜单(M)”→“文件(F)”→“实用工具(U)”→“用户默认设置(D)...”，打开如图 1-18 所示的“用户默认设置”对话框。

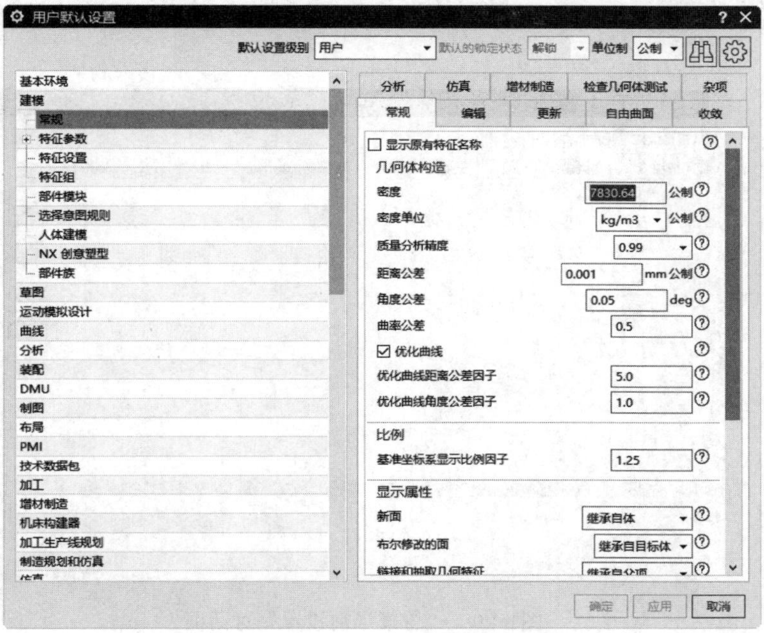

图1-18 “用户默认设置”对话框

在该对话框中可以设置默认参数的默认值、查找所需默认设置的作用域和版本，把默认参数以电子表格的格式输出、升级旧版本的默认设置等。

1. 查找默认设置

在如图 1-18 所示的对话框中单击图标，打开如图 1-19 所示的“查找默认设置”对话框。在该对话框的“输入与默认设置关联的字符”文本框中输入要查找的默认设置，单击查找按钮，则找到的默认设置会在“找到的默认设置”列表框中列出其作用域、版本和类型等。

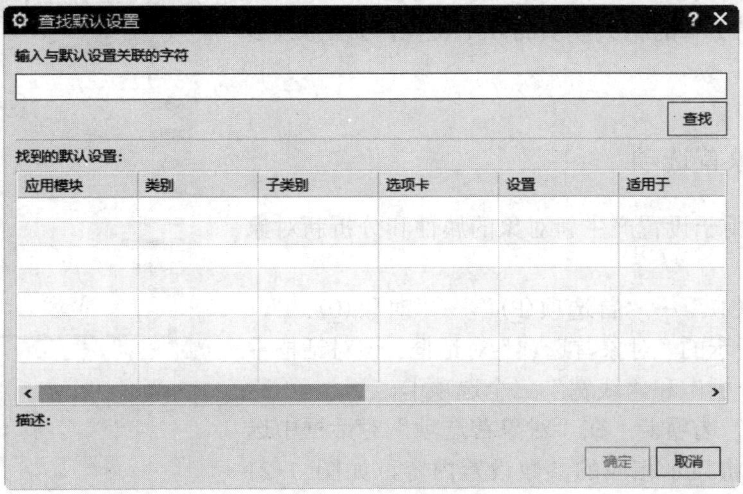

图1-19 “查找默认设置”对话框

2. 管理当前设置

在如图 1-18 所示的对话框中单击图标，打开如图 1-20 所示的“管理当前设置”对话框。

在该对话框中可以实现对默认设置的新建、删除、导入、导出和以电子表格的格式输出默认设置。

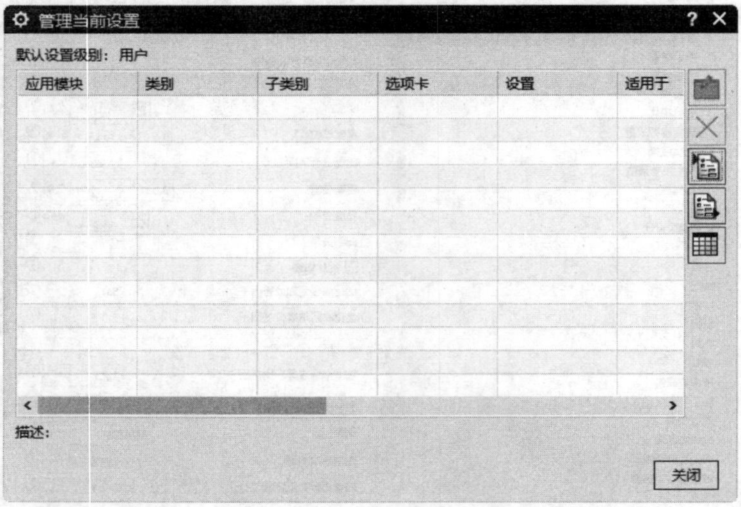

图1-20　“管理当前设置”对话框

1.5 UG NX 参数首选项

在建模过程中，不同的设计者会有不同的绘图习惯，如采用不同的图层颜色、线框设置等。在 UG NX 中，设计者可以通过修改相关的系统参数来达到熟悉工作环境的目的。主菜单“首选项”为用户提供了相应功能的参数设置。

UG NX 中的默认设置是可以修改的。通过修改安装目录下的文件夹 UGII 中的相关模块的 def 文件，可以修改参数的默认值。

1.5.1　对象首选项

对象首选项用于设置产生新对象的属性和分析新对象时的颜色显示。

选择“菜单(M)”→“首选项(P)”→“对象(O)...”，打开如图 1-21 所示的“对象首选项”对话框。该对话框中有“常规”“分析”和“线宽”三个选项卡。

（1）“常规”选项卡　在“对象首选项”对话框中选中选项卡，将显示相应的参数设置内容，如图 1-21 所示。

1）工作层：用于设置新对象的工作图层。

2）类型：用于设置所要改变首选项对象的类型。

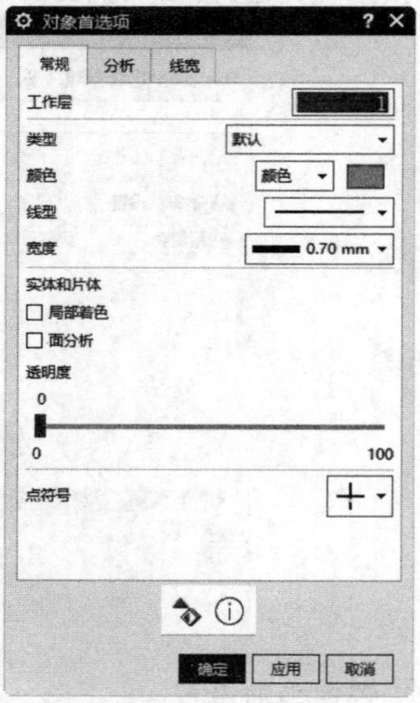

图1-21　“对象首选项”对话框

3）颜色：用于设置所选对象类型的颜色。单击其右侧的颜色按钮，系统打开“调色板”对话框，用户可以通过调色板设置所选对象类型的颜色。

4）线型：用于设置所选对象类型的曲线的特点。用户可在“线型”下拉列表中选择所需的线型。系统的默认值为连续直线。

5）宽度：用于设置所选对象类型的曲线的宽度。用户可在“宽度”下拉列表中选择所需的线宽。系统默认值为正常线。

6）局部着色：用于设置新的实体和片体的显示属性是否为局部着色效果。

7）面分析：用于设置新的实体和片体的显示属性是否为面分析效果。

8）透明度：用于设置新的实体和片体的透明状态。用户可以移动滑块改变透明度的大小。

9）（继承）：用于继承某个对象的属性设置。在使用该功能时，先选择对象类型，然后单击图标，选择要继承的对象，即可使新设置的对象和原来的某个对象有同样的属性参数。

10）ⓘ（信息）：用于显示对象属性设置的信息对话框。单击ⓘ图标，系统显示对象属性设置的清单，列出各种对象类型属性设置的值。

（2）“分析”选项卡　在“对象首选项”对话框中选中 分析 选项卡，将显示相应的参数设置内容，如图1-22所示。该选项卡用于在进行“截面分析显示”“曲线分析显示”“曲面分析显示”等分析时，设置分析曲线颜色的首选项。

（3）“线宽”选项卡　在“对象首选项”对话框中选中 线宽 选项卡，将显示相应的参数设置内容，如图1-23所示。该选项卡用于将线的原有宽度转换为细线、正常线或粗线。

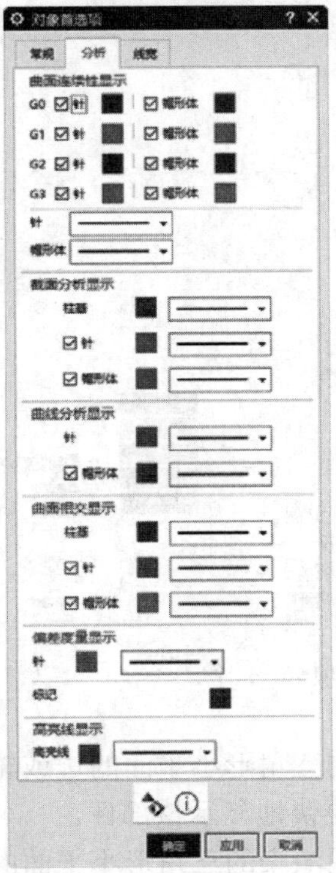

图1-22　“分析”选项卡

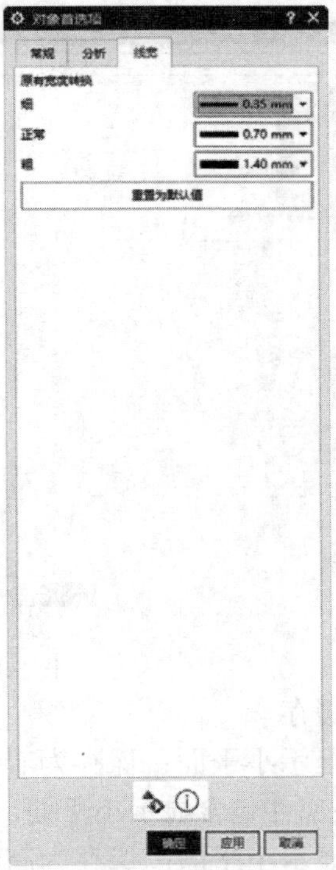

图1-23　“线宽”选项卡

1.5.2 可视化

可视化首选项用于设置影响图形窗口的显示属性。

选择“菜单(M)”→“首选项(P)”→“可视化(V) ...”，打开“可视化首选项”对话框。

1. 颜色设置

“可视化首选项”对话框中的“颜色”选项卡包含“几何体”“手柄”“图纸布局”3 个选项，如图 1-24 所示。在该选项卡中可进行几何体颜色、手柄颜色、手柄/点大小及图纸和布局颜色的设置。

2. 性能

“可视化首选项”对话框中的“性能”选项卡包含“精度”“小平面缓存”“大模型”3 个选项，如图 1-25 所示。

（1）精度

1）“显示小平面边”复选框：勾选该复选框可显示为着色视图所渲染的三角形小平面的边或轮廓。

2）“边精度”滑块：拖动滑块，可按照在高级节点下指定的分辨率公差设置为相应视图设置边、角度和曲线分辨率公差。

3）“曲面精度”滑块：拖动滑块，可按照在高级节点下指定的分辨率公差设置为部件的相应设图设置面和角度的分辨率公差。

图1-24 “颜色”选项卡

（2）小平面缓存

1）保存着色显示小平面：保存为着色视图渲染的三角形小平面的边或轮廓，以便稍后在会话中调取。如果部件包含显示小平面，UG NX 可以更快地显示该部件。

2）保存高级显示小平面：保存为高级可视化视图渲染的三角形小平面的边或轮廓，以便稍后在会话中调取。此首选项的状态为特定的部件，并与部件一起保存。

图1-25 “小平面化”选项卡

3）使用存储的小平面渲染实体：仅当显示小平面符合渲染要求时，UG NX 才使用显示小平面来渲染模型。如果小平面不符合渲染要求，UG NX 会重新生成小平面。

4）小平面高速缓存：控制 UG NX 用于显示小平面缓存的内存大小。将此选项设置为最大值可以使用全部可用内存来缓存显示小平面以及避免不必要的细分。可以使用小平面高速缓存级别用户默认设置来设置默认值。

5）范围：指定小平面生成的范围。包括整个装配、工作部件、工作部件和组件。

6）删除保存的显示小平面：重新生成小平面之前，删除保存在部件中的显示小平面。

7）重新生成小平面：使用小平面重新生成的范围列表重新生成缓存的小平面。

（3）大模型

1）模型大小配置文件：确定模型大小以用于与整体场景细节有关的性能选项，如忽略小对象。可以指定小、中、大、自动或定制模型大小。

2）后台加载：勾选该复选框，可在加载部件的形状几何体之前先将部件的结构信息加载到 UG NX，这样即使形状几何体仍在后台加载，也可以开始与部件进行交互。

3）显示对象框直至已加载：勾选该复选框，当形状几何体还在后台加载时，可显示已加载了结构的对象的线框包容块。

3. 可视

“可视化首选项”对话框中的“渲染”选项卡包含“样式”“图形”“光顺边”3 个选项，如图 1-26 所示。在该选项卡中可设置实体在视图中的显示特性，其部件设置中各参数的改变只影响所选择的视图，但“透明度”“线条反锯齿”“着重边”等选项会影响所有视图。

（1）渲染样式

1）渲染样式：用于为所选的视图设置着色模式。

2）着色边颜色：用于为所选的视图设置着色边的颜色。

3）动态隐藏边：用于为所选的视图设置隐藏边的显示方式。

图1-26 “渲染”选项卡

4）两侧打光：控制面的正、反两侧是否都应用灯光。当勾选该复选框时，光源的光线将应用于正面或反面，这取决于哪个面对着光源。当取消勾选该复选框时，光线不会应用于反面，即使反面对着光源。

5）光亮度：指定图形驱动程序给着色表面增加的高亮显示光的强度，可使图形看起来发亮。

（2）图形

1）全景反锯齿：勾选该复选框，可对着色表面周围的凹凸不平、阶梯状（“锯齿化的”）外观进行光顺。

2）深度排序线框：勾选该复选框，可允许图形驱动程序按静态线框视图中的深度给其排序。

3）线框对照：勾选该复选框，可自动调整线框模型中的颜色，以与背景色形成最大对比，从而使模型显示得更清楚。

3. 光顺边

光顺边：用于控制是否显示光滑面之间的边。该选项还包括用于设置光顺边的颜色、线型、线宽和角度公差。

4. 视图

“可视化首选项”对话框中的“视图”选项卡包含“交互”“装饰”两个选项，如图 1-27 所示。在该选项卡中可设置视图拟合比例和校准屏幕的物理尺寸。

（1）交互

1）视图动画速度：用于设置从一个视图过渡到另一个视图时动画的速度。

2）适合窗口百分比：用于指定在执行适合窗口操作后模型在图形窗口中占据的区域。

3）旋转点延迟：用于设置在单击并按住鼠标中键时创建临时旋转中心的延迟。

（2）装饰

1）显示视图三重轴：勾选该复选框，可在图形窗口中显示视图三重轴。

2）通透显示：勾选该复选框，可通过实体和非透明模型显示坐标系和基准坐标系。

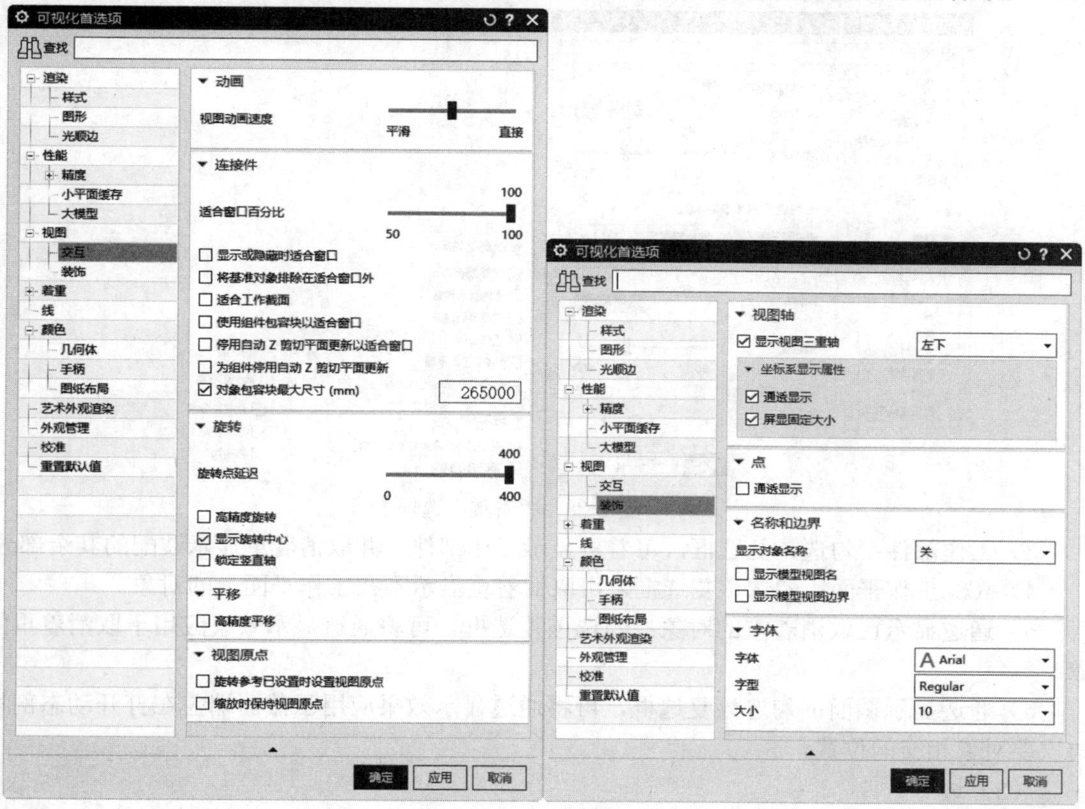

图1-27　“视图”选项卡

3）显示对象名称：控制是否在视图中显示对象、属性、图样和组的名称。如果显示了其中的任意一个，则显示对象名称还可确定它们显示在哪个视图中，包括关、定义视图、工作视图、所有视图和特定对象显示 5 个选项。

5. 着重

“可视化首选项”对话框中的“着重”选项卡包含“几何体”“优先权”“边”3 个选项，如图 1-28 所示。在该选项卡中可设置几何体线框是否着重显示、着重优先显示的顺序以及着重边显示。

（1）几何体

1）线框对象取消着重：当对象被工作平面着重、装配着重和类似功能取消着重时，控制应用于这些对象的颜色。

2）通透显示样式：指定着色几何体的通透显示颜色、边和半透明效果的常规样式，包含“壳”“原始颜色壳”“图层”3 个选项。

3）显示边：勾选该复选框，可显示不太重要的阴影几何体的边。

（2）优先权

1）全部通透显示：勾选该复选框，可将通透显示效果应用于所有次要对象。

2）产品接口对象：勾选该复选框，可在添加部件间链接或创建装配约束时，通过取消着重所有非产品接口对象来着重显示组件的产品接口。

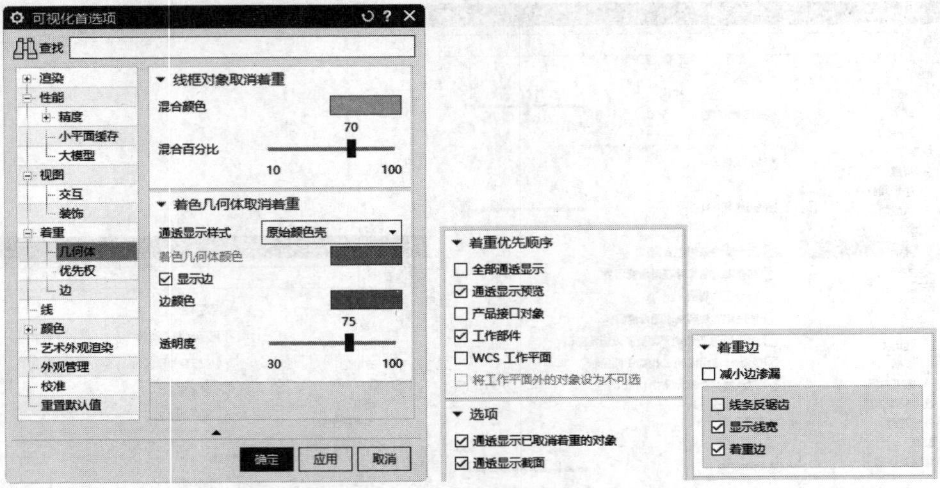

图 1-28 “着重”选项卡

3）工作部件：勾选该复选框，可着重显示工作部件，并取消着重显示装配的其余部分。

4）WCS 工作平面：勾选该复选框，可取消着重显示不在工作平面上的对象。

5）通透显示已取消着重的对象：勾选该复选框，可将通透显示效果应用于取消着重的对象。

6）通透显示截面：勾选该复选框，可将通透显示效果应用于截面端盖在打开动态剖切时与次要对象相交的位置。

（3）边

1）减小边渗漏：勾选该复选框，可降低边渗漏的影响。边渗漏是片体或极薄体后面的相邻体的边显示不正确的一种情况。着重边选项开启后，边渗漏会变得明显。选中该复选框后，UG NX 将忽略着重边、显示线宽和线条反锯齿设置。

2）线条反锯齿：勾选该复选框，可通过忽略锯齿效果，优先考虑绘制性能而不是线、边和曲线的外观。

6. 线

“可视化首选项”对话框中的“线”选项卡如图 1-29 所示。在该选项卡中可设置在显示对象时，其中的非实线线型各组成部分的尺寸、曲线的显示公差以及是否按线型宽度显示对象等参数。

（1）软件样式　勾选该复选框，可使用系统图形库生成标准线型。

（2）显示线宽　曲线有细、一般和宽三种宽度，勾选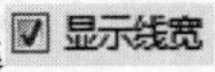复选框，曲线以各自所设定的线宽显示，取消该复选框的勾选，所有曲线都以细线宽显示。

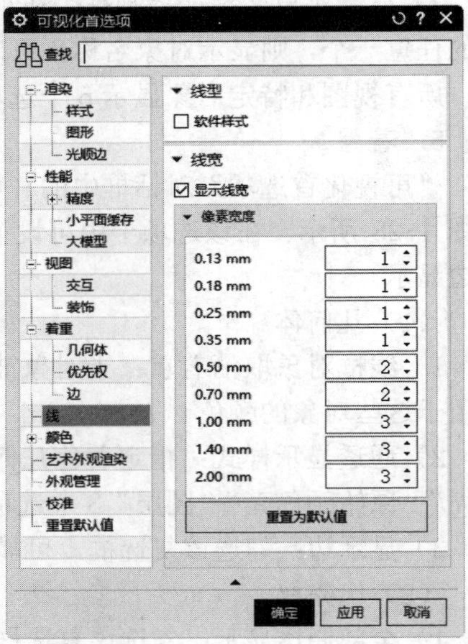

图 1-29 “线”选项卡

1.5.3　用户界面首选项

选择“菜单(M)”→“首选项(P)”→“用户界面(I)　…”，打开“用户界面首选项”对话框。

1. 布局

在“布局”选项卡中可设置功能区选项、提示行/状态行位置等，如图 1-30 所示。

图1-30　“布局”选项卡

2. 主题

在“主题”选项卡中可设置 NX 的主题类型，包括浅色（推荐）、浅灰色、深色和经典 4 个选项，如图 1-31 所示。

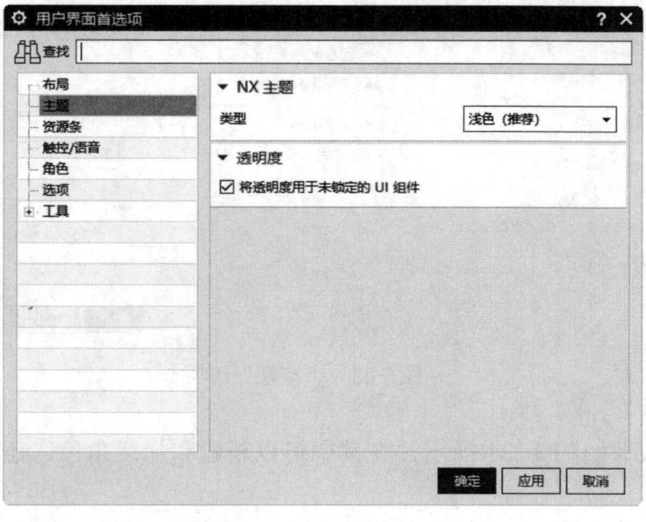

图1-31　“主题”选项卡

3．资源条

“资源条”选项卡如图 1-32 所示，在其中可以设置资源条主页、停靠位置、自动飞出与否等。

图1-32 “资源条”选项卡

4．触控/语音

“触控/语音”选项卡如图 1-33 所示，在其中可对触控屏操作进行优化，还可以调节数字触控板和圆盘触控板的显示。

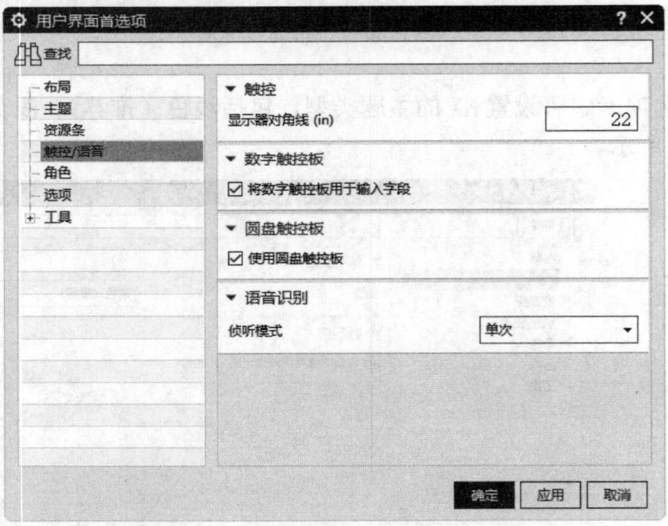

图1-33 “接触”选项卡

5．角色

“角色”选项卡如图 1-34 所示，在其中可以新建和加载角色，还可以重置当前应用模块的布局。

6．选项

“选项”选项卡如图 1-35 所示，在其中可以设置对话框内容的默认显示，设置对话框中的文本框中数据的小数点后的位数以及用户的反馈信息。

图1-34　“角色”选项卡

图1-35　“选项”选项卡

7. 工具

（1）宏　宏是一个储存一系列描述用户键盘和鼠标在 UG NX 交互过程中操作语句的文件（扩展名为“.macro”）。任意一串交互输入操作都可以记录到宏文件中，然后可以通过简单的播放功能来重放记录的操作，如图 1-36 所示。宏对于执行重复的、复杂的或较长时间的任务十分有用，而且还可以使用户工作环境个性化。

对于宏记录的内容，用户可以通过以记事本的方式打开已保存的宏文件，查看系统记录的全过程。

1）录制所有的变换：该复选框可用于设置在记录宏时，是否记录所有的动作。选中该复选框后，系统会记录所有的操作，所以宏文件会较大；当不选中该复选框时，则系统仅记录动作结果，因此宏文件较小。

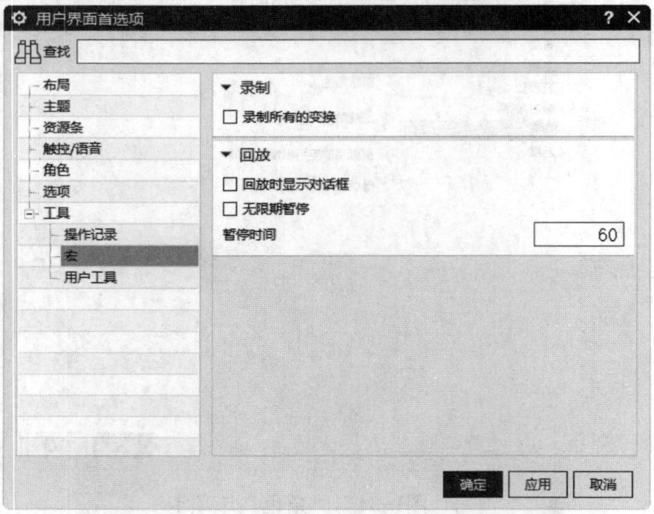

图 1-36 “宏”选项卡

2）回放时显示对话框：该复选框可用于设置在回放时是否显示设置对话框。

3）无限期暂停：该复选框可用于设置记录宏时，如果用户执行了暂停命令，则在播放宏时系统会在指定的暂停时刻显示对话框并停止播放宏，提示用户单击 OK 按钮后方可继续播放。

4）暂停时间：该文本框可用于设置暂停时间，单位为 s。

（2）操作记录　在该选项卡中可以设置操作文件的各种格式，如图 1-37 所示。

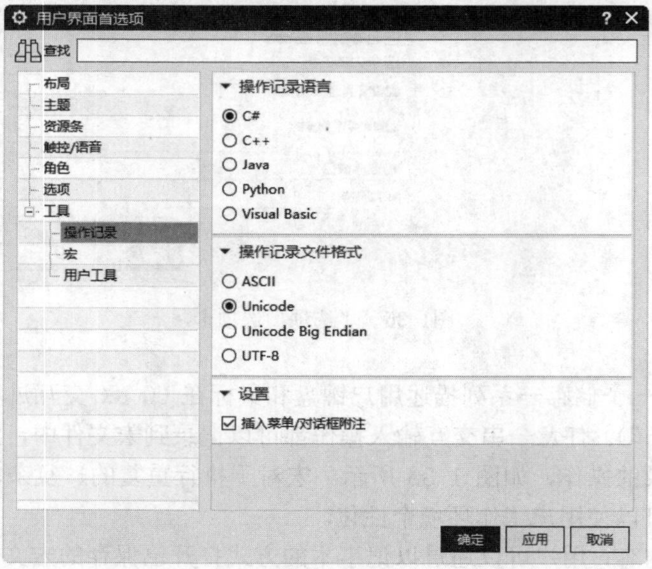

图1-37 “操作记录”选项卡

（3）用户工具

在该选项卡中可装载用户自定义的工具文件，显示或隐藏用户自定义的工具。如图 1-38 所示。单击“用户工具”按钮即可装载用户自定义工具栏文件（扩展名为“. utd”）。

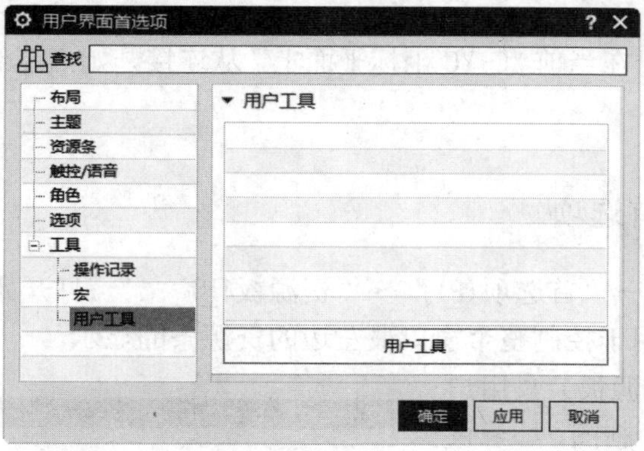

图 1-38　“用户工具”选项卡

1.5.4　选择首选项

选择“菜单(M)”→“首选项(P)”→“选择(E) ...”，打开如图 1-39 所示的“选择首选项”对话框。

1. 鼠标手势

用于设置选择方式，包括矩形和套索方式。

2. 选择规则

用于设置选择规则，包括内侧、外侧、交叉、内侧/交叉、外侧/交叉 5 个选项。

3. 着色视图

用于设置系统着色时对象的显示方式，包括高亮显示面和高亮显示边两个选项。

4. 面分析视图

用于设置面分析时的视图显示方式，包括高亮显示面和高亮显示边两个选项。

5. 选择半径

用于设置选择球的大小，包含小、中、大三个选项。

6. 成链

（1）公差　用于设置链接曲线时，彼此相邻的曲线端点间允许的最大间隙。链接公差值设置得越小，链接选取就越精确，值越大就越不精确。

（2）方法

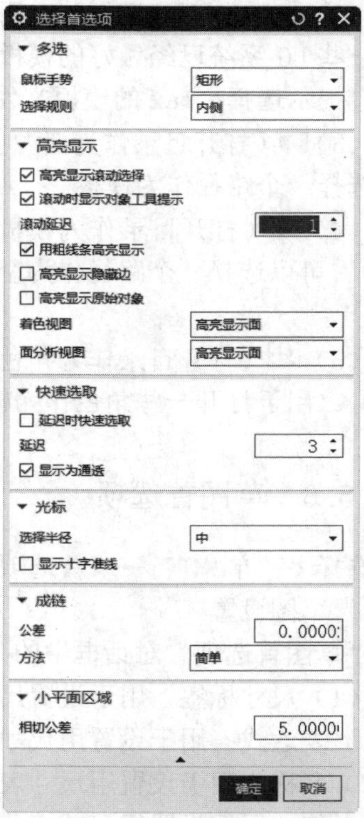

图1-39　“选择首选项”对话框

1）简单：用于选择彼此首尾相连的曲线串。

2）WCS：用于在当前 XC-YC 坐标平面上选择彼此首尾相连的曲线串。

3）WCS 左侧：用于在当前 XC-YC 坐标平面上，从连接开始点至结束点沿左侧路线选择彼此首尾相连的曲线串。

4）WCS 右侧：用于在当前 XC-YC 坐标平面上，从连接开始点至结束点沿右侧路线选择彼此首尾相连的曲线串。

1.5.5 资源板首选项

选择“菜单(M)”→“首选项(P)”→“资源板(P) …”，打开如图 1-40 所示的“资源板”对话框。该对话框可用于控制整个窗口最左边的资源条的显示。

（1）（新建资源板） 用户可以设置自己的加工、制图、环境设置的模板，用于完成以后重复的工作。

（2）（打开资源板） 用于打开一些 UG 系统已经做好的模板。系统会提示选择*.pax 的模板文件。

（3）（打开目录作为资源板） 可以选择一个路径作为模板。

（4）（打开目录作为模板资源板） 可以选择一个路径作为空白模板。

（5）（打开目录作为角色资源板） 用于打开一些角色作为模板。可以选择一个路径作为指定的模板。

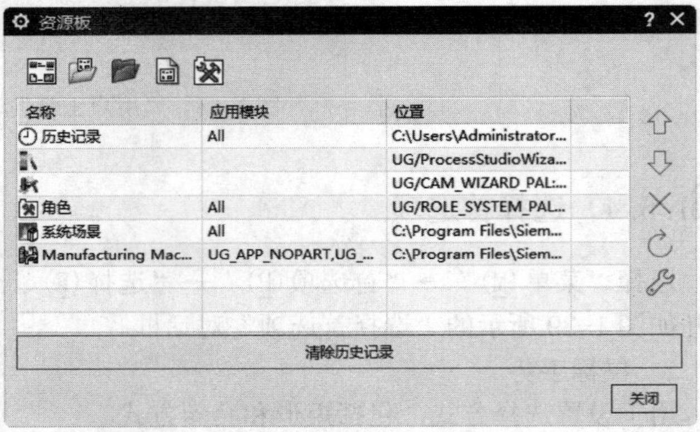

图 1-40 “资源板”对话框

1.5.6 草图首选项

选择“菜单(M)”→“首选项(P)”→“草图(S) …”，打开“草图首选项”对话框。

1. 草图设置

“草图首选项”对话框中的“草图设置”选项卡如图 1-41 所示。

（1）尺寸标签 用于设置尺寸的文本内容。其下拉列表中包含：

1）表达式：用于设置用尺寸表达式作为尺寸文本内容。

2）名称：用于设置用尺寸表达式的名称作为尺寸文本内容。

3）值：用于设置用尺寸表达式的值作为尺寸文本内容。

（2）屏幕上固定文本高度 用于设置固定尺寸文本的高度。

2. 会话设置

“草图首选项”对话框中的“会话设置”选项卡如图 1-42 所示。

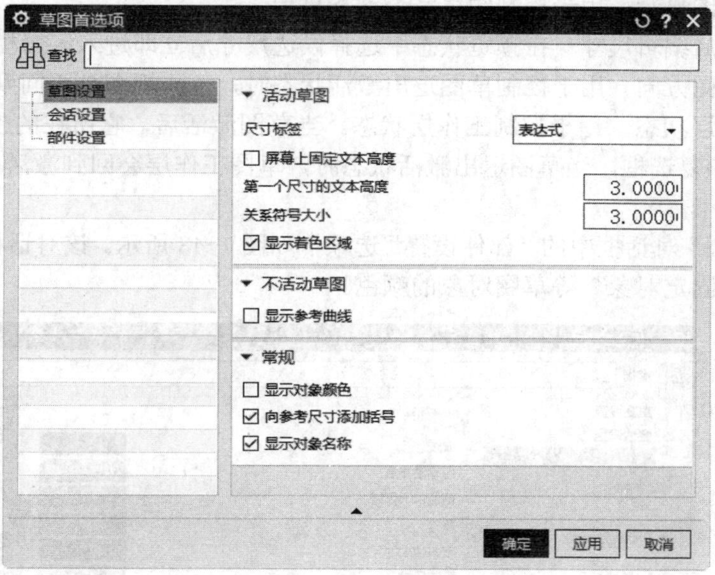

图 1-41　“草图设置”选项卡

图 1-42　“会话设置”选项卡

（1）对齐角　用于设置捕捉角度，控制不采取捕捉方式绘制直线时是否自动为水平或垂直直线。如果所画直线与草图工作平面 XC 轴或 YC 轴的夹角小于或等于该参数值，则所画直线会自动为水平或垂直直线。

（2）动态草图显示　用于控制约束是否动态显示。

（3）在创建后编辑尺寸　在预览状态中选择候选尺寸后立即进入编辑模式。

（4）更改视图方向　用于控制草图退出激活状态时，工作视图是否回到原来的方向。

（5）保持图层状态　用于控制工作层状态。当草图激活后，它所在的工作层自动成为当前工作层。勾选该复选框，当草图退出激活状态时，草图工作层会回到激活前的工作层。

3. 部件设置

“草图首选项”对话框中的“部件设置”选项卡如图 1-43 所示。该对话框可用于设置“曲线”“尺寸”和“固定对象”等草图对象的颜色。

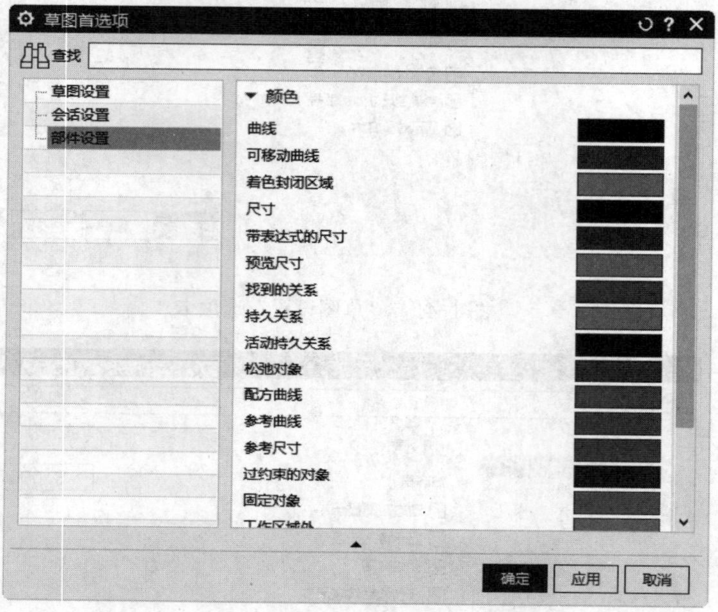

图 1-43 “部件设置”选项卡

1.5.7　装配首选项

选择“菜单(M)”→“首选项(P)”→“装配（B)”，打开“装配首选项”对话框。

1. 关联

“装配首选项”对话框中的“关联”选项卡如图 1-44 所示。

（1）显示使用的“整个部件”引用集　勾选该复选框，更改工作部件时，此首选项会临时将新工作部件的引用集改为整个部件引用集。当部件不再是工作部件时，部件的引用集会还原成原始引用集。

（2）通知自动更改　勾选该复选框，在工作部件自动更改时显示通知。

（3）真实形状过滤　勾选该复选框，启用真实形状过滤，这样所产生的空间过滤效果比包容块方法更好。真实形状过滤对于那些规则边框可能异常大的形状不规则的组件（如缠绕装配的细缆线）特别有用。

2. 组件

“装配首选项”对话框中的“组件”选项卡如图 1-45 所示。

(1) 拖放时发出警告　勾选该复选框，从装配导航器中拖动组件时将显示一条消息。此消息通知用户哪个子装配将接收组件，以及可能丢失一些关联，并提示用户接受或取消此操作。

(2) 删除时发出警告　勾选该复选框，从装配导航器中删除组件时将显示一条消息。该消息提供关于删除选定组件的特定影响的信息，并让用户取消删除。

3. 位置

“装配首选项”对话框中的“位置”选项卡如图 1-46 所示。

(1) 拖曳手柄位置　当使用移动组件命令时，控制拖动手柄是显示在组件边界框的中心，还是在图形窗口中组件原点处。

(2) 接受容错曲线　用于选择在建模首选项中指定的距离公差范围内为圆形的曲线或边。

(3) 允许部件间复制　勾选该复选框可在装配中不同级别的组件之间创建装配约束，方法是自动创建一个指向在工作部件外部所选几何体的 WAVE 链接，然后在工作部件内部组件上的几何体与 WAVE 链接特征之间创建约束。

4. 杂项

“装配首选项”对话框中的“杂项”选项卡如图 1-47 所示。

(1) 描述性部件名样式　指定指派给新部件的默认部件名的类型，包括“文件名”、“描述”和“指定的属性”三种类型。

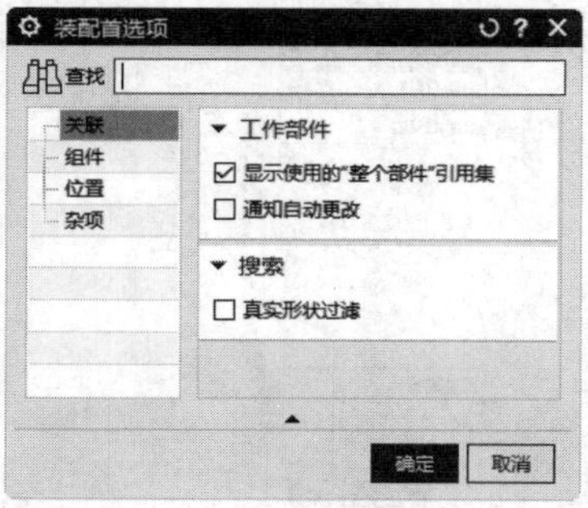

图 1-44　“关联”选项卡

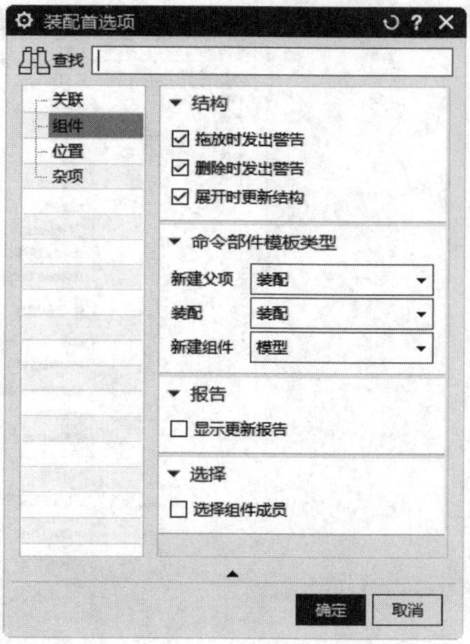

图 1-45　“组件”选项卡

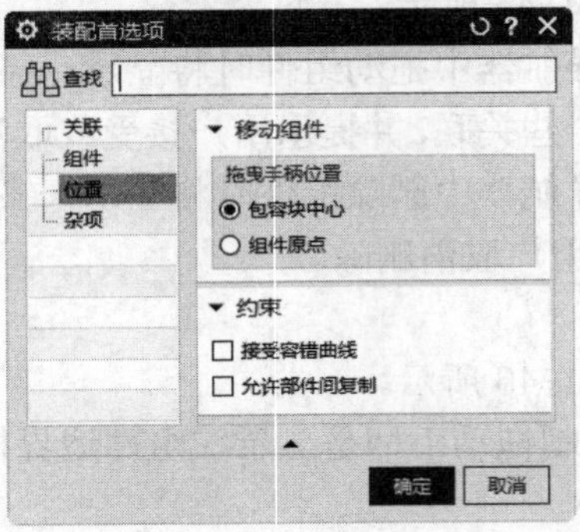

图 1-46 “位置”选项卡

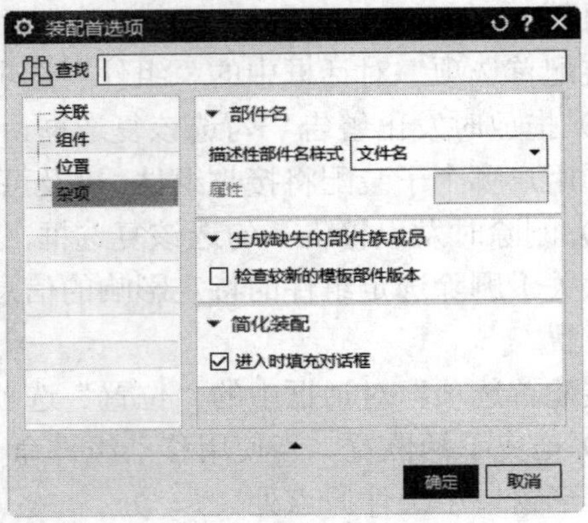

图 1-47 “杂项”选项卡

1.5.8 建模首选项

选择“菜单(M)”→“首选项(P)”→“建模（G)”，打开“建模首选项”对话框。

1. 常规

“建模首选项”对话框中的“常规”选项卡如图 1-48 所示。

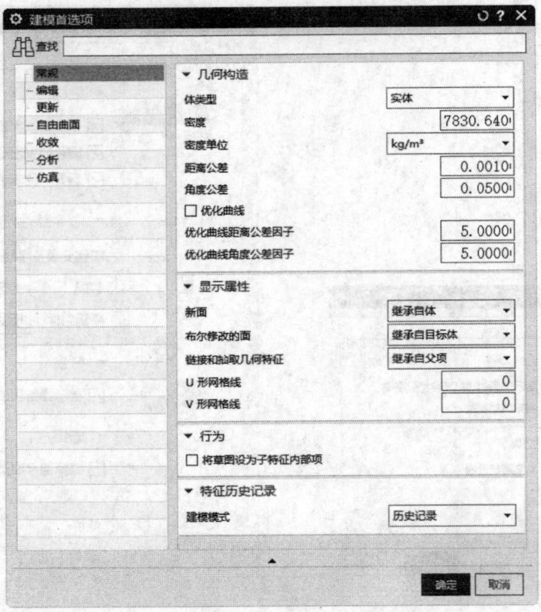

图 1-48 “常规”选项卡

（1）体类型　用于控制在利用曲线创建三维特征时是生成实体还是片体。

（2）密度　用于设置实体的密度。该密度值只对以后创建的实体起作用。其下方的“密度单位”下拉列表中的选项用于设置密度的默认单位。

（3）新面　用于设置新的面显示属性是继承体还是部件默认。

（4）布尔修改的面　用于设置在布尔运算中生成的面显示属性是继承于目标体还是工具体。

（5）U 形/V 形网格线　用于设置实体或片体表面在 U 和 V 方向上栅格线的数目。如果其下方 U 向计数或 V 向计数的值大于 0，则当创建表面时，表面上就会显示网格曲线。网格曲线只是一个显示特征，其显示数目并不影响实际表面的精度。

2. 自由曲面

“建模首选项”对话框中的“自由曲面”选项卡如图 1-49 所示。

图 1-49　“自由曲面”选项卡

（1）曲线拟合方法　用于选择生成曲线时的拟合方式，包括“三次”“五次”和“高阶”三种拟合方式。

（2）平的面类型　用于选择构造自由曲面的结果，包括“平面”和“B 曲面”两种方式。

3. 分析

“建模首选项”对话框中的“分析”选项卡中可显示极点、多段线、面和曲线的属性，如图 1-50 所示。

4. 编辑

“建模首选项”对话框中的“编辑”选项卡如图 1-51 所示。

（1）特征双击操作　用于控制双击特征操作时的状态，包括“可回滚编辑”和“编辑参数”两种方式。

（2）草图双击操作　用于控制双击草图操作时的状态，包括“可回滚编辑”和“编辑”两种方式。

（3）显示编辑特征时的父草图尺寸　勾选该复选框，在编辑具有特征相关性的草图时显示草图尺寸。

（4）特征具有相关项时在删除时发出通知　勾选该复选框，当尝试删除一个具有特征相关性的特征时（如试图删除一个被另一个特征用作定位参考的特征），将会显示警告消息。

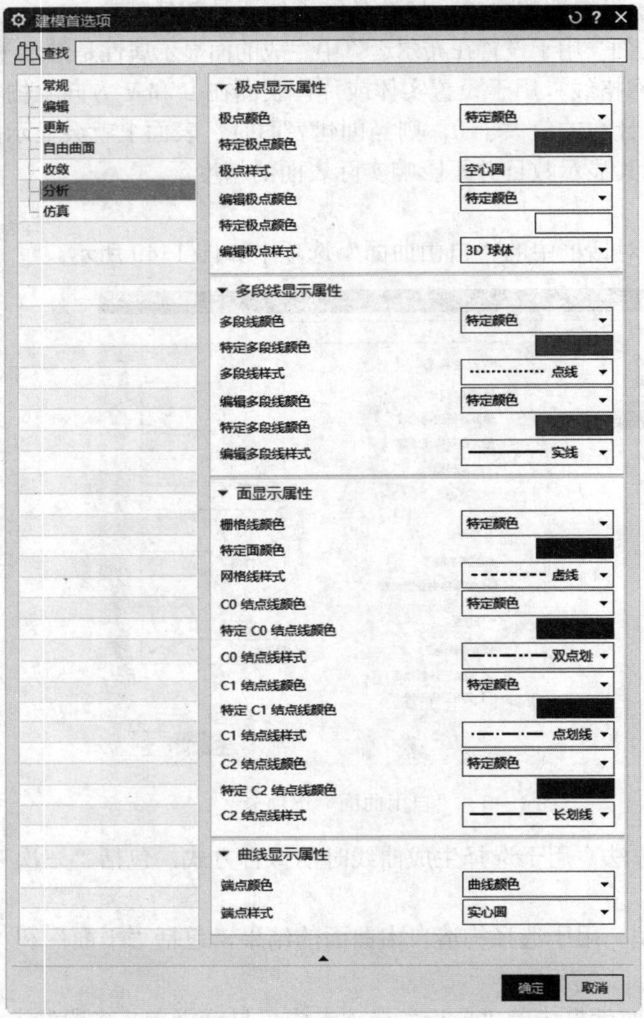

图 1-50 “分析”选项卡

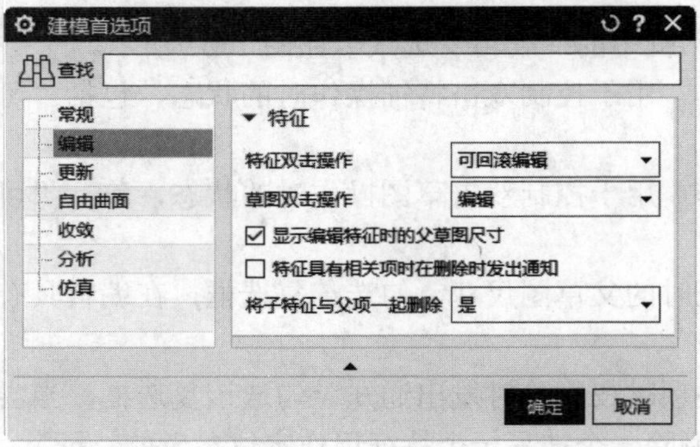

图 1-51 “编辑”选项卡

（5）将子特征与父项一起删除

1）是：删除已删除特征的相关特征。例如，如果删除的特征被另一个特征用作定位参考，则 UG NX 会自动删除另一个特征。

2）否：用于删除特征时保留相关特征。

3）询问：用于确定删除还是保留相关特征。

第2章

UG NX 基本操作

本章主要介绍了 UG NX 最基本的三维概念设计和操作方法，重点介绍了通用工具在所有模块中的使用方法。熟练掌握这些基本操作将会提高设计效率。

重点与难点

- 视图布局设置
- 工作图层设置
- 选择对象的方法

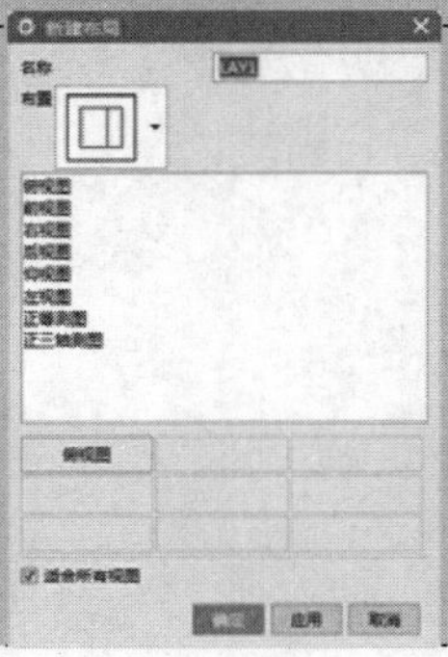

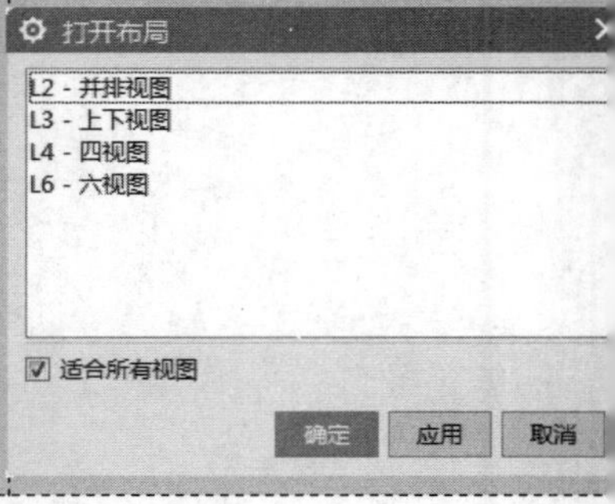

2.1 视图布局设置

视图布局的主要作用是在图形区内显示多个视角的视图，使用户更加方便地观察和操作模型。用户可以定义系统默认的视图，也可以生成自定义的视图布局。

同一布局中，只有一个视图是工作视图，其他视图都是非工作视图。在进行视图操作时，默认都是针对工作视图的，用户可以随时改变工作视图。

2.1.1 布局功能

视图布局功能主要通过选择“菜单(M)”→“视图(V)”→“布局(L)”中的各项命令（见图 2-1）来实现，它们主要用于控制视图布局的状态和各视图显示的角度。用户可以将图形区分为多个视图，以方便进行组件细节的编辑和实体观察。

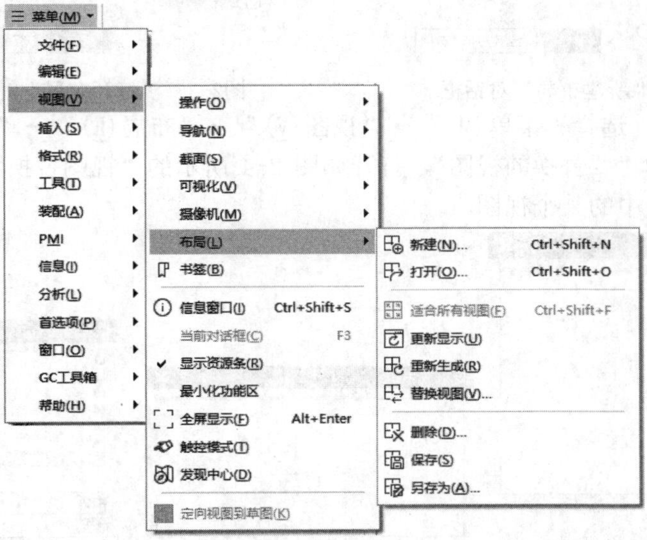

图 2-1　视图布局菜单

（1）新建　选择“菜单(M)”→“视图(V)”→“布局(L)”→“新建(N)...”，打开如图 2-2 所示的“新建布局”对话框，在该对话框中可设置布局的形式和各视图的视角。

（2）打开　选择“菜单(M)”→“视图(V)”→“布局(L)”→“打开(O)...”，打开如图 2-3 所示的“打开布局”对话框，在该对话框中可选择要打开的某个布局，系统会按该布局的方式来显示图形。

（3）适合所有视图　选择“菜单(M)”→“视图(V)”→“布局(L)”→“适合所有视图(F)”，系统会自动地调整当前视图布局中所有视图的中心和比例，使实体模型最大限度地吻合在每个视图边界内。只有在定义了视图布局后，该命令才会被激活。

（4）更新显示　选择“菜单(M)”→“视图(V)”→“布局(L)”→“更新显示(U)”，系统会自动进行更新操作。当对实体进行修改以后，可以使用更新操作使每一幅视图实时显示。

（5）重新生成　选择“菜单(M)”→“视图(V)”→“布局(L)”→“重新生成(R)”，系统会重新生成视图布局中的每个视图。

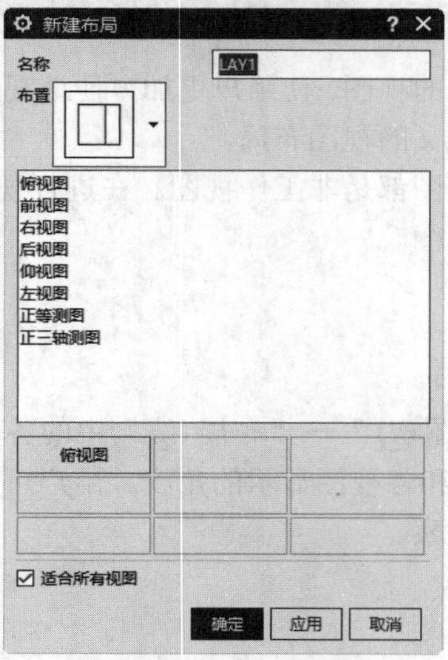

图2-2　“新建布局”对话框

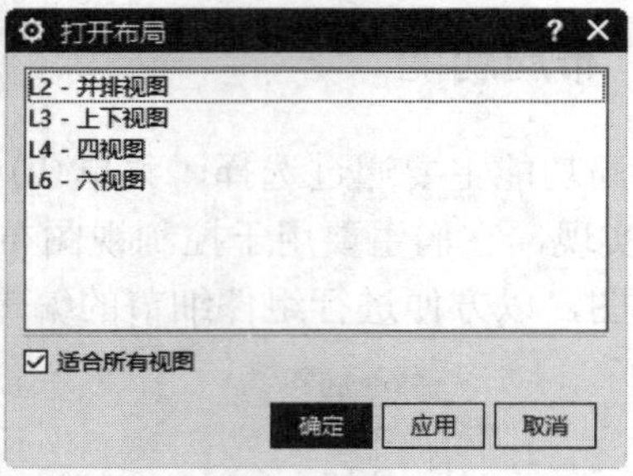

图2-3　“打开布局”对话框

（6）替换视图　选择“菜单(M)”→“视图(V)”→“布局(L)”→“替换视图(V) ...”，或选择快捷菜单中的“要替换的视图”，打开如图 2-4 所示的“视图替换为...”对话框，在该对话框中可替换布局中的某个视图。

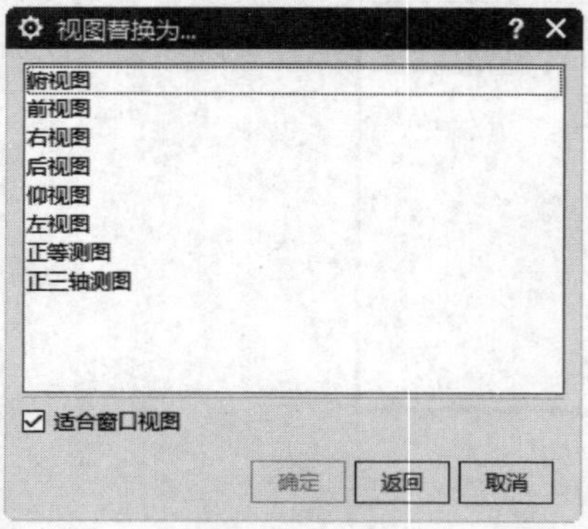

图2-4　“视图替换为...”对话框

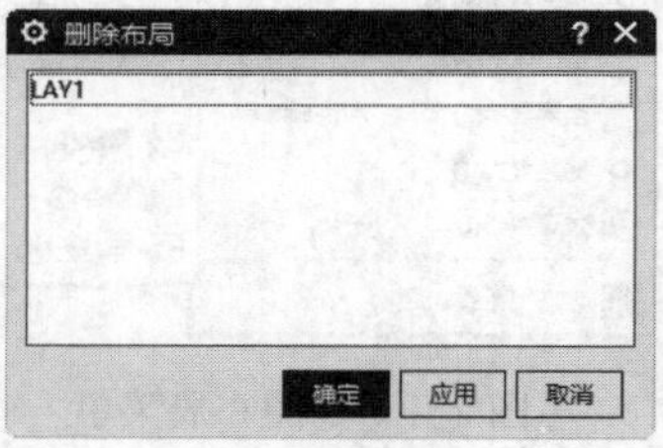

图2-5　“删除布局”对话框

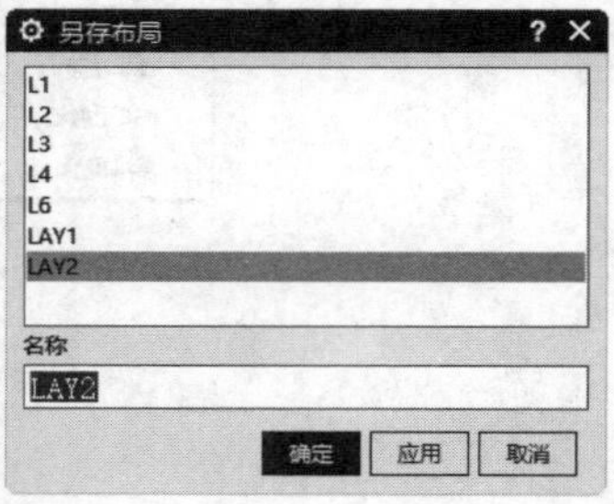

图2-6　“另存布局”对话框

（7）删除　选择“菜单(M)”→“视图(V)”→“布局(L)”→“删除(D) ...”，当存在用户删除的布局时，打开如图 2-5 所示的“删除布局”对话框，在该对话框的列表框中选择要删除的视图布局后，系统就会删除该视图布局。

（8）保存　选择“菜单(M)”→“视图(V)”→“布局(L)”→“保存(S) ...”，系统则用当前的视图布局名称保存修改后的布局。

（9）另存为　选择“菜单(M)”→“视图(V)”→“布局(L)”→“另存为(A) ...”，打开如图 2-6 所示的“另存布局”对话框，在列表框中选择要更换名称进行保存的布局，在“名称”文本框中输入一个新的布局名称，则系统会用新的名称保存修改过的布局。

2.1.2　布局操作

视图布局功能主要通过选择“菜单(M)”→“视图(V)”→“操作(O)”中的各项命令（见图 2-7）来实现，它们主要用于在指定视图中改变显示模型的显示尺寸和显示方位。

（1）适合窗口　选择“菜单(M)”→“视图(V)”→“操作(O)”→“适合窗口(F)”，或单击“视图”选项卡“操作”组中的“适合窗口”按钮，系统自动将模型中的所有对象尽可能最大地全部显示在视图窗口的中心，不改变模型原来的显示方位。

（2）缩放　选择“菜单(M)”→“视图(V)”→“操作(O)”→“缩放(Z)...”，打开如图 2-8 所示的“缩放视图”对话框。系统会按照用户指定的数值缩放整个模型，不改变模型原来的显示方位。

（3）显示非比例缩放　选择“菜单(M)”→“视图(V)”→“操作(O)”→“显示非比例缩放(P)”，系统会要求用户使用光标拖拽出一个矩形，然后按照矩形的比例缩放实际的图形。

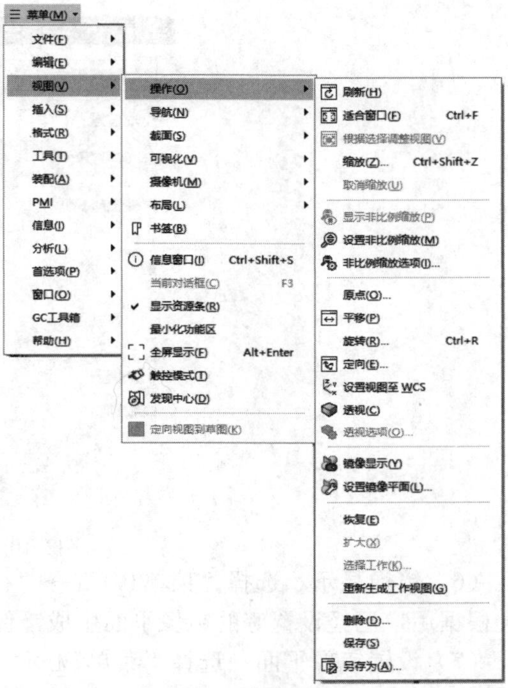

图 2-7　视图操作菜单

（4）旋转　选择“菜单(M)”→“视图(V)”→“操作(O)”→“旋转(R)...”，打开如图 2-9 所示的“旋转视图”对话框，该对话框可用于将模型沿指定的轴线旋转指定的角度，或绕工作坐标系原点自由旋转模型，使模型的显示方位发生变化，不改变模型的显示大小。

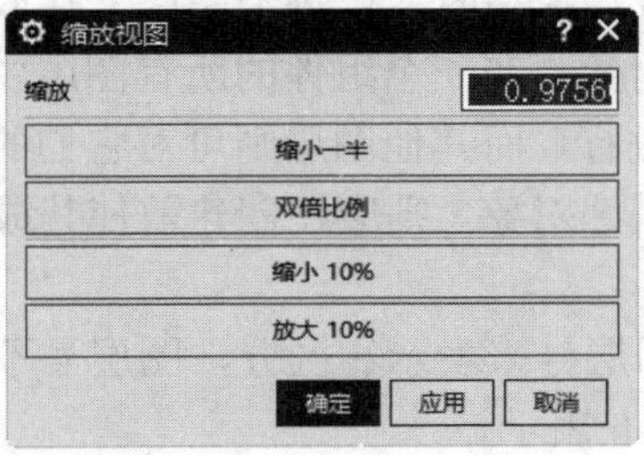

图2-8　“缩放视图”对话框

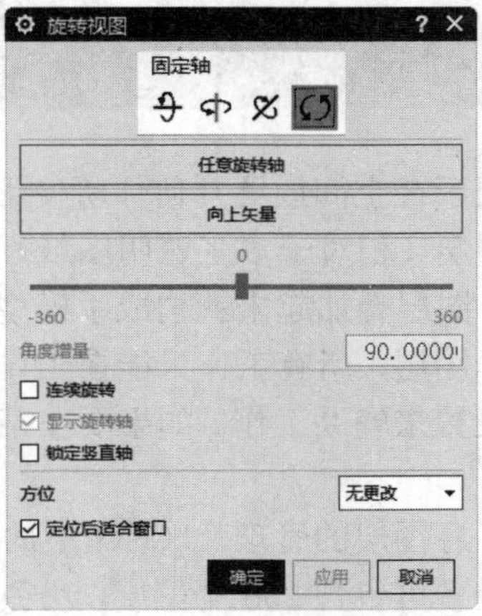

图2-9　“旋转视图”对话框

（5）原点　选择“菜单(M)”→“视图(V)”→“操作(O)”→“原点(O)...”，打开如图 2-10 所示的“点”对话框，该对话框可用于指定视图的显示中心，视图将立即重新定位到指定的中心。

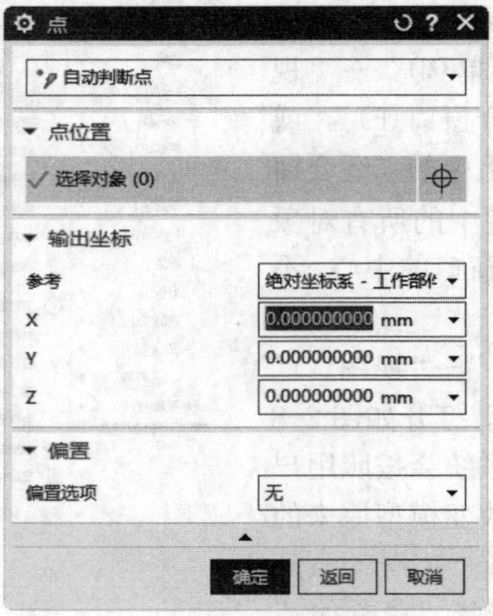

图2-10　“点”对话框

（6）镜像显示　选择“菜单(M)”→“视图(V)”→“操作(O)”→“镜像显示(Y)”，系统会根据用户已经设置好的镜像平面生成镜像显示。默认状态下为当前 WCS 的 XZ 平面。

（7）设置镜像平面　选择“菜单(M)”→“视图(V)”→“操作(O)”→“设置镜像平面(L)...”，系统会出现动态坐标系，方便用户进行设置。

（8）恢复　选择“菜单(M)”→“视图(V)”→“操作(O)”→“恢复(E)”，可恢复视图为原来的视图显示状态。

2.2 工作图层设置

图层是用于在空间放置几何体所使用的不同的层次。图层相当于传统设计者使用的透明图纸。用多个图层（相对于多张透明图纸）来表示设计模型时，在每个图层上存放模型中的部分对象，将所有图层叠加起来就构成了模型的所有对象。在一个组件的所有图层中，只有一个图层是当前工作图层，所有工作只能在工作图层上进行，而其他图层则可对它们的可见性、可选择性等进行设置来辅助工作。如果要在某图层中创建对象，则应在创建前使其成为当前工作图层。

为了便于各图层的管理，UG NX 中的图层用图层号来表示和区分，图层号不能改变。每一模型文件中最多可包含 256 个图层，分别用 1～256 表示。

引入图层可使得对模型中各种对象的管理更加有效和更加方便。

2.2.1　图层的设置

用户可根据实际需要和习惯设置自己的图层标准，通常可根据对象类型来设置图层和图层的类别（见下表），如可以创建如图 2-11 所示的图层。

图层号	对象	类别名
1～20	实体	SOLID
21～40	草图	SKETCHES
41～60	曲线	CURVES
61～80	参考对象	DATUMS
81～100	片体	SHEETS
101～120	工程图对象	DRAF
121～140	装配组件	COMPONENTS

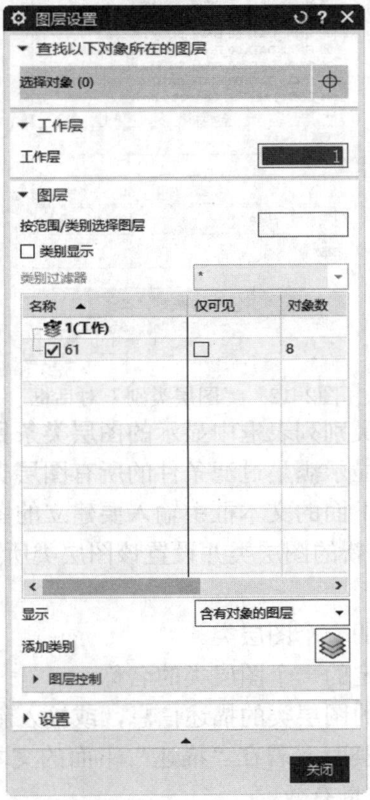

图2-11　“图层设置”对话框

图层设置的具体操作如下：选择“菜单(M)”→“格式(R)”→“图层设置(S)...”，或单击“视图”选项卡“层”组中的“图层设置”按钮，打开如图 2-11 所示的“图层设置”对话框。

（1）工作层　将指定的一个图层设置为工作图层。

（2）按范围/类别选择图层　用于输入范围或图层种类的名称以便进行筛选操作。

（3）类别过滤器　用于控制图层类列表框中显示的图层类条目。可使用通配符“*”，表示接受所有的图层种类。

2.2.2　图层的类别

为更有效地对图层进行管理，可将多个图层构成一组，每一组称为一个图层类。图层类用名称来区分，必要时还可附加一些描述信息。通过图层类，可同时对多个图层进行可见性或可选性的改变。同一图层可属于多个图层类。

选择“菜单(M)”→“格式(R)”→“图层类别(C)...”，打开如图 2-12 所示的“图层类别”对话框。

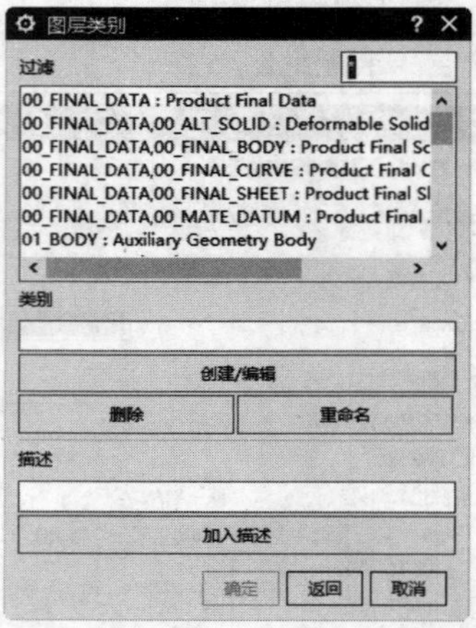

图2-12　“图层类别”对话框

（1）过滤　用于控制图层类别列表框中显示的图层类条目，可使用通配符。

（2）图层类别表框　用于显示满足过滤条件的所有图层类条目。

（3）类别　可在“类别”下面的文本框中输入要建立的图层类名。

（4）创建/编辑　用于建立新的图层类并设置该图层类所包含的图层，或编辑选定图层类所包含的图层。

（5）删除　用于删除选定的一个图层类。

（6）重命名　用于改变选定的一个图层类的名称。

（7）描述　用于显示选定的图层类的描述信息，或输入新建图层类的描述信息。

（8）加入描述　新建图层类时，若在“描述”下面的文本框中输入了该图层类的描述信息，需单击该按钮才能使描述信息有效。

2.2.3　图层的其他操作

（1）在视图中可见　用于在多视图布局显示的情况下，单独控制指定视图中各图层的属性，而不受图层属性的全局设置的影响。选择“菜单(M)”→“格式(R)”→“视图中可见图层

(V)…”，打开如图 2-13 所示的“视图中可见图层”对话框。在该对话框中选择视图，单击确定按钮，打开如图 2-14 所示的“视图中可见图层”对话框。

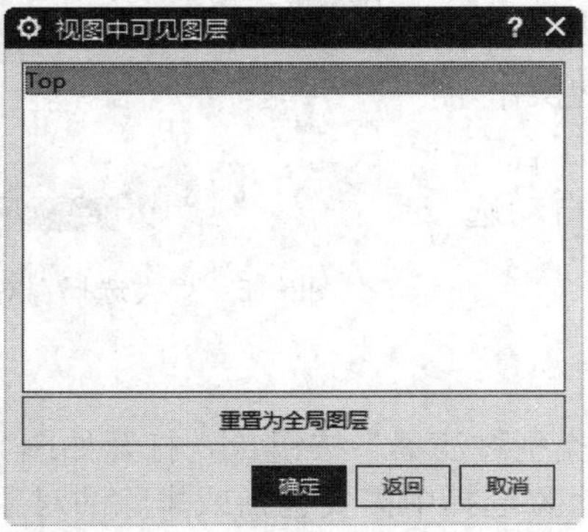

图2-13　“视图中可见图层”对话框1

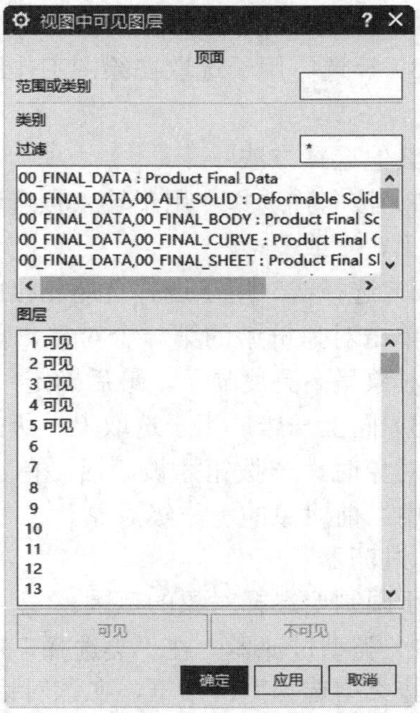

图2-14　“视图中可见图层”对话框2

（2）移动至图层　用于将选定的对象从其原图层移动到指定的图层中，原图层中不再包含这些对象。操作步骤如下：选择“菜单(M)”→“格式(R)”→“移动至图层(M)…”或单击“视图”选项卡“可见性”组中的“移动至图层”按钮。

（3）复制至图层　用于将选定的对象从其原图层复制一个备份到指定的图层，原图层中和目标图层中都包含这些对象。操作步骤如下：选择“菜单(M)”→“格式(R)”→“复制至图层(O)…”。

2.3　选择对象的方法

选择对象是一个使用非常普遍的操作，在很多操作（特别是对对象进行编辑操作）中都需要选择对象。选择对象操作通常是通过“类选择”对话框、鼠标左键、“选择”工具栏、“快速拾取”对话框和部件导航器来完成。

2.3.1　“类选择”对话框

在“类选择”对话框中可选择各种各样的对象，一次可选择一个或多个对象，它提供了多种选择方法及对象类型过滤方法，非常方便。选择“菜单(M)”→“编辑(E)”→“选择(L)→“类选择”，或单击“选择”选项卡“操作”组中的“更多库”→“操作库”→“类选择”按钮，打开“类选择”对话框，如图 2-15 所示。

1．对象

（1）选择对象　用于选取对象。

（2）全选　用于选取所有的对象。

（3）反选　用于选取在绘图工作区中未被用户选中的对象。

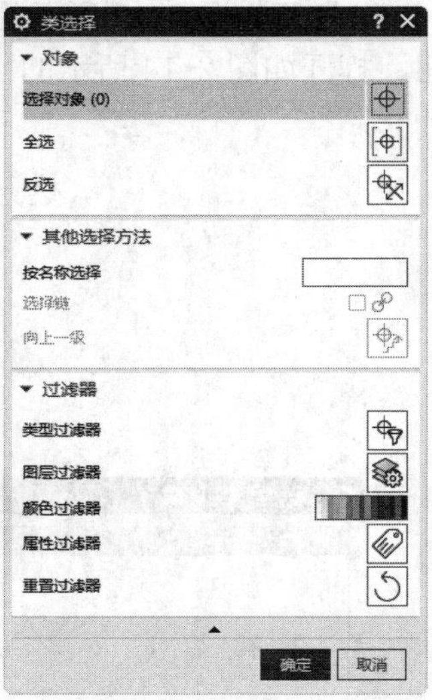

图2-15　“类选择”对话框

2. 其他选择方法

（1）按名称选择　用于输入预选取对象的名称，可使用通配符“？”或“*”。

（2）选择链　用于选择首尾相接的多个对象。选择方法是首先单击对象链中的第一个对象，再单击最后一个对象，使所选对象呈高亮度显示，最后确定，结束选择对象的操作。

（3）向上一级　用于选取上一级的对象。当选取了含有群组的对象时，该按钮才被激活。单击该按钮，系统自动选取群组中当前对象的上一级对象。

3．过滤器

用于限制要选择对象的范围。

（1）类型过滤器　在“类选择”对话框中单击“类型过滤器”按钮，打开如图 2-16 所示的“按类型选择”对话框，在该对话框中可设置在对象选择中需要包括或排除的对象类型。当选取“基准”“点”等对象类型时，单击细节过滤按钮，在打开的如图 2-17 所示的“基准”对话框中还可以做进一步限制。

（2）图层过滤器　在“类选择”对话框中单击“图层过滤器”按钮，打开如图 2-18 所示的“按图层选择”对话框，在该对话框中可以设置在选择对象时需包括或排除的对象的所在图层。

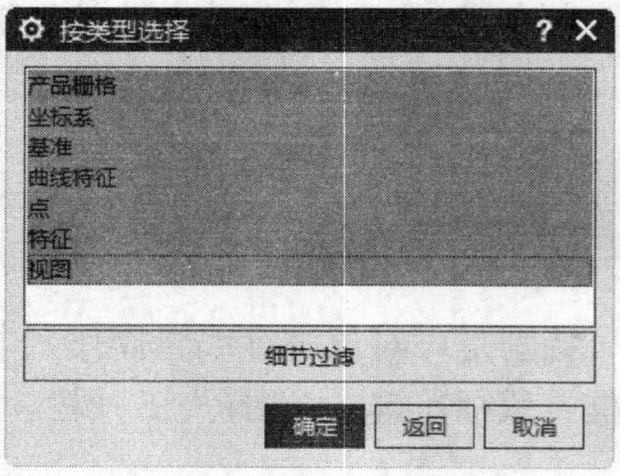

图 2-16　“按类型选择”对话框

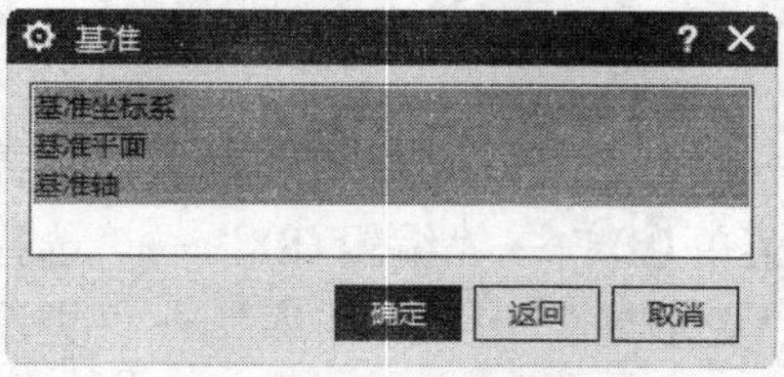

图 2-17　“基准过滤器”对话框

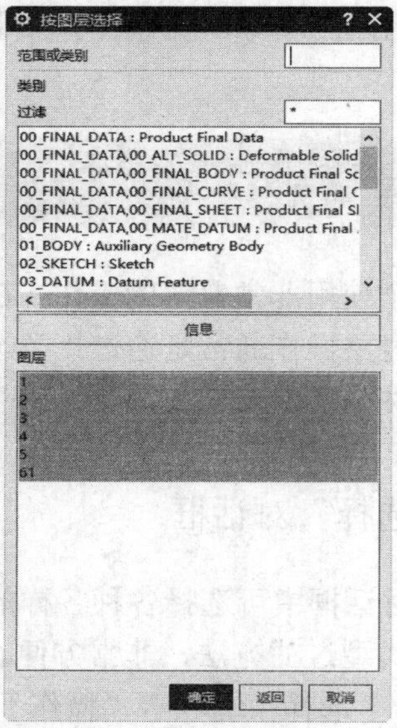

图2-18　“按图层选择”对话框

（3）颜色过滤器　在“类选择”对话框中单击“颜色过滤器”按钮，弹出如图2-19所示的“对象颜色”对话框，在该对话框中通过指定的颜色可限制选择对象的范围。

（4）属性过滤器　在“类选择”对话框中单击“属性过滤器”按钮，弹出如图2-20所示的“按属性选择”对话框，在该对话框中可按对象线型、线宽或其他自定义属性进行过滤。

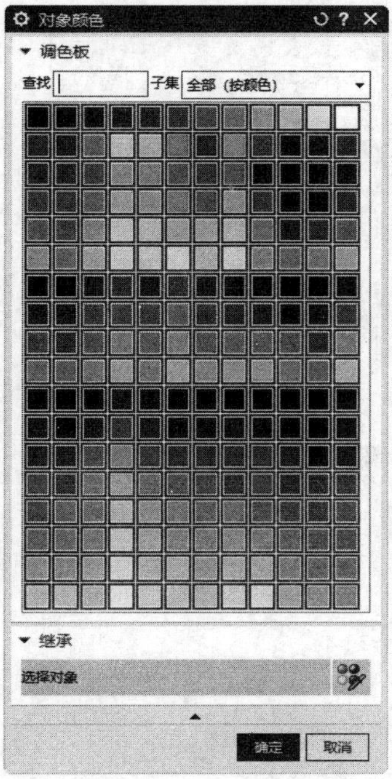

图2-19　“对象颜色”对话框

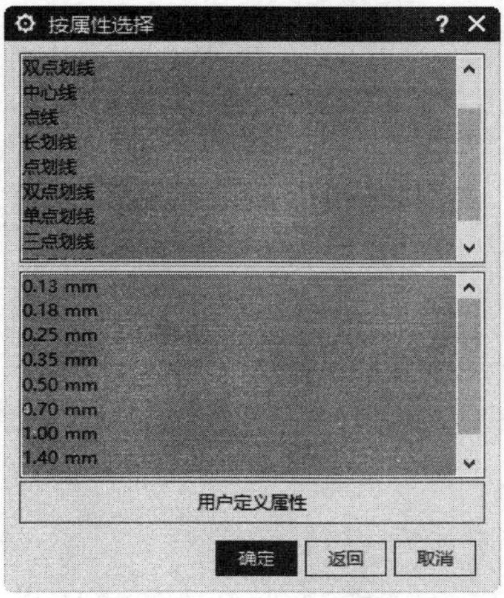

图2-20　“按属性选择”对话框

（5）重置过滤器　单击“重置过滤器”按钮，可恢复默认的过滤方式。

2.3.2　“选择”工具栏

“选择”工具栏（见图2-21）位于功能区选项卡的下方，利用“选择”工具栏中的各个选项可实现对象的选择。

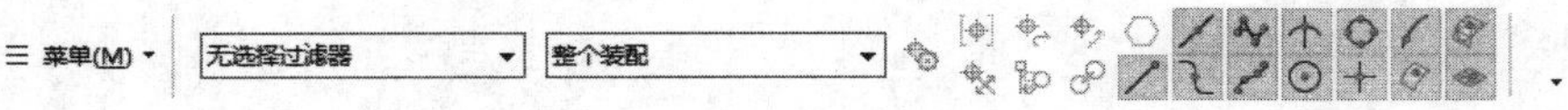

图2-21　“选择”工具栏

2.3.3　“快速拾取”对话框

在图形区用光标选取对象，在Z-深度方向存在多个对象时，从右击下拉菜单中选择“从列表中选取”命令，可打开“快速拾取”对话框，如图2-22所示。在该对话框中用户可以设置所要选取对象的限制范围，如实体特征、面、边和组件等。

2.3.4 部件导航器

在图形区左边的“资源条”中单击图标，可打开如图 2-23 所示的“部件导航器”对话框。在该对话框中可选择要选择的对象。

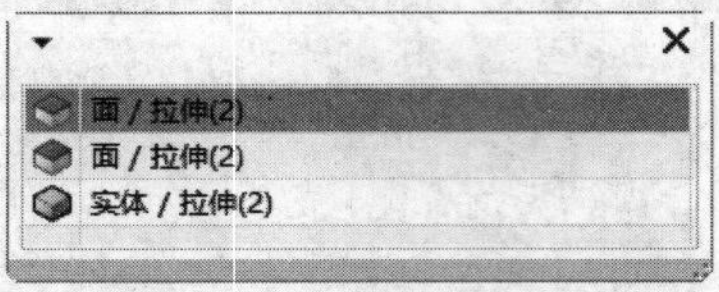

图2-22 “快速拾取”对话框

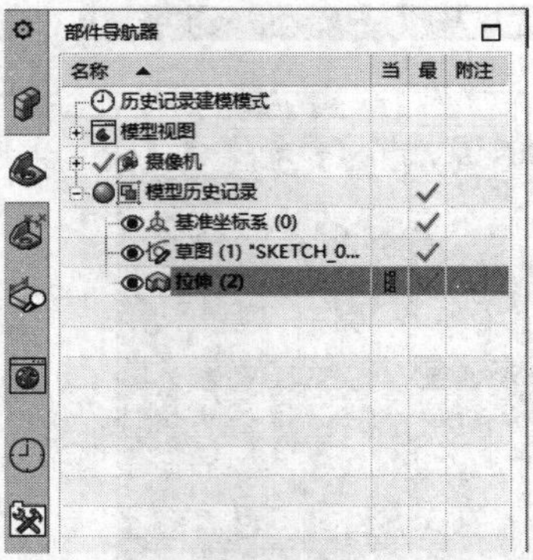

图2-23 “部件导航器”对话框

第3章

曲线操作

曲线是生成三维模型的基础。熟练掌握 UG NX 曲线操作功能有利于高效建立复杂的三维图形。

重点与难点

- 曲线绘制
- 派生曲线
- 曲线编辑

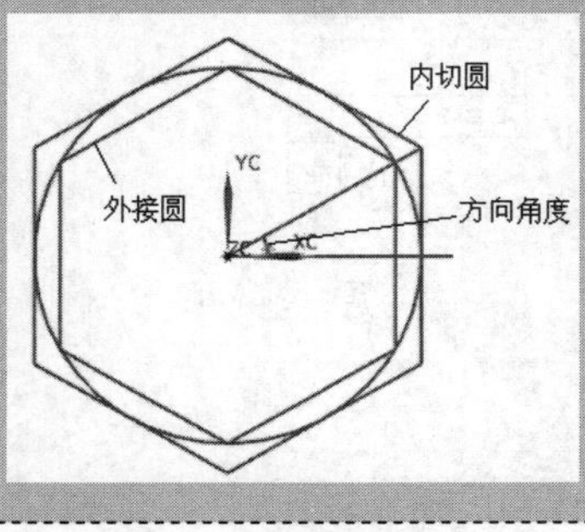

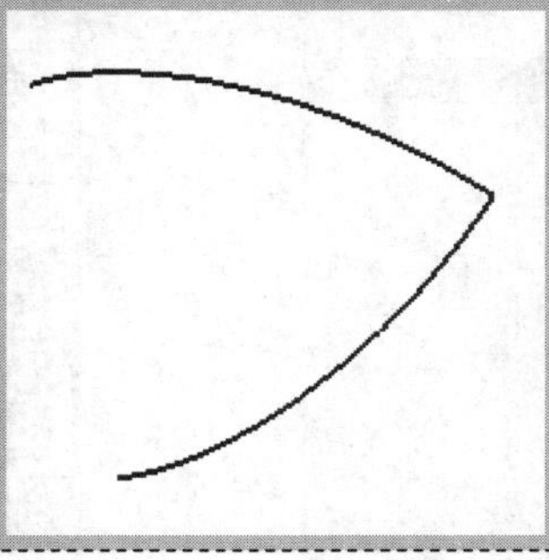

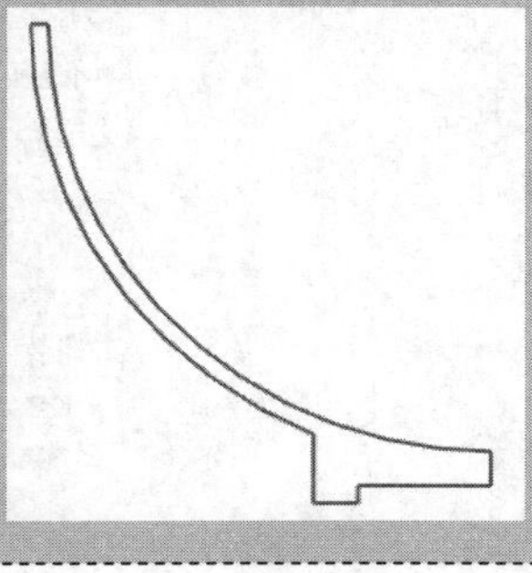

3.1 曲线绘制

本节将介绍常用的曲线绘制命令，包括直线和圆弧、基本曲线、多边形、抛物线、双曲线、螺旋、规律曲线、艺术样条、文本、点、点集。

3.1.1 直线和圆弧

1．直线

选择“菜单(M)”→“插入(S)”→“曲线(C)”→“直线(L)...”，或单击“曲线”选项卡“基本”组中的“直线”按钮，打开如图3-1所示的“直线”对话框。

（1）开始 用于设置直线的起点形式。

（2）结束 用于设置直线的终点形式和方向。

（3）支持平面 用于设置直线平面的形式，包括“自动平面”“锁定平面”和“选择平面”三种方式。

（4）限制 用于设置直线的点的起始位置和结束位置，有“值”“在点上”和“直至选定对象”三种限制方式。

（5）关联 勾选该复选框，可设置直线之间是否关联。

2．圆弧/圆

选择“菜单(M)”→“插入(S)”→“曲线(C)”→“圆弧/圆(C)...”，或单击“曲线”选项卡“基本”组中的“圆弧/圆”按钮，打开如图3-2所示的“圆弧/圆”对话框。

圆弧/圆的绘制类型包括“三点画圆弧”和“从中心开始的圆弧/圆”两种类型。

图3-1 “直线”对话框

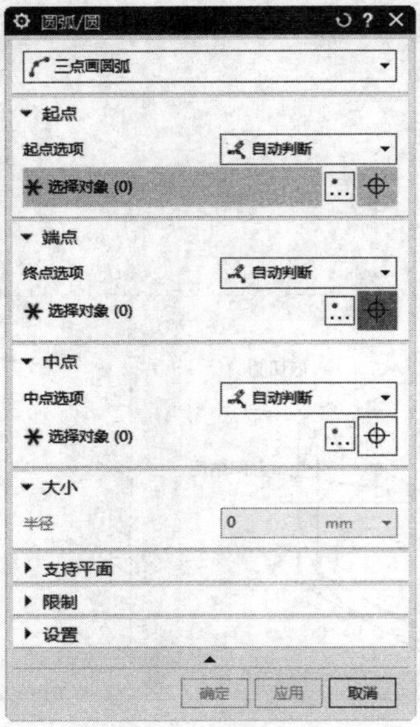

图3-2 “圆弧/圆”对话框

其他参数含义和“直线”对话框中的对应部分相同。

3.1.2　基本曲线

选择“菜单(M)”→“插入(S)”→“曲线(C)”→“基本曲线（原有）(B) ...”，打开如图 3-3 所示的“基本曲线”对话框和如图 3-4 所示的“跟踪条”对话框。

要说明的是，若在“菜单(M)”→“插入(S)”→“曲线(C)”中没有“基本曲线（原有）(B)”命令，可通过以下方法进行设置：在搜索框中输入“基本曲线（原有）(B)”命令进行搜索，在列表框中列出的“基本曲线（原有）(B)”词条上右击，在弹出的快捷菜单中选择“在菜单上显示”即可添加该命令。

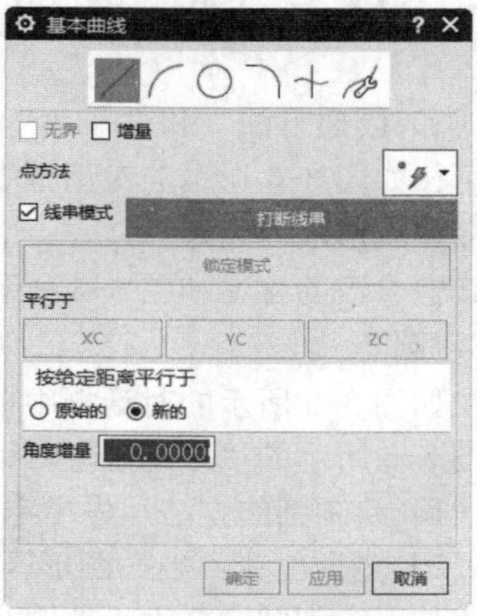

图3-3　“基本曲线”对话框

1．直线

（1）无界　勾选该复选框，可绘制一条无界直线。取消“线串模式”勾选，可激活该选项。

（2）增量　用于以增量形式绘制直线。给定起点后，可以直接在图形区指定结束点，也可以在“跟踪栏”对话框中输入结束点相对于起点的增量。

（3）点方法　通过下拉列表中的选项设置点的选择方式。

（4）线串模式　勾选该复选框，可绘制连续曲线，直到单击**打断线串**按钮为止。

图3-4　“跟踪条”对话框

（5）锁定模式　在画一条与图形区中的已有直线相关的直线时，由于涉及对其他几何对象的操作，需要通过“锁定模式”记住开始选择对象的关系，随后用户可以选择其他直线。

（6）平行于　用来绘制平行于“XC”轴、“YC”轴和“ZC”轴的平行线。

（7）按给定距离平行于　用来绘制多条平行线。其中包括：

1）原始的：表示生成的平行线始终是相对于用户选定的曲线。通常只能生成一条平行线。

2）新的：表示生成的平行线始终是相对于在它前一步生成的平行线。通常用来生成多条等距离的平行线。

2．圆弧

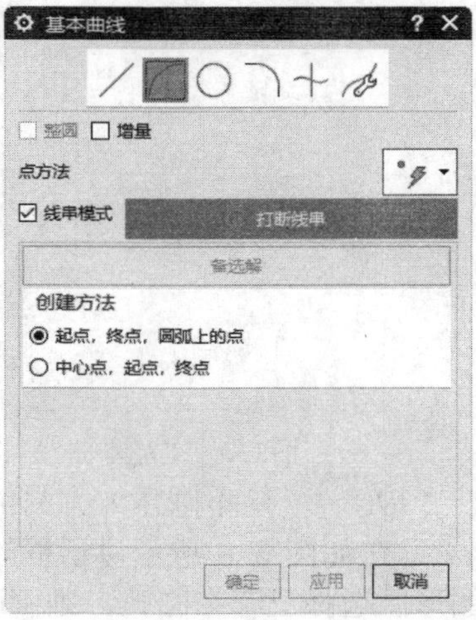

图 3-5　“基本曲线”对话框

在如图 3-3 所示的对话框中单击“圆弧”按钮，打开如图 3-5 所示的“基本曲线”对话框和如图 3-6 所示的“跟踪条”对话框。

（1）整圆　勾选该复选框，可绘制一个整圆。

（2）备选解　在画弧过程中确定大圆弧或小圆弧。

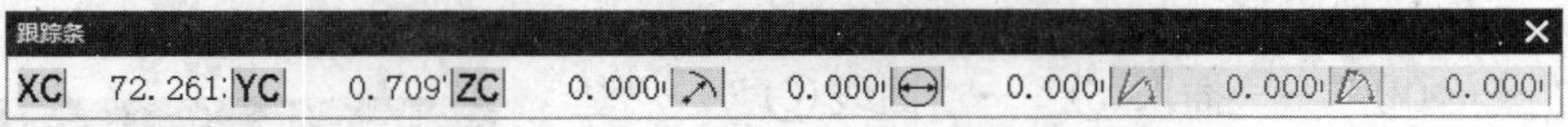

图3-6　“跟踪条”对话框

（3）创建方法　和 3.1.1 节中圆弧的生成方式基本上相同。不同的是点、半径和直径的选择可在如图 3-6 所示的对话框中直接输入用户所需的数值，然后按 Enter 键；也可用鼠标左键直接在图形区内指定。

其他参数的含义和图 3-3 所示对话框中的参数含义相同。

3. 圆

在如图 3-3 所示的对话框中单击“圆”按钮，打开如图 3-7 所示的“基本曲线”对话框和如图 3-6 所示的“跟踪条”对话框。

（1）绘制圆的方法　先指定圆心，然后指定半径或直径来绘制圆。

（2）多个位置　当在图形区绘制了一个圆后，勾选该复选框，可在图形区指定圆心的位置生成与已绘制圆同样大小的圆。

4. 圆角

在如图 3-3 所示的对话框中单击“圆角”按钮，打开如图 3-8 所示的“曲线倒圆”对话框。

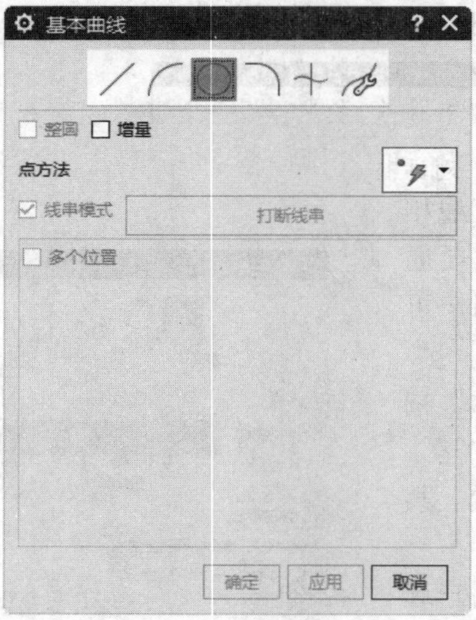

图3-7　“基本曲线”对话框

图3-8　“曲线倒圆”对话框

（1）（简单圆角）　只能用于对直线倒圆。其创建步骤如下：

1）在如图 3-8 所示对话框的“半径”文本框中输入用户所需的数值，或单击 继承 按钮，在图形区选择已存在圆弧，则倒圆的半径和所选圆弧的半径相同。

2）单击两条直线的倒圆处，再单击点决定倒圆的位置，即可生成倒圆并同时修剪直线。

（2）（2 曲线圆角）　不仅可以对直线倒圆，也可以对曲线倒圆，圆弧按照选择曲线的顺序逆时针生成。在生成圆弧时，用户也可以选择“修剪选项”来决定在倒圆角时是否裁剪曲线。

（3）（3 曲线圆角）　同 2 曲线圆角一样，圆弧按照选择曲线的顺序逆时针生成，不同的是不需用户输入倒圆半径，系统自动计算半径值。

3.1.3　多边形

选择“菜单(M)”→“插入(S)”→“曲线(C)”→“多边形(原有)...”，打开如图 3-9 所示的“多边形”对话框 1。在文本框中输入多边形边数，单击确定按钮，打开“多边形”对话框 2，如图 3-10 所示。

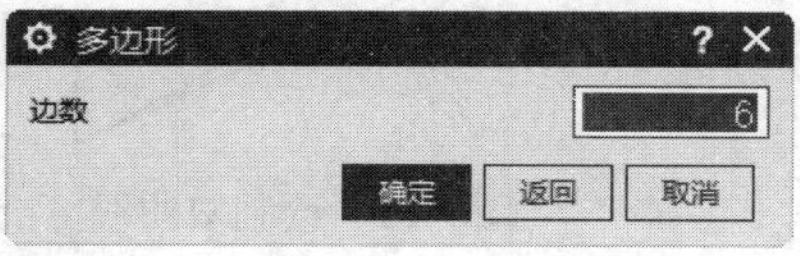

图3-9　“多边形”对话框1

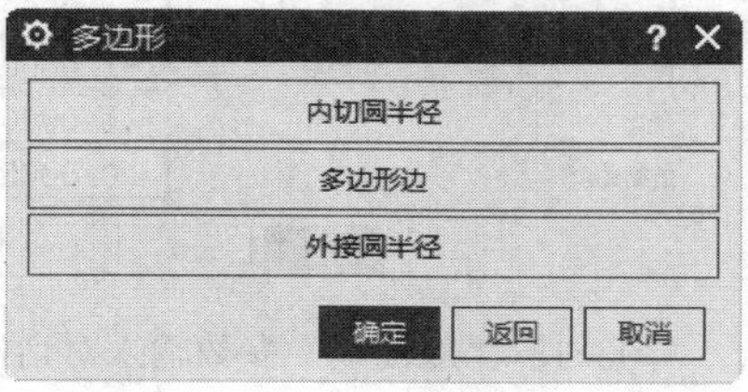

图3-10　“多边形”对话框2

（1）内切圆半径　指定从中心点到多边形两边中间的距离。

（2）多边形边　指定多边形的边的长度。

（3）外接圆半径　指定从中心点到多边形的角的距离。

3.1.4　抛物线

选择“菜单(M)”→“插入(S)”→“曲线(C)”→“抛物线(O) ...”，或单击“曲线”选项卡“非关联”组中的“抛物线”按钮，打开“点”对话框，在图形区定义抛物线的顶点，打开如图 3-11 所示的“抛物线”参数输入对话框，在该对话框中输入用户所需的数值，单击确定按钮，即可绘制抛物线，如图 3-12 所示。

要说明的是，若“非关联”组没在“曲线”选项卡中，可通过以下方法进行设置：在搜索框中输入“抛物线”命令进行搜索，在列表框中列出的“抛物线”词条上右击，在弹出的快捷菜单中选择“在曲线选项卡上显示”即可。

图3-11　“抛物线”参数输入对话框

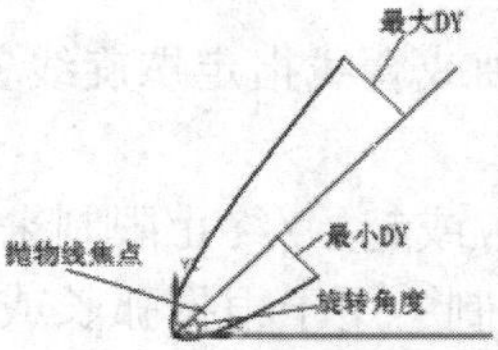

图3-12　绘制抛物线

3.1.5 双曲线

选择“菜单(M)”→“插入(S)”→“曲线(C)”→“双曲线(H) ...”，或单击“曲线”选项卡“非关联”组中的“双曲线”按钮，打开“点”对话框，在图形区定义双曲线中心点，打开如图 3-13 所示的“双曲线”参数输入对话框，在该对话框中输入用户所需的数值，单击确定按钮，即可绘制双曲线，如图 3-14 所示。

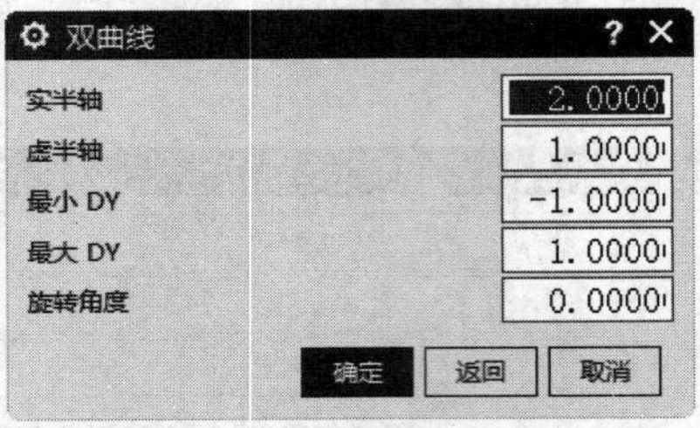

图3-13 “双曲线”参数输入对话框

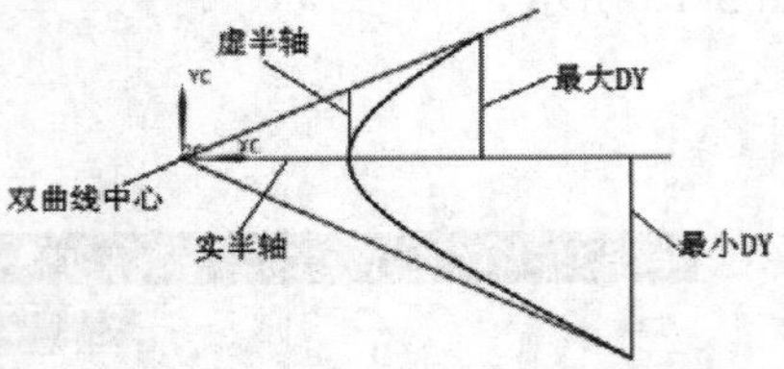

图3-14 绘制双曲线

3.1.6 螺旋

选择“菜单(M)”→“插入(S)”→“曲线(C)”→“螺旋(X) ...”，或单击“曲线”选项卡“高级”组中的“螺旋”按钮，打开如图 3-15 所示的“螺旋”对话框。

1. 类型

(1) 沿矢量　用于沿指定矢量创建直螺旋线。

(2) 沿脊线　用于沿所选脊线创建螺旋线。

2. 方位

定义螺旋曲线生成的方向。

3. 大小

(1) 规律类型　螺旋曲线每圈半径/直径按照指定的规律变化。

(2) 值　螺旋曲线每圈半径按照输入的值恒定不变。

4. 旋转方向

按照右手或左手法则确定曲线旋转方向。

5. 步距

沿螺旋轴或脊线指定螺旋线各圈之间的距离。

6. 长度

按照圈数或起始/终止限制来指定螺旋线长度。

(1) 限制　用于根据弧长或弧长百分比指定起点和终点位置。

(2) 圈数　表示螺旋曲线旋转圈数。

在如图 3-15 所示的对话框中输入用户所需的设置，即可绘制螺旋线，如图 3-16 所示。

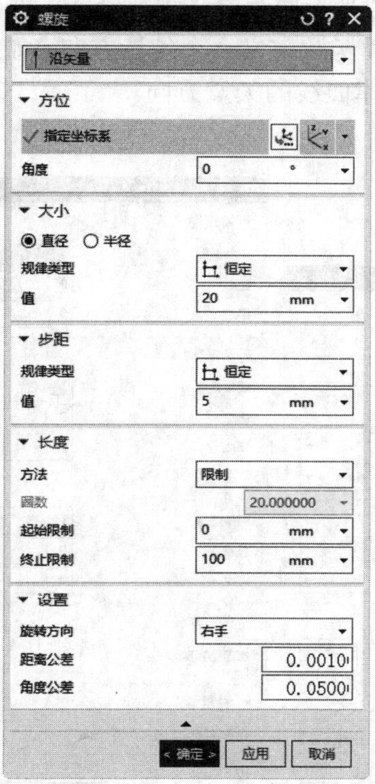

图3-15　“螺旋”对话框

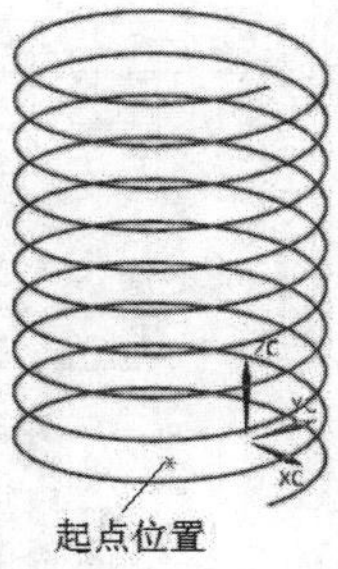

图3-16　绘制螺旋线

3.1.7　规律曲线

选择“菜单(M)”→“插入(S)”→“曲线(C)”→“规律曲线(W)...”，或单击“曲线”选项卡“高级”组→“更多库”→“高级库”中的“规律曲线”按钮，打开如图 3-17 所示的“规律曲线”对话框。

（1）（恒定）　定义某分量是常值，曲线在三维坐标系中表示为二维曲线。“规律类型”为“恒定”时对话框如图 3-18 所示。

（2）（线性）　定义曲线某分量的变化按线性变化。“规律类型”为“线性”时对话框如图 3-19 所示，在该对话框中指定起始点和终点，曲线某分析就在起点和终点之间按线性规律变化。

（3）（三次）　定义曲线某分量按三次多项式变化。

（4）（沿脊线的线性）　利用两个点或多个点沿脊线线性变化。当选择脊线后，指定若干个点，每个点可以对应一个数值。

（5）（沿脊线的三次）　利用两个点或多个点沿脊线三次多项式变化。当选择脊线后，指定若干个点，每个点可以对应一个数值。

（6）（根据方程）　利用表达式或表达式变量定义曲线某分量。在使用该选项前，应先在工具表达式中定义表达式或表达式变量。

（7）（根据规律曲线） 选择一条已存在的光滑曲线定义规律函数。在选择了这条曲线后，系统还需用户选择一条直线作为基线，为规律函数定义一个矢量方向，如果用户未指定基线，则系统会默认选择绝对坐标系的 X 轴作为规律曲线的矢量方向。

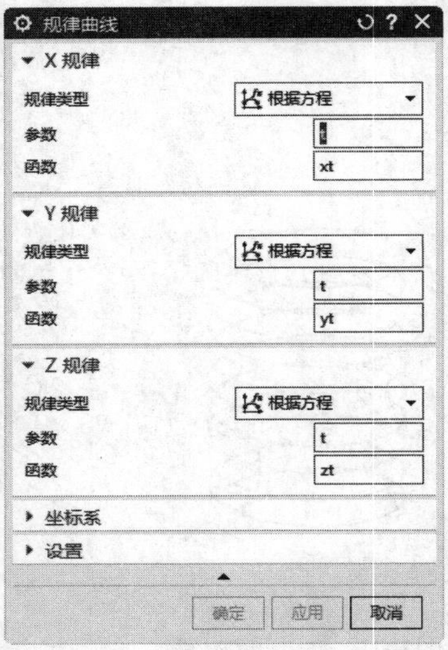

图3-17 “规律曲线”对话框

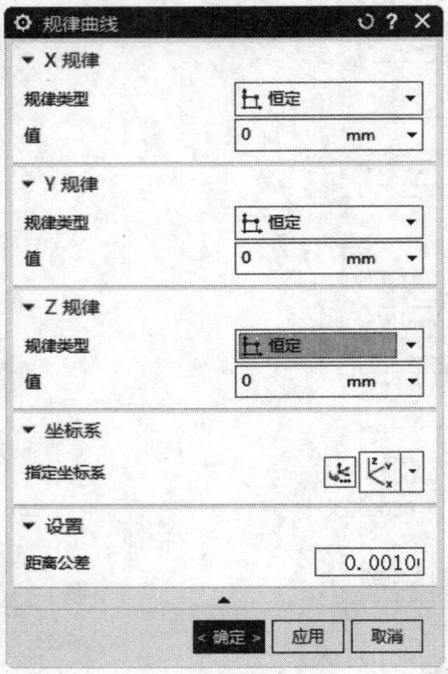

图3-18 “规律类型”为“恒定”

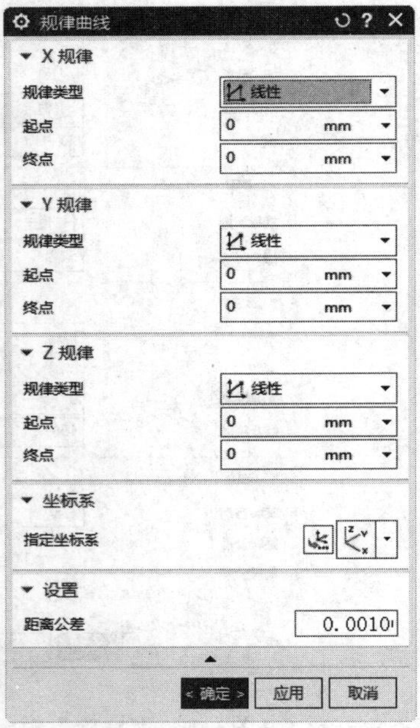

图3-19 “规律类型”为“线性”

3.1.8 实例——规律曲线

01 单击快速访问工具条中的“新建”按钮，打开“新建”对话框，在“模板”列表框中选择“模型”，输入“guilvquxian”，单击按钮，进入 UG NX 建模环境。

02 选择“菜单(M)”→“插入(S)”→“曲线(C)”→“规律曲线(W)...”，打开“规律曲线”对话框。

03 在“规律曲线”对话框中，将“X 规律”中的“规律类型”设置为“恒定”，在“值”文本框中输入 10（确定 X 分量的变化方式），如图 3-20 所示。

04 在“规律曲线”对话框中，将“Y 规律”中的“规律类型”设置为“线性”，在“起点”和“终点”文本框中分别输入 1 和 10（确定 Y 分量的变化方式），如图 3-20 所示。

05 在“规律曲线”对话框中，将“Z 规律”中的“规律类型”设置为“三次”，在“起点”和“终点”文本框中分别输入 5 和 15（确定 Z 分量的变化方式），如图 3-20 所示。

06 在“规律曲线”对话框中，默认系统给定的曲线坐标系方向，单击按钮，绘制规律曲线如图 3-21 所示。

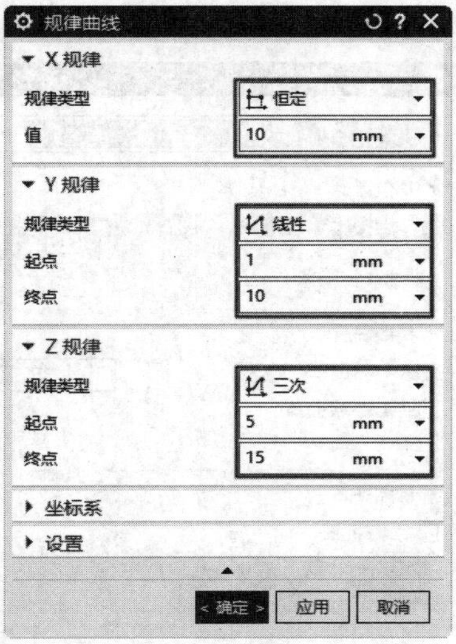

图 3-20 “规律曲线”对话框

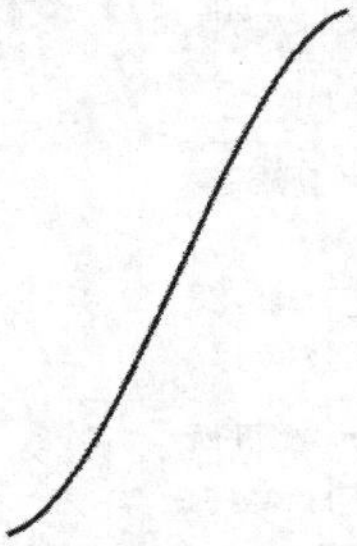

图 3-21 绘制规律曲线

3.1.9　艺术样条

选择“菜单(M)”→“插入(S)”→“曲线(C)”→“艺术样条(D)...”，或单击“曲线”选项卡“基本”组中的“艺术样条”按钮，打开如图 3-22 所示的“艺术样条”对话框。

1. 类型

（1）根据极点　通过延伸曲线使其穿过定义点来创建样条，如图 3-22a 所示。

（2）通过点　通过构造和操控样条极点来创建样条，如图 3-22b 所示。

2. 参数设置

（1）次数　用户设置的控制点数必须至少为曲线次数加 1，否则无法创建样条曲线。

（2）单段　此方式只能产生一个节段的样条曲线。（仅当类型设置为根据极点时可用。）

（3）封闭　用于设定随后生成的样条曲线是否封闭。勾选此复选框，所创建的样条曲线起点和终点会在同一位置，生成一条封闭的样条曲线，否则生成一条开放的样条曲线。

（4）匹配的结点位置　仅在定义点所在的位置放置结点。该选项仅当类型设置为“通过点”时可用。

3. 制图平面

指定要在其中创建和约束样条的平面。

约束到平面：勾选该复选框，可将制图平面约束到 CSYS 的 X-Y 平面。未勾选此复选框，则将制图平面约束到一个可用的其他平面。

4. 移动

在指定的方向上或沿指定的平面移动样条点和极点。

（1）工作坐标系　在工作坐标系的指定 X、Y 或 Z 方向上或沿工作坐标系的一个主平面移动点或极点。

（2）视图　相对于视图平面移动极点或点。

（3）矢量　用于定义所选极点或多段线的移动方向。

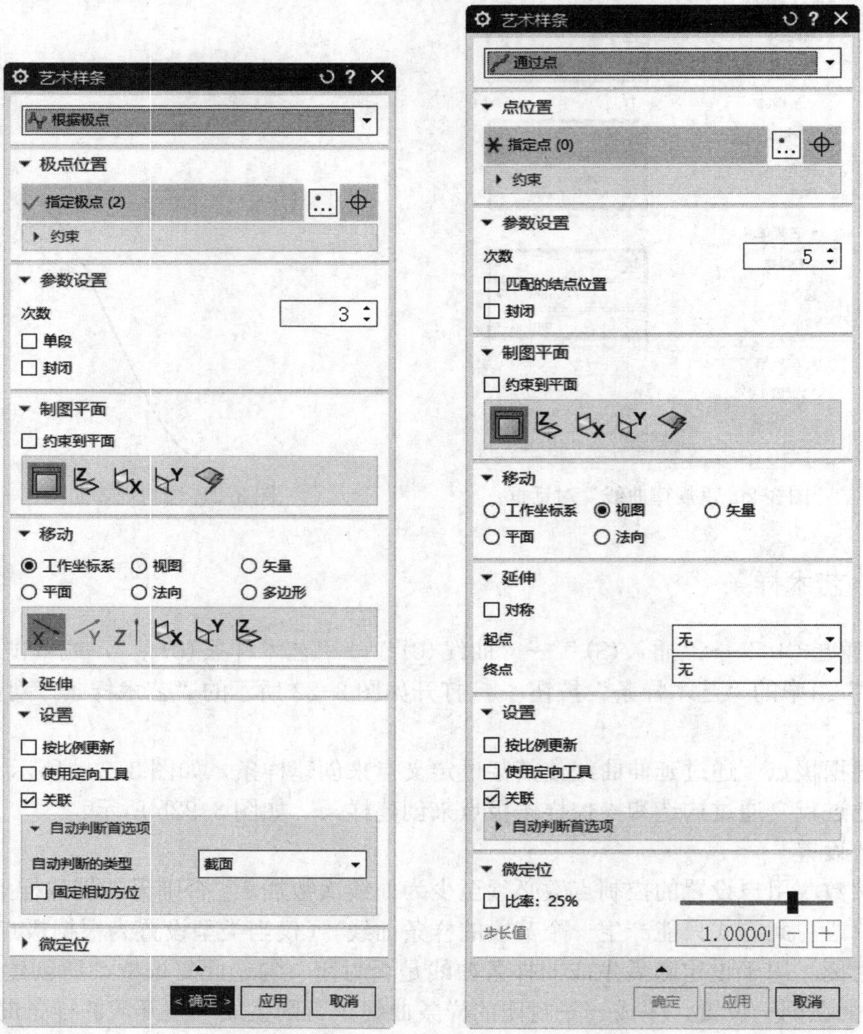

a）　　　　　　　　　　　　b）

图3-22 “艺术样条”对话框

（4）平面　选择一个基准平面、基准 CSYS 或使用指定平面来定义一个平面，以在其中移动选定的极点或曲线。

（5）法向　沿曲线的法向移动点或极点。

3.1.10　文本

选择“菜单(M)”→“插入(S)”→“曲线(C)”→“文本（T）…”，或单击“曲线”选项卡“基本”组中的“文本”按钮**A**，打开如图 3-23 所示的“文本”对话框。该对话框可用于给指定几何体创建文本。给圆弧创建的文本如图 3-24 所示。

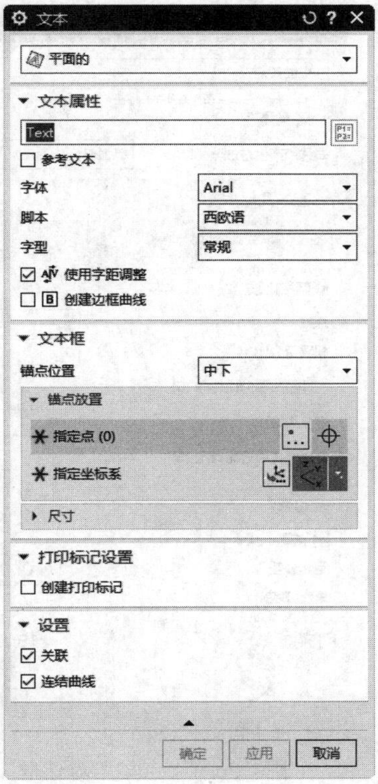

图3-23　“文本”对话框

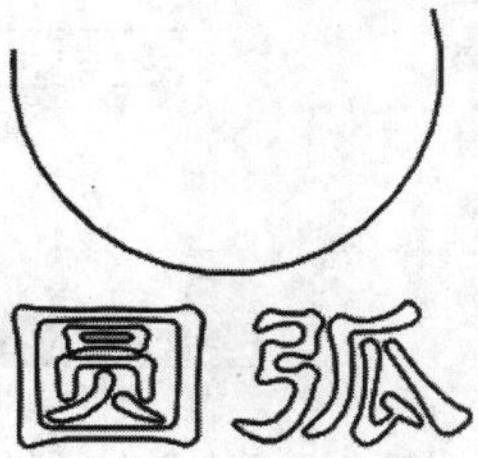

图3-24　给圆弧创建文本

3.1.11　点

选择“菜单(M)”→“插入(S)”→“基准(D)”→“点(P)...”，或单击“曲线”选项卡“基本”组中的“点”按钮+，打开如图 3-25 所示的“点”对话框。利用该对话框可在视图中创建相关点和非相关点。

3.1.12　点集

选择“菜单(M)”→“插入(S)”→“基准(D)”→“点集(S)...”，或单击“曲线”选项卡“基本”组中的“点集”按钮，打开如图 3-26 所示的“点集”对话框。

1. 曲线点

用于在曲线上创建点集。

（1）曲线点产生方法　在下拉列表中可选择曲线上点的创建方法。

1）等弧长：用于在点集的起始点和结束点之间按点间等弧长来创建指定数目的点集。例如，在图形区选择要创建点集的曲线，在“点集”对话框中的“点数”“起始百分比”和“终止百分比”文本框中分别输入 8、0 和 100，可创建如图 3-27 所示的以等弧长方式创建的点集。

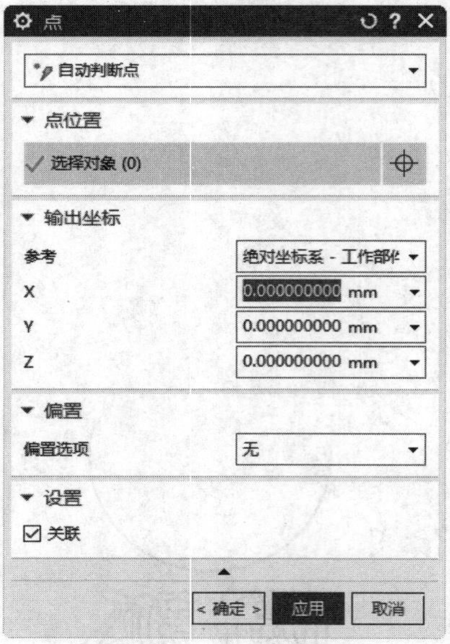

图3-25 “点”对话框

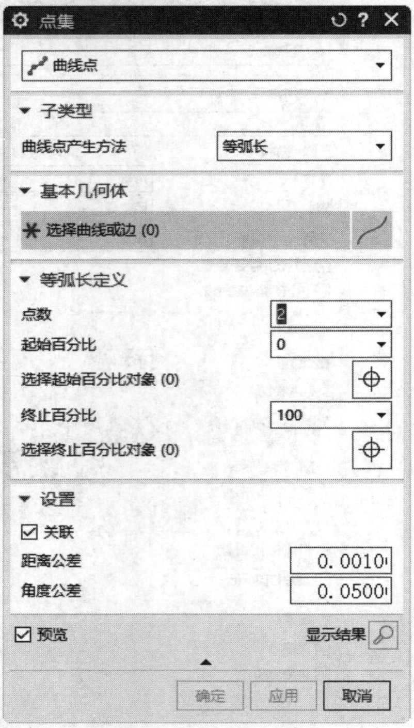

图3-26 “点集”对话框

2）等参数：用于以曲线曲率的大小来确定点集的位置。曲率越大，产生点的距离越大，反之则越小。例如，在“点集”对话框中的“曲线点产生方法”下拉列表中选择“等参数”，在“点数”“起始百分比”和“终止百分比”文本框中分别输入 8、0 和 100，可创建如图 3-28 所示的以等参数方式创建的点集。

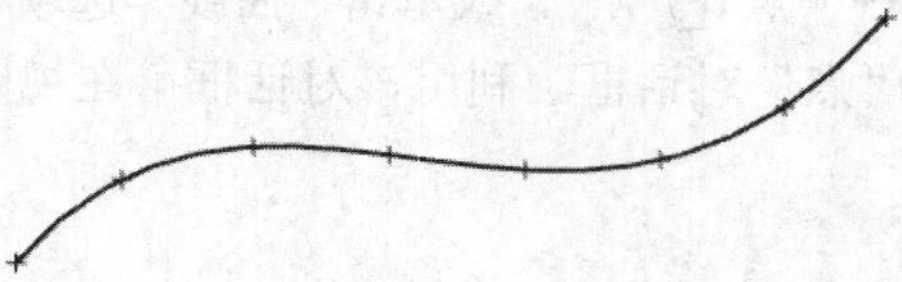

图3-27 以等弧长方式创建的点集

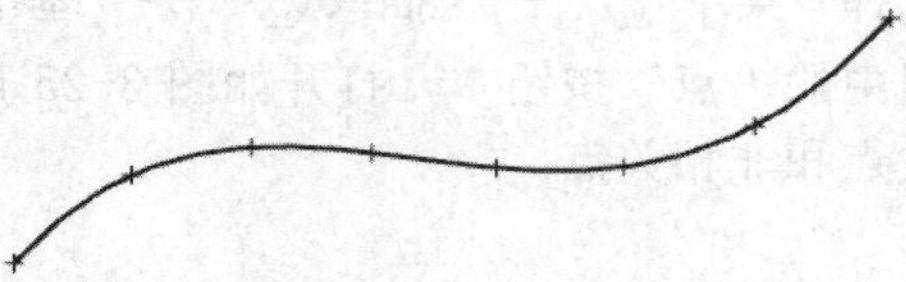

图3-28 以等参数方式创建的点集

3）几何级数：在“点集”对话框中的“曲线点产生方法”下拉列表中选择“几何级数”，则在该对话框中会多出一个“比率”文本框，在设置完其他参数后，还需要指定一个比率值来确定点集中彼此相邻的后两点之间的距离与前两点距离的倍数。例如，在“点数”“起始百分比”“终止百分比”和“比率”文本框中分别输入 8、0、100 和 2，可创建如图 3-29 所示的以几何级数方式创建的点集。

4）弦公差：在“点集”对话框中的“曲线点产生方法”下拉列表中选择“弦公差”，可根据所给出弦公差值的大小来确定点集的位置。弦公差值越小，产生的点数越多，反之则越少。例如，弦公差值为 1 时，以弦公差方式创建的点集如图 3-30 所示。

5）增量弧长：在“点集”对话框中的“曲线点产生方法”下拉列表中选择“增量弧长”，可根据弧长的大小确定点集的位置（按照顺时针方向生成各点），而点数的多少则取决于曲线总长及两点间的弧长。例如，弧长值为 1 时，以增量的弧长方式创建的点集如图 3-31 所示。

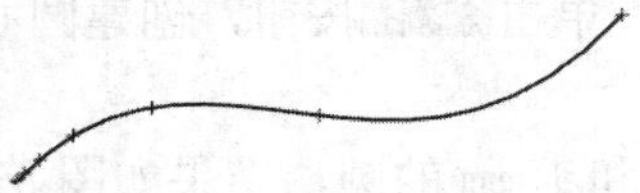
图3-29　以几何级数方式创建的点集

图3-30　以弦公差方式创建的点集

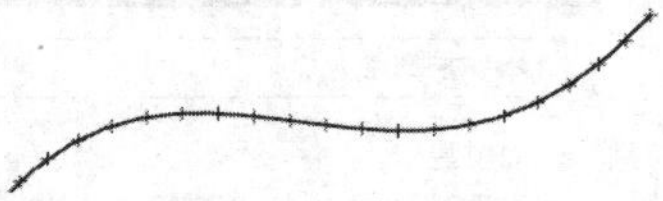
图3-31　以增量弧长方式创建的点集

6）投影点：用于通过指定点来确定点集。

7）曲线百分比：用于通过曲线上的百分比位置来确定点。

2. 样条点

（1）样条点类型

1）定义点：利用绘制样条曲线时的定义点来创建点集。

2）结点：利用绘制样条曲线时的节点来创建点集。

3）极点：利用绘制样条曲线时的极点来创建点集。

（2）选择样条　单击该按钮，可以选取新的样条来创建点集。

3. 面的点

用于产生曲面上的点集。

（1）面点产生方法

1）阵列：用于设置点集的边界。其中，“对角点”用于以对角点方式来限制点集的分布范围，选中该单选按钮时，系统会提示用户在绘图区中选取一点，完成后再选取另一点，这样就以这两点为对角点设置了点集的边界；“百分比”用于以曲面参数百分比的形式来限制点集的分布范围。

2）面百分比：用于通过在选定曲面上的 U、V 方向的百分比位置来创建该曲面上的点。

3）B 曲面极点：用于以 B 曲面控制点的方式创建点集。

（2）选择面　单击该按钮，可以选取新的面来创建点集。

3.1.13　实例——六角螺母

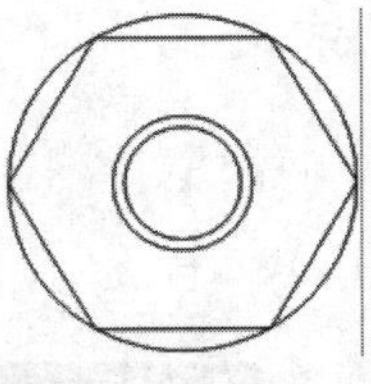
图3-32 六角螺母

创建如图 3-32 所示的六角螺母。

01 新建文件。单击快速访问工具条中的“新建”按钮，打开“新建”对话框，在“模板”列表框中选择“模型”，输入“liujiaoluomu”，单击确定按钮，进入 UG NX 建模环境。

02 创建圆。

❶选择“菜单(M)”→“插入(S)”→“曲线(C)”→“基本曲线（原有）(B)...”，打开如图 3-33 所示的“基本曲线”对话框。

❷单击“圆”按钮○，在“点方法”下拉列表中选择“点构造器”按钮...。

❸打开如图 3-34 所示的“点”对话框，在文本框中输入 0、0、0，作为圆心，单击确定按钮。再次打开“点”对话框，在文本框中输入 5、0、0，单击确定按钮，创建圆心在原点、半径为 5mm 的圆。

❹方法同上，继续创建圆心在坐标原点、半径为 6mm 和 15mm 的圆，结果如图 3-35 所示。

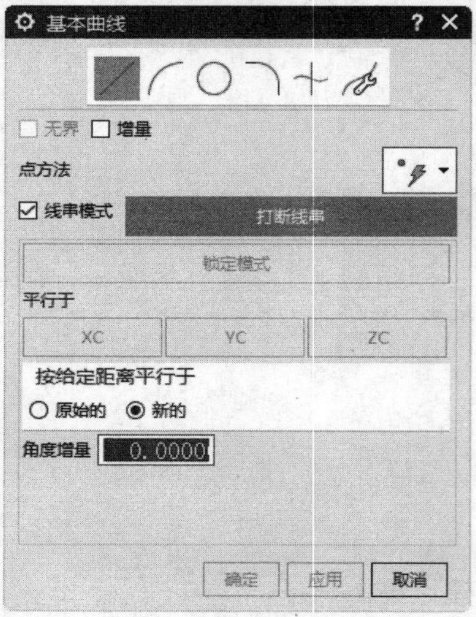

图3-33 “基本曲线”对话框

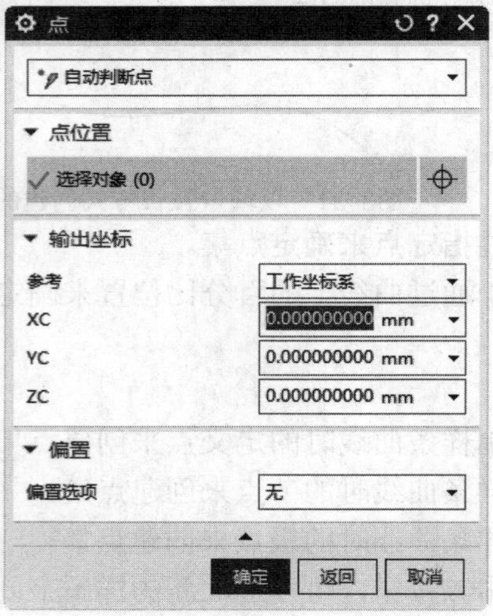

图3-34 “点”对话框

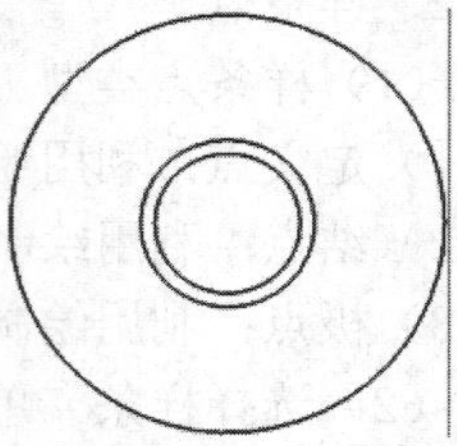

图3-35 绘制圆

03 创建多边形。

❶选择“菜单(M)”→“插入(S)”→“曲线(C)”→“多边形（原有）(P)…”，打开“多边形”对话框 1，在“边数”文本框中输入 6，单击确定按钮，打开“多边形”对话框 2，选择“外接圆半径”选项，打开“多边形”对话框 3，在“圆半径”文本框中输入 15，在“方位角”文本框中输入 0，如图 3-36 所示。

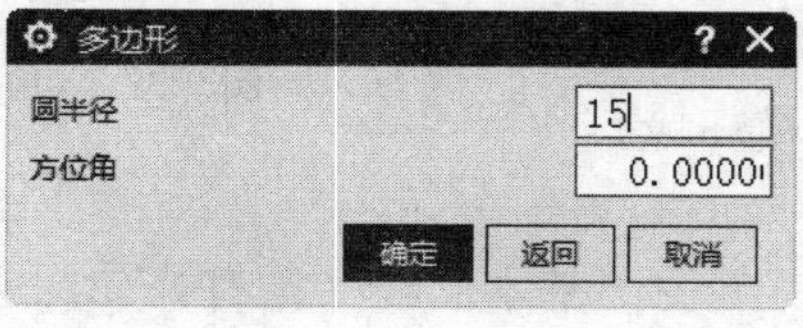

图3-36 “多边形”对话框3

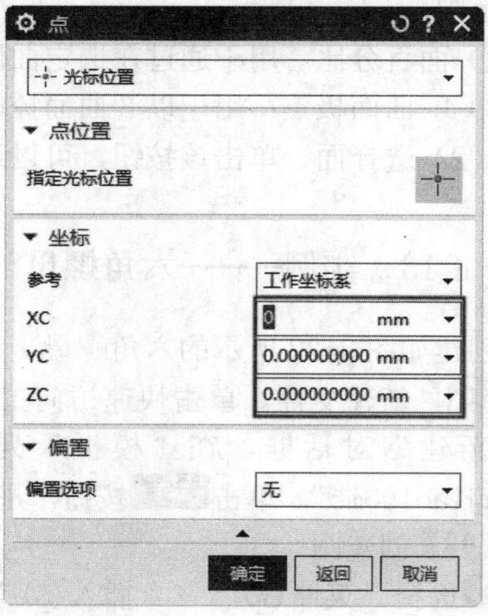

图3-37 “点”对话框

❷单击确定按钮，打开“点”对话框，在文本框中输入 0、0、0 作为多边形的中心点，

如图 3-37 所示。单击确定按钮，生成多边形，结果如图 3-32 所示。单击取消按钮，结束命令。

3.2 派生曲线

派生曲线主要包括相交曲线、截面曲线、抽取曲线、偏置曲线和投影曲线等。

3.2.1 相交曲线

相交曲线是利用两个曲面相交生成的交线。

选择“菜单(M)”→“插入(S)”→“派生曲线(U)”→“相交(I)曲线...”，或单击“曲线”选项卡“派生”组中的“相交曲线”按钮，打开如图 3-38 所示的“相交曲线”对话框。该对话框可用于创建两组对象的交线，各组对象可以为一个或多个曲面（若为多个曲面必须属于同一实体）和参考面、片体、实体。

（1）第一组　用于确定欲产生交线的第一组对象。

（2）第二组　用于确定欲产生交线的第二组对象。

（3）保持选定　用于设置在单击应用按钮后，是否自动重复选择第一组或第二组对象的操作。

（4）指定平面　用于设定第一组或第二组对象的选择范围为平面或参考面或基准面。

（5）高级曲线拟合　用于设置曲线拟合的方式。

（6）距离公差　用于设置距离公差。

两组对象进行相交创建的相交曲线如图 3-39 所示。

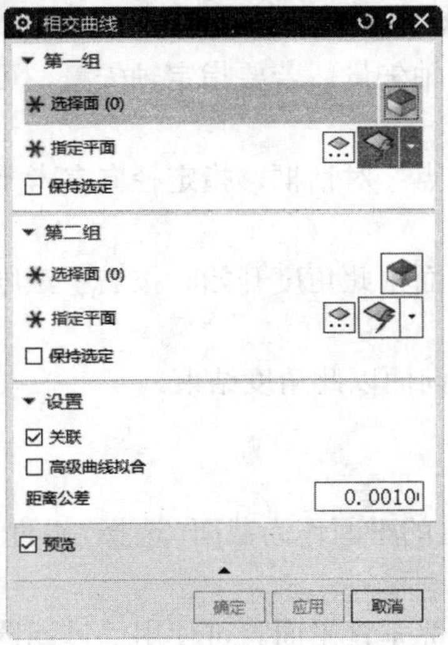

图3-38　“相交曲线”对话框

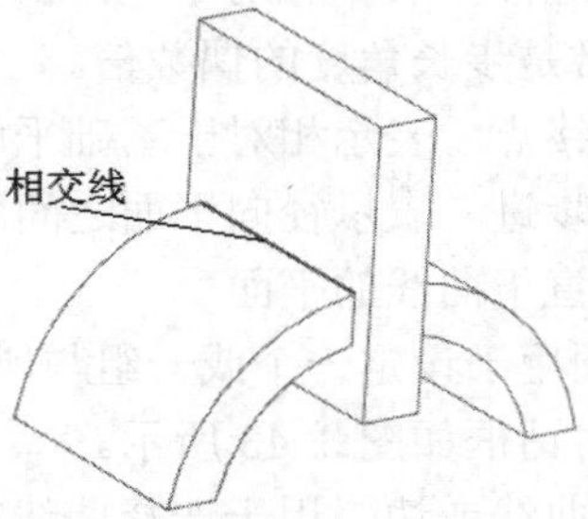

图3-39 创建相交曲线

3.2.2 截面曲线

选择“菜单(M)”→“插入(S)”→“派生曲线(U)”→“截面曲线(N)...”，或单击“曲线”选项卡“派生”组“更多库”→“从体库”中的“截面曲线”按钮，打开如图 3-40 所示的“截面曲线”对话框。该对话框可用于将设定的截面与选定的表面或平面等对象相交，生成相交的几何对象。一个平面与曲线相交会建立一个点，一个平面与一表面或一平面相交会建立一截面曲线。

1. 选定的平面

该选项用于指定单独平面或基准平面来作为截面。

（1）要剖切的对象　用来选择将被截取的对象。需要时，可以使用“过滤器”选项辅助选择所需对象。可以将过滤器选项设置为任意、体、面、曲线、平面或基准平面。

（2）剖切平面　用来选择已有平面或基准平面，或使用平面子功能定义临时平面。需要注意的是，如果勾选“关联”，则平面子功能不可用，此时必须选择已有平面。

2. 平行平面

该选项用于设置一组等间距的平行平面作为截面。选择“平行平面”类型后的对话框如图 3-41 所示。

（1）起点　该点是从基本平面测量的，正距离为显示的矢量方向。系统将生成适合指定限制的平面数。输入的距离值不必恰好是步长距离的偶数倍。

（2）终点　表示终止平行平面和基准平面的间距。

（3）步进　指定每个临时平行平面之间的相互距离。

3. 径向平面

该选项从一条普通轴开始以扇形展开生成按等角度间隔的平面，以用于选中体、面和曲线的截取。选中“径向平面”类型后的对话框如图 3-42 所示。

（1）径向轴　用来定义径向平面绕其旋转的轴矢量。若要指定轴矢量，可使用“指定矢量”或矢量对话框。

（2）参考平面上的点　通过使用点方式或“点”对话框，指定径向参考平面上的点。径向参考平面是包含该点的唯一平面。

（3）起点　表示相对于基平面的角度，径向面由此角度开始。按右手法则确定正方向。限制角不必是步长角度的偶数倍。

（4）终点　表示相对于基础平面的角度，径向面以此角度结束。

（5）步进　表示径向平面之间所需的夹角。

4. 垂直于曲线的平面

该选项用于设定一个或一组与所选定曲线垂直的平面作为截面。选择“垂直于曲线的平面”类型后的对话框如图 3-43 所示。

（1）曲线或边　用于选择曲线或边以沿其计算垂直平面。可使用“过滤器”选项来辅助对象的选择，可以将过滤器设置为曲线或边。在选择曲线或边之前，先选择适合该操作的剖切对象。

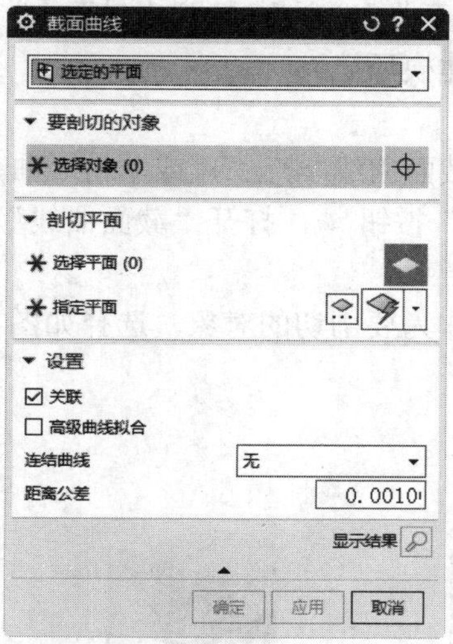

图3-40　“截面曲线”对话框

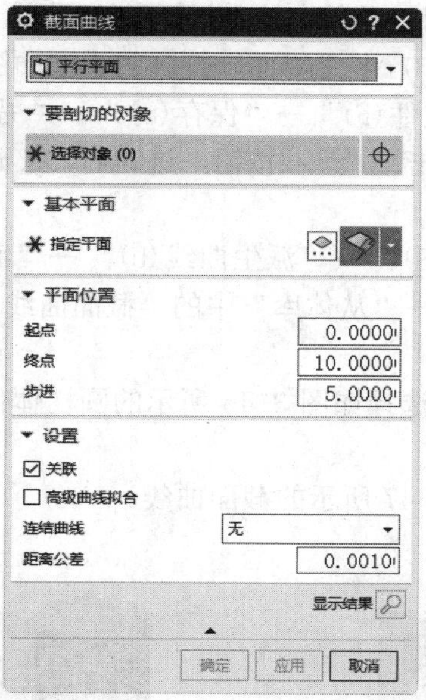

图3-41　选择“平行平面”类型

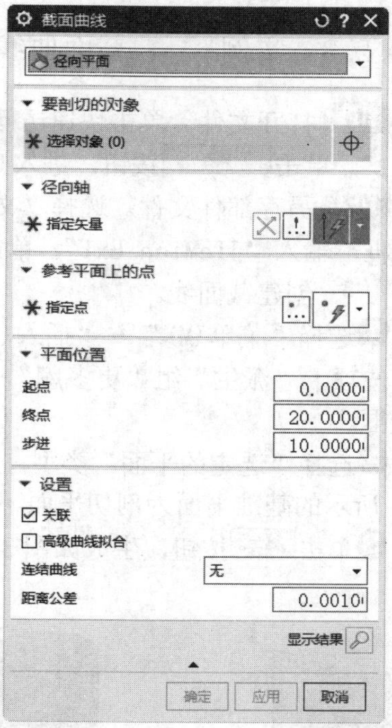

图3-42　选择“径向平面”类型

（2）间距

1）等弧长：沿曲线路径以等弧长方式间隔平面。必须在“副本数”文本框中输入截面平面的数目，以及平面相对于曲线全弧长的起始和终止位置的百分比值。

2）等参数：根据曲线的参数化法来间隔平面。必须在“副本数”文本框中输入截面平面的数目，以及平面相对于曲线参数长度的起始和终止位置的百分比值。

3）几何级数：根据几何级数比间隔平面。必须在“副本数”文本框中输入截面平面的数目，还须在“比例”文本框中输入数值，以确定起始和终止点之间的平面间隔。

4）弦公差：根据弦公差间隔平面。选择曲线或边后，定义曲线段使线段上的点距线段端点连线的最大弦距离，等于在“弦公差”文本框中输入的弦公差值。

5）增量弧长：以沿曲线路径递增的方式间隔平面。在“弧长”文本框中输入值，在曲线上以递增弧长方式定义平面。

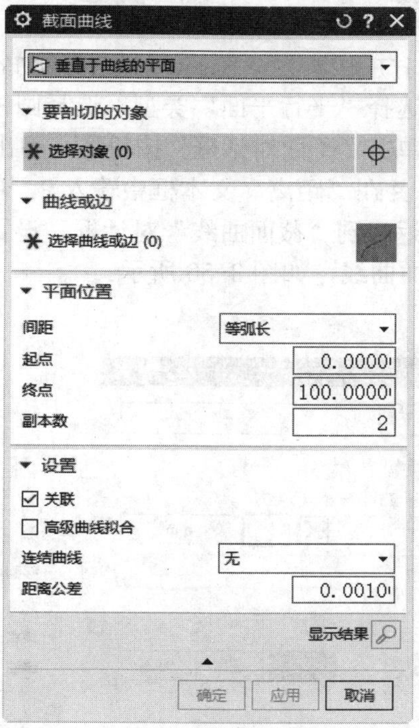

图3-43　选择“垂直于曲线的平面”类型

3.2.3　实例——截面曲线

01 打开文件。单击快速访问工具条中的“打开”按钮，打开“打开”对话框，输入“3-1”，单击 确定 按钮，进入 UG NX 主界面，打开的模型如图 3-44 所示。

02 另存部件文件。选择“文件(F)”→“保存(S)”→“另存为(A)...”，打开“另存为”对话框，输入“JieMian_Ex1”，单击 确定 按钮，进入 UG NX 建模环境。

03 创建截面线。

❶选择“菜单(M)”→“插入(S)”→“派生曲线(U)”→“截面曲线(N)...”，或单击“曲线”选项卡“派生”组“更多库”→“从体库”中的“截面曲线”按钮，打开“截面曲线”对话框。

❷选择“选定的平面”类型，选择如图 3-45 所示的圆柱体作为要剖切的对象，选择如图 3-46 所示的基准平面为剖切平面。

❸单击 应用 按钮，生成如图 3-47 所示的截面曲线。

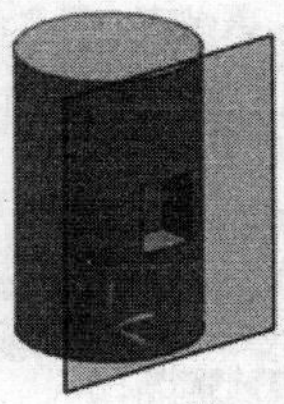
图3-44　打开模型

图3-45　选取要剖切的对象

图3-46　选取剖切平面

图3-47 生成截面曲线

❹选择“平行平面”类型，选择圆柱体为要剖切的对象。

❺单击“平面对话框”按钮，弹出如图 3-48 所示的“基准平面”对话框，选择“XC-YC 平面”，并在“距离”文本框中输入 9，单击 确定 按钮。

❻返回到“截面曲线”对话框，设置“平面位置”参数如图 3-49 所示。单击 确定 按钮，生成截面曲线，如图 3-50 所示。

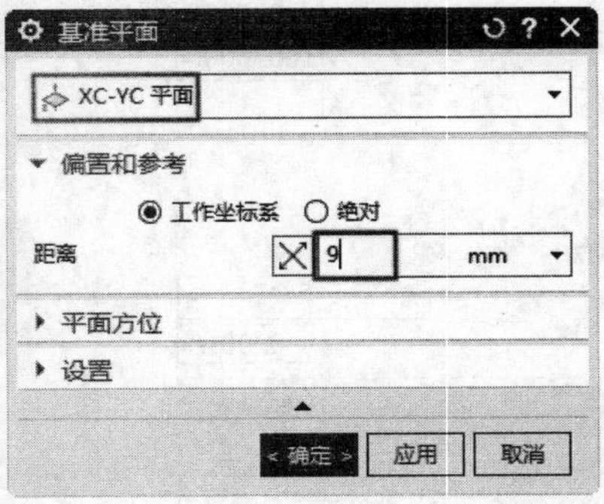

图 3-48 “基准平面”对话框

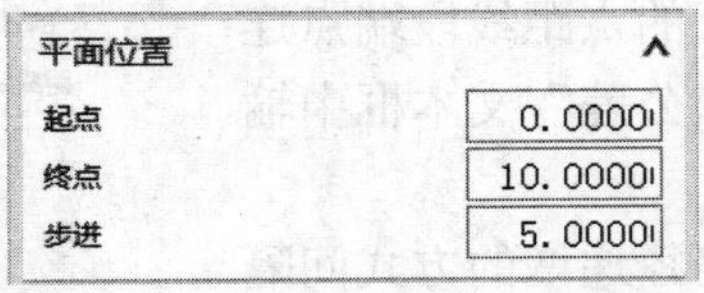

图 3-49 设置“平面位置”

图 3-50 生成截面曲线

3.2.4　抽取曲线

选择“菜单(M)”→“插入(S)”→“派生曲线(U)”→“抽取（原有）(E)...”，打开如图 3-51 所示的“抽取曲线”对话框。该对话框可用于基于一个或多个选项对象的边缘和表面生成曲线，抽取的曲线与原对象无相关性。

（1）边曲线　用于抽取表面或实体的边缘。单击该按钮，打开如图 3-52 所示的“单边曲线”对话框，系统提示用户选择边缘，单击确定按钮，即可抽取所选边缘。

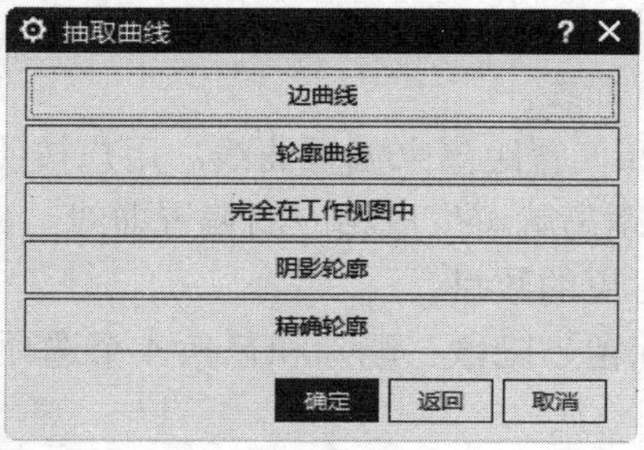

图3-51　“抽取曲线”对话框

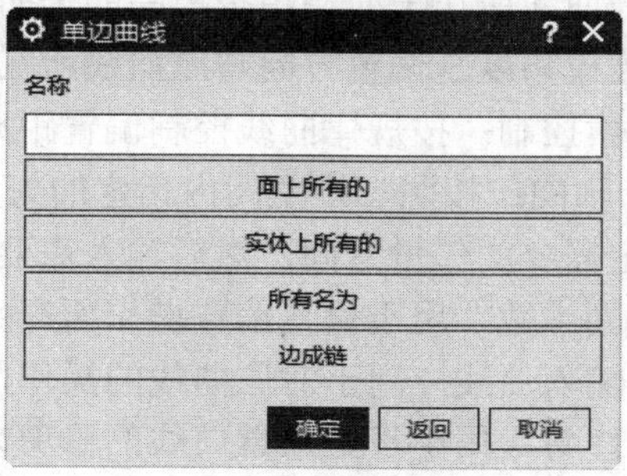

图3-52　“单边曲线”对话框

（2）轮廓曲线　用于从轮廓被设置为不可见的视图中抽取曲线，如抽取球的轮廓线如图 3-53 所示。

（3）完全在工作视图中　用于对视图中的所有边缘抽取曲线。此时产生的曲线将与工作视图的设置有关。

（4）阴影轮廓　用于对选定对象的不可见轮廓线抽取曲线。

（5）精确轮廓　精确轮廓类似于阴影轮廓，不同之处在于可以使用任何显示模式，并且如果在图纸成员视图中抽取，生成的曲线只与视图相关。精确轮廓是真正的 3D 曲线创建算法，与阴影轮廓相比，它生成的轮廓显示精确得多。

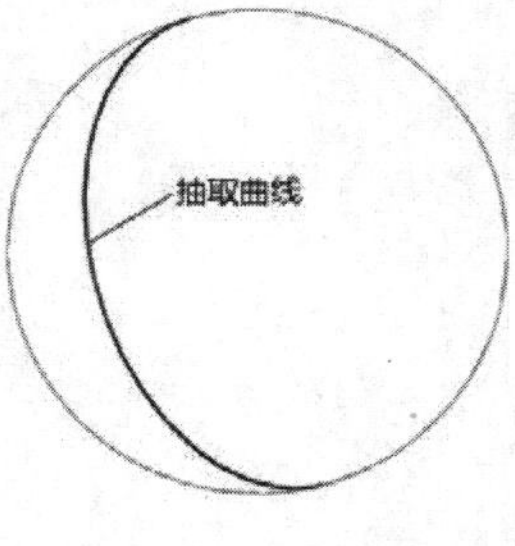

图3-53　以轮廓线方式抽取曲线

3.2.5　偏置曲线

偏置曲线用于对已存在的曲线以一定的偏置方式生成新的曲线。新生成的曲线与原曲线是相关的，即当原曲线发生改变时，新的曲线也会随之改变。

选择“菜单(M)”→“插入(S)”→“派生曲线(U)”→“偏置(O)...”，或单击“曲线”选项卡“派生”组中的“偏置曲线”按钮，打开如图 3-54 所示的“偏置曲线”对话框。

（1）偏置类型　用于设置曲线的偏置方式。

1）距离：依据给定的偏置距离来偏置曲线。选择该方式后，“距离”文本框被激活，在“距离”和“副本数”文本框中输入偏置距离和产生偏置曲线的数量，并设定好其他参数即可生成偏置曲线。

2）拔模：选择该方式后，“高度”和“角度”文本框被激活，在这两个文本框中分别输入用户所需的数值，然后设置好其他参数即可生成偏置曲线。基本思想是将曲线按指定的拔模角度偏置到与曲线所在平面相距拔模高的平面上。拔模高为原曲线所在平面和偏置后所在平面间的距离，拔模角度是偏置方向与原曲线所在平面的法向的夹角。

3）规律控制：按规律曲线控制偏置距离来偏置曲线。

4）3D 轴向：按照三维空间内指定的矢量方向和偏置距离来偏置曲线。用户按照生成矢量的方法指定需要的矢量方向，然后输入需要偏置的距离就可生成相应的偏置曲线。

（2）副本数　用于设置偏置操作所产生的新对象的数目。

（3）输入曲线　用于对原曲线的操作，包括保留、隐藏、删除和替换 4 个选项。

（4）修剪　用于设置偏置曲线的修剪方式。

1）无：表示偏置后的曲线既不延长相交也不彼此裁剪或倒圆角，如图 3-55 所示。

2）相切延伸：表示偏置后的曲线延长相交或彼此裁剪。选择该方式时，若不勾选“关联”复选框，则显示“延伸因子”文本框，在该文本框中输入延伸比例，如 10，则偏置曲线串中各组成曲线的端部延长值为偏置距离的 10 倍，若彼此仍不能相交，则以斜线与各组成曲线相连。若偏置曲线串中各组成曲线彼此交叉，则在其交点处裁剪多余部分，如图 3-56 所示。

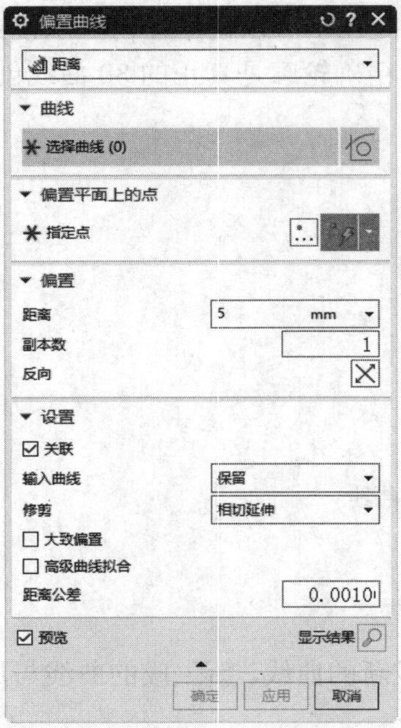

图3-54 “偏置曲线”对话框

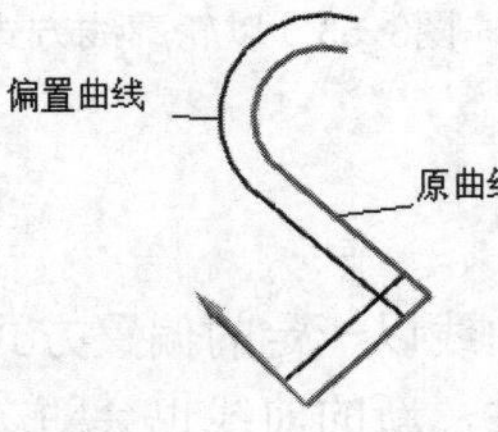

图3-55 “无”方式

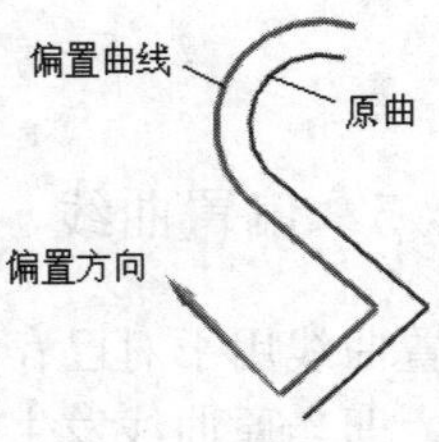

图3-56 “相切延伸”方式

3）圆角：表示若偏置曲线的各组成曲线彼此不相连接，则系统以半径值为偏置距离的圆弧将各组成曲线彼此相邻的端点相连；若偏置曲线的各组成曲线彼此相交，则系统在其交点处裁剪多余部分。选择“圆角”方式后，沿偏置方向和偏置方向反向生成的偏置曲线如图 3-57 所示。

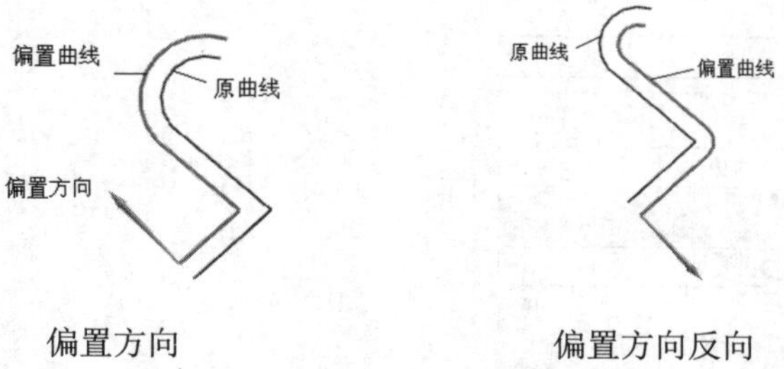

图3-57　“圆角”方式

3.2.6　在面上偏置曲线

选择“菜单(M)”→“插入(S)”→“派生曲线(U)”→“在面上偏置(F)...”，或单击“曲线”选项卡“派生”组中的“在面上偏置”按钮，打开如图 3-58 所示的对话框。

1.类型

（1）恒定　生成的曲线与面内原始曲线的偏置距离为恒定。

（2）可变　用于通过规律类型指定与原始曲线上点位置之间的不同距离，以在面中创建可变曲线。

2. 方向和方法

（1）偏置方向

1）垂直于曲线：沿垂直于输入曲线相切矢量的方向创建偏置曲线。

2）垂直于矢量：用于指定一个矢量，确定与偏置曲线垂直的方向。

（2）偏置法

1）弦：沿曲线弦长创建偏置曲线。

2）弧长：沿曲线弧长创建偏置曲线。

3）测地线：沿曲面最小距离创建偏置曲线。

4）相切：沿曲面的切线方向创建偏置曲线。

5）投影距离：沿投影距离创建偏置曲线。

3. 修剪和延伸偏置曲线

（1）在截面内修剪至彼此　修剪同一截面内两条曲线之间的拐角。延伸两条曲线的切线形成拐角，并对切线进行修剪。

（2）在截面内延伸至彼此　延伸同一截面内两条曲线之间的拐角。延伸两条曲线的切线以形成拐角。

（3）修剪至面的边　将曲线修剪至面的边。

（4）延伸至面的边　将偏置曲线延伸至面边界。

（5）移除偏置曲线内的自相交　修剪偏置曲线的相交区域。

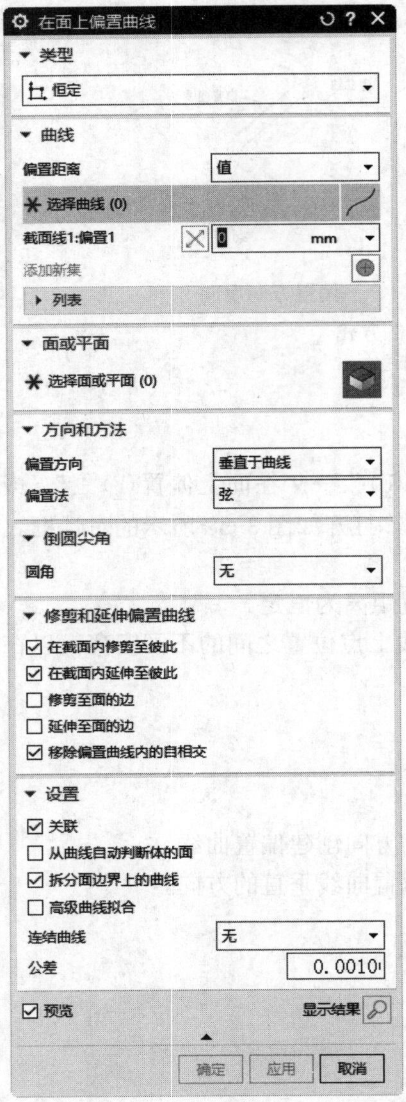

图 3-58　“在面上偏置曲线”对话框

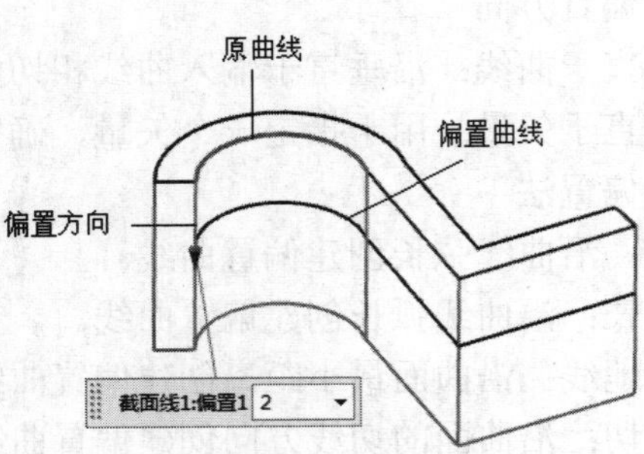

图 3-59　创建“在面上偏置曲线”

4. 公差

用于设置偏置曲线公差（其默认值在建模预设置对话框中设置）。公差值决定了偏置曲线与被偏置曲线的相似程度，选用默认值即可。

创建“在面上偏置曲线”的示意图如图 3-59 所示。

📖3.2.7　投影曲线

选择“菜单(M)”→“插入(S)”→“派生曲线(U)”→“投影(P)...”，或单击“曲线”选项卡“派生”组中的“投影曲线”按钮，打开如图 3-60 所示的“投影曲线”对话框。通过该对话框可将曲线或点沿某一方向投影到现有曲面、平面或参考平面上。如果投影曲线与面上的孔或面上的边缘相交，则投影曲线会被面上的孔或边缘所裁剪。

（1）要投影的曲线或点　用于确定要投影的曲线和点。

（2）指定平面　用于确定投影所在的表面或平面。

（3）方向　用于指定将对象投影到片体、面和平面上时所使用的方向。其下拉列表中包括“沿面的法向”“朝向点”“朝向直线”“沿矢量”和“与矢量成角度”5 种投影方式。

创建“投影曲线”的示意图如图 3-61 所示。

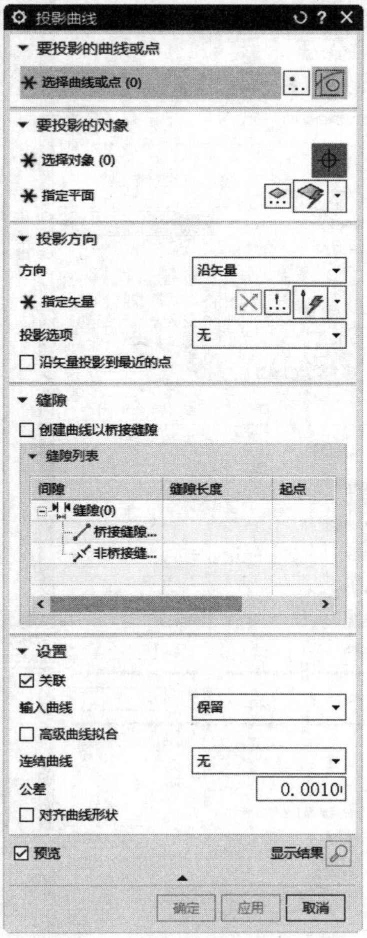

图3-60　“投影曲线”对话框

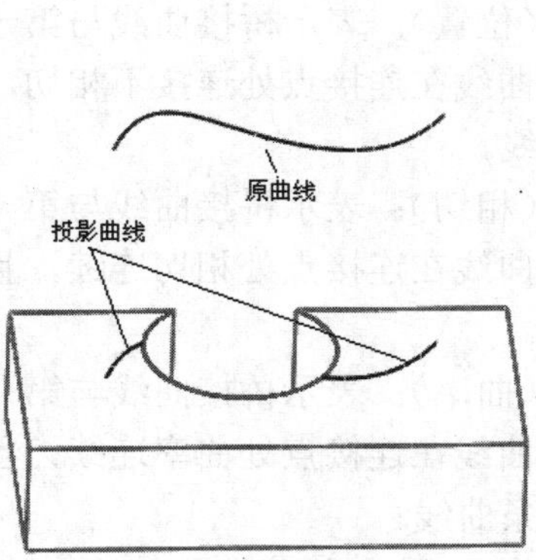

图3-61　创建“投影曲线”

3.2.8 镜像

选择“菜单(M)”→“插入(S)”→“派生曲线(U)”→“镜像(M)...”，或单击“曲线”选项卡“派生”组中的“镜像曲线”按钮，打开如图 3-62 所示的“镜像曲线”对话框。

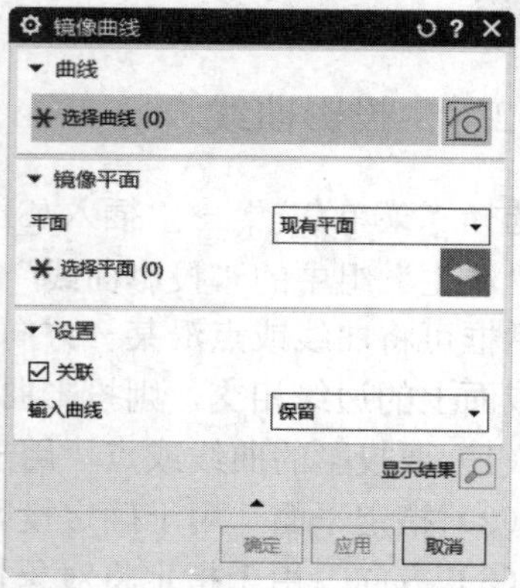

图3-62 “镜像曲线”对话框

（1）曲线　用于确定要镜像的曲线。

（2）镜像平面　可以直接选择现有平面或创建新的平面。

（3）关联　表示原曲线保持不变，在投影面上生成与原曲线相关联的投影曲线。只要原曲线发生变化，投影曲线也随之发生变化。

3.2.9 桥接

选择“菜单(M)”→“插入(S)”→“派生曲线(U)”→“桥接(B)...”，或单击“曲线”选项卡“派生”组中的“桥接”按钮，打开如图 3-63 所示的“桥接曲线”对话框。通过该对话框可将两条不同位置的曲线桥接。

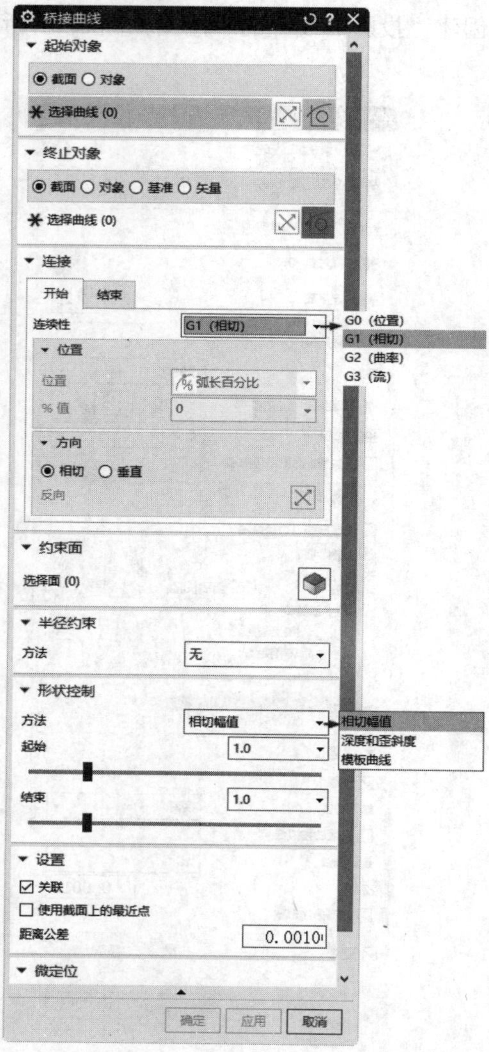

图3-63 “桥接曲线”对话框

1．起始对象

用于确定桥接曲线操作的第一个对象。

2．终止对象

用于确定桥接曲线操作的第二个对象。

3．连接

（1）连续性

1）G0（位置）：表示桥接曲线与第一条曲线、第二条曲线在连接点处连接不相切，且为三阶样条曲线。

2）G1（相切）：表示桥接曲线与第一条曲线、第二条曲线在连接点处相切连续，且为三阶样条曲线。

3）G2（曲率）：表示桥接曲线与第一条曲线、第二条曲线在连接点处曲率连续，且为五阶或七阶样条曲线。

4）G3（流）：表示桥接曲线与第一条曲线、第二条曲线在连接点处沿流线变化，且为五阶或七阶样条曲线。

（2）位置　可在文本框中输入数值，确定点在曲线上的百分比位置。

（3）方向　通过“点构造器”来确定点在曲线上的位置。

4．约束面

用于限制桥接曲线所在面。

5．形状控制

（1）相切幅值　通过改变桥接曲线与第一条曲线、第二条曲线连接点的切矢量值来控制桥接曲线的形状。切矢量值的改变是通过“起始”和“结束”滑尺或直接在第一条曲线和第二条曲线文本框中输入切矢量来实现的

（2）深度和歪斜度　当选择该形状控制方法时，“桥接曲线”对话框中会显示出“深度”和“歪斜度”选项，如图 3-64 所示。

1）深度：指桥接曲线峰值点的深度，即影响桥接曲线形状的曲率的百分比。其值的设置可拖动下面的滑尺或直接在“深度”文本框中输入百分比来实现。

2）歪斜度：指桥接曲线峰值点的倾斜度，即沿桥接曲线从第一条曲线向第二条曲线度量时峰值点位置的百分比。

（3）模板曲线　用于控制桥接曲线形状的参考样条曲线，是桥接曲线继承选定参考曲线的形状。

创建“桥接曲线”的示意图如图 3-65 所示。

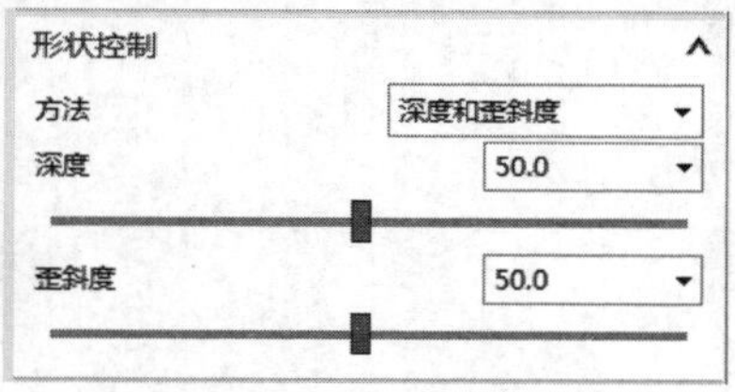

图3-64　“深度”和“歪斜度”选项

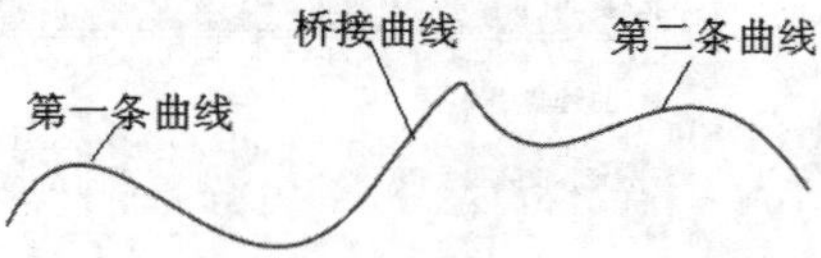

图3-65　创建“桥接曲线”

3.2.10　简化

选择“菜单(M)”→“插入(S)”→“派生曲线(U)”→“简化(S)...”，或单击“曲线”选项卡“更多库”中的“简化曲线”按钮，打开如图 3-66 所示的“简化曲线”对话框。通过该对话框可以一条最适当的逼近曲线来简化一组选择的曲线，将这组曲线简化为圆弧或直线的组合，即将高次方曲线降成二次方或一次方曲线。

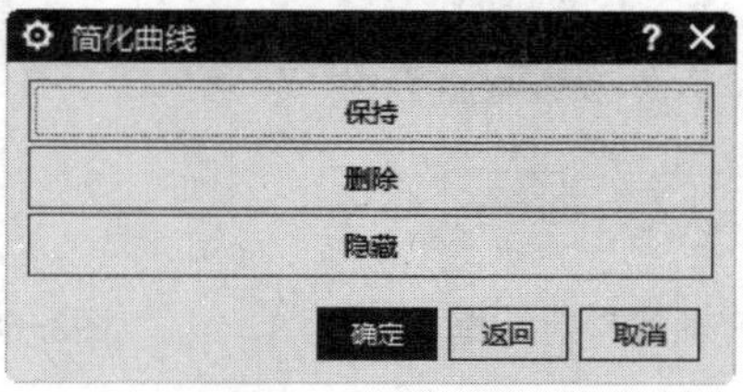

图3-66　“简化曲线”对话框

在“简化曲线”对话框中，选择原曲线的方式有“保持”“删除”和“隐藏”三种方式。选择“保持”选项，系统会提示用户在图形区选择要简化的曲线，用户最多可选取 512 条曲线。单击 确定 按钮，则系统用一条与其逼近的曲线来拟合所选的多条曲线。

3.2.11 缠绕/展开

选择“菜单(M)”→“插入(S)”→“派生曲线(U)”→“缠绕/展开曲线(W)...”，或单击“曲线”选项卡“派生”组“更多库”→“从曲线库”上的“缠绕/展开曲线”按钮，打开如图 3-67 所示的“缠绕/展开曲线”对话框。通过该对话框可将选定曲线由一平面缠绕在一锥面或柱面上生成一条缠绕曲线或将选定曲线由一锥面或柱面展开至一平面生成一条展开曲线。

（1）类型

1）缠绕：将曲线从一个平面缠绕到圆柱面或圆锥面上。

2）展开：将曲线从圆柱面或圆锥面上展开到平面。

（2）曲线或点　用于确定欲缠绕或展开的曲线。

（3）面　用于确定被缠绕对象的圆锥或圆柱的实体表面。

（4）平面　用于确定产生缠绕的与被缠绕表面相切的平面。

创建“缠绕曲线”的示意图如图 3-68 所示。

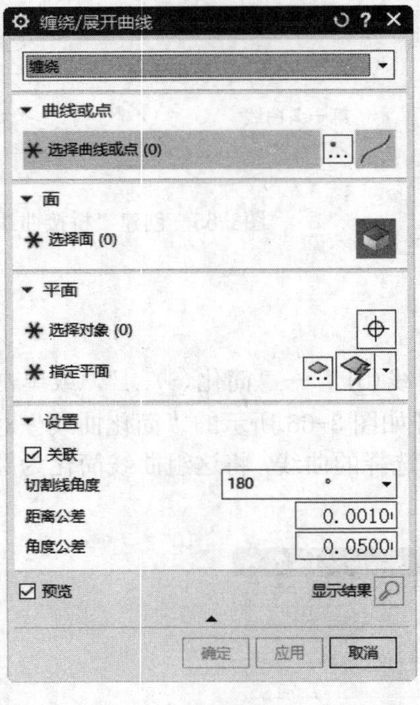

图3-67 “缠绕/展开曲线”对话框

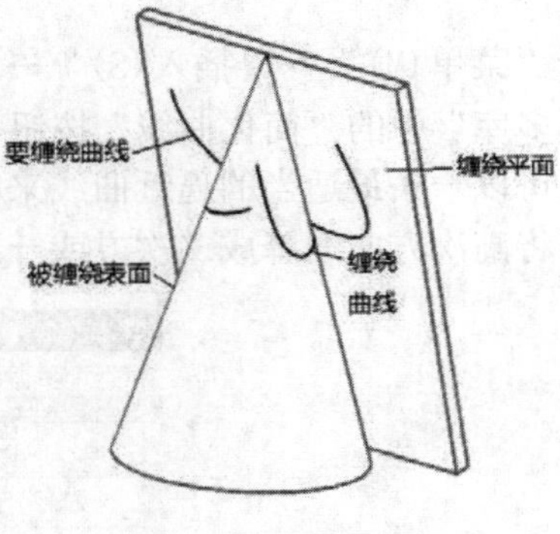

图3-68 创建“缠绕曲线”

3.2.12　组合投影

选择“菜单(M)”→“插入(S)”→“派生曲线(U)”→“组合投影(C)...”，或单击“曲线”选项卡“派生”组中的“组合投影”按钮，打开如图 3-69 所示的“组合投影”对话框。通过该对话框可将两条选定的曲线沿各自的投影方向投影生成一条新的曲线。需要注意的是，所选两条曲线的投影必须是相交的。

（1）曲线 1　用于确定欲投影的第一条曲线。

（2）曲线 2　用于确定欲投影的第二条曲线。

（3）投影方向 1　用于确定第一条曲线投影的矢量方向。

（4）投影方向 2　用于确定第二条曲线投影的矢量方向。

创建“组合投影”的示意图如图 3-70 所示。

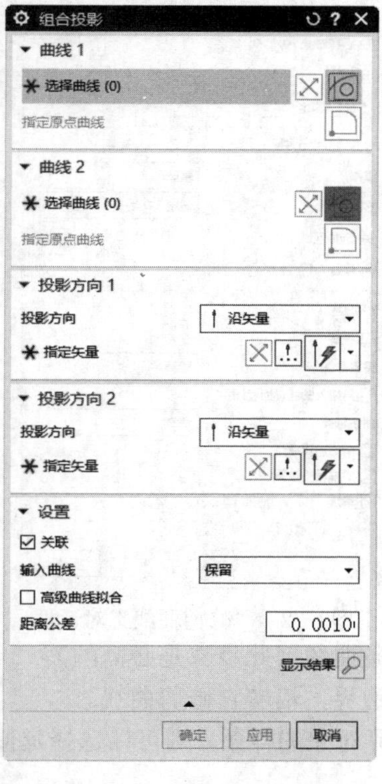

图 3-69　“组合投影”对话框

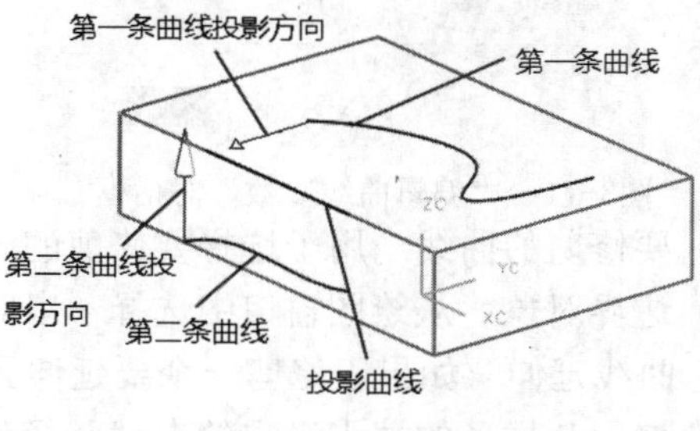

图 3-70　创建“组合投影”

3.3　曲线编辑

3.3.1　编辑曲线参数

选择“菜单(M)”→“编辑(E)”→“曲线(V)”→“参数(P)...”，或单击“曲线”选项卡

“编辑”组“更多库”→“形状”库中的“编辑曲线参数”按钮，打开如图 3-71 所示的“编辑曲线参数”对话框。在“编辑曲线参数”对话框中选取要编辑的曲线将弹出对话框，该对话框的类型由所选取的曲线类型决定。

3.3.2 修剪曲线

选择“菜单(M)”→“编辑(E)”→“曲线(V)”→“修剪(T)...”，或单击“曲线”选项卡“编辑”组中的“修剪曲线”按钮，打开如图 3-72 所示的“修剪曲线”对话框。

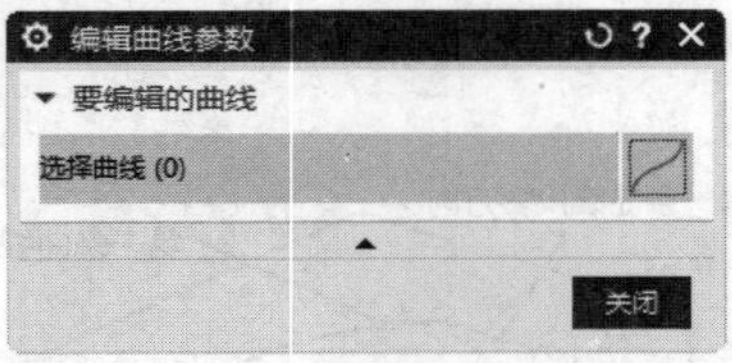

图3-71 “编辑曲线参数”对话框

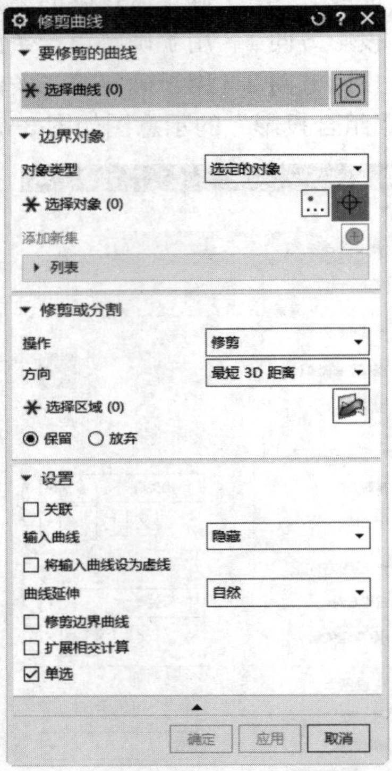

图3-72 “修剪曲线”对话框

（1）要修剪的曲线　用于选择要修剪的一条或多条曲线（此步骤是必需的）。

（2）边界对象　从绘图窗口中选择一串对象作为边界，沿着它修剪曲线。

（3）曲线延伸　如果正修剪一个要延伸到它的边界对象的样条，则可以选择延伸的形状。

1）自然：从样条的端点沿它的自然路径延伸。

2）线性：把样条从它的任一端点延伸到边界对象，样条的延伸部分是直线。

3）圆形：把样条从它的端点延伸到边界对象，样条的延伸部分是圆弧形。

4）无：对任何类型的曲线都不执行延伸。

（4）关联　勾选该复选框，可使输出的已被修剪的曲线相互关联。对曲线进行关联的修剪将生成一个 TRIM_CURVE 特征，它是原始曲线的复制、关联、被修剪的副本。

将原始曲线的线型改为虚线，可使其比被修剪的、关联的副本更容易被看到。如果输入参数改变，则关联的修剪的曲线会自动更新。

（5）输入曲线　该选项用于指定使输入曲线的被修剪的部分处于何种状态。

1）保留：表示输入曲线不受修剪曲线操作的影响，被“保留”在初始状态。

2）隐藏：表示输入曲线被渲染成不可见。

3）删除：表示通过修剪曲线操作把输入曲线从模型中删除。

4）替换：表示输入曲线被已修剪的曲线替换或“交换”。当使用“替换”时，原始曲线的子特征将成为已修剪曲线的子特征。

创建“修剪曲线”的示意图如图 3-73 所示。

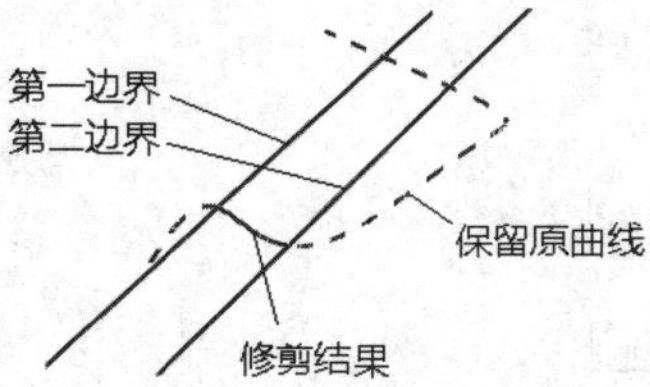

图3-73　创建“修剪曲线”

3.3.3　修剪拐角

选择“菜单(M)”→“编辑(E)”→“曲线(V)”→“修剪拐角（原有）(C)...”，打开如图 3-74 所示的“修剪拐角”对话框，系统提示用户选择两条相交曲线的交点处（即选择球应将两条曲线完全包围住），打开“快速拾取”对话框，选择要裁剪的对象，则相对于交点，被选择的部分被修剪掉（或被延伸至交点处）。

图3-74　“修剪...”对话框

需注意的是，当修剪包含圆的拐角时，修剪结果和圆的端点有关。选择不同圆端点修剪拐角的示意图如图 3-75 所示。

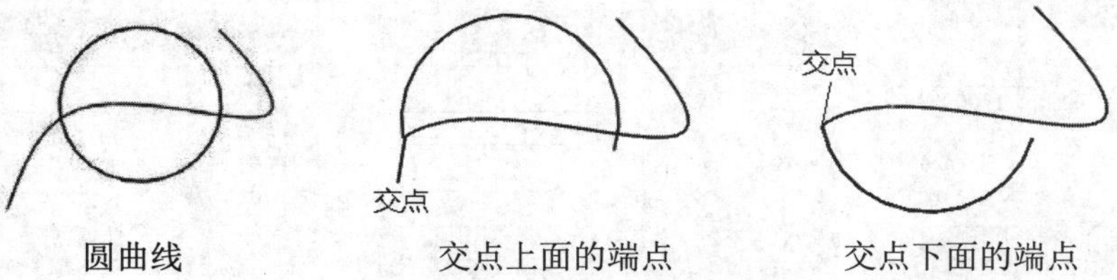

图3-75　选择不同圆端点修剪拐角

3.3.4　分割曲线

选择“菜单(M)”→“编辑(E)”→“曲线(V)”→“分割(D)...”，或单击“曲线”选项卡“非关联”组中的“分割曲线”按钮，打开如图 3-76 所示的“分割曲线”对话框。通过该对话框可将指定曲线按指定要求分割成多个曲线段，每一段为一独立的曲线对象。

（1）等分段　选择此类型，对话框如图 3-76 所示。通过该对话框可将曲线按指定的参数等分成指定的段数。

（2）按边界对象　选择此类型，对话框如图 3-77 所示。通过该对话框可以指定的边界对象将曲线分割成多段，曲线在指定的边界对象处断口。边界对象可以是点、曲线、平面或实体表面。

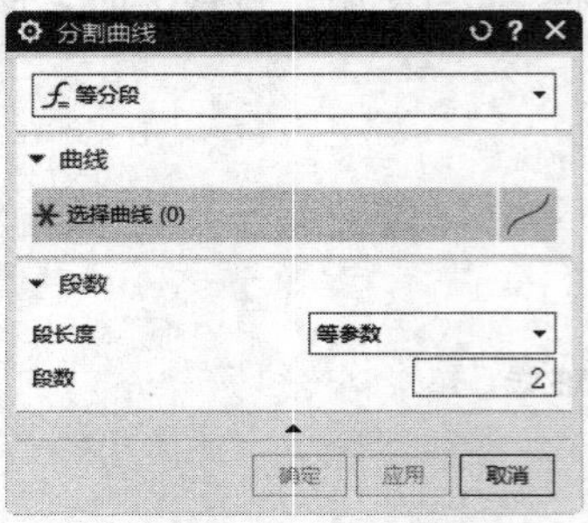

图3-76 “分割曲线”对话框

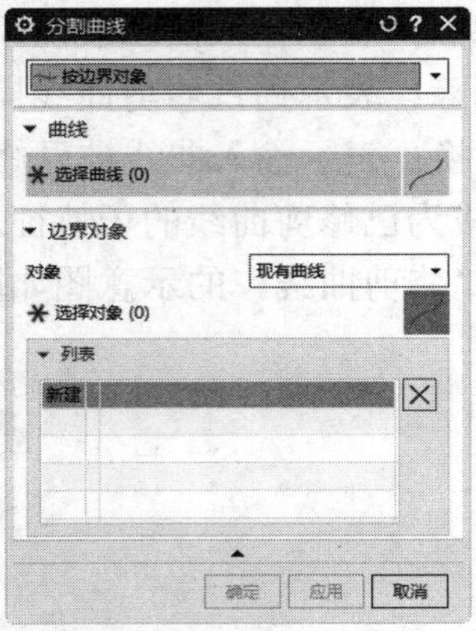

图3-77 选择“按边界对象”类型

（3）弧长段数 选择此类型，对话框如图 3-78 所示。通过该对话框可按照指定每段曲线的长度进行分段。

（4）在结点处 选择此类型，对话框如图 3-79 所示，通过该对话框可在指定节点处对样条进行分割，分割后将删除样条曲线的参数。

（5）在拐角上 选择此类型，对话框如图 3-80 所示，通过该对话框可在样条曲线的拐角处（斜率方向突变处）对样条进行分割。单击“选择曲线”按钮，选择要分割的样条曲线，系统会在样条曲线的拐角处分割曲线。

图3-78 选择“弧长段数”类型

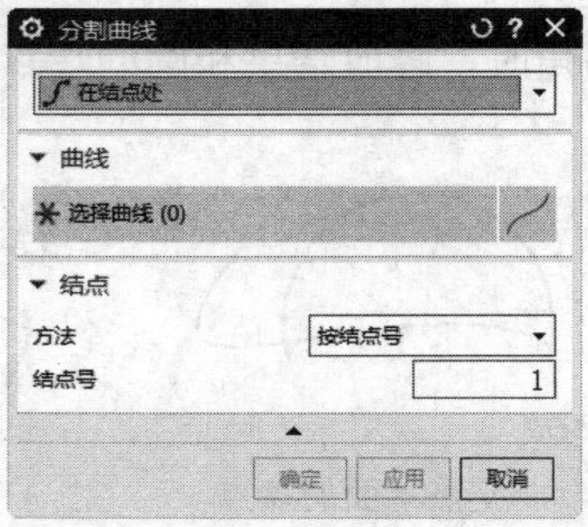

图3-79 选择“在结点处”类型

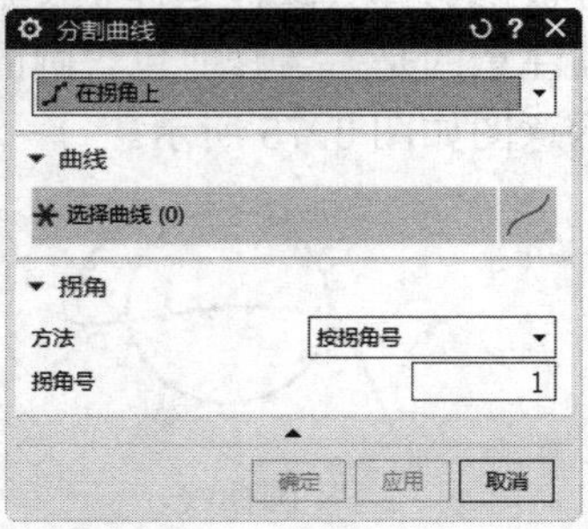

图3-80 选择“在拐角上”类型

3.3.5 拉长曲线

选择“菜单(M)”→“编辑(E)”→“曲线(V)”→“拉长（原有）(S)...”，打开如图 3-81 所示的“拉长曲线”对话框。通过该对话框可移动或拉长几何对象。如果选择的是对象的端点，则拉长该对象；如果选取的是对象端点以外的位置，则移动该对象。

（1）XC 增量、YC 增量和 ZC 增量 在文本框中可输入对象分别沿 XC、YC 和 ZC 坐标轴方向移动或拉长的位移。

（2）点到点 单击该按钮，打开“点”对话框。在该对话框中可定义一个参考点和一个目标点，系统则以该参考点至目标点的方向和距离移动或拉长对象。

创建“拉长曲线”的示意图如图 3-82 所示。

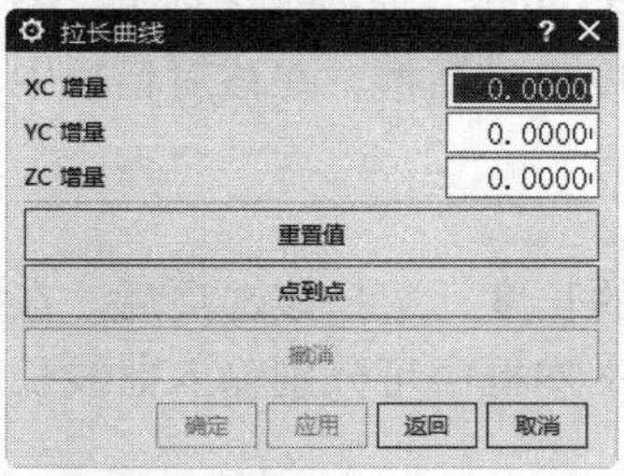

图3-81 “拉长曲线”对话框

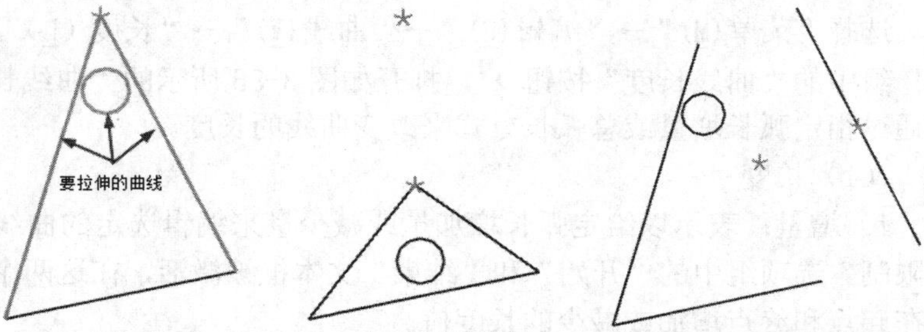

a）原曲线　b）拉长后的曲线　c）移动后的曲线

图3-82 创建“拉长曲线”

3.3.6 编辑圆角

选择“菜单(M)”→“编辑(E)”→“曲线(V)”→“圆角（原有）(F)...”，打开如图 3-83 所示的“编辑圆角”对话框。

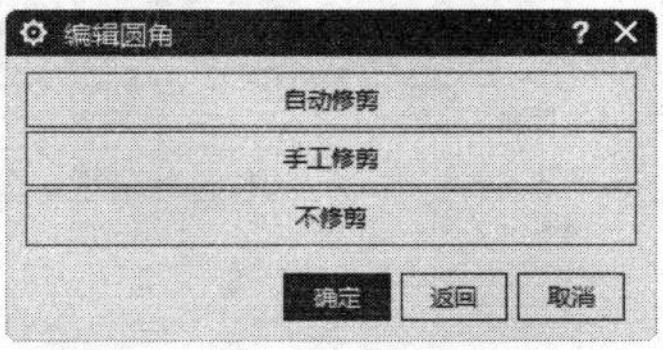

图3-83 “编辑圆角”对话框

（1）自动修剪　系统自动根据圆角来裁剪其两条连接曲线。单击该按钮，系统提示依次选择存在圆角的第一条连接曲线、圆角和第二条连接曲线，接着打开如图 3-84 所示的“编辑圆角”参数输入对话框。

1）半径：用于设定圆角的新半径值。

2）默认半径：用于设置“半径”文本框中的默认半径。

3）新的中心：勾选该复选框，可以通过设定新的一点改变圆角的大致圆心位置。取消勾选，仍以当前圆心位置来对圆角进行编辑。

（2）手工修剪　用于在用户的干预下修剪圆角的两条曲线。

（3）不修剪　不修剪圆角的两条连接曲线。

创建“编辑圆角”的示意图如图 3-85 所示。

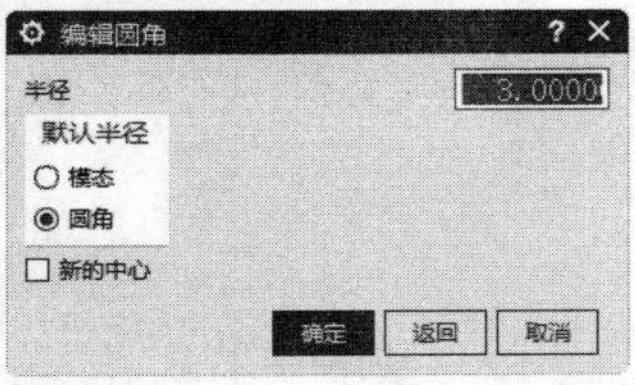

图3-84 “编辑圆角”参数输入对话框

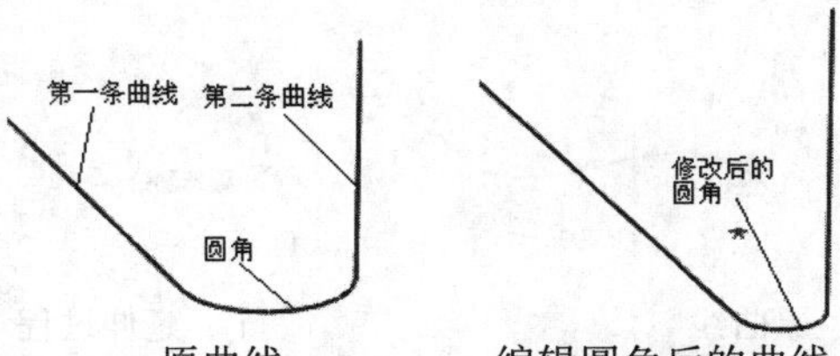

原曲线　编辑圆角后的曲线

图3-85 创建“编辑圆角”

3.3.7　编辑曲线长度

选择“菜单(M)”→“编辑(E)”→“曲线(V)”→“长度（L)”，或单击“曲线”选项卡“编辑”组中的“曲线长度”按钮，打开如图 3-86 所示的“曲线长度”对话框。在该对话框中可通过指定弧长增量或总弧长方式来改变曲线的长度。

（1）长度

1）增量：表示以给定弧长增加量或减少量来编辑选定的曲线的长度。选择该选项后，在“限制”选项组中的“开始”和“结束”文本框被激活，在这两个文本框中可分别输入曲线长度在起点和终点增加或减少的长度值。

2）总数：表示以给定总长来编辑选定曲线的长度。选择该选项，在“极限”选项组中的“全部”文本框被激活，在该文本框中可输入曲线的总长度。

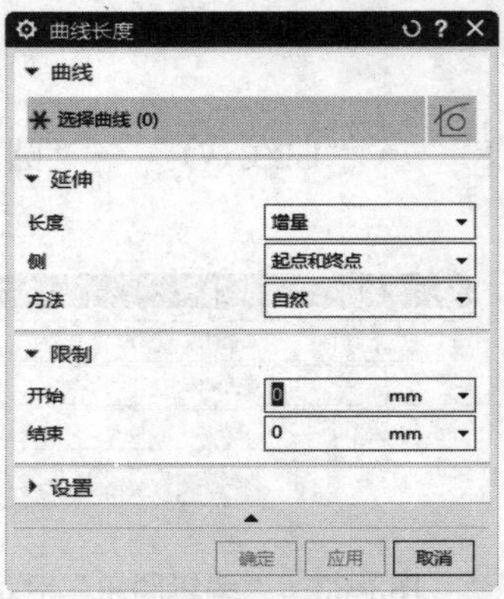

图3-86　“曲线长度”对话框

（2）侧

1）起点和终点：表示从选定曲线的起始点及终点开始延伸。

2）对称：表示从选定曲线的起始点及终点延伸一样的长度值。

（3）方法　用于确定所选样条延伸的形状。

1）自然：从样条的端点沿它的自然路径延伸。

2）线性：从任意一个端点延伸样条，它的延伸部分是线性曲线。

3）圆形：从样条的端点延伸它，它的延伸部分是圆弧。

创建“曲线长度”的示意图如图 3-87 所示。

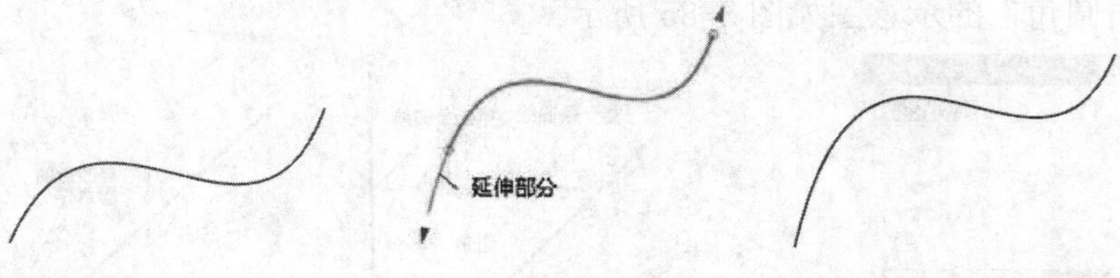

原曲线　　延伸过程　　延伸结果

图3-87　创建“曲线长度”

3.3.8　光顺样条

选择“菜单(M)”→“编辑(E)”→“曲线(V)”→“光顺样条(M)...”，打开如图 3-88 所示的“光顺样条”对话框。在该对话框中可设置光顺样条曲线的曲率，使得样条曲线更加光顺。

（1）类型

1）曲率：通过最小曲率值来光顺样条曲线。

2）曲率变化：通过整条曲线的最小曲率变化来光顺样条曲线。

（2）要光顺的曲线　选择要光顺的曲线。

（3）约束　用于在光顺样条的时候，对样条起点和终点进行约束。

创建“光顺样条”的示意图如图 3-89 所示。

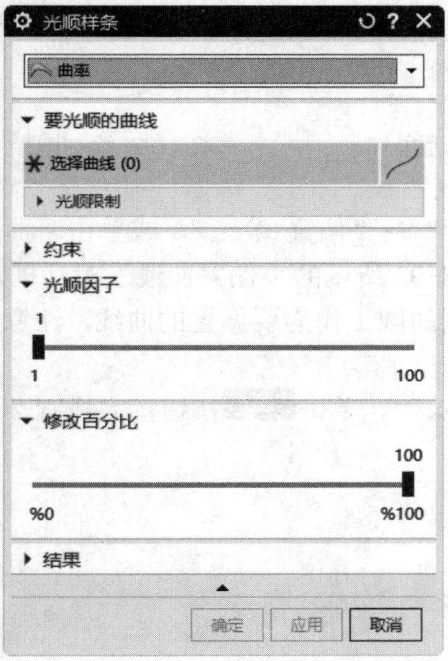

图 3-88　“光顺样条”对话框

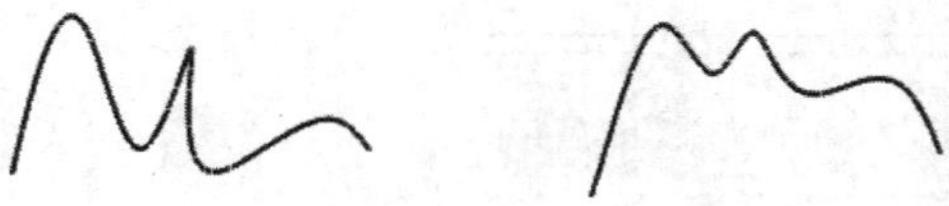

原样条曲线　　光顺后的样条曲线

图 3-89　创建“光顺样条”

3.3.9　实例——碗轮廓线

创建如图 3-90 所示的碗轮廓线。

01 新建文件。单击快速访问工具条中的“新建”按钮，打开“新建”对话框，在“模板”列表框中选择“模型”，输入“Wan”，单击确定按钮，进入 UG NX 建模环境。

02 创建曲线。

❶选择“菜单(M)”→“插入(S)”→“曲线(C)”→“基本曲线（原有）(B)...”，打开如图 3-91 所示的“基本曲线”对话框。

❷在类型选项中单击“圆”图标○，在“点方法”下拉列表中选择“点构造器”按钮...，打开“点”对话框。

❸在“点”对话框中输入点坐标（0,50,0）为圆心，单击确定按钮，再输入点坐标（-50,50,0），单击确定按钮，完成圆 1 的绘制，如图 3-92 所示。

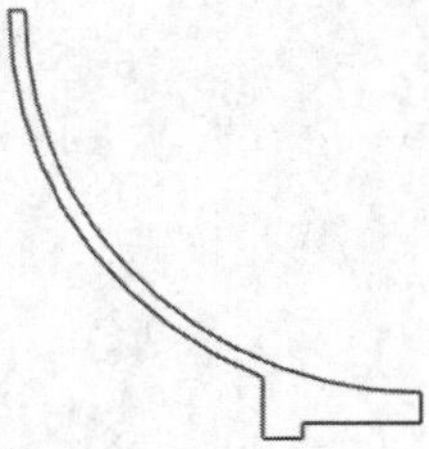

图3-90 碗

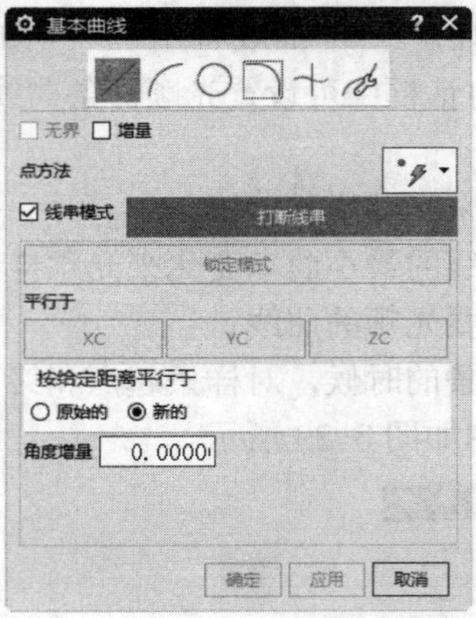

图3-91 “基本曲线”对话框

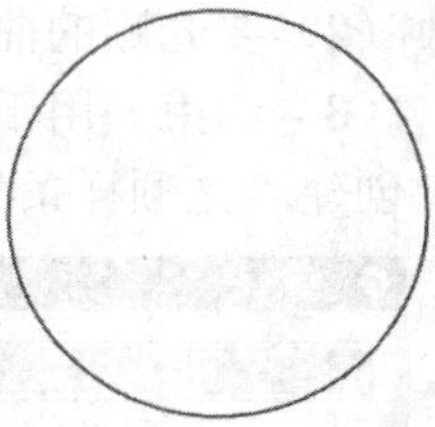

图3-92 绘制圆1

03 创建偏置曲线。

❶选择“菜单(M)”→“插入(S)”→“派生曲线(U)”→“偏置(O)...”，或单击“曲线”选项卡“派生”组中的“偏置曲线”按钮，打开如图 3-93 所示的“偏置曲线”对话框。

❷在类型下拉列表中选择“距离”类型，选择刚绘制的圆 1 作为要偏置的曲线，注意偏置方向为 X 轴，如图 3-94 所示。

❸在偏置“距离”和“副本数”文本框中分别输入 2、1，单击确定按钮，完成圆 2 的绘制，如图 3-95 所示。

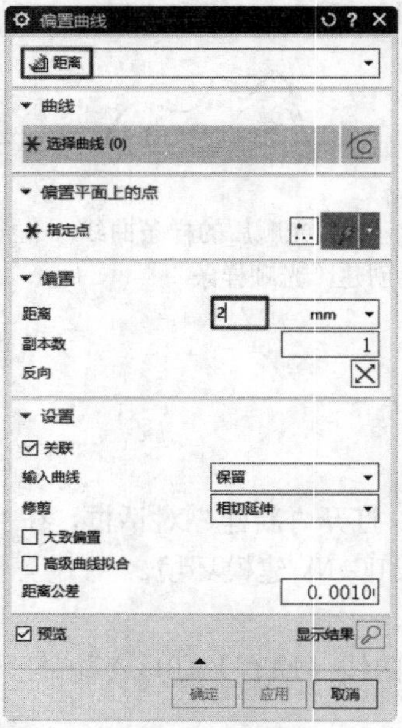

图3-93 “偏置曲线”对话框

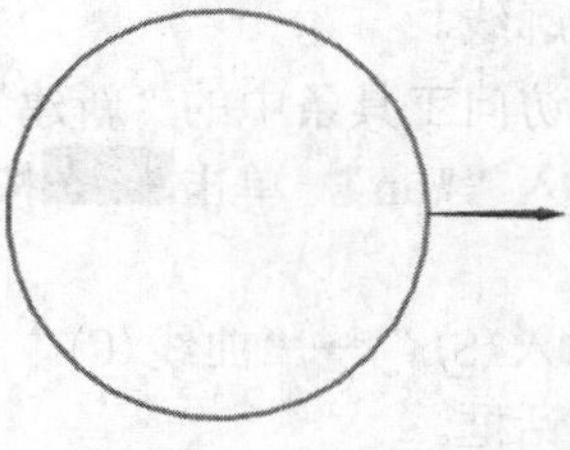

图3-94 选择要偏置的曲线

图3-95 绘制圆2

04 创建直线。

❶选择“菜单(M)”→“插入(S)”→“曲线(C)”→“基本曲线（原有）(B)...”，打开“基本曲线”对话框。

❷在类型选项中单击“直线”图标，在“点方法”下拉列表中选择“象限点”，捕捉圆 2 的象限点绘制两相交直线，如图 3-96 所示。

05 裁剪操作。

❶选择“菜单(M)”→“编辑(E)”→“曲线(V)”→“修剪(T)...”，或单击“曲线”选项卡“编辑”组中的“修剪曲线”按钮，打开“修剪曲线”对话框，设置各选项如图 3-97 所示。

❷选择刚绘制的两直线为两边界对象，如图 3-98 所示。单击应用按钮，修剪两圆弧为曲线，如图 3-99 所示。再以圆 2 为边界，修剪两直线，结果如图 3-100 所示。

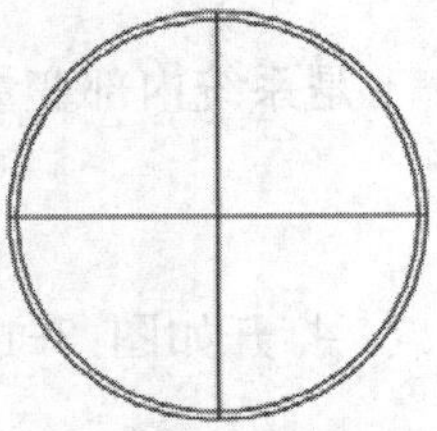

图3-96　绘制直线

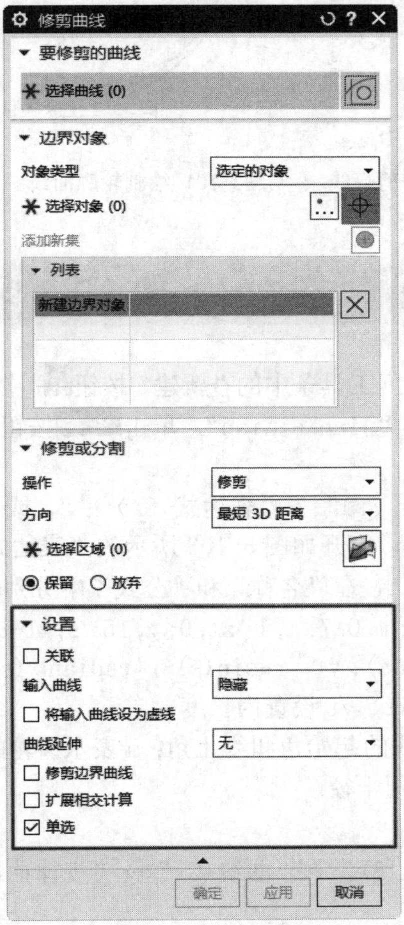

图3-97　“修剪曲线”对话框

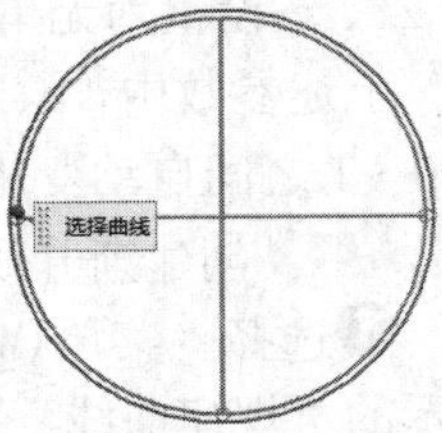

图3-98　选取边界对象

06 创建直线（建立碗底座轮廓）。

❶选择“菜单(M)”→“插入(S)”→“曲线(C)”→“直线(L)...”，或单击“曲线”选项卡“基本”组中的“直线”按钮，打开“直线”对话框。

❷将起点选项设置为“自动判断”，在绘图区选择直线起点（即端点 A）。

❸选择终点方向，输入长度值-2。

❹依照上述方法，定义线段 C、D、E 长度分别为 15、2、5。在定义线段 F 时，长度刚好到圆弧 2 即可。绘制的轮廓曲线如图 3-101 所示。

07 修剪操作（删除圆弧 2 多余一段）。

❶选择“菜单(M)”→“编辑(E)”→“曲线(V)”→“修剪(T)...”，或单击“曲线”选项卡“编辑”组中的“修剪曲线”按钮，打开“修剪曲线”对话框。

❷选择线段 F 为边界对象，圆弧 2 为修剪对象，单击确定按钮，完成修剪操作，绘制的碗轮廓曲线如图 3-102 所示。

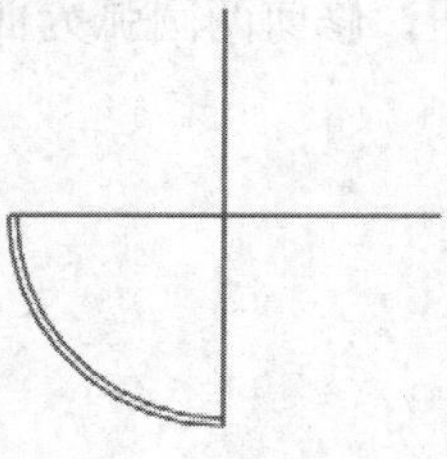

图3-99　修剪圆弧

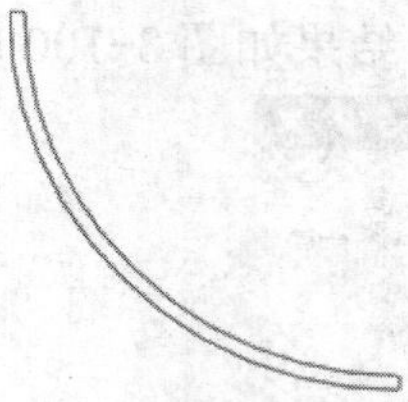

图3-100　修剪直线

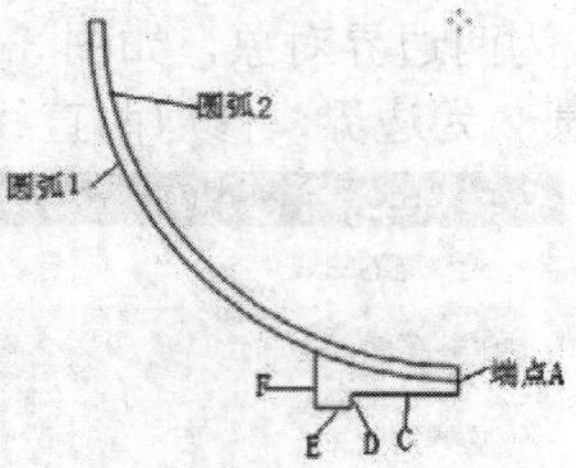

图3-101 绘制轮廓曲线

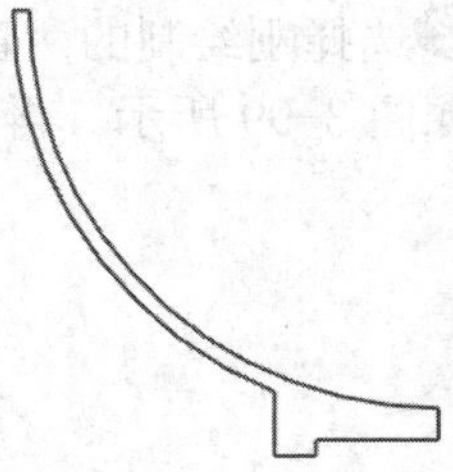

图3-102　碗轮廓曲线

3.4 综合实例——渐开曲线

01 新建文件。单击快速访问工具条中的“新建”按钮，打开“新建”对话框，在“模板”列表框中选择“模型”，输入“JianKaiXian”，单击确定按钮，进入 UG NX 建模环境。

02 设置参数表达式。

❶选择“菜单(M)”→“工具（T)”→“表达式（X）...”，或单击“工具”选项卡“实用工具”组中的“表达式”按钮，打开如图 3-103 所示的“表达式”对话框。

❷单击“新建表达式”按钮，在“名称”和“公式”中分别输入 a、0，单击应用按钮。

❸方法同上，依次输入 b, 360；m, 0.7；t, 1；zt, 0；z, 15；s, (1-t)*a+t*b；r, m*z*cos(20)/2；xt，r*cos(s)+r*radians(s)*sin(s)；yt，r*sin(s)-r*radians (s)*cos(s)。注意：a、b、m、t、zt、z 设置为无单位，s、r、xt、yt 设置为长度。

上述参数中，a、b 表示渐开线的起始角和终止角；m 表示齿轮的模数；t 是系统内部变量，在 0～1 之间自动变化；r 表示基圆半径。

03 创建渐开线。

❶选择“菜单(M)”→“插入(S)”→“曲线(C)”→“规律曲线(W)...”，打开如图 3-104 所示的“规律曲线”对话框。

❷在 X、Y、Z 的“规律类型”下拉列表中均选择“根据方程”，单击确定按钮，生成渐开线曲线，如图 3-105 所示。

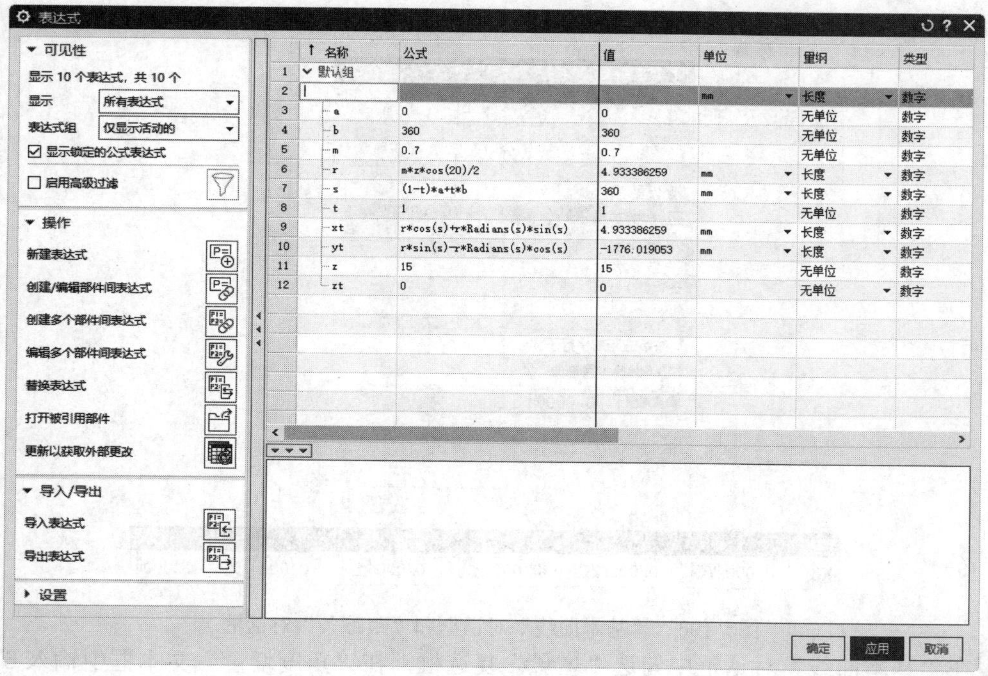

图 3-103 “表达式”对话框

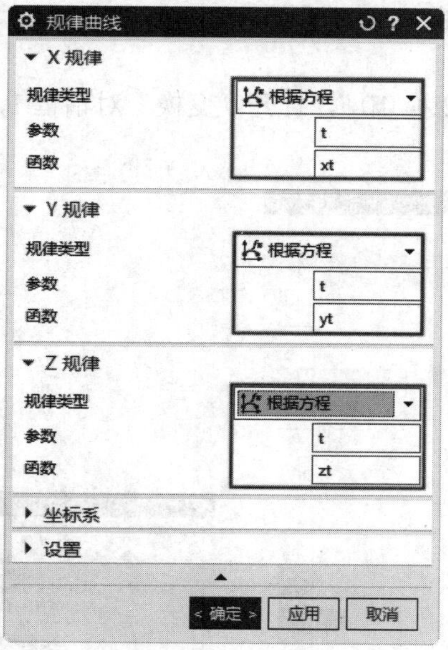

图3-104 “规律曲线”对话框

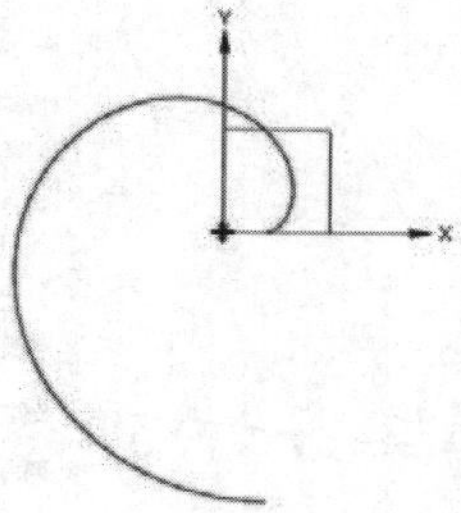

图3-105 生成渐开线曲线

04 创建直线。

❶选择“菜单(M)”→“插入(S)”→“曲线(C)”→“基本曲线（原有）(B)...”，打开“基本曲线”对话框和“跟踪条”对话框，如图 3-106 所示。

❷在“跟踪条”对话框的“XC”“YC”“ZC”文本框中分别输入 0、0、0，按 Enter 键，确

定直线起点。

图3-106　“基本曲线”对话框和“跟踪条”对话框

❸在“基本曲线”对话框中勾选“增量”复选框，在“角度增量”文本框中输入 6，此时光标带有捕捉功能，用光标捕捉渐开线上与水平方向夹角 6° 的点为直线终点，绘制直线，如图 3-107 所示。单击 取消 按钮，关闭“基本曲线”对话框。

05 镜像渐开线。

❶选择“菜单(M)”→“编辑(E)”→“变换(M)”，打开“变换”对话框 1，如图 3-108 所示。

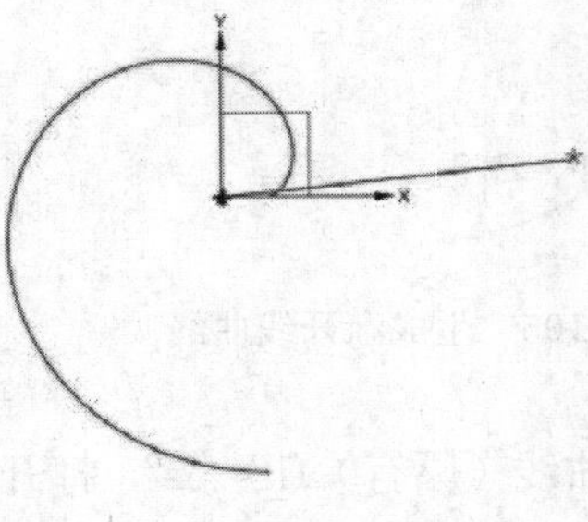

图3-107 绘制直线

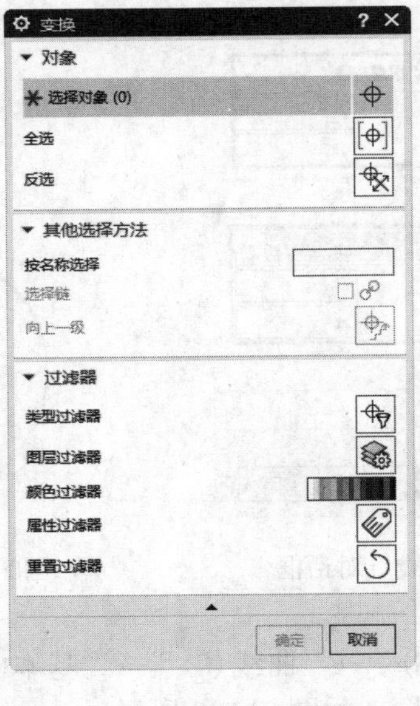

图3-108　“变换”对话框1

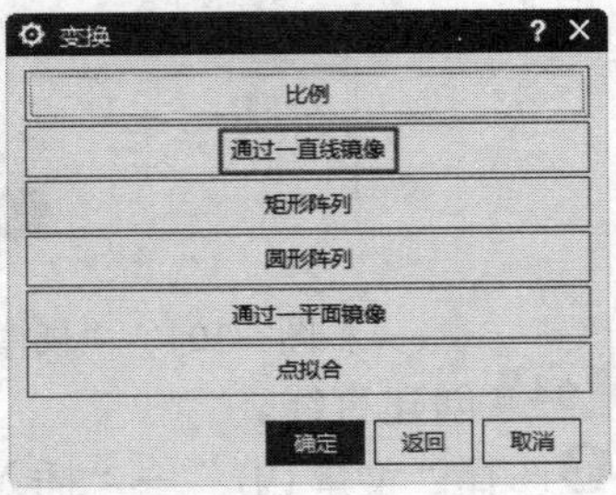

图3-109　“变换”对话框2

❷选择屏幕中的渐开线，单击 确定 按钮，打开“变换”对话框 2，如图 3-109 所示。

❸单击 通过一直线镜像 按钮，打开“变换”对话框 3，如图 3-110 所示。单击 现有的直线 按钮，选择刚绘制的直线。

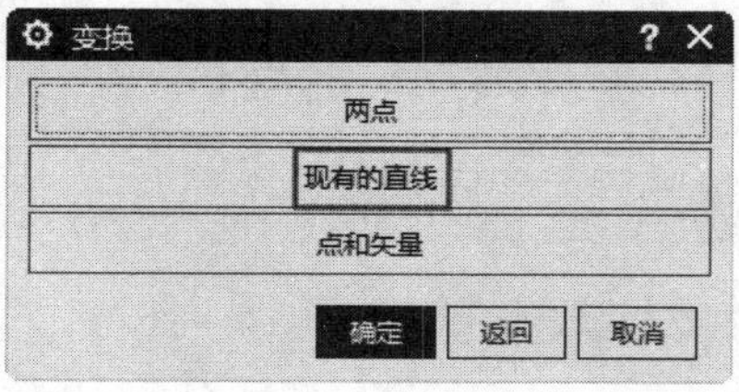

图 3-110　“变换”对话框 3

❹单击 确定 按钮，打开“变换”对话框 4，如图 3-111 所示。在绘图区拾取绘制的直线作为镜像线。

图 3-111　“变换”对话框 4

❺单击 确定 按钮，打开“变换”对话框 5，如图 3-112 所示。单击 复制 按钮，生成一镜像渐开线，如图 3-113 所示。单击 取消 按钮，关闭对话框。

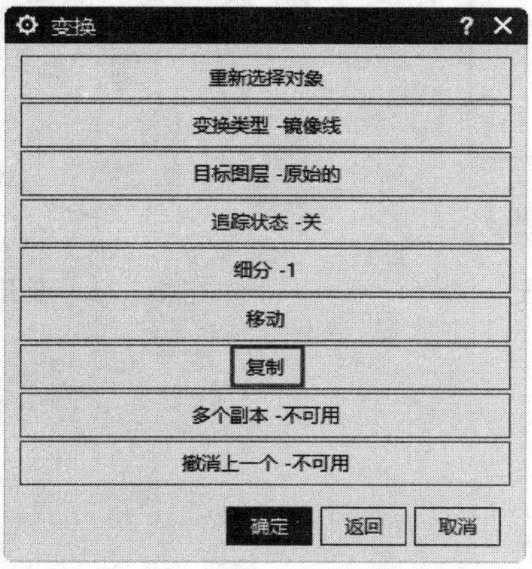

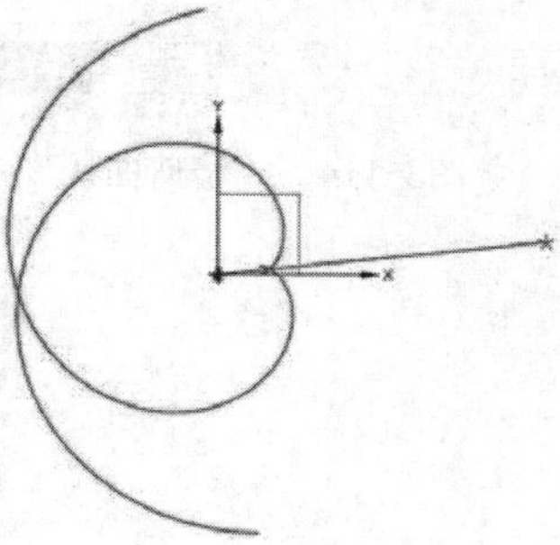

图3-112　“变换”对话框5　　　图3-113　镜像渐开线

06 修剪曲线。

❶选择“菜单(M)”→“编辑(E)”→“曲线(V)”→“修剪(T)...”，或单击“曲线”选项卡“编辑”组中的“修剪曲线”按钮，打开“修剪曲线”对话框。

❷选择镜像渐开线为要修剪的对象，选择渐开线为边界对象 1，其他设置如图 3-114 所示，修剪镜像渐开线。

❸方法同上，修剪另一渐开线，并删除镜像线，生成如图 3-115 所示的渐开线齿外形。用户可以设置适当的齿顶圆，完成整个造型。

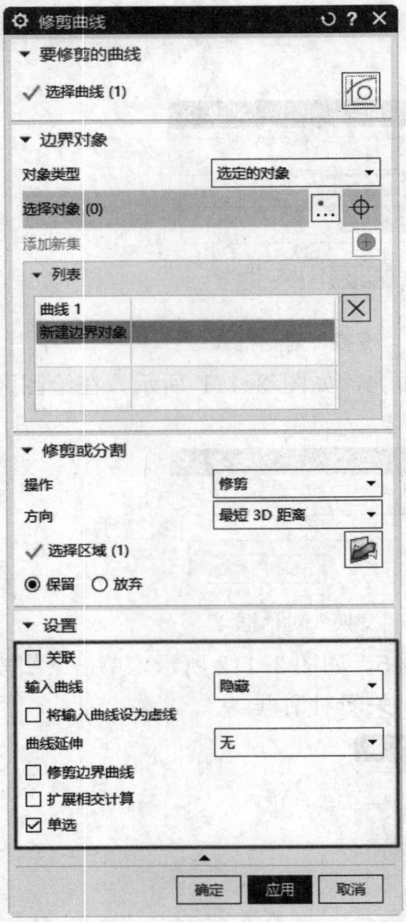

图3-114　“修剪曲线”对话框

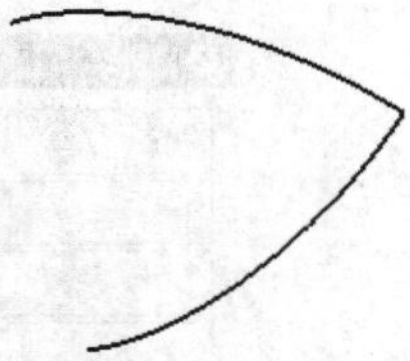

图3-115　渐开线齿外形

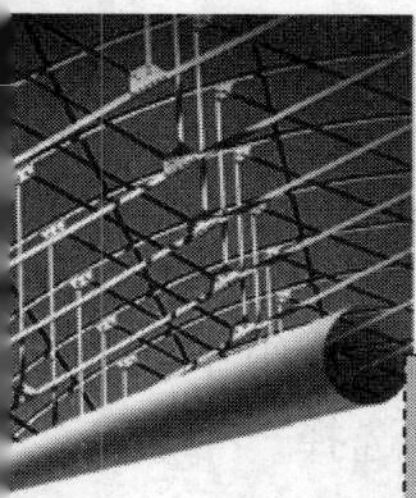

第4章

草图绘制

通常情况下，三维设计从草图(Sketch)绘制开始。利用 UG NX 的草图功能，可以建立各种基本曲线，对曲线建立几何约束和尺寸约束，对二维草图进行拉伸和旋转等操作，创建与草图关联的实体模型。

当用户需要对三维实体的轮廓图像进行参数化控制时，一般需要用草图创建尺寸。在修改草图时，与草图关联的实体模型也会自动更新。

重点与难点

- 草图工作平面
- 草图定位
- 草图曲线
- 草图操作
- 草图约束

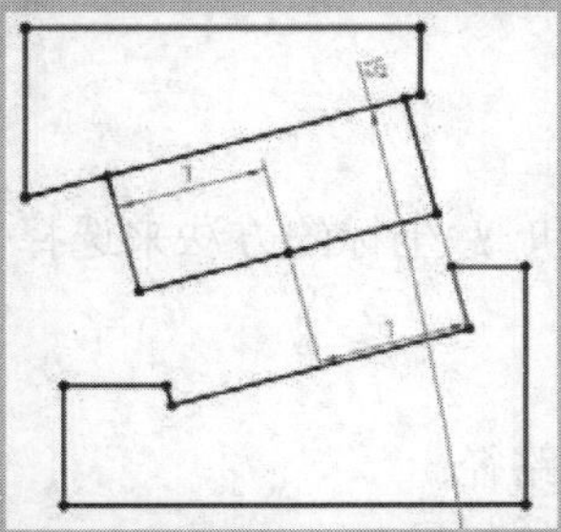

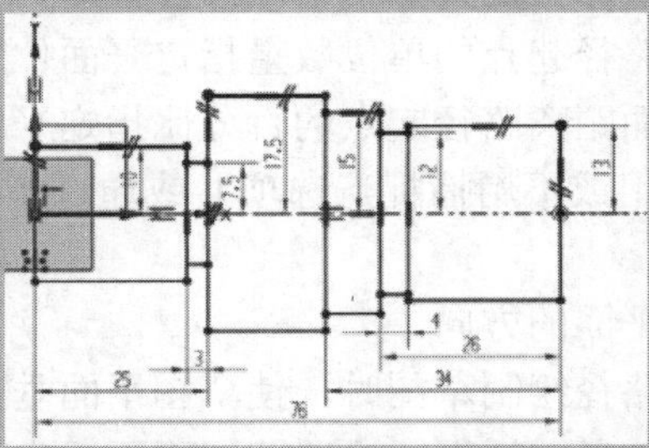

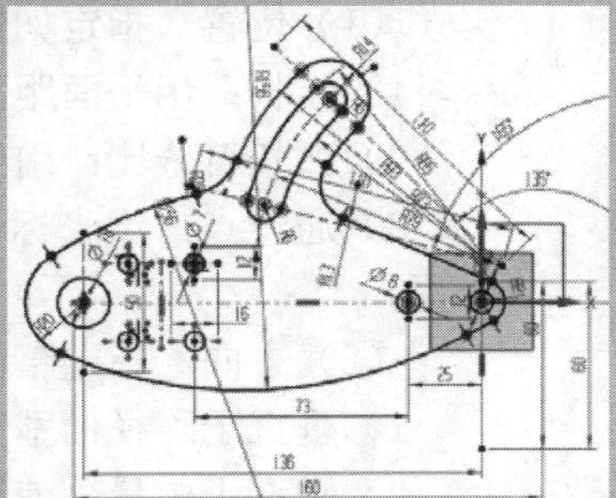

4.1 草图工作平面

选择“菜单(M)”→“插入(S)”→“草图(S)...”，或单击“主页”选项卡“构造”组中的“草图”按钮，系统会自动打开如图 4-1 所示的“创建草图”对话框，提示用户选择一个放置草图的平面。

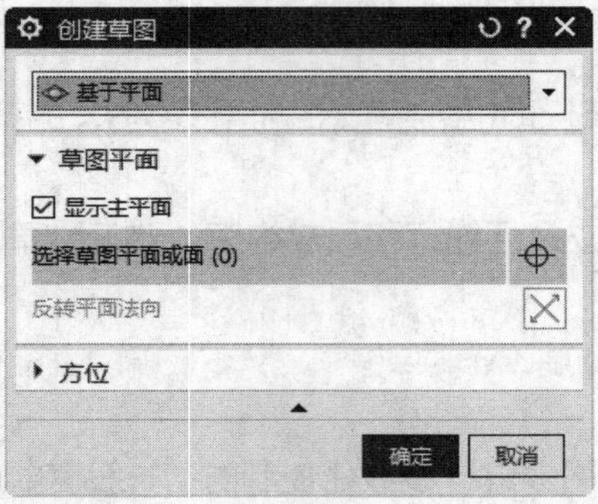

图 4-1 “创建草图”对话框

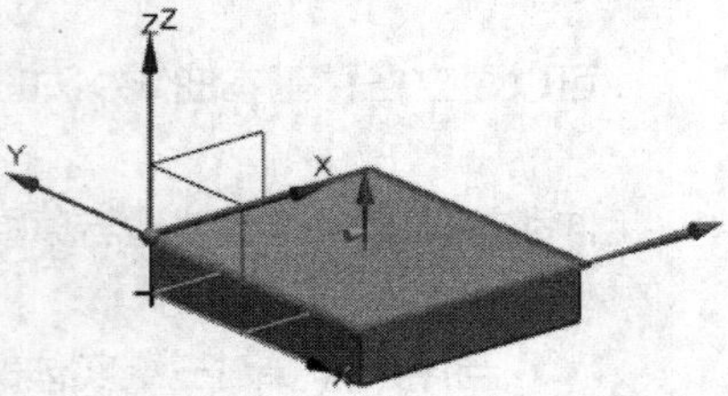

图 4-2 选择草图平面

1. 基于平面

（1）选择草图平面或面 在视图区选择一个平面作为草图平面，如图 4-2 所示。

（2）反转平面法向 反转坐标系 Z 轴的方向。

（3）选择水平参考 为草图指定水平参考，可选择一个面、边、基准轴或基准平面。选择边时，UG NX 会使参考轴指向最接近的端点。

（4）水平反向 反转参考方向。也可以通过双击图形窗口中的箭头进行反向。

（5）指定原点 单击草图平面或面以更改草图原点。

2. 基于路径

在“创建草图”对话框中的“草图类型”中选择“基于路径”，对话框如图 4-3 所示。在视图区选择一条连续的曲线作为路径，系统将在所选曲线的路径方向显示草图平面及其坐标方向，同时显示草图平面和路径相交点在曲线上的弧长文本框。在该文本框中输入弧长值，可以改变草图平面的位置，如图 4-4 所示。

（1）位置 指定如何沿路径定义草图平面的位置。

1）弧长：用平面距离路径起点的单位数量指定平面位置。

2）弧长百分比：用平面距离路径起点的百分比指定平面位置。

3）通过点：用光标（用或不用捕捉点选项）或通过指定 X 和 Y 坐标的方法来选择平面位置。

（2）方向 指定草图平面的方向。

1）垂直于路径：基于路径绘制草图时，使草图平面垂直于该路径。

2）垂直于矢量：使用矢量对话框，设置草图平面垂直于指定的矢量。

3）平行于矢量：使用矢量对话框，设置草图平面平行于指定的矢量。

4）通过轴：使用矢量对话框，将草图平面与指定的轴对齐。

（3）方法

1）自动：如果选择曲线，则 UG NX 使用曲线参数定向草图轴。如果选择边，则 UG NX 相对于具有该边的面或多个面中的一个面来定位草图轴。

2）相对于面：确保 UG NX 将草图定位至自动判断或明确选定的面。用户选择的轨迹位置决定了草图平面法向的方向。

3）使用曲线参数：确保 UG NX 使用曲线参数定位草图，即使轨迹是边或平面特征的一部分。

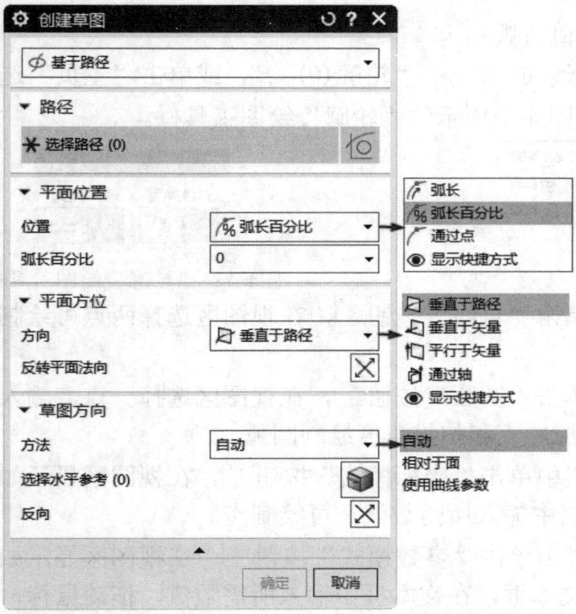

图4-3　选择“基于路径”选项

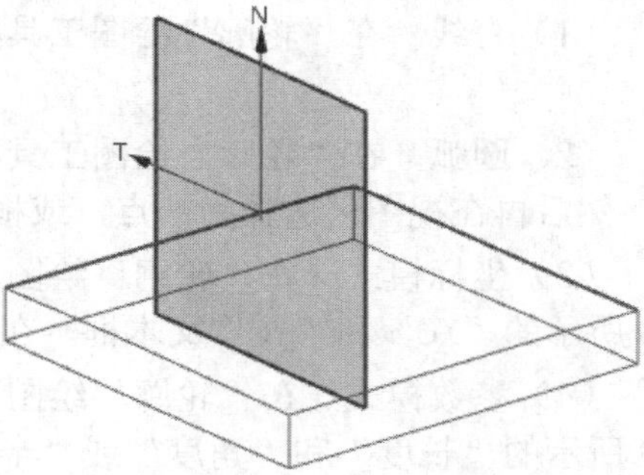

图4-4　改变草图平面的位置

4.2　草图定位

草图平面选定后，单击确定按钮或鼠标中键，进入草图绘制环境，“主页”选项卡如图 4-5 所示。系统按照先后顺序给用户的草图取名为 SKETCH_000、SKETCH_001、SKETCH_002…。名称显示在“草图名”文本框中，单击该文本框右侧的按钮，打开“草图名”下拉列表，在该下拉列表中选择所需草图名称，可激活所选草图。当草图绘制完成以后，可以单击按钮，退出草图绘制环境，回到基本建模环境。

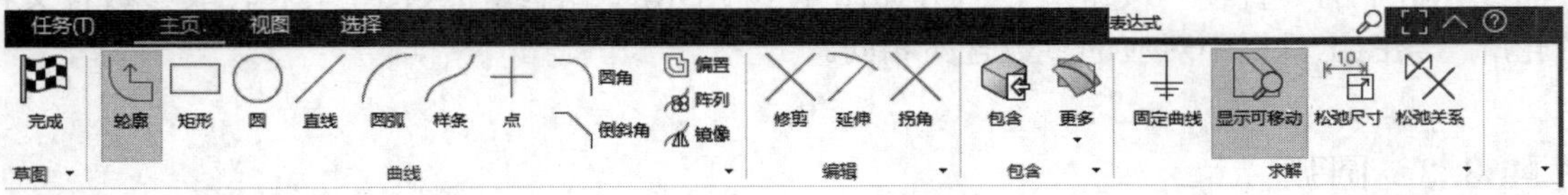

图4-5　“主页”选项卡

4.3 草图曲线

进入草图绘制界面后，系统会自动打开如图 4-6 所示的“曲线”组。本节主要介绍工具栏中的草图曲线部分。

4.3.1 轮廓

“轮廓”可用于绘制单一或连续的直线和圆弧。

选择“菜单(M)”→“插入(S)”→“曲线（C)”→ “轮廓(O)...”，或单击“主页”选项卡“曲线”组中的“轮廓”按钮，打开如图 4-7 所示的“轮廓”绘图工具栏。

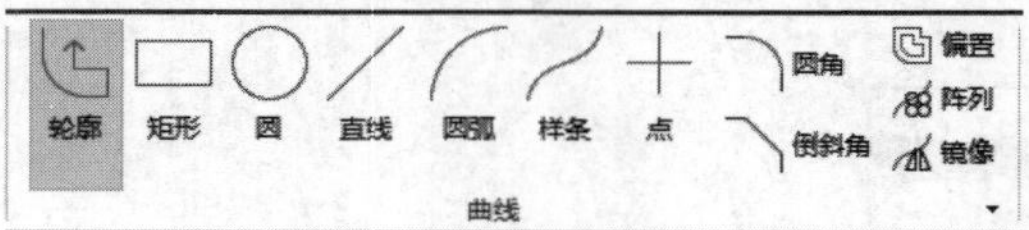

图4-6 “曲线”组

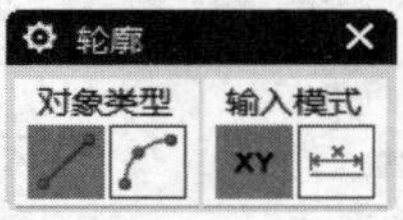

图4-7 “轮廓”绘图工具栏

（1）直线　在“轮廓”绘图工具栏中单击“直线”按钮，在视图区选择两点可绘制直线。

（2）圆弧　在“轮廓”绘图工具栏中单击“圆弧”按钮，在视图区选择一点，输入半径，然后再在视图区选择另一点，或根据相应约束和扫描角度绘制圆弧。

（3）坐标模式　在“轮廓”绘图工具栏中单击“坐标模式”按钮，在视图区显示如图 4-8 所示的“XC”和“YC”文本框，在文本框中输入所需数值，可绘制点。

（4）参数模式　在“轮廓”绘图工具栏中单击“参数模式”按钮，在视图区显示如图 4-9 所示的“长度”和“角度”或“半径”文本框，在文本框中输入所需数值，拖动鼠标，在要放置的位置单击，可绘制直线或弧。“参数模式”和“坐标模式”的区别是：在文本框中输入数值后，坐标模式是固定的，而参数模式是浮动的。

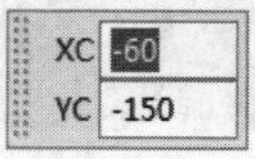

图4-8 “坐标模式”文本框

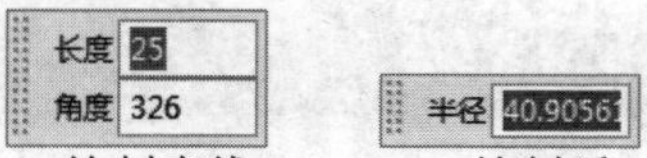

绘制直线　绘制弧

图4-9 “参数模式”文本框

4.3.2 直线

选择“菜单(M)”→“插入(S)”→“曲线（C)”→“直线(L)...”，或单击“主页”选项卡“曲线”组中的“直线”按钮，打开如图 4-10 所示的“直线”绘图工具栏，其参数含义和“轮廓”绘图工具栏中对应的参数含义相同。

4.3.3 圆弧

选择“菜单(M)”→“插入(S)”→“曲线（C)”→“圆弧(A)...”，或单击“主页”选项卡

“曲线”组中的“圆弧”按钮，打开如图 4-11 所示的“圆弧”绘图工具栏，其中“坐标模式”和“参数模式”的参数含义和“轮廓”绘图工具栏中对应的参数含义相同。

图4-10　“直线”绘图工具栏

图4-11　“圆弧”绘图工具栏

图4-12　“圆”绘图工具栏

（1）三点定圆弧　在“圆弧”绘图工具栏中单击“三点定圆弧”按钮，可以“三点定圆弧”方式绘制圆弧。

（2）中心和端点定圆弧　在“圆弧”绘图工具栏中单击“三点定圆弧”按钮，可以“中心和端点定圆弧”方式绘制圆弧。

4.3.4　圆

选择“菜单(M)”→“插入(S)”→“曲线（C)”→“圆(C)...”，或单击“主页”选项卡“曲线”组中的“圆”按钮，打开如图 4-12 所示的“圆”绘图工具栏，其中“坐标模式”和“参数模式”的参数含义和“轮廓”绘图工具栏中对应的参数含义相同。

（1）圆心和直径定圆　在“圆”绘图工具栏中单击“圆心和直径定圆”按钮，可以“圆心和直径定圆”方式绘制圆。

（2）三点定圆　在“圆”绘图工具栏中单击“三点定圆”按钮，可以“三点定圆”方式绘制圆。

4.3.5　派生曲线

选择一条或几条直线后，执行“派生曲线”命令，系统可自动生成其平行线或中线或角平分线。

选择“菜单(M)”→“插入(S)”→“来自曲线集的曲线（F)”→“派生直线(I)...”，即可以“派生直线”方式绘制草图，如图 4-13 所示。

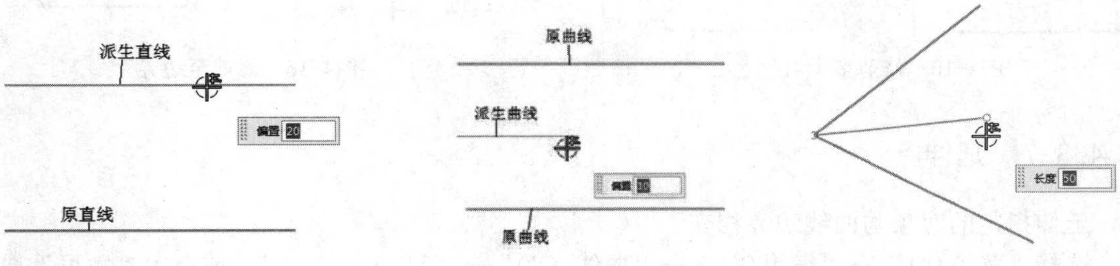

a）绘制平行线　　b）绘制中线　　c)绘制角平分线

图4-13　“派生直线”方式绘制草图

4.3.6 修剪

“修剪”可用于修剪一条或多条曲线。

选择“菜单(M)”→“编辑(E)”→“曲线（V)”→“修剪(I)...”，或单击“主页”选项卡“曲线”组中的“修剪”按钮╳，可修剪不需要的曲线。

在草图中修剪线素有 3 种方式：

1）修剪单一对象：用光标直接选择不需要的线素，修剪边界为离指定对象最近的曲线，如图 4-14 所示。

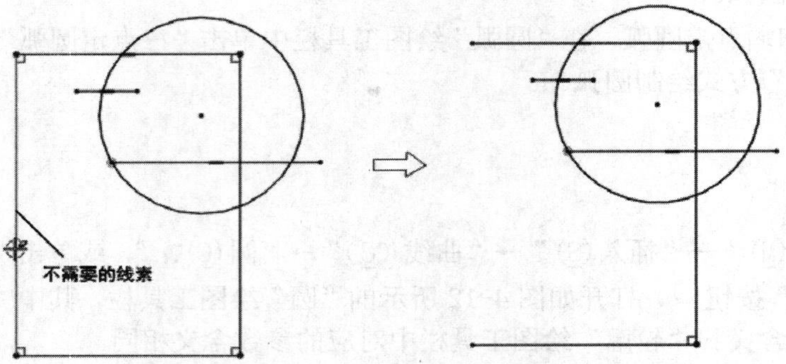

图4-14 修剪单一对象

2）修剪多个对象：按住鼠标左键并拖动，这时鼠标指针变成画笔，与画笔画出的曲线相交的线素都会被裁剪掉，如图 4-15 所示。

3）修剪至边界：用光标选择剪切边界线，然后再单击要修剪的线素，被选中的线素即以边界线为边界被修剪，如图 4-16 所示。

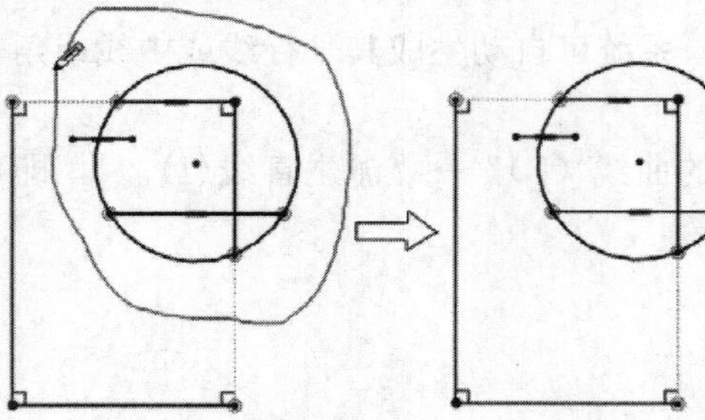

图4-15 修剪多个对象

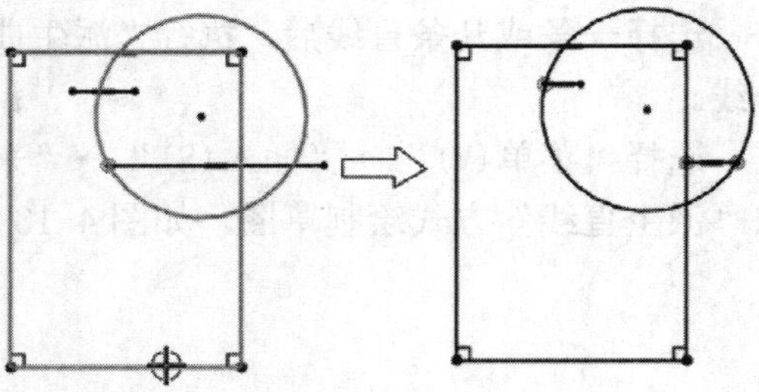

图4-16 修剪至边界

4.3.7 延伸

延伸指定的对象与曲线边界相交。

选择“菜单(M)”→“编辑(E)”→“曲线（V)”→“延伸（X）...”，或单击“主页”选项卡“曲线”组中的“延伸”按钮⟋，可延伸指定的线素与边界相交。

延伸指定的线素有 3 种方式：

1）延伸单一对象：用光标直接选择要延伸的线素单击确定，线素自动延伸到下一个边界，如图 4-17 所示。

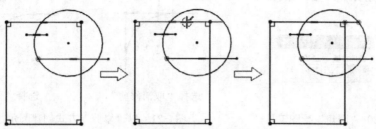

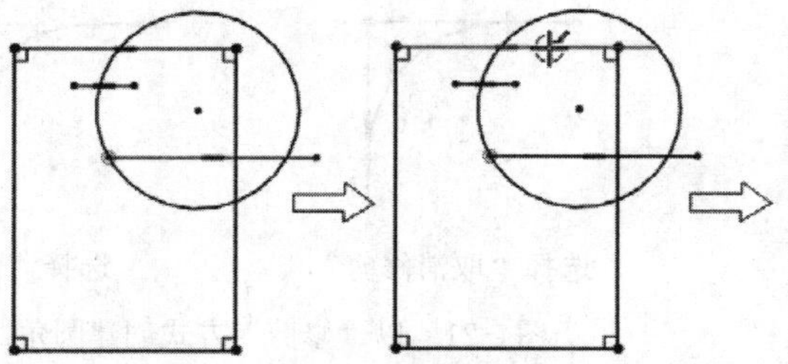

图4-17　延伸单一对象

2）延伸多个对象：按住鼠标左键并拖动，这时鼠标指针变成画笔，与画笔画出的曲线相交的线素都会被延伸，如图 4-18 所示。

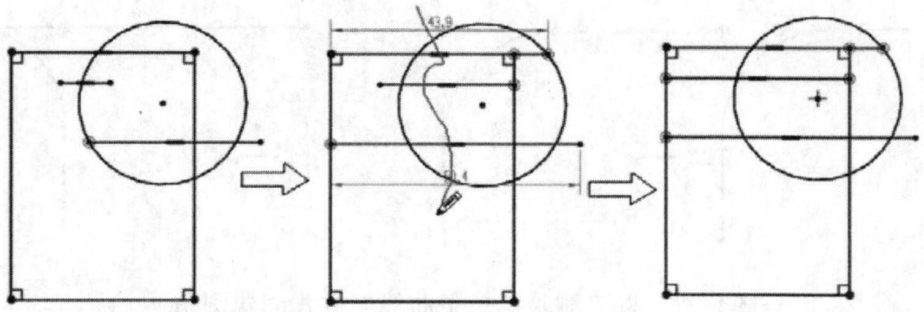

图4-18　延伸多个对象

3）延伸至边界：用光标选择延伸的边界线，然后单击要延伸的对象，被选中的对象延伸至边界线，如图 4-19 所示。

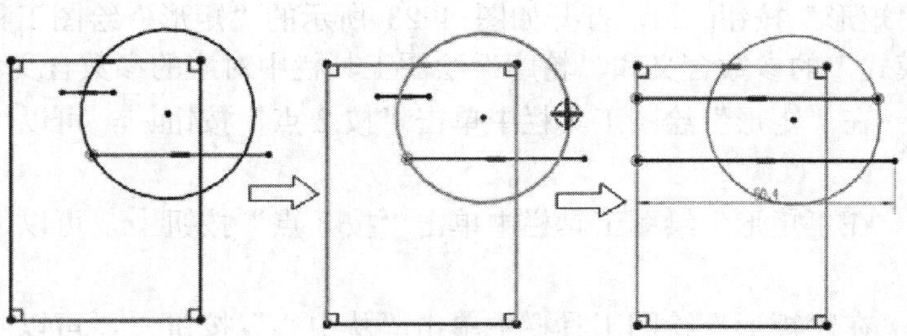

图4-19　延伸至边界

4.3.8　圆角

“圆角”可用于在两条曲线之间进行倒圆，并且可以动态改变圆角半径。

选择“菜单(M)”→“插入(S)”→“曲线（C)”→“圆角 (F)...”，或单击“主页”选项卡“曲线”组中的“圆角”按钮，弹出“半径”文本框，同时系统打开如图 4-20 所示的“圆角”绘图工具栏。

（1）修剪输入　在“圆角”绘图工具栏中单击“修剪”按钮，可对原线素进行修剪或延伸；在“圆角”绘图工具栏中单击“取消修剪”按钮，对原线素既不修剪也不延伸。以“修剪”方式创建圆角如图 4-21 所示。

图4-20 “圆角”绘图工具栏

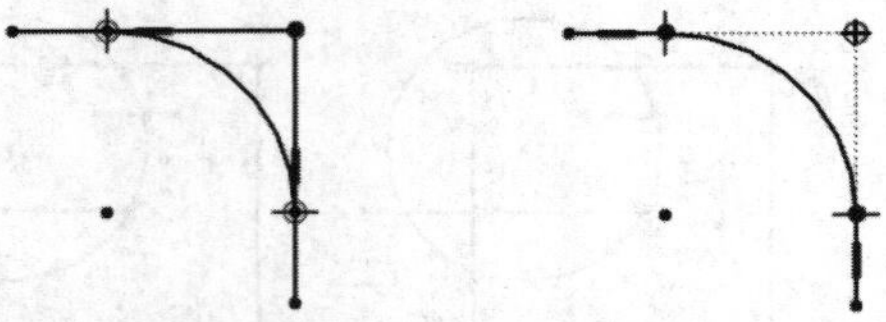

图4-21 以“修剪”方式创建圆角

（2）删除第三条曲线　在“圆角”绘图工具栏中单击“删除第三条曲线”按钮，可在选择两条曲线和指定圆角半径后，系统在创建圆角的同时，自动删除和该圆角相切的第三条曲线，如图 4-22 所示。

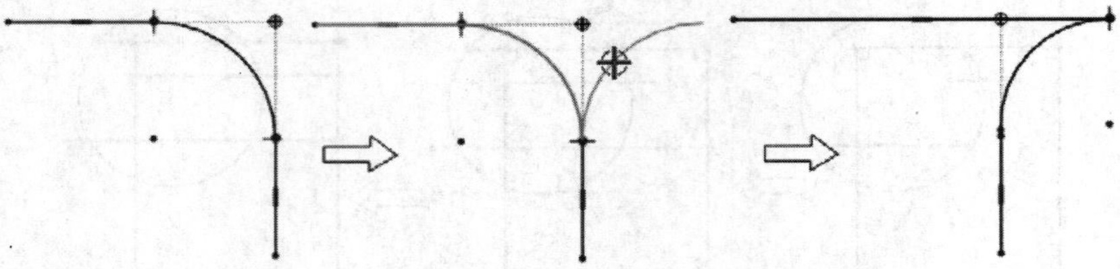

图4-22 以“删除第三条曲线”方式创建圆角

4.3.9 矩形

选择“菜单(M)”→“插入(S)”→“曲线（C）”→“矩形(R)...”，或单击“主页”选项卡“曲线”组中的“矩形”按钮，打开如图 4-23 所示的“矩形”绘图工具栏。其中“坐标模式”和“参数模式”的参数含义和“轮廓”绘图工具栏中对应的参数含义相同。

（1）按 2 点　在“矩形”绘图工具栏中单击“按 2 点”按钮，可以“按 2 点”绘制矩形。

（2）按 3 点　在“矩形”绘图工具栏中单击“按 3 点”按钮，可以“按 3 点”绘制矩形。

（3）从中心　在“矩形”绘图工具栏中单击“从中心”按钮，可以“从中心”绘制矩形。

图 4-23 “矩形”绘图工具栏

4.3.10 拟合曲线

选择“菜单(M)”→“插入(S)”→“曲线（C）”→“拟合曲线（U)”，或单击“主页”选项卡“曲线”组中的“拟合曲线”按钮，打开如图 4-24 所示的“拟合曲线”对话框。

拟合曲线类型分为“拟合样条”“拟合曲线”“拟合圆”和“拟合椭圆”四种类型。其中，

“拟合曲线”“拟合圆”和“拟合椭圆”类型的各个选项基本相同，如选择点的方式有自动判断、指定的点和成链的点三种，创建出来的曲线也可以通过“结果”来查看误差；“拟合样条”类型可选的操作对象有自动判断、指定的点、成链的点和曲线四种。

（1）次数和段数　用于根据拟合样条曲线次数和分段数生成拟合样条曲线。在“次数”和“段数”文本框中输入数值，即可创建拟合样条曲线。若要均匀分段，则勾选☑ **均匀段**复选框。

（2）次数和公差　用于根据拟合样条曲线次数和公差生成拟合样条曲线。在“次数”和“公差”文本框输入数值，即可创建拟合样条曲线。

（3）模板曲线　根据模板样条曲线，生成曲线次数及结点顺序均与模板样条曲线相同的拟合样条曲线。勾选☑ **保持模板曲线为选定**复选框，可保留所选择的模板样条曲线，否则移除。

4.3.11　样条

选择“菜单(M)”→“插入(S)”→“曲线（C)”→“样条（S)”，或单击“主页”选项卡“曲线”组中的“艺术样条”按钮，打开如图 4-25 所示的“艺术样条”对话框。

在“艺术样条”对话框中的“类型”下拉列表中有“通过点”和“根据极点”两种创建艺术样条曲线的方法。

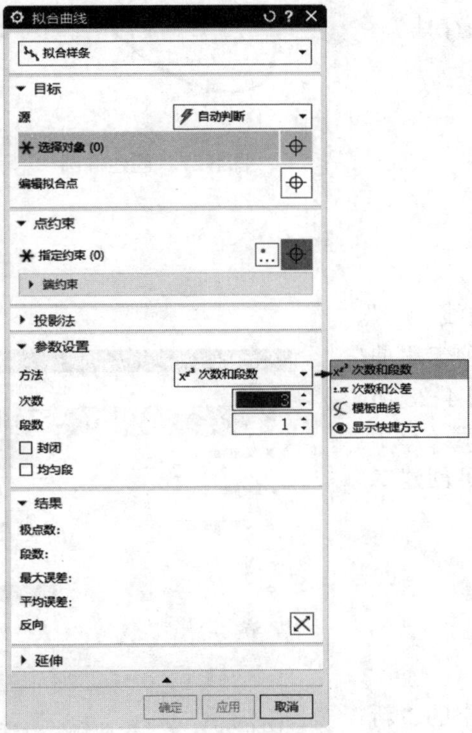

图4-24　“拟合曲线”对话框

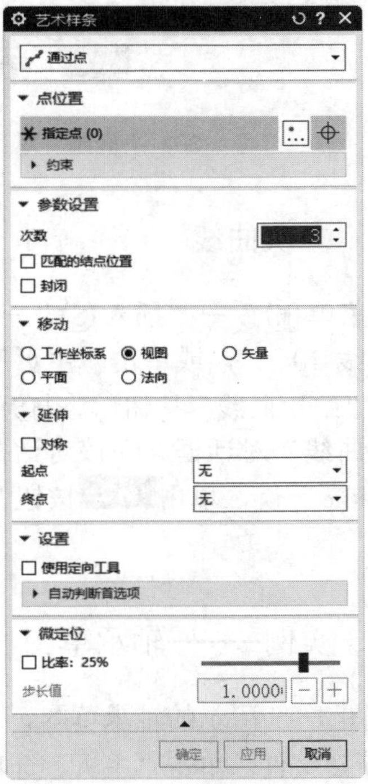

图4-25　“艺术样条”对话框

4.3.12 椭圆

选择“菜单(M)”→“插入(S)”→“曲线（C）”→“椭圆(E)...”，或单击“主页”选项卡“曲线”组中的“椭圆”按钮，打开如图 4-26 所示的“椭圆”对话框。在该对话框中输入各项参数值，单击“确定”按钮，即可创建椭圆，如图 4-27 所示。

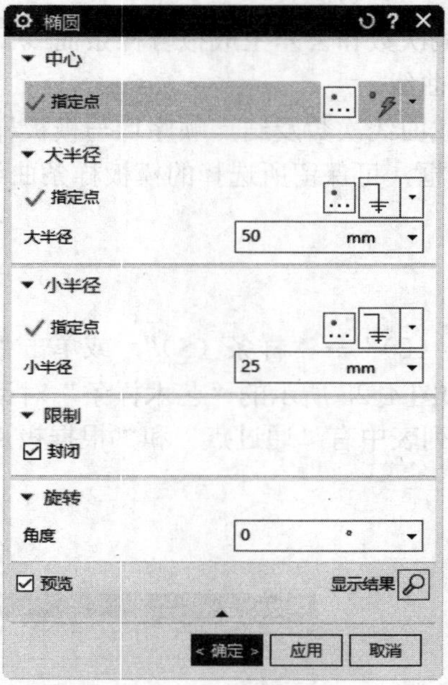

图4-26 “椭圆”对话框

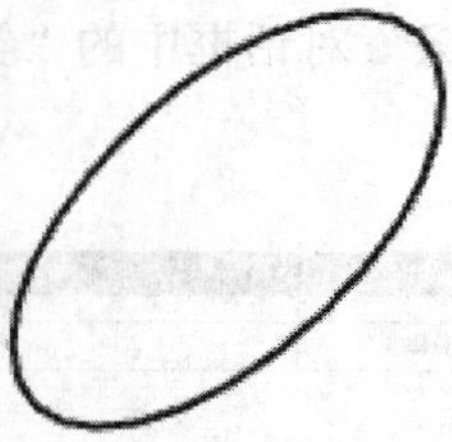

图4-27 创建椭圆

4.3.13 二次曲线

选择“菜单(M)”→“插入(S)”→“曲线（C）”→“二次曲线(N)...”，或单击“主页”选项卡“曲线”组中的“二次曲线”按钮，打开如图 4-28 所示的“二次曲线”对话框。在该对话框中定义三个点，输入“Rho”值，单击“确定”按钮，即可创建二次曲线。

图4-28 “二次曲线”对话框

4.3.14 实例——轴承草图

创建如图 4-29 所示的轴承草图。

01 新建文件。单击“主页”选项卡中的“新建”按钮，打开“新建”对话框，在“模板”列表框中选择“模型”，输入“ZhouCheng”，单击“确定”按钮，进入 UG NX 建模环境。

02 创建点。

❶选择“菜单(M)”→“插入(S)”→“在任务环境中绘制草图(V)...”，或单击“曲线”选项卡中的“草图”按钮，进入草图绘制界面并打开“创建草图”对话框。

❷选择 XC-YC 平面作为草图平面。

❸选择“菜单(M)”→“插入(S)” →“点（T)”，或单击“主页”选项卡“曲线”组中的“点”按钮，打开“草图点”对话框，如图 4-30 所示。

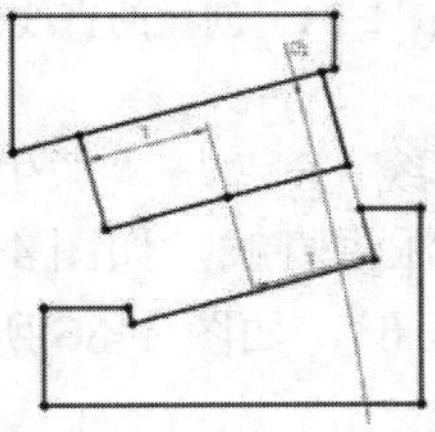

图4-29　轴承草图

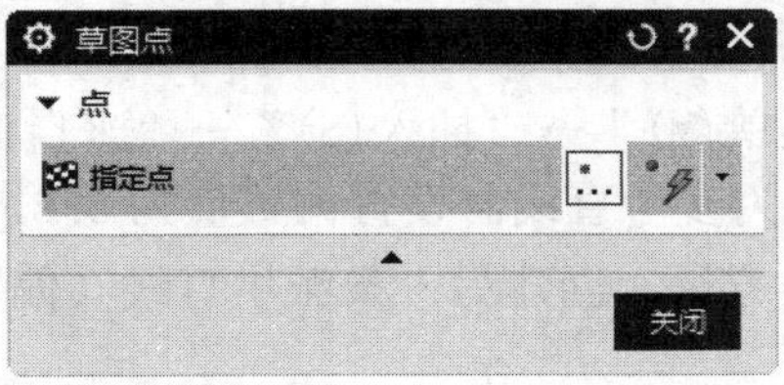

图4-30　“草图点”对话框

❹在“草图点”对话框中单击“点对话框”按钮，打开“点”对话框，如图 4-31 所示。

❺在“点”对话框中输入要创建的点的坐标，7 个点的坐标分别为：点 1（0,50,0)、点 2（18，50，0)、点 3（0,42.05,0)、点 4（1.75,33.125,0)、点 5（22.75,38.75,0)、点 6（1.75,27.5,0)、点 7（22.75,27.5,0)。创建 7 个点的结果如图 4-32 所示。

03 创建直线。

❶选择“菜单(M)”→“插入(S)”→“曲线（C)”→“直线(L)...”，或单击“主页”选项“曲线”组中的“直线”按钮，打开“直线”绘图工具栏。

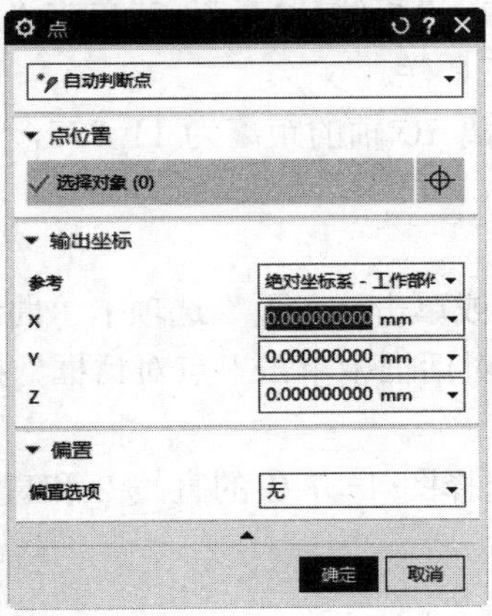

图4-31　“点”对话框

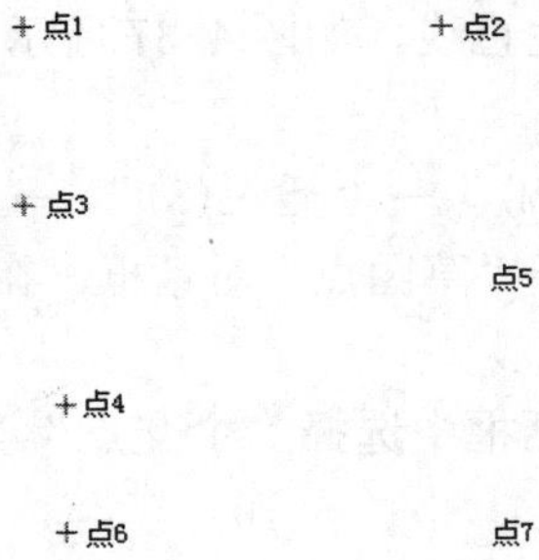

图4-32　创建7个点

❷分别连接点 1 和点 2、点 1 和点 3、点 4 和点 6、点 6 和点 7、点 7 和点 5，结果如图 4-33 所示。

❸在“直线”绘图工具栏中单击“参数模式”按钮，选择点 3 作为直线的起点，创建直线，使该直线与 XC 轴成 15° 角、长度超过连接点 1 和点 2 生成的直线，结果如图 4-34 所示。

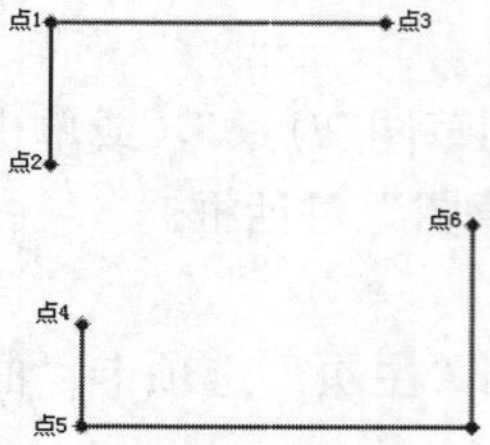

图4-33　连接而成的直线

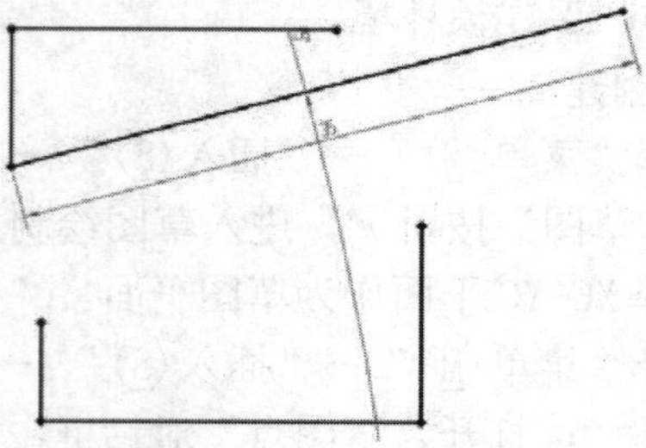

图4-34　创建的直线

04 创建派生直线。

❶选择“菜单(M)”→“插入(S)”→“来自曲线集的曲线（E)”→“派生直线(I)...”，选择刚创建的直线为参考直线，设置偏置值为5.6，创建一条派生直线，如图4-35所示。

❷采用同样方法，创建另一条派生直线（偏置值也是5.6），如图4-36所示。

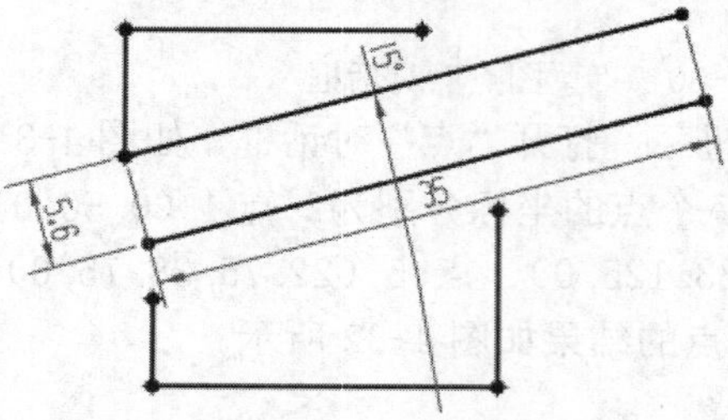

图4-35　创建一条派生直线

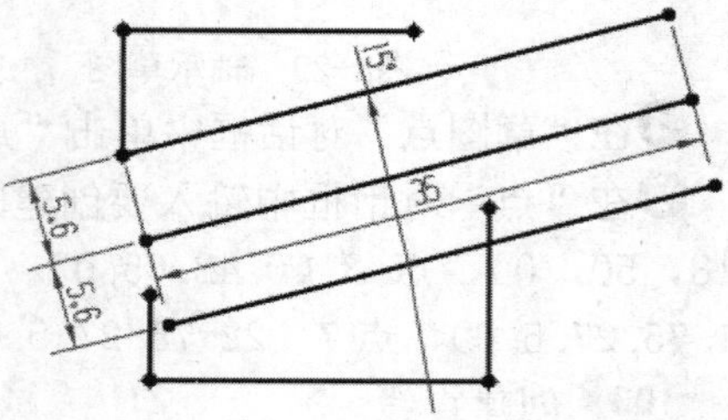

图4-36　创建另一条派生直线

05 创建直线。

❶选择“菜单(M)”→“插入(S)”→“曲线（C)”→“直线(L)...”，或单击“主页”选项“曲线”组中的“直线”按钮╱，打开“直线”绘图工具栏。

❷创建一条直线，使该直线平行于YC轴，并且距离YC轴的距离为11.375，长度能穿过刚创建的第一条派生直线，如图4-37所示。

06 创建点。

❶选择“菜单(M)”→“插入(S)” →“点（T)”，或单击“主页”选项卡“曲线”组中的“点”按钮＋，打开“草图点”对话框。在“草图点”对话框中单击“点对话框”按钮⁘，打开“点”对话框。

❷在“点”对话框中选择“个交点”类型，然后选择图4-37中的直线2和直线4，求出它们的交点。

07 修剪直线。

❶选择“菜单(M)”→“编辑(E)”→“曲线（V)”→“修剪(I)...”，或单击“主页”选项卡“编辑”组中的“快速修剪”按钮╳，打开“修剪”对话框。

❷将图4-37中的直线2和直线4修剪掉，如图4-38所示。图中的点为刚创建的直线2和直线4的交点。

08 创建直线。

❶选择“菜单(M)”→“插入(S)”→“曲线（C)”→“直线(L)...”，或单击“主页”选项

卡“曲线”组中的“直线”按钮╱，打开“直线”绘图工具栏。

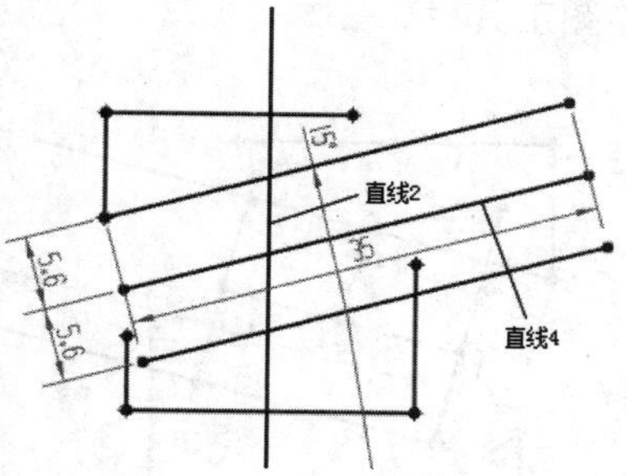

图4-37　创建平行于YC轴的直线

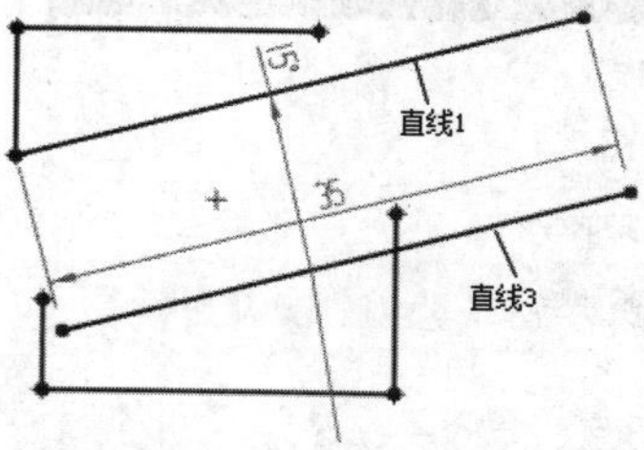

图4-38　修剪直线2和直线4

❷选择直线 2 和直线 4 的交点为起点，移动光标，当系统出现如图 4-39a 所示的情形时，表示该直线与图 4-38 中的直线 3 平行。设定长度为 7 并按 Enter 键，绘制直线，结果如图 4-39b 所示。

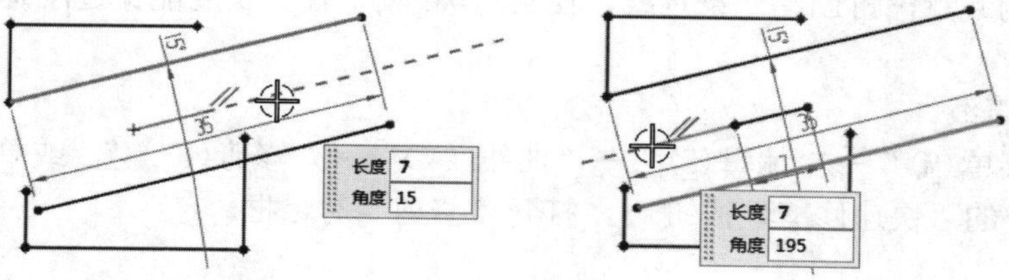

a）　　　　b）

图4-39　创建平行于直线3的直线

❸采用同样的方法，在另外一个方向也创建一条平行于图 4-38 中的直线 3、长度为 7 的直线。

❹以刚创建的直线的端点为起点，创建两条直线与图 4-38 中的直线 1 垂直、长度穿过直线 1 的直线，如图 4-40 所示。

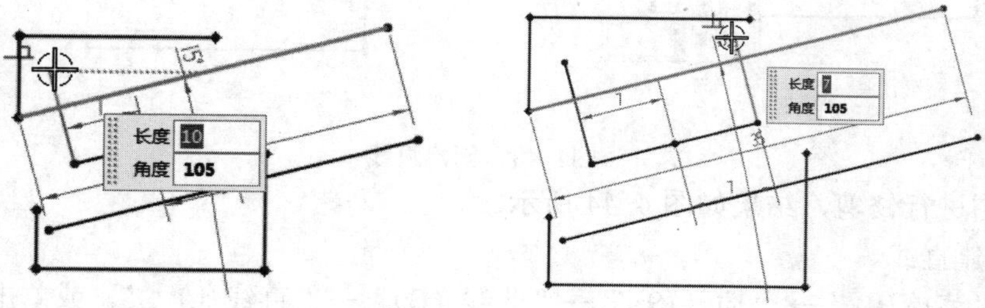

图4-40　创建垂直于直线1的直线

09 延伸直线。

❶选择“菜单(M)”→“编辑(E)”→“曲线（V)”→“延伸（X）...”，或单击“主页”选项卡“曲线”组中的“延伸”按钮，打开如图 4-41 所示的“延伸”对话框。

❷将刚创建的两条直线延伸至直线 3，如图 4-42 所示。

10 创建直线。

❶选择“菜单(M)”→“插入(S)”→“曲线（C)”→“直线(L)...”，或单击“主页”选项“曲线”组中的“直线”按钮╱，打开“直线”绘图工具栏。

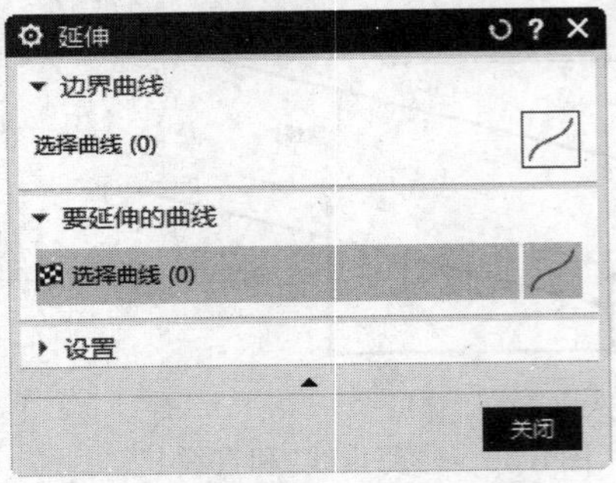

图4-41 “延伸”对话框

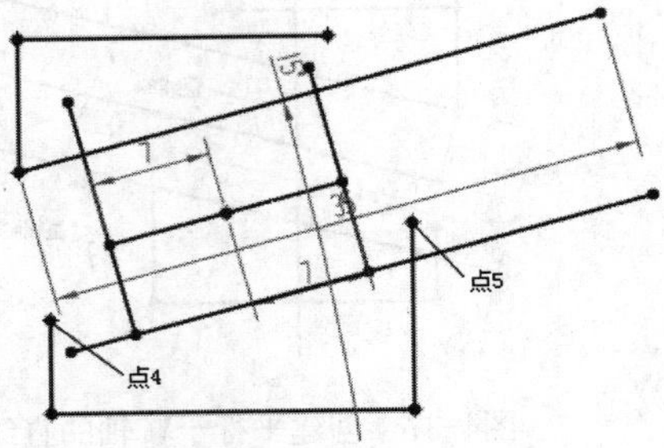

图4-42 延伸直线

❷以图 4-42 中的点 4 为起点，创建一条直线，使其与 XC 轴平行、长度能穿过刚延伸得到的直线，如图 4-43a 所示。

❸以点 5 为起点，再创建一条直线，使其与 XC 轴平行、长度能穿过刚延伸得到的直线，如图 4-43b 所示。

11 修剪直线。

❶选择“菜单(M)”→“编辑(E)”→“曲线（V)”→“修剪(I)...”，或单击“主页”选项卡“编辑”组中的“快速修剪”按钮╳，打开“修剪”对话框。

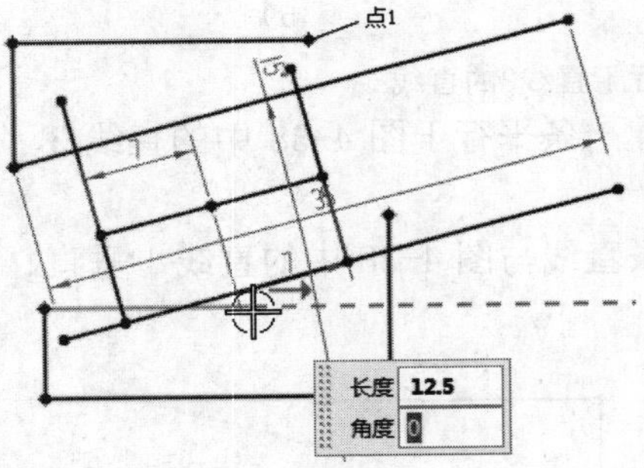

a)

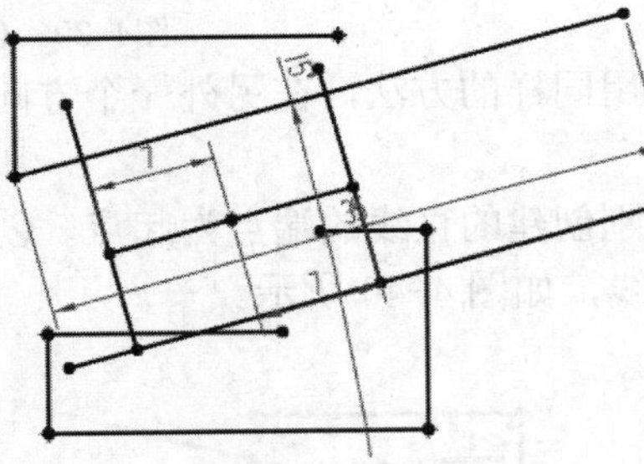

b)

图4-43 创建直线

❷对草图进行修剪，结果如图 4-44 所示。

12 创建直线。

❶选择“菜单(M)”→“插入(S)”→“曲线（C)”→“直线(L)...”，或单击“主页”选项“曲线”组中的“直线”按钮╱，打开“直线”绘图工具栏。

❷以图 4-43 中的点 2 为起点，创建直线，使其与 XC 轴垂直、长度能穿过直线 1，如图 4-45 所示。

13 修剪草图。选择“菜单(M)”→“编辑(E)”→“曲线（V)”→“修剪(I)...”，或单击“主页”选项卡“编辑”组中的“快速修剪”按钮╳，打开“修剪”对话框，对草图进行修剪，结果如图 4-46 所示。

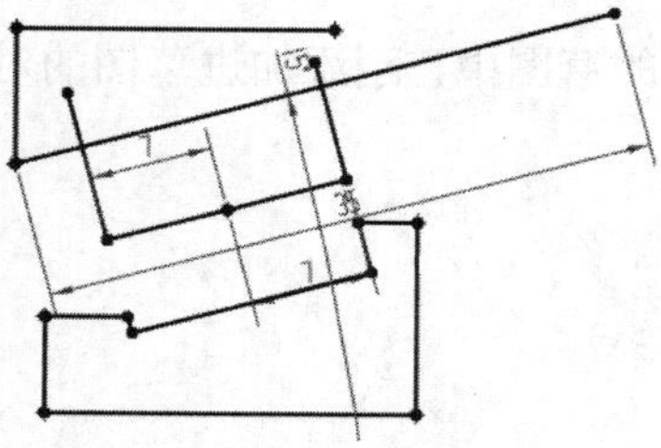

图4-44　修剪草图

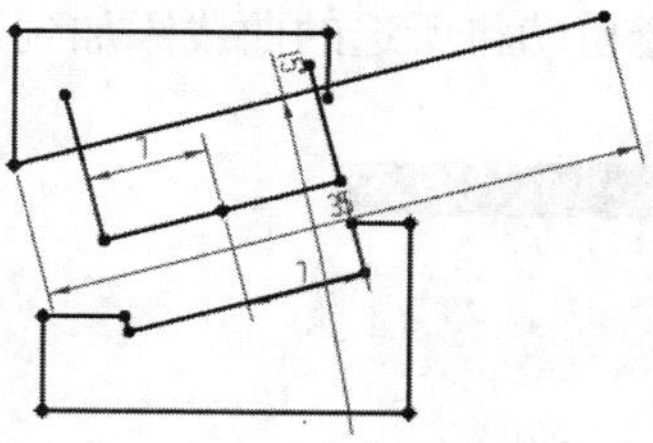

图4-45　创建直线

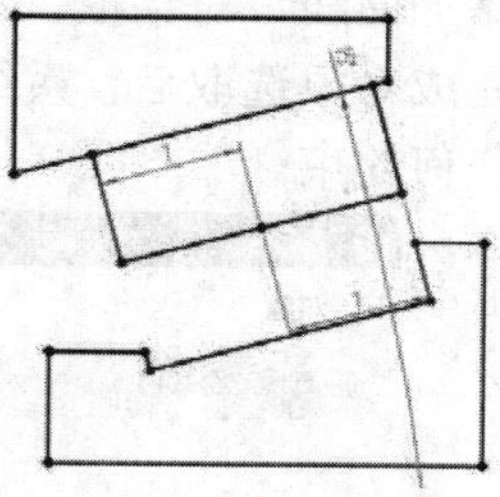

图4-46　修剪草图

4.4 草图操作

4.4.1　镜像

草图镜像操作是将草图几何对象以一条直线为对称中心线，将所选取的对象以该直线为轴进行镜像，复制成新的草图对象。镜像复制的对象与原对象组成一个整体，并且保持相关性。

选择“菜单(M)”→“插入(S)”→“派生曲线（U)”→“镜像曲线(M)...”，或单击“曲线”选项卡上“直接草图”组中的“镜像曲线”按钮，打开如图 4-47 所示的“镜像曲线”对话框。

图4-47　“镜像曲线”对话框

（1)中心线　用于在图形区选择一条直线作为镜像中心线。在“镜像曲线”对话框中单击“选择中心线”按钮，即可在图形区选择镜像中心线。

（2)要镜像的曲线　用于选择一个或多个需要镜像的草图对象。

（3）设置

1）中心线转换为参考：勾选该复选框，可将活动中心线转换为参考。如果中心线为参考轴，则系统沿该轴创建一条参考线。

2）显示终点：勾选该复选框，可显示端点约束，以便移除或添加约束。如果取消端点约束，然后编辑原曲线，则未约束的镜像曲线将不会更新。

4.4.2　添加现有的曲线

添加现有的曲线即将已存在的曲线或点(不属于草图对象的曲线或点)添加到当前的草图中。

选择“菜单(M)”→“插入(S)”　→“来自曲线集的曲线（F)”→“曲线加入草图(A)...”，或单击“主页”选项卡“包含”组“更多”库中的“添加曲线”按钮，打开如图 4-48 所示的“添加曲线”对话框。

完成对象选取后，系统会自动将所选的曲线添加到当前的草图中，刚添加进草图的对象不具有任何约束。

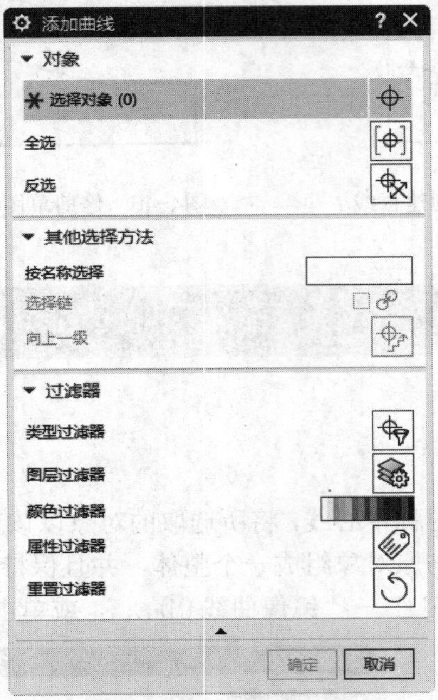

图 4-48 “添加曲线”对话框

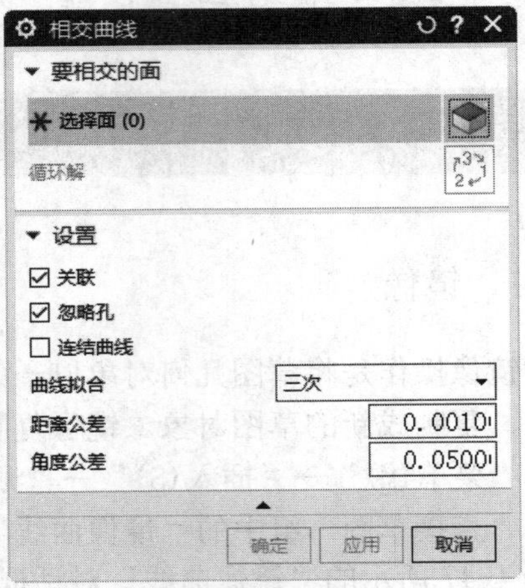

图 4-49 “相交曲线”对话框

4.4.3 相交

相交即求已存在的实体边缘和草图平面的交点。

选择“菜单(M)”→“插入(S)”→“配方曲线（U)”→“相交曲线(U)...”，或单击“主页”选项卡“包含”组“更多”库中的“相交曲线”按钮，打开如图 4-49 所示的“相交曲线”对话框。系统提示用户选择已存在的实体边缘，边缘选定后，在边缘与草图平面相交的地方就会出现*号，表示存在交点。若存在循环解，则激活按钮，单击该按钮，可以选择所需的交点。

4.4.4 投影

投影能够将抽取的对象按垂直于草图平面的方向投影到草图中，使之成为草图对象。

选择“菜单(M)”→“插入(S)” →“配方曲线（U)”→“投影曲线(J)...”，或单击“主页”选项卡“包含”组“更多”库中的“投影曲线”按钮，打开如图 4-50 所示的“投影曲线”对话框。

“投影”命令可将选中的对象沿草图平面的法向投影到草图的平面上。通过选择草图外部的对象，可以生成抽取的曲线或线串。能够抽取的对象包括曲线（关联或非关联的）、边、面，以及其他草图或草图内的曲线、点。

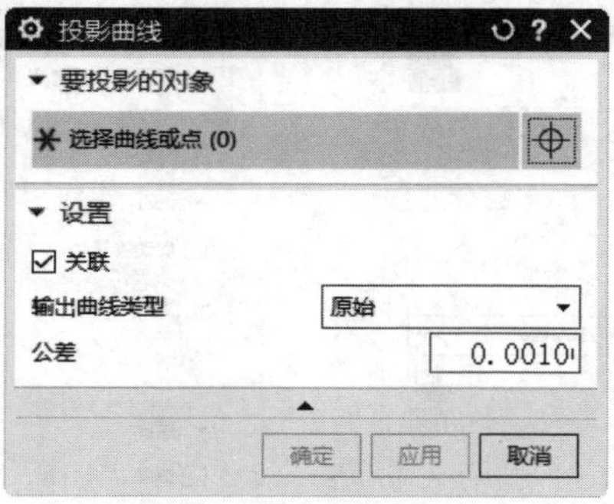

图4-50 “投影曲线”对话框

4.5 草图约束

草图约束可用于限制草图的形状和大小，包括限制大小的尺寸约束和限制形状的几何约束。

4.5.1 尺寸约束

1. 线性尺寸

选择“菜单(M)”→“插入(S)”→ “尺寸（M)”→“线性（L）…”，或单击“主页”选项卡“求解”组中的“线性尺寸”按钮，打开“线性尺寸”对话框，如图 4-51 所示。在绘图区中选取同一对象或不同对象的两个控制点，则系统会用两点的连线标注尺寸。选取一圆弧曲线，则系统直接标注圆的直径尺寸。在标注尺寸时所选取的圆弧或圆必须是在草图模式中创建的。

2. 角度尺寸

选择“菜单(M)”→“插入(S)”→ “尺寸（M)”→“角度（A）…”，或单击“主页”选项卡“求解”组中的“角度尺寸”按钮，打开“角度尺寸”对话框，如图 4-52 所示。在绘图区中（一般在远离直线交点的位置）选择两直线，则系统会标注这两直线之间的夹角，如果选取直线时光标比较靠近两直线的交点，则标注的角度是对顶角，如图 4-53 所示。

3. 径向尺寸

选择“菜单(M)”→“插入(S)”→“尺寸（M)”→“径向（R）…”，或单击“主页”选项卡“求解”组中的“径向尺寸”按钮，打开“径向尺寸”对话框，如图 4-54 所示。在绘图区中选取一圆弧曲线，则系统直接标注圆弧的半径尺寸，如图 4-55 所示。

4. 周长尺寸

选择“菜单(M)”→“插入(S)”→“尺寸（M)”→“周长（M）…”，或单击“主页”选项卡“求解”组中的“周长尺寸”按钮，打开“周长尺寸”对话框，如图 4-56 所示。在绘图区中选取一段或多段曲线，则系统会标注这些曲线的周长。周长尺寸不会在绘图区显示。

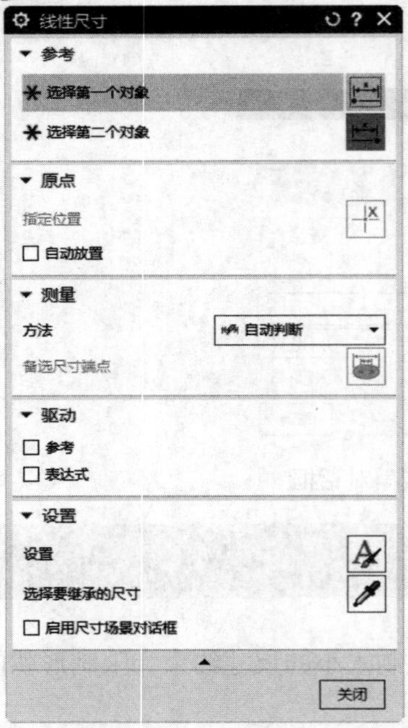

图4-51 “线性尺寸”对话框

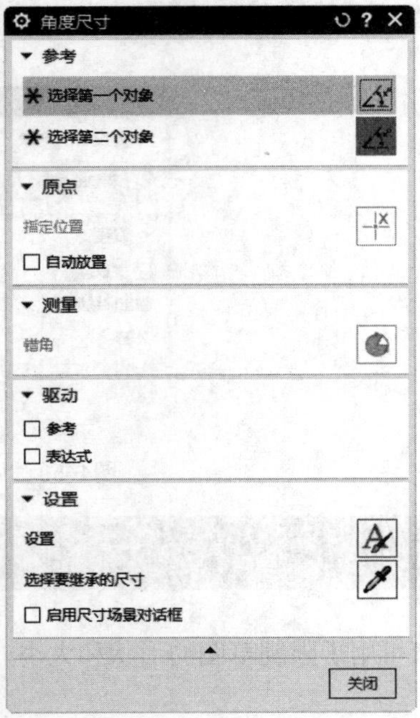

图4-52 “角度尺寸”对话框

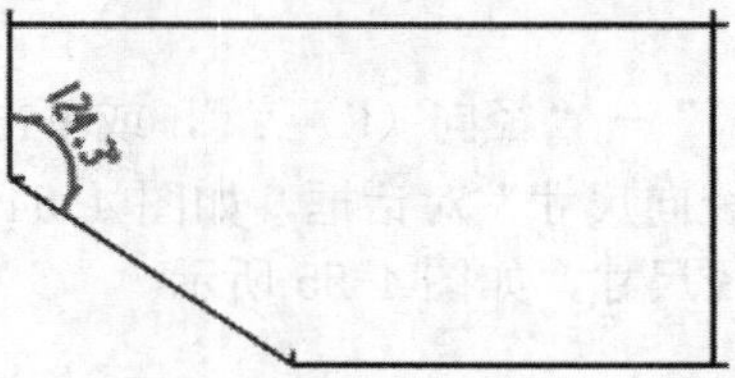

图4-53 标注角度

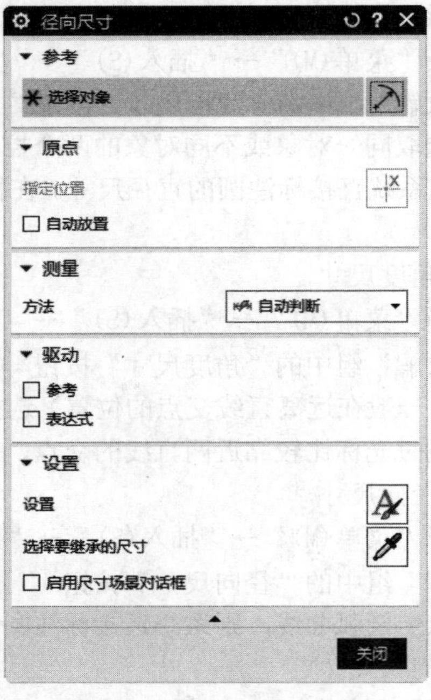

图4-54 “径向尺寸”对话框

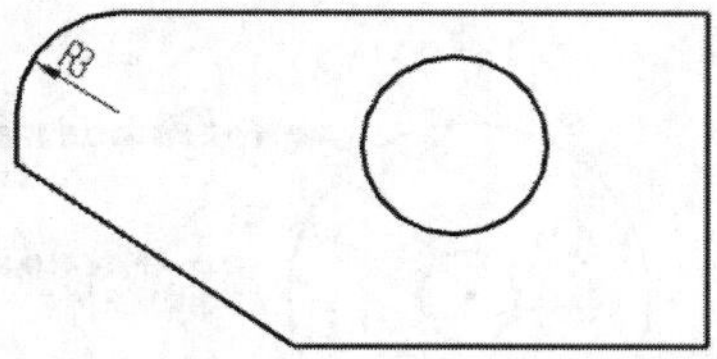

图4-55　标注半径尺寸

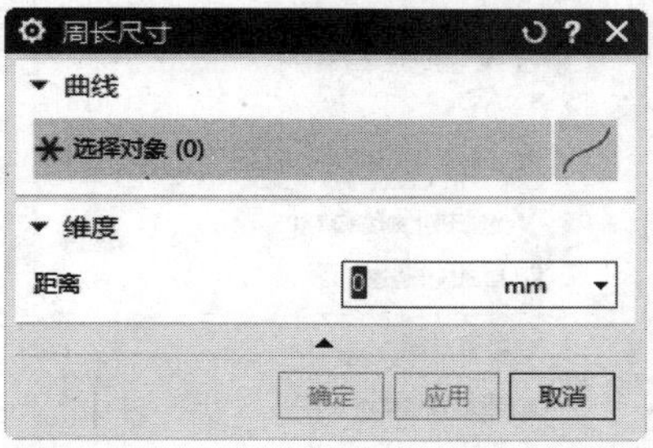

图4-56　“周长尺寸”对话框

📖4.5.2　几何约束

几何约束可用于建立草图对象的几何特征，或建立两个或多个对象之间的关系。“Sketch Scene Bar”（草图场景条）如图 4-57 所示。

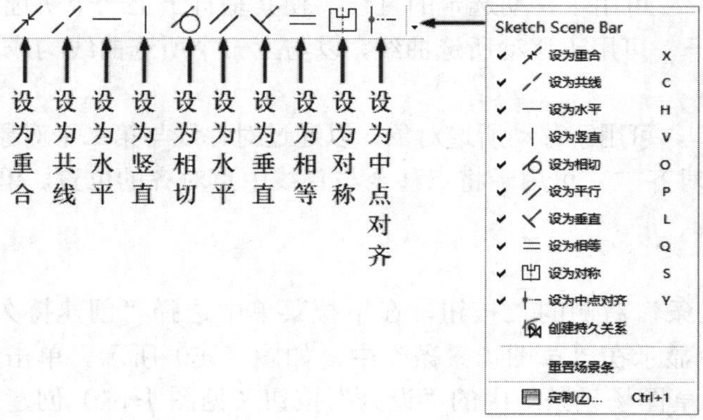

图 4-57　草图场景条

1. 设置几何约束

（1）设为重合　可用于移动所选对象，以与上一个所选对象构成“重合”“同心”或“点在曲线上”关系。单击该按钮，会弹出如图 4-58 所示的“设为重合”对话框。设为重合的应用示例如图 4-59 所示。

1）选择运动曲线或点：可以选择要移动以与静止对象建立关系的曲线或点。

2）选择静止曲线或点：可以选择第一个对象应移至的曲线或点。

3）选择固定曲线或点：选择固定曲线或点会通知求解器哪些不应移动。在某些情况下，可能会有多个解决方案。

（2）设为共线　可用于移动选定的直线，以与上一个所选对象共线。

（3）设为水平　可用于移动所选对象，以与上一个所选对象水平或水平对齐。

（4）设为竖直　可用于移动所选对象，以与上一个所选对象竖直或竖直对齐。

（5）设为相切　可用于移动选定的对象，以与上一个所选对象相切。

（6）设为平行　可用于移动选定的直线，以与上一个所选直线平行。

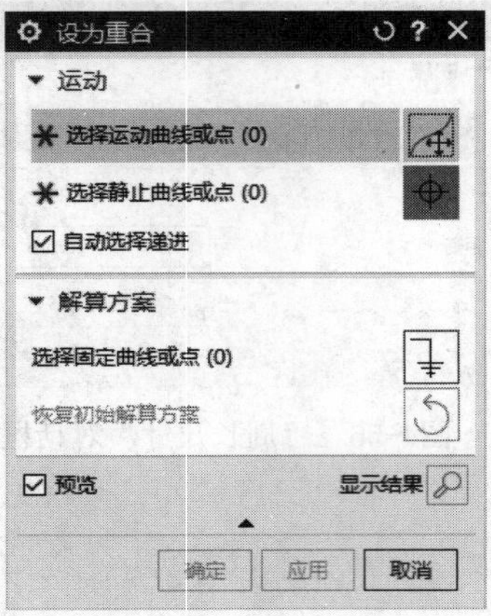

图 4-58 “设为重合”对话框

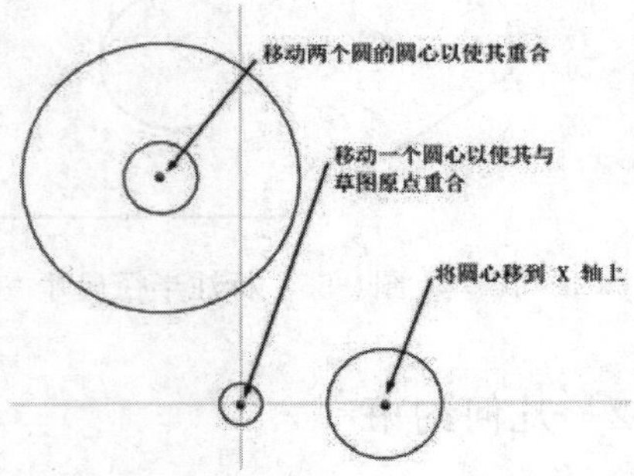

图 4-59 设为重合的应用示例

（7）设为垂直 可用于移动选定的直线，使其垂直于上一个所选直线。

（8）设为相等 可用于移动所选曲线，以与上一个所选曲线构成“等半径”或“等长”关系。

（9）设为对称 可用于移动所选对象，以通过对称线与第二个对象构成“对称”关系。

（10）设为中点对齐 可用于将点移至与直线中点对齐的位置。单击该按钮，可创建持久关系。

2. 创建持久关系

单击“草图场景条”右侧的按钮，在下拉菜单中选择“创建持久关系”，可以将“创建持久关系”按钮显示在“草图场景条”中，如图 4-60 所示。单击该按钮，将会开启创建持久关系，使用“草图场景条”中的“设为”按钮（见图 4-61）创建关系时将创建持久关系。

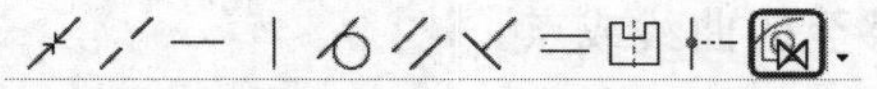

图 4-60 显示“创建持久关系”按钮

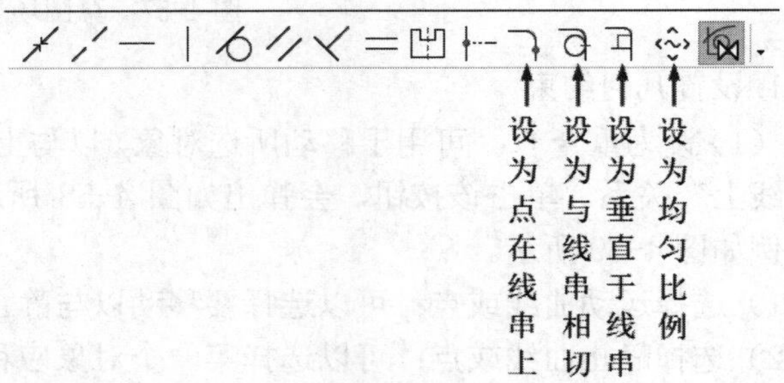

图 4-61 创建持久关系的“设为”按钮

开启“创建持久关系”后，以下四个按钮变为可用：

（1）设为点在线串上 可用于移动选定的点，使其与配方曲线重合，并创建持久关系。

（2）设为与线串相切 可用于移动选定的曲线，使其与配方曲线相切，并创建持久关系。

（3）设为垂直于线串 可用于移动选定的曲线，使其垂直于配方曲线，并创建持久关系。

（4）设为均匀比例 可用于使样条曲线均匀缩放，并创建持久关系。

3. 松弛关系

单击“主页”选项卡“求解”组中的“松弛关系”按钮，使该按钮处于选中状态，可以开启松弛关系。当绘制的轮廓形状存在许多尺寸或关系时，松弛这些关系后可更改形状。

4. 显示持久关系

单击“主页”选项卡“求解”组中的“选项”→“显示持久关系”按钮，可以显示活动草图中的持久关系。

5. 持久关系浏览器

单击“主页”选项卡“求解”组中的“选项”→“持久关系浏览器”按钮，将弹出如图 4-62 所示的“持久关系浏览器”对话框。在对话框中可以查询草图对象并报告其关联的持久关系、尺寸及外部引用。

6. 关系查找器设置

单击“主页”选项卡“求解”组中的“选项”→“关系查找器设置”按钮，将弹出如图 4-63 所示的“关系查找器设置”对话框。在该对话框中可以设置持久关系浏览器可以浏览到的关系。

图 4-62　“持久关系浏览器”对话框

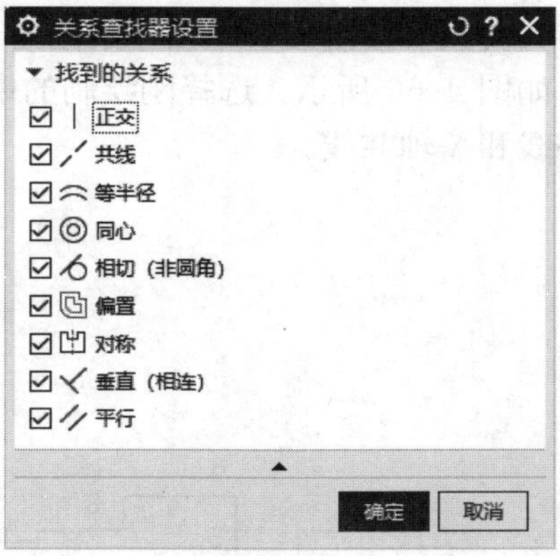

图 4-63　“关系查找器设置”对话框

4.5.3　实例——阶梯轴草图

创建如图 4-64 所示的阶梯轴草图。

01 新建文件。单击“主页”选项卡中的“新建”按钮，打开“新建”对话框，在“模板”列表框中选择“模型”，输入“Zhou”，单击 确定 按钮，进入 UG NX 建模环境。

02 绘制中心线。

❶选择“菜单(M)”→“插入(S)”→“草图(S)...”，打开“创建草图”对话框。

❷选择 XC-YC 平面作为工作平面。

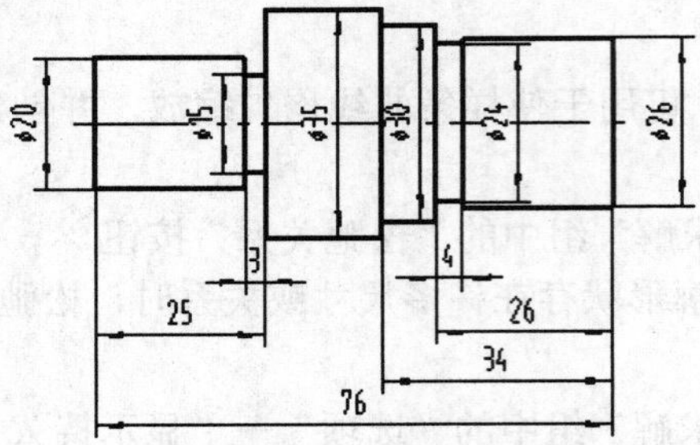

图 4-64 阶梯轴草图

❸选择“菜单(M)”→“插入(S)”→“曲线（C)”→“直线(L)...”，或单击“主页”选项卡“曲线”组中的“直线”按钮╱，打开“直线”绘图工具栏。

❹绘制一条水平中心线。

03 绘制轮廓线。

❶选择“菜单(M)”→“插入(S)”→“曲线（C)”→ “轮廓(O)...”，或单击“主页”选项卡“曲线”组中的“轮廓”按钮，打开“轮廓”绘图工具栏。

❷以坐标原点为起点，绘制轮廓线，如图 4-65 所示。

04 创建几何约束。

❶ 在“主页”选项卡“求解”组中的“选项”下拉列表中选中“创建持久关系”和“显示持久关系”按钮。单击“草图场景条”中的“设为共线”按钮，打开“设为共线”对话框，如图 4-66 所示。选择刚绘制的中心线为要约束的对象，选择 X 轴为要约束到的对象，使中心线和 X 轴共线。

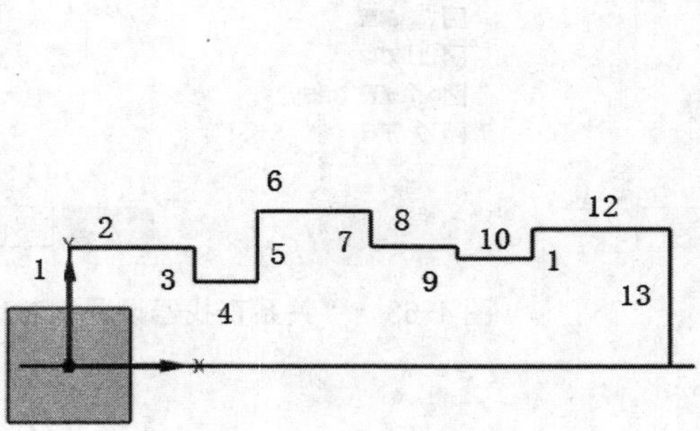

图 4-65 绘制轮廓线

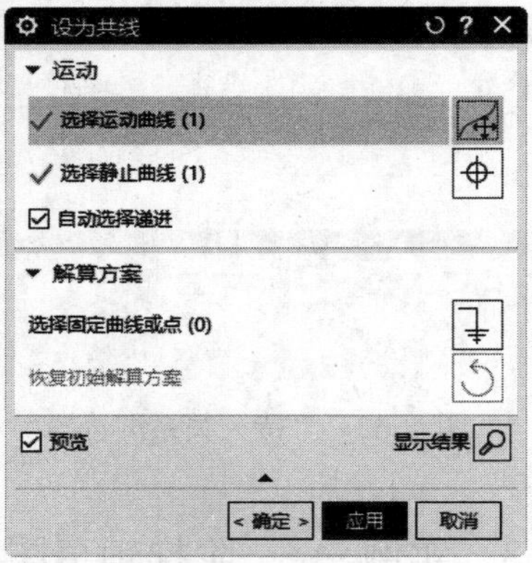

图 4-66 “设为共线”对话框

❷选择图 4-65 中的直线 1 为要约束的对象，选择 Y 轴为要约束到的对象，使竖直直线 1 和 Y 轴重合。

❸单击“草图场景条”中的“设为平行”按钮⫽，选择图 4-65 中的所有竖直直线，使其平行于 Y 轴。

❹采用同样方法，选择图 4-65 中的所有水平直线，使其平行于 X 轴，结果如图 4-67 所示。

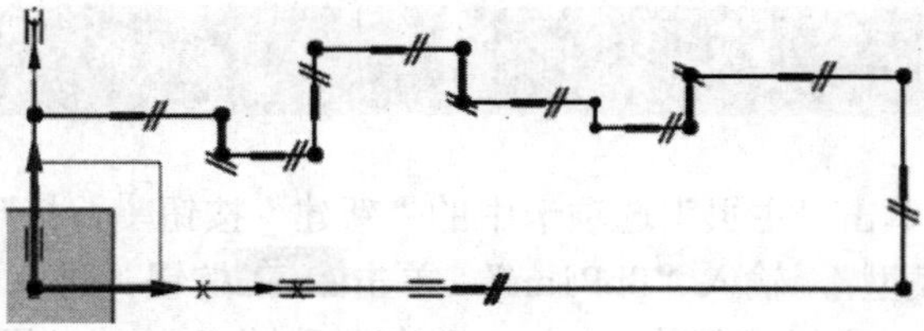

图 4-67 创建几何约束

05 创建尺寸约束。单击“主页”选项卡“约束”组中的“快速尺寸”按钮，标注尺寸，如图 4-68 所示。

06 镜像图形。

❶选择“菜单(M)”→“插入(S)”→“来自曲线集的曲线（F)”→“镜像曲线(M)...”，打开“镜像曲线”对话框。

❷选择与 X 轴重合的线段为镜像中心线。

❸选取所有的曲线为要镜像的曲线，单击<确定>按钮，镜像图形，结果如图 4-69 所示。

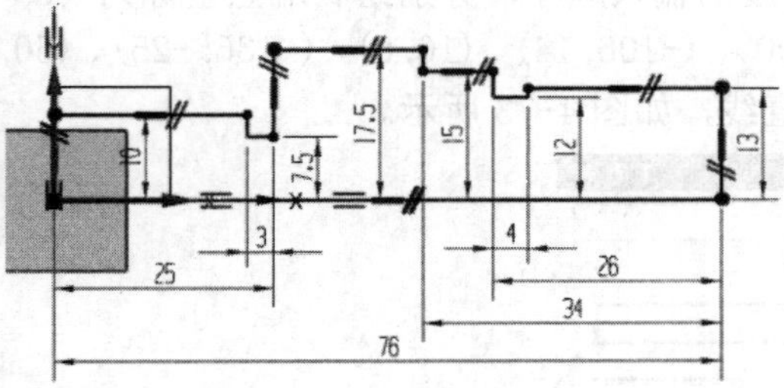

图 4-68　标注尺寸

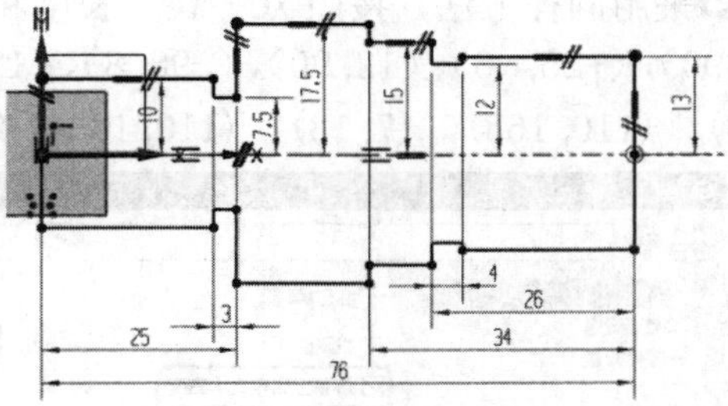

图 4-69　镜像图形

07 绘制直线。

❶选择“菜单(M)”→“插入(S)”→“曲线(C)”→“直线(L)...”，或单击“主页”选项卡“曲线”组中的“直线”按钮／，打开“直线”绘图工具栏。

❷连接所有轴肩，完成阶梯轴的绘制，结果如图 4-70 所示。

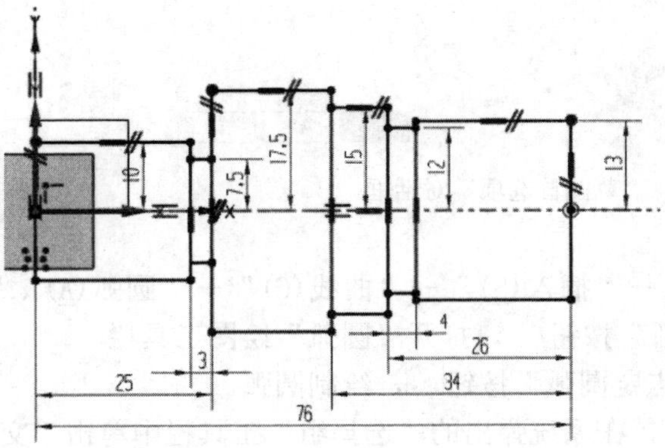

图 4-70　绘制阶梯轴

4.6 综合实例——拨片草图

01 新建文件。单击“主页”选项卡中的“新建”按钮，打开“新建”对话框，在“模板”列表框中选择“模型”，输入“BoPian”，单击<确定>按钮，进入UG NX建模环境。

02 草图预设置。选择“菜单(M)”→“首选项(P)”→“草图(S)...”，打开“草图首选项”对话框，设置参数如图4-71所示。

03 绘制直线。

❶选择“菜单(M)”→“插入(S)”→“草图(S)...”，选择XC-YC平面作为工作平面，进入草图绘制界面。

❷选择“菜单(M)”→“插入(S)”→“曲线(C)”→“直线(L)...”，或单击“主页”选项卡“曲线”组中的“直线”按钮，打开“直线”绘图工具栏。

❸选择“坐标模式”，在“XC”和“YC”文本框中分别输入15、0，在“长度”和“角度”文本框中分别输入160、180，绘制直线，如图4-72所示。

❹采用同样方法，按照XC、YC、长度和角度的输入顺序，分别绘制端点坐标为（0,-40）、（60,90），(-25,-6)、(12,90)，(-98,8)、(12,90)，(-106,14)、(16,0)，(-136,-25)、(50,90)，(7,13)、(110,165)，(7,13)、(110,135)7条直线，如图4-73所示。

图4-71 “草图首选项”对话框

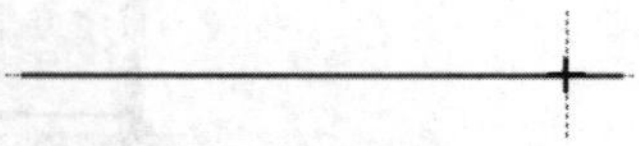

图4-72 绘制直线

04 绘制圆弧。

❶选择“菜单(M)”→“插入(S)”→“曲线(C)”→“圆弧(A)...”，或单击“主页”选项卡“曲线”组中的“圆弧”按钮，打开“圆弧”绘图工具栏。

❷单击“中心和端点定圆弧”按钮，绘制圆弧。

❸选择“坐标模式”，在系统弹出的“选择组”工具栏中单击“交点”按钮，在草图中捕捉交点，如图4-74所示。

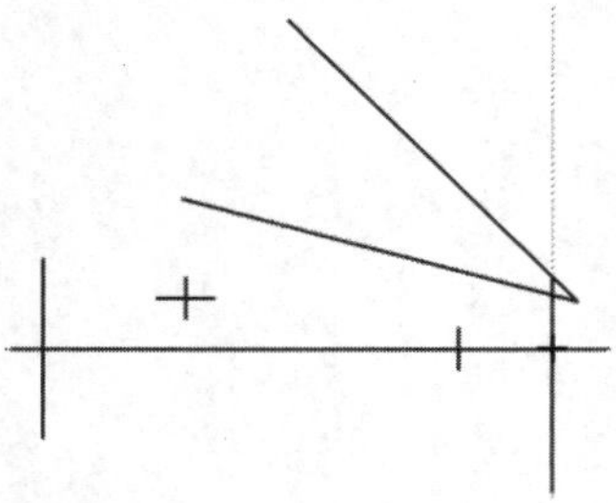

图 4-73　绘制 7 条直线

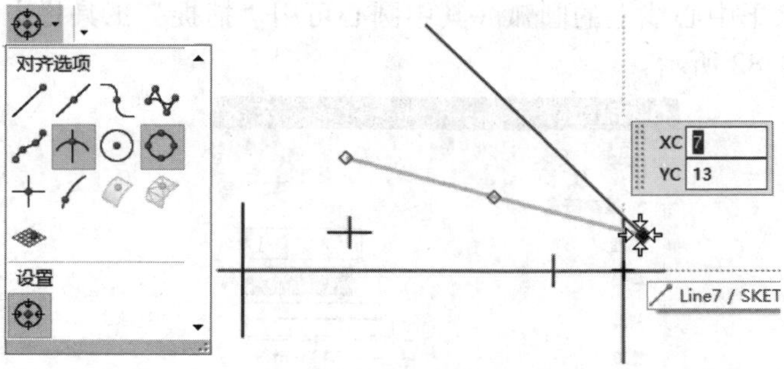

图 4-74　捕捉交点

❹分别在“半径”和“扫描角度”文本框中输入 79、60，然后单击，创建圆弧，如图 4-75 所示。

05 修改线型。

❶选择所有的草图对象。

❷把光标放在其中一个草图对象上，然后右击，打开如图 4-76 所示的快捷菜单。

❸在快捷菜单中单击“编辑显示”图标，打开“编辑对象显示”对话框。

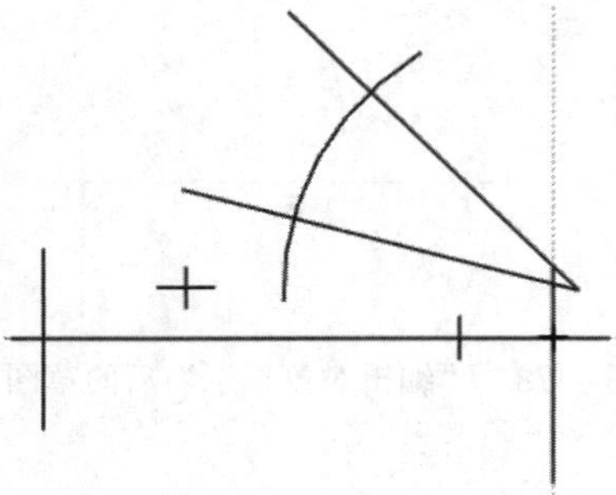

图 4-75　创建圆弧

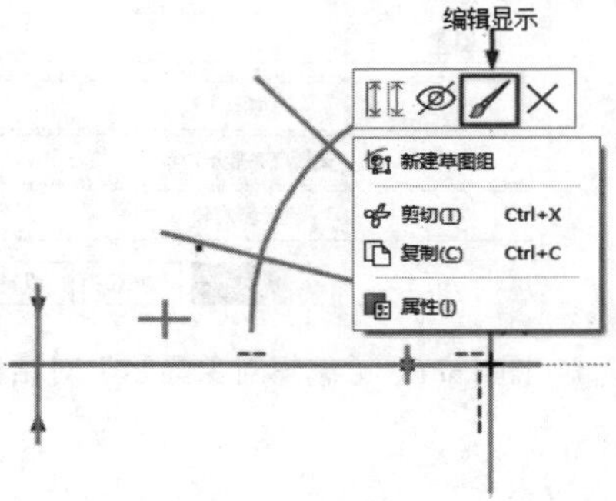

图 4-76　打开快捷菜单

❹在“编辑对象显示”对话框的“线型”下拉列表中选择“中心线”，在“宽度”的下拉列表中选择第一种线宽 0.13mm，如图 4-77 所示。

❺在“编辑对象显示”对话框中单击 确定 按钮，将所选草图对象转变为中心线，如图 4-78 所示。

06 绘制圆和圆弧。

❶选择“菜单(M)”→“插入(S)”→“曲线（C)”→“圆(C)...”，或单击“主页”选项卡“曲线”组中的“圆”按钮○，打开“圆”绘图工具栏。

❷在“圆”绘图工具栏中单击“圆心和直径定圆”按钮，选择“圆心和直径定圆”方式绘制圆。

❸在“选择组”工具栏中单击“相交”按钮，在草图中捕捉如图 4-79 所示的交点。

❹在“直径”文本框中输入 8，然后单击，创建圆，如图 4-80 所示。

❺采用同样的方法，绘制直径分别为 8 和 18 的圆，如图 4-81 所示。

❻分别按照圆心、半径、扫描角度的顺序，即(0,0)、8、180 和（−136,0)、20、180 绘

制水平中心线上的圆弧（其中圆心可用“捕捉”工具栏中的“交点”选项进行捕捉），结果如图 4-82 所示。

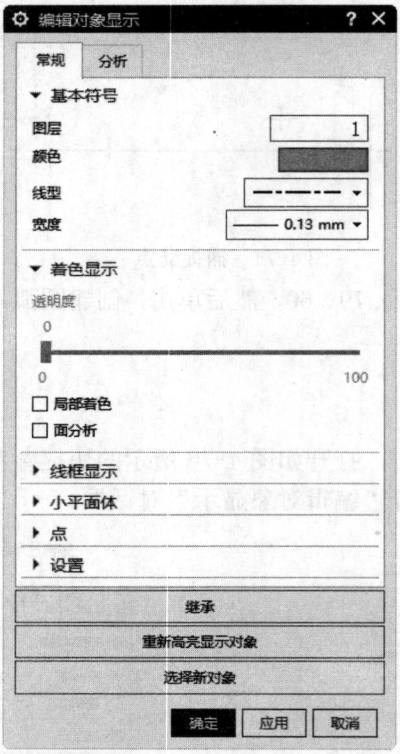

图 4-77　“编辑对象显示”对话框

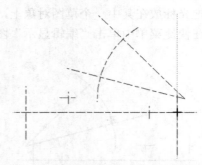

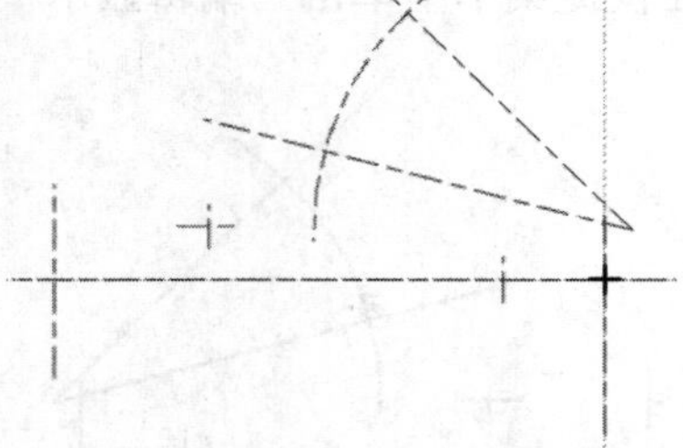

图 4-78　“编辑对象显示”后的草图

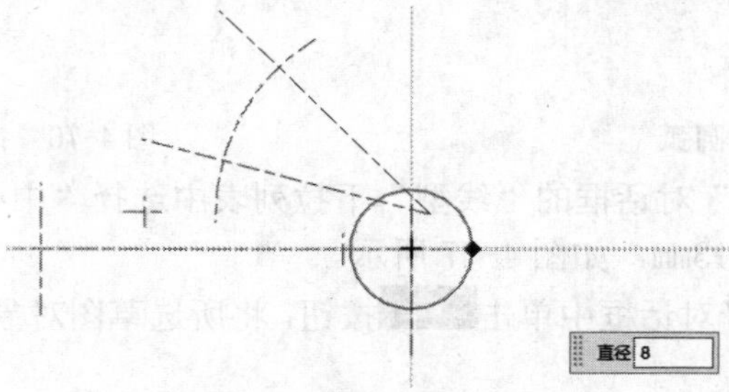

图 4-79　捕捉交点

❼在绘图区捕捉坐标为（7,13）的点为圆心，绘制半径、扫描角度分别为 65、60，93、60，73、50，85、50 的圆弧。分别以图 4-82 中的交点 1 为圆心，绘制半径、扫描角度分别为 6、180 和 14、180 的两个圆弧。分别以图 4-82 中的交点 2 为圆心，绘制半径、扫描角度分别为 6、180 的圆弧。

❽绘制完上述圆弧的草图如图 4-83 所示。

07 编辑草图。

❶选择“菜单(M)”→“编辑(E)”→“曲线（V)”→“修剪(I)...”，或单击“主页”选项卡“编辑”组中的“修剪”按钮✕，修剪草图，结果如图 4-84 所示。

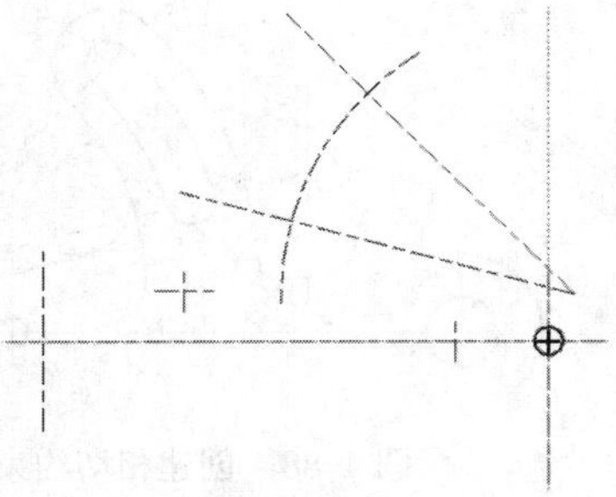

图 4-80　创建圆

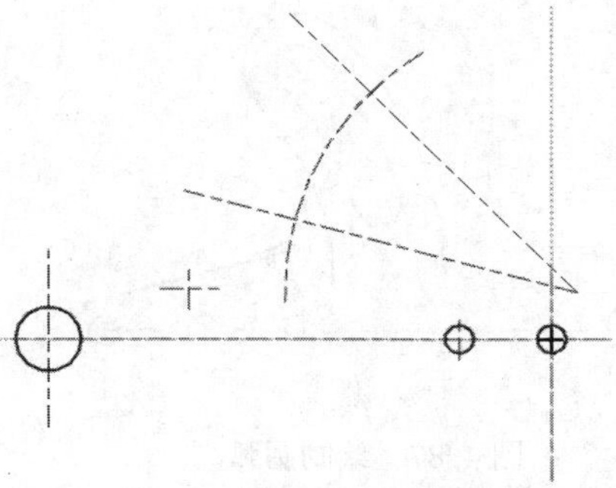

图 4-81　绘制直径分别为 8 和 18 的圆

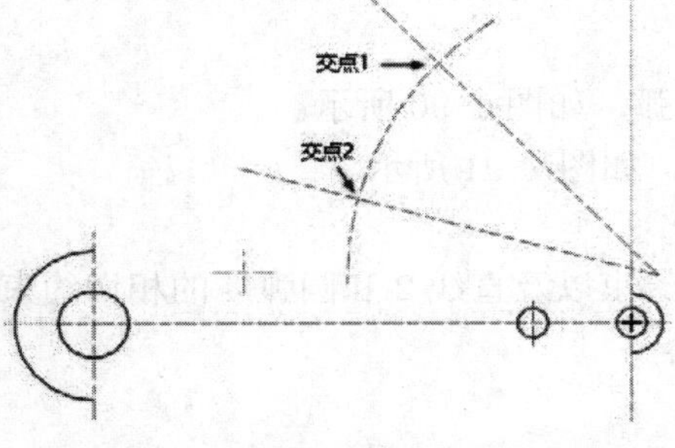

图 4-82　绘制水平中心线上的圆弧

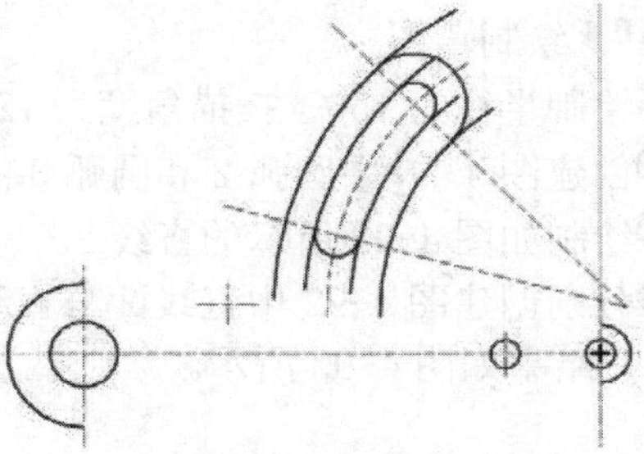

图 4-83　绘制其他圆弧

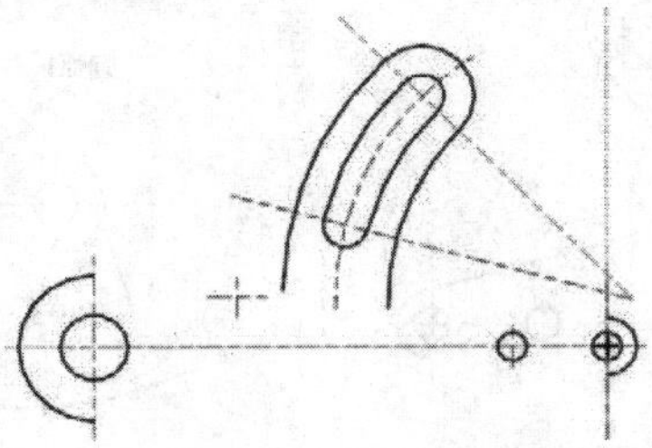

图 4-84　修剪草图

❷绘制如图 4-85 所示的直线 1。

❸创建如图 4-86 所示的直线和圆弧相切约束。

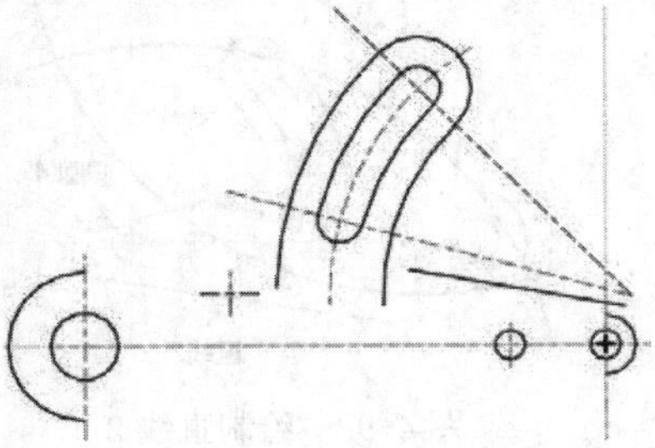

图 4-85　绘制直线 1

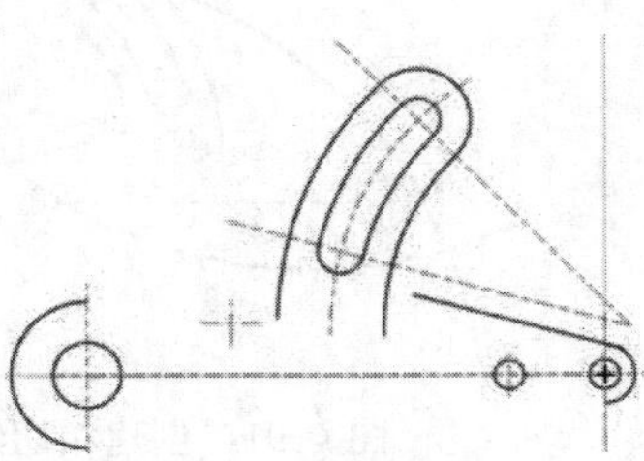

图 4-86　创建直线和圆弧相切约束

08 绘制草图。

❶绘制半径为 13、扫描角度为 120 的圆弧，如图 4-87 所示。

❷创建刚绘制的圆弧分别与直线及圆弧的相切约束，如图 4-88 所示。

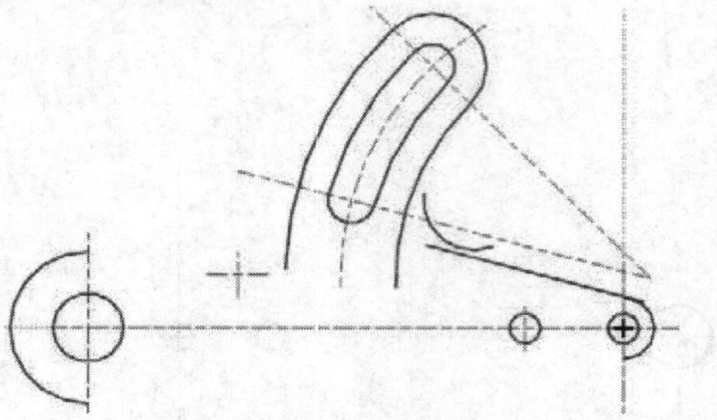

图 4-87　绘制圆弧

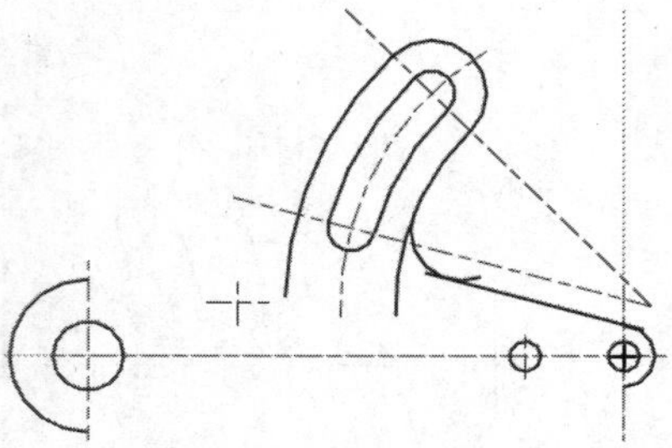

图 4-88　创建相切约束

09 编辑草图。选择“菜单(M)”→“编辑(E)”→“曲线（V）”→“修剪(I)...”，或单击“主页”选项卡“曲线”组中的“修剪”按钮，修剪草图，结果如图 4-89 所示。

10 绘制草图。

❶绘制半径为 156、扫描角度为 120 的两条圆弧，如图 4-90 所示。

❷创建图 4-90 中圆弧 2 和圆弧 3 的相切约束，如图 4-91 所示。

❸绘制如图 4-92 所示的直线 2。

❹分别创建图 4-92 中直线 2 与直线 1 的对称约束以及直线 2 和圆弧 4 的相切约束，并修剪草图，结果如图 4-93 所示。

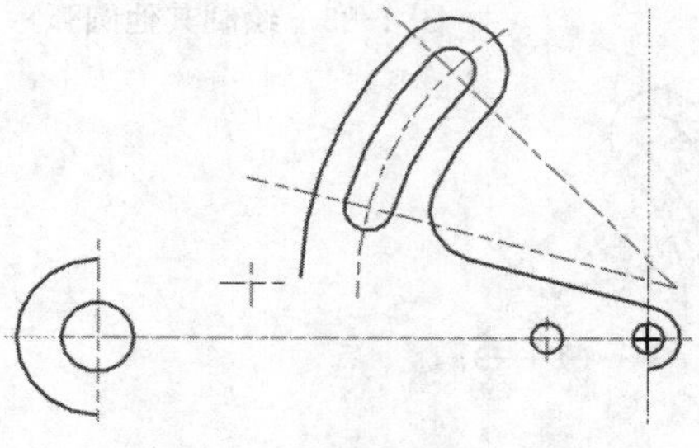

图 4-89　修剪草图

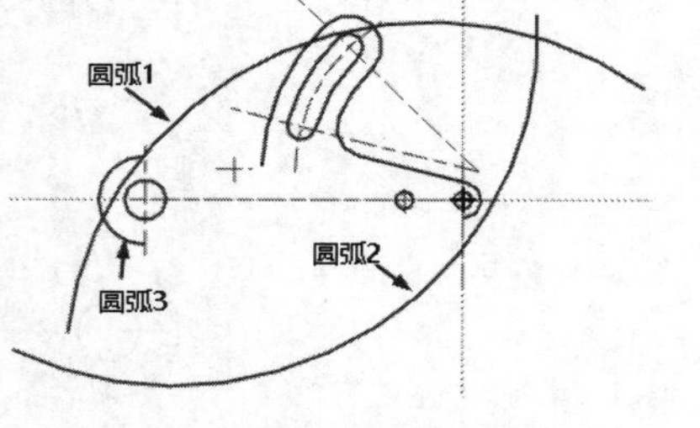

图 4-90　绘制两条圆弧

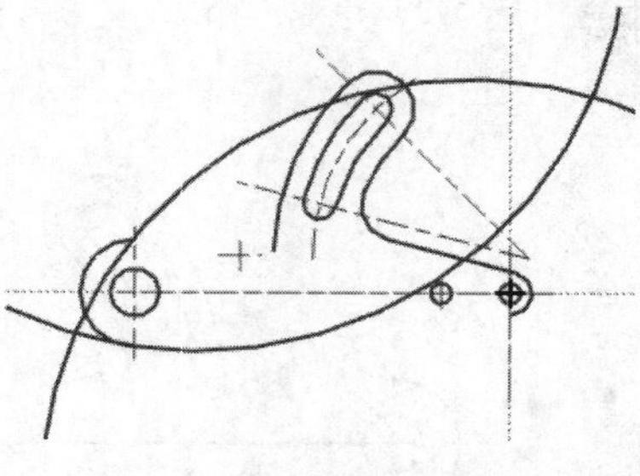

图 4-91　创建相切约束

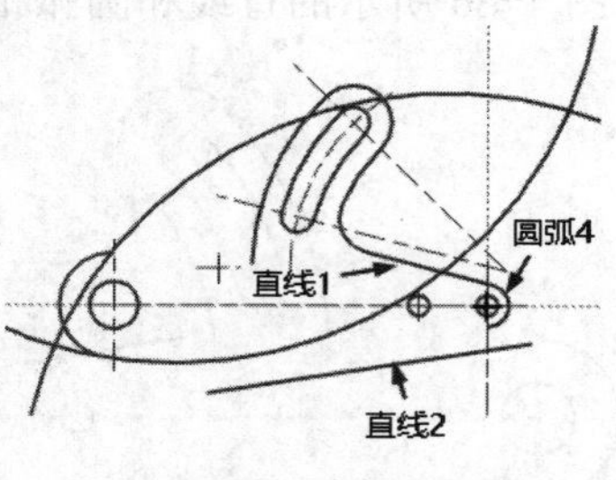

图 4-92　绘制直线 2

❺绘制半径为 20、扫描角度为 120 的圆弧 5，如图 4-94 所示。

❻分别创建图 4-94 中圆弧 5 和圆弧 6 的相切约束、圆弧 1 和圆弧 5 的相切约束，以及圆弧 1 和圆弧 3 的相切约束，并修剪草图，结果如图 4-95 所示。

❼绘制如图 4-96 所示的直径为 7 的圆。

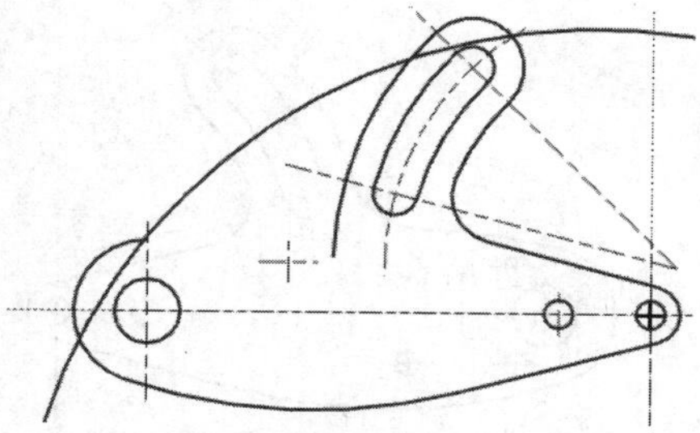

图 4-93 创建对称约束和相切约束

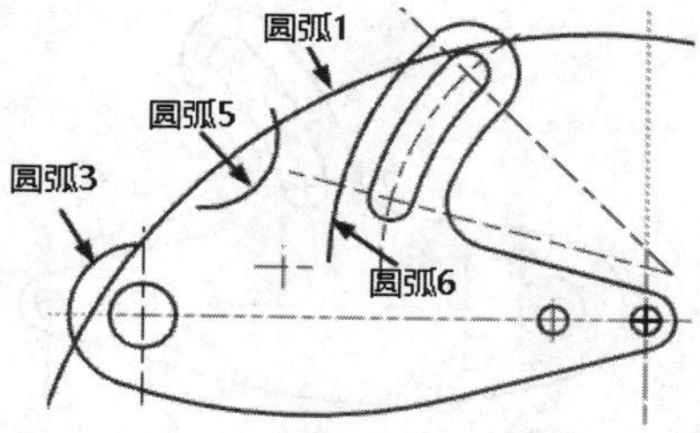

图 4-94　绘制圆弧 5

❽绘制起点坐标为（-113,15）、长度和角度分别为 35 和 270 的直线，然后选中该直线，右击，在弹出的快捷菜单中单击“转换为参考”按钮，将其修改为参考线，如图 4-97 所示。

(11) 镜像曲线。

❶选择“菜单(M)” →“插入(S)” →“来自曲线集的曲线（F)”→“镜像曲线(M)…”，打开“镜像曲线”对话框。

❷选择刚创建的圆作为要镜像的对象，如图 4-98 所示。

❸选择刚绘制的直线作为镜像中心线。

❹在“镜像曲线”对话框中单击 < 确定 > 按钮，创建镜像特征，如图 4-99 所示。

❺以 XC 轴为镜像中心线，选择草图对象和镜像后的草图对象为镜像几何体。

镜像后的草图如图 4-100 所示。

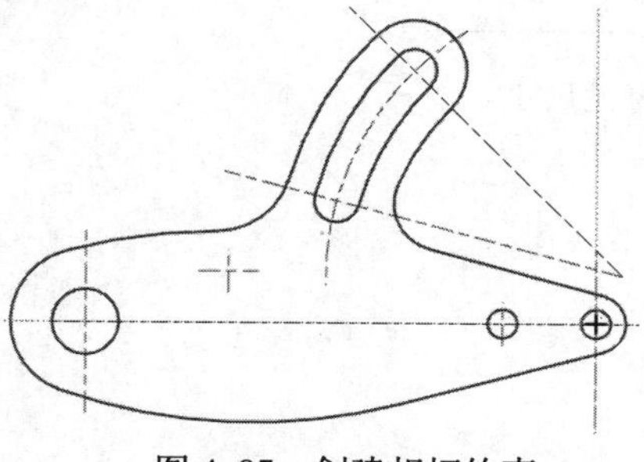

图 4-95　创建相切约束

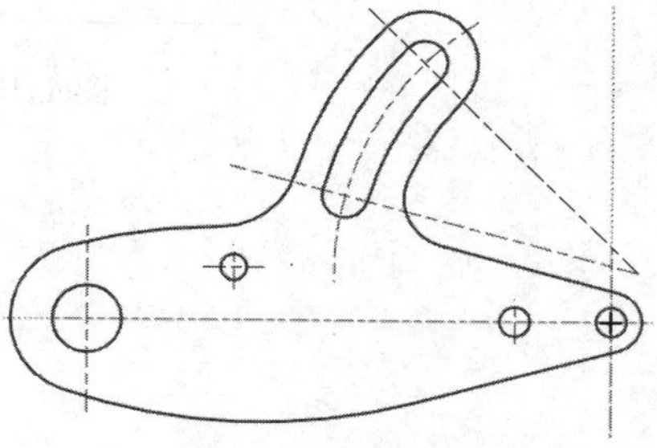

图 4-96　绘制圆

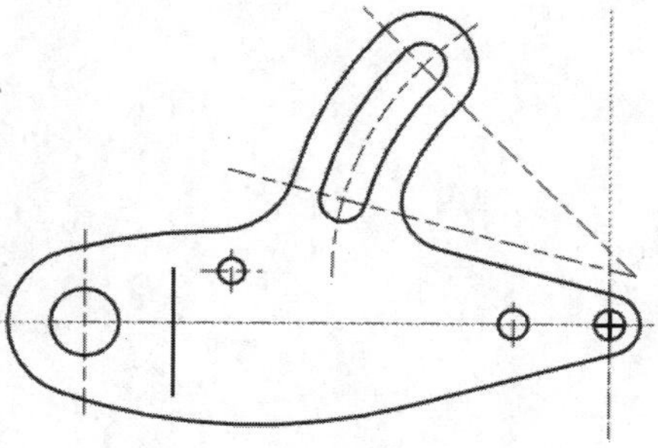

图 4-97　绘制参考线

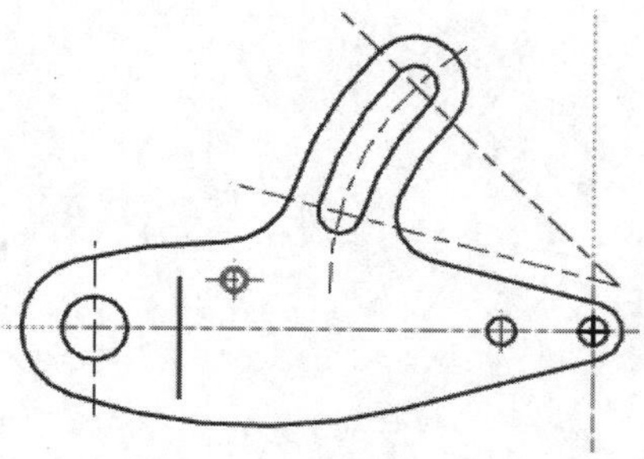

图 4-98　选择镜像对象

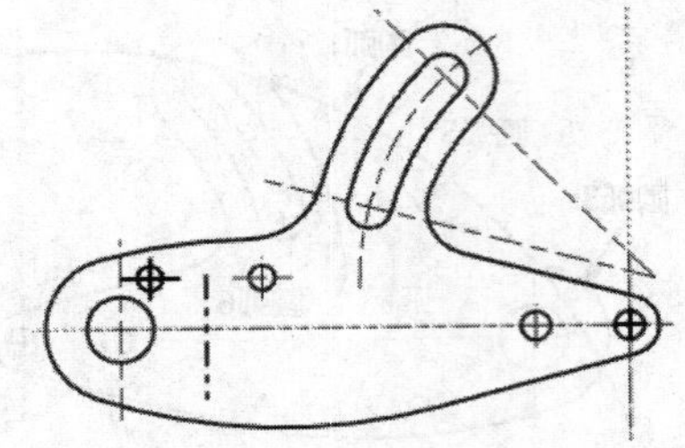

图 4-99　创建镜像特征

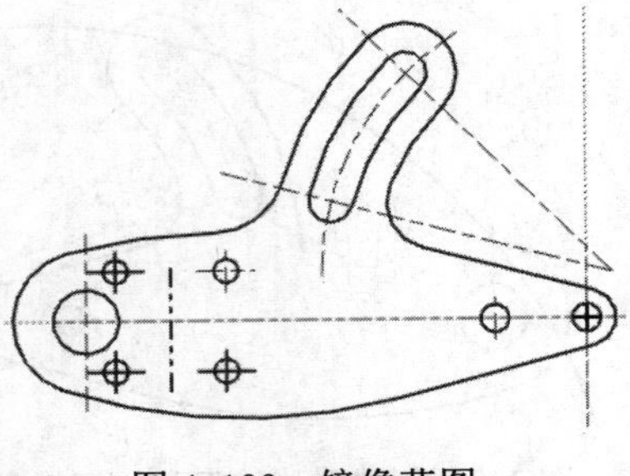

图 4-100　镜像草图

❻单击“主页”选项卡“求解”组中的“快速尺寸”按钮，选择适当的尺寸约束进行尺寸标注。标注尺寸后的草图如图 4-101 所示。

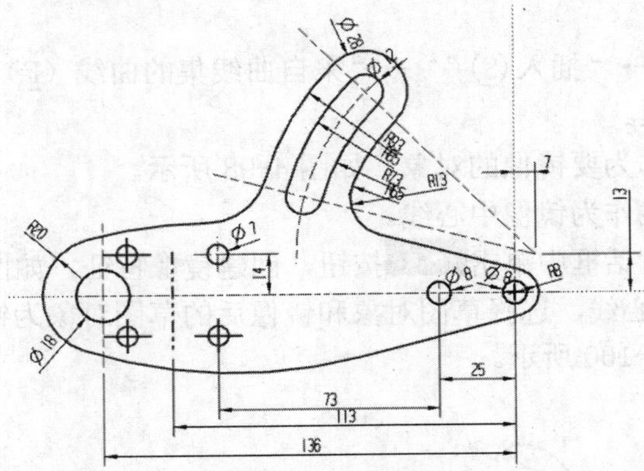

图 4-101　标注尺寸

第5章

实体建模

UG NX 实体建模通过拉伸、旋转、沿引导线扫掠等建模特征，并辅之以布尔运算，将基于约束的特征造型和显示的直接几何造型功能无缝地集合为一体。UG NX 提供的用于快速有效地进行概念设计的变量化草图工具、尺寸编辑工具以及用于一般建模和编辑的工具，使用户既可以进行参数化建模，又可以方便地用非参数化方法生成二维、三维线框模型。拉伸、旋转、沿引导线扫掠等特征也可以将部分参数化或非参数化模型再进行二次编辑，生成复杂机械零件的实体模型。

重点与难点

- 基准建模
- 拉伸
- 旋转
- 沿引导线扫掠
- 管

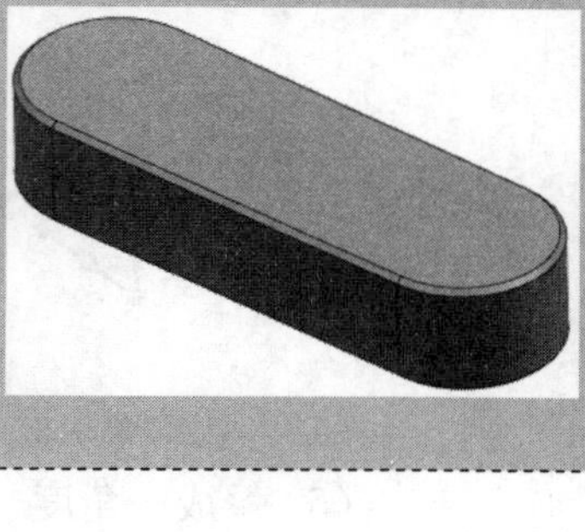

5.1 基准建模

在 UG NX 的建模中，经常需要建立基准平面、基准轴和基准 CSYS。UG NX 提供了基准建模工具，可通过选择“菜单(M)”→“插入(S)→基准(D)”命令来建模。

5.1.1 基准平面

选择“菜单(M)”→“插入(S)”→“基准(D)”→“基准平面(D)...”，或单击“主页”选项卡“构造”组中的“基准平面”按钮，打开如图 5-1 所示的“基准平面”对话框。

（1）自动判断　系统根据所选对象创建基准平面。

（2）点和方向　通过选择一个参考点和一个参考矢量来创建基准平面，示意图如图 5-2 所示。

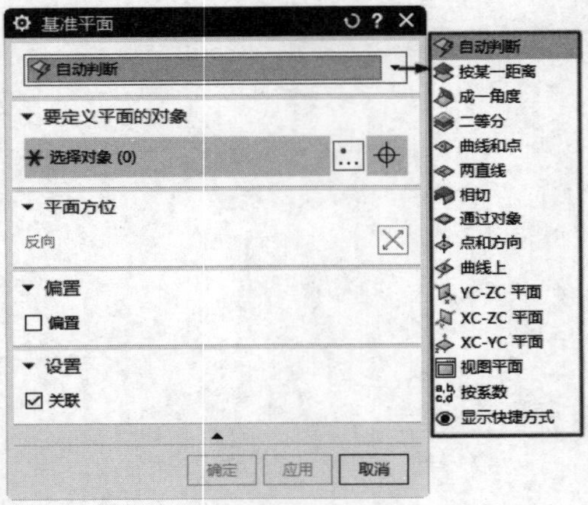

图 5-1　“基准平面”对话框

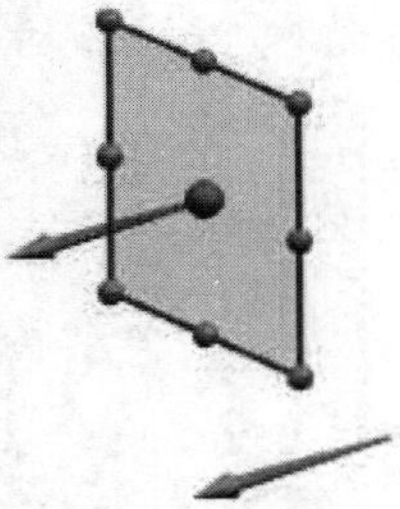

图 5-2　选择“点和方向”方法

（3）曲线上　通过已存在的曲线，创建在该曲线某点处和该曲线垂直的基准平面，示意图如图 5-3 所示。

（4）按某一距离　通过对已存在的参考平面或基准面进行偏置得到新的基准平面，示意图如图 5-4 所示。

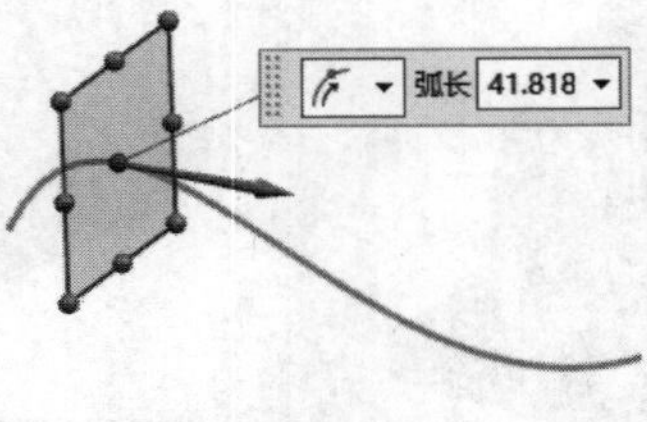

图 5-3　选择“曲线上”方法

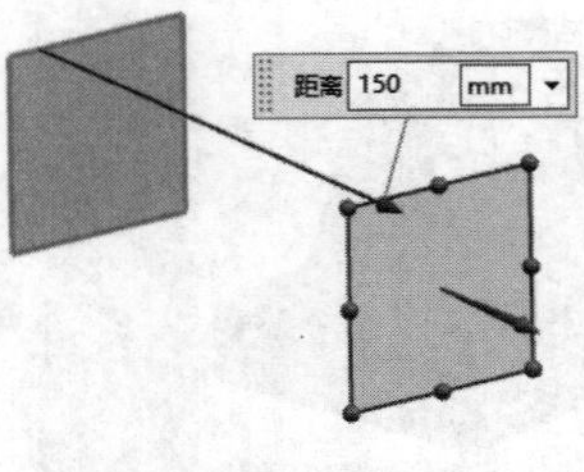

图 5-4　选择“按某一距离”方法

（5）成一角度　通过与一个平面或基准面成指定角度来创建基本平面，示意图如图 5-5 所示。

(6) 二等分　在两个相互平行的平面或基准平面的对称中心处创建基准平面，示意图如图 5-6 所示。

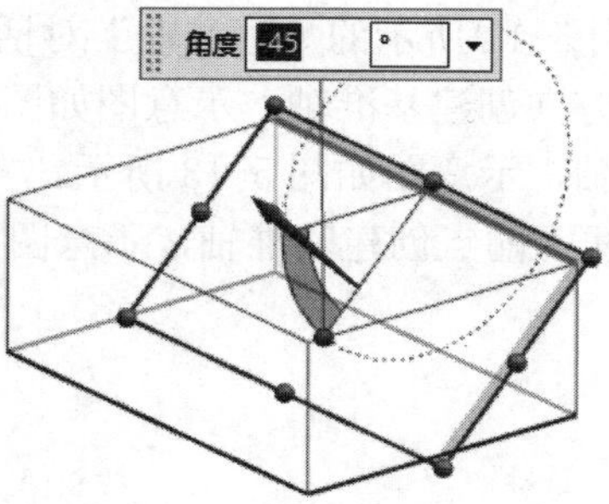

图 5-5　选择“成一角度”方法

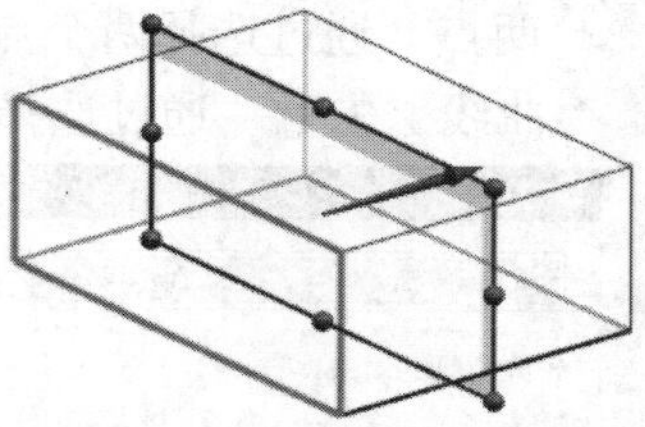

图 5-6　选择“二等分”方法

(7) 曲线和点　通过选择曲线和点来创建基准平面，示意图如图 5-7 所示。

(8) 两直线　通过选择两条直线来创建基准平面，示意图如图 5-8 所示。若两条直线在同一平面内，则以这两条直线所在平面为基准平面；若两条直线不在同一平面内，那么创建的基准平面通过一条直线且和另一条直线平行。

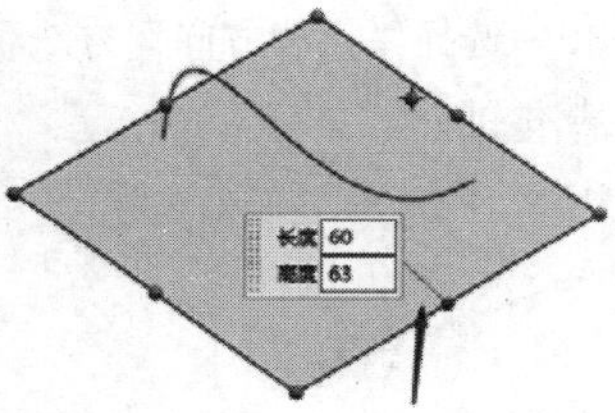

图 5-7　选择“曲线和点”方法

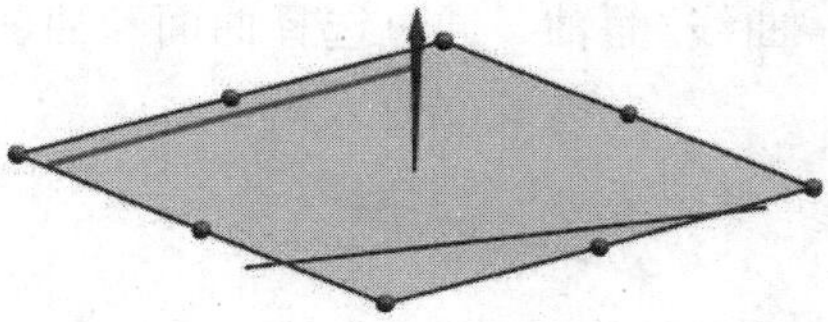

图 5-8　选择“两直线”方法

(9) 相切　通过和一曲面相切且通过该曲面上点或线或平面来创建基准平面，示意图如图 5-9 所示。

(10) 通过对象　以选择的对象平面为基准平面，示意图 5-10 所示。

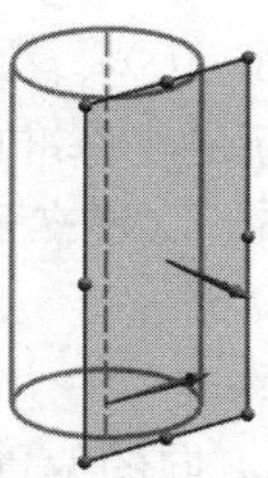

图 5-9　选择“相切”方法

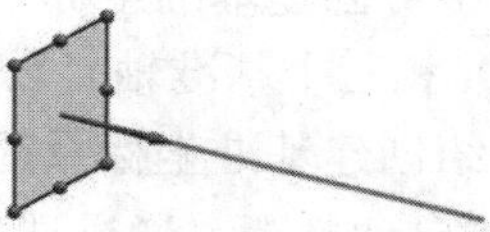

图 5-10　选择“通过对象”方法

系统还提供了“XC-YC 平面”“XC-ZC 平面”“YC-ZC 平面”和“按系数”共 4 种方法。也就是说可选择 XC-YC 平面、XC-ZC 平面、YC-ZC 平面为基准平面，或单击按钮自定义基准平面。

📖5.1.2 基准轴

选择“菜单(M)”→“插入(S)”→“基准(D)”→“基准轴(A)...”，或单击“主页”选项卡“构造”组中的“基准轴”按钮，打开如图 5-11 所示的“基准轴”对话框。

（1）点和方向 通过选择一个点和矢量方向创建基准轴，示意图如图 5-12 所示。

（2）两点 通过选择两个点来创建基准轴，示意图如图 5-13 所示。

（3）曲线上矢量 通过选择曲线和该曲线上的点创建基准轴，示意图如图 5-14 所示。

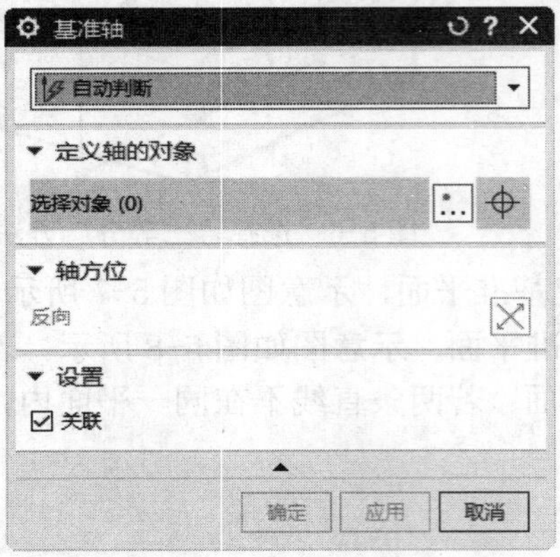

图 5-11 “基准轴”对话框

图 5-12 选择“点和方向”方法

（4）曲线/面轴 通过选择曲面和曲面上的轴创建基准轴。

图 5-13 选择“两点”方法

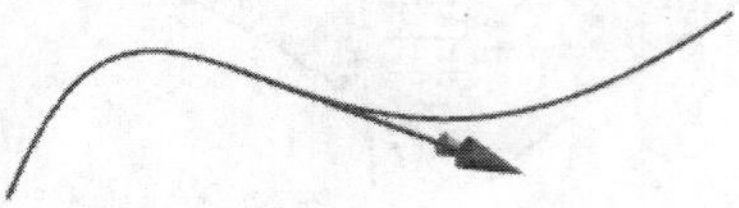

图 5-14 选择“曲线上矢量”方法

（5）交点 通过选择两相交对象的交点来创建基准轴。

📖5.1.3 基准坐标系

选择“菜单(M)”→“插入(S)”→“基准(D)”→“基准坐标系（C）...”，或单击“主页”选项卡“构造”组中的“基准坐标系”按钮，打开如图 5-15 所示的“基准坐标系”对话框。在该对话框中可创建基准坐标系。和坐标系不同的是，基准坐标系一次建立三个基准面（XY、YZ 和 ZX 面）和三个基准轴（X、Y 和 Z 轴）。

下面介绍创建基准坐标系的方法。

（1）自动判断 通过选择的对象或输入沿 X、Y 和 Z 坐标轴方向的偏置值来定义基准坐标系。

（2）原点，X 点，Y 点 该方法利用点创建功能先后指定三个点来定义基准坐标系，示意图如图 5-16 所示。这三个点应分别是原点、X 轴上的点和 Y 轴上的点。定义的第一点为原点，第一点指向第二点的方向为 X 轴的正向，第二点至第三点按右手定则来确定 Z 轴正向。

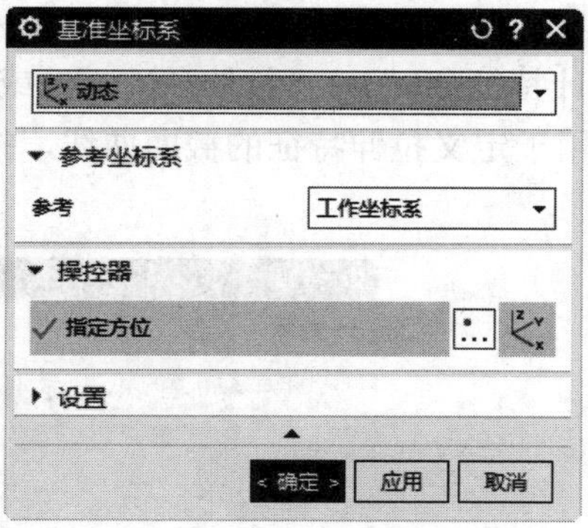

图 5-15　“基准坐标系”对话框

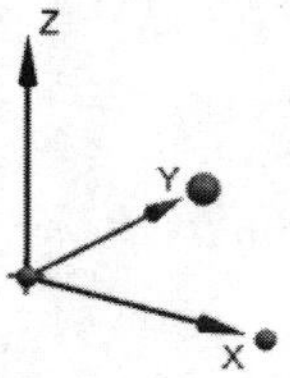

图 5-16　选择“原点，X 点，Y 点”方法

（3）三平面　该方法通过先后选择三个平面来定义基准坐标系，示意图如图 5-17 所示。三个平面的交点为坐标系的原点，第一个面的法向为 X 轴，第一个面与第二个面的交线方向为 Z 轴。

（4）X 轴，Y 轴，原点　该方法先利用点创建功能指定一个点作为坐标系原点，再利用矢量创建功能先后选择或定义两个矢量来创建基准坐标系，示意图如图 5-18 所示。坐标系 X 轴的正向平行于与第一矢量的方向，XOY 平面平行于第一矢量及第二矢量所在的平面，Z 轴正向由从第一矢量在 XOY 平面上的投影矢量至第二矢量在 XOY 平面上的投影矢量按右手定则确定。

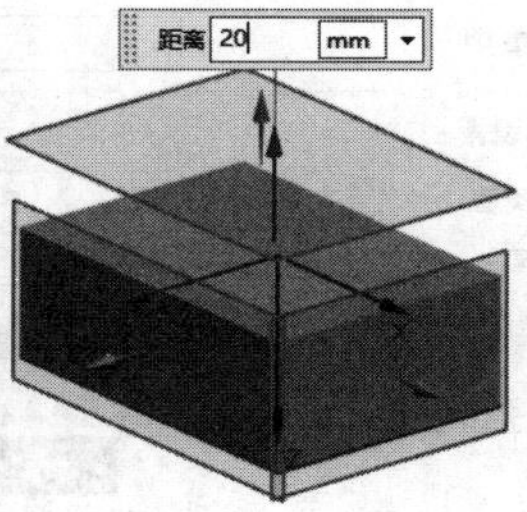

图 5-17　选择“三平面”方法

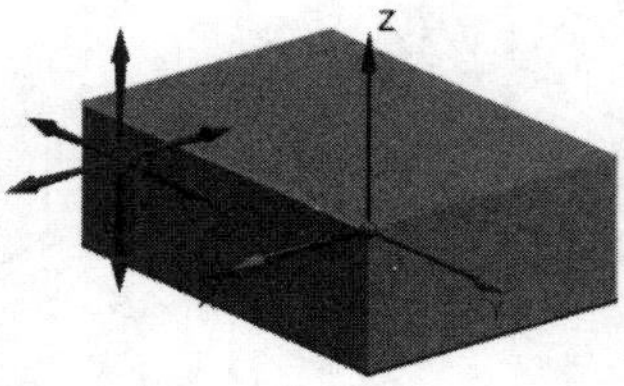

图 5-18　选择“X 轴，Y 轴，原点”方法

（5）绝对坐标系　该方法在绝对坐标系的（0,0,0）点处定义一个新的坐标系。

（6）当前视图的坐标系　该方法用当前视图定义一个新的坐标系。XOY 平面为当前视图的所在平面。

（7）偏置坐标系　该方法通过输入沿 X、Y 和 Z 坐标轴方向相对于选择坐标系的偏距来定义一个新的坐标系。

5.2 拉伸

拉伸特征是将截面轮廓草图通过拉伸生成实体或片体。其截面曲线可以是封闭的也可以是开口的，可以由一个或多个封闭环组成，封闭环之间不能相交，但封闭环之间可以嵌套。如果存在嵌套的封闭环，在生成添加材料的拉伸特征时，系统会自动认为里面的封闭环类似于孔特征，如图 5-19 所示。

选择“菜单（M）”→“插入(S)”→“设计特征(E)”→“拉伸(X)...”，或单击“主页”选项卡“基本”组中的“拉伸”按钮，选择用于定义拉伸特征的截面曲线，打开如图 5-20 所示的“拉伸”对话框。

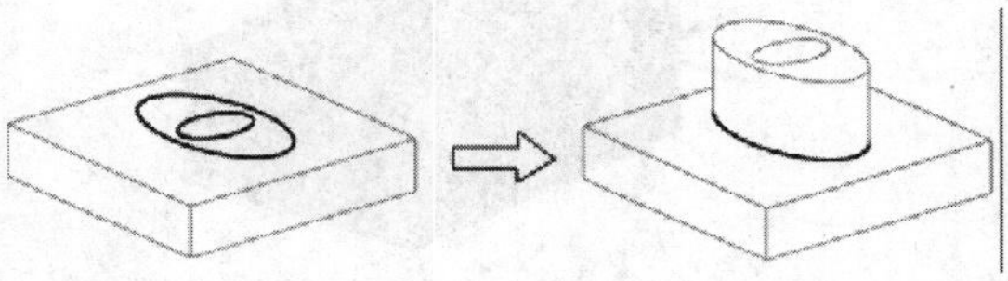

图 5-19　具有嵌套封闭环的拉伸特征

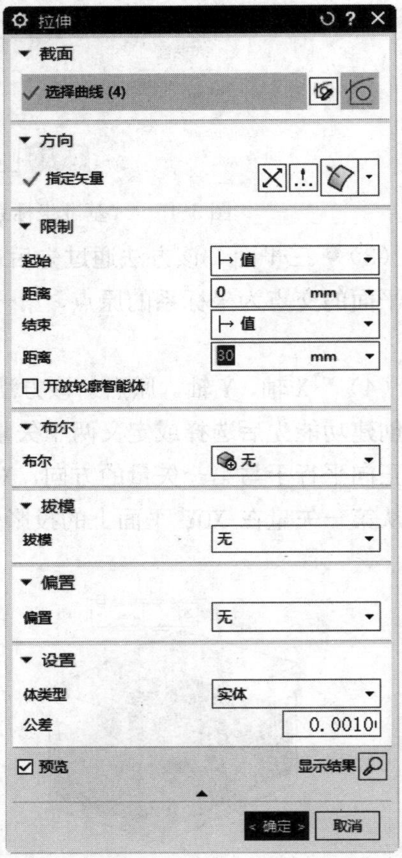

图 5-20　“拉伸”对话框

5.2.1　参数及其功能简介

1.“截面”选项组

（1）曲线　用来指定使用已有草图来创建拉伸特征。在“拉伸”对话框中默认选择“曲线”按钮。

（2）绘制截面　在“拉伸”对话框中单击“绘制截面”按钮，可以在工作平面上绘制草图来创建拉伸特征。

2.“方向”选项组

（1）下拉按钮　在“拉伸”对话框中单击“指定矢量”后的下拉按钮，打开如图 5-21 所示的“自动判断的矢量”下拉列表，单击其中的按钮可设置所选对象的拉伸方向。

（2）“矢量对话框”按钮　单击“矢量对话框”按钮，打开如图 5-22 所示的“矢量”对话框。在该对话框中可选择所需拉伸方向。

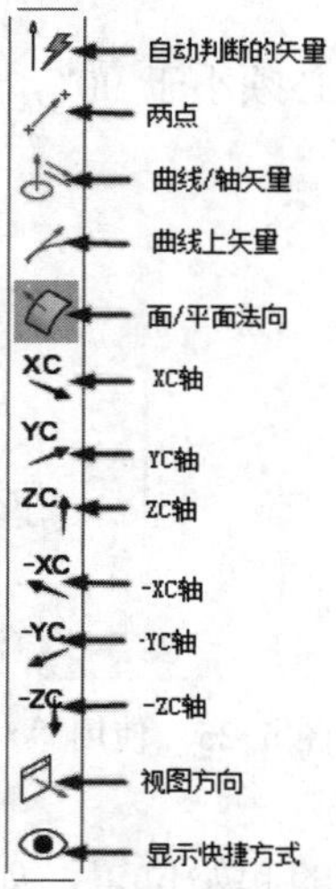

图 5-21 “自动判断的矢量”下拉列表

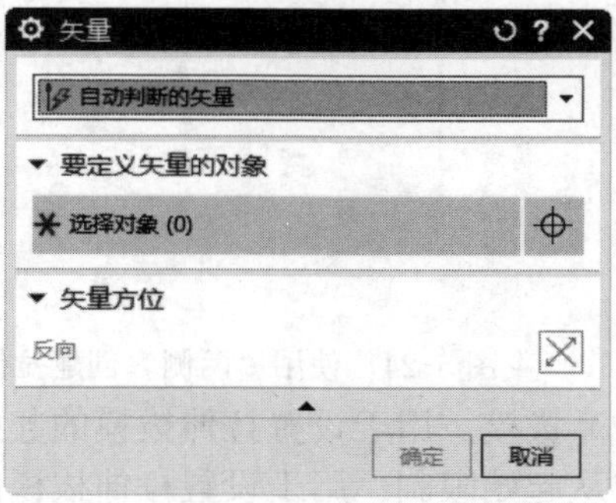

图 5-22 “矢量”对话框

（3）反向　在“拉伸”对话框中单击“反向”按钮，可使拉伸方向反向。

3.“限制”选项组

（1）起始　用于限制拉伸的起始位置。

（2）结束　用于限制拉伸的终止位置。

4.“布尔”选项组

在“拉伸”对话框中的“布尔”下拉列表中可选择布尔操作命令，包括无、合并、减去和相交操作。

5.“偏置”选项组

（1）单侧　指在截面曲线一侧生成拉伸特征，示意图如图 5-23 所示。此时只有“结束”文本框被激活。

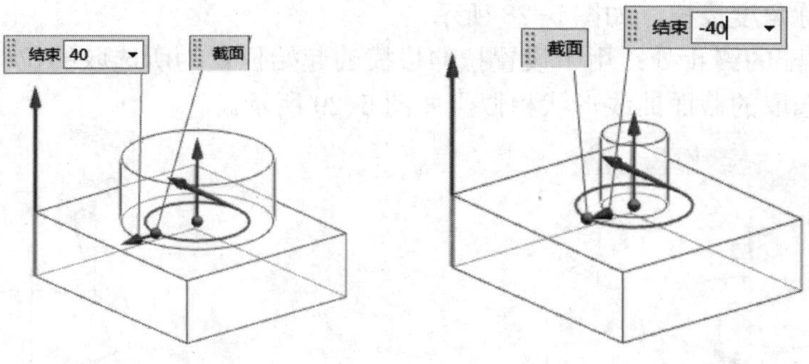

外侧　　　　内侧

图 5-23　使用“单侧”创建拉伸特征

（2）两侧　指在截面曲线两侧生成拉伸特征，以结束值和开始值之差为实体的厚度，其示意图如图 5-24 所示。

UG NX

（3）对称　指在截面曲线的两侧生成拉伸特征，其中每一侧的拉伸长度为总长度的一半，示意图如图 5-25 所示。

6.“拔模”选项组

（1）角度　用于设置拉伸方向的拉伸角度。其绝对值必须小于 90°，大于 0° 时沿拉伸方向向内拔模，小于 0° 时沿拉伸方向向外拔模。

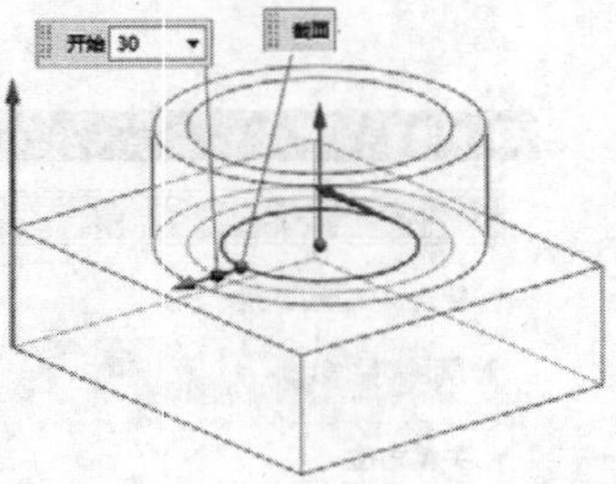

图 5-24　使用“两侧”创建拉伸特征

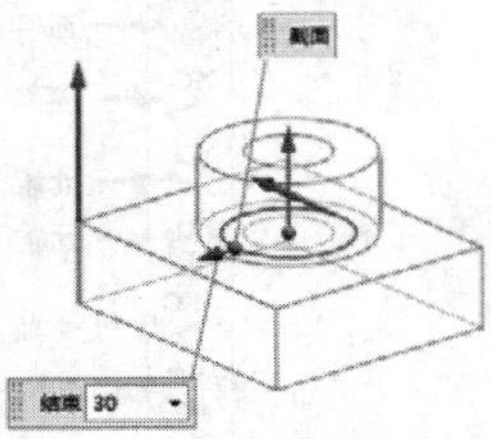

图 5-25　使用“对称”创建拉伸特征

（2）拔模　用于设置拉伸拔模的起始位置。

1）从起始限制：用于设置拉伸拔模的起始位置为拉伸的起始位置，如图 5-26 所示。

2）从截面：用于设置拉伸拔模的起始位置为所选取的拉伸截面曲线处，如图 5-27 所示。

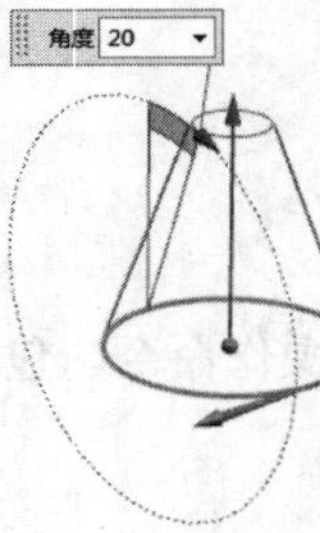

图 5-26　使用“从起始限制”拔模

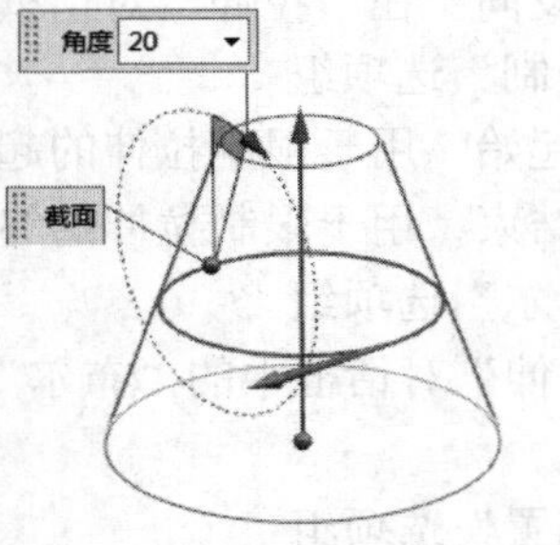

图 5-27　使用“从截面”拔模

3）从截面-对称角：用于设置拉伸拔模的起始位置为所选取的拉伸截面曲线处，分别向截面曲线两侧以对称角度拔模，如图 5-28 所示。

4）从截面匹配的终止处：用于设置拉伸拔模的起始位置为所选取的拉伸截面曲线处，最终的截面形状和选取的截面曲线形状相似，如图 5-29 所示。

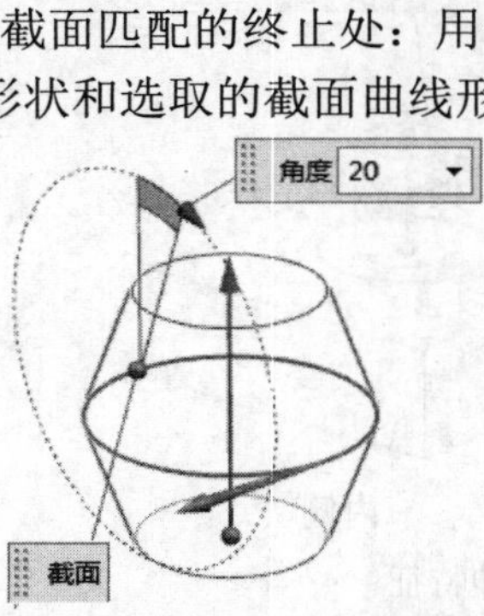

图 5-28　使用“从截面-对称角”拔模

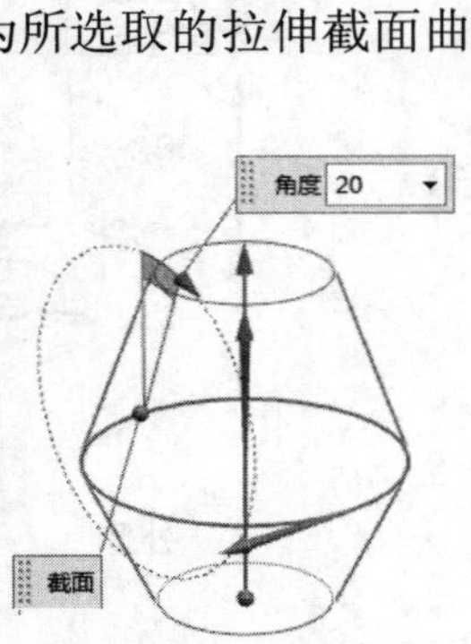

图 5-29　使用“从截面匹配的终止处”拔模

5.2.2　实例——底座

创建如图 5-30 所示的底座零件体。

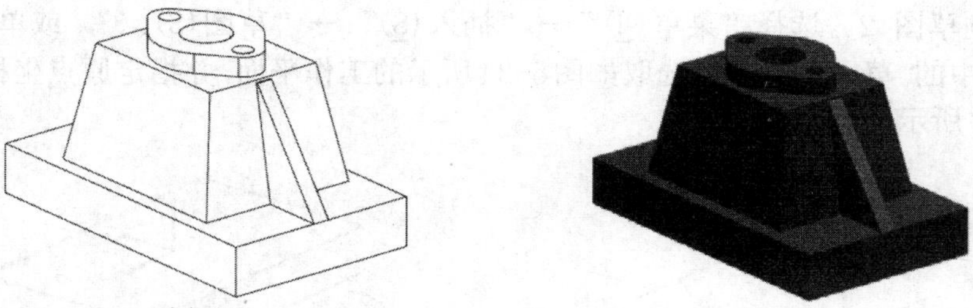

线框图　　　　　　实体图

图 5-30　底座零件体

01 新建文件。单击“主页”选项卡中的“新建”按钮，打开“新建”对话框，在“模板”中选择“模型”，在“名称”中输入“dizuo”，单击<确定>按钮，进入 UG NX 建模环境。

02 绘制草图 1。选择“菜单(M)”→“插入(S)”→“草图(S)...”，或单击“主页”选项卡“构造”组中的“草图”按钮，采用默认平面，绘制草图 1，结果如图 5-31 所示。

03 创建拉伸特征 1。

❶选择“菜单（M)”→“插入(S)”→“设计特征(E)” →“拉伸(X)...”，或单击“主页”选项卡“基本”组中的“拉伸”按钮，打开如图 5-32 所示的“拉伸”对话框。选择如图 5-31 所示的草图。

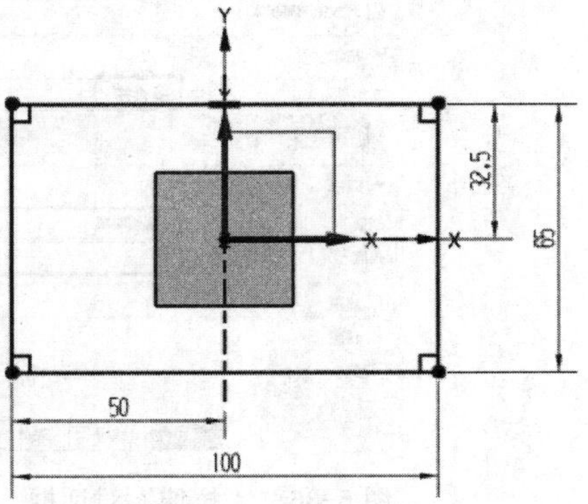

图 5-31　绘制草图 1

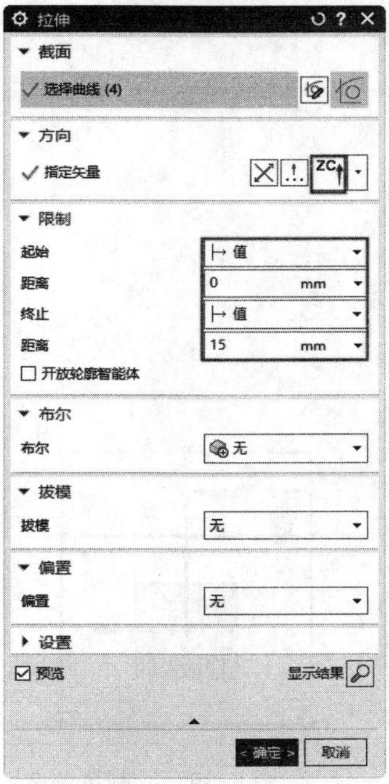

图 5-32　“拉伸”对话框

UG NX

❷在“拉伸”对话框中的“指定矢量”下拉列表中选择ZC轴为拉伸方向。

❸在“拉伸”对话框的“限制”选项组“起始距离”和“终止距离”文本框中分别输入0、15，其他参数采用默认。

❹在“拉伸”对话框中，单击< 确定 >按钮，创建拉伸特征1，如图5-33所示。

04 绘制草图2。选择“菜单(M)”→“插入(S)”→“草图(S)...”，或单击“主页”选项卡“构造”组中的“草图”按钮，选取如图5-34所示的工作平面，并指定原点坐标为(0,0,15)，绘制如图5-35所示的草图2。

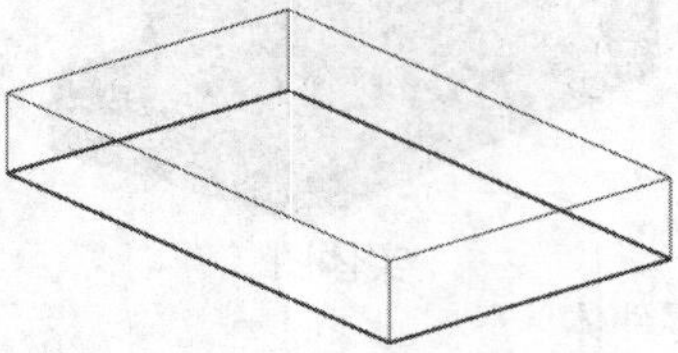

图5-33　创建拉伸特征1

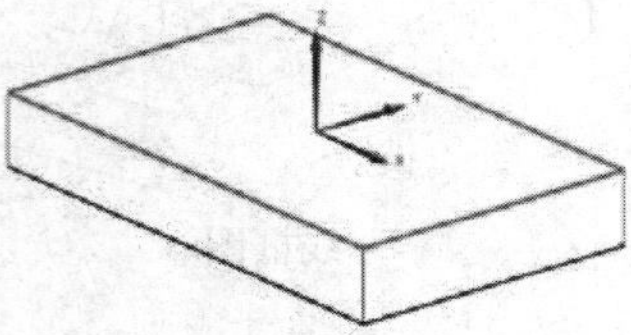

图5-34　选取工作平面

05 创建拉伸特征2。

❶选择“菜单（M）”→“插入(S)”→“设计特征(E)”→“拉伸(X)...”，或单击“主页”选项卡“基本”组中的“拉伸”按钮，打开“拉伸”对话框，选择如图5-35所示的草图2。

❷在“拉伸”对话框中的“布尔”下拉列表中选择“合并”选项。

❸在“限制”选项组的“起始距离”和“终止距离”文本框中分别输入0、36。

❹选取“拔模”方式为“从起始限制”，在“角度”文本框中输入10，其他参数采用默认，如图5-36所示。此时拉伸特征2预览如图5-37所示。

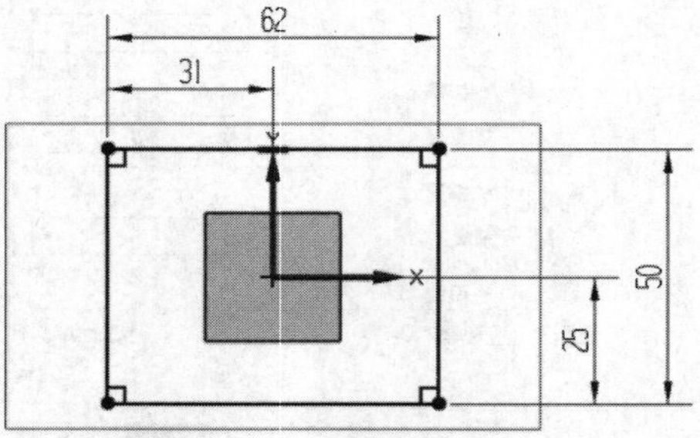

图5-35　绘制草图2

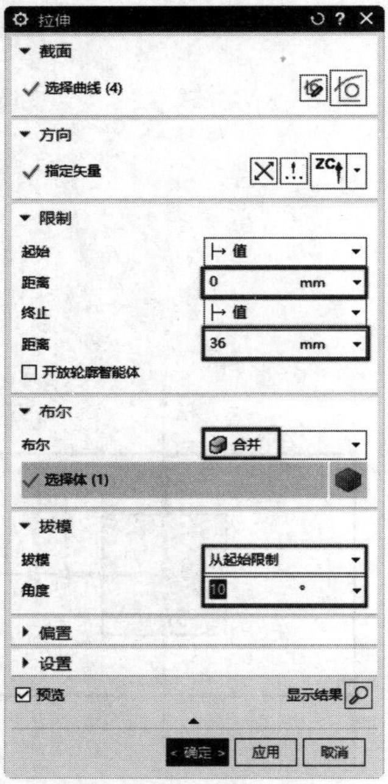

图5-36　“拉伸”对话框

❺在“拉伸”对话框中单击<确定>按钮，创建拉伸特征2，如图5-38所示。

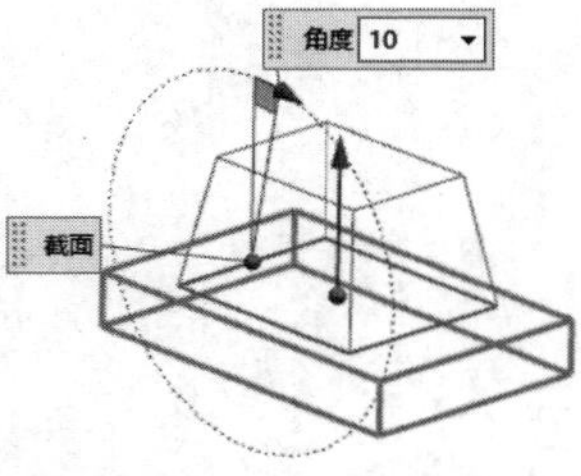

图5-37　预览拉伸特征2

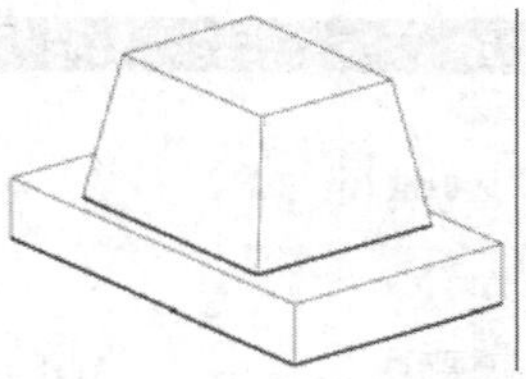

图5-38　创建拉伸特征2

06 绘制草图3。选择“菜单(M)”→“插入(S)”→“草图(S)...”，或单击“主页”选项卡“构造”组中的“草图”按钮，选取如图5-39所示的工作平面，并指定原点坐标为(0,0,15)，绘制如图5-40所示的草图3。

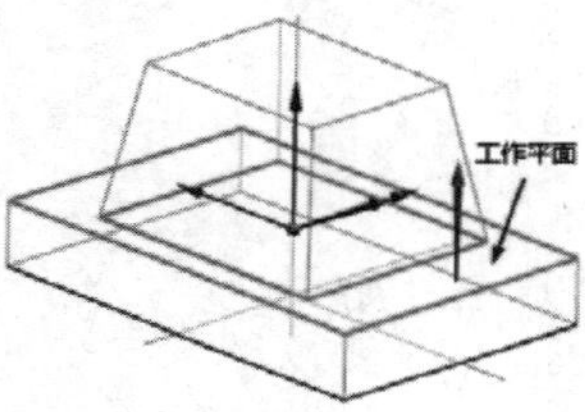

图5-39　选择工作平面

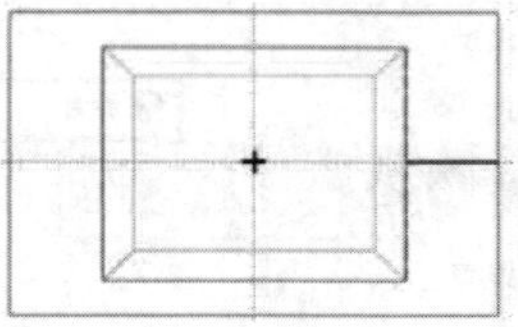

图5-40　绘制草图3

07 创建拉伸特征3。

❶选择“菜单（M)”→“插入(S)”→“设计特征(E)”　→“拉伸(X)...”，或单击“主页”选项卡“基本”组中的“拉伸”按钮，打开“拉伸”对话框。选择图5-41所示的草图3为拉伸曲线。

❷在“拉伸”对话框的“指定矢量”下拉列表中单击“两个点”按钮，即选择“两个点”方式，指定拉伸方向。然后在如图5-42所示的实体中选择点1和点2。

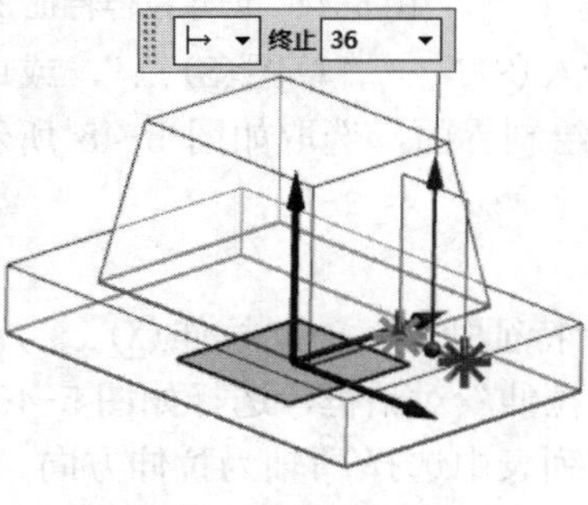

图5-41　选择草图3

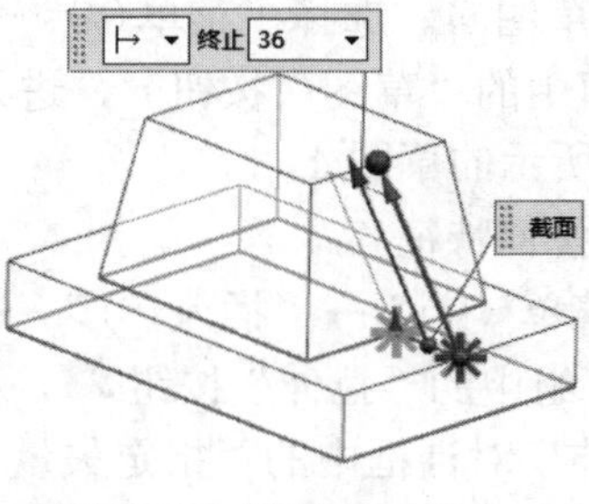

图5-42　选择点1和点2

❸在“拉伸”对话框中的“布尔”下拉列表中选择“合并”选项。

❹在“拉伸”对话框中的“限制”选项组“起始距离”和“终止距离”文本框中分别输入0、43。

❺在“拉伸”对话框的“偏置”下拉列表中选择“对称”，在“结束”文本框中输入2.5，

如图 5-43 所示。

❻在“拉伸”对话框中单击<确定>按钮，创建拉伸特征 3，如图 5-44 所示。

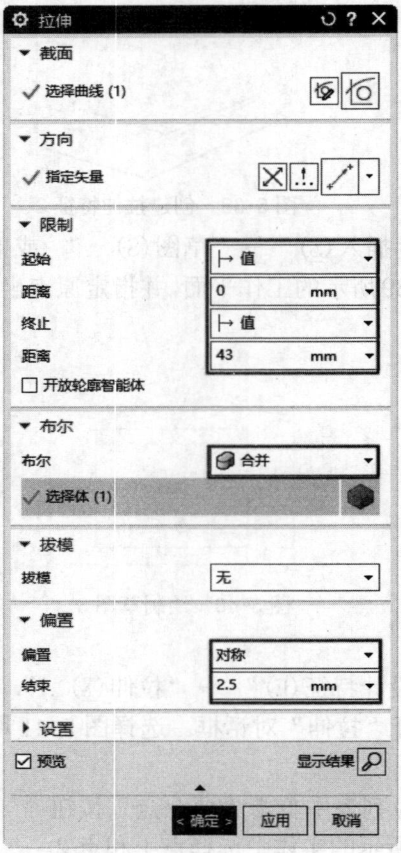

图 5-43 “拉伸”对话框

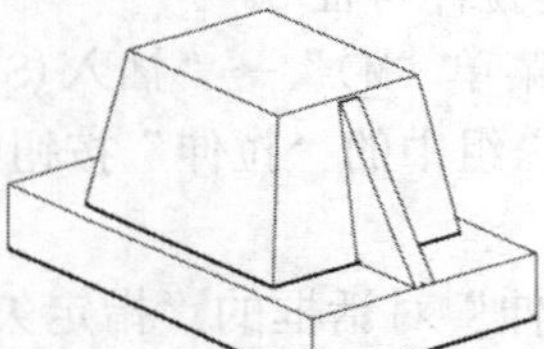

图 5-44 创建拉伸特征 3

08 绘制草图 4。选择“菜单(M)”→“插入(S)”→“草图(S)...”，或单击“主页”选项卡“构造”组中的“草图”按钮，进入草图绘制界面，选取如图 5-45 所示的工作平面，绘制如图 5-46 所示的草图 4。

09 创建拉伸特征 4。

❶选择“菜单（M)”→“插入(S)”→“设计特征(E)” →“拉伸(X)...”，或单击“主页”选项卡”基本”组中的“拉伸”按钮，打开“拉伸”对话框，选择如图 5-46 所示的草图 4。

❷在“拉伸”对话框中的“指定矢量”下拉列表中选择 ZC 轴为拉伸方向。

❸在“拉伸”对话框的“限制”选项组“起始距离”和“终止距离”文本框中分别输入 0、6，其他参数采用默认。

❹在“拉伸”对话框中单击<确定>按钮，创建拉伸特征 4。创建完成的底座零件体如图 5-30 所示。

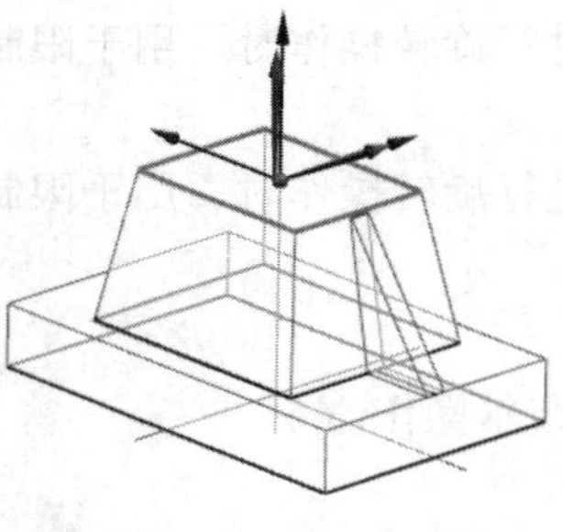

图 5-45　选择工作平面

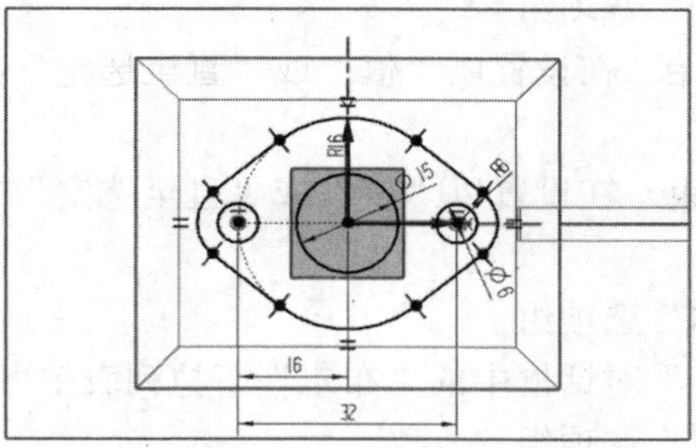

图 5-46　绘制草图 4

5.3　旋转

旋转特征是由特征截面曲线绕旋转中心线旋转而成的一类特征，它适用于构造旋转体零件特征。

选择“菜单（M）”→“插入(S)”→“设计特征(E)”→“旋转（R）...”，或单击“主页”选项卡“基本”组中的“旋转”按钮，选择用于定义旋转特征的截面曲线，打开如图 5-47 所示的“旋转”对话框。

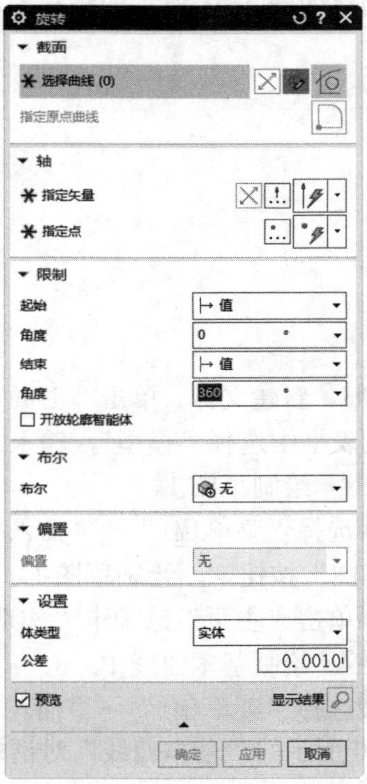

图 5-47　“旋转”对话框

5.3.1　参数及其功能简介

1.“截面”选项组

（1）曲线　用来指定使用已有草图来创建旋转特征。在“旋转”对话框中默认选择“曲线”按钮。

（2）绘制截面　在“旋转”对话框中单击“绘制截面”按钮，可以在工作平面上绘制草图来创建旋转特征。

2.“轴”选项组

（1）指定矢量　用于设置所选对象的旋转轴方向。在“旋转”对话框中单击“指定矢量”后边的下拉按钮▾，打开下拉列表，在其中可选择所需的旋转方向，或单击“矢量对话框”按钮，打开“矢量”对话框，在该对话框中可选择所需的旋转方向。

（2）指定点　单击“点对话框”按钮，打开“点”对话框，在“自动判断点”下拉列表中的按钮激活后可用于选择要进行“旋转”操作的基准点，且单击该按钮，可通过“捕捉”直接在绘图区中进行选择。

（3）反向　在“旋转”对话框中单击“反向”按钮，可使旋转轴方向反向。

3.“限制”选项组

（1）起始　在设置以“值”或“直至选定”方式进行旋转操作时，用于限制旋转的起始角度。

（2）结束　在设置以“值”或“直至选定”方式进行旋转操作时，用于限制旋转的终止角度。

4.“布尔”选项组

在“旋转”对话框中的“布尔”下拉列表中可选择布尔操作命令。

5.“偏置”选项组

（1）无　指截面曲线旋转时不进行偏置。

（2）两侧　指在截面曲线两侧进行偏置，以结束值和起始值之差为实体的厚度。

5.3.2 实例——垫片

创建如图 5-48 所示的垫片零件体。

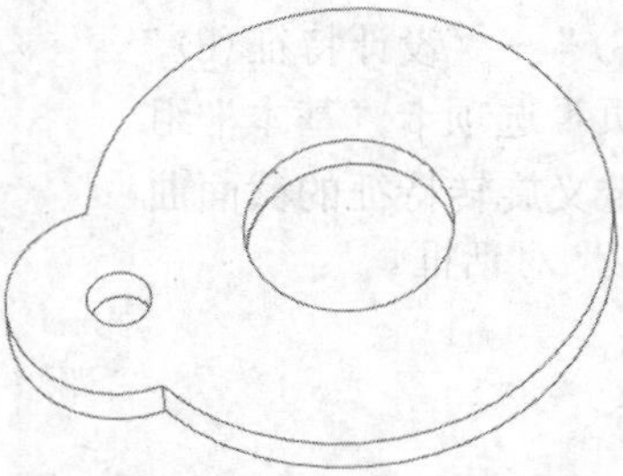

图 5-48　垫片零件体

01 新建文件。单击“主页”选项卡中的“新建”按钮，打开“新建”对话框，在“模板”列表框中选择“模型”，输入“dianpian”，单击<确定>按钮，进入 UG NX 建模环境。

02 绘制草图 1。

❶选择“菜单(M)”→“插入(S)”→“草图(S)...”，或单击“主页”选项卡“构造”组中的“草图”按钮，绘制草图 1，如图 5-49 所示。

❷单击“主页”选项卡“构造”组中的“完成”按钮，退出草图。

03 绘制基本曲线 1。

❶选择“菜单(M)”→“插入(S)”→“曲线(C)”→“基本曲线（原有）(B) ...”，打开如图 5-50 所示的“基本曲线”对话框。

❷在“基本曲线”对话框中单击“点方法”后边的“下拉按钮”▼，打开下拉列表，单击“点构造器”按钮...，打开如图 5-51 所示的“点”对话框。

❸在“点”对话框中，默认基点为原点，单击<确定>按钮，

❹在“点”对话框的“ZC”文本框中输入 10，其他为 0，单击<确定>按钮。

❺在“点”对话框中单击取消按钮，关闭该对话框。

04 创建旋转特征 1。

❶选择“菜单（M）”→“插入(S)”→“设计特征(E)” →“旋转（R）...”，或单击“主

页”选项卡“基本”组中的“旋转”按钮，打开如图 5-52 所示的“旋转”对话框。

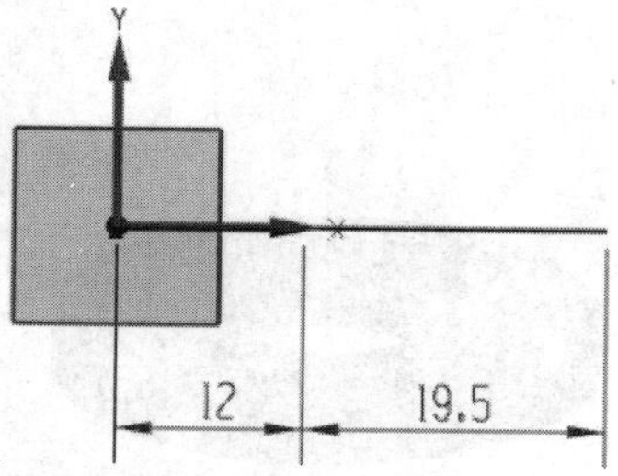

图 5-49　绘制草图 1

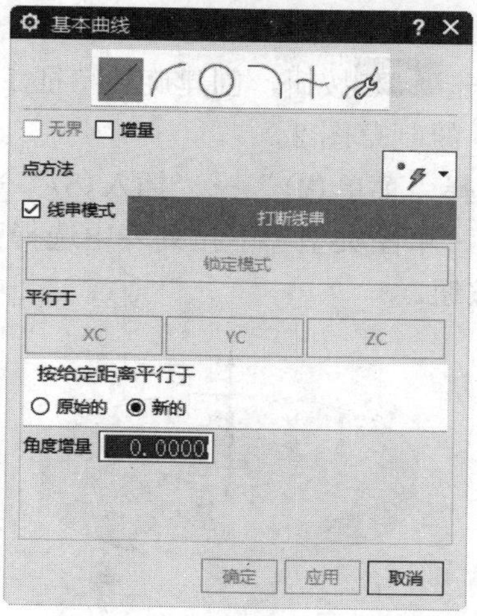

图 5-50　“基本曲线”对话框

❷选择如图 5-49 所示的草图 1 为旋转曲线。

❸单击“指定矢量”后边的下拉按钮，打开下拉列表，单击“ZC”轴按钮，在绘图区选择原点为基准点。

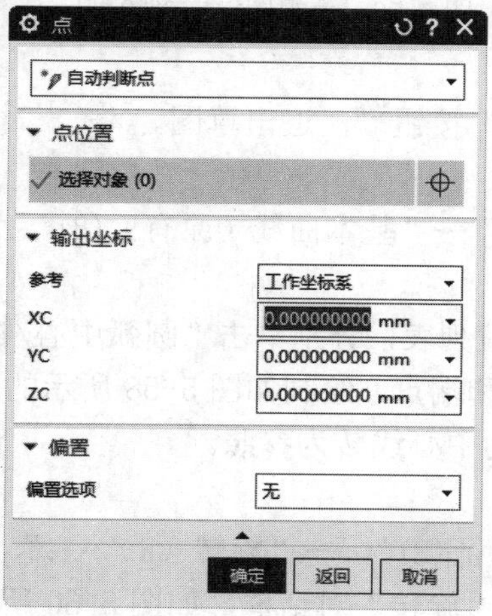

图 5-51　“点”对话框

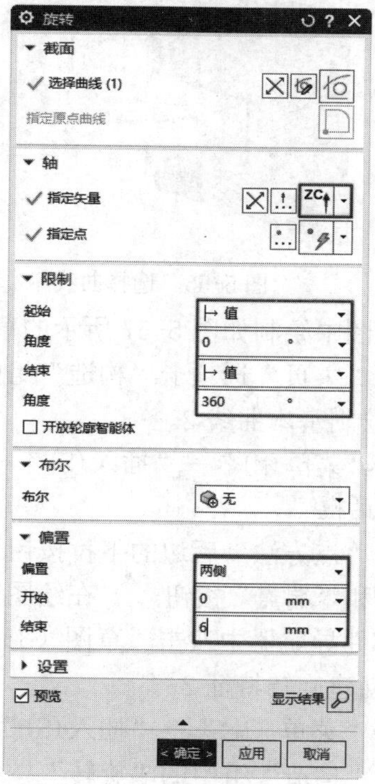

图 5-52　“旋转”对话框

❹设置“限制”的“起始”选项为“值”，在其文本框中输入 0。然后设置“终止”选项为“值”，在其文本框中输入 360。

❺在“偏置”下拉列表中选择“两侧”，在“开始”和“结束”文本框中分别输入 0、6，此时所创建的旋转特征 1 预览如图 5-53 所示。

❻单击 按钮，创建旋转特征 1，如图 5-54 所示。

05 绘制草图 2。

❶选择“菜单(M)”→“插入(S)”→“草图(S)...”，打开“创建草图”对话框。

❷在“草图类型”下拉列表中选择“基于路径”类型，选择如图 5-55 所示的曲线。单击 按钮。

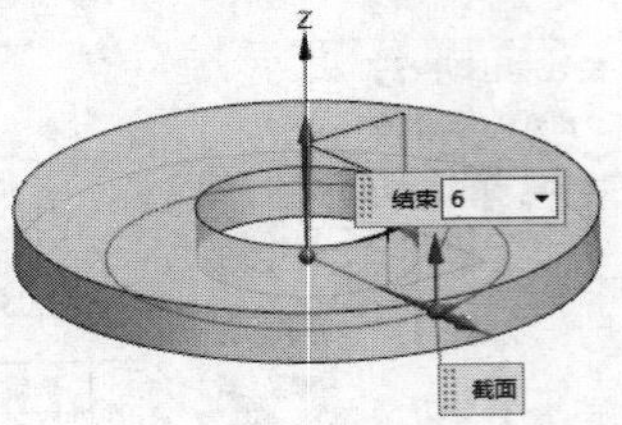

图 5-53 预览所创建的旋转特征 1

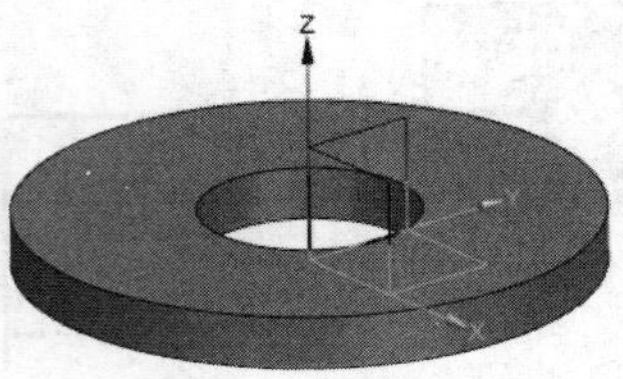

图 5-54 创建旋转特征 1

❸选择“菜单(M)”→“视图(V)”→“定向视图到模型(K)”，结果如图 5-56 所示。

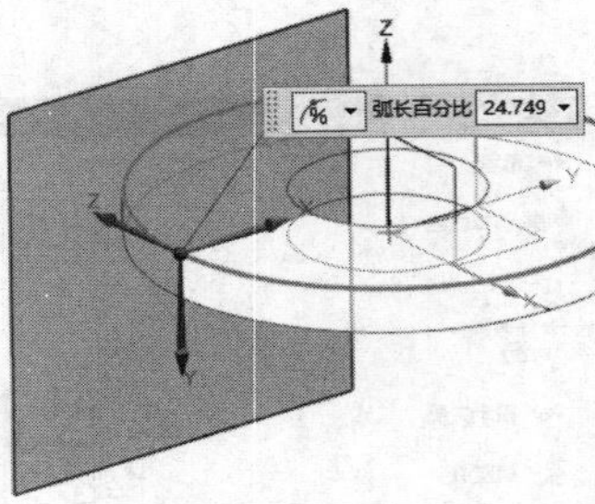

图 5-55 选择曲线

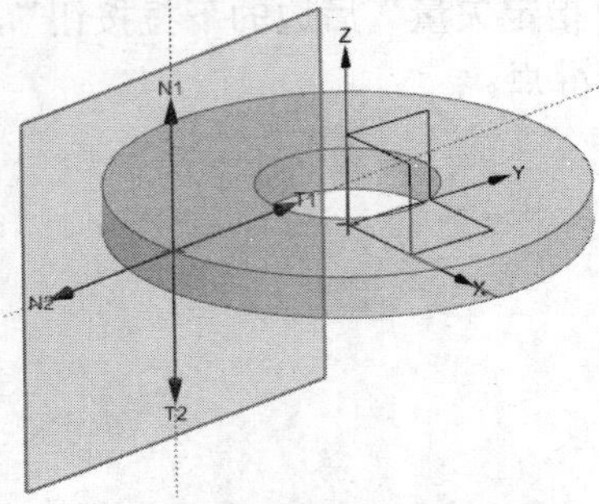

图 5-56 使视图定向到模型

❹在视图中绘制如图 5-57 所示的草图 2。

❺单击“主页”选项卡“构造”组中的“完成”按钮，退出草图。

06 绘制基本曲线 2。

❶选择“菜单(M)”→“插入(S)”→“曲线(C)”→“基本曲线（原有）(B) ...”，打开“基本曲线”对话框。

❷单击“点方法”后边的下拉按钮，打开下拉列表，分别单击“圆弧中心/椭圆中心/球心”按钮和“端点”按钮，在绘图区选择圆心和端点，绘制如图 5-58 所示的基本曲线 2。

❸在部件导航器中双击“草图（3）”，将绘制的中心线转为参照。

07 创建旋转特征 2。

❶选择“菜单（M)”→“插入(S)”→“设计特征(E)”→“旋转（R）...”，或单击“主页”选项卡“构造”组中的“旋转”按钮，打开“旋转”对话框，如图 5-60 所示。

❷选择如图 5-57 所示的草图 2 为旋转曲线。

❸单击“指定矢量”后边的下拉按钮，打开下拉列表，单击“面/平面法向”按钮，在绘图区选择如图 5-59 所示的面，选择图 5-58 所示的端点为基准点。

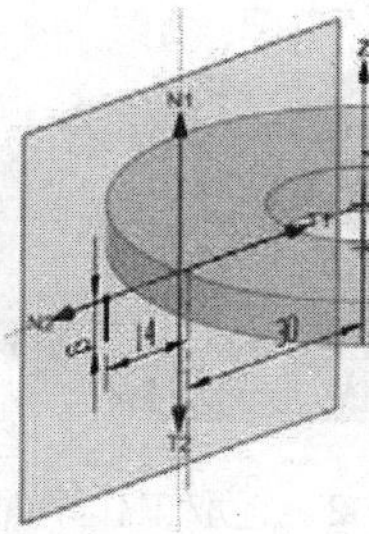

图 5-57　绘制草图 2

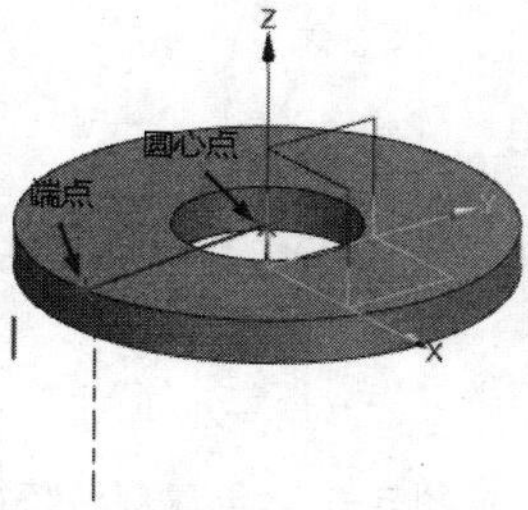

图 5-58　绘制基本曲线 2

❹设置“限制”的“起始角度”值为 0、“结束角度”值为 360。

❺在“布尔”下拉列表中单击“合并”按钮。

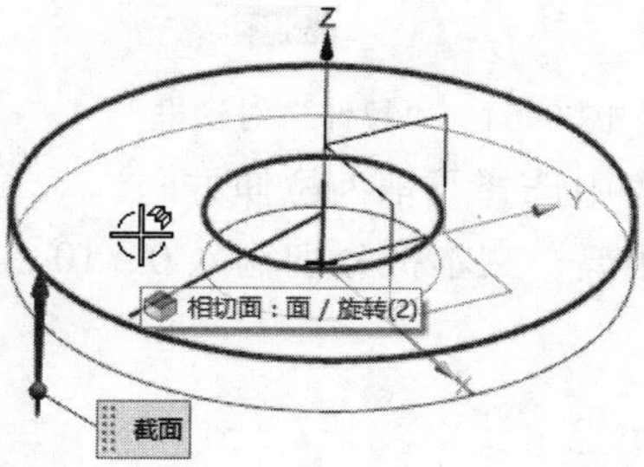

图 5-59　选择面

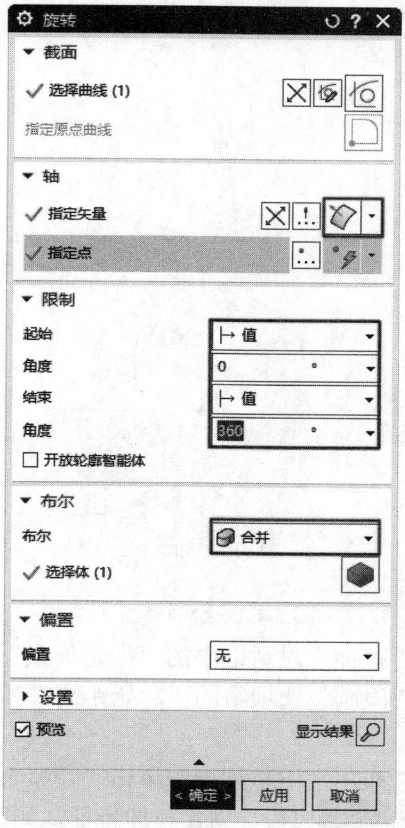

图 5-60　“旋转”对话框

❻在“旋转”对话框中单击< 确定 >按钮，创建旋转特征 2，如图 5-61 所示。

08 绘制草图 3。选择“菜单(M)”→“插入(S)”→“草图(S)...”，或单击“主页”选项卡“构造”组中的“草图”按钮，进入草图绘制界面，选取如图 5-62 所示的工作平面，绘制如图 5-63 所示的草图 3。

09 创建拉伸特征。

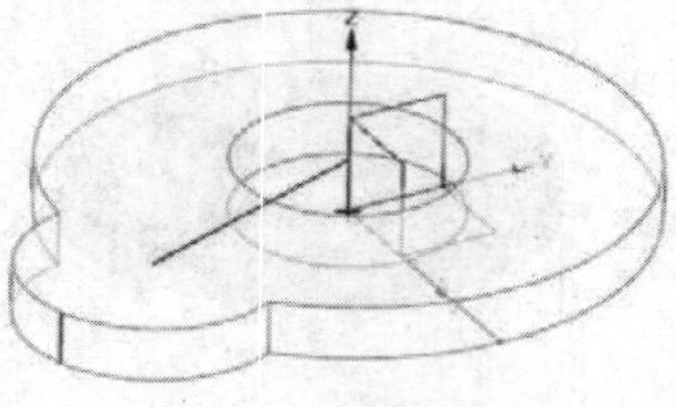

图 5-61　创建旋转特征 2

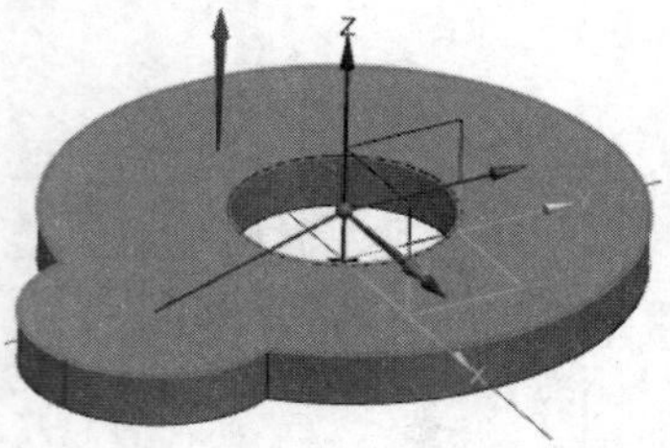

图 5-62　选取工作平面

❶选择“菜单（M）”→“插入(S)”→“设计特征(E)”→“拉伸(X)...”，或单击“主页”选项卡“构造”组中的“拉伸”按钮，打开如图 5-64 所示的“拉伸”对话框，选择如图 5-63 所示的草图 3。

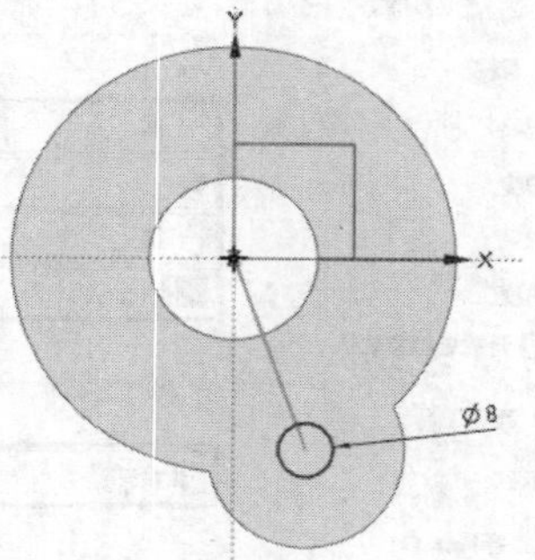

图 5-63　绘制草图 3

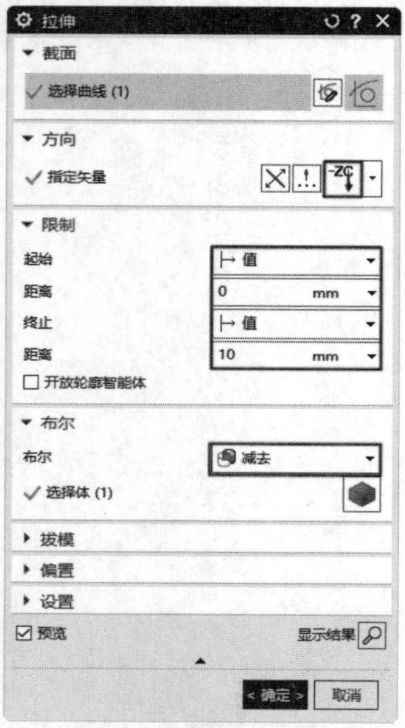

图 5-64　“拉伸”对话框

❷在“拉伸”对话框中的“指定矢量”下拉列表中选择-ZC轴为拉伸方向。

❸在“限制”选项组的“起始距离”和“终止距离”文本框分别输入 0、10，其他参数采用默认。

❹在“布尔”下拉列表中单击“减去”按钮。

❺单击< 确定 >按钮，创建拉伸特征，如图 5-65 所示。

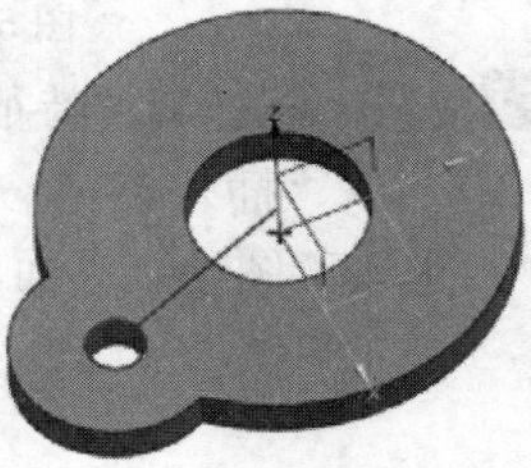

图 5-65　创建拉伸特征

5.4 沿引导线扫掠

沿引导线扫掠特征是指由截面曲线沿引导线扫掠而成的一类特征。

5.4.1　参数及其功能简介

选择“菜单（M）”→“插入(S)”→“扫掠(W)”→“沿引导线扫掠(G)...”，打开如图 5-66 所示的“沿引导线扫掠”对话框。

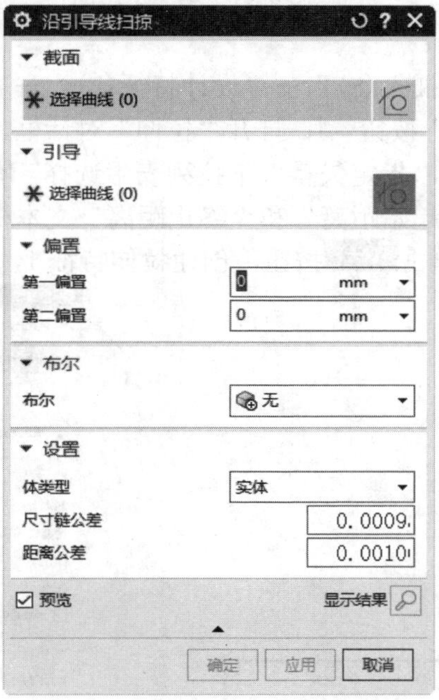

图 5-66　“沿引导线扫掠”对话框

（1）截面　用于定义扫掠截面。

（2）引导　用于定义引导线。

（3）偏置　用于设置扫掠的偏置参数。

5.4.2　实例——基座

创建如图 5-67 所示的基座零件体。

01 新建文件。单击“主页”选项卡中的“新建”按钮，打开“新建”对话框，在“模板”列表框中选择“模型”，输入“jizuo”，单击 确定 按钮，进入 UG NX 建模环境。

02 绘制草图 1。选择“菜单(M)”→“插入(S)”→“草图(S)...”，或单击“主页”选项卡“构造”组中的“草图”按钮，选取 XC-YC 平面为工作平面绘制草图 1，如图 5-68 所示。

UG NX

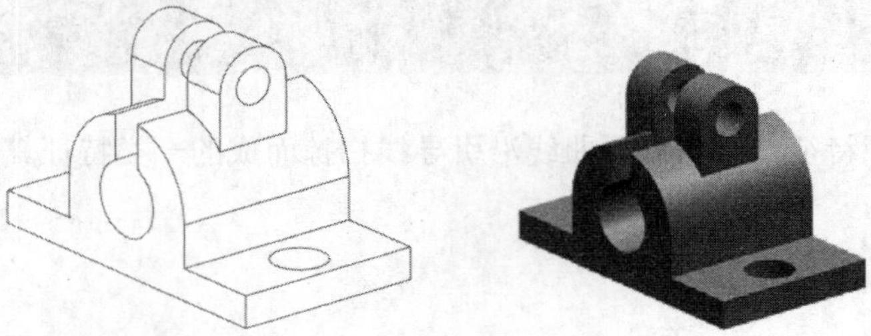

线框图　　　　实体图

图 5-67　基座示意图

03 创建拉伸特征 1。

❶选择“菜单（M）”→“插入(S)”→“设计特征(E)”→“拉伸(X)...”，或单击“主页”选项卡“基本”组中的“拉伸”按钮，打开“拉伸”对话框，选择如图 5-68 所示的草图 1。

❷在“拉伸”对话框中的“指定矢量”下拉列表中选择 ZC 轴为拉伸方向。

❸在“限制”选项组的“起始距离”和“终止距离”文本框中分别输入 0、12，其他参数采用默认，如图 5-69 所示。单击< 确定 >按钮，创建拉伸特征 1，如图 5-70 所示。

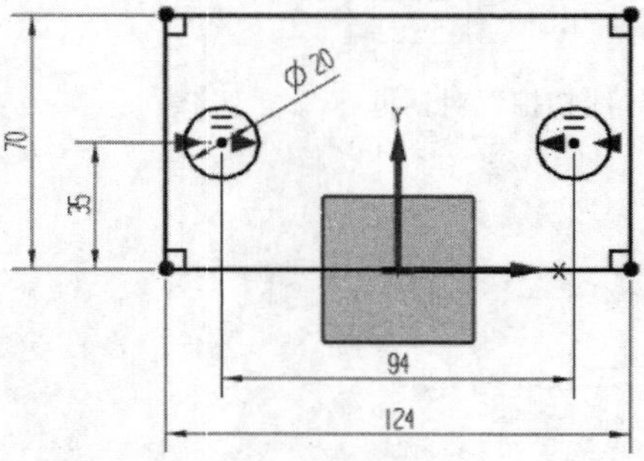

图 5-68　绘制草图 1

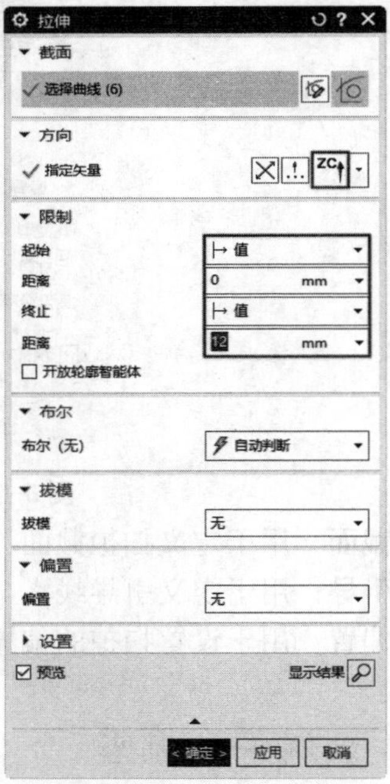

图 5-69　“拉伸”对话框

04 绘制草图 2。选择“菜单(M)”→“插入(S)”→“草图(S)...”，或单击“主页”选项卡“构造”组中的“草图”按钮，选取 XC-ZC 平面为工作平面，绘制草图 2，如图 5-71 所示，单击“完成”按钮，退出草图绘制环境。

05 绘制引导线 1。

❶选择“菜单(M)”→“插入(S)”→“曲线(C)”→“基本曲线（原有）(B) ...”，打开“基本曲线”对话框和“跟踪条”对话框。

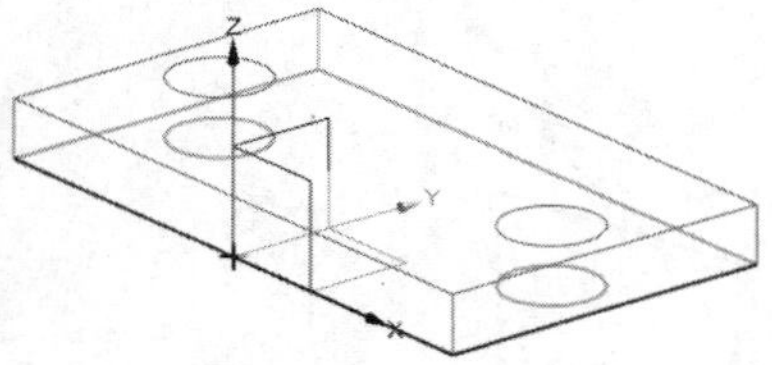

图 5-70　创建拉伸特征 1

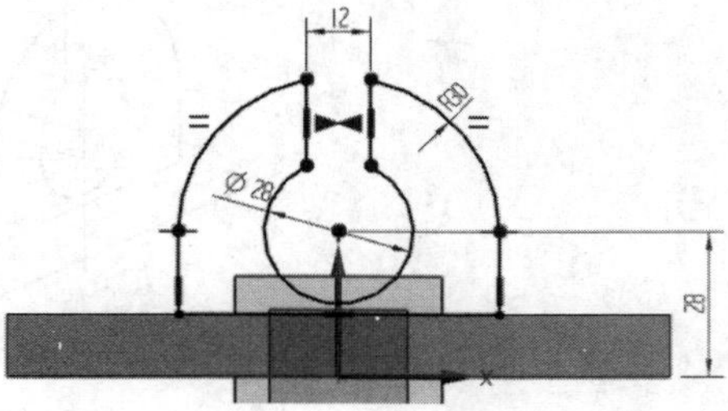

图 5-71　绘制草图 2

❷单击“点方法”后边的下拉按钮▾，打开下拉列表，单击“圆弧中心/椭圆中心/球心”按钮⊙，如图 5-72 所示。在视图中选择如图 5-73 所示的圆心。

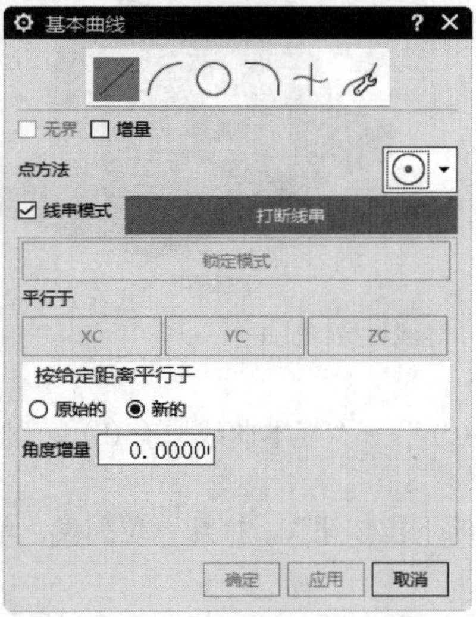

图 5-72　“基本曲线”对话框

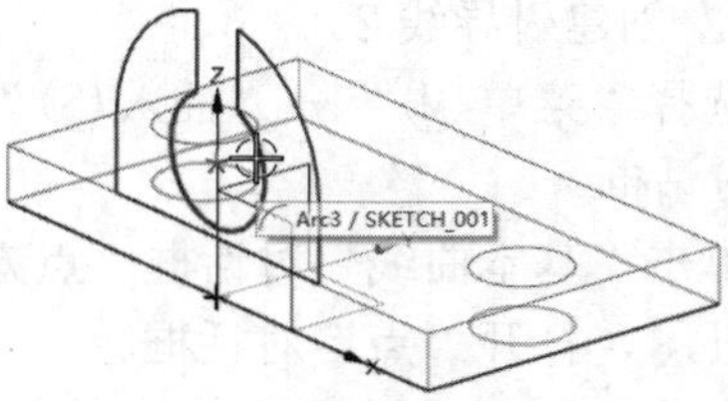

图 5-73　选择圆心

❸选择圆心后，在“基本曲线”对话框中“平行于”列表框中的按钮被激活，单击 YC 按钮。

❹在“跟踪条”对话框中的“YC”的文本框中输入 70，如图 5-74 所示。单击鼠标中键或按 Enter 键，创建如图 5-75 所示的引导线 1。

图 5-74　“跟踪条”对话框

06 创建沿引导线扫掠特征 1。

❶选择“菜单（M）”→“插入(S)”→“扫掠(W)”→“沿引导线扫掠(G)...”，打开“沿引导线扫掠”对话框。

❷选择如图 5-71 所示的草图 2 为扫掠截面。

❸在图 5-75 中选择引导线 1 为引导线。

❹在“第一偏置”和“第二偏置”文本框中分别输入 0。

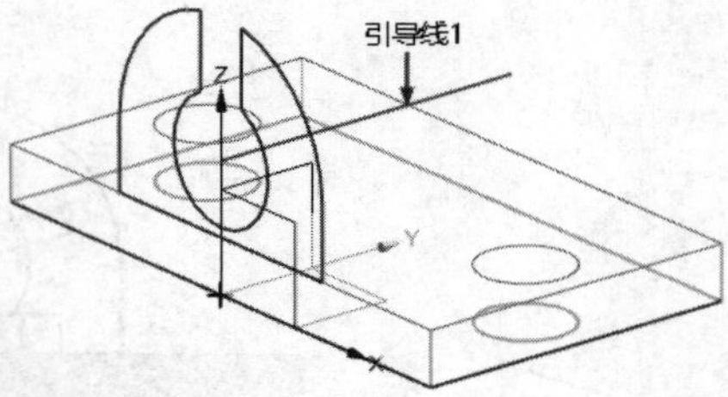

图 5-75　创建引导线 1

❺在“布尔”下拉列表中选择“合并”，单击<确定>按钮，创建沿引导线扫掠特征 1，如图 5-76 所示。

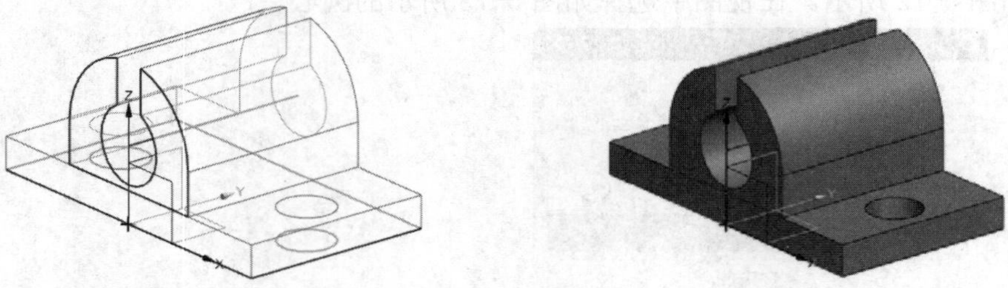

图 5-76　创建沿引导线扫掠特征 1

07 创建引导线 2。

❶选择“菜单(M)”→“插入(S)”→“曲线(C)”→“基本曲线原有(B)…”，打开“基本曲线”对话框。

❷单击“基本曲线”对话框“点方法”后边的下拉按钮，打开下拉列表，单击“点构造器”按钮…，打开“点”对话框。

❸在“XC”“YC”和“ZC”的文本框中分别输入-23、35、68，如图 5-77 所示。单击<确定>按钮。

❹在“XC”“YC”和“ZC”的文本框中分别输入 23、35、68。单击<确定>按钮，关闭该对话框，创建如图 5-78 所示的引导线 2。

08 绘制草图 3。

❶选择“菜单(M)”→“插入(S)”→“草图(S)…”，或单击“主页”选项卡“构造”组中的“草图”按钮，打开“创建草图”对话框。

❷在“类型”下拉列表中选择“基于路径”类型，选择如图 5-79 所示的曲线，在“弧长百分比”文本框中输入 0，单击<确定>按钮，绘制如图 5-80 所示的草图 3。

09 创建沿导线扫掠特征 2。

❶选择“菜单（M)”→“插入(S)”→“扫掠(W)”→“沿引导线扫掠(G)…”，打开“沿引导线扫掠”对话框。

❷选择如图 5-80 所示的草图 3 为截面曲线。

❸选择如图 5-78 中的引导线 2。

❹在“第一偏置”和“第二偏置”文本框中分别输入 0。

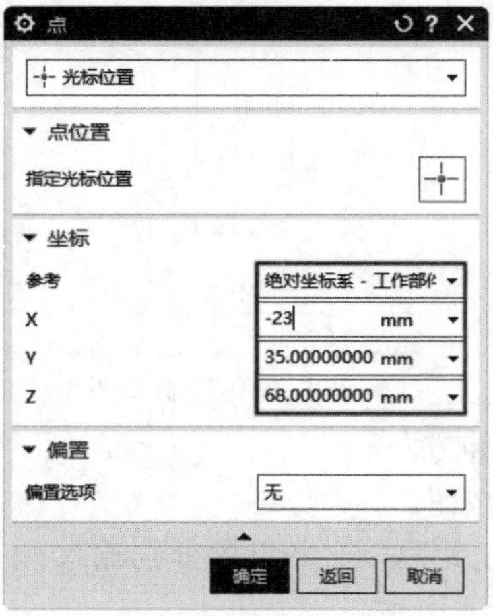

图 5-77　“点”对话框

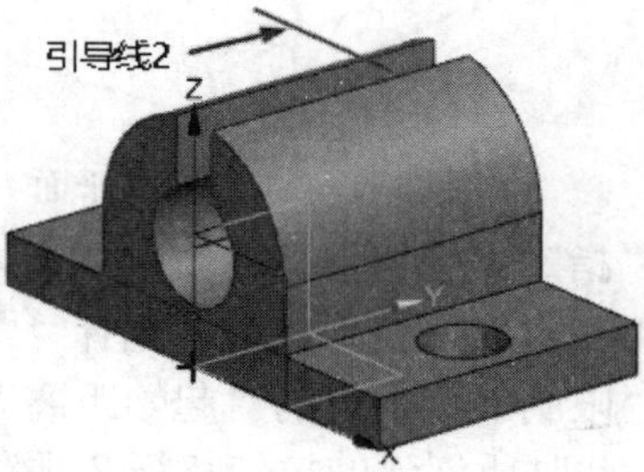

图 5-78　创建引导线 2

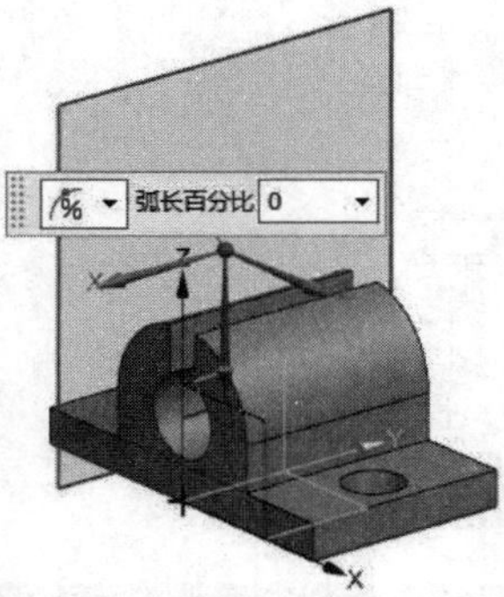

图 5-79　选择曲线

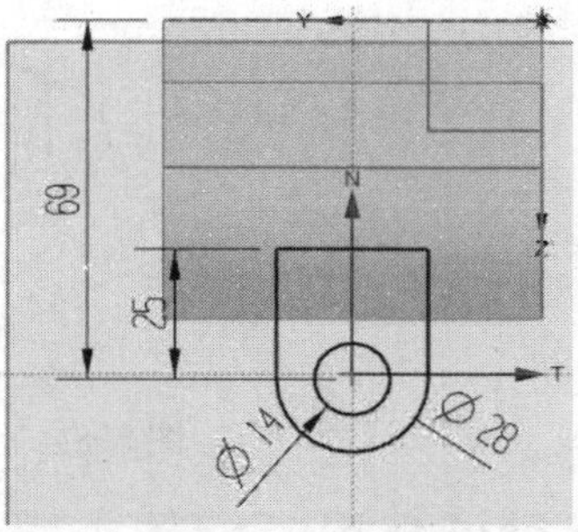

图 5-80　绘制草图 3

❺在“布尔”下拉列表中选择 “合并”，创建沿引导线扫掠特征 2，如图 5-81 所示。

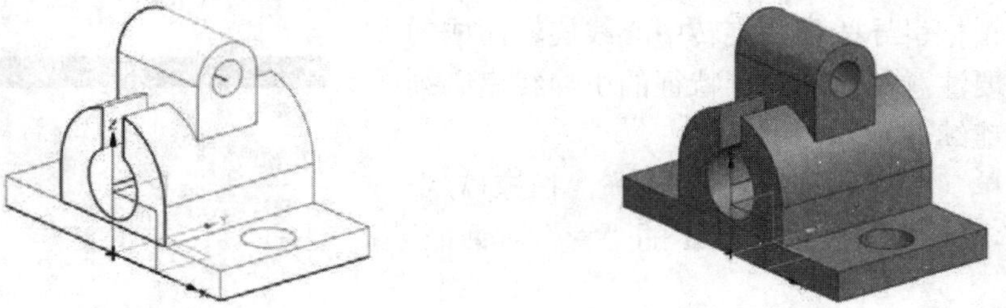

线框图　　　　　　实体图

图 5-81　创建沿导线扫掠特征 2

10 绘制草图 4。选择“菜单(M)”→“插入(S)”→“草图(S)...”，或单击“主页”选项卡“构造”组中的“草图”按钮，选择如图 5-82 所示的平面为工作平面，绘制草图 4，如图 5-83 所示。

11 创建拉伸特征 2。

❶选择“菜单（M)”→“插入(S)”→“设计特征(E)”　→“拉伸(X)...”，或单击“主页”选项卡“构造”组中的“拉伸”按钮，打开“拉伸”对话框，选择如图 5-83 所示的草图 4。

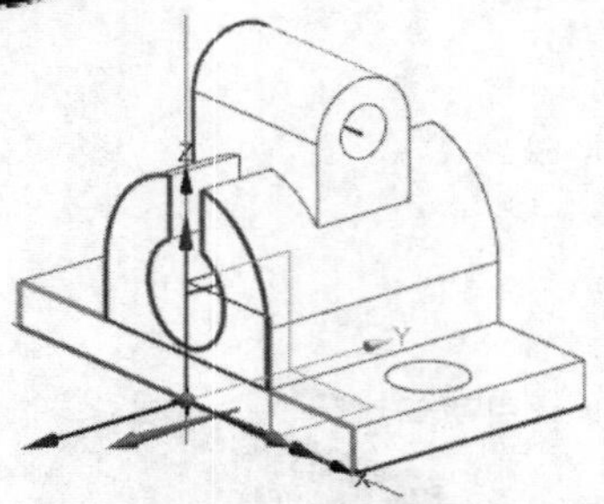

图 5-82　选择工作平面

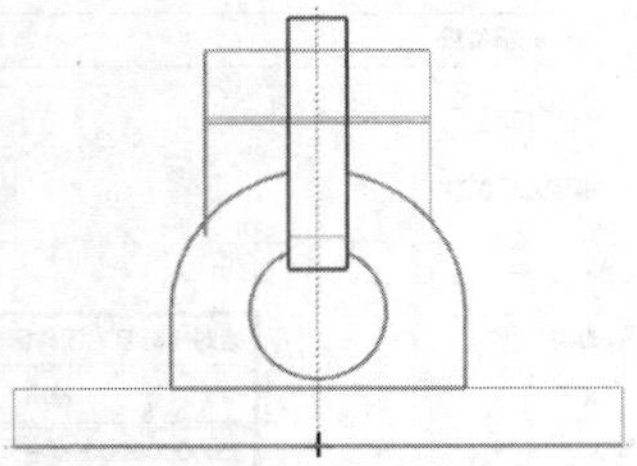

图 5-83　绘制草图 4

❷在“指定矢量”下拉列表中选择 YC 轴为拉伸方向。

❸在“布尔”下拉列表框中选择“减去”按钮。

❹在“限制”选项组的“起始距离”和“终止距离”文本框中分别输入 0、70，其他参数采用默认。此时所创建的拉伸特征 2 预览如图 5-84 所示。

❺单击<确定>按钮，创建拉伸特征 2。创建完成的基座零件体如图 5-67 所示。

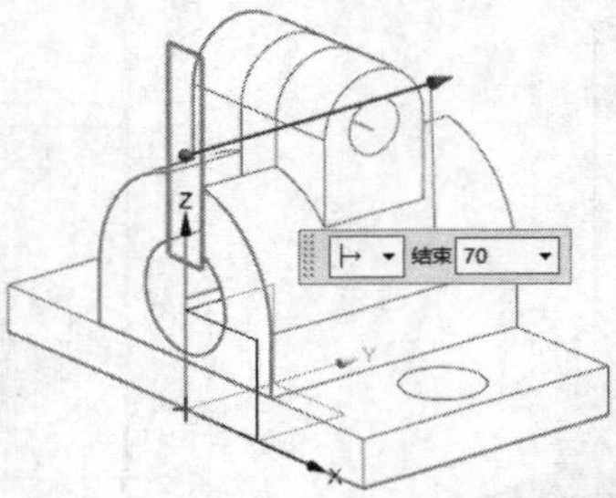

图 5-84　预览所创建的拉伸特征 2

5.5　管

管特征是指把引导线作为旋转中心线旋转而成的一类特征。需要注意的是创建管特征的引导线串必须光滑、相切和连续。

选择“菜单（M）”→“插入(S)”→“扫掠(W)”→“管(T)...”，打开如图 5-85 所示的“管”对话框。

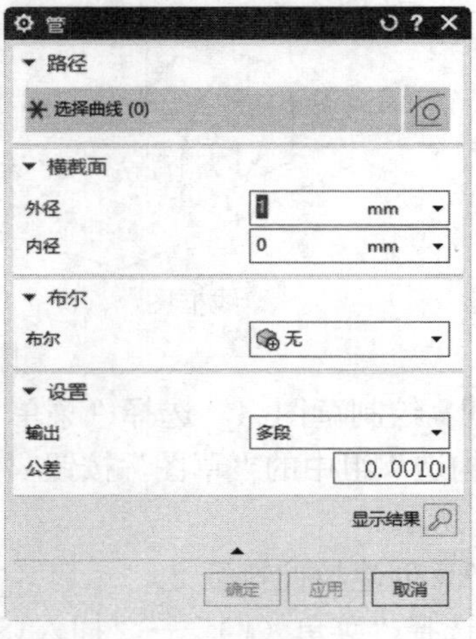

图 5-85　“管”对话框

5.5.1　参数及其功能介绍

（1）外径　用于设置管道的外径。其值必须大于 0。

（2）内径　用于设置管道的内径。其值必须大于或等于 0，且小于外径。

（3）输出　用于设置管道面的类型。选定的类型不能在编辑中被修改。

1）多段：用于设置管道表面为多段面的复合面。

2）单段：用于设置管道表面有一段或两段表面。

5.5.2　实例——圆管

创建如图 5-86 所示的圆管零件体。

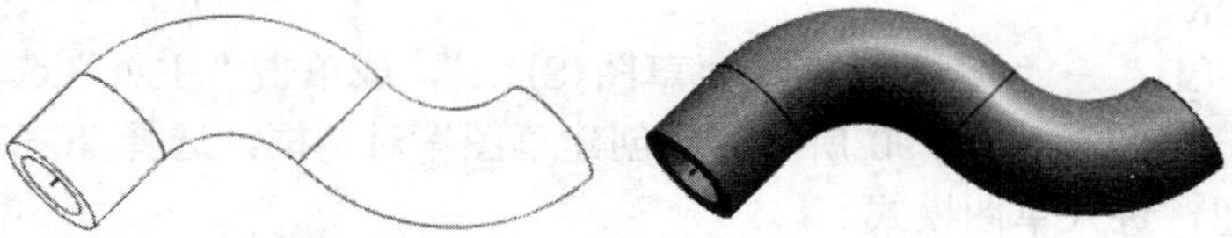

线框图　　　　实体图

图 5-86　圆管零件体

01 新建文件。单击“主页”选项卡中的“新建”按钮，打开“新建”对话框，在“模板”列表框中选择“模型”，输入“yuanguan”，单击< 确定 >按钮，进入 UG NX 建模环境。

02 创建引导线。选择“菜单(M)”→“插入(S)”→“草图(S)...”，或单击“主页”选项卡“构造”组中的“草图”按钮，进入草图绘制界面，选取 XC-YC 平面为工作平面，绘制引导线，如图 5-87 所示。

03 创建管道特征。

❶选择“菜单（M）”→“插入(S)”→“扫掠(W)”→“管(T)...”，打开“管”对话框。

❷在视图中选择如图 5-87 所示的引导线。

❸在“管”对话框中的“外径”和“内径”文本框中分别输入 15、10，在“输出”下拉列表中选择“多段”，如图 5-88 所示。单击< 确定 >按钮，创建管道特征。创建完成的管零件体如图 5-86 所示。

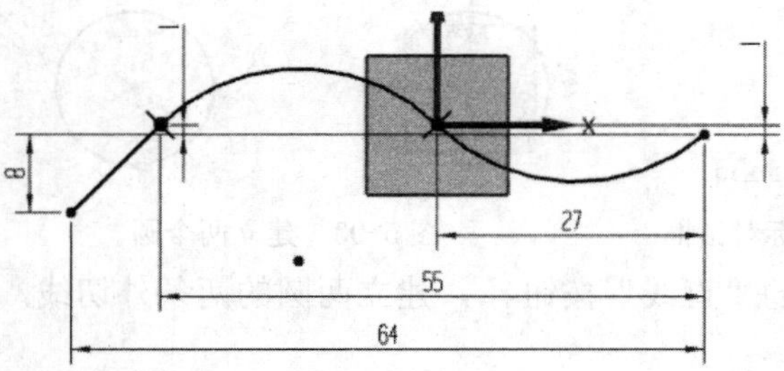

图 5-87　创建引导线

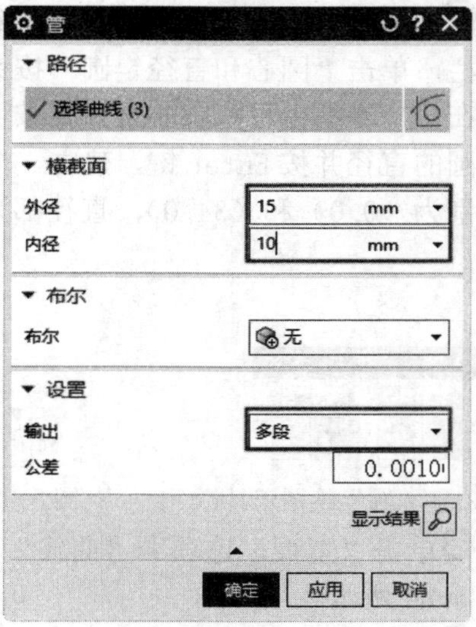

图 5-88　“管”对话框

5.6 综合实例——键

本实例采用草图创建如图 5-89 所示的键。

01 新建文件。单击“主页”选项卡中的“新建”按钮，打开“新建”对话框，在“模板”中选择“模型”，在“名称”中输入“jian”，单击<确定>按钮，进入 UG NX 建模环境。

02 绘制草图。

❶选择“菜单(M)”→“插入(S)”→“草图(S)...”，或单击“主页”选项卡“构造”组中的“草图”按钮，打开如图 5-90 所示的“创建草图”对话框，选择 XC-YC 平面作为草图平面，单击<确定>按钮，进入草图模式。

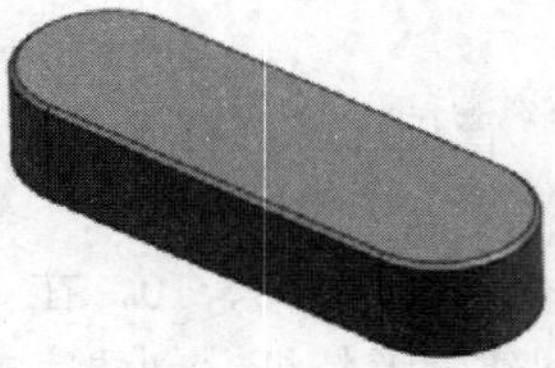

图 5-89　键

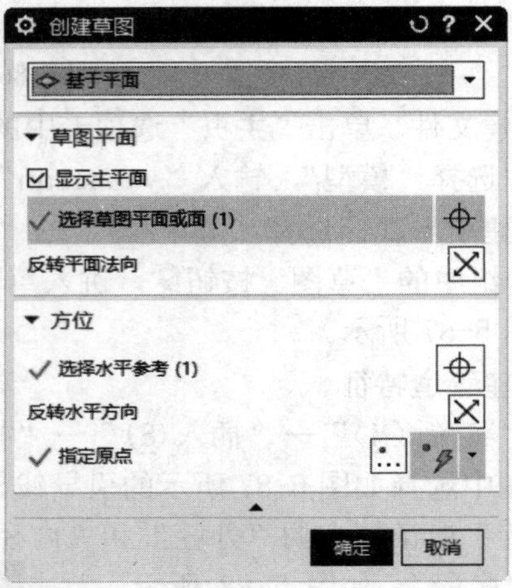

图 5-90　“创建草图”对话框

❷单击“主页”选项卡“曲线”组中的“圆”按钮，打开如图 5-91 所示的“圆”绘图工具栏，单击“圆心和直径定圆”按钮和“坐标模式”按钮，打开图 5-92 中右侧的文本框，在该文本框中设定圆心坐标并按 Enter 键，打开图 5-92 中右侧的文本框，在该文本框中设定圆的直径并按 Enter 键，建立一个圆。采用相同的方法，再建立一个圆，两个圆的圆心坐标分别为（0,0）和（34,0），直径都为 16，如图 5-93 所示。

图 5-91　“圆”绘图工具栏

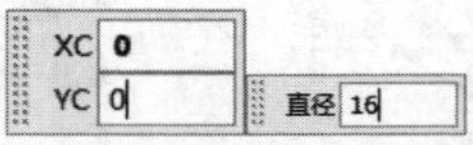

图 5-92　坐标对话框

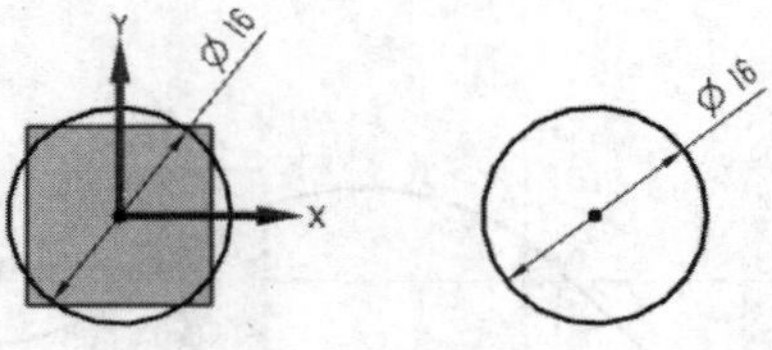

图 5-93　建立两个圆

❸单击“主页”选项卡“曲线”组中的“直线”按钮，建立两圆的两条外切线，结果如图 5-94 所示。

❹单击“主页”选项卡“编辑”组中的“修剪”按钮，对所建草图进行剪裁，结果如图 5-95 所示。单击“完成”按钮退出草图模式，进入建模模式。

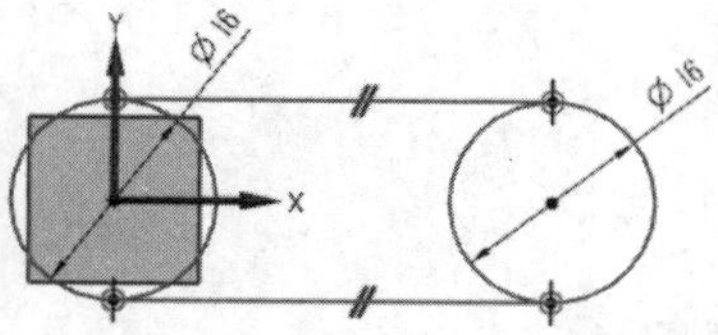

图 5-94 建立两条切线

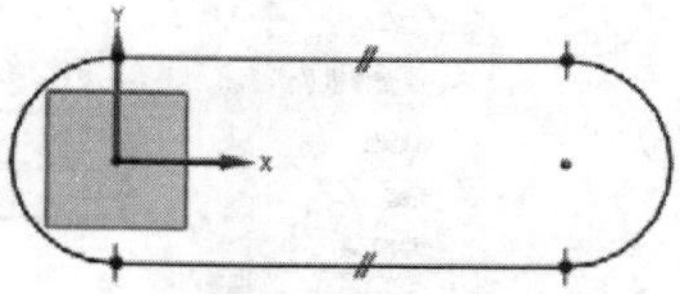

图 5-95 剪裁草图

03 创建拉伸特征。

❶选择“菜单（M)”→“插入(S)”→“设计特征(E)” →“拉伸(X)...”，或单击“主页”选项卡“基本”组中的“拉伸”按钮，打开“拉伸”对话框。选择如图 5-95 所示的草图。

❷在“拉伸”对话框中的“指定失量”下拉列表中选择 ZC 轴作为拉伸方向，在“限制”选项组的“起始距离”和“终止距离”文本框中分别输入 0、10，其他参数采用默认，如图 5-96 所示。

❸单击“确定”按钮，创建拉伸特征，如图 5-97 所示。

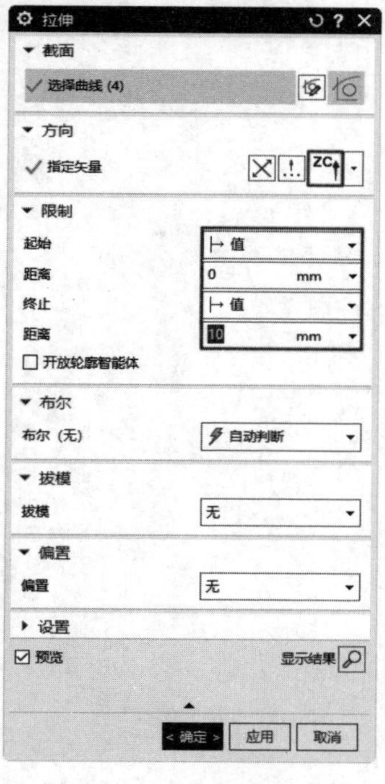

图 5-96 “拉伸”对话框

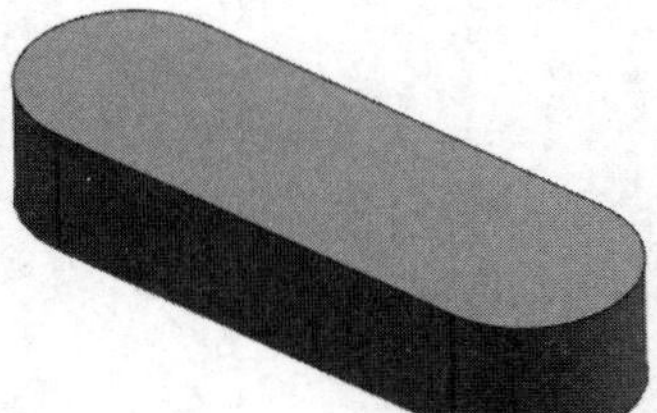

图 5-97 创建拉伸特征

04 创建倒角。

❶选择“菜单(M)”→“插入(S)”→“细节特征(L)”→“倒斜角(M)...”，或单击“主页”选项卡“基本”组中的“倒斜角”按钮，打开“倒斜角”对话框。

❷在“横截面”下拉列表中选择“对称”，在“距离”文本框中输入 0.5，如图 5-98 所示。

❸直接选择拉伸体的各条边。单击“确定”按钮，完成倒角的创建，结果如图 5-99 所示。

UG NX

图 5-98 “倒斜角”对话框

图 5-99 创建倒角

第6章

特征建模

特征建模模块用工程特征来定义设计信息，在实体建模的基础上提高了用户设计意图的表达能力。该模块支持标准设计特征的生成和编辑，包括各种孔、凸台、块和圆柱等特征。这些特征均被参数化定义，可对其大小及位置进行尺寸驱动编辑。除系统定义的特征外，用户还可以使用自定义特征。所有特征均可相对于其他特征或几何体定位。可以编辑、删除、抑制、复制、粘贴、引用以及改变特征时序，并提供特征历史树记录所有特征相关关系，便于查找特征和编辑。

重点与难点

- 孔特征
- 凸台、块、圆柱、圆锥、球、腔
- 垫块、键槽、槽
- 三角形加强筋、球形拐角
- 齿轮建模、弹簧设计

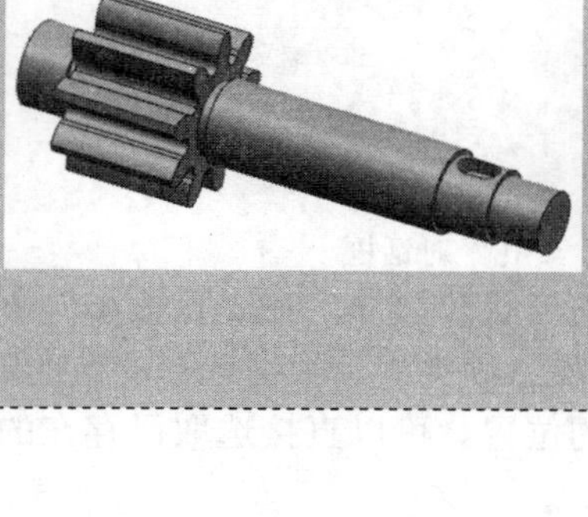

6.1 孔特征

孔特征是指为一个或多个零件或组件添加的钻孔、沉头孔或螺纹孔特征。

选择“菜单(M)”→“插入(S)”→“设计特征(E)”→“孔(H)”，或单击“主页”选项卡“基本”组中的“孔”按钮，打开如图 6-1 所示的“孔”对话框。

6.1.1 参数及其功能简介

1. 简单孔

创建具有指定直径、深度和尖端顶锥角的简单孔。选择此类型后的对话框如图 6-1 所示。

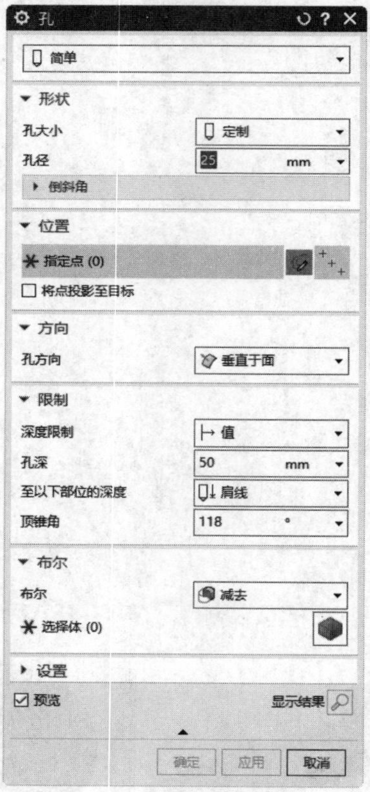

图6-1 “孔”对话框

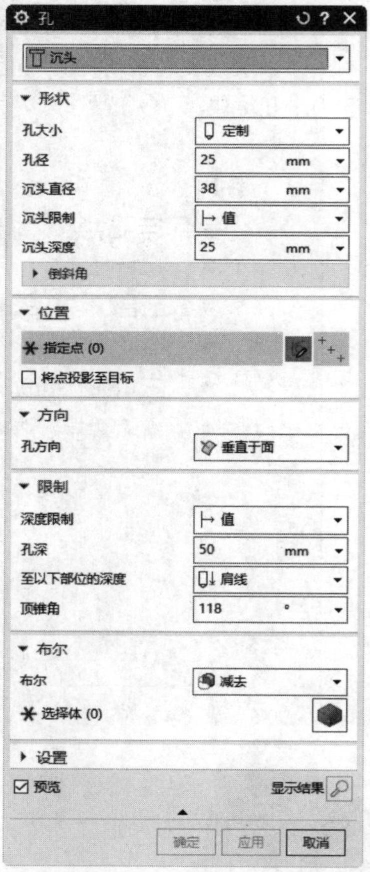

图6-2 选择“沉头”类型

（1）形状　确定孔的形状和尺寸。在“孔大小”下拉列表中可选择孔特征的形式，包括定制、钻孔尺寸和螺钉间隙三种类型。根据选择的孔的形式，可以设定孔的尺寸。

（2）位置　指定孔的位置。可以直接选取已存在的点或通过单击“草图”按钮，在草图中创建点。

（3）方向　指定孔的方向。包括“垂直于面”和“沿矢量”两个选项。

（4）限制　指定孔深和顶锥角。

2．沉头孔

创建具有指定直径、深度、顶锥角、沉头直径和沉头深度的沉头孔。选择此类型后的对话框如图 6-2 所示。

（1）形状　确定孔的外形和尺寸。在“孔大小”下拉列表中可选择孔特征的形式，然后根据选择的形式，可以设置孔径和孔的沉头部分的尺寸。

（2）倒斜角　用于创建与孔共轴的倒角。可以将起始倒角、终止倒角、颈部倒角添加到孔特征。若勾选各选项前面的复选框，则需设置“偏置”和“角度”两个参数。

3．埋头孔

创建有指定直径、深度、顶锥角、埋头直径和埋头角度的埋头孔。选择此类型后的对话框如图 6-3 所示。

（1）形状　可以设置孔的埋头直径和埋头角度。

（2）退刀槽　若勾选“应用退刀槽”复选框，则需设置“深度”参数。

4．锥孔

创建具有指定锥角和直径的锥孔。选择此类型后的对话框如图 6-4 所示。可以通过“锥角”文本框来指定孔的锥角。

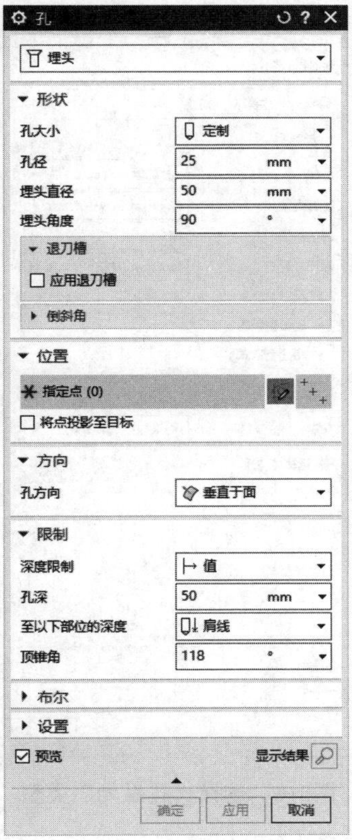

图6-3　选择“埋头”类型

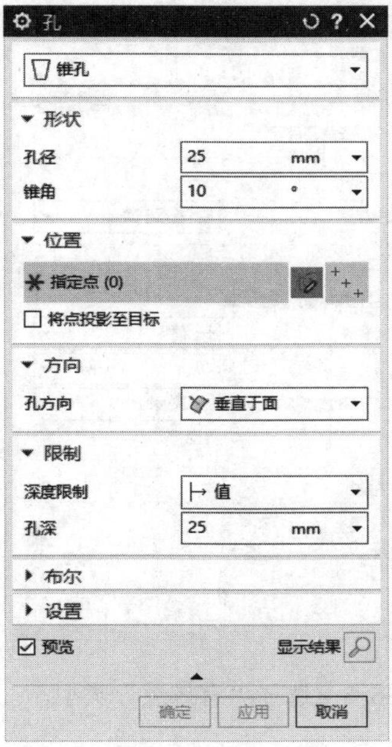

图6-4　选择“锥孔”类型

UG NX

5．螺纹孔

选择“有螺纹”类型，可创建螺纹孔，其尺寸标注由标准、螺纹尺寸和径向进刀定义，选择此类型后的对话框如图 6-5 所示。

（1）形状　在“标准”下拉列表中可选择用于创建螺纹特征的选项和参数；在“大小”下拉列表中可选择尺寸型号，系统提供了 M1.0～M600 的螺纹尺寸；在“径向进刀”下拉列表中可选择啮合半径，系统提供了 0.75、Custom 和 0.5 三个选项；在“螺纹深度”文本框中可输入尺寸；通过“左旋”“右旋”单选按钮可选择螺纹是左旋还是右旋。

（2）限制　当勾选“将孔深与螺纹深度关联”复选框时，可以将孔深指定为超过螺纹深度的螺距的倍数。

6．孔系列

创建系列孔。选择该类型后的对话框如图 6-6 所示。在该对话框的“规格”选项组中有“起始”“中间”和“终止”三个选项卡，其中的选项和前三种类型相同。

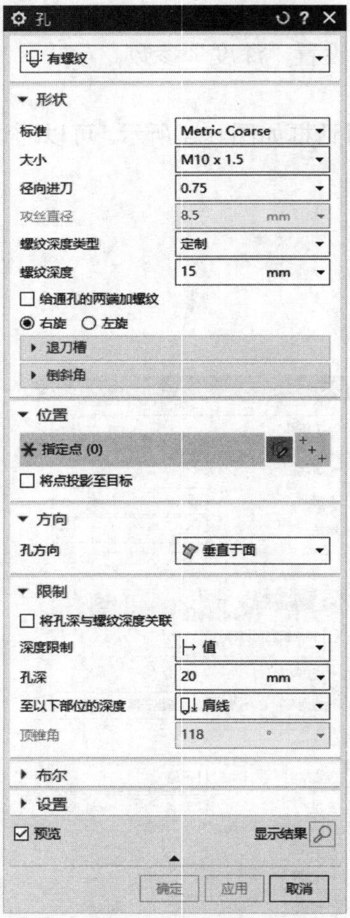

图6-5　选择“有螺纹”类型

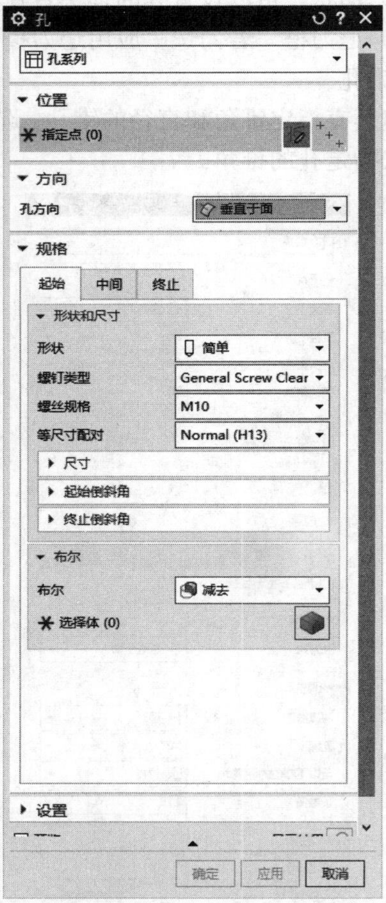

图6-6　选择“孔系列”类型

📖6.1.2　创建步骤

1）选择孔的类型。

2）选择放置面。

3）进入草图绘制界面，确定孔的位置。

4）返回到建模环境，在“孔”对话框中设置孔的参数，单击确定按钮。

📖6.1.3　实例——防尘套

创建如图6-7所示的防尘套零件体。

01 新建文件。单击“主页”选项卡中的“新建”按钮，打开“新建”对话框，在“模板”列表框中选择“模型”选项，在“名称”文本框中输入“fangchentao”，单击“确定”按钮，进入UG NX建模环境。

02 绘制草图 。选择“菜单(M)”→“插入(S)”→“草图(S)...”，或单击“主页”选项卡“构造”组中的“草图”按钮，进入草图绘制界面，绘制草图，如图6-8所示。

03 创建拉伸特征。

❶选择“菜单（M)”→“插入(S)”→“设计特征(E)” →“拉伸(X)...”，或单击“主页”选项卡“基本”组中的“拉伸”按钮，打开“拉伸”对话框。选择如图6-8所示的草图。

图6-7　防尘套零件体

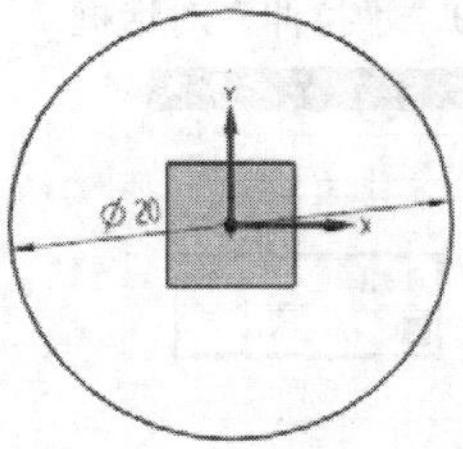

图6-8　绘制草图

❷单击“指定矢量”后的下拉按钮，打开下拉列表，选择ZC轴为拉伸方向。

❸在“限制”选项组的“起始距离”和“终止距离”文本框中分别输入0、15，其他参数采用默认，如图6-9所示。

❹单击确定按钮，创建拉伸特征，如图6-10所示。

04 创建简单孔特征。

❶选择“菜单(M)”→“插入(S)”→“设计特征(E)”→“孔(H)”，或单击“主页”选项卡“基本”组中的“孔”按钮，打开“孔”对话框。

❷选择孔类型为“简单”，在“孔径”“孔深”和“顶锥角”文本框中分别输入16、15和0，如图6-11所示。

❸在“位置”选项组中单击“点”按钮，在绘图区选择圆柱体上端面作为孔的放置面，此时会显示孔中心与圆柱上端面圆心的距离尺寸和孔的定位尺寸，如图6-12所示。分别修改两个定位尺寸为0。单击确定按钮，完成简单孔特征的创建，如图6-13所示。

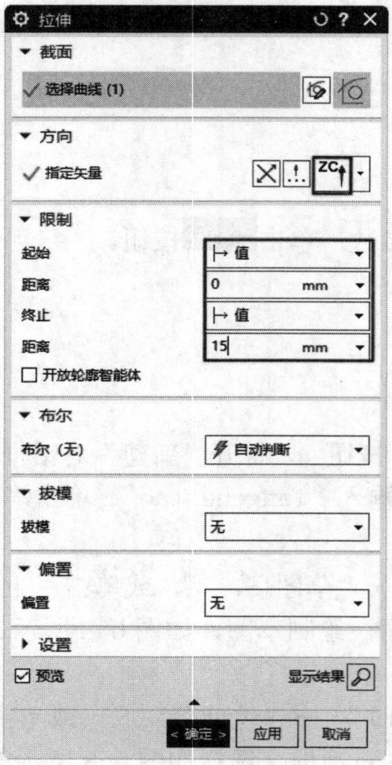

图6-9 “拉伸”对话框

图6-10 创建拉伸特征

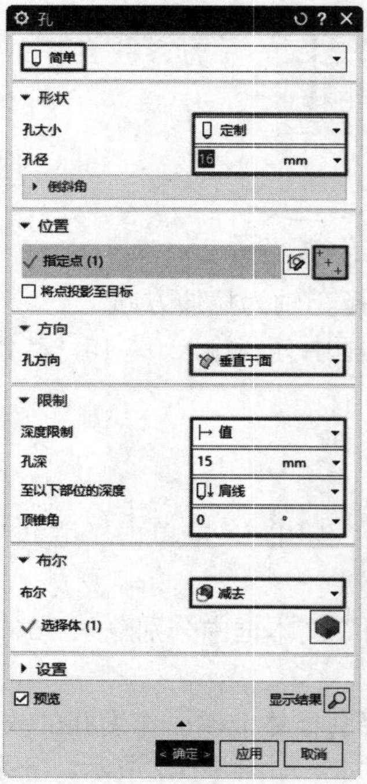

图6-11 “孔”对话框

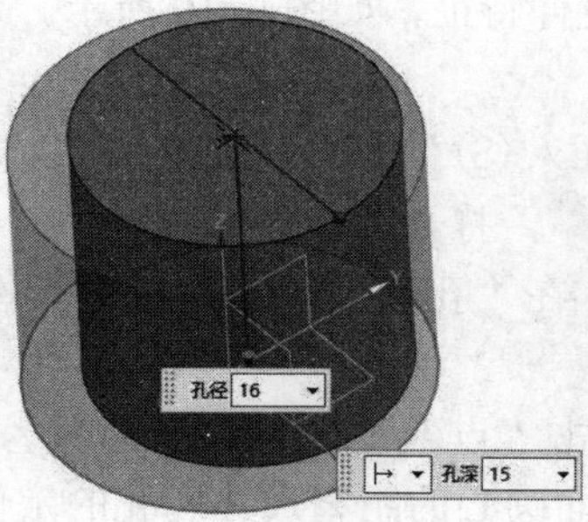

图6-12 选择孔放置面

图6-13 创建简单孔特征

6.2 凸台

凸台特征是指在已存在的实体表面上创建圆柱形或圆锥形凸台。

选择“菜单(M)”→“插入(S)”→“设计特征(E)”→“凸台（原有）(B)...”，打开如图 6-14 所示的“凸台”对话框。

图6-14　“凸台”对话框

6.2.1　参数及其功能简介

1. 选择步骤

放置面：放置面是指从实体上开始创建凸台的平面形表面或基准平面。

2. 凸台的形状参数

（1）直径　凸台在放置面上的直径。

（2）高度　凸台沿轴线的高度。

（3）锥角　若指定为 0，则为锥形凸台。正的角度值为向上收缩（即在放置面上的直径最大），负的角度值为向上扩大（即在放置面上的直径最小）。

3. 反侧

若选择的放置面为基准平面，则可单击此按钮改变凸台的凸起方向。

6.2.2　创建步骤

1）选择放置面。

2）设置凸台的形状参数，单击 确定 按钮或单击 应用 按钮。

3）定位凸台在放置面的位置或直接单击 确定 按钮，创建凸台。

6.2.3　实例——固定支座

创建如图 6-15 所示的固定支座零件体。

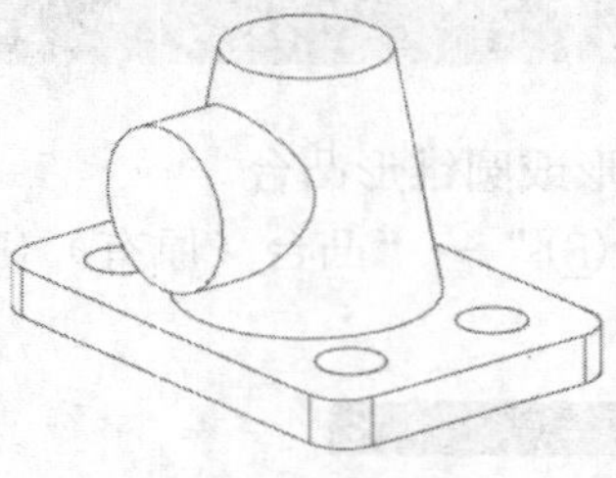
线框图

实体图

图6-15 固定支座零件体

01 新建文件。单击“主页”选项卡中的“新建”按钮，打开“新建”对话框，在“模板”列表框中选择“模型”，输入“gudingzhizuo”，单击确定按钮，进入UG NX建模环境。

02 绘制草图。选择“菜单(M)”→“插入(S)”→“草图(S)...”，或单击“主页”选项卡“构造”组中的“草图”按钮，进入草图绘制界面，选择XC-YC平面为工作平面，绘制草图，如图6-16所示。

03 创建拉伸特征。

❶选择“菜单（M)”→“插入(S)”→“设计特征(E)” →“拉伸(X)...”，或单击“主页”选项卡“基本”组中的“拉伸”按钮，打开“拉伸”对话框，选择如图6-16所示的草图。

❷在“拉伸”对话框中的“指定矢量”下拉列表中选择ZC轴为拉伸方向.

❸在“限制”选项组的“起始距离”和“终止距离”文本框中分别输入 0、6，其他参数采用默认，如图6-17所示。

❹单击确定按钮，创建拉伸特征，如图6-18所示。

04 创建凸台特征1。

❶选择“菜单(M)”→“插入(S)”→“设计特征(E)” →“凸台（原有）(B)...”，打开“凸台”对话框。

❷在拉伸体中选择放置面。

❸在“直径”“高度”和“锥角”文本框中分别输入 30、30、10，创建凸台，如图 6-19所示。

❹单击确定按钮，打开如图6-20所示的“定位”对话框。

❺在“定位”的对话框中选择（垂直定位），定位后的尺寸如图6-21所示。

❻在“定位”对话框中单击确定按钮，创建凸台特征1，如图6-22所示。

05 创建基准平面。

❶选择“菜单(M)”→“插入(S)”→“基准(D)”→“基准平面(D)...”，或单击“主页”选项卡“基本”组中的“基准平面”按钮，打开“基准平面”对话框。

❷在“基准平面”对话框中选择“点和方向”类型，在“指定矢量”后边的下拉列表中单击YC按钮。

❸在“指定点”后边的下拉列表中选中“圆弧中心/椭圆中心/球心”按钮，如图 6-23所示。在如图6-24所示的零件体中选择圆心。

❹单击确定按钮，创建基准平面，结果如图6-25所示。

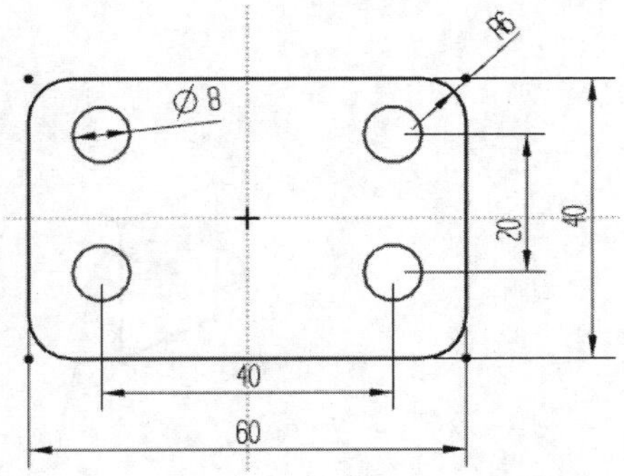

图6-16　绘制草图

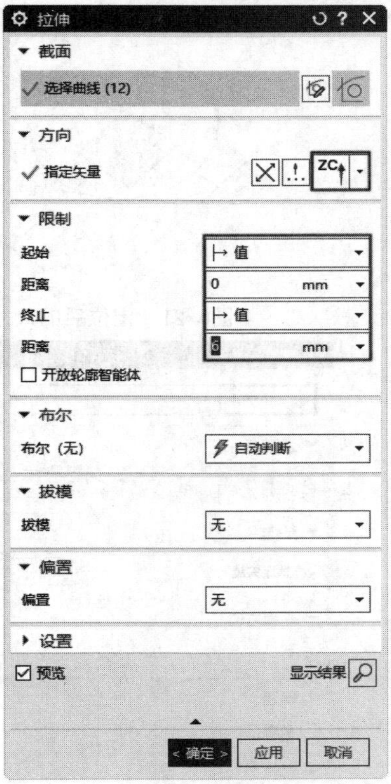

图6-17　“拉伸”对话框

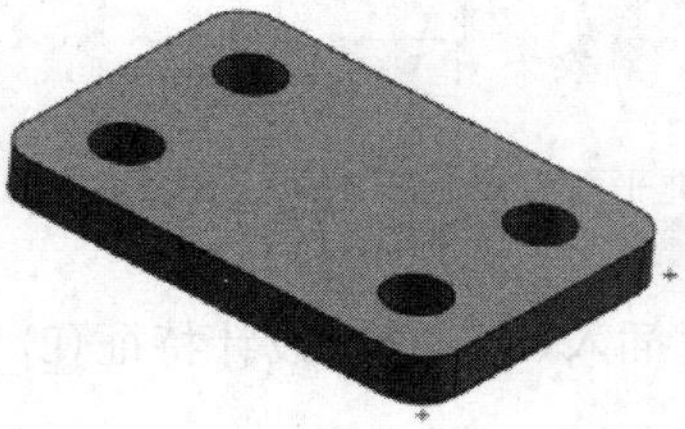

图6-18　创建拉伸特征

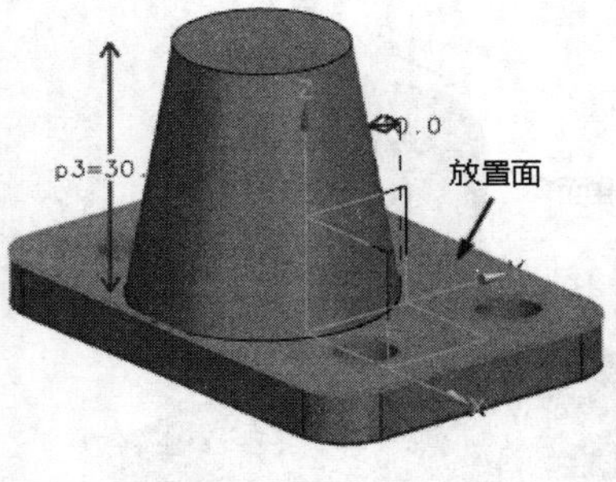

图6-19　创建凸台

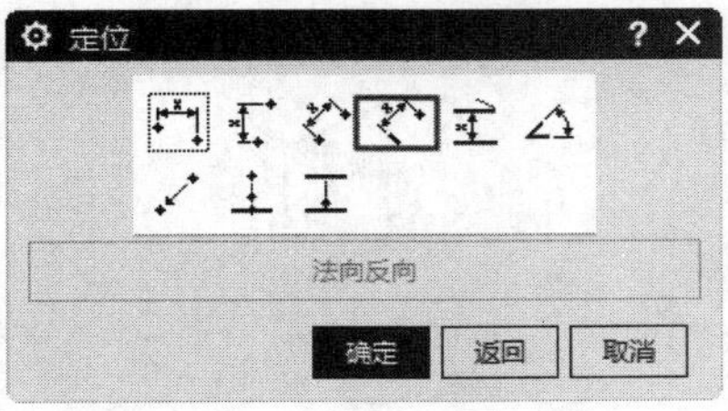

图6-20　“定位”对话框

UG NX

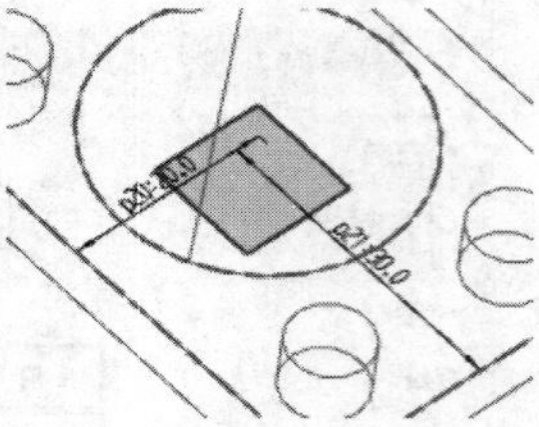

图6-21　定位后的尺寸

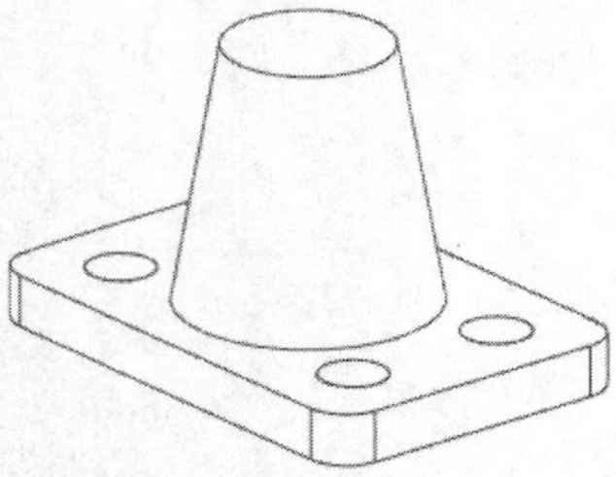

图6-22　创建凸台特征1

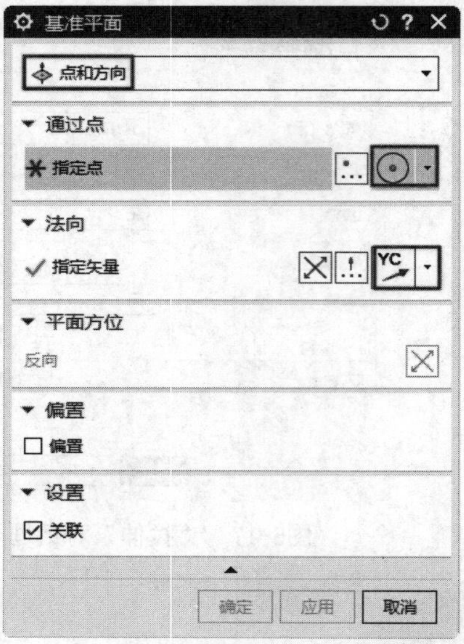

图6-23　“基准平面”对话框

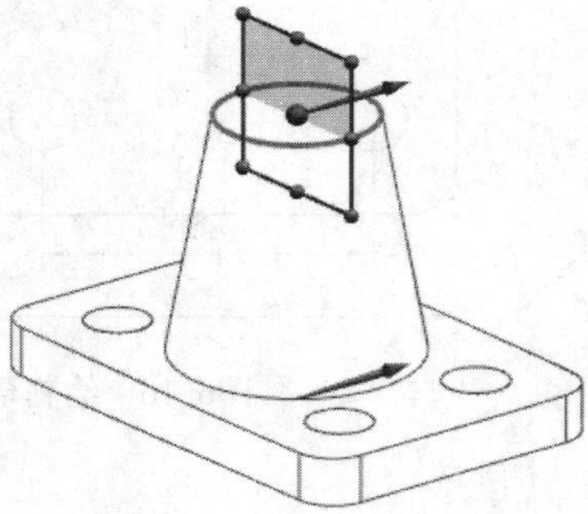

图6-24　选择圆心

06 创建凸台特征 2。

❶选择“菜单(M)”→“插入(S)”→“设计特征(E)”→“凸台（原有）(B)...”，打开“凸台”对话框。

❷在零件体中选择步骤 **05** 所创建的基准平面作为放置面，如图 6-26 所示。

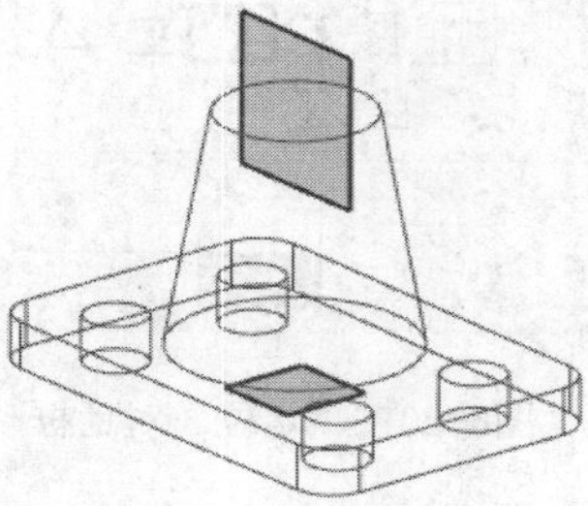

图6-25　创建基准平面

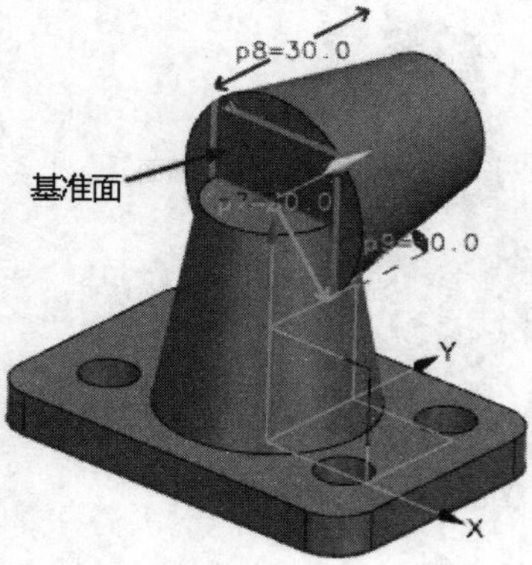

图6-26　选择放置面

❸在“凸台”对话框中的“直径”“高度”和“锥角”文本框中分别输入 20、20、0。

❹单击 反侧 按钮，使基准平面方向反向，如图 6-27 所示。

❺在“凸台”对话框中单击 确定 按钮，打开“定位”对话框。

❻在“定位”对话框中选择（垂直定位），定位后的尺寸如图 6-28 所示。

❼在“定位”对话框中单击 确定 按钮，创建凸台特征 2。创建完成的固定支座零件体如图 6-15 所示。

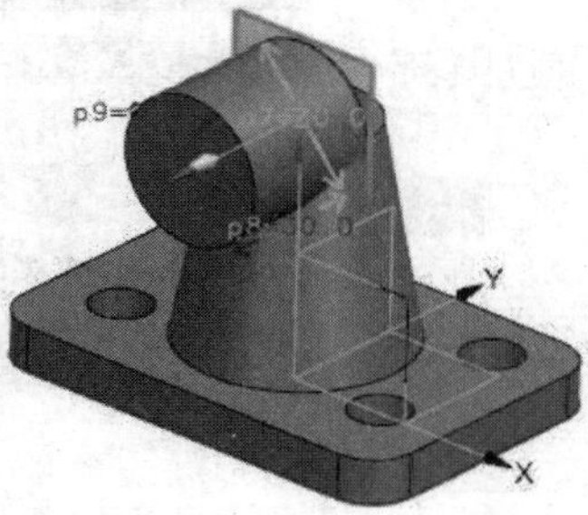

图6-27　基准平面方向反向

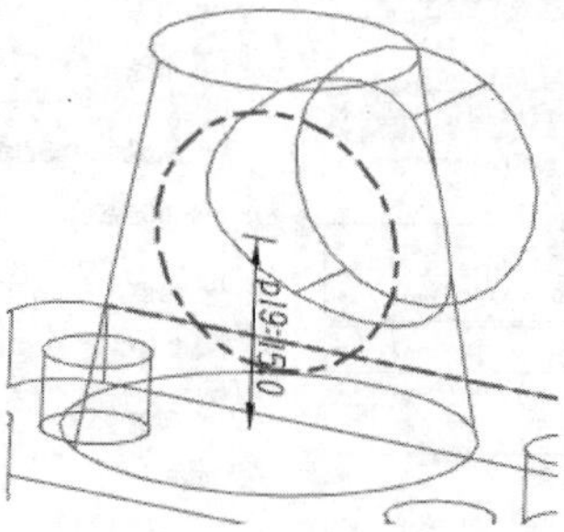

图6-28　定位后的尺寸

6.3　块

选择“菜单(M)”→“插入(S)”→“设计特征(E)”→“块(K)...”，或单击“主页”选项卡“基本”组中的“块”按钮，打开“块”对话框。

6.3.1　参数及其功能简介

（1）原点和边长　在“块”对话框中选择“原点和边长”类型，此时对话框如图 6-29 所示。在“指定点”下拉列表中选择所需的捕捉点的方式，在视图中选择或创建一个点作为块左下角的顶点，在“长度(XC)”“宽度(YC)”和“高度(ZC)”文本框中输入所需数值，接着选择所需的布尔操作类型，即可创建块。

（2）两点和高度　在“块”对话框中选择“两点和高度”类型，此时对话框如图 6-30 所示。在“选择条”工具栏中选择所需的捕捉点的方式，在视图中选择或创建两个点作为块底面的对角点，在“高度（ZC)”文本框中输入所需数值，接着选择所需的布尔操作类型，即可创建块。

（3）两个对角点　在“块”对话框中选择“两个对角点”类型，此时对话框如图 6-31 所示。在“选择条”工具栏中选择所需的捕捉点的方式，在视图中选择或创建两个点作为块的对角点，接着选择所需的布尔操作类型，即可创建块。

6.3.2　创建步骤

1）选择一点。

2）若选择“两点和高度”和“两个对角点”类型，则要选择另一点。

3）设置块的尺寸参数。

4）指定所需的布尔操作类型。

5）单击确定按钮或单击应用按钮，创建块特征。

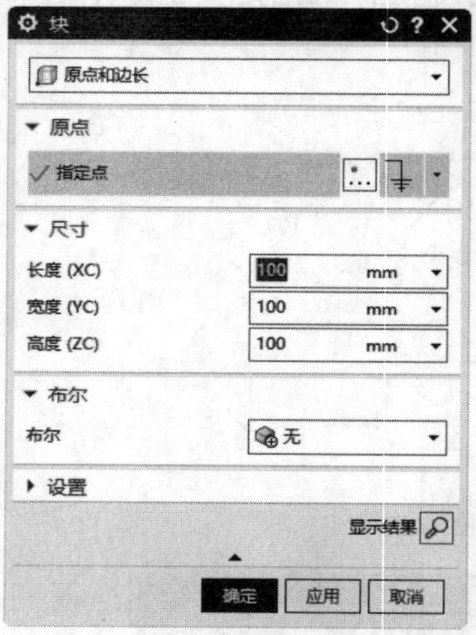

图6-29　选择“原点和边长”类型

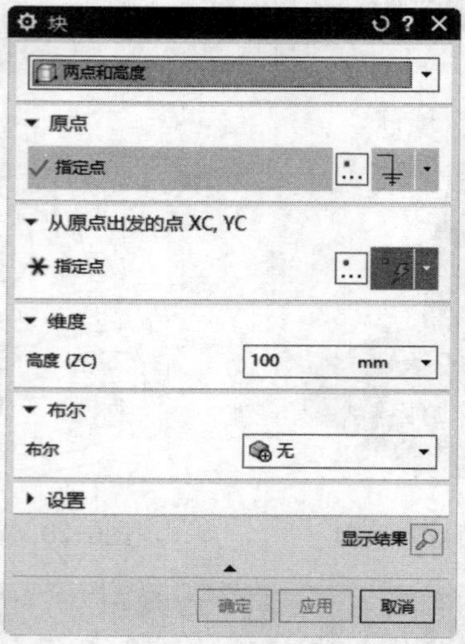

图6-30　选择“两点和高度”类型

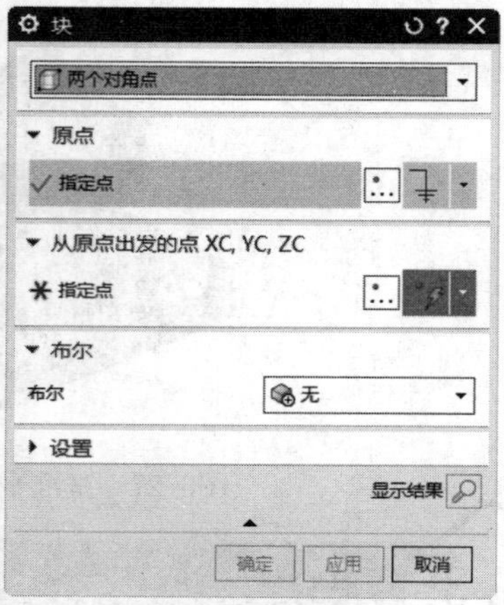

图6-31　选择“两个对角点”类型

6.3.3　实例——角墩

创建如图 6-32 所示的角墩零件体。

01 新建文件。单击“主页”选项卡中的“新建”按钮，打开“新建”对话框，在“模板”列表框中选择“模型”，输入“jiaodun.prt”，单击确定按钮，进入 UG NX 建模环境。

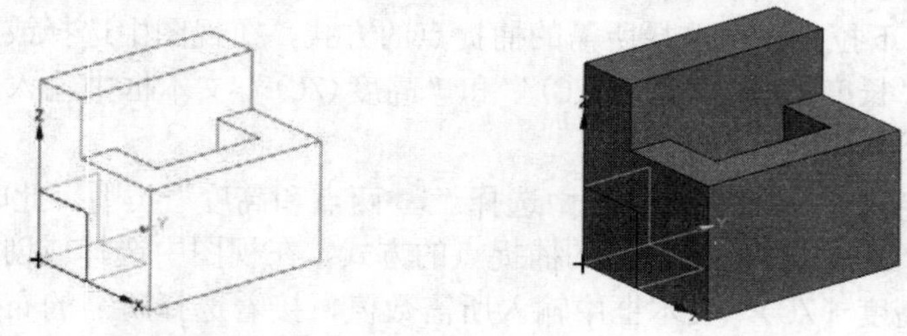

线框图　　实体图

图6-32　角墩零件体

02 创建块特征 1。

❶选择“菜单(M)”→“插入(S)”→“设计特征(E)”→“块(K)...”，或单击“主页”选项卡“基本”组中的“块”按钮，打开“块”对话框。

❷在“块”对话框中选择“原点和边长”类型，在“指定点”右侧的下拉列表中单击“点对话框”按钮，打开如图 6-33 所示的“点”对话框。

❸在“点”对话框中的“XC”“YC”和“ZC”文本框中分别输入 0。

❹单击 确定 按钮，返回“块”对话框。

❺在“长度（XC）”“宽度（YC）”和“高度（ZC）”文本框中分别输入 80、100、60。

❻单击 确定 按钮，创建块特征 1，如图 6-34 所示。

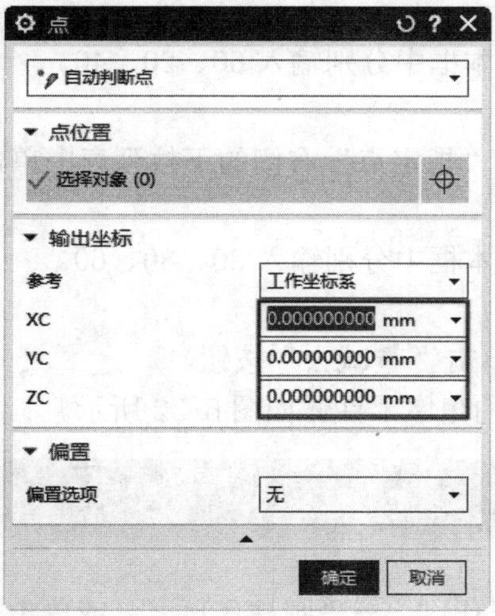

图6-33　“点”对话框

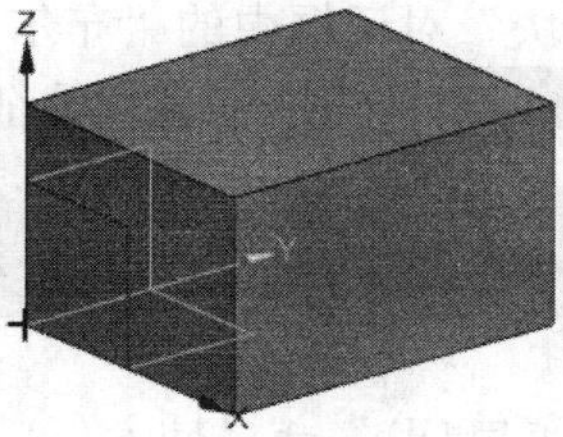

图6-34　创建块特征1

03 创建块特征 2。

❶选择“菜单(M)”→“插入(S)”→“设计特征(E)” →“块(K)...”，或单击“主页”选项卡“基本”组中的“块”按钮，打开“块”对话框。

❷在“块”对话框中选择“两点和高度”类型。

❸在“原点”选项组“指定点”后边的下拉列表中单击“端点”按钮，在实体中选择一条直线的端点，如图 6-35 所示。在“从原点出发的点 XC，YC”选项组的“指定点”右侧单击“点对话框”按钮，打开“点”对话框。

❹在“点”对话框中的“XC”“YC”和“ZC”文本框中分别输入 30、100、60。

❺单击 确定 按钮，返回“块”对话框。

❻在“块”对话框中的“高度 ZC”文本框中输入 30。

❼在“布尔”下拉列表中单击“合并”按钮。

❽单击 确定 按钮，创建块特征 2，如图 6-36 所示。

图6-35　选择直线的端点

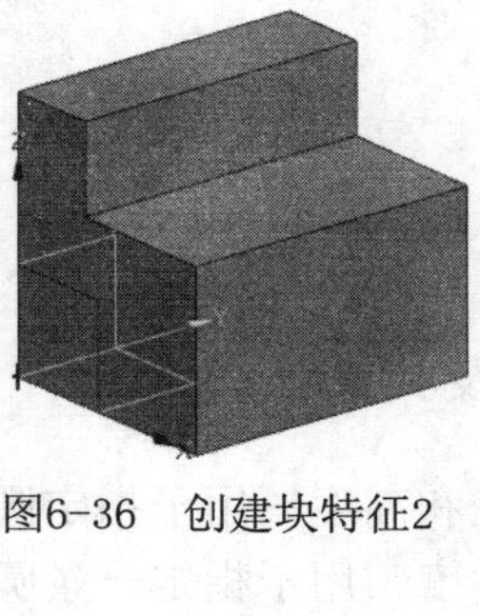

图6-36　创建块特征2

04 创建块特征 3。

❶选择“菜单(M)”→“插入(S)”→“设计特征(E)” →“块(K)...”，或单击“主页”选项卡

项卡“基本”组中的“块”按钮，打开“块”对话框。

❷在“块”对话框中选择“两个对角点”类型。

❸在“原点”选项组“指定点”右侧的下拉列表中单击“点对话框”按钮，打开“点”对话框。

❹在“点”对话框的“XC”“YC”和“ZC”文本框中分别输入60、20、40。

❺单击确定按钮。

❻在“从原点出发的点 XC，YC，ZC”选项组“指定点”右侧的下拉列表中单击“点对话框”按钮，打开“点”对话框。

❼在“点”对话框的“XC”“YC”和“ZC”文本框中分别输入30、80、60。

❽单击确定按钮。

❾在“块”对话框中的“布尔”下拉列表中单击“减去”按钮。

❿单击确定按钮，创建块特征3。创建完成的角墩零件体如图6-32所示。

6.4 圆柱

选择“菜单(M)”→“插入(S)”→“设计特征(E)” →“圆柱(C)...”，或单击“主页”选项卡“基本”组中的“圆柱”按钮，打开如图6-37所示的“圆柱”对话框。

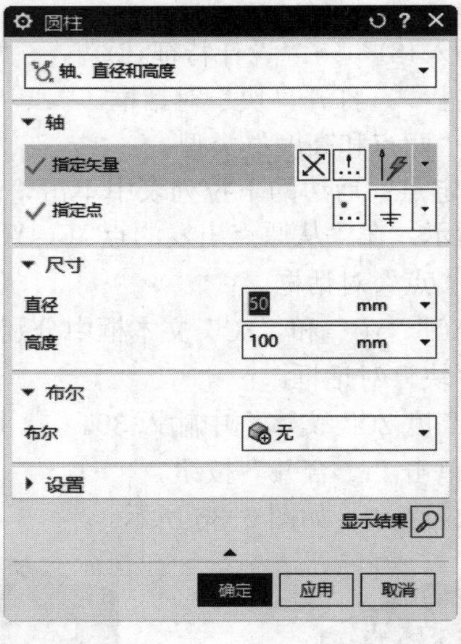

图6-37 “圆柱”对话框

6.4.1 参数及其功能简介

（1）轴，直径和高度 用于指定圆柱体的直径和高度创建圆柱特征。

（2）圆弧和高度 用于指定一条圆弧作为底面圆，再指定高度创建圆柱特征。

6.4.2 创建步骤

1. “轴，直径和高度”圆柱的创建步骤

1）创建圆柱轴线方向。

2）设置圆柱尺寸参数。

3）创建一个点作为圆柱底面的圆心。

4）指定所需的布尔操作类型，创建圆柱特征。

2. “圆弧和高度”圆柱的创建步骤

1）设置圆柱高度。

2）选择一条圆弧作为底面圆。

3）确定是否创建圆柱。

4）若创建圆柱特征，指定所需的布尔操作类型。

6.4.3 实例——三通

创建如图 6-38 所示的三通零件体。

图6-38　三通零件体

01 新建文件。单击“主页”选项卡中的“新建”按钮，打开“新建”对话框，在“模板”列表框中选择“模型”，输入“santong”，单击确定按钮，进入 UG NX 建模环境。

02 创建圆柱特征 1。

❶选择“菜单(M)”→“插入(S)”→“设计特征(E)” →“圆柱(C)...”，或单击“主页”选项卡“基本”组中的“圆柱体”按钮，打开“圆柱”对话框。

❷在“类型”下拉列表中选择“轴，直径和高度”类型。

❸在“指定矢量”下拉列表中选择YC方向为圆柱轴向。

❹在 “直径”和“高度”文本框中分别输入 30、50。

❺单击确定按钮，创建圆柱特征 1，如图 6-39 所示。

03 绘制圆弧。选择“菜单(M)”→“插入(S)”→“草图(S)...”，或单击“主页”选项卡“构造”组中的“草图”按钮，进入草图绘制界面，选择 XC-YC 平面为工作平面，绘制圆，如图 6-40 所示。

04 创建圆柱特征 2。

❶选择“菜单(M)”→“插入(S)”→“设计特征(E)”→“圆柱(C)...”，或单击“主页”

选项卡“基本”组中的“圆柱体”按钮，打开“圆柱”对话框。

❷在“类型”下拉列表中选择“圆弧和高度”类型。

❸在视图中选择刚绘制的圆。

❹在“高度”文本框中输入 30。

❺在“布尔”下拉列表中选择“合并”，如图 6-41 所示。

❻单击确定按钮。创建圆柱特征 2。创建完成的三通零件体如图 6-38 所示。

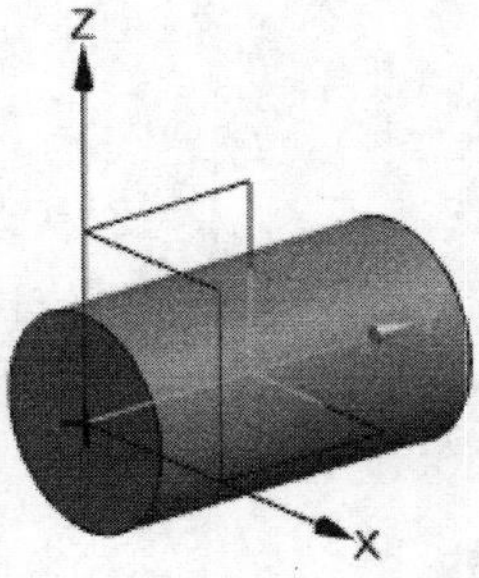

图6-39　创建圆柱特征1

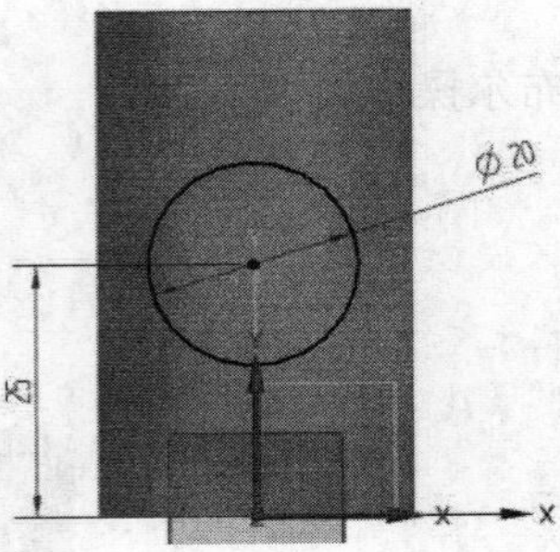

图6-40　绘制圆

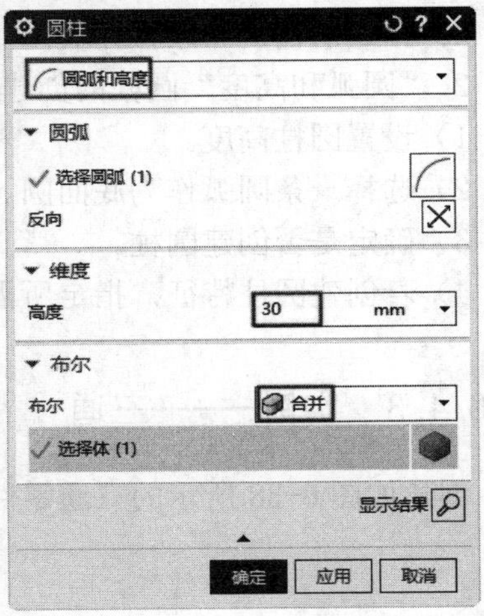

图6-41　“圆柱”对话框

6.5 圆锥

选择“菜单(M)”→“插入(S)”→“设计特征(E)”→“圆锥(O)...”，或单击“主页”选项卡“基本”组中的“圆锥”按钮，打开如图 6-42 所示的“圆锥”对话框。

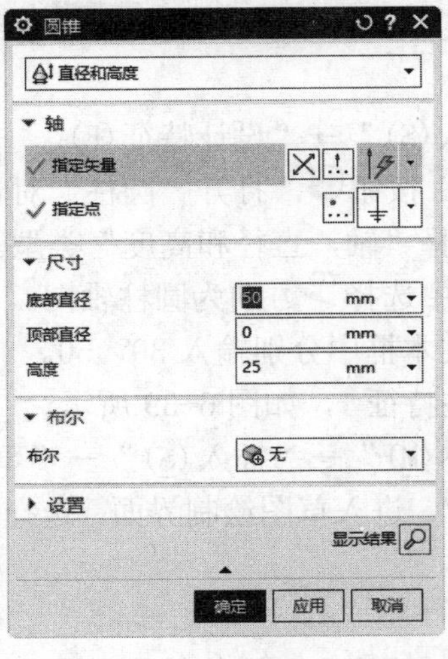

图6-42　“圆锥”对话框

6.5.1　参数及其功能简介

（1）直径和高度　用于指定圆锥的顶圆直径、底圆直径和高度，创建圆锥。

（2）直径和半角　用于指定圆锥的顶圆直径、底圆直径和锥顶半角，创建圆锥。

（3）底部直径，高度和半角　用于指定圆锥的底圆直径、高度和锥顶半角，创建圆锥。

（4）顶部直径，高度和半角　用于指定圆锥的顶圆直径、高度和锥顶半角，创建圆锥。

（5）两个共轴的圆弧　用于指定两个共轴的圆弧分别作为圆锥的顶圆和底圆，创建圆锥。

6.5.2　创建步骤

1）选择类型。

2）选择“圆锥”对话框中的前 4 种类型时，指定圆锥轴线方向。

3）选择“圆锥”对话框中的前 4 种类型时，设置圆锥尺寸参数。

4）如果选择“圆锥”对话框中的前 4 种类型，则需创建一个点作为圆锥底面圆心。

5）如果选择“圆锥”对话框中的第 5 种类型，则要在视图中分别选择两个共轴的圆弧，分别作为圆锥的顶圆和底圆。

6）指定所需的布尔操作类型，创建圆锥。

6.5.3　实例——锥形管

创建如图 6-43 所示的锥形管零件体。

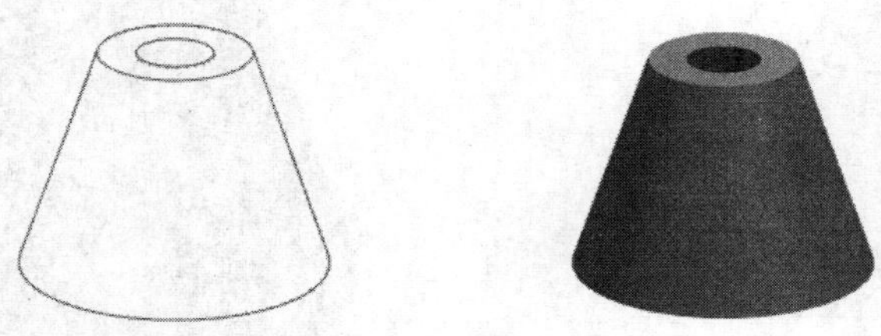

线框图　　实体图

图6-43　锥形管零件体

01 新建文件。单击“主页”选项卡中的“新建”按钮，打开“新建”对话框，在“模板”列表框中选择“模型”，输入“zhuixingguan”，单击确定按钮，进入 UG NX 建模环境。

02 绘制圆弧 1。

❶选择“菜单(M)”→“插入(S)”→“草图(S)...”，或单击“主页”选项卡“构造”组中的“草图”按钮，进入草图绘制界面，选择 XC-YC 平面为工作平面，绘制圆弧，如图 6-44 所示。

❷单击“主页”选项卡“构造”组中的“完成”按钮，草图绘制完毕。

03 绘制圆弧 2。

❶选择“菜单(M)”→“插入(S)”→“曲线(C)”→“直线和圆弧(A)”→“圆弧（点-点-

点（O））”。

❷在对话框中的“XC”“YC”和“ZC”文本框中分别输入10、0、30，创建点1。

❸采用同样的步骤，创建坐标分别为（0,10,30）和（-10,0,30）的两点。然后连接刚创建的三个点，创建圆弧2，如图6-45所示。

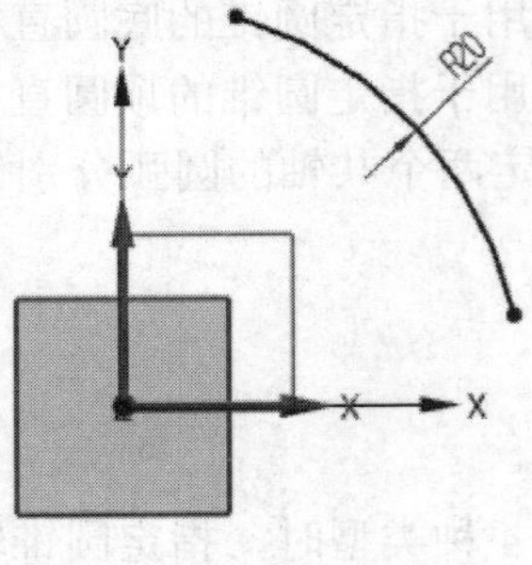

图6-44 创建圆弧1

04 创建圆锥特征1。

❶选择“菜单(M)”→“插入(S)”→“设计特征(E)”→“圆锥(O)...”，或单击“主页”选项卡“基本”组中的“圆锥”按钮，打开“圆锥”对话框。

❷在“圆锥”对话框中选择“两个共轴的圆弧”类型。

❸在视图中选择圆弧2作为顶面圆弧，选择圆弧1为基圆弧，单击确定按钮，创建圆锥特征1，如图6-46所示。

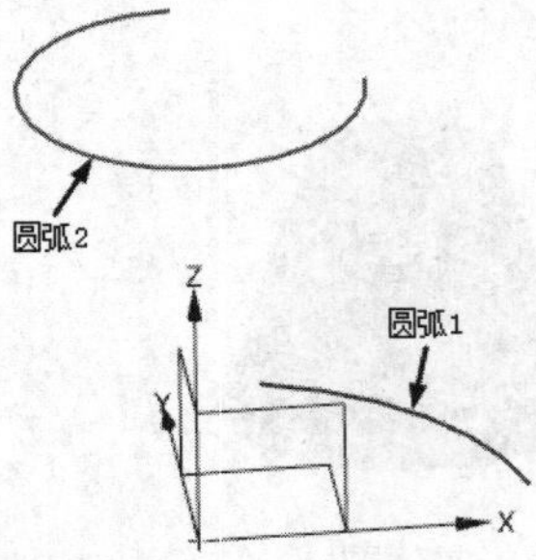

图6-45 创建圆弧2

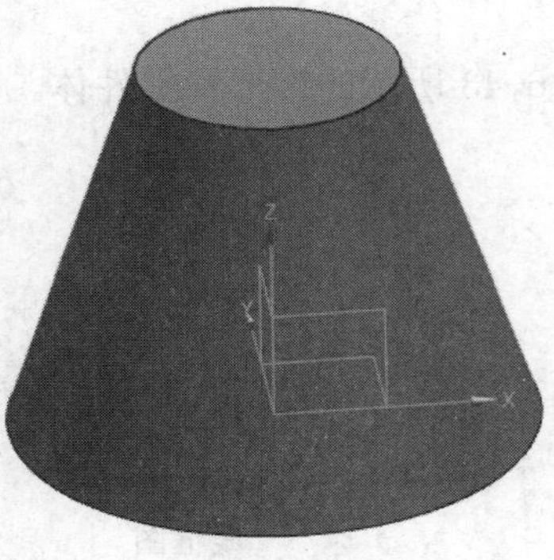

图6-46 创建圆锥特征1

05 创建圆锥特征2

❶选择“菜单(M)”→“插入(S)”→“设计特征(E)”→“圆锥(O)...”，或单击“主页”选项卡“基本”组中的“圆锥”按钮，打开“圆锥”对话框。

❷在“圆锥”对话框中选择“直径和高度”类型。

❸在“指定矢量”下拉列表中选择ZC按钮。

❹在“底部直径”“顶部直径”和“高度”文本框中分别输入15、10、30。

❺在“布尔”下拉列表中选择“减去”，单击确定按钮，创建圆锥特征2。创建完成的锥形管零件体如图6-43所示。

6.6 球

选择“菜单(M)”→“插入(S)”→“设计特征(E)”→“球(S)...”，或单击“主页”选项卡“基本”组中的“球”按钮，打开如图 6-47 所示的“球”对话框。

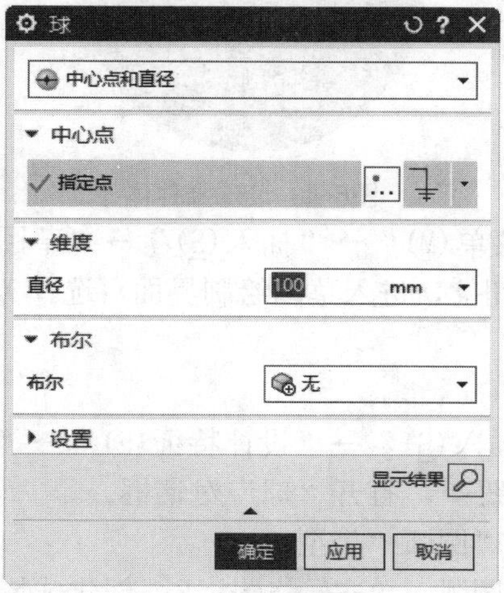

图6-47　“球”对话框

6.6.1　参数及其功能简介

（1）中心点和直径　用于指定直径和球心位置，创建球特征。

（2）圆弧　用于指定一条圆弧（该圆弧的半径和圆心分别作为所创建球体的半径和球心），创建球特征。

6.6.2　创建步骤

1）选择类型。
2）如果选择“中心点和直径”类型，则需设置球的尺寸参数。
3）如果选择“中心点和直径”类型，则需创建一个点作为球的球心。
4）如果选择“圆弧”，则需在视图中选择一条圆弧作为球的最大圆。
5）指定所需的布尔操作类型，创建球特征。

6.6.3　实例——滚珠 1

创建如图 6-48 所示的滚珠零件体。

01 新建文件。单击“主页”选项卡中的“新建”按钮，打开“新建”对话框，在“模板”列表框中选择“模型”，输入“gunzhu1”，单击确定按钮，进入 UG NX 建模环境。

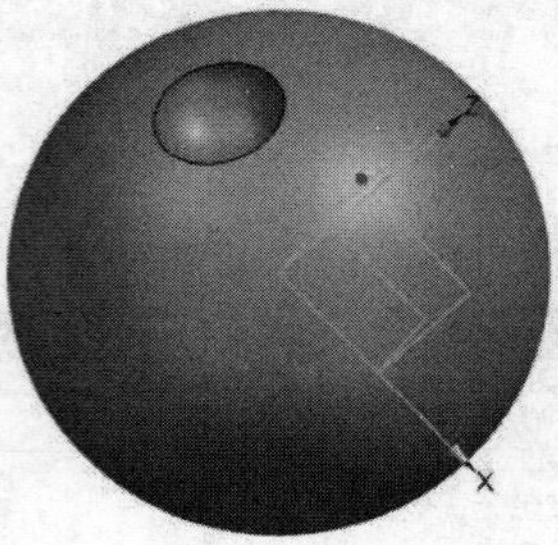

图6-48 滚珠零件体

02 绘制圆弧。选择“菜单(M)”→“插入(S)”→“草图(S)...”，或单击“主页”选项卡“构造”组中的“草图”按钮，进入草图绘制界面，选择 XC-YC 平面为工作平面，绘制圆弧，如图 6-49 所示。

03 创建球特征 1。

❶选择“菜单(M)”→“插入(S)”→“设计特征(E)”→“球(S)...”，或单击“主页”选项卡“基本”组中的“球”按钮，打开“球”对话框。

❷在“球”对话框中选择“圆弧“类型。

❸在视图中选择刚绘制的圆弧，单击确定按钮，创建球特征 1，如图 6-50 所示。

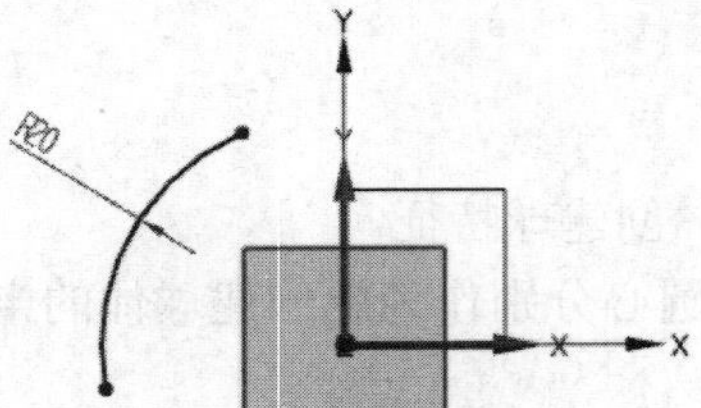

图6-49　绘制圆弧

图6-50 创建球特征1

04 创建球特征 2。

❶选择“菜单(M)”→“插入(S)”→“设计特征(E)” →“球(S)...”，或单击“主页”选项卡“基本”组中的“球”按钮，打开“球”对话框。

❷在“球”对话框中选择“中心点和直径”类型。

❸在“直径”文本框中输入 10。

❹单击“点对话框”按钮，打开如图 6-51 所示的“点”对话框。

❺在“点”对话框中选择“面上的点”类型，然后在球面上单击，激活“面上的位置”选项组。

❻在“U 向参数”和“V 向参数”文本框中分别输入 0.6、0.7。

❼单击确定按钮，返回到“球”对话框。

❽在“球”对话框的“布尔”下拉列表中选择“减去”，单击确定按钮，创建球特征 2，如图 6-52 所示。

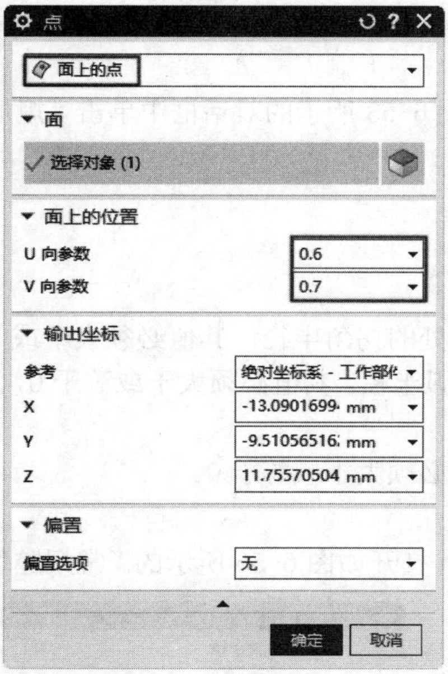

图6-51 “点”对话框

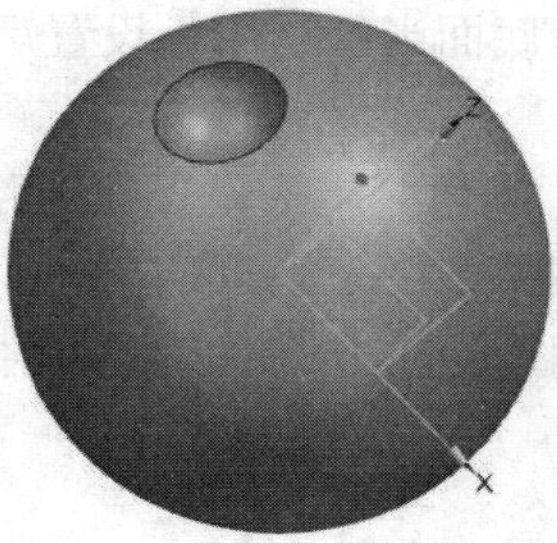

图6-52 创建球特征2

6.7 腔

选择“菜单(M)”→“插入(S)”→“设计特征(E)”→“腔（原有）(P)...”，打开如图 6-53 所示的“腔”类型选择对话框。

6.7.1 参数及其功能简介

1. 圆柱形

在绘图区选择完放置面之后，在图 6-53 所示的对话框中单击“圆柱形”按钮，打开如图 6-54 所示的“圆柱腔”对话框。

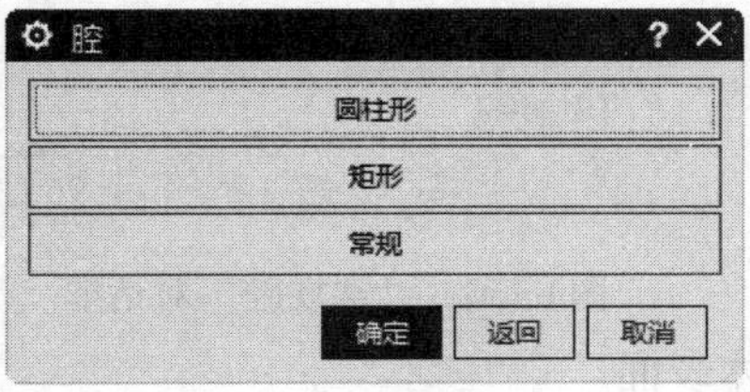

图6-53 “腔”类型选择对话框

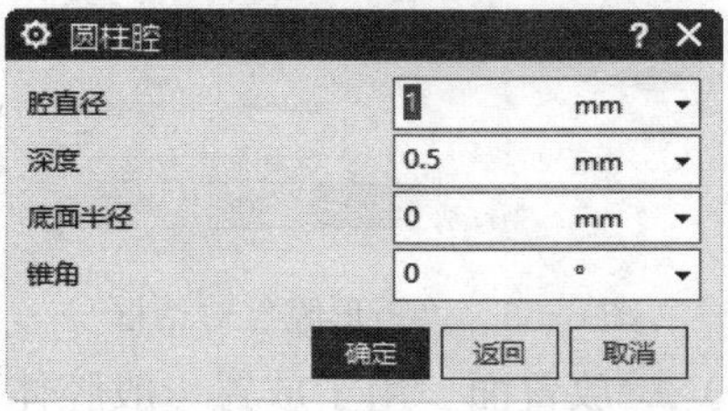

图6-54 “圆柱腔”对话框

（1）腔直径　用于设置圆柱形腔的直径。

（2）深度　用于设置圆柱形腔的深度。

（3）底面半径　用于设置圆柱形腔底面的圆弧半径。该值必须大于或等于 0，并且小于深度。

（4）锥角　用于设置圆柱形腔的倾斜角度。该值必须大于或等于 0。

2．矩形

在视图中选择完放置面和水平参考对象后，在图 6-53 所示的对话框中单击“矩形”按钮，打开如图 6-55 所示的“矩形腔”对话框。

（1）长度　用于设置矩形腔体的长度。

（2）宽度　用于设置矩形腔体的宽度。

（3）深度　用于设置矩形腔体的深度。

（4）拐角半径　用于设置矩形腔深度方向直边处的拐角半径。其值必须大于或等于 0。

（5）底面半径　用于设置矩形腔底面周边的圆弧半径。其值必须大于或等于 0，且小于拐角半径。

（6）锥角　用于设置矩形腔的倾斜角度。其值必须大于或等于 0。

3．常规

在如图 6-56 所示的对话框中单击“常规”按钮，打开如图 6-56 所示的“常规腔”对话框。

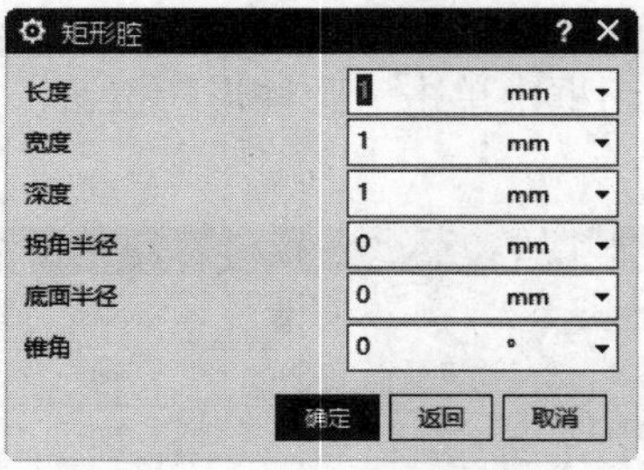

图 6-55　“矩形腔”对话框

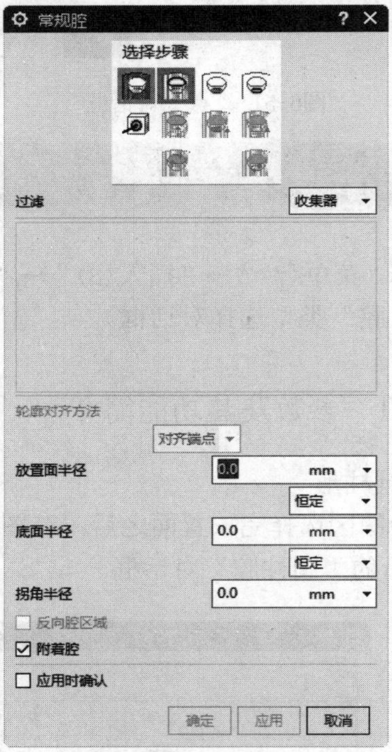

图 6-56　“常规腔”对话框

（1）放置面　用于放置一般腔体顶面的实体表面。

（2）放置面轮廓　用于定义一般腔体在放置面上的顶面轮廓。

（3）底面　用于定义一般腔体的底面。可通过偏置、转换或在实体中选择底面来定义。

（4）底面轮廓曲线　用于定义通用腔体的底面轮廓线。可以从实体中选取曲线或边来定义，也可通过转换放置面轮廓线进行定义。

（5）目标体　用于使一般腔体产生在所选取的实体上。

（6）放置面轮廓线投影矢量　用于指定放置面轮廓线投影方向。

（7）底面轮廓曲线投影矢量　用于指定底面轮廓曲线的投影方向。

（8）轮廓对齐方法　用于指定放置面轮廓线和底面轮廓曲线的对齐方式。该选项只有在放置面轮廓线与底面轮廓曲线都是单独选择的曲线时才被激活。

（9）放置面半径　用于指定一般腔体的顶面与侧面间的圆角半径。

（10）底面半径　用于指定一般腔体的底面与侧面间的圆角半径。

（11）拐角半径　用于指定一般腔体侧边的拐角半径。

（12）附着腔　勾选☑附着腔复选框，若目标体是片体，则创建的一般腔体为片体，并与目标片体缝合成一体；若目标体是实体，则创建的一般腔体为实体，并从实体中删除一般腔体。取消勾选，则创建的一般腔体为一个独立的实体。

6.7.2　创建步骤

1. 圆柱形腔体、矩形腔体的创建步骤

1）选择放置面。

2）设置腔体的形状参数。

3）定位腔体的位置。

4）单击 确定 按钮，创建圆柱形或矩形腔体。

2. 常规腔体的创建步骤

1）选择放置面。

2）选择放置面轮廓（必须是封闭曲线）。

3）选择底面。

4）选择底面轮廓曲线（也必须是封闭曲线）。

5）如果用户要把腔体创建在所选取的实体上，则需选择目标体（可选）。

6）指定放置面轮廓线投影矢量（可选）。

7）指定底面轮廓曲线投影矢量（可选）。

8）单击 确定 按钮，或单击 应用 按钮，创建腔体。

6.7.3　实例——腔体底座

创建如图6-57所示的腔体底座零件体。

01 新建文件。单击“主页”选项卡中的“新建”按钮，打开“新建”对话框，在“模板”列表框中选择“模型”，输入“qiangtidizuo”，单击 确定 按钮，进入UG NX建模环境。

02 绘制草图1。选择“菜单(M)”→“插入(S)”→“草图(S)...”，或单击“主页”选项卡“构造”组中的“草图”按钮，选择XC-YC平面为工作平面，绘制草图1，如图6-58所示。

UG NX

图6-57 腔体底座零件体

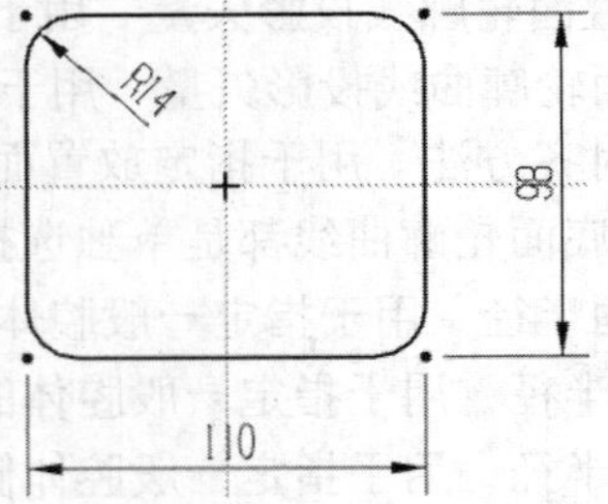

图6-58 绘制草图1

03 创建拉伸特征。

❶选择“菜单（M）”→“插入(S)”→“设计特征(E)”→“拉伸(X)…”，或单击“主页”选项卡“基本”组中的“拉伸”按钮，打开“拉伸”对话框。选择如图 6-58 所示的草图。

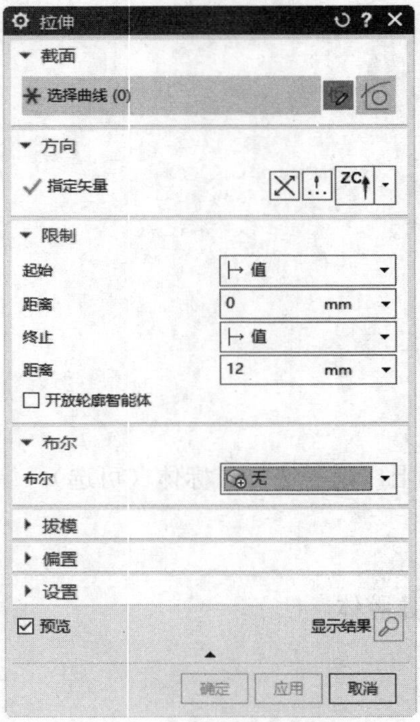

图6-59 “拉伸”对话框

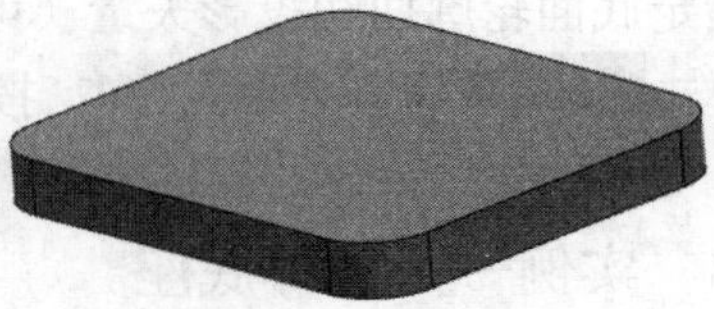

图6-60 创建拉伸特征

❷在“指定矢量”下拉列表中选择 ZC 为拉伸方向。

❸在“限制”选项组的“起始距离”和“终止距离”文本框中分别输入 0、12，其他参数采用默认，如图 6-59 所示。

❹单击 确定 按钮，创建拉伸特征，如图 6-60 所示。

04 创建圆柱特征。

❶选择“菜单(M)”→“插入(S)”→“设计特征(E)”→“圆柱(C)…”，或单击“主页”选项卡“基本”组中的“圆柱”按钮，打开“圆柱”对话框。

❷在“类型”下拉列表中选择“轴，直径和高度”类型。

❸在“指定矢量”下拉列表中选择ZC为圆柱轴向。

❹在“指定点”下拉列表中选择“点对话框”按钮，打开“点”对话框。

❺在“XC”“YC”和“ZC”文本框中分别输入 0、0、12，如图 6-61 所示。单击确定按钮，返回“圆柱”对话框。

❻在“直径”和“高度”文本框中分别输入 50、60。

❼在“布尔”下拉列表中选择“合并”按钮，选择刚创建的拉伸体，如图 6-62 所示。

❽单击确定按钮，创建圆柱特征，如图 6-63 所示。

05 绘制草图 2。选择“菜单(M)”→“插入(S)”→“草图(S)...”，或单击“主页”选项卡“构造”组中的“草图”按钮，选择拉伸体的底面作为工作平面，绘制草图 2，如图 6-64 所示。

06 创建常规腔体。

❶选择“菜单(M)”→“插入(S)”→“设计特征(E)”→“腔（原有）(P)...”，打开“腔”类型选择对话框。

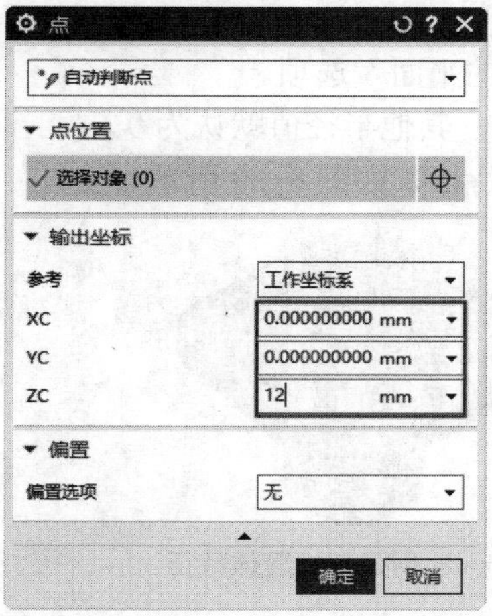

图6-61　“点”对话框

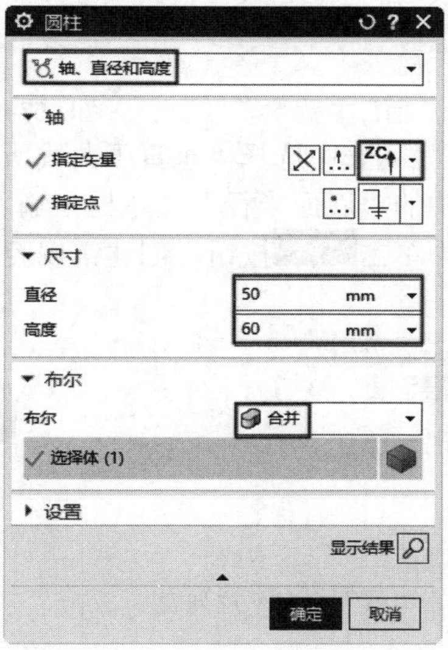

图6-62　“圆柱”对话框

图6-63　创建圆柱特征

❷在“腔”类型选择对话框中选择“常规”，打开“常规腔”对话框。

❸在视图中选择放置面，如图 6-65 所示。

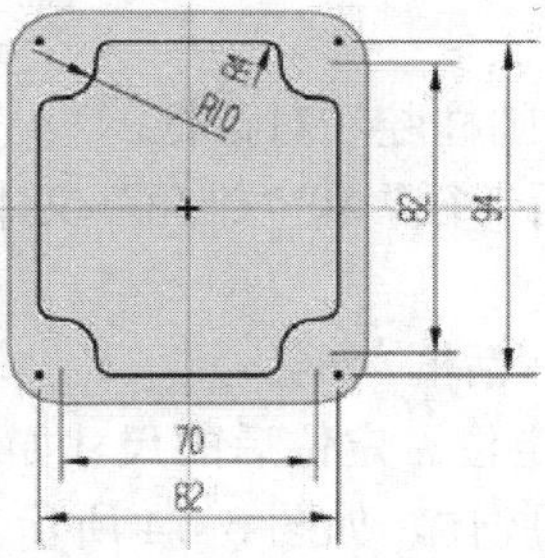

图6-64 绘制草图2

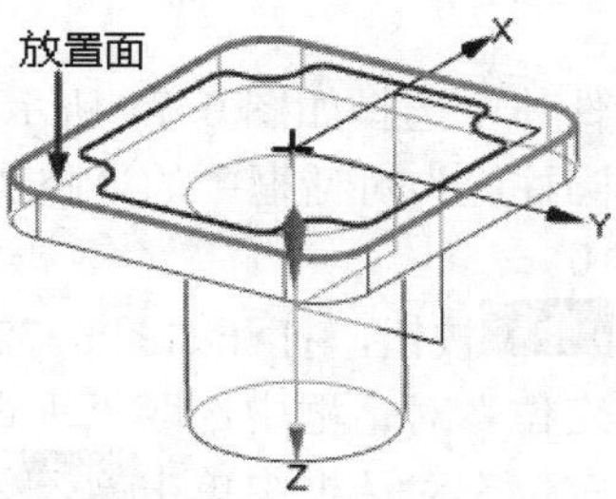

图6-65 选择放置面

❹在“常规腔”对话框中单击“放置面轮廓”按钮或鼠标中键。

❺在绘图区选择图 6-64 所示的草图 2 作为放置面轮廓线。

❻在“常规腔”对话框中单击“底面”按钮或鼠标中键。

❼在“常规腔”对话框中的“底面”部分被激活，设置参数如图 6-66 所示。

❽在“常规腔”对话框中单击“底面轮廓曲线”按钮或鼠标中键。

❾在“常规腔”对话框中的“从放置面轮廓线起”部分被激活，设置参数如图 6-67 所示。

❿在“常规腔”对话框中单击“目标体”按钮，选择整个实体为目标体。

⓫在“常规腔”对话框中单击“放置面轮廓线投影矢量”按钮或鼠标中键。

⓬在“常规腔”对话框中的“放置面轮廓线投影矢量”方向下拉列表被激活，如图 6-68 所示。

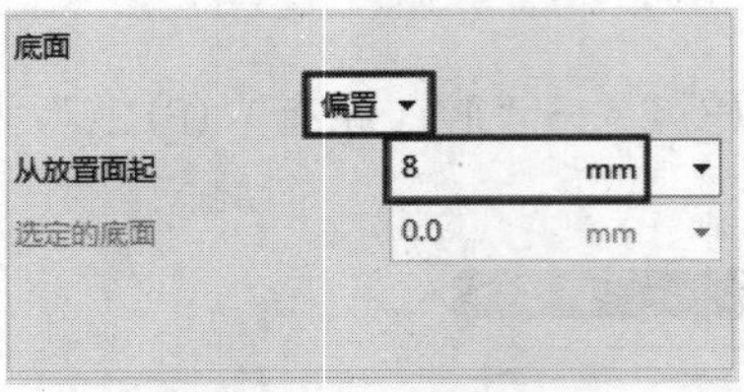

图6-66　设置“底面”参数

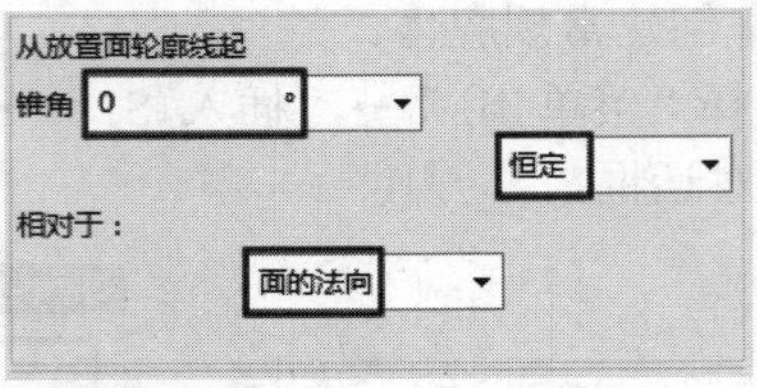

图6-67　设置“从放置面轮廓线其”参数

⓭在如图 6-68 所示的下拉列表中选择“垂直于曲线所在的平面”选项。

⓮在“常规腔”对话框中的“底面半径”文本框中输入 2，其他半径值默认为 0。

⓯在“常规腔”对话框中单击“确定”按钮，创建常规腔体特征，如图 6-69 所示。

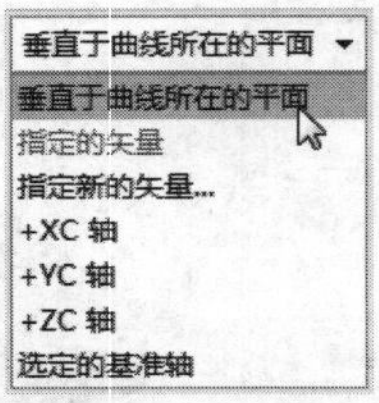

图6-68　“放置面轮廓线投影矢量”方向下拉列表

图6-69 创建常规腔体特征

07 创建圆柱形腔体。

❶选择“菜单(M)”→“插入(S)”→“设计特征(E)”→“腔（原有）(P)...”，打开“腔”类型选择对话框。

❷在“腔”类型选择对话框中选择“圆柱形”，打开如图 6-70 所示的“圆柱腔”放置面选择对话框。

❸在零件体中选择如图 6-71 所示的放置面，打开“圆柱腔”对话框。

❹在“圆柱腔”对话框中的“腔直径”“深度”“底面半径”和“锥角”文本框中分别输入 10、12、0、0。

❺单击“确定”按钮，打开如图 6-72 所示的“定位”对话框。

❻在“定位”对话框中选取“垂直”按钮，进行定位。定位后的尺寸如图 6-73 所示。

❼在“定位”对话框中单击“确定”按钮，创建圆柱形腔体，如图 6-74 所示。

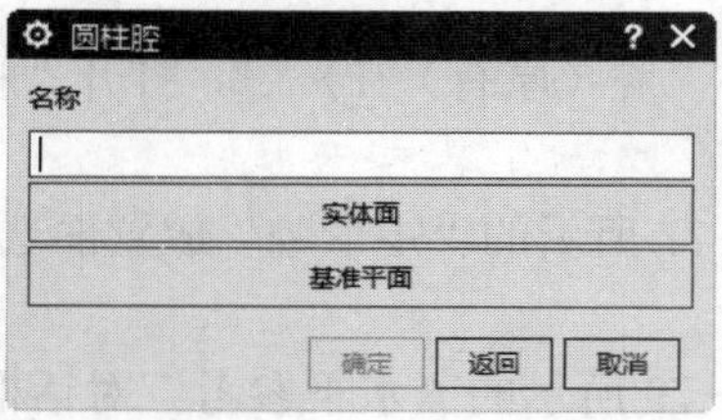

图6-70　“圆柱腔”放置面选择对话框

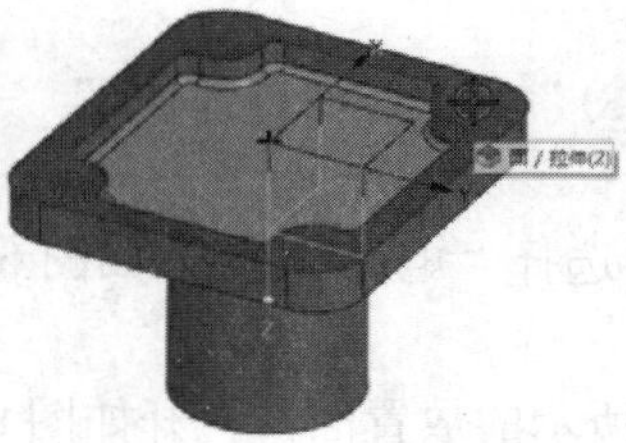

图6-71　选择放置面

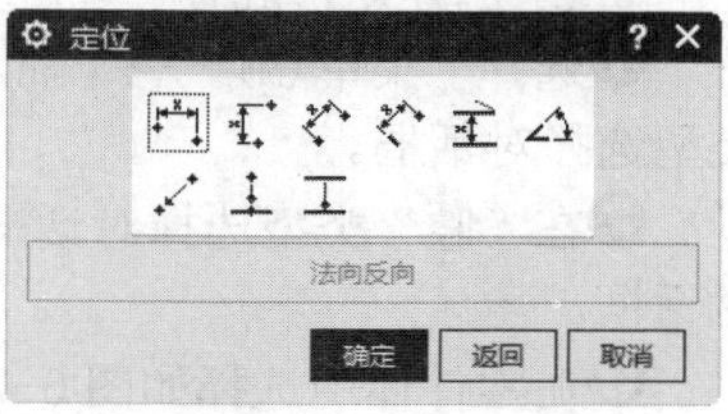

图6-72　“定位”对话框

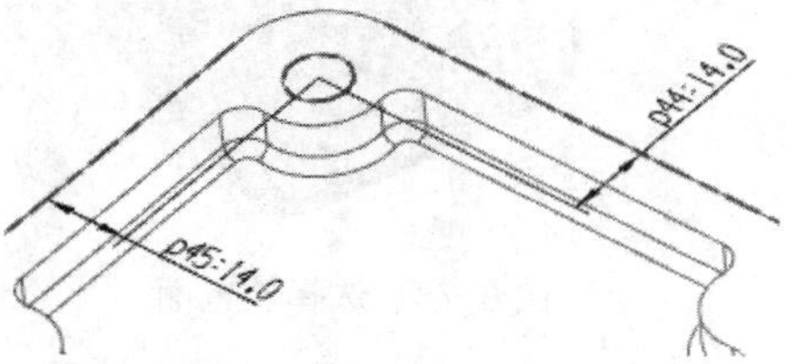

图6-73　定位后的尺寸

图6-74 创建圆柱形腔体

08 阵列圆柱形腔体。

❶选择“菜单(M)”→“插入(S)”→“关联复制(A)”→“阵列特征(A)...”，打开“阵列特征”对话框。

❷在绘图区选择刚创建的圆柱形腔体为要阵列的特征。

❸在“布局”下拉列表中选择“线性”布局。

❹设置“方向 1”和“方向 2”的“指定矢量”、间距“数量”和“间隔”，如图 6-75 所示。单击 确定 按钮，完成圆柱形腔体的阵列，结果如图 6-76 所示。

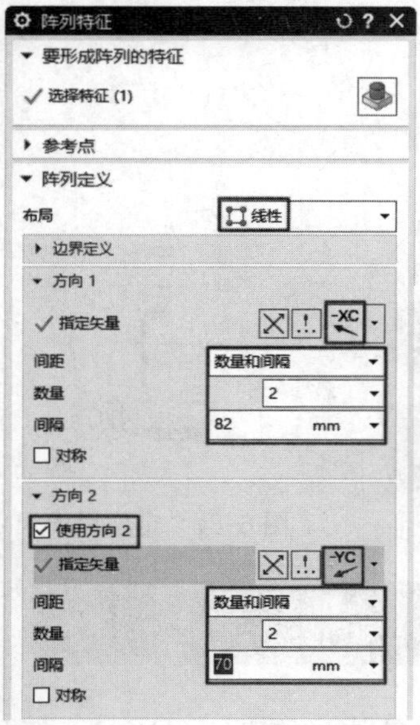

图6-75　“阵列特征”对话框

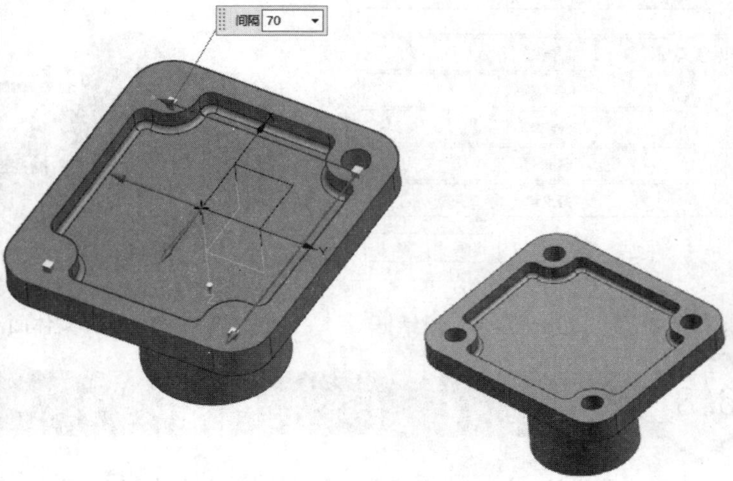

图6-76　阵列圆柱形腔体

UG NX

09 创建矩形腔体。

❶选择“菜单(M)”→“插入(S)”→“设计特征(E)” →“腔（原有）(P)...”，打开“腔”类型选择对话框。

❷在“腔”类型选择对话框中选择“矩形”，打开如图 6-77 所示的“矩形腔”放置面选择对话框。

❸在零件体中选择如图 6-78 所示的放置面，打开如图 6-79 所示的“水平参考”对话框。

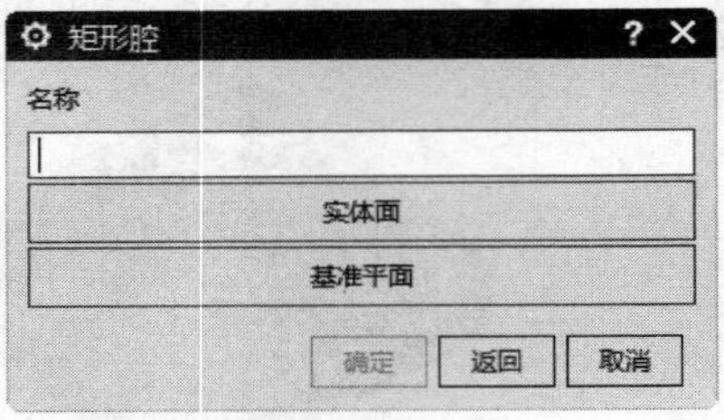

图 6-77 “矩形腔”放置面选择对话框

图 6-78 选择放置面

❹选择“基准平面”选项，在零件体中选择如图 6-80 所示的实体面，打开“矩形腔”对话框。

❺在“矩形腔”对话框中的“长度”“宽度”“深度”“拐角半径”“底面半径”和“锥角”文本框中分别输入 30、30、70、0、0、0。

❻单击确定按钮，打开“定位”对话框。

❼在“定位”对话框中选取“水平”按钮和“竖直”按钮，进行定位。定位后的尺寸如图 6-81 所示。

❽在“定位”对话框中单击确定按钮，创建矩形腔体。创建完成的腔体底座零件体如图 6-57 所示。

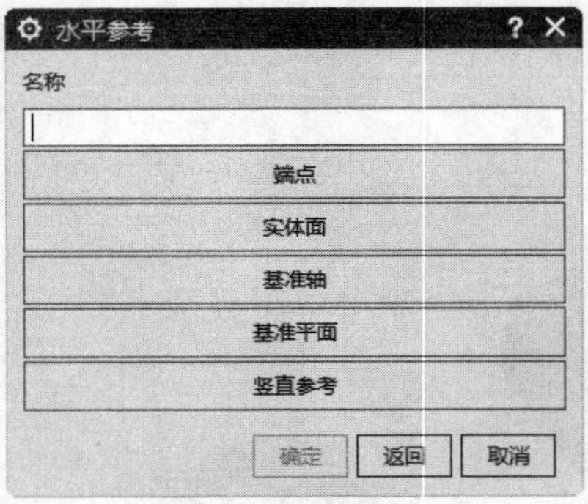

图 6-79 “水平参考”对话框

图 6-80 选择实体面

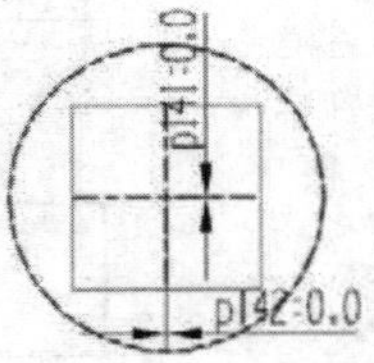

图 6-81 定位后的尺寸

6.8 垫块

选择“菜单(M)”→“插入(S)”→“设计特征(E)”→“垫块（原有）(A)...”，打开如图

6-82 所示的“垫块”类型选择对话框。

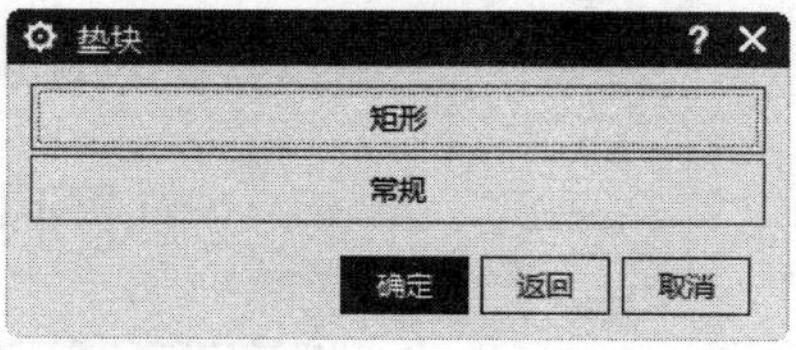

图 6-82　“垫块”类型选择对话框

垫块的功能和腔的功能类似，不同的是垫块是在实体表面上添加材料，腔体是去除材料。

6.8.1　参数及其功能简介

垫块各参数的含义和腔体相应参数的含义相似（不同的是，各项参数是用于创建垫块特征）。

6.8.2　创建步骤

矩形垫块的创建步骤与矩形腔体的创建步骤相似，常规垫块的创建步骤与常规腔体的创建步骤相似。

6.8.3　实例——叉架

创建如图 6-83 所示的叉架零件体。

图 6-83 叉架零件体

01 新建文件。单击“主页”选项卡中的“新建”按钮，打开“新建”对话框，在“模板”列表框中选择“模型”，输入“chajia”，单击确定按钮，进入 UG NX 建模环境。

02 绘制草图 1。选择“菜单(M)”→“插入(S)”→“草图(S)...”，或单击“主页”选项卡“构造”组中的“草图”按钮，选择 XC-YC 平面为工作平面，绘制草图 1，如图 6-84 所示。

03 创建拉伸特征 1。

❶选择“菜单（M）”→“插入(S)”→“设计特征(E)”→“拉伸(X)...”，或单击“主页”选项卡“基本”组中的“拉伸”按钮，打开“拉伸”对话框，选择如图 6-84 所示的草图 1。

❷在“拉伸”对话框中的“指定矢量”下拉列表中选择 ZC↑ 为拉伸方向。

❸在“限制”选项组的“起始距离”和“终止距离”文本框中分别输入 0、5，其他参数采用默认，如图 6-85 所示。

❹单击确定按钮，创建拉伸特征 1，如图 6-86 所示。

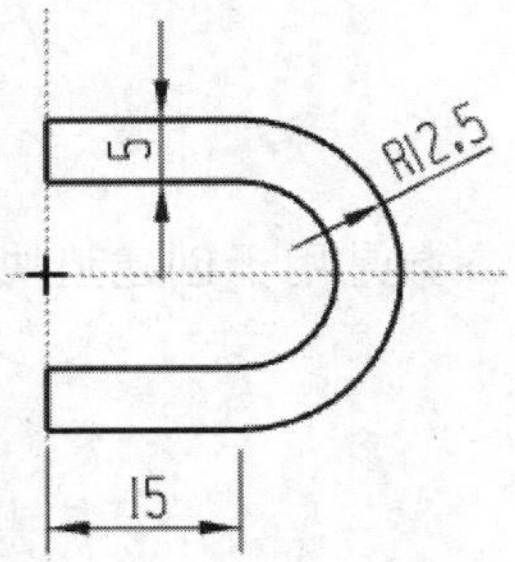

图 6-84　绘制草图 1

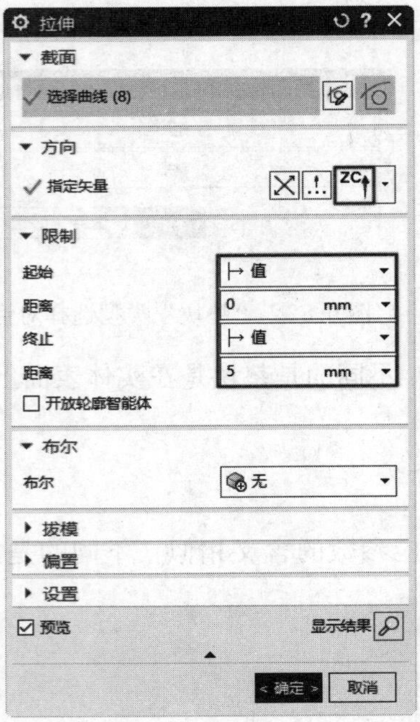

图 6-85　“拉伸”对话框

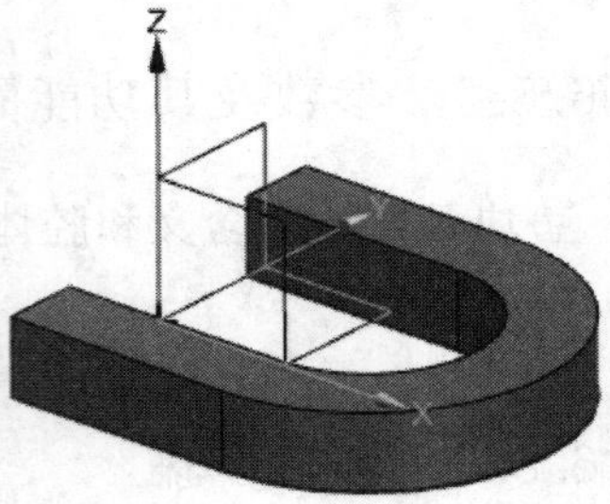

图 6-86　创建拉伸特征 1

04 创建矩形垫块。

❶选择“菜单(M)”→“插入(S)”→“设计特征(E)” →“垫块（原有）(A)...”，打开“垫块”类型选择对话框。

❷在“垫块”类型选择对话框中选择“矩形”，打开如图 6-87 所示的“矩形垫块”放置面选择对话框。

❸在实体中选择如图 6-88 所示的放置面，打开如图 6-89 所示的“水平参考”对话框。

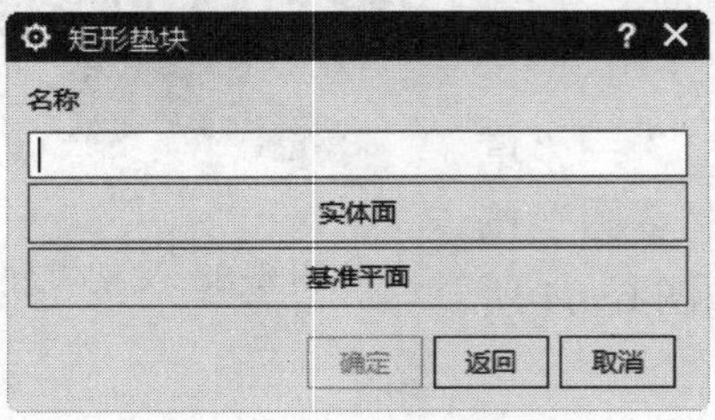

图 6-87　“矩形垫块”放置面选择对话框

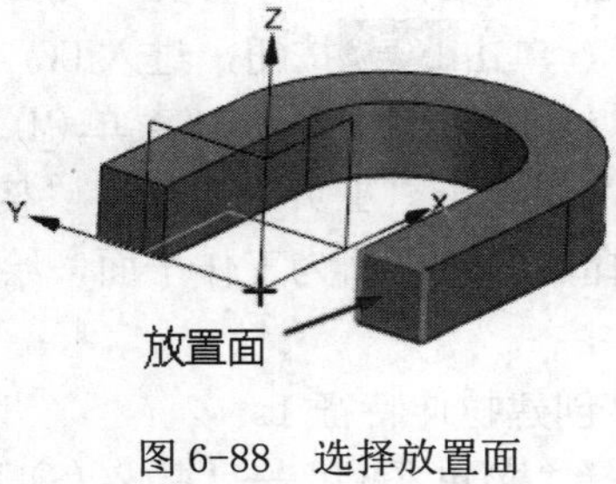

图 6-88　选择放置面

❹在实体中选择如图 6-90 所示的实体面，打开“矩形垫块”输入参数对话框。

❺在“矩形垫块”输入参数对话框的“长度”“宽度”“高度”“拐角半径”和“锥角”文本框中分别输入 25、25、5、0、0，如图 6-91 所示。

❻单击 确定 按钮，打开如图 6-92 所示的“定位”对话框。

❼在“定位”对话框中选取“垂直”按钮，进行定位。定位后的尺寸如图 6-93 所示。

❽在“定位”对话框中单击 确定 按钮，创建矩形垫块，如图 6-94 所示。

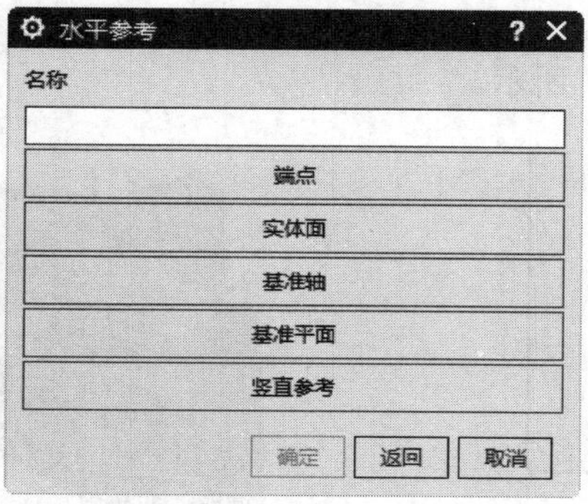

图 6-89　“水平参考”对话框

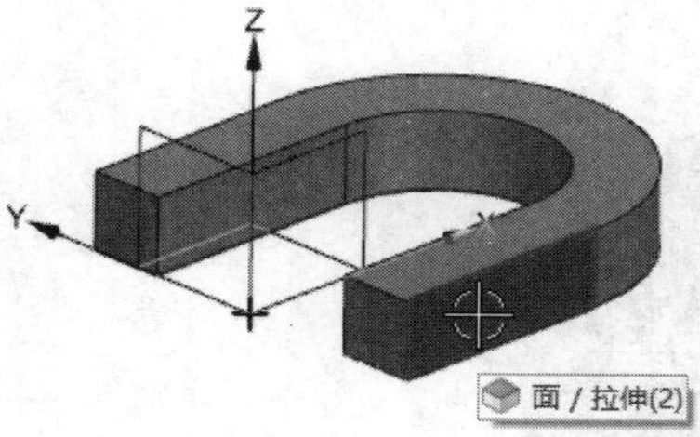

图 6-90　选择实体面

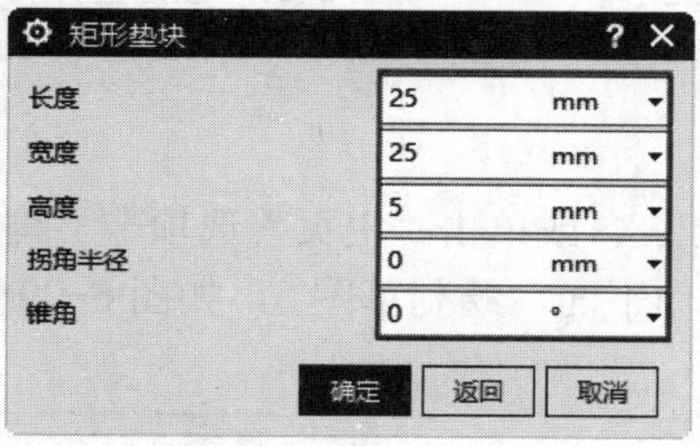

图 6-91　“矩形垫块”输入参数对话框

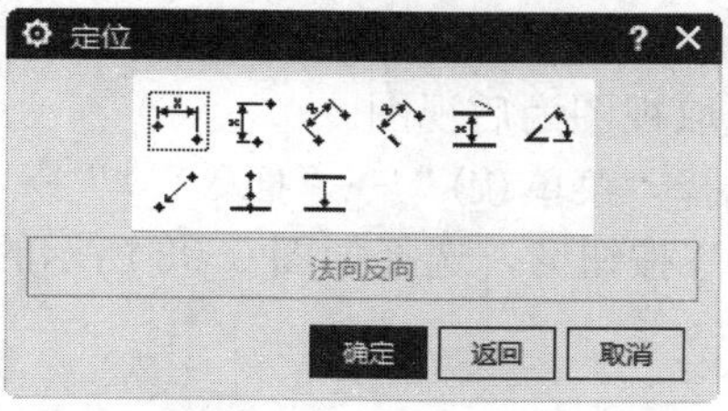

图 6-92　“定位”对话框

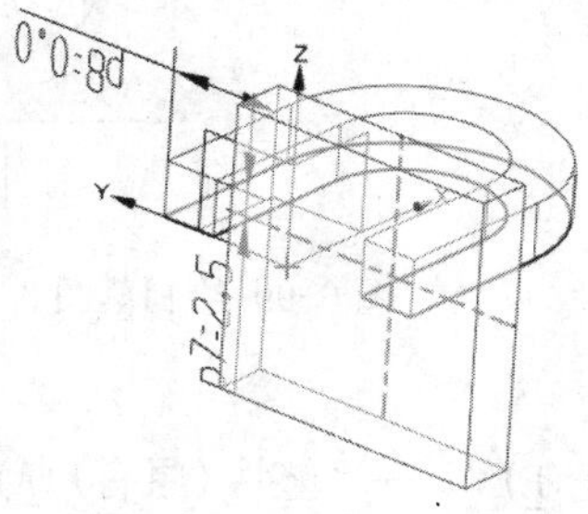

图 6-93　定位后的尺寸

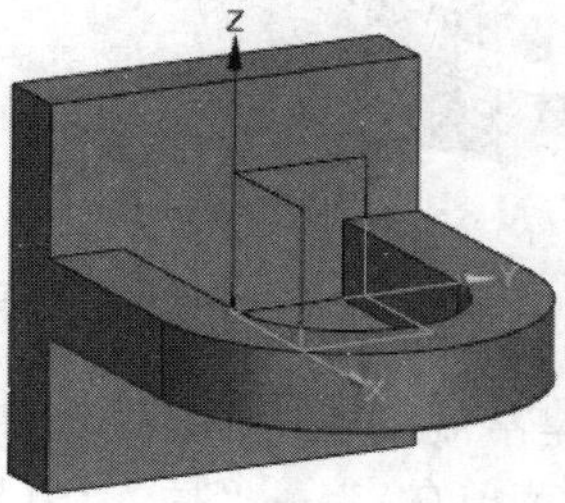

图 6-94　创建矩形垫块

05 绘制草图 2。

❶选取视图为左视图。

❷选择“菜单(M)”→“插入(S)”→“草图(S)...”，或单击“主页”选项卡“构造”组中的“草图”按钮，选择如图 6-95 所示的平面为工作平面，绘制草图 2，如图 6-96 所示。

06 创建拉伸特征 2。

❶选择“菜单（M)”→“插入(S)”→“设计特征(E)”→“拉伸(E)...”，或单击“主页”选项卡“基本”组中的“拉伸”按钮，打开“拉伸”对话框，选择如图 6-96 所示的草图 2。

❷在“拉伸”对话框中的“指定矢量”下拉列表中选择 -XC 为拉伸方向。

❸在“限制”选项组的“起始距离”和“终止距离”文本框中分别输入 0、27.5，其他参

数采用默认。

❹单击 确定 按钮，创建拉伸特征 2，如图 6-97 所示。

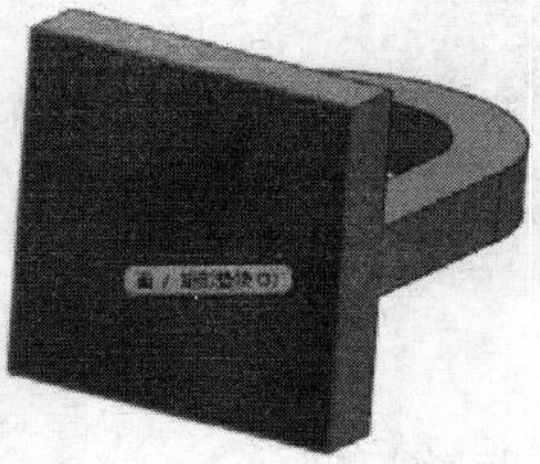

图 6-95　选择工作平面

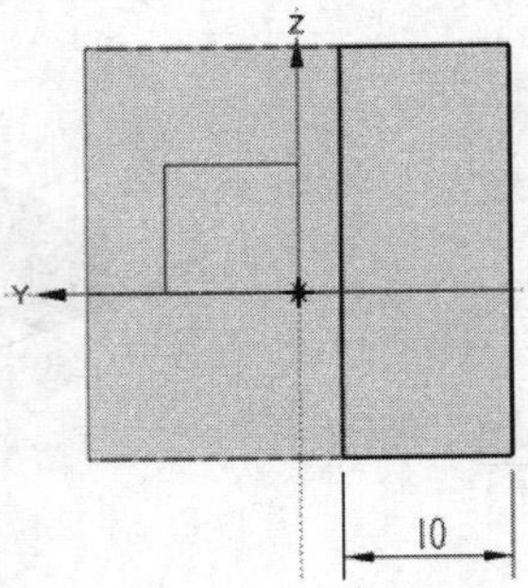

图 6-96　绘制草图 2

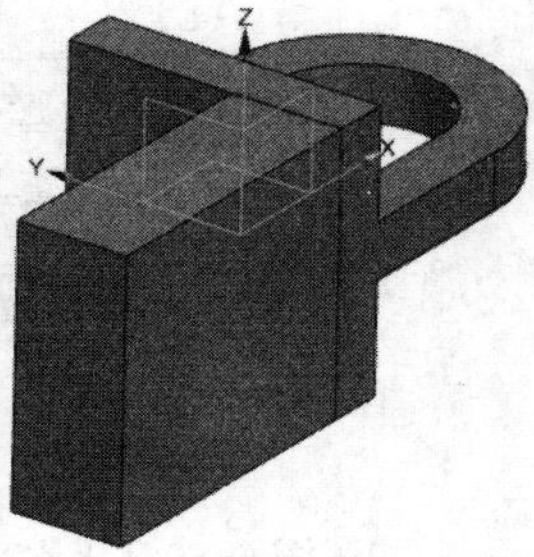

图 6-97　创建拉伸特征 2

07 绘制草图 3。

❶选取视图为后视图。

❷选择“菜单(M)”→“插入(S)”→“草图(S)...”，或单击“主页”选项卡“构造”组中的“草图”按钮，选择如图 6-98 所示的平面为工作平面，绘制草图 3，如图 6-99 所示。

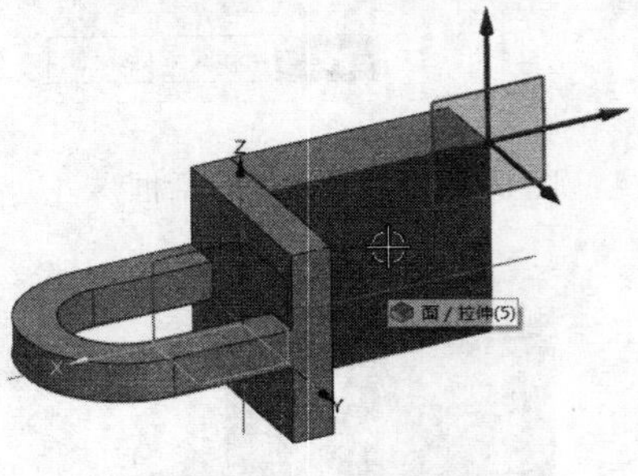

图 6-98　选择工作平面

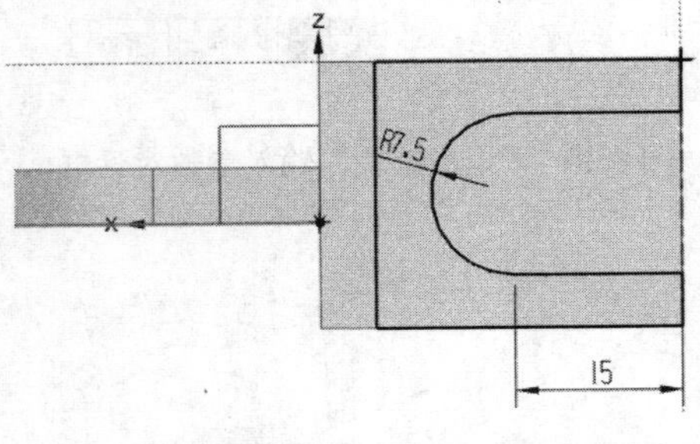

图 6-99 绘制草图 3

08 创建常规垫块特征。

❶选择“菜单(M)”→“插入(S)”→“设计特征(E)” →“垫块(原有)(A)...”，打开 “垫块”类型选择对话框。

❷在“垫块”类型选择对话框中选择“常规”，打开“常规垫块”对话框，如图 6-100 所示。

❸在视图中选择放置面，如图 6-101 所示。

❹在“常规垫块”对话框中单击“放置面轮廓”按钮或鼠标中键。

❺在视图中选择图 6-99 所示的草图 3 作为放置面轮廓线。

❻在“常规垫块”对话框中单击“顶面”按钮或鼠标中键。

❼在“常规垫块”对话框中的“从放置面起”被激活，设置参数如图 6-102 所示。

❽在“常规垫块”对话框中单击“顶部轮廓线”按钮或鼠标中键。

❾在“常规垫块”对话框中的“从放置面轮廓曲线起”被激活，设置参数如图 6-103 所示。

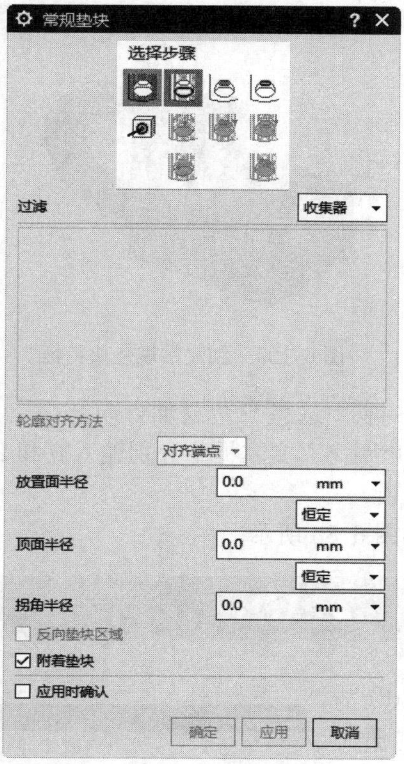

图 6-100　“常规垫块”对话框

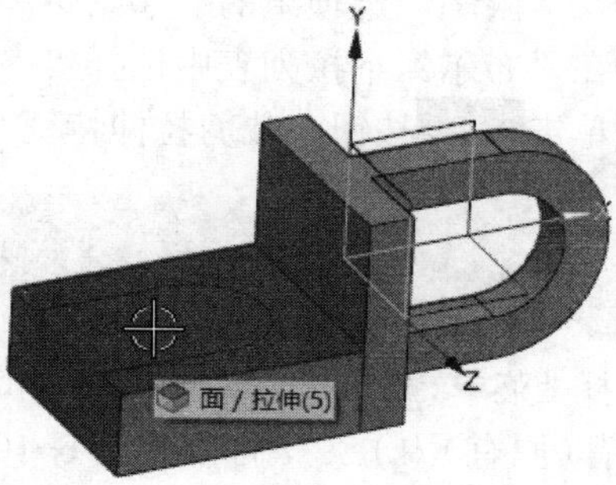

图 6-101　选择放置面

⑩在“常规垫块”对话框中单击“目标体”按钮，选择如图 6-101 所示的实体为目标体。

⑪在“常规垫块”对话框中单击“放置面轮廓线投影矢量”按钮或鼠标中键。

⑫在“常规垫块”对话框中的“放置面轮廓线投影矢量”方向下拉列表被激活，如图 6-104 所示。

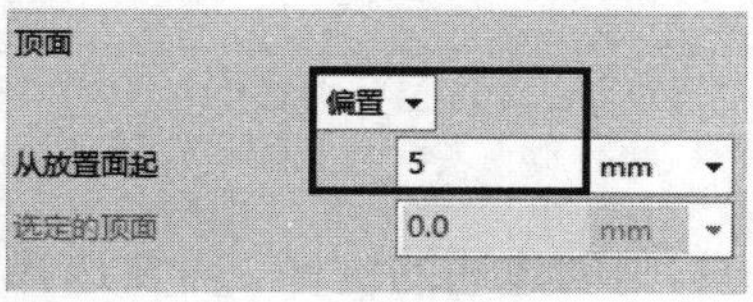

图 6-102　设置“顶面”参数

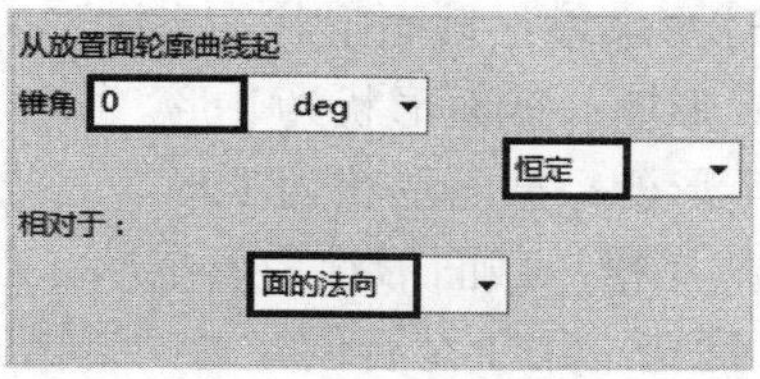

图 6-103　设置“从放置面轮廓曲线起”参数

⑬在如图 6-104 所示的下拉列表中选择“垂直于曲线所在的平面”选项。

⑭在“常规垫块”对话框中设置“放置面半径”“顶面半径”和“拐角半径”都为 0。

⑮单击 确定 按钮，创建常规垫块特征，如图 6-105 所示。

09 裁剪拉伸特征 2。

❶选择“菜单 (M)”→“插入(S)”→“设计特征(E)”→“拉伸(E)...”，或单击“主页”选项卡“基本”组中的“拉伸”按钮，打开“拉伸”对话框。在绘图区选择图 6-96 所示的

草图 2 为拉伸曲线。

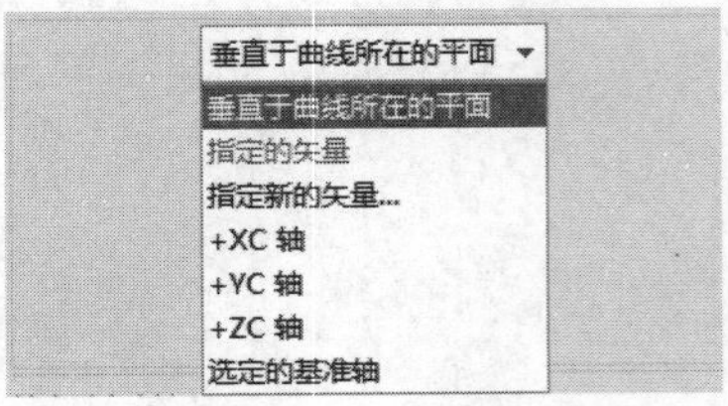

图 6-104　“放置面轮廓线投影矢量”方向下拉列表

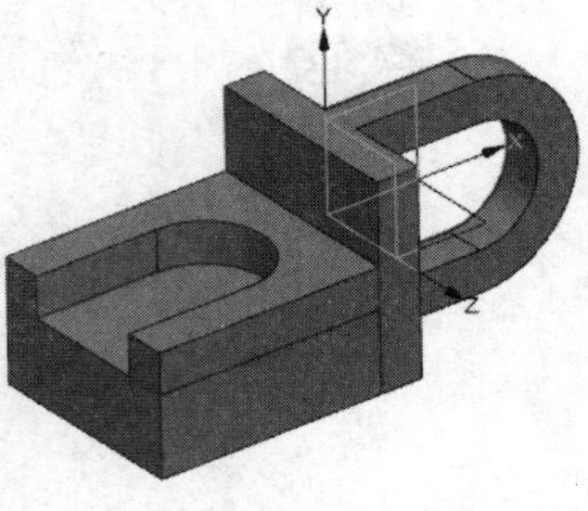

图 6-105　创建常规垫块特征

❷在“拉伸”对话框中的“指定矢量”下拉列表中选择 XC 为拉伸方向。
❸在“限制”选项组的“起始距离”和“终止距离”文本框中分别输入 0 和 27.5。
❹在“布尔”下拉列表中选择“减去”选项。
❺单击 确定 按钮，裁剪拉伸特征 2，结果如图 6-83 所示。

6.9　键槽

选择“菜单(M)”→“插入(S)”→“设计特征(E)”→“键槽（原有）(L)...”，打开如图 6-106 所示的“槽”对话框。

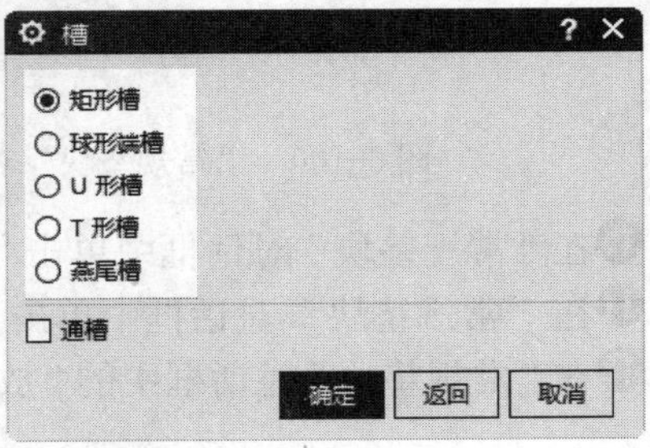

图 6-106　“槽”对话框

6.9.1　参数及其功能简介

（1）键槽的类型

1）矩形槽：截面形状为矩形。

2）球形端槽：截面形状为半圆形。

3）U 形槽：截面形状为 U 形。

4）T 形槽：截面形状为 T 形。

5）燕尾槽：截面形状为燕尾形。

（2）通槽　用于是否创建通的键槽。若勾选该复选框，则创建通的键槽，需要选择通过面。

6.9.2　创建步骤

1）选择键槽的类型。

2）指定是否为通的键槽。

3）选择放置面。

4）选择键槽的放置方向，也就是水平参考方向。

5）设置键槽的形状参数。

6）定位键槽的位置。

7）单击 确定 按钮，创建键槽。

6.9.3　实例——轴 1

创建如图 6-107 所示的零件体。

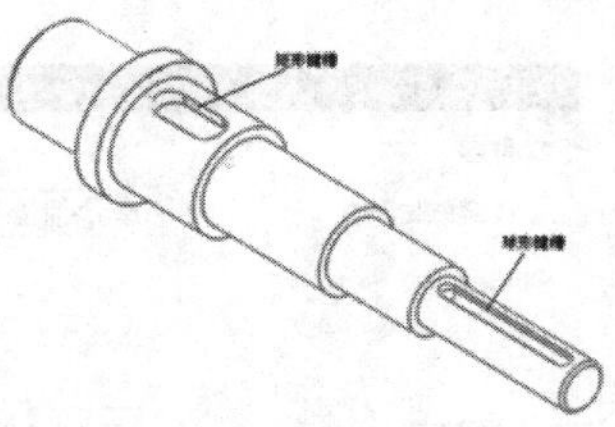

矩形键槽和球形键槽

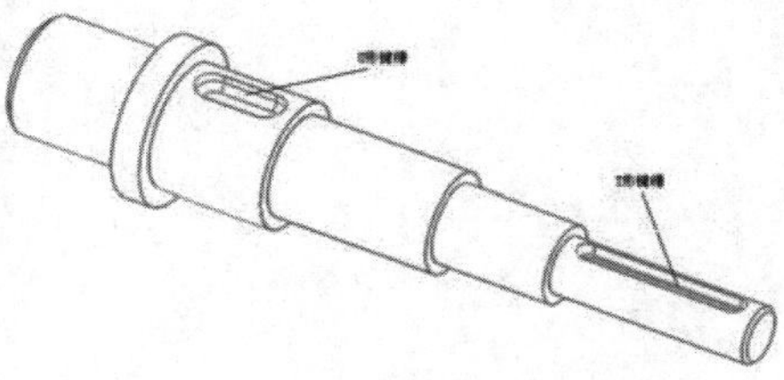

U 形键槽和 T 形键槽

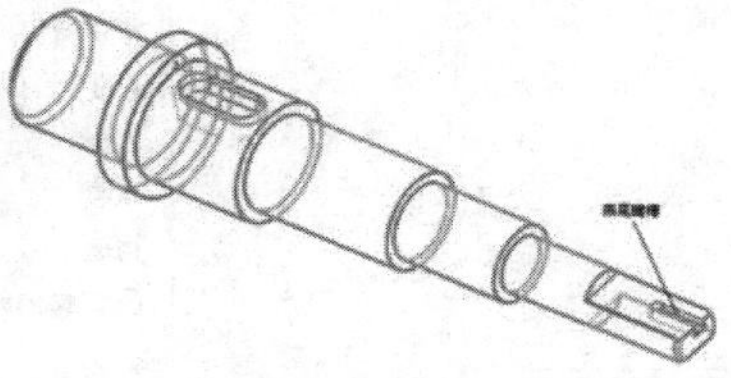

燕尾槽

图 6-107　创建键槽特征的零件体

01 新建文件。单击“主页”选项卡中的“新建”按钮，打开“新建”对话框，在“模板”列表框中选择“模型”，输入“zhou”，单击 确定 按钮，进入 UG NX 建模环境。

02 绘制草图。选择“菜单(M)”→“插入(S)”→“草图(S)...”，或单击“主页”选项卡“构造”组中的“草图”按钮，选择 XC-YC 平面为工作平面，绘制草图，如图 6-108 所示。

03 创建旋转特征。

❶选择“菜单（M)”→“插入(S)”→“设计特征(E)”→“旋转（R）...”，或单击“主页”选项卡“基本”组中的“旋转”按钮，打开“旋转”对话框，选择如图 6-108 所示的草图。

❷在“旋转”对话框中的“指定矢量”下拉列表中单击 XC 按钮，在视图中选择基准点，如图 6-109 所示。

❸在“旋转”对话框中，设置“限制”选项组中的“开始”选项为“值”，在其文本框中输入 0，同样设置“结束”选项为“值”，在其文本框中输入 360，如图 6-110 所示。

❹在“旋转”对话框中单击 确定 按钮，创建旋转特征，如图 6-111 所示。

04 创建基准平面 1 和基准平面 2。

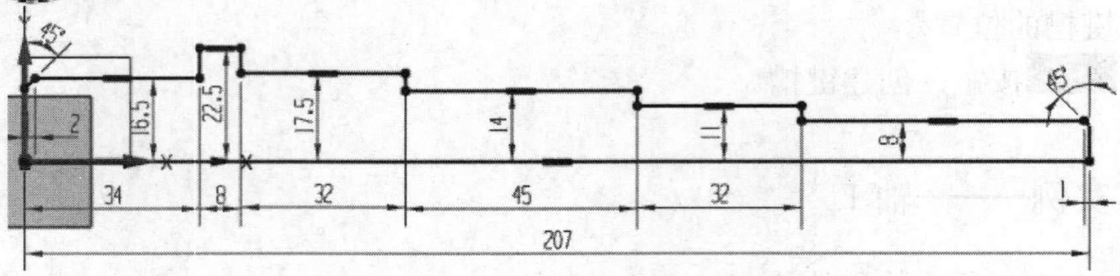

图 6-108　绘制草图

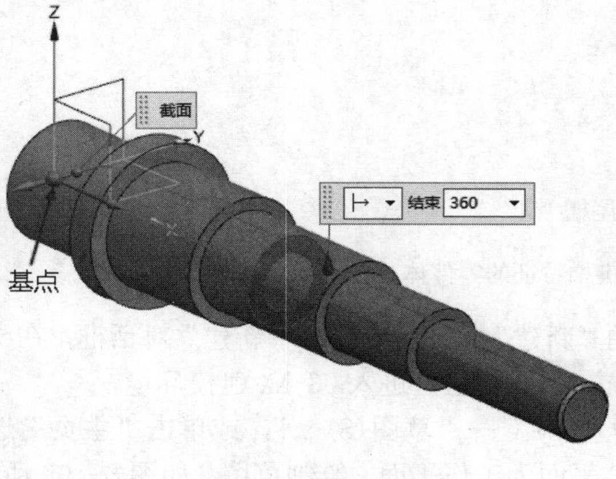

图 6-109　选择基准点

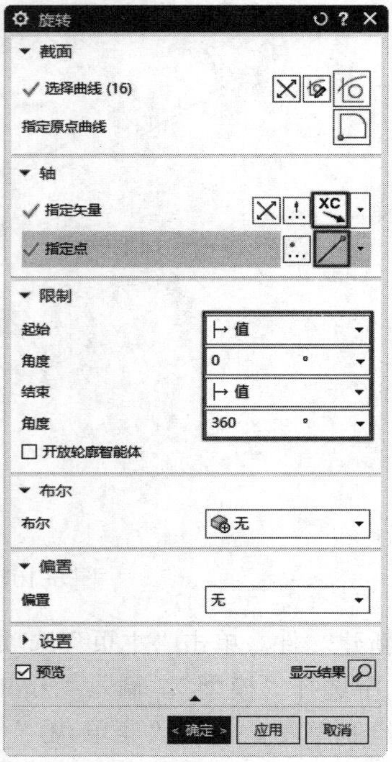

图 6-110　“旋转”对话框

图 6-111　创建旋转特征

❶选择“菜单(M)”→“插入(S)”→“基准/点(D)”→“基准平面(D)...”，或单击“主页”选项卡“构造”组中的“基准平面”按钮，打开“基准平面”对话框。

❷在“基准平面”对话框中选中“相切”类型，如图 6-112 所示。在实体中选择圆柱面。

❸单击应用按钮，创建基准平面 1。

❹采用同样方法，创建与小圆柱面相切的基准平面 2，结果如图 6-113 所示。

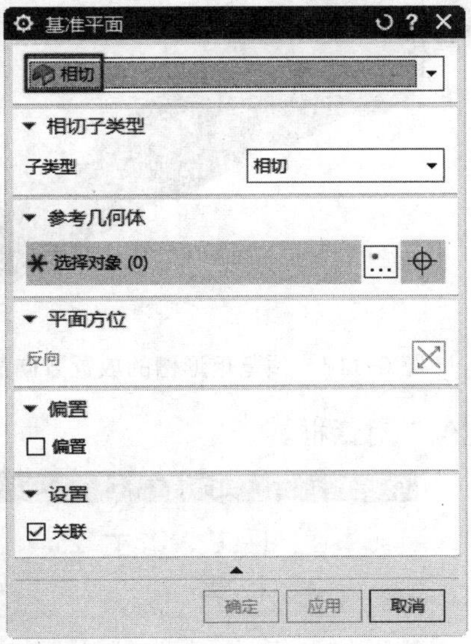

图 6-112　“基准平面”对话框

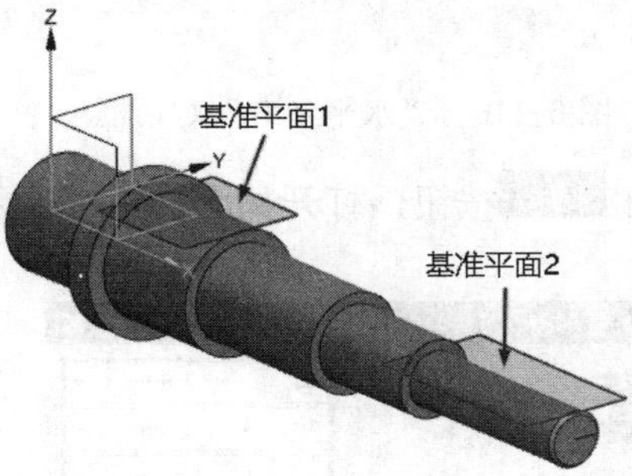

图 6-113　创建基准平面 1 和基准平面 2

05 创建矩形键槽。

❶选择“菜单(M)”→“插入(S)”→“设计特征(E)”→“键槽（原有）(L)…”，打开“槽”对话框。

❷在“槽”对话框中选中◉矩形槽单选按钮，不勾选“通槽”复选框。

❸打开如图 6-114 所示的“矩形槽”放置面选择对话框。

❹选择图 6-113 所示的基准平面 1 为放置面，同时打开如图 6-115 所示的矩形键槽深度方向选择对话框。

❺在如图 6-115 所示的对话框中单击接受默认边按钮或直接单击确定按钮，打开如图 6-116 所示的“水平参考”对话框。

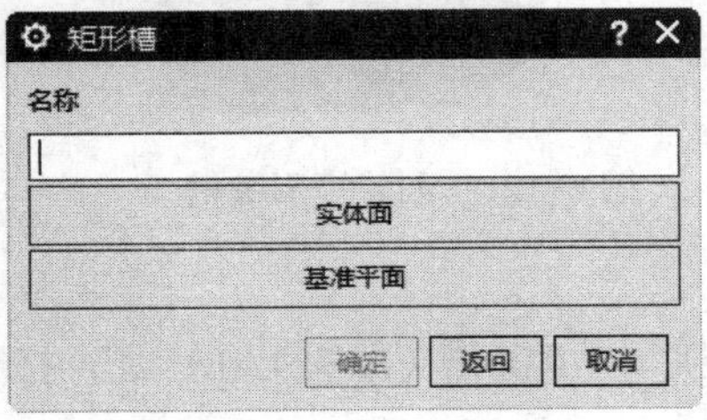

图 6-114　“矩形槽”放置面选择对话框

图 6-115　矩形键槽深度方向选择对话框

❻在视图中选择和基准平面 1 相切的圆柱面，系统显示出如图 6-117 所示的矩形槽的放置方向箭头预览，同时打开如图 6-118 所示的“矩形槽”参数输入对话框。

❼在“矩形槽”参数输入对话框中的“长度”“宽度”和“深度”文本框中分别输入 25、10、5。

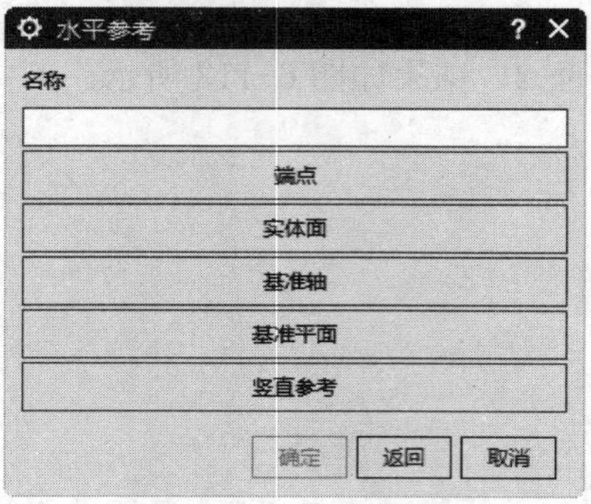

图 6-116 “水平参考”对话框

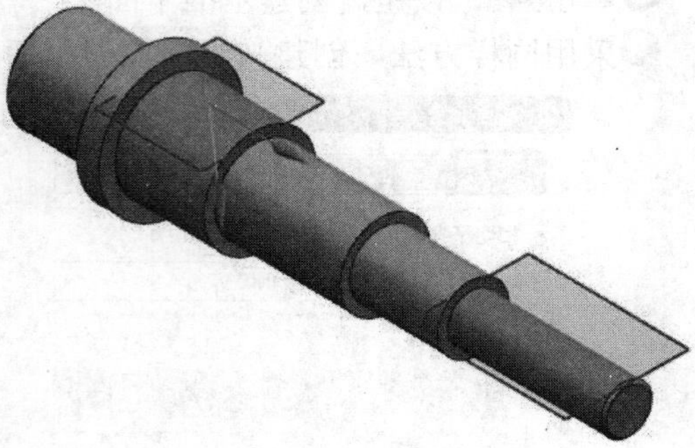

图 6-117 预览矩形槽的放置方向箭头

❽单击确定按钮，打开如图 6-119 所示的“定位”对话框。

图 6-118 “矩形槽”参数输入对话框

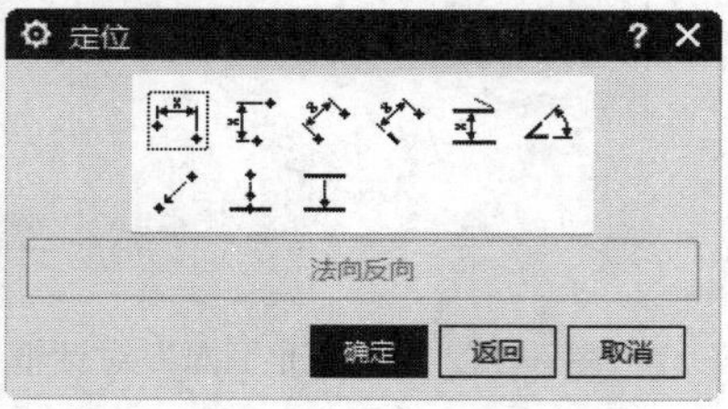

图 6-119 “定位”对话框

❾在“定位”对话框中选取“水平”按钮，进行定位。定位后的尺寸如图 6-120 所示。

❿在“定位”对话框中单击确定按钮，创建矩形键槽，如图 6-121 所示。

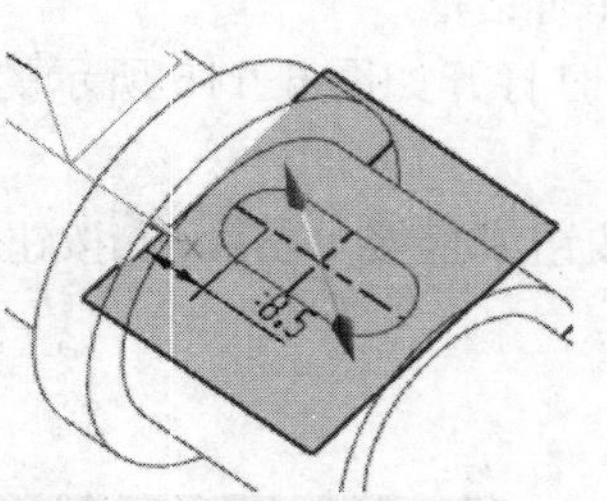

图 6-120 定位后的尺寸

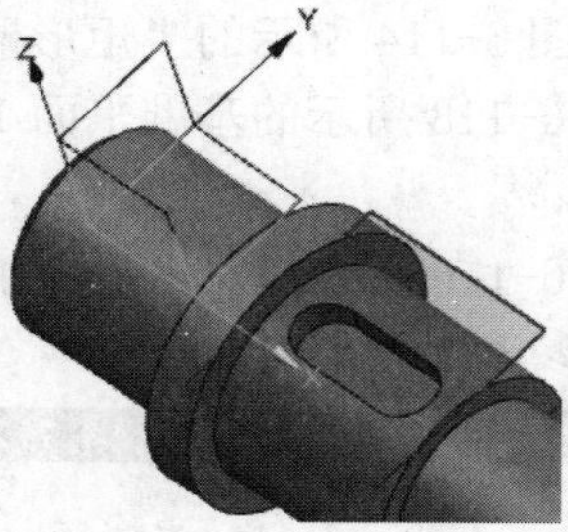

图 6-121 创建矩形键槽

06 创建球形槽。

❶选择“菜单(M)”→“插入(S)”→“设计特征(E)”→“键槽（原有）(L)...”，打开“槽”对话框。

❷在“槽”对话框中选中◉ 球形端槽单选按钮，不勾选“通槽”复选框。

❸打开如图 6-122 所示的“球形槽”放置面选择对话框。

❹在实体中，选择图 6-113 所示的基准平面 2 为放置面，同时打开球形槽深度方向选择对话框。

❺在球形槽深度方向选择对话框中单击 接受默认边 按钮或直接单击 确定 按钮，打开“水平参考”对话框。

❻在绘图区选择和基准平面 2 相切的圆柱面，系统显示出如图 6-123 所示的球形槽的放置方向箭头预览，同时打开如图 6-124 所示的“球形槽”参数输入对话框。

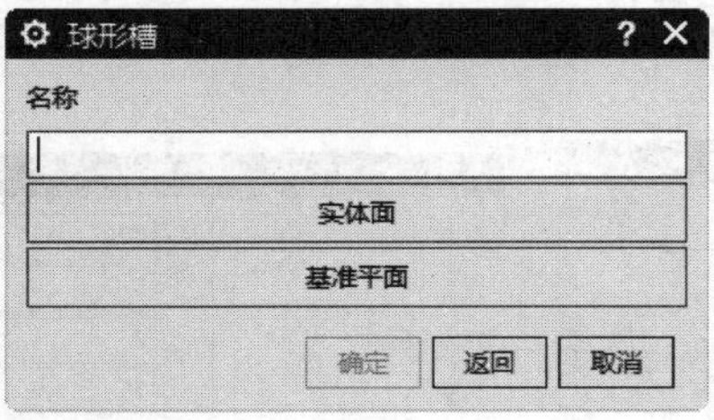

图 6-122　“球形槽”放置面选择对话框

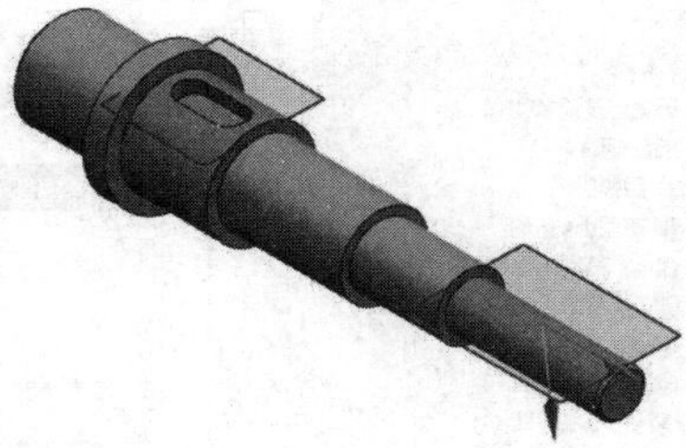

图 6-123　预览球形槽的放置方向箭头

❼在“球形槽”参数输入对话框中的“球直径”“深度”和“长度”文本框中分别输入 5、5、50。

❽在“球形槽”参数输入对话框中单击 确定 按钮，打开“定位”对话框。

❾在“定位”对话框中选取“水平”按钮，进行定位。定位后的尺寸如图 6-125 所示。

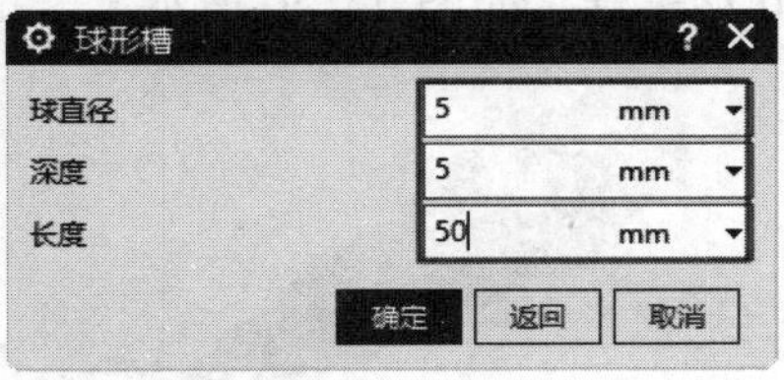

图 6-124　“球形槽”参数输入对话框

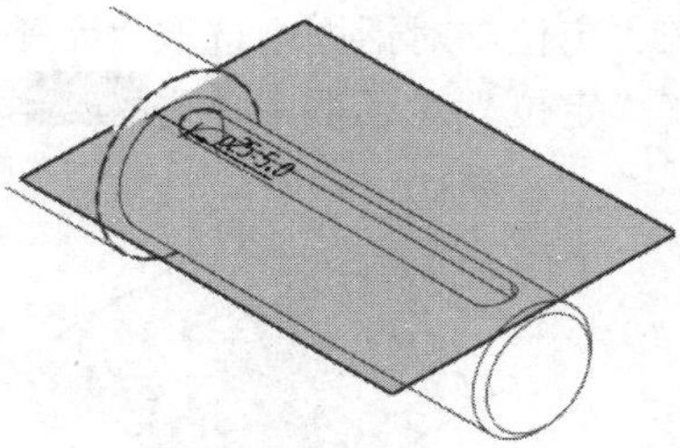

图 6-125　定位后的尺寸

❿在“定位”对话框中单击 确定 按钮，创建球形槽。

07 抑制矩形键槽和球形槽。

❶单击建模界面右侧的按钮，打开如图 6-126 所示的“部件导航器”。

❷在部件导航器中选中“球形端槽键槽（6）”和“矩形槽（5）”，右击，在弹出的快捷菜单中选择“抑制”命令，使实体返回到图 6-117 所示的图形。

08 创建 U 形键槽。

❶选择“菜单(M)”→“插入(S)”→“设计特征(E)”→“键槽（原有）(L)...”，打开“槽”对话框。

❷在“槽”对话框中选中 ◉ U 形槽 单选按钮，不勾选“通槽”复选框。

❸打开如图 6-127 所示的“U 形槽”放置面选择对话框。

❹在实体中选择如图 6-113 所示的基准平面 1 为放置面，同时打开 U 形键槽深度方向选择对话框。

❺在 U 形键槽深度方向选择对话框中单击 接受默认边 按钮或直接单击 确定 按钮，打开“水平参考”对话框。

❻在实体中选择和基准平面 1 相切的圆柱面，系统显示出 U 形键槽的放置方向箭头预览，同时打开如图 6-128 所示的“U 形键槽”参数输入对话框。

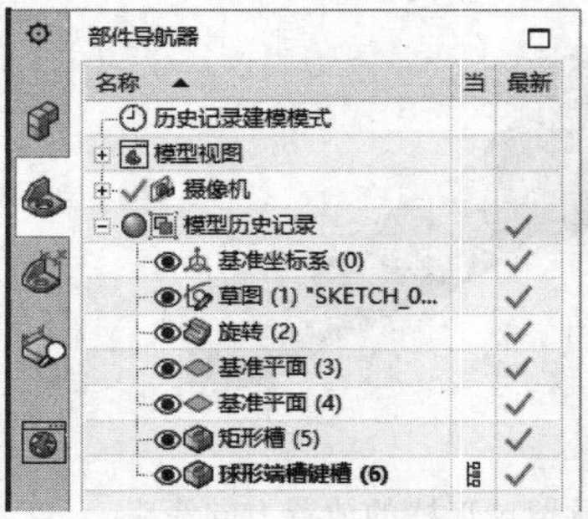

图 6-126 部件导航器

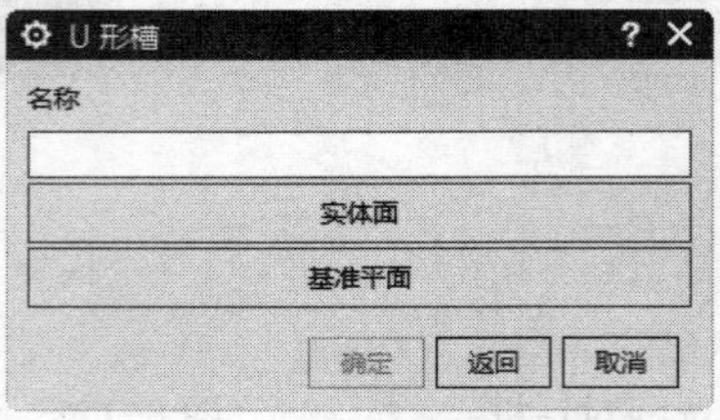

图 6-127 “U 形槽”放置面选择对话框

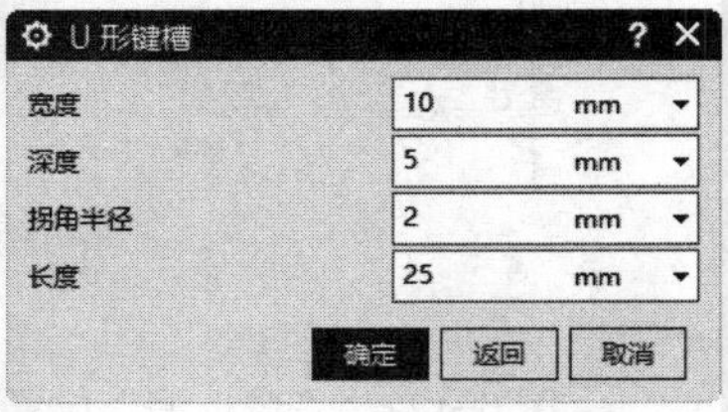

图 6-128 “U 形键槽”参数输入对话框

❼在“U 形键槽”参数输入对话框中的“宽度”“深度”“拐角半径”和“长度”文本框中分别输入 10、5、2、25。

❽在“U 形键槽”参数输入对话框中单击 确定 按钮，打开“定位”对话框。

❾在“定位”对话框中选取“水平”按钮，进行定位。定位后的尺寸如图 6-129 所示。

❿在“定位”对话框中单击 确定 按钮，创建 U 形键槽，如图 6-130 所示。

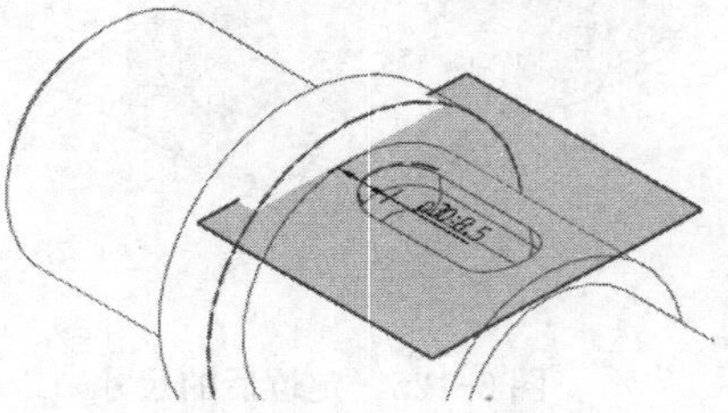

图 6-129 定位后的尺寸

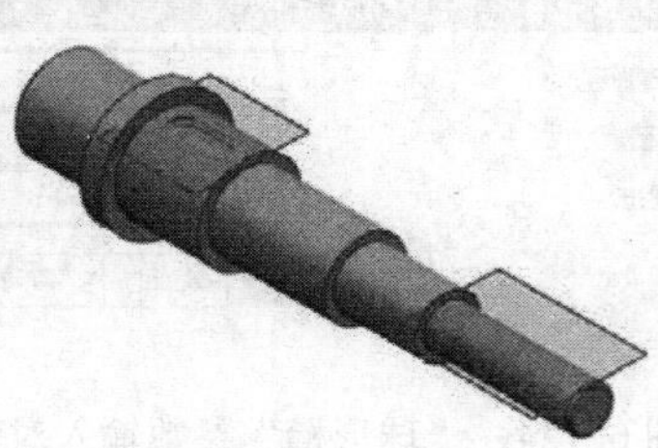

图 6-130 创建 U 形键槽

09 创建 T 形键槽。

❶选择“菜单(M)”→“插入(S)”→“设计特征(E)”→“键槽（原有）(L)...”，打开“槽”对话框。

❷在“槽”对话框中选中 ◉ T 形槽 单选按钮，不勾选“通槽”复选框。

❸打开如图 6-131 所示的“T 形槽”放置面选择对话框。

❹在实体中选择如图 6-113 所示的基准平面 2 为放置面，同时打开 T 形槽深度方向选择对话框。

❺在 T 形槽深度方向对话框中单击 接受默认边 按钮或直接单击 确定 按钮，打开“水平参考”对话框。

❻在实体中选择和基准平面 2 相切的圆柱面，系统显示出如图 6-132 所示的 T 形槽的放置方向箭头预览。同时打开如图 6-133 所示的“T 形槽”参数输入对话框。

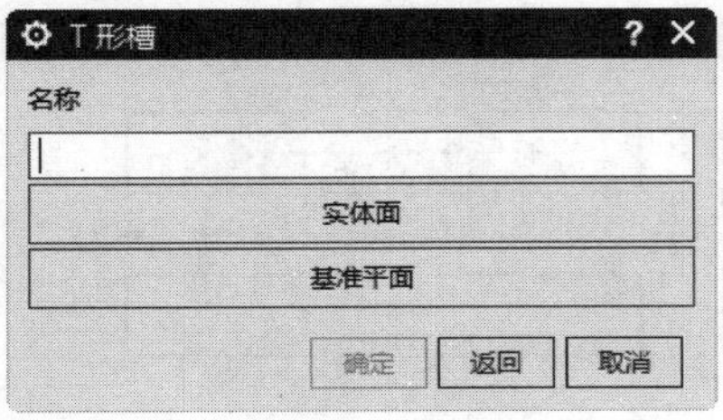

图 6-131　“T 形槽”放置面选择对话框

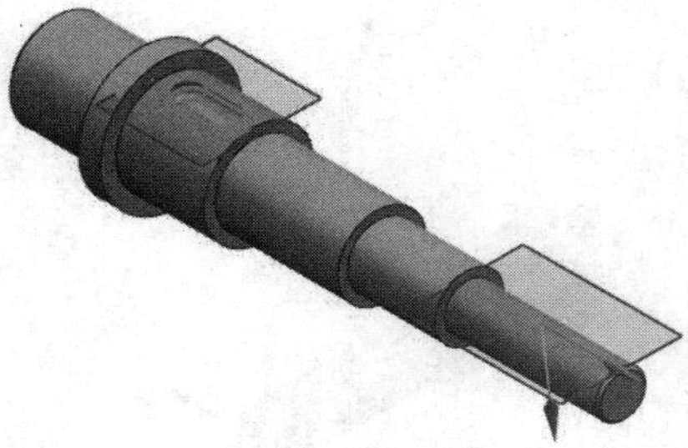

图 6-132　预览 T 形槽的放置方向箭头

❼在“T 形槽”参数输入对话框中的“顶部宽度”“顶部深度”“底部宽度”“底部深度“和“长度”文本框中分别输入 6、4、8、2、50。

❽单击确定按钮，打开“定位”对话框。

❾在“定位”对话框中选取“水平”按钮，进行定位。定位后的尺寸如图 6-134 所示。

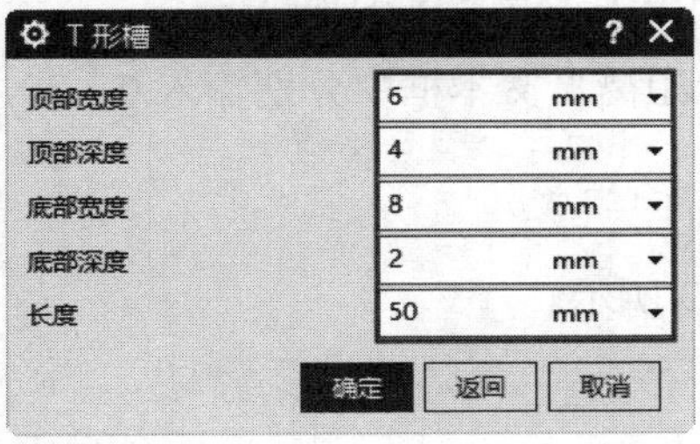

图 6-133　“T 形槽”参数输入对话框

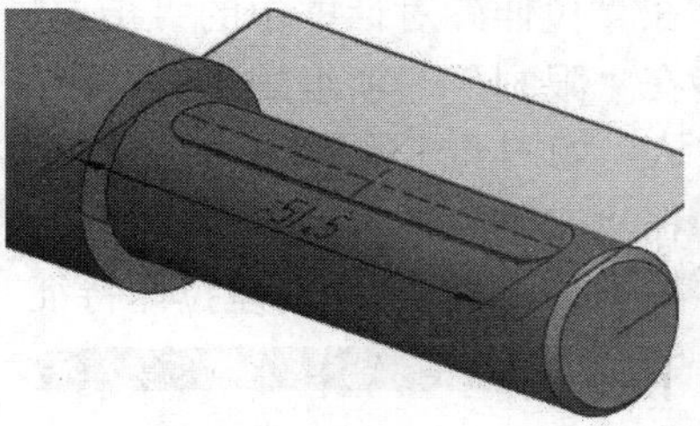

图 6-134　定位后的尺寸

❿在“定位”对话框中单击确定按钮，创建 T 形键槽。

10 抑制 T 形键槽。方法同步骤 **07**，在“部件导航器”中对“T 形键槽”进行抑制，结果如图 6-135 所示。

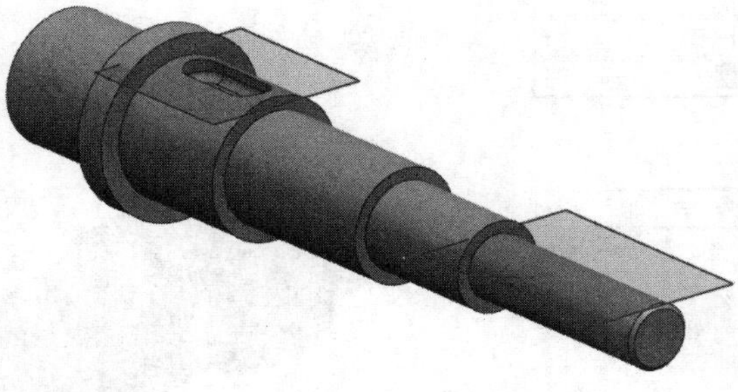

图 6-135　抑制 T 形键槽后的零件体

11 绘制草图 2。选择“菜单(M)”→“插入(S)”→“草图(S)...”，或单击“主页”选项卡“构造”组中的“草图”按钮，选择如图 6-136 所示的平面为工作平面，绘制草图 2，如图 6-137 所示。

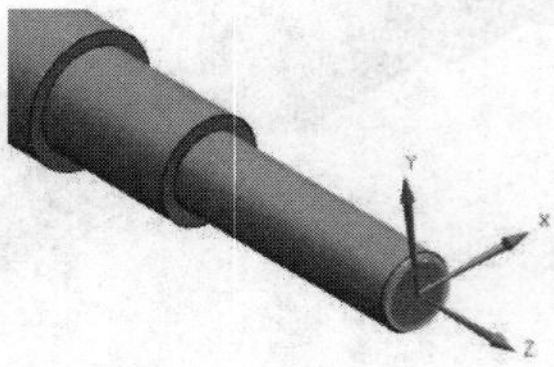

图 6-136　选择工作平面

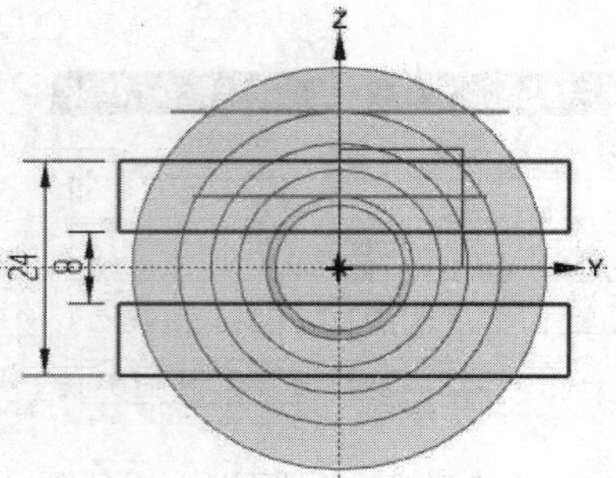

图 6-137　绘制草图 2

12 创建拉伸特征。

❶选择“菜单（M）”→“插入(S)”→“设计特征(E)”→“拉伸(X)...”，或单击“主页”选项卡“基本”组中的“拉伸”按钮，打开“拉伸”对话框，选择如图 6-137 所示的草图 2。

❷在“拉伸”对话框中的“指定矢量”下拉列表中选择-XC为拉伸方向。

❸在“限制”选项组的“起始距离”和“终止距离”文本框中分别输入 0、30，其他参数采用默认，如图 6-138 所示。

❹在“布尔”下拉列表中选择“减去”按钮。

❺单击确定按钮，创建拉伸特征，如图 6-139 所示。

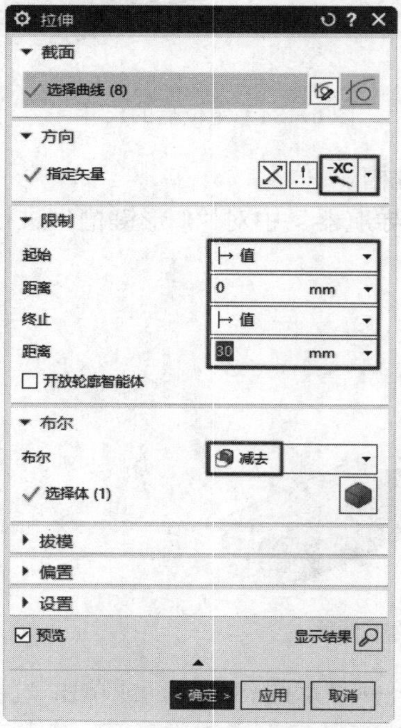

图 6-138　“拉伸”对话框

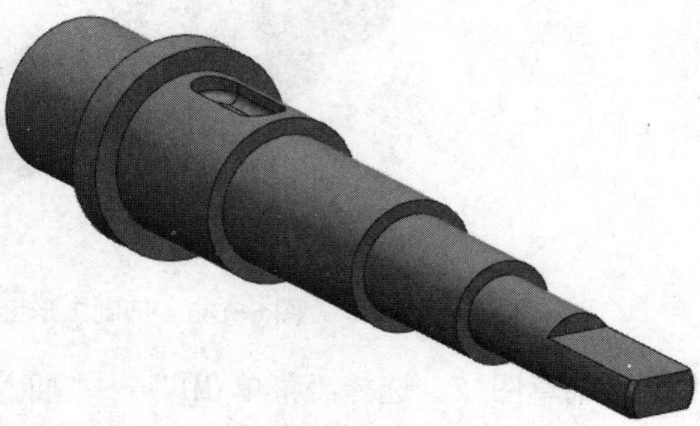

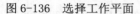

图 6-139　创建拉伸特征

(13) 创建燕尾槽。

❶选择“菜单(M)”→“插入(S)”→“设计特征(E)” →“键槽（原有）(L)...”，打开“槽”对话框。

❷在“槽”对话框中选中 燕尾槽 单选按钮，不勾选“通槽”复选框。

❸打开如图6-140所示的“燕尾槽”放置面选择对话框。

❹在实体中选择如图6-141所示的放置面。同时打开“水平参考”对话框。

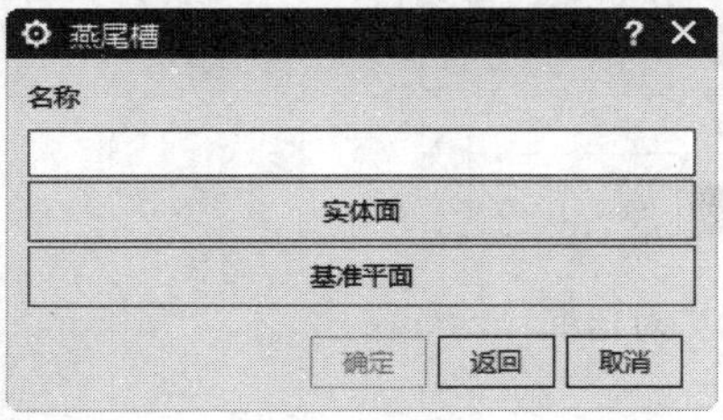

图6-140　“燕尾槽”放置面选择对话框

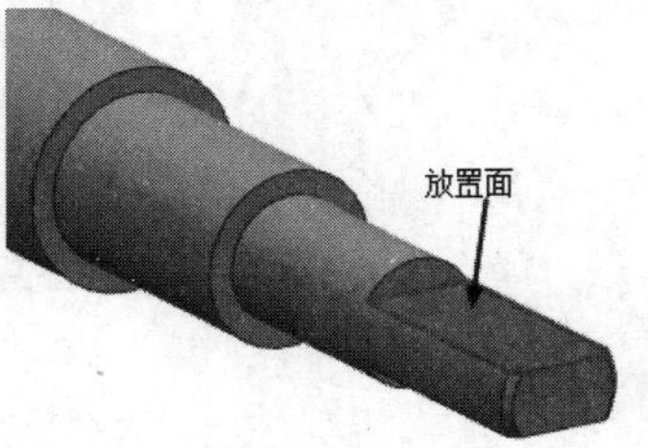

图6-141　选择放置面

❺在实体中选择被拉伸的圆柱面，系统显示长度方向，如图 6-142 所示。同时打开如图6-143所示的“燕尾槽”参数输入对话框。

❻在“燕尾槽”参数输入对话框中的 “宽度”“深度”“角度”和“长度”文本框中分别输入3、3、75、25。

❼在“燕尾槽”参数输入对话框中单击 确定 按钮，打开“定位”对话框。

❽在“定位”对话框中选取“水平”按钮，进行定位。定位后的尺寸如图6-144所示。

❾单击 确定 按钮，创建燕尾槽。

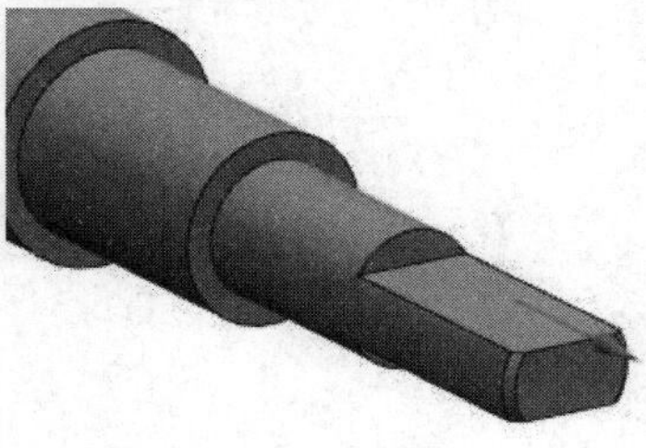

图6-142　显示长度方向

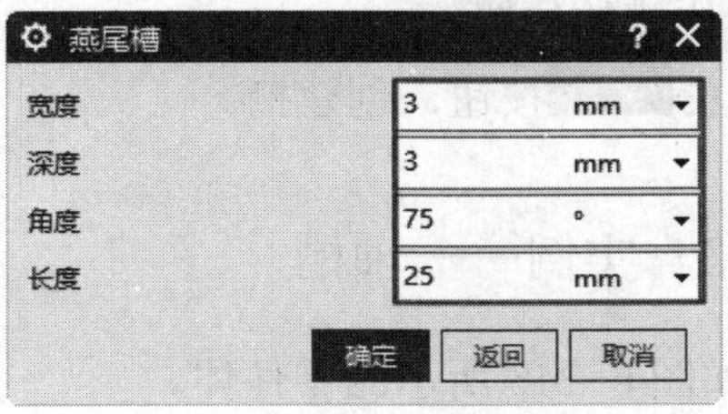

图6-143　“燕尾槽”参数输入对话框

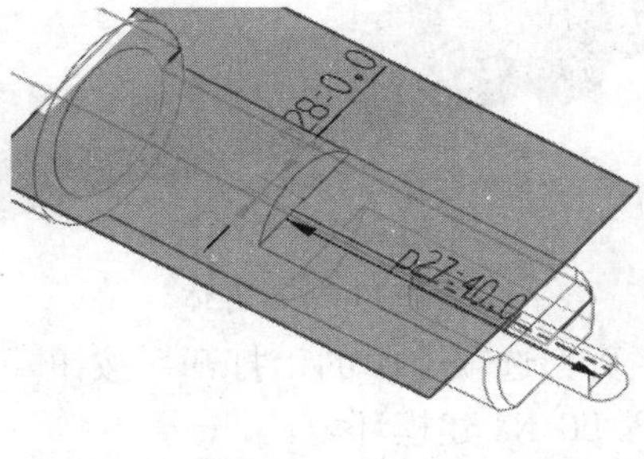

图6-144　定位后的尺寸

UG NX

6.10 槽

选择“菜单(M)”→“插入(S)”→“设计特征(E)”→“槽(G)...”，或单击“主页”选项卡“基本”组中的“槽”按钮，打开如图 6-145 所示的“槽”对话框。

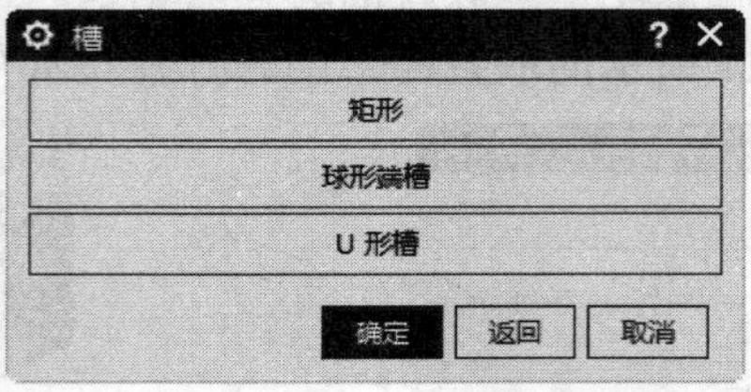

图 6-145 “槽”对话框

6.10.1 参数及其功能简介

“槽”参数及其功能与键槽相同。

6.10.2 创建步骤

1）选择槽的类型。
2）选择圆柱面或圆锥面为放置面。
3）设置槽的形状参数。
4）定位槽的位置。
5）单击确定按钮，创建槽。

6.10.3 实例——轴槽

创建如图 6-146 所示的零件体。

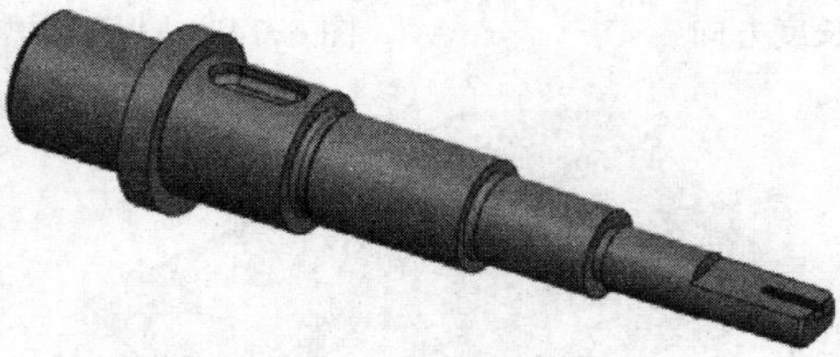

图 6-146 零件体

01 打开文件。单击“主页”选项卡中的“打开”按钮，打开“打开”对话框，选择“zhou”，单击确定按钮，进入 UG NX 建模环境。

02 另存文件。选择“文件(F)”→“保存(S)”→“另存为(A)...”，打开“另存为”对话框，输入“zhou-cao”，单击确定按钮，完成文件的保存。

03 创建矩形槽。

❶选择“菜单(M)”→“插入(S)”→“设计特征(E)”→“槽(G)...”，或单击“主页”选项卡“基本”组中的“槽”按钮，打开“槽”对话框。

❷在“槽”对话框中单击矩形按钮，打开如图 6-147 所示的“矩形槽”放置面选择对话框。

❸在实体中选择矩形槽的放置面，如图 6-148 所示，同时打开如图 6-149 所示的“矩形槽”参数输入对话框。

图 6-147　“矩形槽”放置面选择对话框

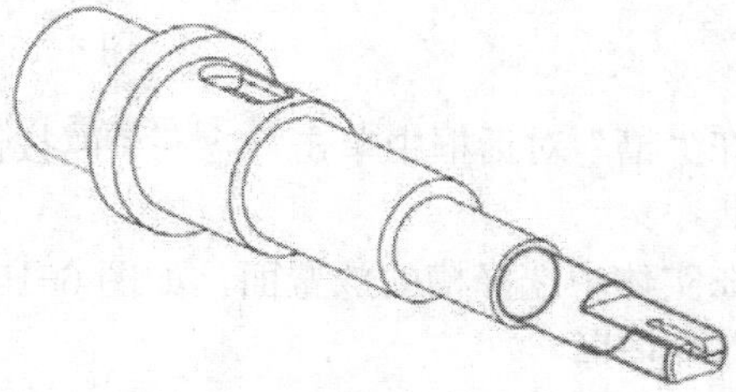

图 6-148　选择放置面

❹在“矩形槽”参数输入对话框中的“槽直径”和“宽度”文本框中分别输入 14 和 3。

❺单击确定按钮，打开如图 6-150 所示的“定位槽”对话框。

❻在实体中依次选择圆弧 1 和圆弧 2 为定位边缘，如图 6-151 所示。打开如图 6-152 所示的“创建表达式”对话框。

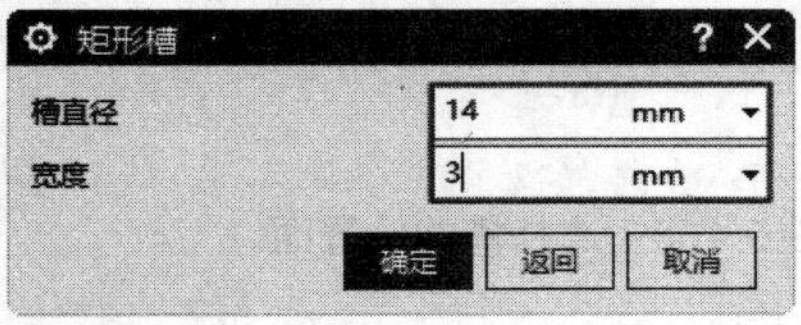

图 6-149　“矩形槽”参数输入对话框

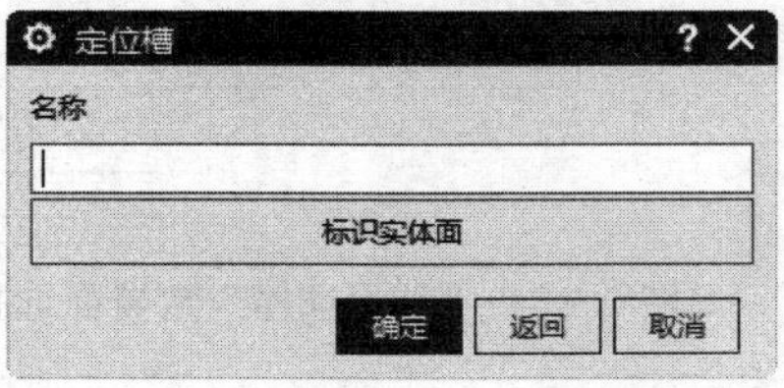

图 6-150　“定位槽”对话框

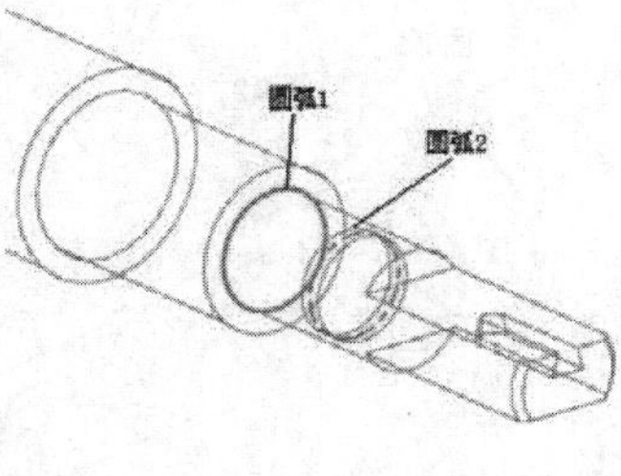

图 6-151　选择圆弧 1 和圆弧 2

图 6-152　“创建表达式”对话框

❼在“创建表达式”对话框中的文本框中输入 0，单击确定按钮，创建矩形槽，如图 6-153 所示。

04 创建球形端槽。

❶选择“菜单(M)”→“插入(S)”→“设计特征(E)”　→“槽(G)...”，或单击“主页”选项卡“基本”组中的“槽”按钮，打开“槽”对话框。

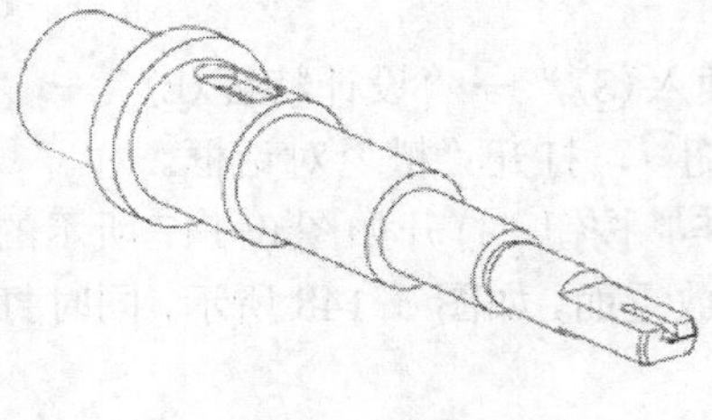

图 6-153　创建矩形槽

❷在“槽”对话框中单击◉ 球形端槽按钮，打开如图 6-154 所示的“球形端槽”放置面选择对话框。

❸在实体中选择槽的放置面，如图 6-155 所示。同时打开如图 6-156 所示的“球形端槽”参数输入对话框。

❹在“球形端槽”参数输入对话框中的“槽直径”和“球直径”文本框中分别输入 19 和 3。

❺在“球形端槽”参数输入对话框中单击确定按钮，打开“定位槽”对话框。

图 6-154　“球形端槽”放置面选择对话框

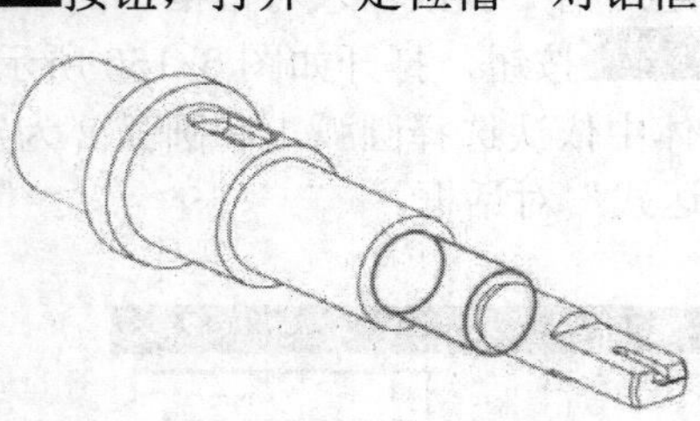

图 6-155　选择槽的放置面

❻在实体中依次选择定位边，如图 6-157 所示。打开“创建表达式”对话框。

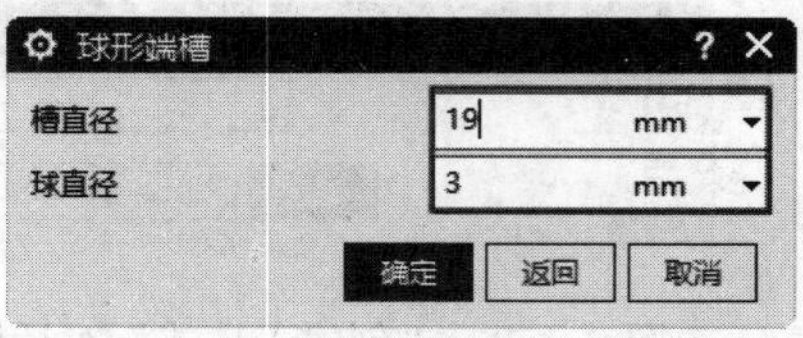

图 6-156　“球形端槽”参数输入对话框

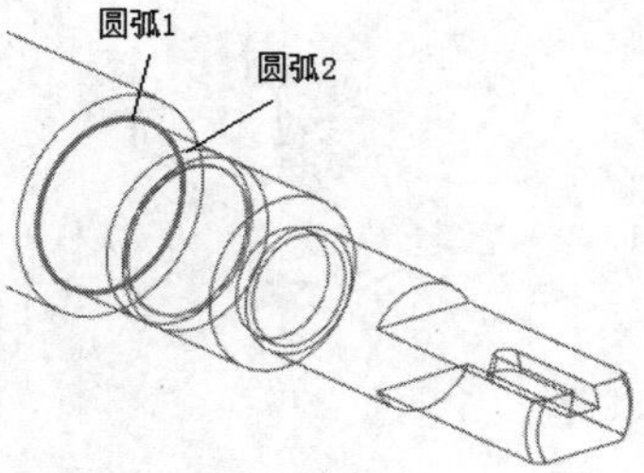

图 6-157　选择定位边

❼在“创建表达式”对话框中的文本框中输入 0，单击确定按钮，创建球形端槽，如图 6-158 所示。

05 创建 U 形槽。

❶选择“菜单(M)”→“插入(S)”→“设计特征(E)”→“槽(G)...”，或单击“主页”选

项卡“基本”组中的“槽”按钮，打开“槽”对话框。

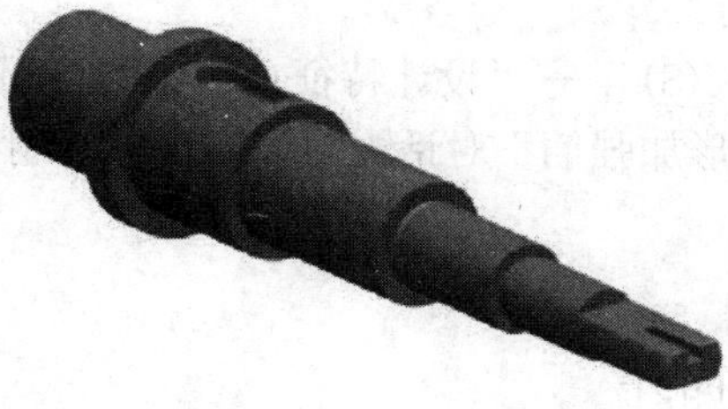

图 6-158　创建球形端槽

❷在“槽”对话框中单击 U形槽 按钮，打开如图 6-159 所示的“U 形槽”放置面选择对话框。

❸在实体中选择槽的放置面，如图 6-160 所示。同时打开如图 6-161 所示的“U 形槽”参数输入对话框。

图 6-159　“U 形槽”放置面选择对话框

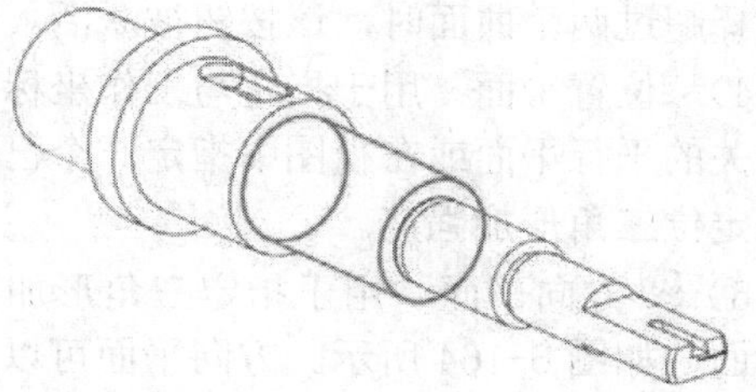

图 6-160　选择放置面

❹在“U 形槽”参数输入对话框中的“槽直径”“宽度”和“拐角半径”文本框中分别输入 24、5、1.5。

❺单击 确定 按钮，打开“定位槽”对话框。

❻在实体中依次选择定位边，如图 6-162 所示。打开“创建表达式”对话框。

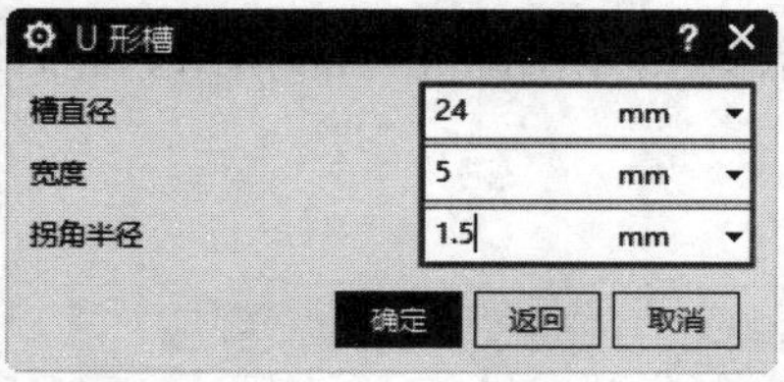

图 6-161　“U 形槽”参数输入对话框

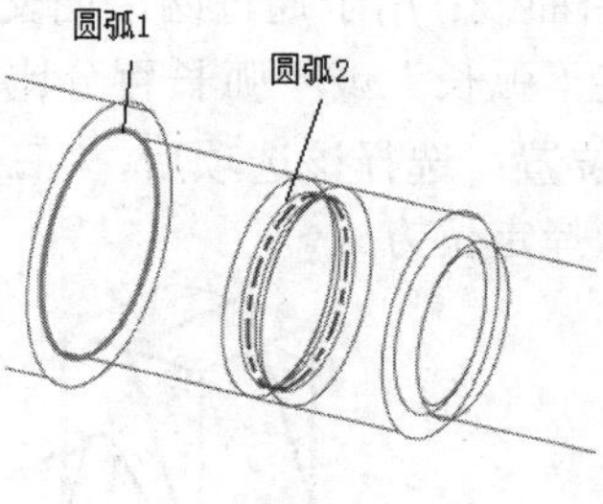

图 6-162　选择定位边

❼在“创建表达式”对话框中的文本框中输入 0，单击 确定 按钮，创建 U 形槽，结果如图 6-146 所示。

6.11 三角形加强筋

选择“菜单(M)”→“插入(S)”→“设计特征(E)”→“三角形加强筋（原有）(D)...”，打开如图 6-163 所示的“三角形加强筋”对话框。该对话框可用于沿着两个相交面的交线创建一个三角形加强筋特征。

6.11.1 参数及其功能简介

（1）第一组　单击该按钮，可在视图中选择三角形加强筋的第一组放置面。

（2）第二组　单击该按钮，可在视图中选择三角形加强筋的第二组放置面。

（3）位置曲线　用于选择两组面多条交线中的一条交线作为三角形加强筋的位置曲线。在第二组放置面的选择超过两个曲面时，该按钮被激活。

（4）位置平面　用于指定与工作坐标系或绝对坐标系相关的平行平面或在视图中指定一个已存在的平面位置来定位三角形加强筋。

（5）方向平面　用于指定三角形加强筋倾斜方向的平面，如图 6-164 所示。方向平面可以是已存在平面或基准平面，默认的方向平面是已选两组平面的法向平面。

（6）修剪选项　用于设置三角形加强筋的裁剪方式。

（7）方法　用于设置三角形加强筋的定位方法。包括“沿曲线”和“位置”定位两种方法。

1）沿曲线：用于通过两组面交线的位置来定位。可通过指定“弧长”或“弧长百分比”值来定位。

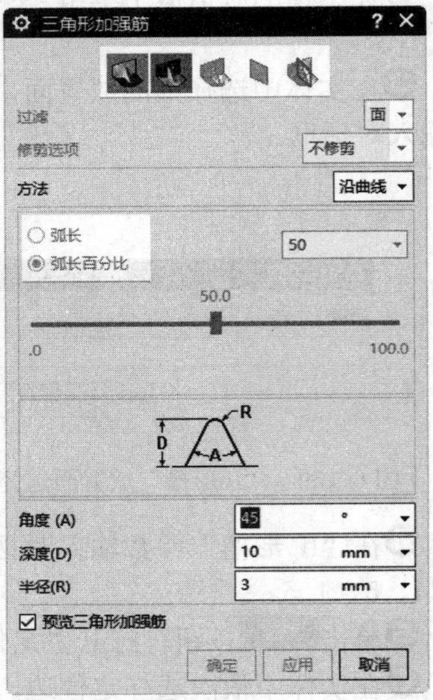

图 6-163 “三角形加强筋”对话框

2）位置：选择该选项后，“三角形加强筋”对话框的变化如图 6-165 所示。此时可单击按钮来选择定位方式。

图 6-164 方向平面

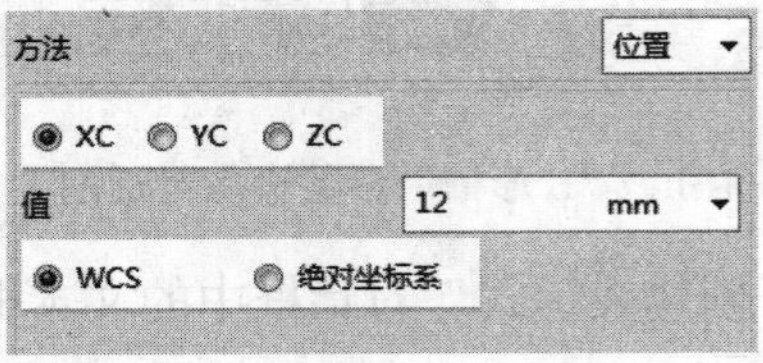

图 6-165 选择“位置”选项

6.11.2　创建步骤

1）选择第一组放置面。
2）选择第二组放置面。
3）若需要的话，选择位置曲线。
4）选择一种定位方法，确定三角形加强筋的位置。
5）若需要的话，选择方向平面。
6）设置三角形加强筋的形状参数。
7）单击 确定 按钮，或单击 应用 按钮，创建三角形加强筋。

6.11.3　实例——底座加筋

创建如图6-166所示的带有三角形加强筋的零件体。

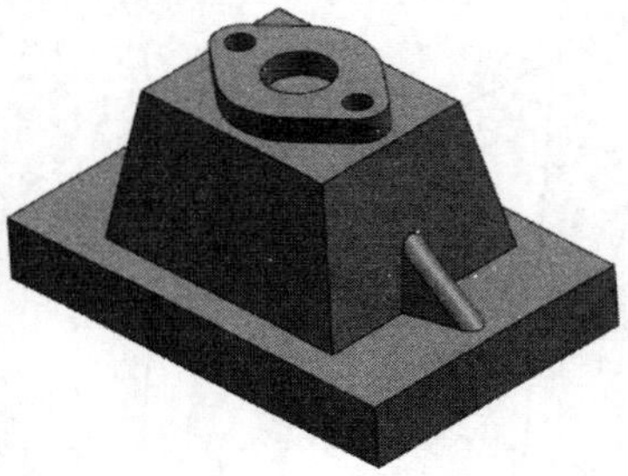

图6-166　带有三角形加强筋的零件体

01 打开文件。单击“主页”选项卡中的“打开”按钮，打开“打开”对话框，输入“dizuo”，单击 确定 按钮，进入UG NX建模环境。

02 另存部件文件。选择“文件(F)”→“保存(S)”→“另存为(A)...”，打开“另存为”对话框，输入“dizuo-jin”，单击 确定 按钮，进入UG NX主界面。

03 抑制特征。在“部件导航器”中选择“拉伸（6）”特征右击，在打开的快捷菜单中选择“抑制”命令，如图6-167所示。抑制拉伸特征后的零件体如图6-168所示。

04 创建三角形加强筋。

❶选择“菜单(M)”→“插入(S)”→“设计特征(E)”→“三角形加强筋（原有）(D)...”，打开“三角形加强筋”对话框。

❷单击“第一组”按钮，在绘图区中选择第一组放置面，如图6-169所示。

❸单击“第二组”按钮，在绘图区中选择第二组放置面，如图6-170所示。

❹在“方法”下拉列表中选择“沿曲线”。

❺选中 ◉ 弧长百分比 单选按钮，并在其文本框中输入50。

❻在“角度”“深度”和“半径”文本框中分别输入45、10和3。

❼单击 确定 按钮，创建三角形加强筋，如图6-171所示。

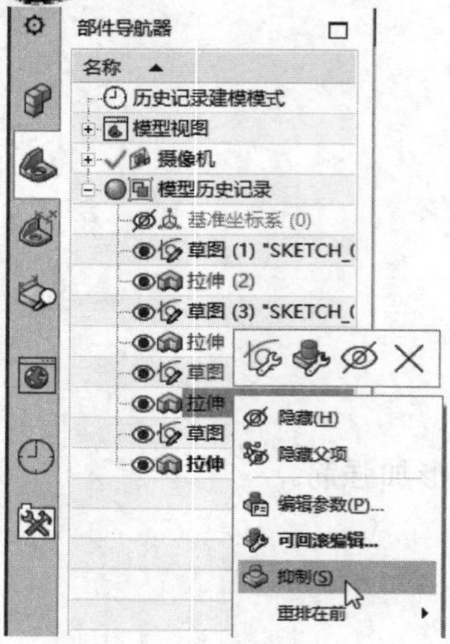

图 6-167　选择“抑制”命令

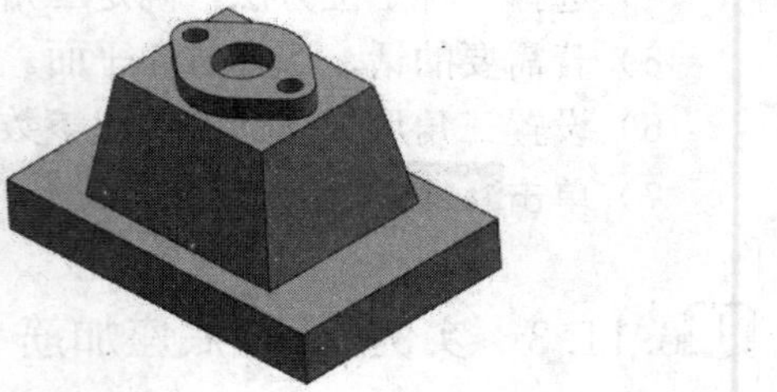

图 6-168　抑制拉伸特征后的零件体

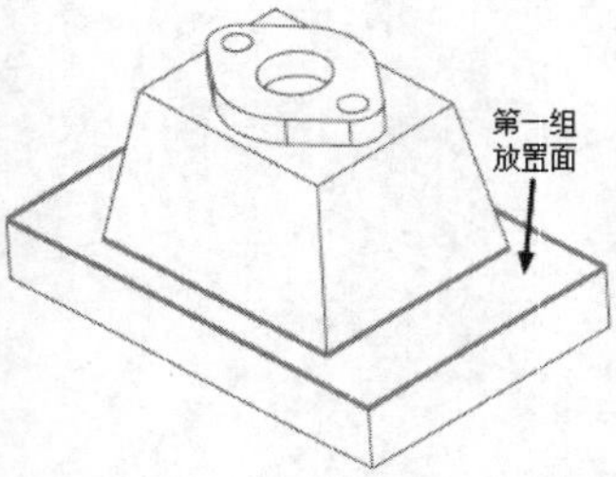

图 6-169　选择第一组放置面

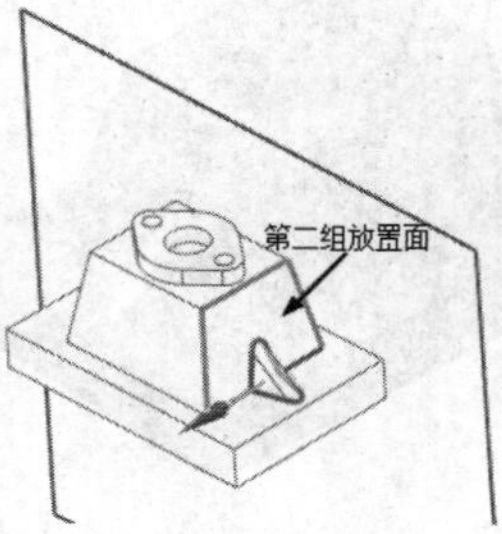

图 6-170　选择第二组放置面

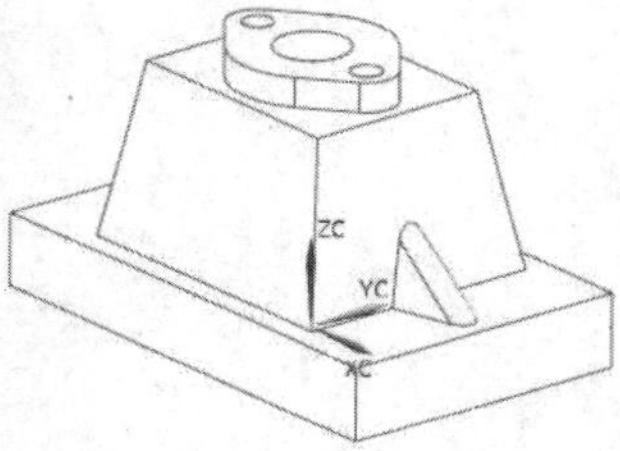

图 6-171　创建三角形加强筋

6.12　球形拐角

选择“菜单(M)”→“插入(S)”→“细节特征(L)”→“球形拐角(R)...”，打开如图 6-172 所示的“球形拐角”对话框。该对话框可用于通过选择三个面创建一个球形拐角相切曲面。三个面可以是曲面，不需要相互接触，生成的曲面分别与三个曲面相切。

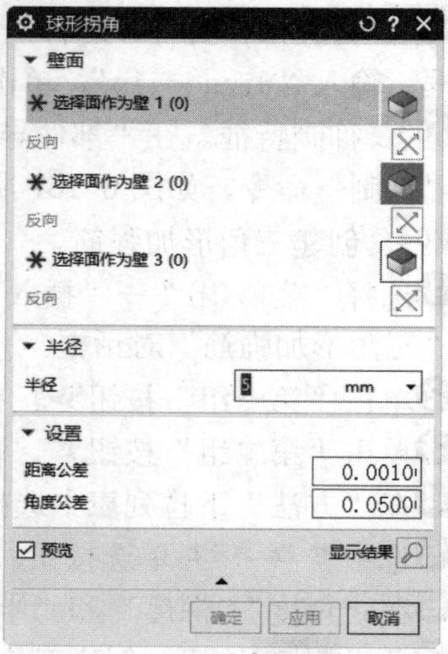

图 6-172　“球形拐角”对话框

6.12.1　参数及其功能简介

（1）选择面作为壁 1　用于设置球形拐角的第一个相切曲面。

（2）选择面作为壁 2　用于设置球形拐角的第二个相切曲面。

（3）选择面作为壁 3　用于设置球形拐角的第三个相切曲面。

（4）半径　用于设置球形拐角的半径值。

6.12.2　创建步骤

1）选择第一壁面。

2）选择第二壁面。

3）选择第三壁面。

4）设置球形拐角半径。

5）单击 确定 按钮，或单击 应用 按钮，创建球形拐角。

6.13　齿轮建模

打开“菜单(M)”→“GC 工具箱”→“齿轮建模”下拉菜单，如图 6-173 所示，选择一种创建方式，弹出“渐开线圆柱齿轮建模”对话框，如图 6-174 所示。

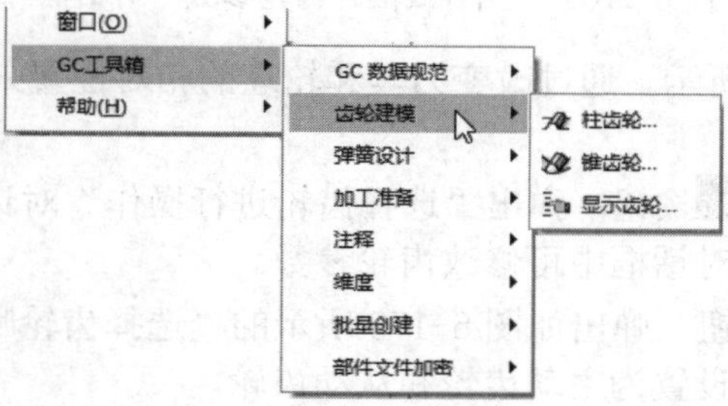

图 6-173　“齿轮建模”下拉菜单

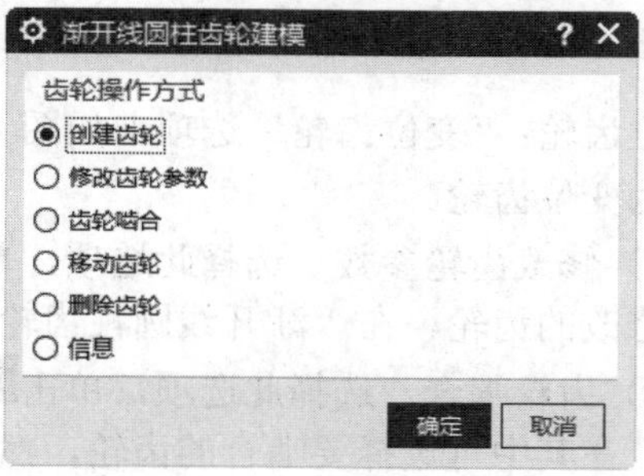

图 6-174　“渐开线圆柱齿轮建模”对话框

6.13.1　参数及其功能简介

（1）创建齿轮　创建新的齿轮。选择该选项，单击 确定 按钮，弹出如图 6-175 所示的“渐开线圆柱齿轮类型”对话框。

1）直齿轮：指轮齿平行于齿轮轴线的齿轮。

2）斜齿轮：指轮齿与轴线成一角度的齿轮。

3）外啮合齿轮：指齿顶圆直径大于齿根圆直径的齿轮。

4）内啮合齿轮：指齿顶圆直径小于齿根圆直径的齿轮。

5）加工：

滚齿：用齿轮滚刀按展成法加工齿轮的齿面。

插齿：用插齿刀按展成法或成形法加工内、外齿轮或齿条等的齿面。

选择适当参数后，单击 确定 按钮，弹出如图 6-176 所示的“渐开线圆柱齿轮参数”对话框。

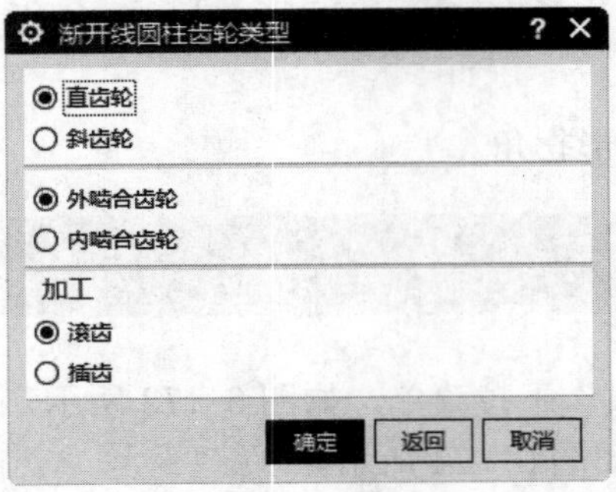

图 6-175 “渐开线圆柱齿轮类型”对话框

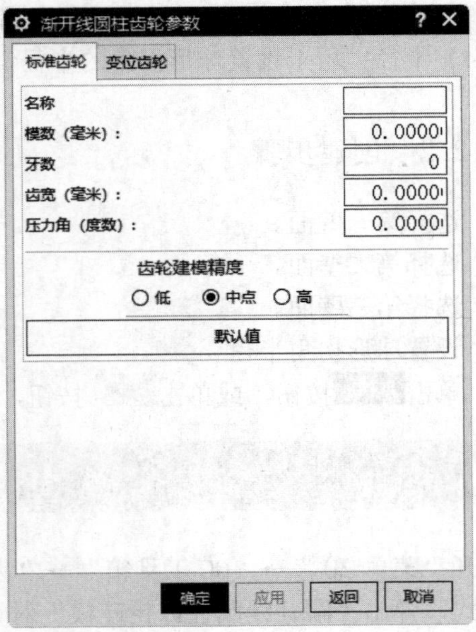

图 6-176 “渐开线圆柱齿轮参数”对话框

变位齿轮：“变位齿轮”选项卡如图 6-177 所示。通过改变刀具和轮坯的相对位置来切制的齿轮为变位齿轮。

（2）修改齿轮参数　选择此选项，单击按钮，弹出“选择齿轮进行操作”对话框，选择要修改的齿轮，在“渐开线圆柱齿轮参数”对话框中可修改齿轮参数。

（3）齿轮啮合　选择此选项，单击按钮，弹出如图 6-178 所示的“选择齿轮啮合”对话框，在其中可选择要啮合的齿轮，然后分别设置为主动齿轮和从动齿轮。

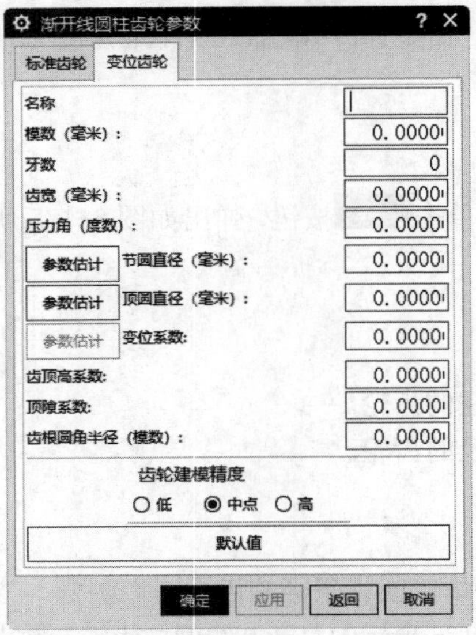

图 6-177 “变位齿轮”选项卡

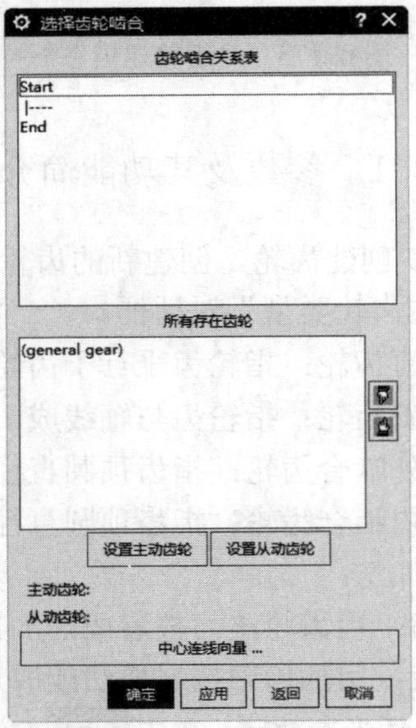

图 6-178 “选择齿轮啮合”对话框

（4）移动齿轮　选择要移动的齿轮，将其移动到适当位置。

（5）删除齿轮　删除视图中不要的齿轮。

（6）信息　显示选择的齿轮的信息。

6.13.2　创建步骤

1）选择齿轮的操作方式，单击 确定 按钮。

2）选择齿轮类型，单击 确定 按钮。

3）设置齿轮参数，单击 确定 按钮，创建齿轮。

6.14　弹簧设计

打开“菜单(M)”→“GC工具箱”→“弹簧设计”下拉菜单，如图6-179所示，选择一种创建方式，弹出“圆柱压缩弹簧”对话框，如图6-180所示。

6.14.1　参数及其功能简介

（1）类型　用于选择类型和创建方式。选择该选项后的对话框如图6-180所示。

（2）输入参数　用于输入弹簧的各个参数。选择该选项后的对话框如图6-181所示。

（3）显示结果　显示设计完成的弹簧各个参数。

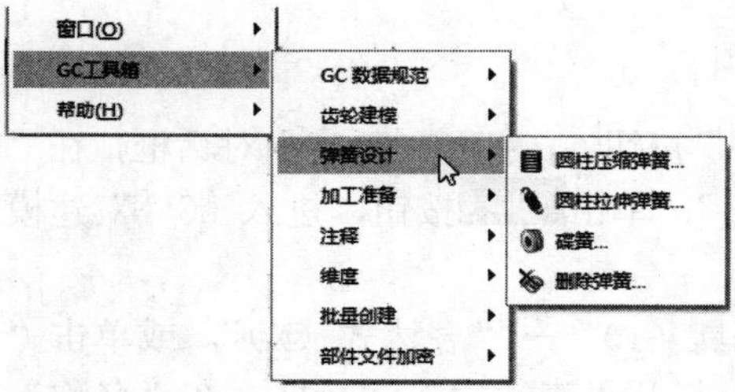

图6-179　“弹簧设计”下拉菜单

图6-180　“圆柱压缩弹簧”对话框（选择“类型”）

6.14.2　创建步骤

1）选择弹簧的类型和创建方式，单击 下一步 > 按钮或直接单击“输入参数”。

2）设置弹簧的旋向及各个参数，单击 下一步 > 按钮。

3）单击 完成 按钮，创建齿轮。

图 6-181　“圆柱压缩弹簧”对话框（选择“输入参数”）

6.15 综合实例——齿轮轴

本节绘制的齿轮轴采用参数表达式形式建立渐开线曲线，然后通过曲线操作生成齿形轮廓，通过拉伸等建模工具，结果如图 6-182 所示。

图 6-182　齿轮轴

01 新建文件。单击“主页”选项卡中的“新建”按钮，打开“新建”对话框，在“模板”中选择“模型”，在“名称”中输入“chilunzhou”，单击 确定 按钮，进入 UG NX 建模环境。

02 建立参数表达式。选择“菜单(M)”→“工具（T）”→“表达式（X）”，或单击“工具”选项卡“实用工具”组中的“表达式”按钮＝，打开“表达式”对话框，在“名称”和“公式”栏中分别输入 m、3，单击 应用 按钮，然后采用同样方法依次输入 z、9，alpha、20，t、0，qita、90*t，pi、3.1415926，da、(z+2)*m，db、m*z*cos(alpha)，df、(z-2.5）*m，s、pi*db*t/4，xt、db*cos(qita)/2+s*sin(qita)，yt、db*sin(qita)/2-s*cos(qita)，zt、0，其中参数 m、3，z、9，alpha、20，t、0，zt、0，pi、3.1415926“量纲”为“无单位”，其他参数“量纲”为“长度”，如图 6-183 所示。

输入的参数中，m 为齿轮的模数，z 为齿轮齿数，t 为系统内部变量（在 0～1 之间自动变化），da 为齿轮齿顶圆直径，db 为齿轮基圆直径，df 为齿轮齿根圆直径，alpha 为齿轮压力角。

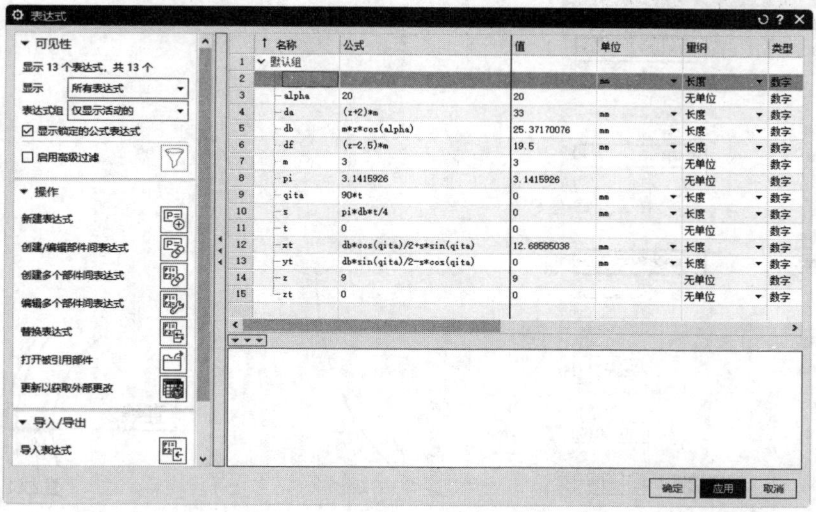

图 6-183　“表达式”对话框

03 创建渐开线曲线。

❶选择“菜单(M)”→“插入(S)”→“曲线(C)”→“规律曲线(W)”，或单击“曲线”选项卡“高级”组中的“规律曲线”按钮，打开如图 6-184 所示的“规律曲线”对话框。

❷在“规律曲线”对话框中设置“规律类型”为“根据方程”。

❸其他采用系统默认参数，单击确定按钮，生成渐开线曲线，如图 6-185 所示。

04 创建齿顶圆、齿根圆、分度圆和基圆曲线。

❶选择“菜单(M)”→“插入(S)”→“曲线(C)”→“基本曲线（原有）(B)...”，打开“基本曲线”对话框。

❷在“基本曲线”对话框中单击“圆”按钮○，在“点方法”下拉列表中选择“点构造器”按钮…。

❸打开“点”对话框，在对话框中输入圆心坐标为（0,0,0），分别绘制半径为 16.5、9.75、13.5、12.7 的 4 个圆弧曲线。

05 创建直线。

❶选择“菜单(M)”→“插入(S)”→“曲线(C)”→“基本曲线（原有）(B)...”，打开“基本曲线”对话框。

❷单击 “直线”按钮／，在“点方法”下拉列表中分别选择“象限点”和“交点”，依次选择图 6-186 所示的齿根圆和交点，创建直线 1。

❸选择坐标原点以及渐开线曲线和分度圆的交点，绘制直线 2。单击取消按钮，关闭对话框。生成的曲线如图 6-186 所示。

06 修剪曲线。

UG NX

❶选择“菜单(M)”→“编辑（E）”→“曲线（V）”→“修剪（T）”，或单击“曲线”选项卡“编辑曲线”组中的“修剪”按钮，打开“修剪曲线”对话框。

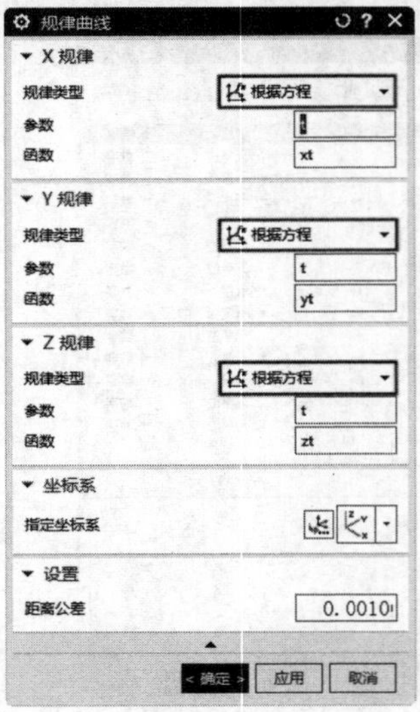

图 6-184 “规律曲线”对话框

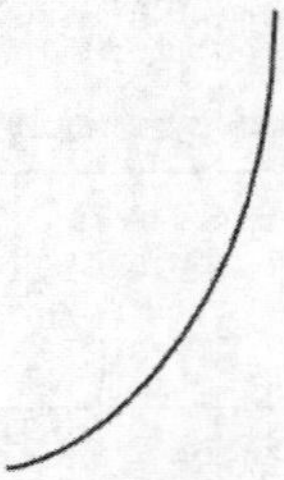

图 6-185 生成渐开线曲线

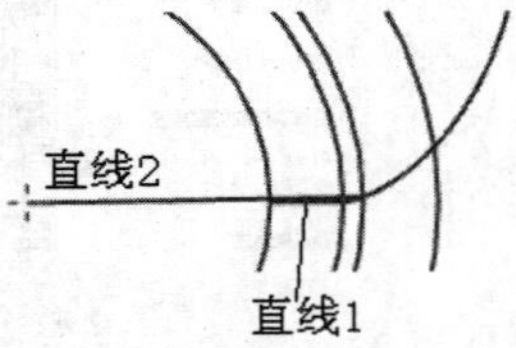

图 6-186 生成曲线

❷在“修剪曲线”对话框中设置各选项如图 6-187 所示。

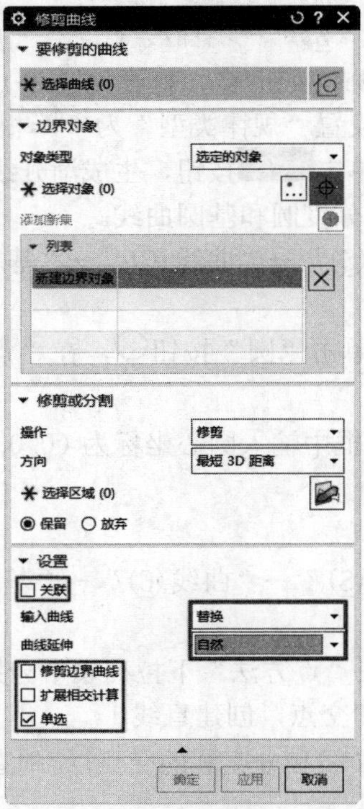

图 6-187 “修剪曲线”对话框

❸选择渐开线为要修剪的曲线，选择齿顶圆为边界对象 1，修剪曲线，结果如图 6-188 所示。

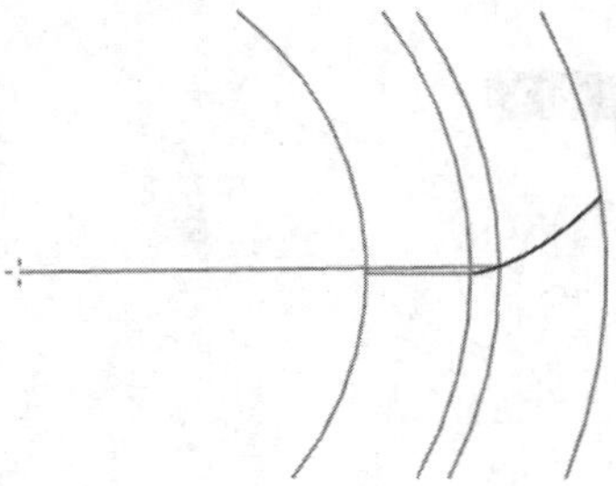

图 6-188　修剪曲线

❹采用同样方法，以齿根圆为边界修剪渐开线。

07 旋转复制曲线。

❶选择“菜单(M)”→“编辑（E)”→“移动对象(O)”，或单击“工具”选项卡“实用工具”组中的“移动对象”按钮，打开“移动对象”对话框，如图 6-189 所示。

❷选择直线 2，在“运动”下拉列表中选择“角度”选项。

❸在“指定矢量”下拉列表中单击 ZC 按钮，设置轴点为原点。

❹在“角度”文本框中输入 10，在“结果”选项组中点选“复制原先的”单选按钮，设置“非关联副本数”为 1。

❺单击 确定 按钮，生成如图 6-190 所示的曲线。

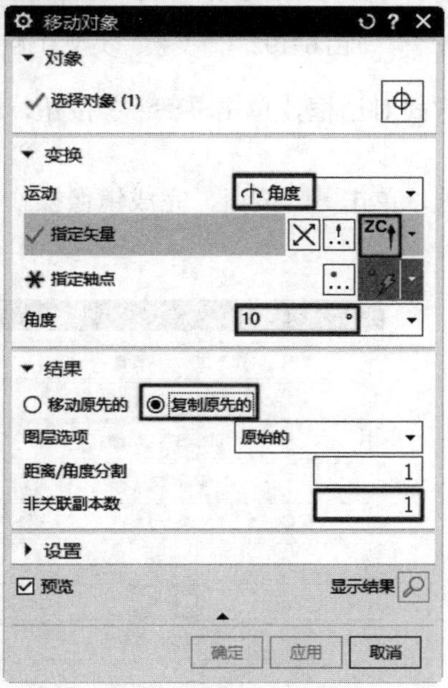

图 6-189　“移动对象”对话框

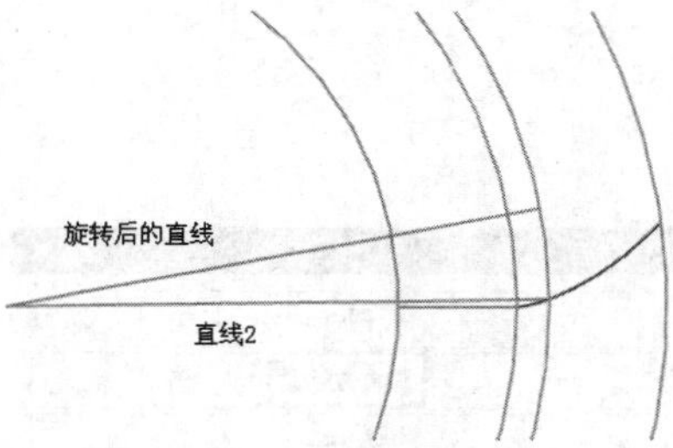

图 6-190　生成曲线

08 镜像曲线。

❶选择“菜单(M)”→“编辑（E)”→“变换(M)”，打开“变换”对话框，如图 6-191 所

示。

❷选择直线 1 和渐开线，单击 确定 按钮，打开如图 6-192 所示的“变换”类型对话框，单击 通过一直线镜像 按钮。

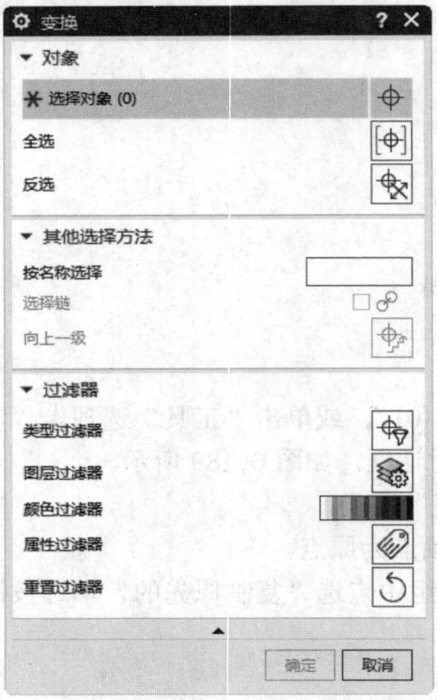

图 6-191　“变换”对话框

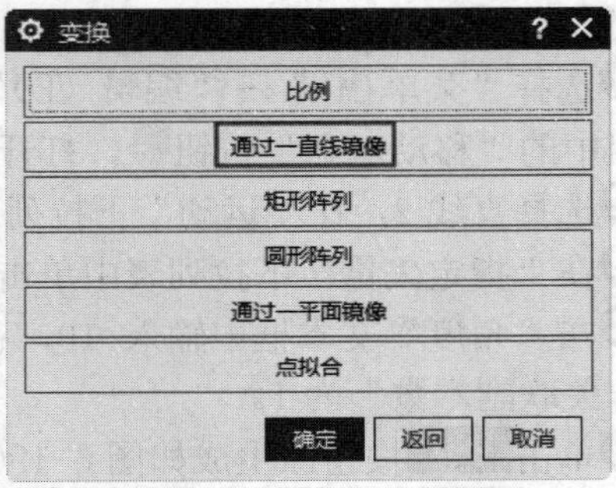

图 6-192　“变换”类型对话框

❸打开如图 6-193 所示的“变换”直线创建方式对话框，单击 现有的直线 按钮，根据系统提示选择刚旋转后的直线作为镜像线。

❹打开如图 6-194 所示的“变换”结果对话框，单击 复制 按钮，完成镜像操作，结果如图 6-195 所示。

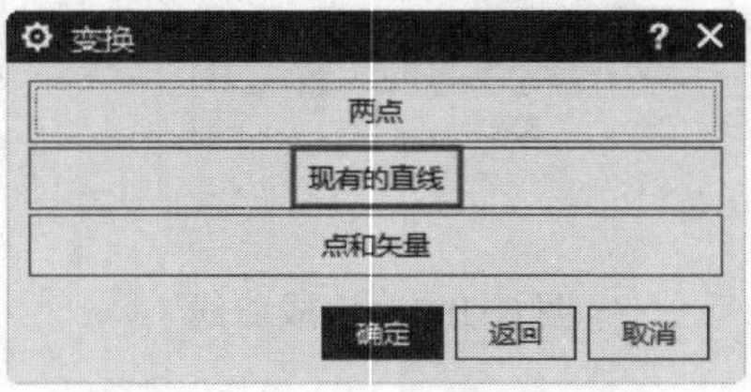

图 6-193　“变换”直线创建方式对话框

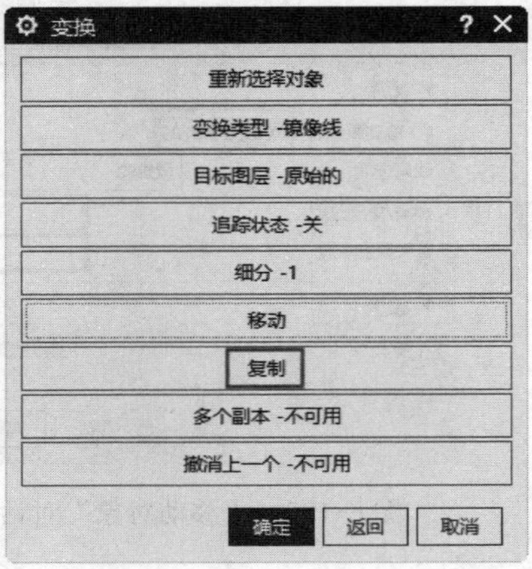

图 6-194　“变换”结果对话框

09 同步骤 **06** ，删除并修剪曲线，生成如图 6-196 所示的齿形轮廓曲线。

10 拉伸创建齿形。

❶选择“菜单（M）”→“插入(S)”→“设计特征(E)”→“拉伸(X)...”，或单击“主页”选项卡“基本”组中的“拉伸”按钮，打开“拉伸”对话框，选择曲线。

❷在“指定矢量”下拉列表中选择 ZC 为拉伸方向。

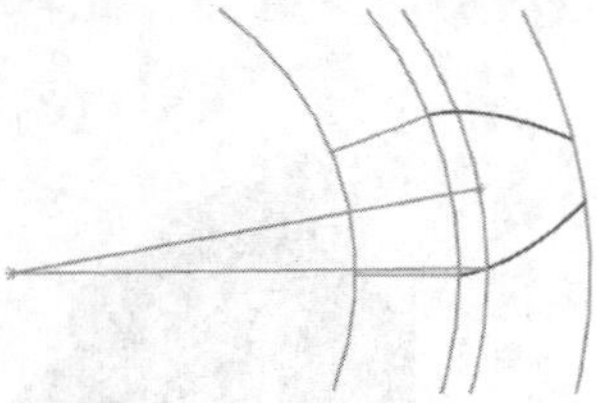

图 6-195　镜像曲线

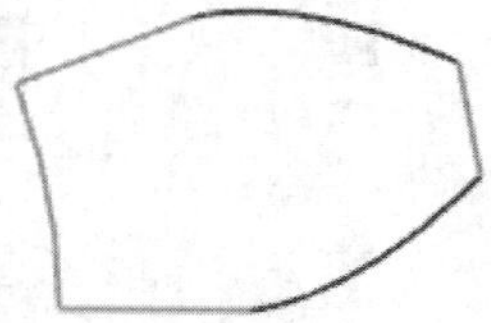

图 6-196　生成齿形轮廓曲线

❸在“限制”选项组的“起始距离”和“终止距离”文本框中输入 0 和 24，如图 6-197 所示。单击 确定 按钮，完成拉伸操作，创建的齿形如图 6-198 所示。

11 创建圆柱体。

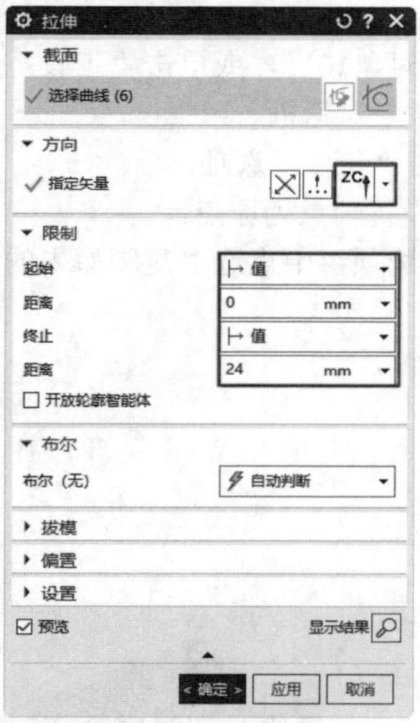

图 6-197　“拉伸”对话框

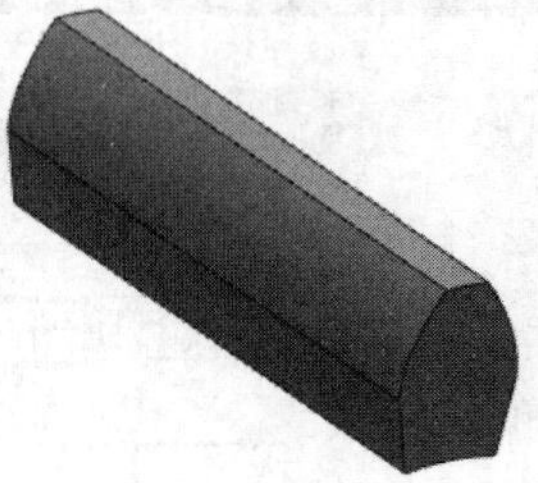

图 6-198　创建齿形

❶选择“菜单(M)”→“插入(S)”→“设计特征(E)”→“圆柱(C)...”，或单击“主页”选项卡“基本”组中的“圆柱”按钮，打开“圆柱”对话框。

❷在“圆柱”对话框中的“类型”下拉列表中选择“轴、直径和高度”类型。

❸在“指定矢量”下拉列表中选择 ZC 为圆柱的创建方向。

❹在“直径”和“高度”文本框中分别输入 19.5 和 24，如图 6-199 所示。单击 确定 按钮，以原点为中心生成圆柱体，如图 6-200 所示。

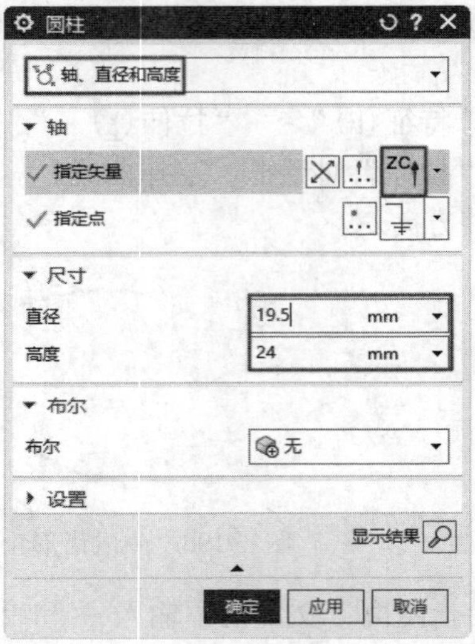

图 6-199 “圆柱”对话框

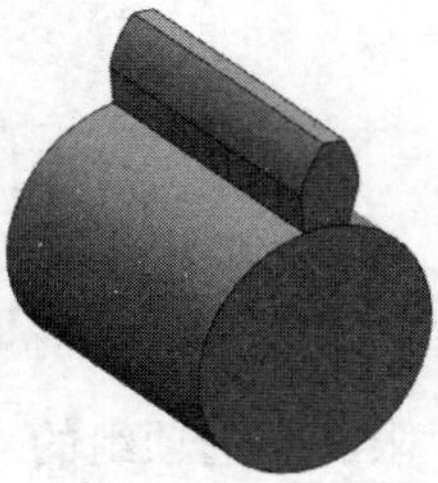

图 6-200 生成圆柱体

12 生成齿轮。

❶选择“菜单(M)”→“编辑（E)”→“移动对象(O)”，或单击“工具”选项卡“实用工具”组中的“移动对象”按钮，打开“移动对象”对话框。

❷选择齿形实体，在“运动”下拉列表中选择“角度”选项。

❸在“指定矢量”下拉列表中单击 ZC 按钮，设置轴点为原点。

❹在“角度”文本框中输入 40，在“结果”选项组中点选“复制原先的”单选按钮，设置“非关联副本数”为 8，如图 6-201 所示。

❺单击 确定 按钮，生成如图 6-202 所示的齿轮。

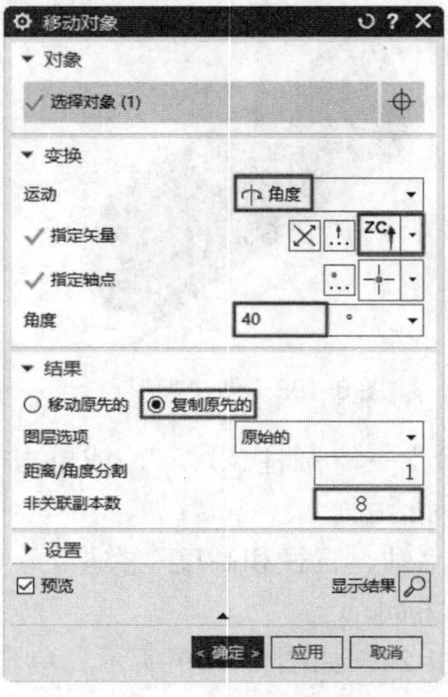

图 6-201 “移动对象”对话框

图 6-202 生成齿轮

13 合并。

❶选择“菜单(M)”→“插入(S)”→“组合(B)”→“合并(U)…”，或单击“主页”选项卡“基本”组中的“合并”按钮，打开“合并”对话框。

❷将齿轮和圆柱体进行合并操作。

14 边倒圆。

❶选择“菜单(M)”→“插入(S)”→“细节特征(L)”→“边倒圆(E)…”，或单击“主页”选项卡“基本”组中的“边倒圆”按钮，打开“边倒圆”对话框。

❷在 “半径1”文本框中输入1，为齿根圆和齿接触线倒圆。

15 创建凸台。

❶选择“菜单(M)”→“插入(S)”→“设计特征(E)”→“凸台(原有)(B)…”，打开图6-203所示的“凸台”对话框。

❷在“凸台”对话框中的“直径”“高度”和“锥角”文本框中分别输入14、2和0。

❸按系统提示选择齿轮上端面为放置面，单击 确定 按钮，生成凸台1并打开“定位”对话框。

❹在对话框中单击“点落在点上”按钮，打开“点落在点上”对话框。按系统提示选择圆柱体圆弧边为目标对象。

❺打开“设置圆弧的位置”对话框。单击 圆弧中心 按钮，将生成的凸台1定位于上端面中心。

❻步骤同上在凸台1的上端面中心创建直径、高度和锥角分别为16、9、0的凸台2，结果如图6-204所示。

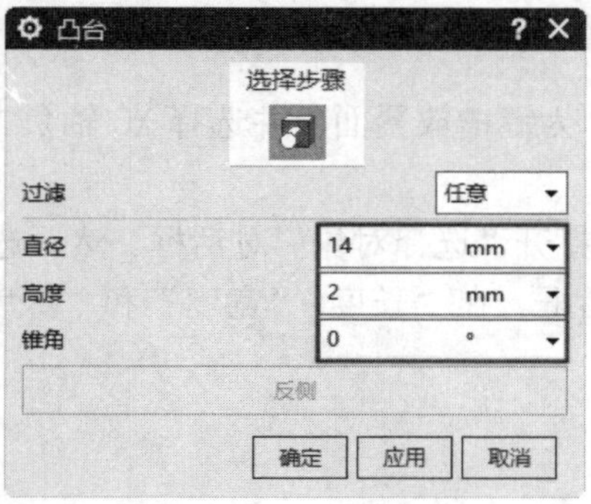

图6-203　“凸台”对话框

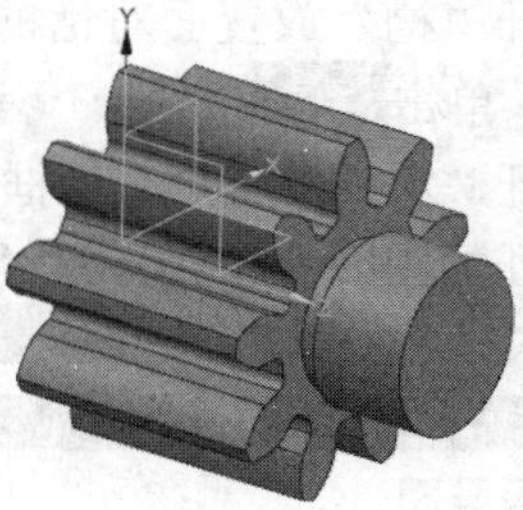

图6-204　创建凸台

16 继续创建凸台。

❶选择“菜单(M)”→“插入(S)”→“设计特征(E)”→“凸台（原有）(B)…”，打开“凸台”对话框。

❷在“凸台”对话框中的“直径”“高度”和“锥角”文本框中分别输入14、2、0。

❸按系统提示选择齿轮下端面为放置面，单击 确定 按钮，生成凸台3。

❹打开“定位”对话框，在对话框中单击“点落在点上”按钮，打开“点落在点上”对话框。按系统提示选择圆柱体圆弧边为目标对象。

❺打开“设置圆弧的位置”对话框。单击圆弧中心按钮，将生成的凸台 3 定位于下端面中心。

❻步骤同上继续创建直径、高度、锥角分别为 16、45、0，14、10、0，12、10、0 的凸台 4、凸台 5 和凸台 6，结果如图 6-205 所示。

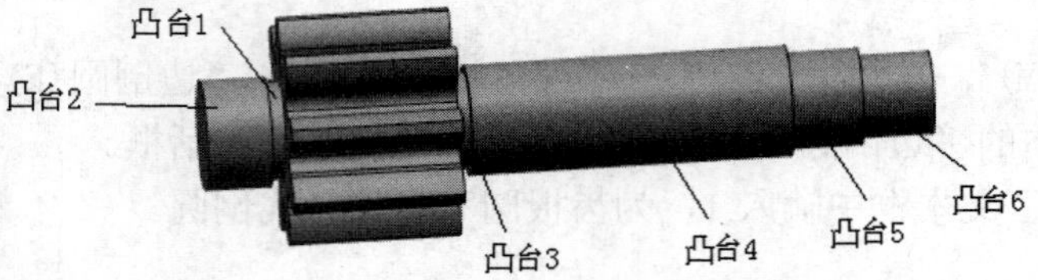

图 6-205　继续创建凸台

17 创建基准平面。

❶选择“菜单(M)”→“插入(S)”→“基准/点(D)”→“基准平面(D)...”，或单击“主页”选项卡“基本”组中的“基准平面”按钮，打开“基准平面”对话框。

❷选择“XC-YC 平面”类型，单击应用按钮，完成基本基准面 1 的创建。

❸选择“XC-ZC 平面”类型，单击应用按钮，完成基准平面 2 的创建。

❹选择“YC-ZC 平面”类型，单击应用按钮，完成基准平面 3 的创建，并创建与“YC-ZC 平面”平行且相距 7 的基准平面 4。

18 创建键槽。

❶选择“菜单(M)”→“插入(S)”→“设计特征(E)”→“键槽（原有）(L)...”，打开如图 6-206 所示的“槽”对话框。

❷选择◉矩形槽单选按钮，单击确定按钮。

❸打开“槽”放置面对话框，选择基准平面 4 为键槽放置面，并选择 XC 轴负方向为键槽创建方向，单击确定按钮。

❹打开“水平参考”对话框，单击实体面按钮，打开“选择对象”对话框。然后选择凸台 5。

❺打开如图 6-207 所示的“矩形槽”参数对话框。在“长度”“宽度”和“深度”文本框中分别输入 8、5、3，单击确定按钮。

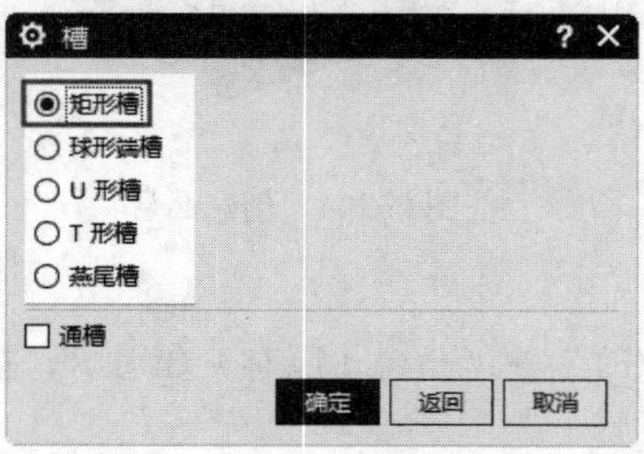

图 6-206　“槽”对话框

图 6-207　“矩形槽”参数对话框

❻打开“定位”对话框，选择“垂直”定位方式，按系统提示选择“XC-YC”基准平面为目标边，选择键槽短中心线为工具边，打开“创建表达式”对话框，在文本框中输入 52，单

击 应用 按钮。

❼按系统提示选择“XC-ZC”基准平面为目标边，选择键槽长中心线为工具边，打开“创建表达式”对话框，在文本框中输入0，完成垂直定位，单击 确定 按钮，完成矩形键槽的创建。创建的齿轮轴如图6-182所示。

第7章

特征操作

特征操作是指在特征建模的基础上增加一些细节，也就是在创建的模型的基础上进行详细设计的操作。

重点与难点

- 布尔运算
- 拔模、边倒圆、倒角、面倒圆、螺纹、抽壳
- 阵列特征
- 镜像特征

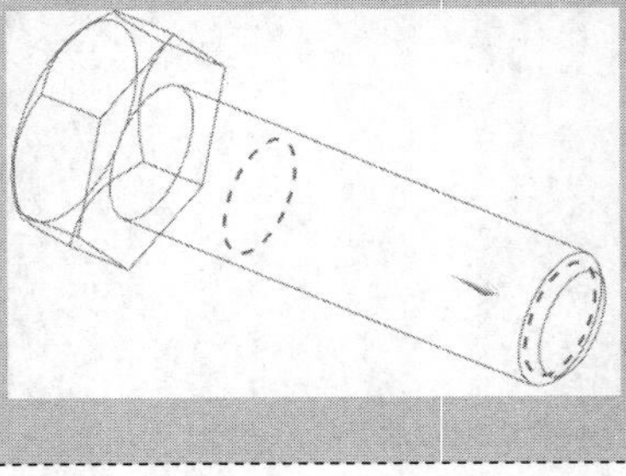

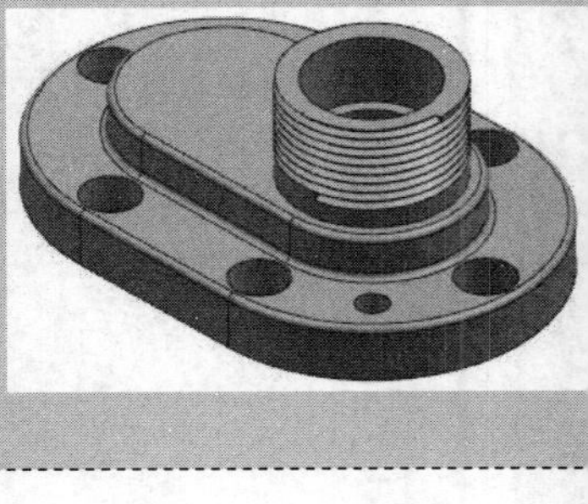

7.1 布尔运算

零件模型通常由单个实体组成，但在 UG NX 建模过程中，实体通常是由多个实体或特征组合而成的，于是要求把多个实体或特征组合成一个实体，这个操作称为布尔运算（或布尔操作）。

布尔运算在实际建模过程中用得比较多，但一般情况下是系统自动完成或自动提示用户选择合适的布尔运算。布尔运算也可独立操作。

7.1.1 合并

选择“菜单(M)”→“插入(S)”→“组合(B)”→“合并(U)...”，或单击“主页”选项卡“基本”组中的“合并”按钮，打开如图 7-1 所示的“合并”对话框。该对话框可用于将两个或多个实体组合在一起构成单个实体，即其公共部分完全合并到一起。

（1）目标选择体 进行布尔合并时第一个选择的体对象。运算的结果将加在目标体上，并修改目标体。在同一次布尔运算中，目标体只能有一个。布尔运算的结果体类型与目标体的类型一致。

（2）工具选择体 进行布尔运算时第二个选择的体对象，这些对象将加在目标体上，并构成目标体的一部分。在同一次布尔运算中，工具体可有多个。

（3）定义区域 勾选此复选框，构造并允许选择要保留或移除的体区域。

布尔合并的示意图如图 7-2 所示。

图7-1 “合并”对话框

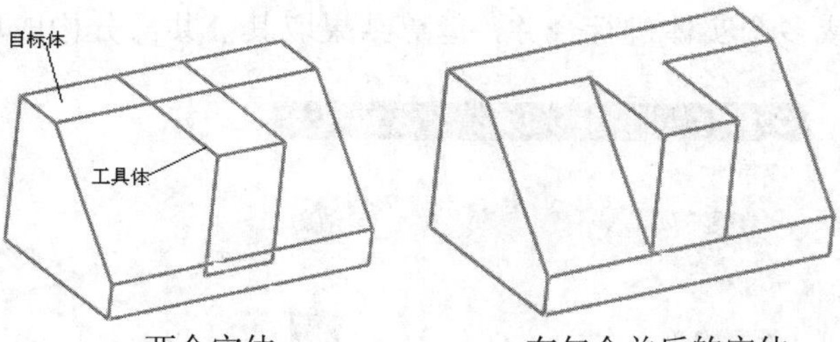

图7-2 布尔合并示意图

需要注意的是：可以将实体和实体进行合并运算，也可以将片体和片体进行合并运算（具有近似公共边缘线），但不能将片体和实体、实体和片体进行合并运算。

7.1.2 求差

选择“菜单(M)”→“插入(S)”→“组合(B)”→“减去(S)...”，或单击“主页”选项卡“基本”组中的“减去”按钮，打开如图 7-3 所示的“减去”对话框。该对话框可用于从目标体中减去一个或多个工具体的体积，即将目标体中与工具体公共的部分去掉。布尔减去的示意图如图 7-4 所示。

UG NX

需要注意的是：

1）若目标体和工具体不相交或相接，则运算结果保持为目标体不变。

2）实体与实体、片体与实体、实体与片体之间都可进行减去运算，但片体与片体之间不能进行减去运算。实体与片体减去运算后，其结果为非参数化实体。

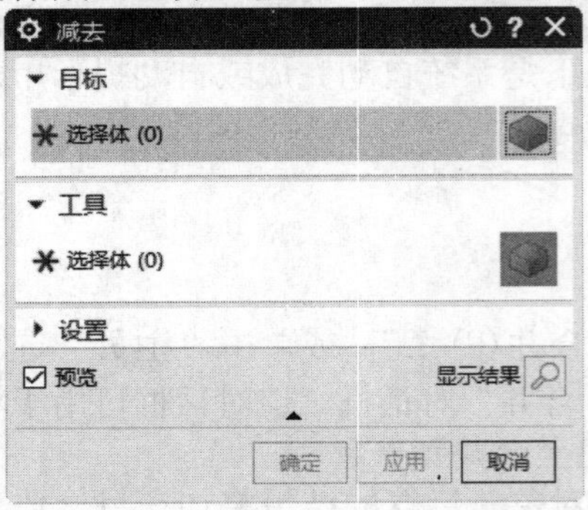

图7-3 “减去”对话框

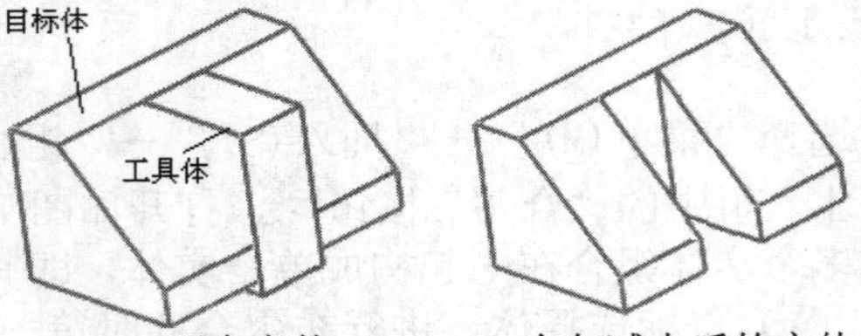

图7-4 布尔减去示意图

3）布尔“减去”运算时，若目标体进行减去运算后的结果为两个或多个实体，则目标体将丢失数据。也不能将一个片体变成两个或多个片体。

4）减去运算的结果不允许产生 0 厚度，即不允许目标体和工具体的表面刚好相切。

7.1.3 相交

选择“菜单(M)”→“插入(S)”→“组合 (B)”→“求交(I)...”，或单击“主页”选项卡“基本”组中的“求交”按钮，打开如图 7-5 所示的“求交”对话框。该对话框可用于将两个或多个实体进行合并，运算结果取其公共部分构成单个实体。布尔求交的示意图如图 7-6 所示。

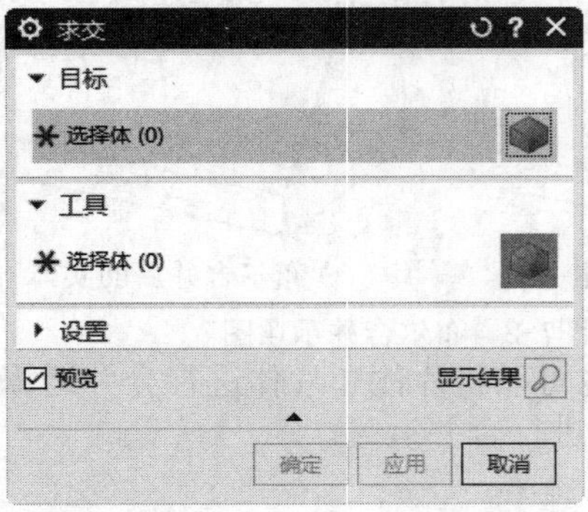

图7-5 “求交”对话框

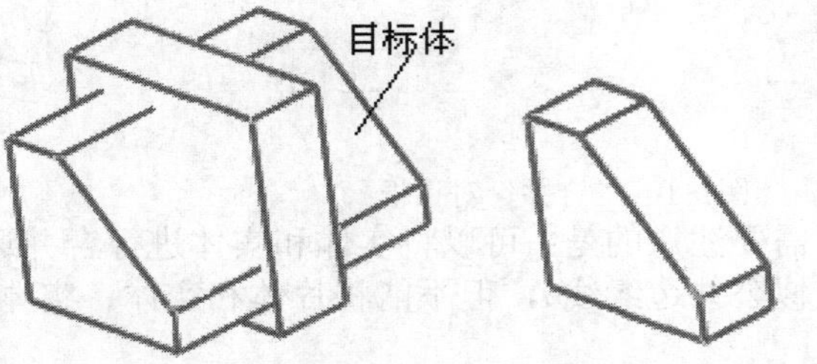

图7-6 布尔求交示意图

需要注意的是：

1）布尔求交时，可以将实体和实体、片体和片体（在同一曲面上）、片体和实体进行求交运算，但不能将实体和片体进行求交运算。

2）若两个片体相交产生一条曲线或构成两个独立的片体，则运算不能进行。

7.2 拔模

选择“菜单(M)”→“插入(S)”→“细节特征(L)” →“拔模(T)...”，或单击“主页”选项卡“基本”组中的“拔模”按钮，打开如图 7-7 所示的“拔模”对话框。该对话框可用于指定矢量方向，从指定的参考点开始施加一个斜度到指定的表面或实体边缘线上。拔模示意图如图 7-8 所示。

图7-7　“拔模”对话框（“面” 类型）

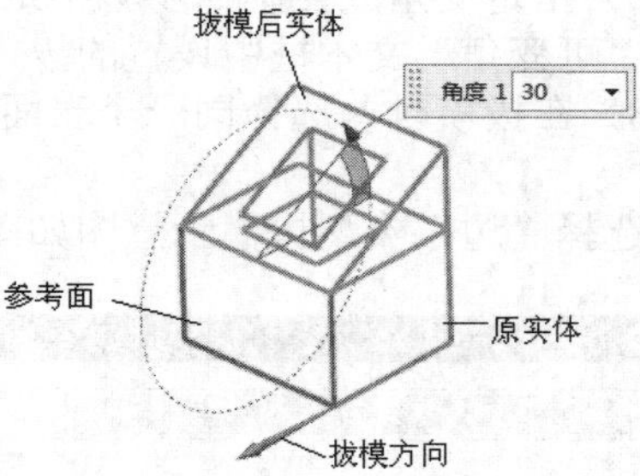

图7-8　拔模示意图

7.2.1　参数及其功能简介

1．面

在“拔模”对话框中的“类型”下拉列表中选择“面”类型，打开的“拔模”对话框如图 7-7 所示。该对话框可用于从参考平面开始，沿拔模方向，按指定的拔模角度，对指定的实体表面进行拔模。

（1）脱模方向　用于指定实体拔模的方向。用户可在“指定矢量”右侧的下拉列表中指定拔模的方向。

（2）拔模方法

1）固定面：该方法用于指定实体拔模的参考面。在拔模过程中，实体在该参考面上的截面曲线不发生变化。

2）分型面：该方法用于固定分型面拔模。包含拔模面的固定面的相交曲线将用作计算该拔模的参考。要拔模的面将在与固定面相交处进行细分。

3）固定面和分型面：该方法用于从固定面向分型面拔模。包含拔模面的固定面的相交曲线将用作计算该拔模的参考。要拔模的面将在与分型面相交处进行细分。

（3）要拔模的面　用于选择一个或多个要进行拔模的表面。

需要注意的是：

1）所选的拔模方向不能与任何拔模表面的法向平行。

2）当进行实体外表面的拔模时，若拔模角度大于 0，则沿拔模方向向内拔模；否则沿拔模方向向外拔模。

3）当进行实体内表面的拔模时，情况与拔模外表面时刚好相反。

2．边

在“拔模”对话框中的“类型”下拉列表中选择“边”类型，打开的“拔模”对话框如图 7-9 所示，该对话框可用于从实体边开始，沿拔模方向，按指定的拔模角度，对指定的实体表面进行拔模。

（1）脱模方向　与上面介绍的面拔模中的含义相同。

（2）固定边　用于指定实体拔模的一条或多条实体边作为拔模的参考边。

（3）可变拔模点　用于在参考边上设置实体拔模的一个或多个控制点，再为各控制点设置相应的角度和位置，从而实现沿参考边对实体进行变角度的拔模。其可变角定义点的定义可通过“捕捉点”工具栏来实现。

需要注意的是：

1）所选择的参考边在任意点处的切线与拔模方向的夹角必须大于拔模角度。

2）指定变角度控制点步骤不是必需的。用户可以不指定变角度控制点，此时系统沿参考边用“可变角”文本框中设置的拔模角度对实体进行固定角度拔模。

3）在拔模时，选择同一个表面上的多段边作为参考边时，在拔模后该表面会变成多个表面。

选择“边”类型拔模示意图如图 7-10 所示。

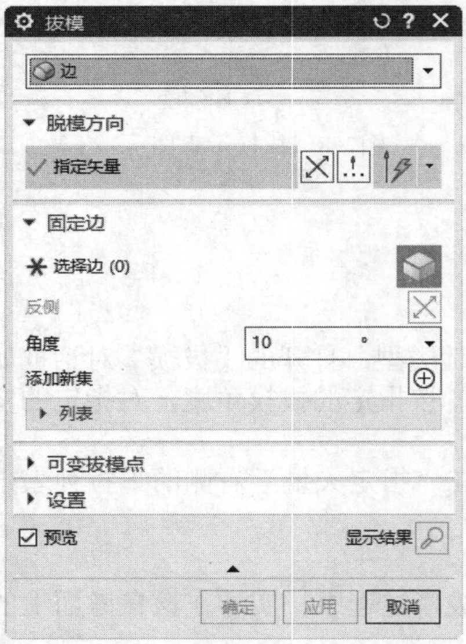

图7-9　“拔模”对话框（“边”类型）

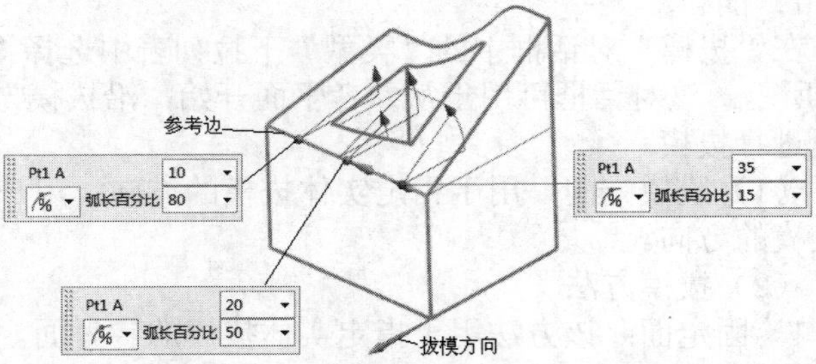

图7-10　选择“边”类型拔模示意图

3．与面相切

在“拔模”对话框中的“类型”下拉列表中选择“与面相切”类型，打开的“拔模”对话框如图 7-11 所示。该对话框可用于沿拔模方向，按指定的拔模角度对实体进行拔模，并使拔模面相切于指定的实体表面。

（1）脱模方向　与上面介绍的面拔模中的含义相同。

（2）相切面　用于指定一个或多个相切表面作为拔模表面。

选择“与面相切”类型拔模示意图如图 7-12 所示。

图7-11　“拔模”对话框（与面相切类型）

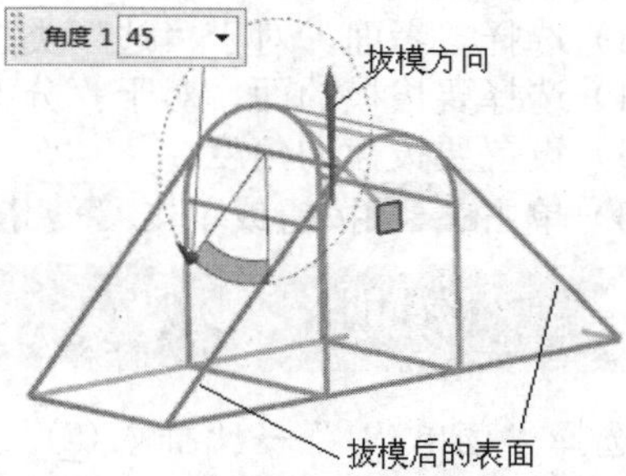

图7-12　选择“与面相切”类型拔模示意图

4．分型边

在“拔模”对话框中的“类型”下拉列表中选择“分型边”类型，打开的“拔模”对话框如图 7-13 所示。该对话框可用于从参考面开始，沿拔模方向，按指定的拔模角度，沿指定的分割边对实体进行拔模。

（1）脱模方向　与上面介绍的面拔模中的含义相同。

（2）固定平面　用于指定实体拔模的参考面。在拔模过程中，实体在该参考面上的截面曲线不发生变化。

（3）分型边　用于选择一条或多条分割边作为拔模的参考边。其使用方法和“边”类型中“固定边”的使用方法相同。

选择“分型边”类型拔模示意图如图 7-14 所示。

图7-13　“拔模”对话框（“分型边”类型）

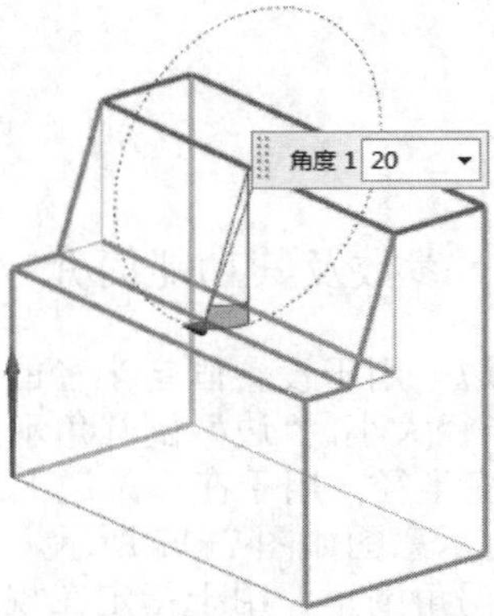

图7-14　选择“分型边”类型拔模示意图

UG NX

7.2.2 创建步骤

1）指定拔模的类型。
2）指定拔模方向。
3）选择参考面，对于“边”类型选择参考边，“与面相切”类型没有这步骤。
4）选择要拔模的面，对于“分型边”类型选择分割边。
5）设置要拔模的角度。
6）单击 确定 按钮或单击 应用 按钮，创建拔模特征。

7.3 边倒圆

选择“菜单(M)”→“插入(S)”→“细节特征(L)”→“边倒圆(E)...”，或单击“主页”选项卡“基本”组中的“边倒圆”按钮，打开如图 7-15 所示的“边倒圆”对话框。该对话框可用于在实体沿边缘去除材料或添加材料，使实体上的尖锐边缘变成圆滑表面（圆角面）。可以沿一条边或多条边同时进行倒圆操作。沿边的长度方向，倒圆半径可以不变，也可以是变化的。

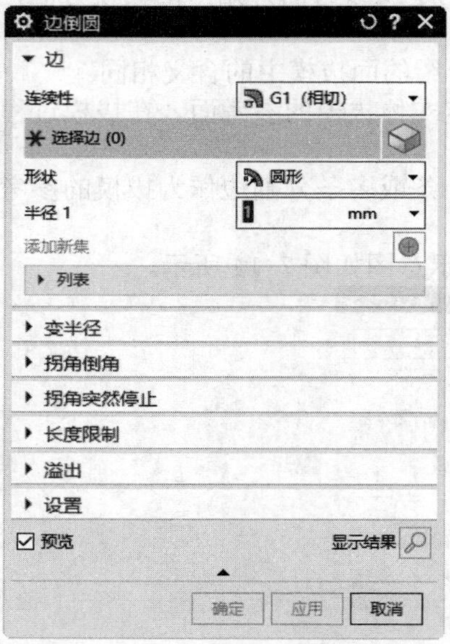

图7-15 “边倒圆”对话框

7.3.1 参数及其功能简介

（1）边　用于设置固定半径的倒圆角，既可以多条边一起倒圆角，也可以手动拖动倒圆角，改变半径大小。“边”倒圆角示意图如图 7-16 所示。

（2）变半径　用于在一条边上定义不同的点，然后在各点设置不同的倒圆角半径。“变半径”倒圆角示意图如图 7-17 所示。

（3）拐角倒角　用于指定在规定的边缘上从一个规定的点回退的距离，然后产生一个回退的倒圆角效果。“拐角倒角”倒圆角示意图如图 7-18 所示。

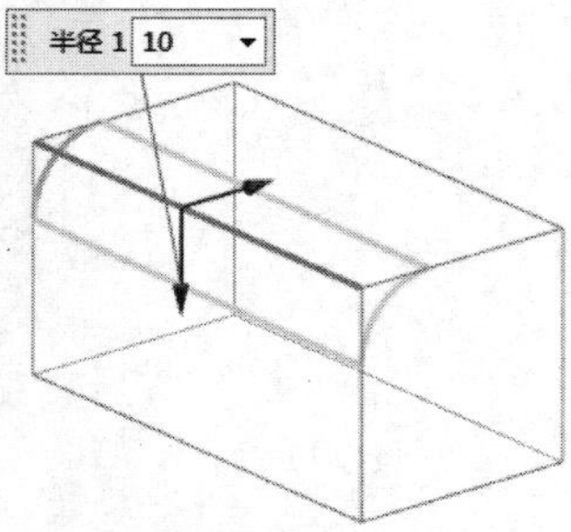

图7-16　“边”倒圆角示意图

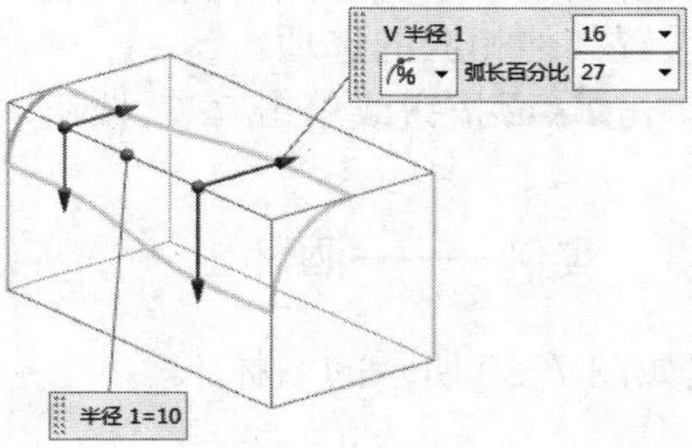

图7-17　“变半径”倒圆角示意图

（4）拐角突然停止　用来指定一个点，然后倒角从该点回退一段距离，回退的区域将保持原状。“拐角突然停止”倒圆角示意图如图 7-19 所示。

（5）溢出

1）跨光顺边滚边：用于设置在溢出区域是否光滑。若勾选该复选框，系统将产生与其他邻接面相切的倒圆角面。

2）沿边滚动：用于设置在溢出区域是否存在陡边。若勾选该复选框，系统将以邻接面的边创建倒圆角。

3）修剪圆角：勾选该复选框，允许倒圆角在相交的特殊区域生成，并移动不符合几何要求的陡边。

建议用户在倒圆角操作时，将 3 个溢出方式全部选中，这样当溢出发生时，系统会自动地选择溢出方式，使结果最好。

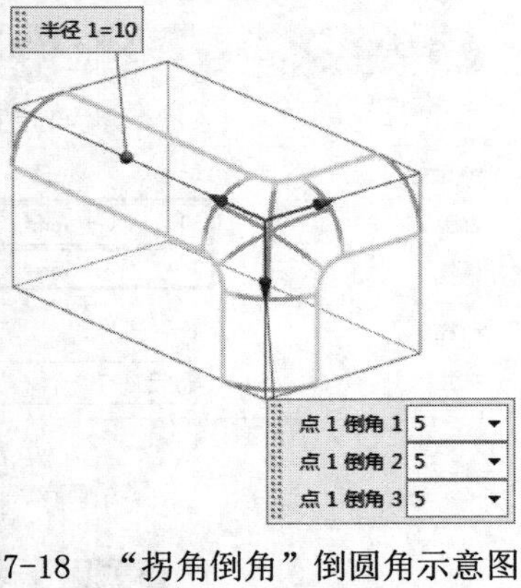

图7-18　“拐角倒角”倒圆角示意图

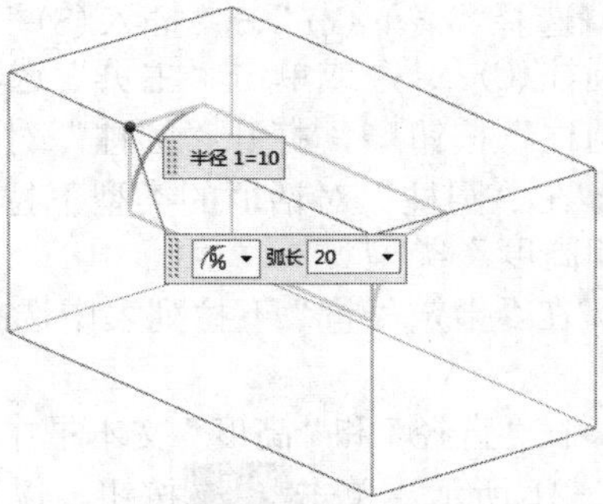

图7-19　“拐角突然停止”倒圆角示意图

7.3.2　创建步骤

1. 恒定半径倒圆的创建步骤

1）选择倒圆边。

2）指定倒圆半径。

3）设置其他相应的选项。

4）单击 确定 按钮或单击 应用 按钮，创建恒定半径倒圆。

2. 变半径倒圆的创建步骤

1）选择倒圆边。

2）单击可变半径点按钮，选择变半径倒圆。

3）在倒圆边上定义各点的倒圆半径。

4）设置其他相应的选项。

5）单击 确定 按钮或单击 应用 按钮，创建变半径倒圆。

7.3.3 实例——酒杯 1

创建如图 7-20 所示的酒杯 1。

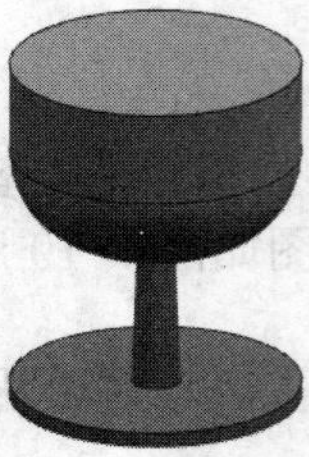

图7-20 酒杯1

01 新建文件。单击“主页”选项卡中的“新建”按钮，打开“新建”对话框，在“模板”列表框中选择“模型”，输入名称“jiubei”，单击 确定 按钮，进入 UG NX 建模环境。

02 创建圆柱体。

❶选择“菜单(M)”→“插入(S)”→“设计特征(E)”→“圆柱(C)...”，或单击“主页”选项卡“基本”组中的“圆柱”按钮，打开“圆柱”对话框。

❷在“圆柱”对话框的类型下拉列表中选择“轴，直径和高度”类型。

❸在“指定矢量”下拉列表中选择 ZC 为圆柱的创建方向。

❹在“直径”和“高度”文本框中分别输入 60 和 3，如图 7-21 所示。单击 确定 按钮，以原点为中心生成圆柱体，如图 7-22 所示。

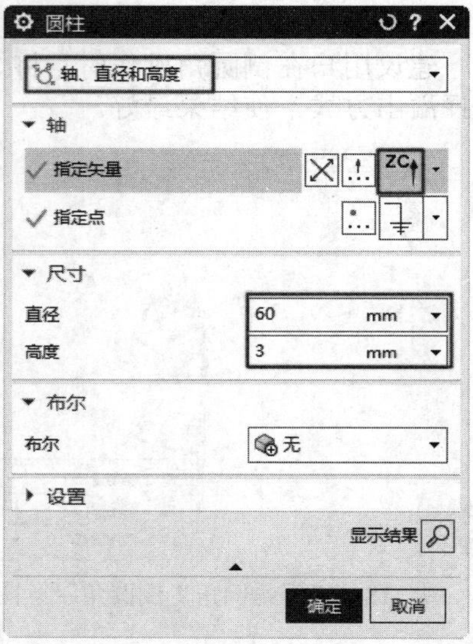

图7-21 “圆柱”对话框

03 创建凸台。

❶选择“菜单(M)”→“插入(S)”→“设计特征(E)”→“凸台（原有）(B)...”，打开“凸台”对话框。

❷在“直径”“高度”和“锥角”文本框中分别输入 10、32、2，如图 7-23 所示。按系统提示选择如图 7-24 所示的圆柱体上表面为放置面，单击 确定 按钮。

❸打开如图 7-25 所示的“定位”对话框，单击“点落在点上”按钮，打开如图 7-26 所示的“点落在点上”对话框。选择圆柱体的圆弧边为目标对象，如图 7-27 所示。

❹打开如图 7-28 所示的“设置圆弧的位置”对话框。单击 圆弧中心 按钮，生成模型，如图 7-29 所示。

04 创建圆柱体。

❶选择“菜单(M)”→“插入(S)”→“设计特征(E)” →“圆柱(C)...”，或单击“主页”选项卡“基本”组中的“圆柱”按钮，打开“圆柱”对话框

图7-22　生成圆柱体

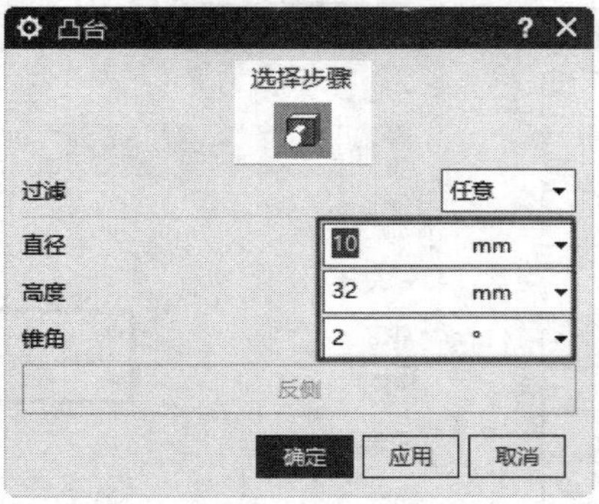

图7-23　“凸台”对话框

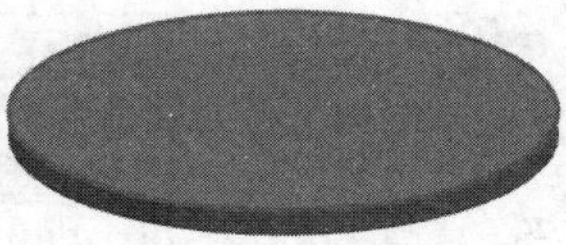
图7-24　选择放置面

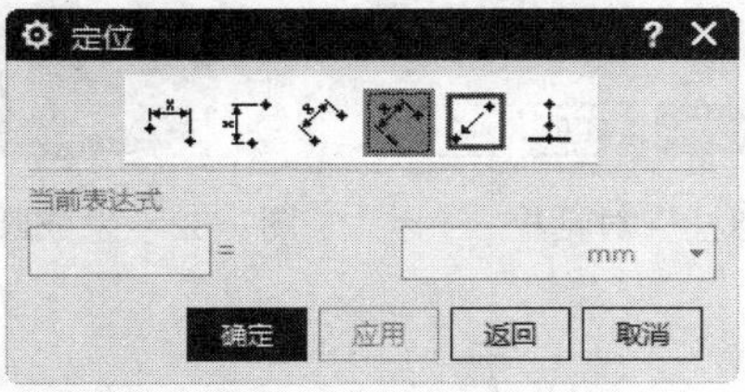

图7-25　“定位”对话框

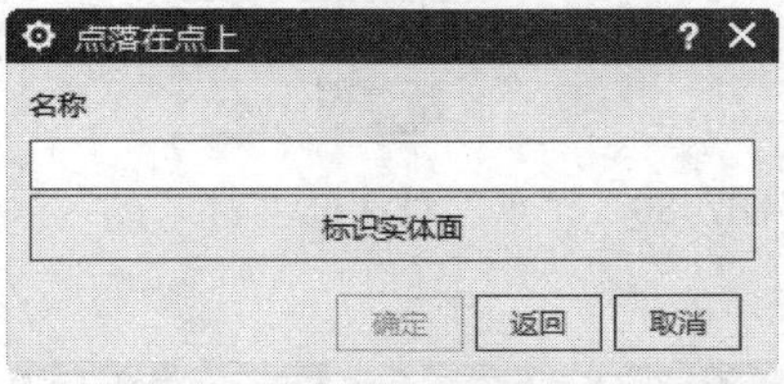

图7-26　“点落在点上”对话框

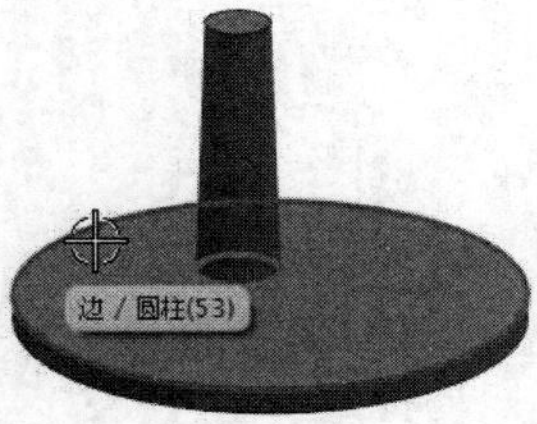

图7-27　选择目标对象

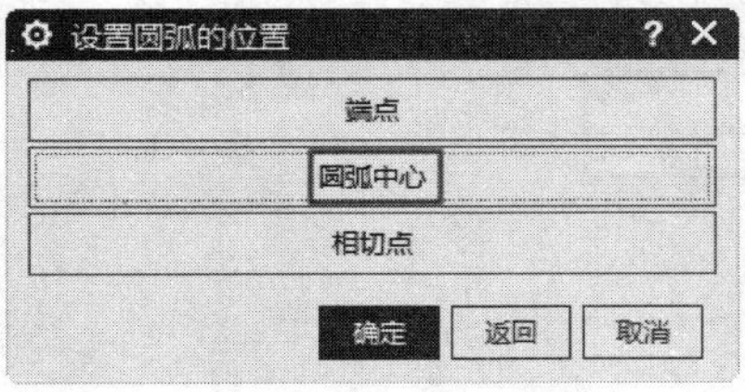

图7-28　“设置圆弧的位置”对话框

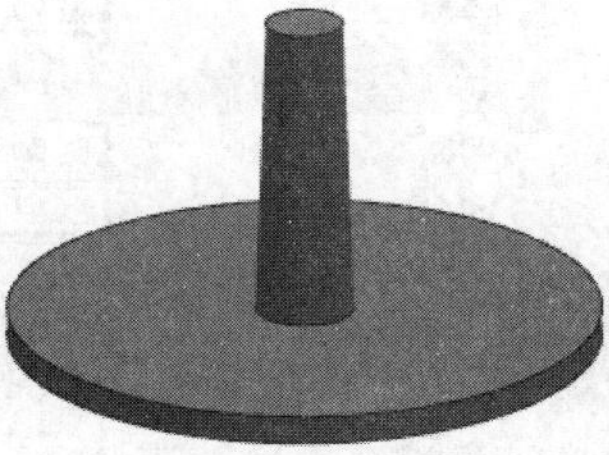
图7-29　生成模型

❷在“圆柱”对话框中的“类型”下拉列表中选择“轴，直径和高度”类型。

❸在“指定矢量”下拉列表中选择 ZC 为圆柱的创建方向。

❹单击“点对话框”按钮，打开如图 7-30 所示的“点”对话框，输入坐标（0,0,35），单击 确定 按钮。

❺返回到“圆柱”对话框，在“直径”和“高度”文本框中分别输入 60 和 40，如图 7-31 所示。单击 确定 按钮，生成圆柱体，如图 7-32 所示。

05 创建边倒圆。

❶选择“菜单(M)”→“插入(S)”→“细节特征(L)” →“边倒圆(E)...”，单击“主页”选项卡“基本”组中的“边倒圆”按钮，打开“边倒圆”对话框。

❷在“边倒圆”对话框的“半径 1”文本框中输入 20，如图 7-33 所示。

❸在绘图区中分别选择如图 7-34 所示的边，单击“边倒圆”对话框中的 确定 按钮，生成边倒圆，如图 7-35 所示。

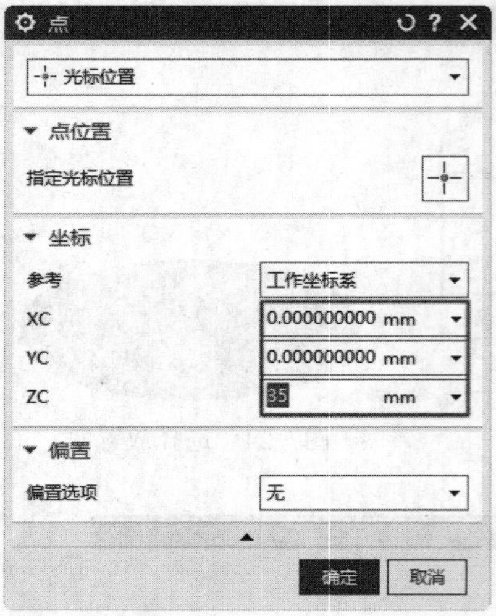

图7-30 “点”对话框

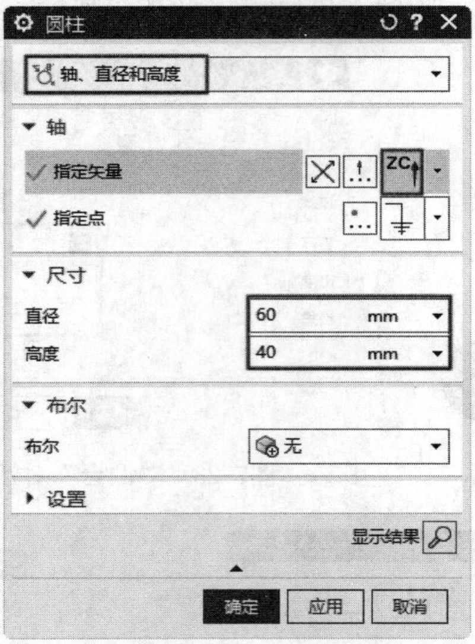

图7-31 “圆柱”对话框

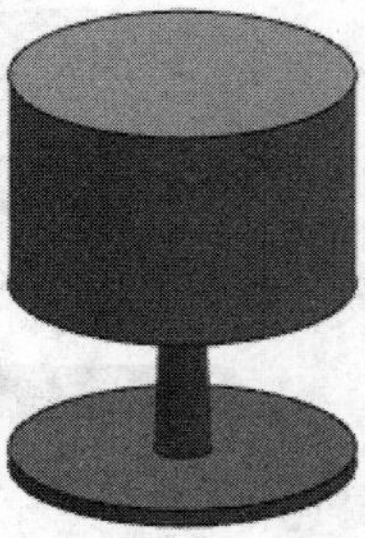

图7-32 生成圆柱体

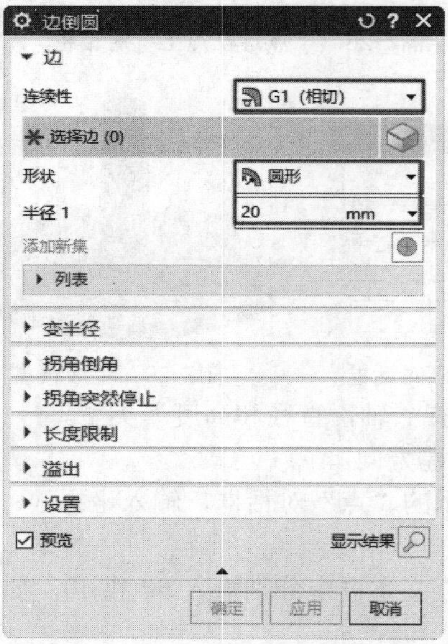

图7-33 “边倒圆”对话框

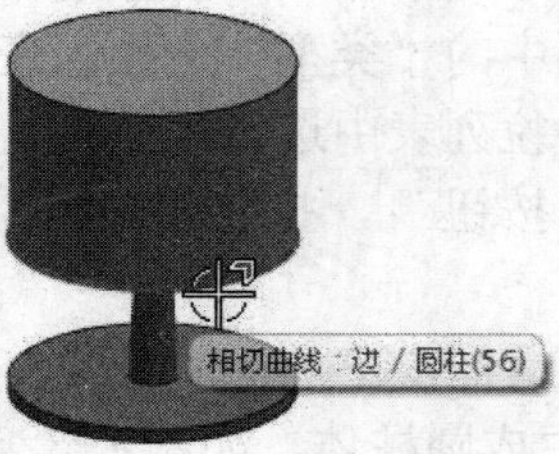

图7-34 选择边

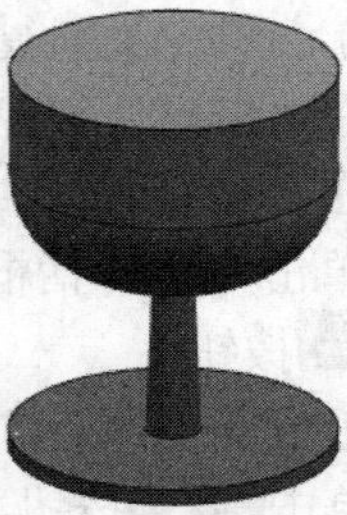

图7-35 生成边倒圆

7.4 倒角

选择“菜单(M)”→“插入(S)”→“细节特征(L)”→“倒斜角(M)...”，或单击“主页”选项卡“基本”组中的“倒斜角”按钮，打开如图 7-36 所示的“倒斜角”对话框。该对话框可用于对已存在的实体上沿指定的边缘进行倒角。

7.4.1　参数及其功能简介

（1）对称　用于对与倒角边邻接的两个面采用相同的偏置值来创建倒角。选择该选项后，“距离”文本框被激活，在该文本框中输入倒角边要偏置的值，单击确定按钮，即可创建倒角。以“对称”方式创建的倒角如图 7-37 所示。

图7-36　“倒斜角”对话框

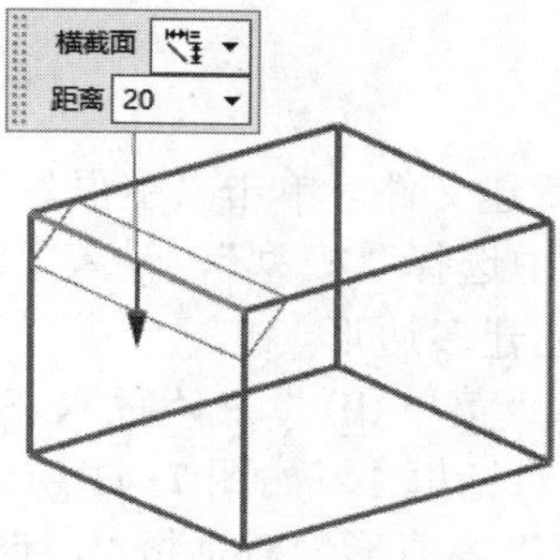

图7-37　以“对称”方式创建倒角

（2）非对称　用于对与倒角边邻接的两个面分别采用不同的偏置值来创建倒角。选择该选项后，“距离 1”和“距离 2”文本框被激活，在这两个文本框中输入用户所需的偏置值，单击确定按钮，即可创建倒角。以“非对称”方式创建的倒角如图 7-38 所示。

（3）偏置和角度　用于由一个偏置值和一个角度来创建倒角。选择该选项后，“距离”和“角度”文本框被激活，在这两个文本框中输入用户所需的偏置值和角度，单击确定按钮，即可创建倒角。以“偏置和角度”方式创建的倒角如图 7-39 所示。

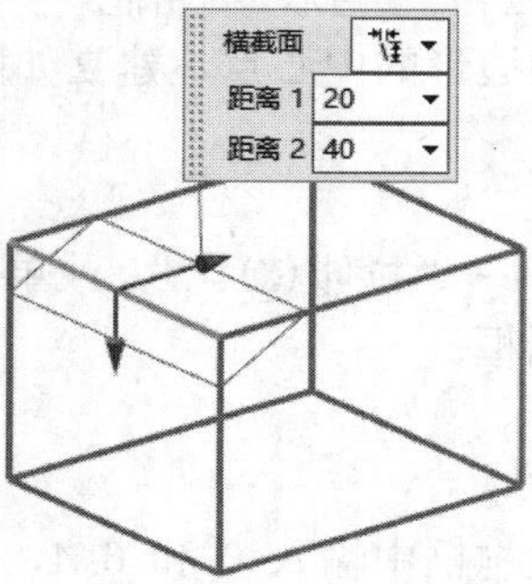

图7-38　以“非对称”方式创建倒角

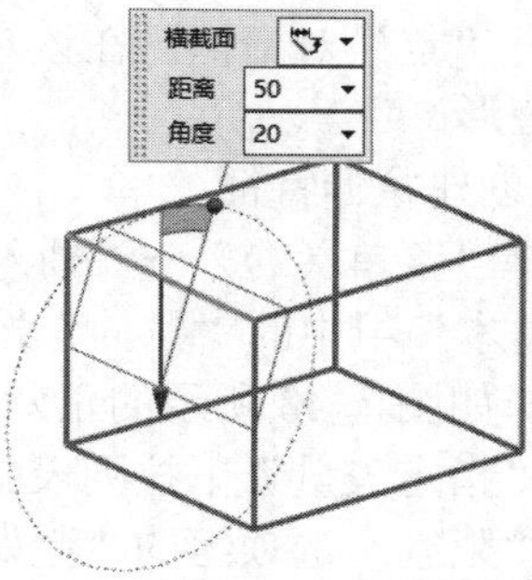

图7-39　以“偏置和角度”方式创建倒角

7.4.2　创建步骤

1）选择倒角边缘。
2）指定倒角类型。
3）设置倒角形状参数。
4）设置其他相应的参数。
5）单击确定按钮或单击应用按钮，创建倒角。

7.4.3　实例——螺栓 1

创建如图 7-40 所示的螺栓 1。

图7-40　螺栓1

01 新建文件。单击“主页”选项卡中的“新建”按钮，打开“新建”对话框，在“模板”列表框中选择“模型”，输入“luoshuan1”，单击确定按钮，进入 UG NX 建模环境。

02 创建多边形。

❶选择“菜单(M)”→“插入(S)”→“草图曲线(S)”→“多边形（原有）(P)...”，打开“多边形”对话框 1，如图 7-41 所示。单击确定按钮。

❷打开“多边形”对话框 2，选择“外接圆半径”选项，单击确定按钮。

❸打开“多边形”对话框 3，在“圆半径”文本框中输入 9，如图 7-42 所示。单击确定按钮。

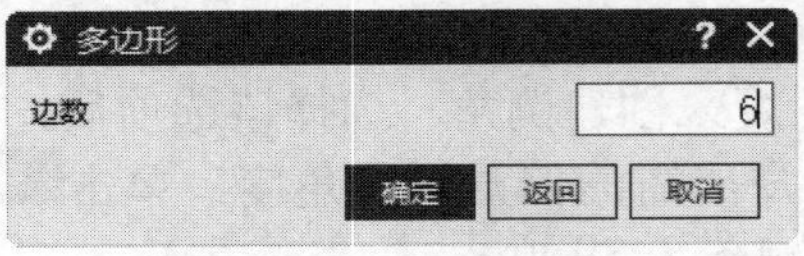

图7-41　“多边形”对话框1

图7-42　“多边形”对话框3

❹打开“点”对话框，在该对话框中定义坐标原点为多边形的中心点，建立如图 7-43 所示的正六边形。

03 创建拉伸特征。

❶选择“菜单（M)”→“插入(S)”→“设计特征(E)”→“拉伸(X)...”，或单击“主页”选项卡“基本”组中的“拉伸”按钮，弹出“拉伸”对话框。

❷选择如图 7-43 所示的正六边形为拉伸曲线。

❸在“指定矢量”下拉列表中选择 ZC 作为拉伸方向。

❹在“限制”选项组的“起始距离”和“终止距离”文本框中输入 0 和 6.4，如图 7-44 所示。单击确定按钮，完成拉伸。生成的正六棱柱如图 7-45 所示。

04 创建圆柱。

❶选择“菜单(M)”→“插入(S)”→“设计特征(E)”→“圆柱(C)...”，或单击“主页”选项卡“基本”组中的“圆柱”按钮，打开“圆柱”对话框。

❷在“类型”下拉列表中选择“轴，直径和高度”类型。

❸在“指定矢量”列表中选择 ZC 作为圆柱体的轴向，选择坐标原点为基点。

❹在“直径”和“高度”文本框中输入 18 和 6.4，如图 7-46 所示。单击确定按钮。生成的圆柱体如图 7-47 所示。

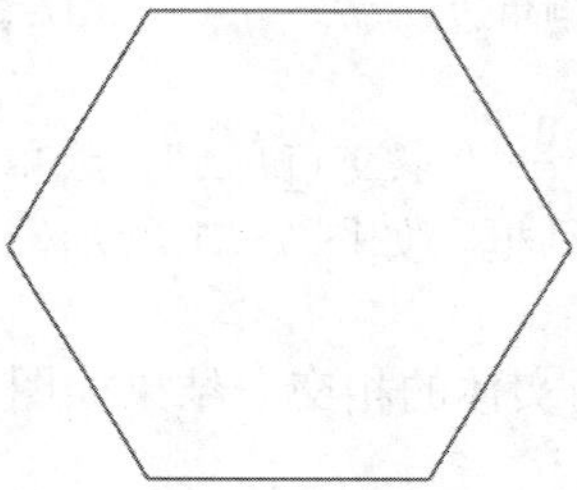

图7-43　正六边形

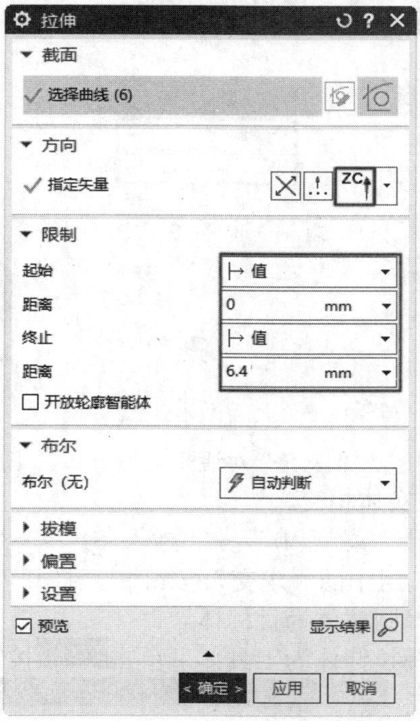

图7-44　“拉伸”对话框

05 创建倒角。

❶选择“菜单(M)”→“插入(S)”→“细节特征(L)”→“倒斜角(M)...”，或单击“主页”选项卡“基本”组中的“倒斜角”按钮，打开“倒斜角”对话框。

❷在 “横截面”下拉列表中选择“对称”，在“距离”文本框中输入 1.5，如图 7-48 所示。

❸选择如图 7-49 所示的圆柱体的顶边，单击确定按钮，完成倒角的创建，结果如图 7-50 所示。

图7-45　生成正六棱柱

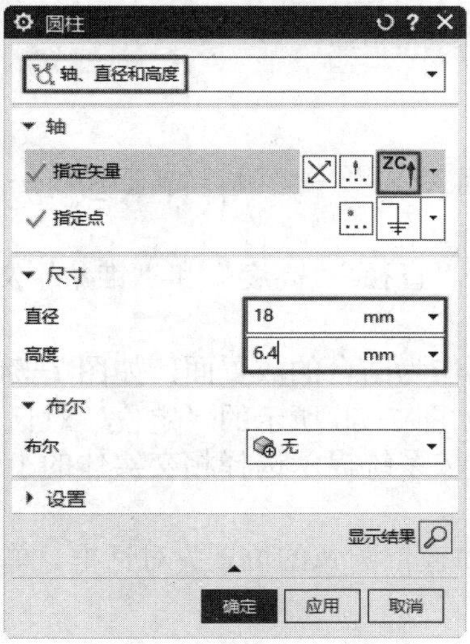

图7-46　“圆柱”对话框

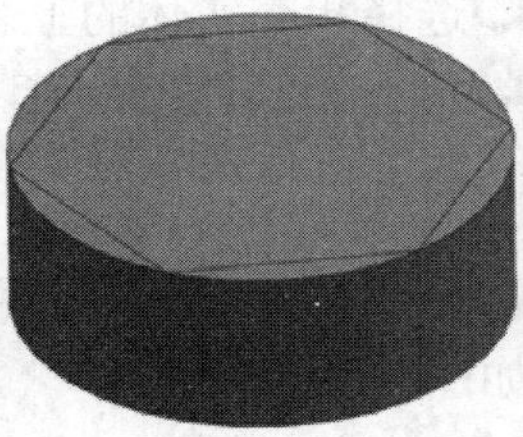

图7-47　生成圆柱体

UG NX

图7-48 “倒斜角”对话框

图7-49 选择倒角边

图7-50 创建倒角

06 实体相交。

❶选择“菜单(M)”→“插入(S)”→“组合(B)”→“求交(I)...”，或单击“主页”选项卡“基本”组中的“求交”按钮，打开“求交”对话框，如图 7-51 所示。

❷选择圆柱体为目标体。

❸选择拉伸体为工具体，单击 确定 按钮，完成两实体的相交，结果如图 7-52 所示。

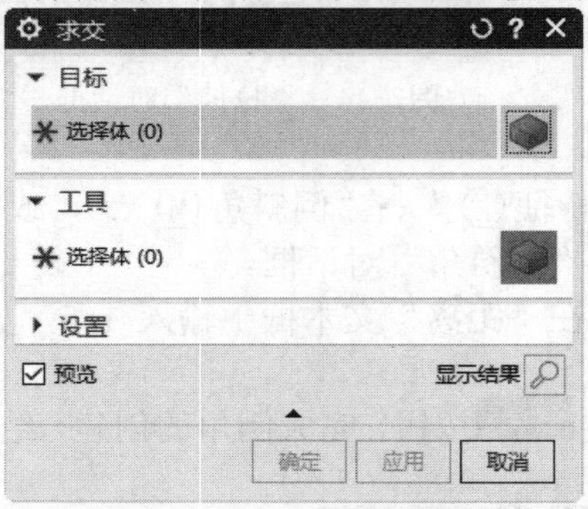

图7-51 “求交”对话框

图7-52 实体相交

07 创建凸台。

❶选择“菜单(M)”→“插入(S)”→“设计特征(E)”→“凸台（原有）(B)...”，打开“凸台”对话框。

❷在“凸台”对话框中的“直径”“高度”和“锥角”文本框中分别输入 10、35 和 0，如图 7-53 所示

❸选择相交实体的上表面作为凸台的放置面，如图 7-54 所示。

❹单击 确定 按钮，打开如图 7-55 所示的“定位”对话框，单击“点落在点上”按钮，打开“点落在点上”对话框。按系统提示选择相交实体的上边缘圆弧为目标对象，如图 7-56 所示。

❺打开如图 7-57 所示的“设置圆弧的位置”对话框。单击 圆弧中心 按钮，完成凸台的创建，结果如图 7-58 所示。

08 创建倒角。

❶选择“菜单(M)”→“插入(S)”→“细节特征(L)” →“倒斜角(M)...”，或单击“主页”选项卡“基本”组中的“倒斜角”按钮，弹出“倒斜角”对话框。

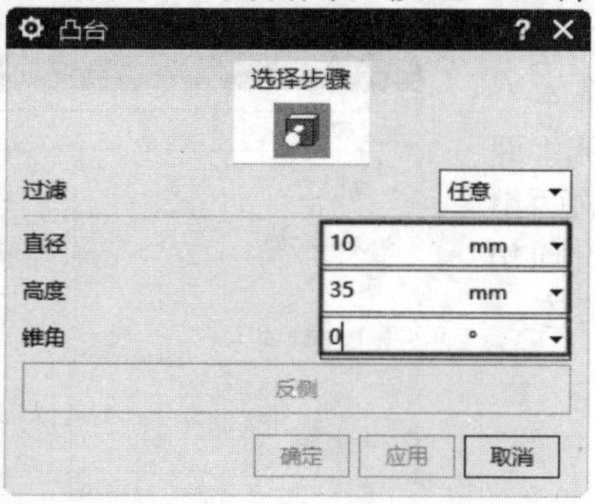

图7-53　“凸台”对话框

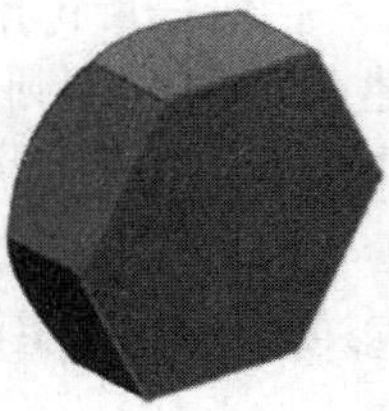
图7-54 选择放置面

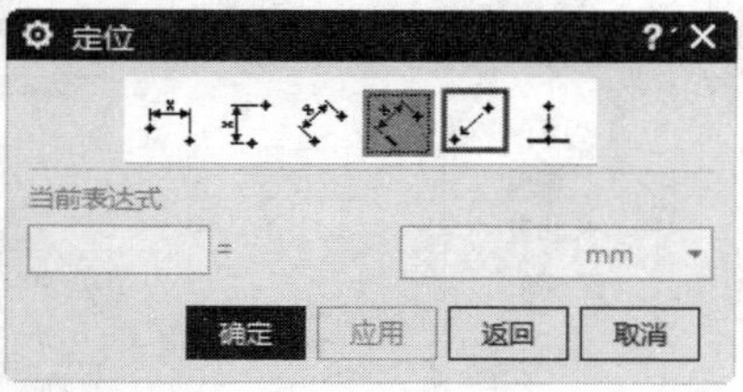

图7-55　“定位”对话框

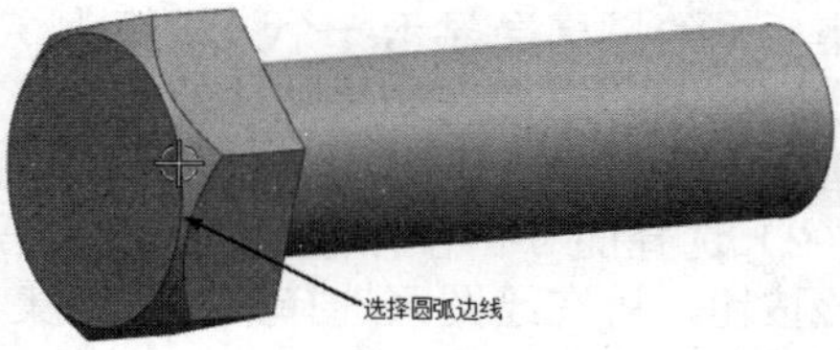

图7-56 选择圆弧

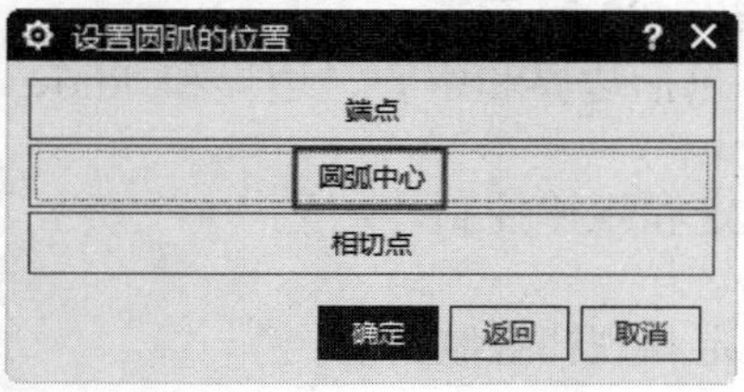

图7-57　“设置圆弧的位置”对话框

图7-58　创建凸台

❷在对话框的“横截面”下拉列表中选择“对称”，在“距离”文本框中输入 1。

❸选择凸台的底边为倒角边，如图 7-59 所示。单击确定按钮，完成螺栓的创建，结果如图 7-60 所示。

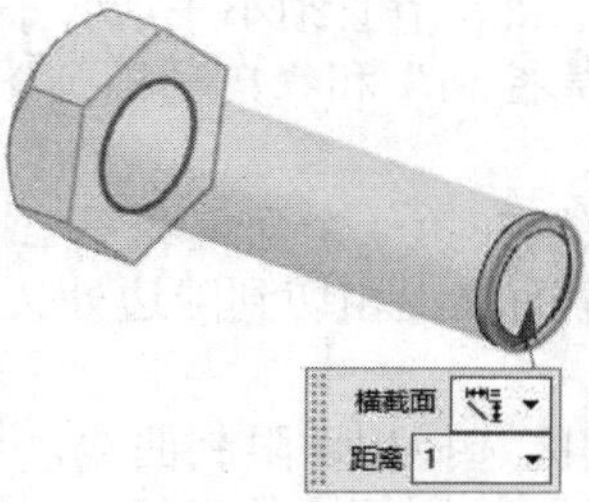

图7-59　选择倒角边

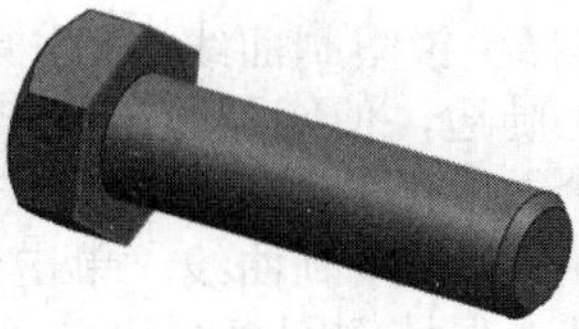
图7-60　创建螺栓

7.5 面倒圆

选择“菜单(M)”→“插入(S)”→“细节特征(L)”→“面倒圆(F)...”，或单击“曲面”选项卡“基本”组中的“面倒圆”按钮，打开如图 7-61 所示的“面倒圆”对话框。该对话框可用于在实体或片体的两组表面之间创建截面曲线为圆形或二次曲线形的圆角面。这两组面可以不相邻，并可分属于不同的实体。

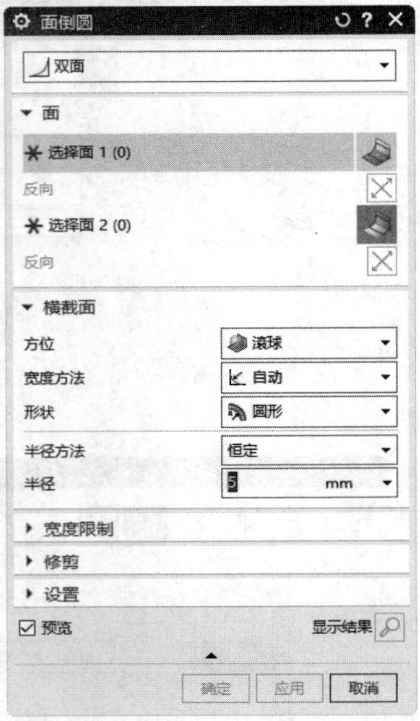

图7-61 “面倒圆”对话框

7.5.1 参数及其功能简介

1. 面

（1）选择面 1 用于选择面倒圆的第一个面集。单击该按钮，可在绘图区选择第一个面集。选择第一个面集后，绘图区会显示一个矢量箭头。此矢量箭头应该指向倒圆的中心，如果默认的方向不符合要求，可单击按钮，使方向反向。

（2）选择面 2 用于选择面倒圆的第二个面集。单击该按钮，可在绘图区选择第二个面集。

2. 横截面

（1）圆形 选中该选项，则用定义好的圆盘与倒圆面相切来进行倒圆。

（2）对称相切 选中该选项，则用两个参数和指定的脊线构成的对称二次曲面，与选择的两面集相切进行倒圆。此时的“面倒圆”对话框如图 7-62 所示。

1）二次曲线法：用于确定绘制二次曲线的方法，包括边界和中心、边界和 Rho、中心和 Rho。

2）边界方法：用于确定设置边界的方法，包括恒定和规律控制。

3）边界半径：用于确定边界的半径值。

4）中心方法：用于确定设置中心的方法，包括恒定和规律控制。

5）中心半径：用于确定设置中心的半径值。

（3）非对称相切 选中该选项，则用两个偏移值和指定的脊线构成的二次曲面，与选择的两面集相切进行倒圆。选中该选项后的“面倒圆”对话框如图 7-62 所示。

1）偏置 1 方法：用于设置在第一面集上的偏置。有“恒定”和“规律控制”两种方式。

2）偏置 2 方法：用于设置在第二面集上的偏置。有“恒定”和“规律控制”两种方式。

3）Rho 方法：用于设置二次曲面拱高与弦高之比。Rho 值必须小于或等于 1。Rho 值越接近 0，则倒圆面越平坦，否则越尖锐。有“恒定”“规律控制”和“自动椭圆”三种方式。

3. 宽度限制

（1）选择尖锐限制曲线 单击该按钮，用户可以在第一个面集和第二个面集上选择一条或多条边作为陡边，使倒圆面在第一个面集和第二个面集上相切到陡边处。在选择陡边时，不一定要在两个面集上都指定陡边。

（2）选择相切限制曲线 单击该按钮，在绘图区选择相切限制曲线，系统会沿着指定的相切限制曲线，保持倒圆表面和选择面集的相切，从而控制倒圆的半径。相切曲线只能在一组表面上选择，不能在两组表面上都指定一条曲线来限制倒圆面的半径。

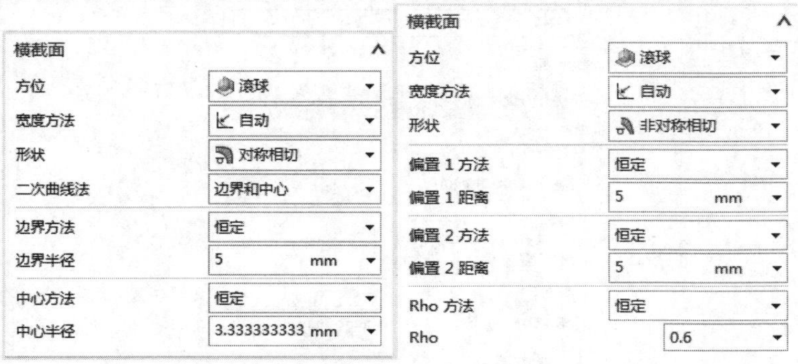

图7-62　“对称相切”选项和“非对称相切”选项

4. 方位

（1）滚球　创建一个面倒圆，其曲面由一个横截面控制，该横截面的方向由与输入面保持恒定接触的滚球定义。横截面平面由两个接触点和球心定义。“滚球”示意图如图 7-63 所示。

（2）扫掠圆盘　创建一个面倒圆，其曲面由一个沿脊线长度方向扫掠的横截面圆盘控制。横截面的平面定义为垂直于脊线。“扫掠圆盘”示意图如图 7-64 所示。

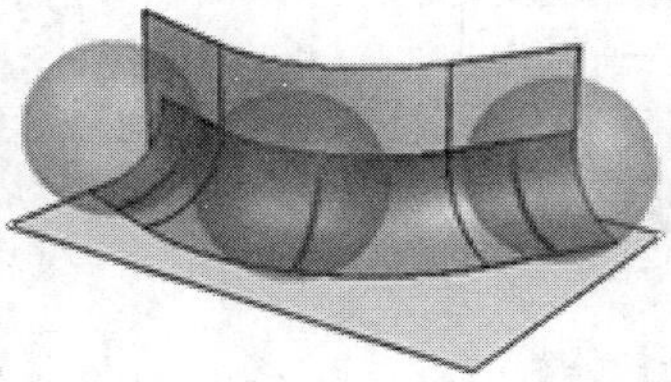

图7-63　“滚球”示意图

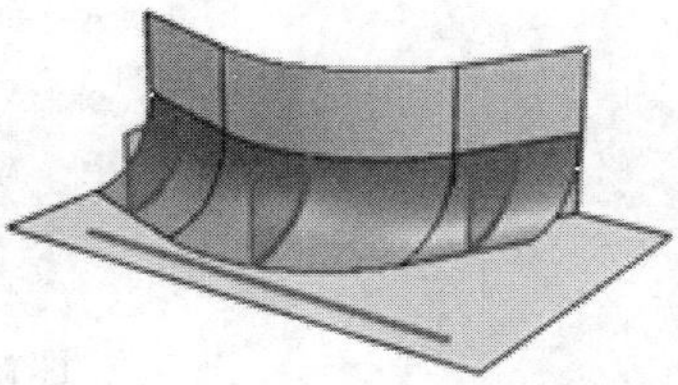

图7-64　“扫掠圆盘”示意图

7.5.2　创建步骤

1）指定面倒圆类型。
2）选择第一个面集。
3）选择第二个面集。
4）若选择“扫掠截面”类型，则选择脊线。
5）若需要，则选择陡边。
6）若需要，则选择相切曲线。
7）指定截面类型。
8）设置截面形状参数。
9）设置其他相应的选项。
10）单击 确定 按钮或单击 应用 按钮，创建面倒圆。

7.6　螺纹

选择“菜单(M)”→“插入(S)”→“设计特征(E)”→“螺纹(T)...”，或单击“主页”选项卡“基本”组中的“螺纹”按钮，打开如图 7-65 所示的“螺纹”对话框。

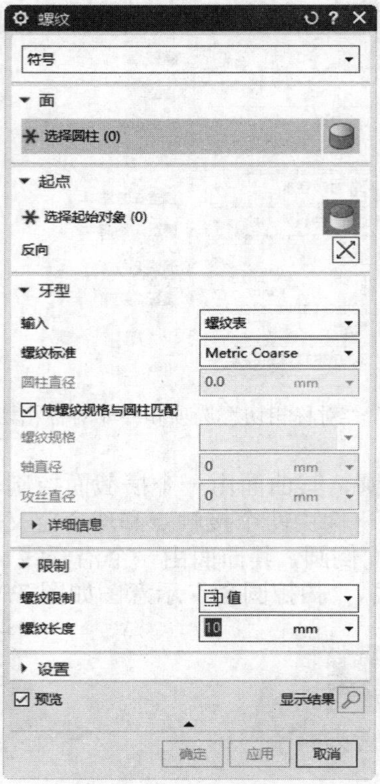

图7-65 “螺纹”对话框

7.6.1 参数及其功能简介

1．螺纹类型

（1）符号　用于创建符号螺纹。符号螺纹用虚线表示，并不显示螺纹实体。这样做的好处是在工程图阶段可以生成国家标准中规定的符号螺纹，同时节省内存，加快运算速度。推荐用户采用符号螺纹的方法。

（2）详细　用于创建详细螺纹。详细螺纹是把所有螺纹的细节特征都表现出来。该操作很消耗硬件内存和速度，所以一般情况下不建议使用。

创建螺纹时，如果选择的圆柱面为外表面则产生外螺纹，如果选择的圆柱面为内表面则产生内螺纹。

2．选择圆柱

用于选择圆柱面（圆柱或孔）作为螺纹所在的位置。

3．起点

（1）选择起始对象　用于选择平的面、非平面的面或基准平面来定义螺纹的起始位置。选择起始对象后，会有一个矢量指示新螺纹的起始位置和方向。

（2）反向　用于反转螺纹方向，该方向在图形窗口中由与选定圆柱面同轴的临时矢量来指示。单击矢量可以反转其方向，但仅沿选定的圆柱面创建螺纹。

4.牙型

（1）输入　用于选择要定义螺纹参数的方法。

1）手动：用于输入螺纹的参数。

2）螺纹表：用于选择螺纹标准。

（2）螺纹标准　在“输入”设置为“螺纹表”时显示，用于为螺纹的创建选择相应标准，如米制粗牙或寸制 UNC。螺纹标准确定用于创建螺纹的螺纹表。

（3）圆柱直径　在应用螺纹之前显示所选圆柱面的直径。

（4）使螺纹规格与圆柱匹配　在“输入”设置为“螺纹表”时显示，用于将所选圆柱面的直径与螺纹标准中相应的螺纹规格匹配。

（5）螺纹规格　在“输入”设置为“螺纹表”时显示。

1）选中“使螺纹规格与圆柱匹配”时，“螺纹规格”显示与选定圆柱面直径匹配的螺纹规格，具体取决于孔或轴尺寸首选项。

2）不选中“使螺纹规格与圆柱匹配”时，“螺纹规格”会列出螺纹标准中的所有螺纹规格以供选用。

（6）轴直径　在为外螺纹选择圆柱面时显示，显示螺纹标准中提供的圆柱的轴径。

（7）攻丝直径　在为内螺纹选择圆柱面时显示。

5. 详细信息

（1）旋向　用于指定螺纹的旋向，如左旋和右旋。

（2）螺纹头数　用于指定要创建的螺纹数。

（3）方法　定义螺纹加工方法，如 Cut、Rolled、Ground 或 Milled。可用的方法由符号螺纹用户默认设置定义。

6. 限制

（1）螺纹限制　用于指定螺纹长度的确定方式。

1）值：螺纹应用于指定距离。如果更改圆柱体长度，螺纹长度保持不变。

2）全长：螺纹应用于圆柱体整个长度。如果更改圆柱体长度，螺纹长度也会更改。

3）短于完整：根据指定的螺距倍数值应用螺纹。如果更改圆柱体长度，螺纹长度也会更改。

（2）螺纹长度　在螺纹“限制”设置为“值”时可用，用于指定从选定的起始对象测量的螺纹长度。

（3）螺距倍数　当螺纹“限制”设置为“短于完整”时可用，用于指定螺距倍数值。软件使用该值根据以下公式计算选定起始对象对面的圆柱端的偏置：

螺纹长度=圆柱长度-(螺距倍数×螺距)

螺距由螺纹标准提供。

7. 设置

（1）孔尺寸首选项　在设定“使螺纹规格与圆柱匹配”时可用，并在为内螺纹选择圆柱面时应用，用于指定所选圆柱面的直径是大径还是攻丝直径。这会影响软件对螺纹规格的选择。

（2）轴尺寸首选项　在设定“使螺纹规格与圆柱匹配”时可用，并在为外螺纹选择圆柱面时应用，用于指定所选圆柱面的直径是大径还是轴直径。这会影响软件对螺纹规格的选择。

（3）延伸开始　在起始位置延伸螺纹以切削任何悬垂材料。

创建的“螺纹”如图 7-66 所示。

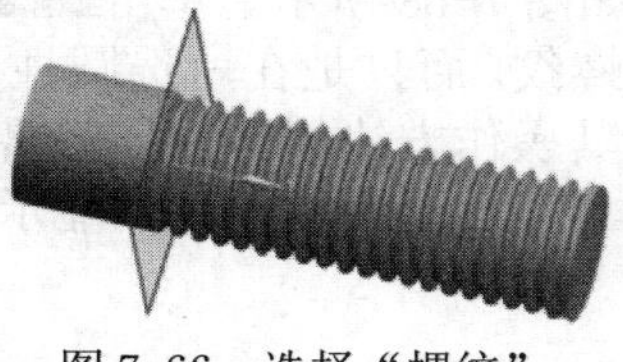

图 7-66　选择“螺纹”

7.6.2 创建步骤

1）指定螺纹类型。

2）设置螺纹的形状参数。

3）若需要，选择起始面。

4）设置螺纹的相应的其他选项。

5）单击 确定 按钮或单击 应用 按钮，创建螺纹。

7.6.3 实例——螺栓 2

创建如图 7-67 所示的螺栓体 2。

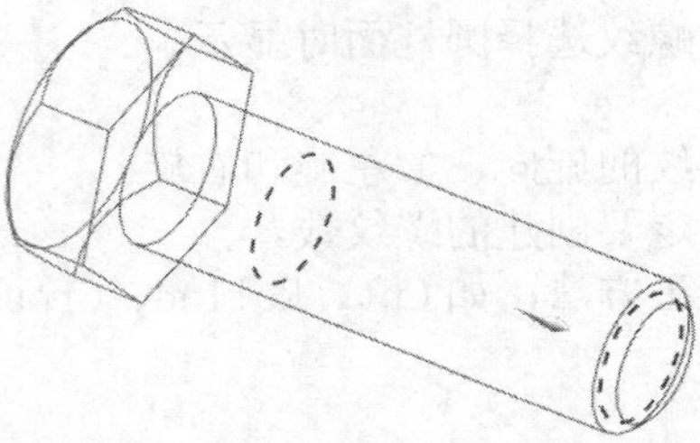

图7-67 螺栓体2

01 打开文件。单击“主页”选项卡中的“打开”按钮，打开“打开”对话框，输入“luoshuan1”，单击 确定 按钮，进入 UG NX 建模环境。

02 另存部件文件。选择“文件(F)” →“保存(S)”→“另存为(A)...”，打开“另存为”对话框，输入“luoshuan2”，单击 确定 按钮，进入 UG NX 主界面。

03 创建螺纹。

❶选择“菜单(M)”→“插入(S)”→“设计特征(E)”→“螺纹(T)...”，或单击“主页”选项卡“基本”组中的“螺纹”按钮，打开“螺纹”对话框，如图 7-68 所示。

❷在“螺纹”对话框中选择螺纹类型为“符号”类型。

❸选择如图 7-69 所示的圆柱面作为螺纹的放置面，选择倒角的圆柱体的端面作为螺纹的开始面。

❹选择“螺纹标准”为“GB193”，勾选“使螺纹规格与圆柱匹配”复选框，选择“螺纹规格”为“M10×1.5”。

❺设置“旋向”为“右旋”、“螺纹头数”为 1。

❻设置“螺纹长度”为 26，如图 7-68 所示。单击 确定 按钮，生成符号螺纹。

符号螺纹并不是生成真正的螺纹，而只是在所选圆柱面上建立虚线圆，如图 7-70 所示。

如果螺纹类型选择“详细”，其操作方法与“符号”螺纹类型操作方法相同，生成的详细螺纹如图 7-71 所示。但是生成详细螺纹会影响系统的显示性能和操作性能，所以一般不生成详细螺纹。

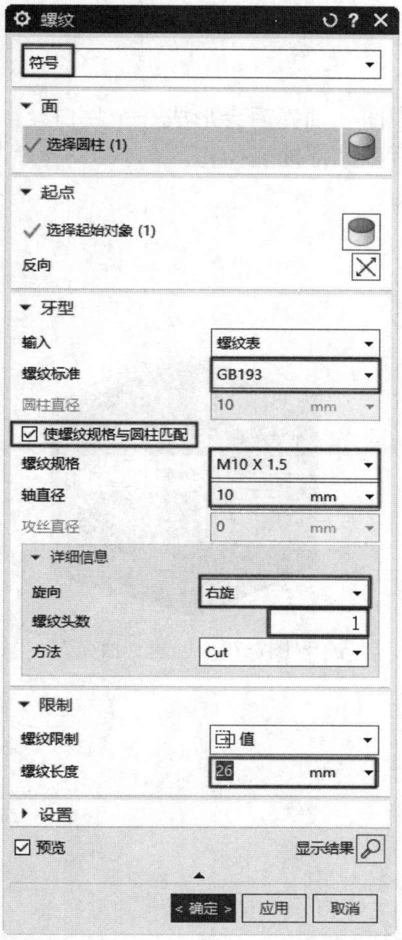

图7-68　“螺纹”对话框

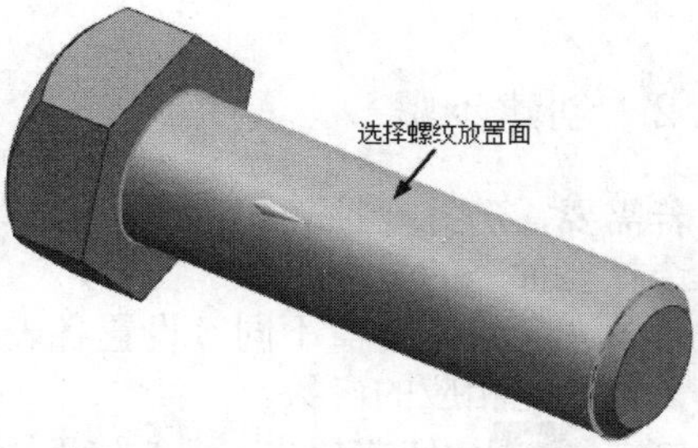

图7-69　选择螺纹的放置面

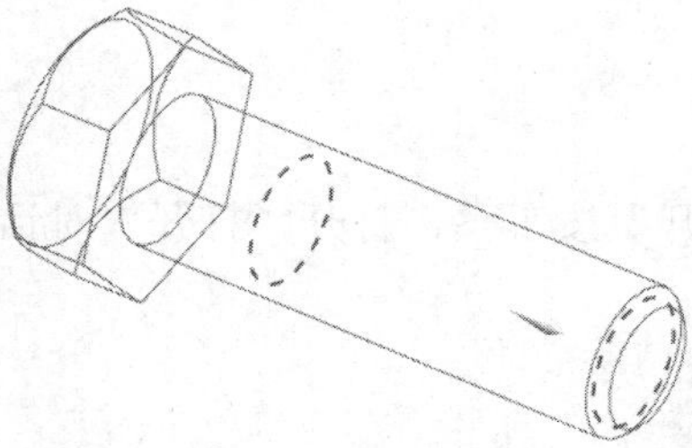

图7-70　符号螺纹

图7-71　详细螺纹

7.7 抽壳

选择“菜单(M)”→“插入(S)”→“偏置/缩放(O)”→“抽壳（H)”，或单击“主页”选项卡“基本”组中的“抽壳”按钮，打开如图 7-72 所示的“抽壳”对话框。

7.7.1　参数及其功能简介

（1）打开　选择该类型后，用于抽壳的实体表面在抽壳后会形成一个缺口。

（2）封闭　选择该类型，在绘图区选择实体后可进行抽壳操作。

创建的“抽壳”如图 7-73 所示。

图7-72　“抽壳”对话框

图7-73　创建“抽壳”

7.7.2　创建步骤

1）若需要，选择要抽壳的实体。
2）选择要抽壳的表面。
3）若各表面的厚度值不同，设置各表面厚度。
4）设置其他相应的参数。
5）单击 确定 按钮或单击 应用 按钮，创建抽壳特征。

7.7.3　实例——酒杯 2

创建如图 7-74 所示的酒杯 2。

01 打开文件。单击“主页”选项卡中的“打开”按钮，打开“打开”对话框，选择“jiubei”，单击 确定 按钮，进入 UG NX 建模环境。

图7-74　酒杯2

02 另存部件文件。选择“文件(F)” →“保存(S)”→“另存为(A)...”，打开“另存为”对话框，输入“jiubei2”，单击确定按钮，进入UG NX 主界面。

03 创建抽壳。

❶选择“菜单(M)”→“插入(S)”→“偏置/缩放(O)”→“抽壳 (H)”，或单击“主页”选项卡“基本”组中的“抽壳”按钮，打开“抽壳”对话框。

❷在“抽壳”对话框的“类型”下拉列表中选择“打开”类型。

❸在“抽壳”对话框中的“厚度”文本框中输入 2，如图 7-75 所示。

❹在绘图区中选择如图 7-76 所示的面为穿透面，单击确定按钮，生成如图 7-77 所示的模型。

7-75　“抽壳”对话框

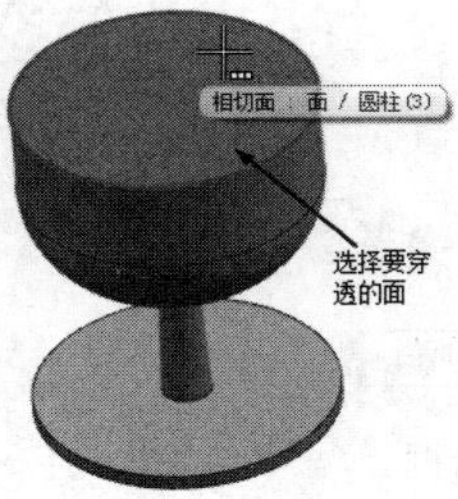

图7-76　选择面

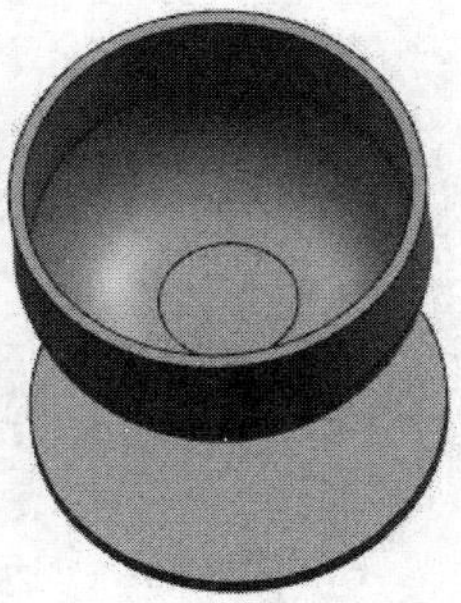
图7-77　生成模型

04 合并实体。

❶选择“菜单(M)”→“插入(S)”→“组合(B)”→“合并(U)...”，或单击“主页”选项卡“基本”组中的“合并”按钮，打开“合并”对话框，如图 7-78 所示。

❷在绘图区中选择圆柱和凸台为目标体，选择抽壳后的圆柱为工具体，单击确定按钮，完成实体的合并，结果如图 7-79 所示。

图7-78　“合并”对话框

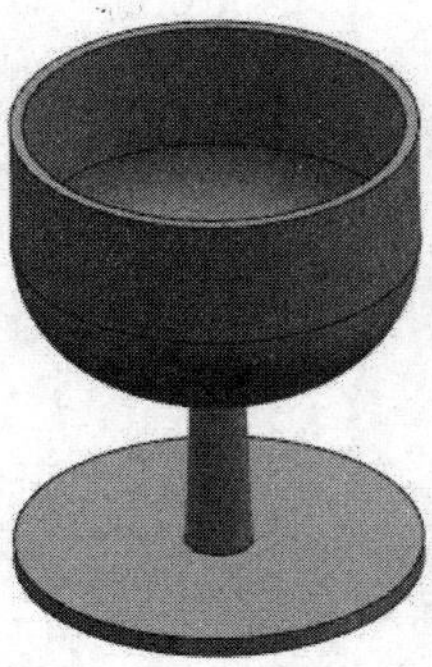
图7-79　合并实体

05 创建边倒圆。

❶选择“菜单(M)”→“插入(S)”→“细节特征(L)”→“边倒圆(E)...”，单击“主页”选项卡“基本”组中的“边倒圆”按钮，打开“边倒圆”对话框。

❷在“边倒圆”对话框的“半径 1”文本框中输入 1，如图 7-80 所示。

❸在绘图区中分别选择如图 7-81 所示的倒圆边，单击对话框中的确定按钮，完成边倒圆的创建，结果如图 7-82 所示。

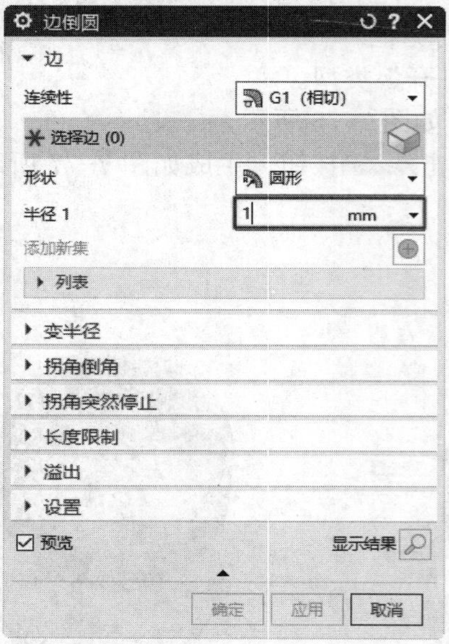

图7-80 “边倒圆”对话框

图7-81 选择倒圆边

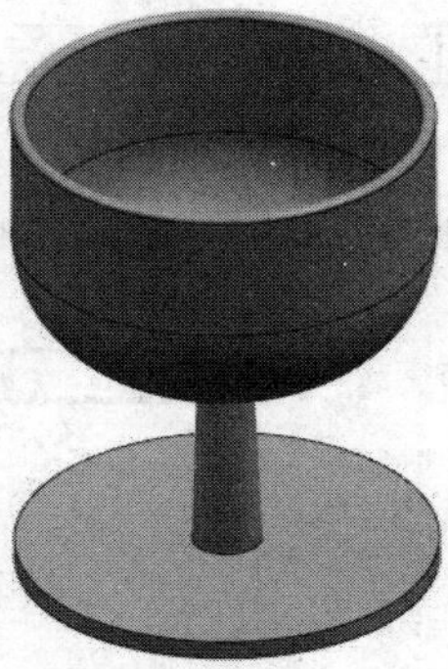

图7-82 创建边倒圆

06 创建边倒圆。

❶选择“菜单(M)”→“插入(S)”→“细节特征(L)”→“边倒圆(E)...”，单击“主页”选项卡“基本”组中的“边倒圆”按钮，打开“边倒圆”对话框。

❷在“边倒圆”对话框的“半径 1”文本框中输入 10。

❸在绘图区中分别选择如图 7-83 所示的倒圆边，单击对话框中的确定按钮，完成边倒圆的创建，结果如图 7-84 所示。

图7-83 选择倒圆边

图7-84 创建边倒圆

07 显示对象。

❶选择“菜单(M)”→“编辑(E)”→“对象显示(J)”，打开“类选择”对话框，如图 7-85 所示。

❷在绘图区中选择实体，单击确定按钮。

❸打开“编辑对象显示”对话框，如图 7-86 所示。选择“颜色”选项。

❹打开如图 7-87 所示的“对象颜色”对话框，选择颜，单击确定按钮。

❺返回到“编辑对象显示”对话框，用鼠标拖动“透明度”滑动条，将其拖到 70 处，单击确定按钮，结果如图 7-74 所示。

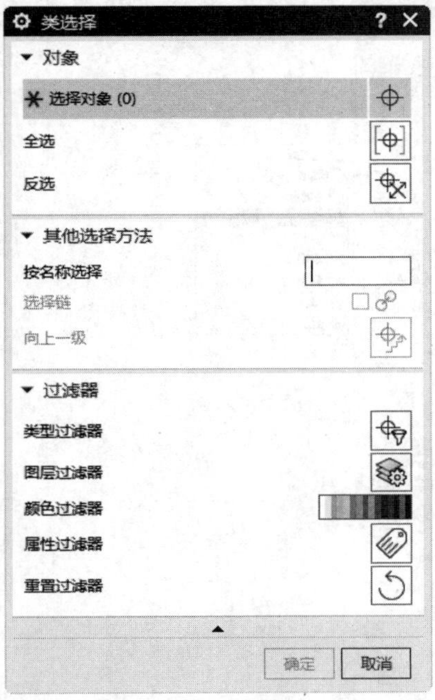

图 7-85　“类选择”对话框

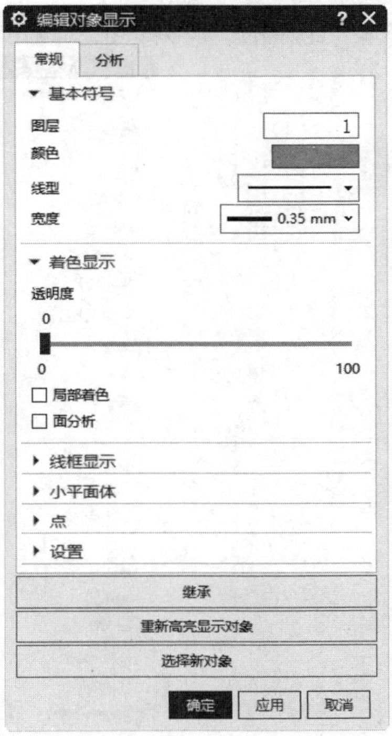

图 7-86　“编辑对象显示”对话框

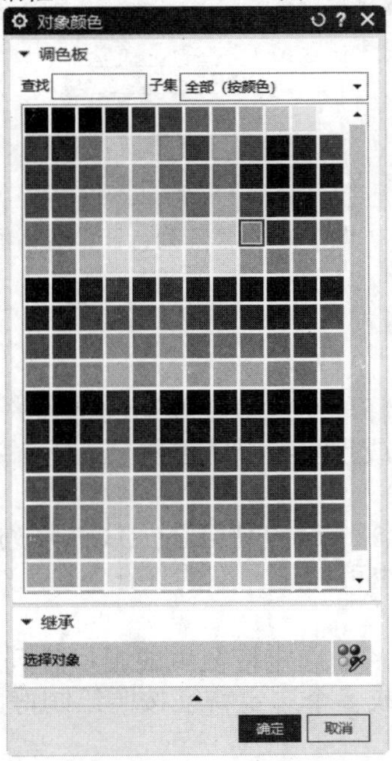

图7-87　“对象颜色”对话框

7.8 阵列特征

选择“菜单(M)”→“插入(S)”→“关联复制(A)”→“阵列特征(A)...”，或单击“主页”选项卡“基本”组中的“阵列特征”按钮，打开如图 7-88 所示的“阵列特征”对话框。

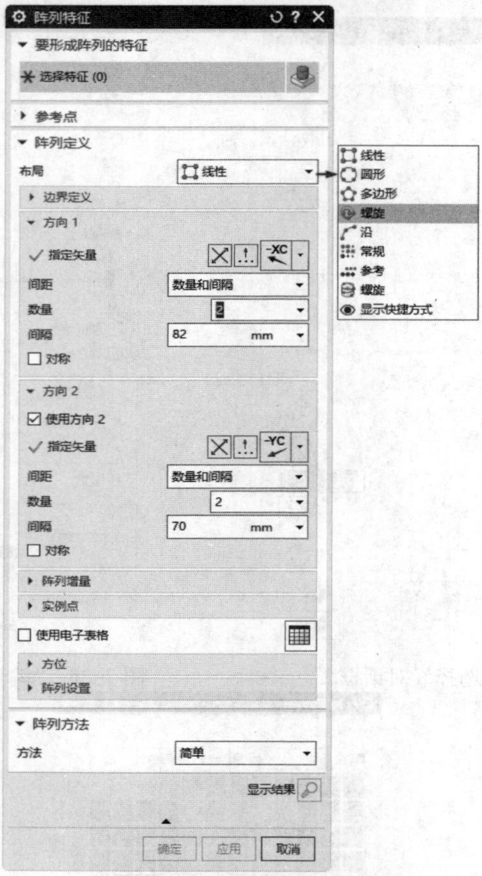

图 7-88 “阵列特征”对话框

7.8.1 参数及其功能简介

（1）要形成阵列的特征　选择一个或多个要形成阵列的特征。

（2）参考点　通过点对话框或点下拉列表选择点，为输入特征指定位置参考点。

（3）阵列定义-布局

1）线性：该选项可从一个或多个选定特征生成线性阵列。线性阵列既可以是二维的（在 XC 和 YC 方向上，即几行特征），也可以是一维的（在 XC 或 YC 方向上，即一行特征）。线性阵列如图 7-89 所示。

2）圆形：该选项可从一个或多个选定特征生成圆形阵列，如图 7-90 所示。

3）多边形：该选项可从一个或多个选定特征按照绘制好的多边形生成阵列，如图 7-91 所示。

4）螺旋：该选项可从一个或多个选定特征按照绘制好的螺旋线生成阵列，如图 7-92 所示。

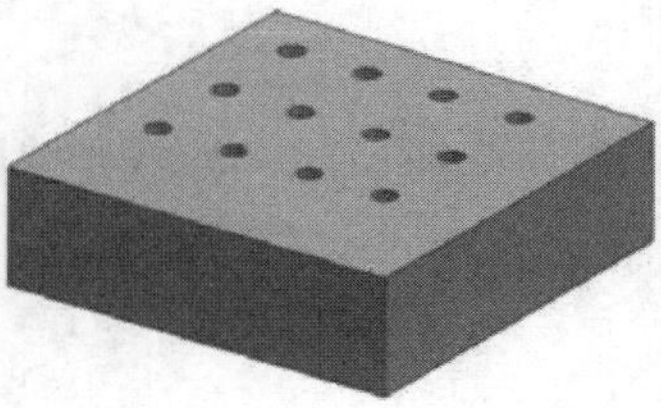
图7-89 线性阵列

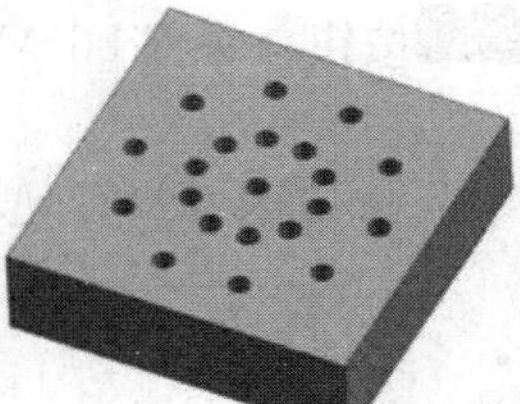
图7-90　圆形阵列

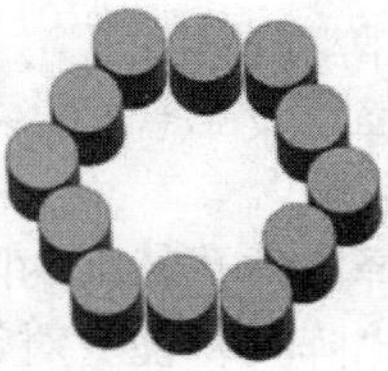
图7-91　多边形阵列

5）沿：该选项可从一个或多个选定特征按照绘制好的曲线生成图样的阵列，如图 7-93 所示。

6）常规：该选项可从一个或多个选定特征在指定点处生成阵列，如图 7-94 所示。

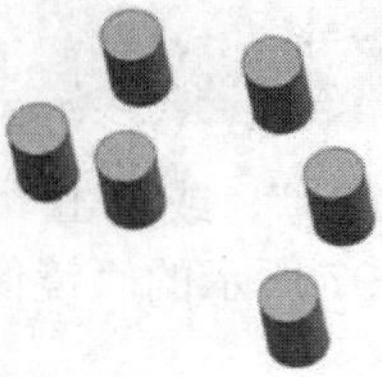
图7-92　螺旋式阵列

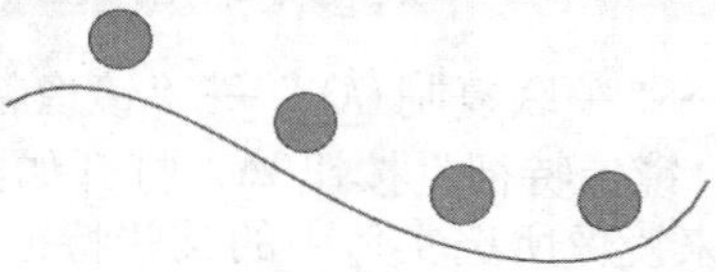
图7-93　沿曲线阵列

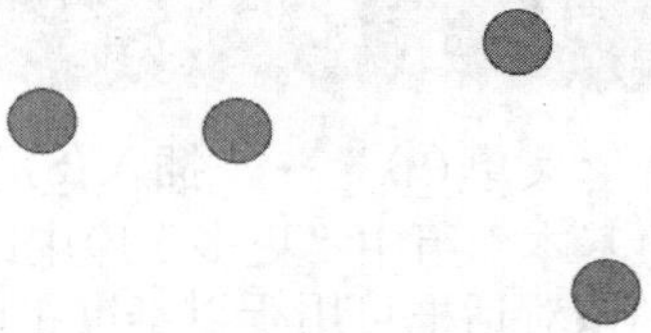
图7-94　常规阵列

（4）阵列方法

1）变化：将多个特征作为输入特征以创建阵列特征对象，并评估每个实例位置的输入特征。

2）简单：将单个特征作为输入特征以创建阵列特征对象，只对输入特征进行有限评估。

7.8.2　创建步骤

1）选择阵列布局类型。
2）选择一个或多个要阵列的特征。
3）设置阵列参数。
4）预览阵列创建的结果，单击 确定 按钮或单击 应用 按钮，创建阵列。

7.8.3　实例——滚珠 2

创建如图 7-95 所示的滚珠 2。

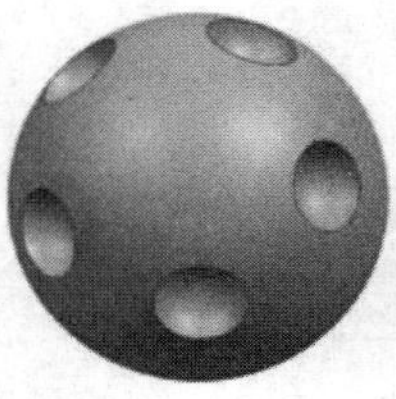
图7-95　滚珠2

01 打开文件。单击“主页”选项卡中的“打开”按钮，打开“打开”对话框，输入“gunzhu1”，单击 确定 按钮，进入 UG NX 建模环境。

02 另存部件文件。选择“文件(F)”→“保存(S)”→“另存为(A)...”，打开“另存为”

对话框，输入“guanzhu2”，单击 确定 按钮，进入 UG NX 主界面。

03 阵列球特征。

❶选择“菜单(M)”→“插入(S)”→“关联复制(A)”→“阵列特征(A)...”，打开“阵列特征”对话框。

❷选择圆球孔特征为阵列特征。

❸在“阵列特征”对话框中选择“圆形”布局。

❹在“指定矢量”下拉列表中选择 ZC↑ 为旋转轴，设置坐标原点为基点，在“数量”和“间隔角”文本框中分别入输入 5 和 72，如图 7-96 所示。单击 确定 按钮。完成孔的阵列。创建的滚珠 2 如图 7-95 所示。

7.9 镜像特征

选择“菜单(M)”→“插入(S)”→“关联复制(A)”→“镜像特征（R)”，或单击“主页”选项卡“基本”组中“更多”库中的“镜像特征”按钮，打开如图 7-97 所示的“镜像特征”对话框。该对话框可用于以基准平面来镜像所选实体中的某些特征。

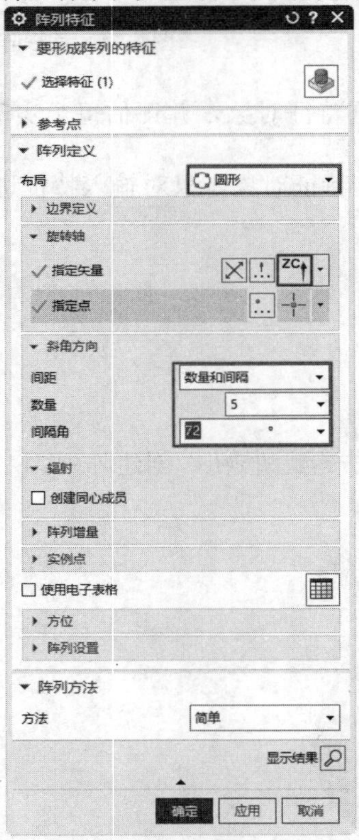

图7-96 “阵列特征”对话框

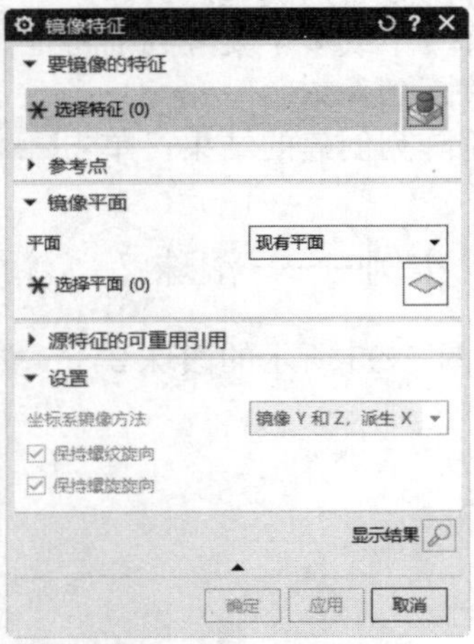

图7-97 “镜像特征”对话框

7.9.1　参数及其功能简介

（1）选择特征　用于选择镜像的特征。可直接在绘图区选择。

（2）参考点　用于指定源参考点。如果不想使用在选择源特征时系统自动判断的默认点，则使用此选项。

（3）镜像平面　用于选择镜像平面。可在“平面”的下拉列表中选择镜像平面，也可以通过单击“选择平面”按钮，直接在视图中选取镜像平面。

（4）设置

1）坐标系镜像方法：用于选择坐标系特征时，指定要镜像坐标系的哪两个轴。为产生右旋的坐标系，系统将派生第三个轴。

2）保持螺纹旋向：用于选择螺纹特征时，指定镜像螺纹是否与源特征具有相同的选项。

3）保持螺旋旋向：用于选择螺旋线特征时，指定镜像螺旋线是否与源特征具有相同的旋向。

7.9.2　创建步骤

1）从绘图区直接选取镜像特征。

2）选择镜像平面。

3）单击 确定 按钮或单击 应用 按钮，创建镜像特征。

7.10　综合实例——齿轮端盖

首先创建长方体，然后在长方体上创建垫块和凸台，最后创建简单孔、沉孔和螺纹等，结果如图 7-98 所示。

图7-98　齿轮端盖

01 新建文件。单击“主页”选项卡中的“新建”按钮，打开“新建”对话框，在“模板”中选择“模型”，在“名称”中输入“houduangai”，单击 确定 按钮，进入 UG NX 建模环境。

02 创建长方体。

❶选择“菜单(M)”→“插入(S)”→“设计特征(E)” →“长方体(K)...”，或单击“主页”选项卡“基本”组中的“块”按钮，打开“块”对话框。

❷在“块”对话框中选择“原点和边长”类型。

❸单击“指定点”下拉列表中的“点对话框”按钮，打开“点”对话框，根据系统提示输入坐标值（-42.38,-28,0），单击 确定 按钮。

❹回到“块”对话框，输入长、宽、高分别为 84.76、56、9，如图 7-99 所示。单击 确定 按钮，完成长方体的创建，如图 7-100 所示。

03 创建垫块。

❶选择“菜单(M)”→“插入(S)”→“设计特征(E)”→“垫块（原有）(A)...”，打开“垫块”类型选择对话框。

❷在对话框中单击矩形按钮，打开“矩形垫块”放置面选择对话框，选择长方体上表面为垫块放置面。

❸打开“水平参考”对话框，选择图 7-101 中的线段 1，打开如图 7-102 所示的“矩形垫块”参数对话框，在长度、宽度和高度文本框中分别输入 60.76、32、7，单击确定按钮。

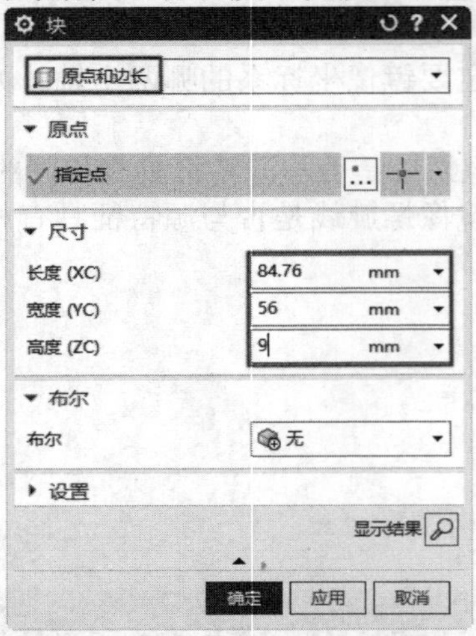

图7-99 “块”对话框

图7-100 创建长方体

❹打开“定位”对话框，选择“垂直”按钮，按图 7-101 所示分别选择目标边 1、工具边 1，输入距离参数 28，单击确定按钮，再选择目标边 2、工具边 2，输入距离参数 42.38，单击确定按钮，完成垫块的创建，结果如图 7-103 所示。

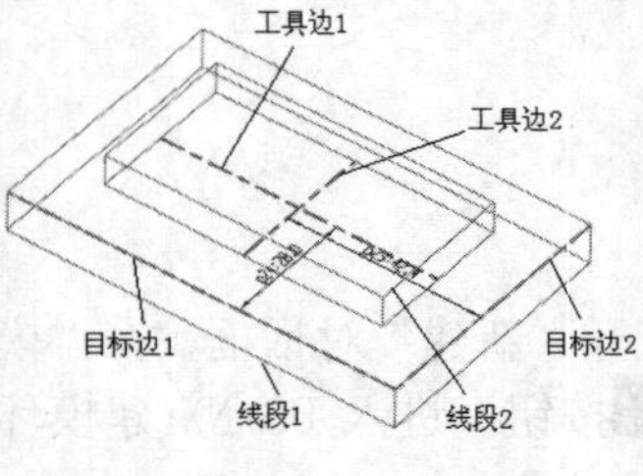

图7-101 定位示意图

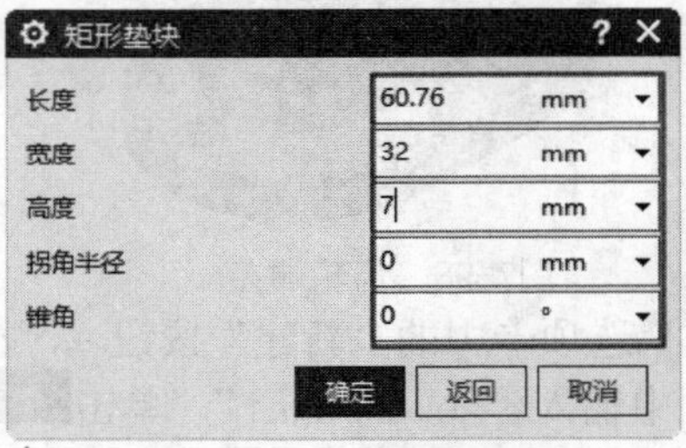

图7-102 “矩形垫块”参数对话框

图7-103 创建垫块

04 创建凸台。

❶选择“菜单(M)”→“插入(S)”→“设计特征(E)”→“凸台（原有）(B)...”，打开如图 7-104 所示的“凸台”对话框。

❷在对话框中的“直径”“高度”和“锥角”文本框中分别输入 27、16、0，选择刚创建的垫块上表面为放置面，单击确定按钮，生成一凸台。

❸打开“定位”对话框，在对话框中单击“垂直”按钮，按系统提示选择图 7-101 中的线段 2，在表达式中输入 16，单击应用按钮，再选择线段 1，在表达式中输入 28，单击确定按钮，完成凸台的创建，结果如图 7-105 所示。

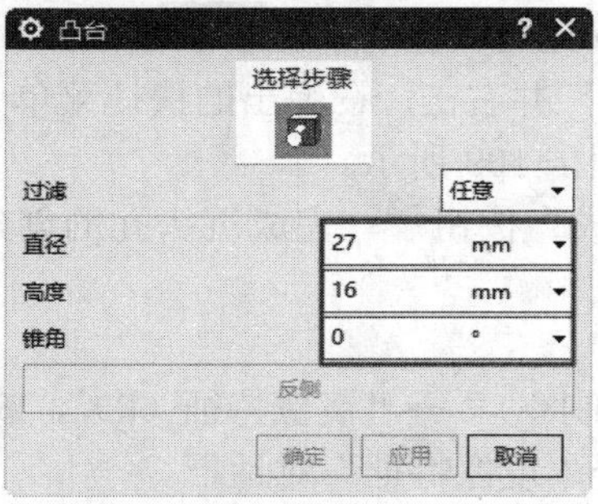

图7-104 “凸台”对话框

图7-105 创建凸台

05 创建边倒圆。

❶选择“菜单(M)”→“插入(S)”→“细节特征(L)”→“边倒圆(E)...”，单击“主页”选项卡“基本”组中的“边倒圆”按钮，打开“边倒圆”对话框。

❷在“边倒圆”对话框中的“半径 1”文本框中输入 28，如图 7-106 所示。

❸选择长方体四条竖棱边为倒圆边，单击 应用 按钮。

❹步骤同上，设置倒圆半径为 16，为垫块四条竖棱边倒圆，结果如图 7-107 所示。

06 创建沉头孔。

❶选择“菜单(M)”→“插入(S)”→“设计特征(E)”→“孔(H)”，或单击“主页”选项卡“基本”组中的“孔”按钮，打开“孔”对话框。

❷选择孔类型为“沉头”，在“孔径”“沉头直径”“沉头深度”“孔深”和“顶锥角”文本框中分别输入 7、9、6、9、0，如图 7-108 所示。

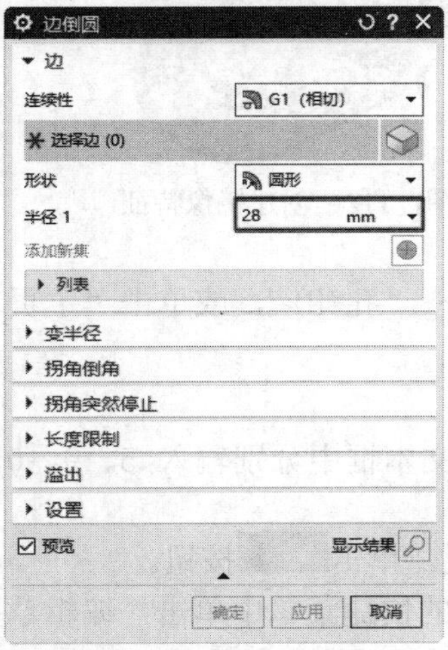

图7-106 “边倒圆”对话框

图7-107 创建边倒圆

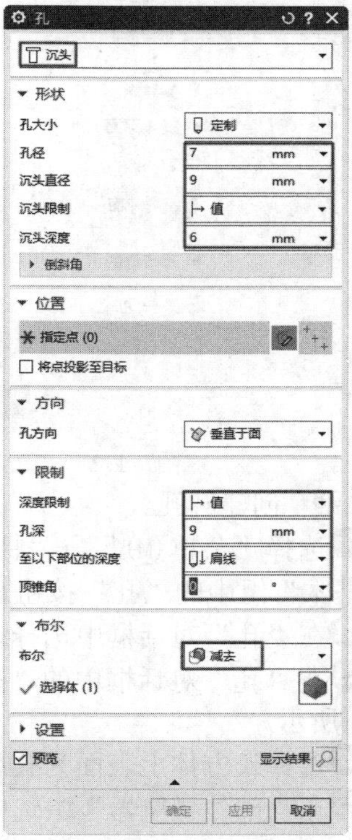

图7-108 “孔”对话框

UG NX

❸选择长方体上表面为孔放置面，确定三个沉孔的位置，单击<确定>按钮。

❹在“部件导航器”中选中“ф7 沉头孔（6）”并右击，在弹出的快捷菜单中单击“编辑草图”按钮，编辑三个沉头孔的位置和尺寸如图 7-109 所示。

❺单击“主页”选项卡“草图”组中的“完成”按钮，完成沉头孔的创建，结果如图 7-110 所示。

07 创建镜像特征。

❶选择“菜单(M)”→“插入(S)”→“关联复制(A)”→“镜像特征（R)”，或单击“主页”选项卡“基本”组中的“镜像特征”按钮，打开“镜像特征”对话框。

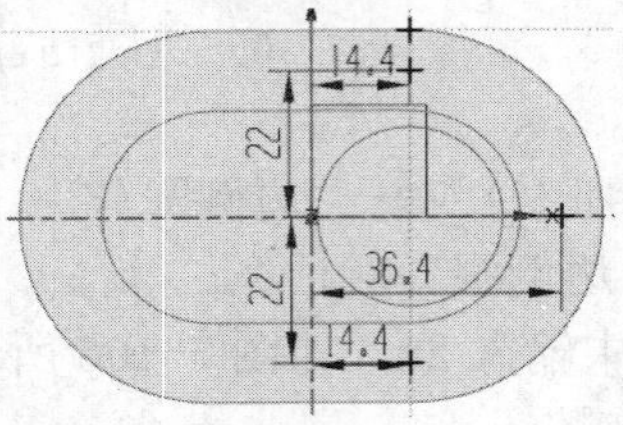

图7-109 沉头孔定位尺寸

图7-110 创建沉头孔

❷在视图中选择步骤 **06** 创建的孔特征。

❸在“平面”下拉列表中选择“新平面”，在“指定平面”下拉列表中选择“YC-ZC 平面”作为镜像平面，如图 7-111 所示。单击确定按钮，完成镜像特征的创建，结果如图 7-112 所示。

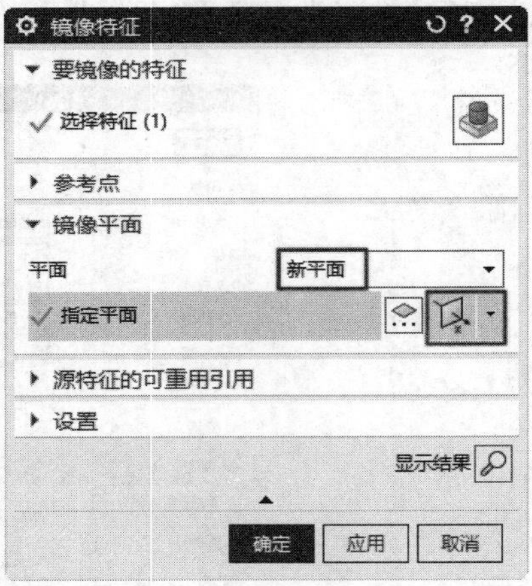

图7-111 “镜像特征”对话框

图7-112 创建镜像特征

08 创建圆孔。

❶选择“菜单(M)”→“插入(S)”→“设计特征(E)”→“孔(H)”，或单击“主页”选项卡“基本”组中的“孔”按钮，打开“孔”对话框。

❷在“孔”对话框中选择“简单”类型。

❸在“孔”对话框中的“孔径”“孔深”和“顶锥角”文本框中分别输入 5、9、0，如图 7-113 所示。

❹选择长方体上表面为孔放置面，在绘图区选取点位置，单击<确定>按钮。

❺在“部件导航器”中选中“ф5 孔”并右击，在弹出的快捷菜单中单击“编辑草图”按钮，编辑两个圆孔的位置和尺寸如图 7-114 所示。

❻单击“主页”选项卡“草图”组中的“完成”按钮，完成圆孔的创建。结果如图 7-115 所示。

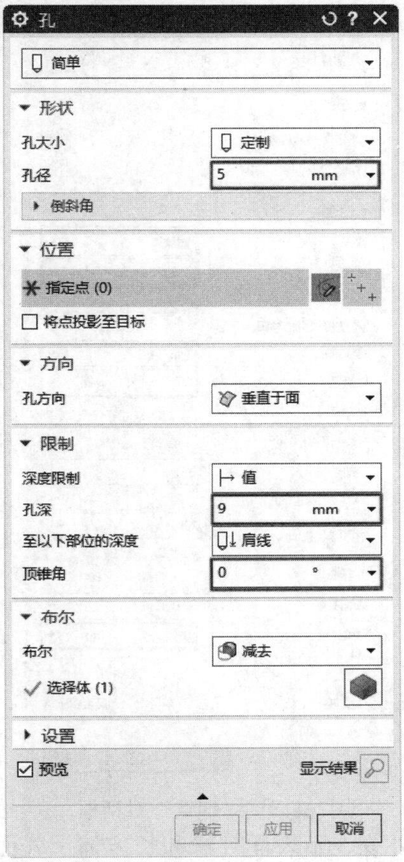

图7-113　“孔”对话框

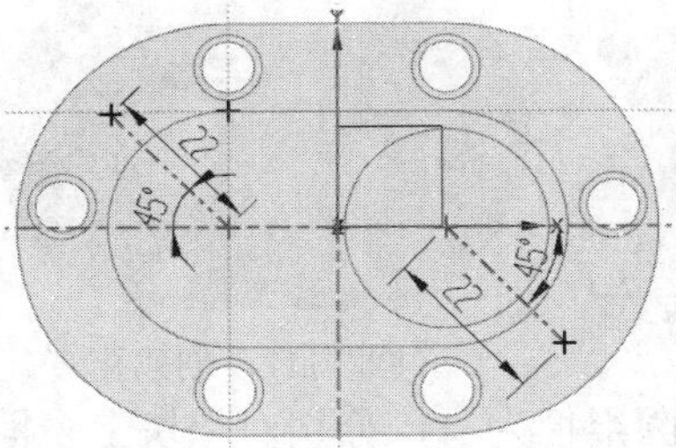

图7-114　圆孔定位尺寸

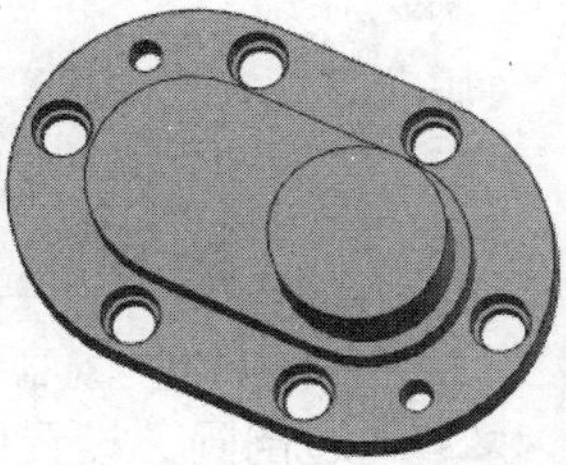

图7-115　创建圆孔

09 创建圆孔。

❶选择“菜单(M)”→“插入(S)”→“设计特征(E)”→“孔(H)”，或单击“主页”选项卡“基本”组中的“孔”按钮，打开“孔”对话框。

❷选择“沉头”类型，捕捉凸台上端面圆心，创建沉头孔。

❸在“孔”对话框中的“孔径”“沉头直径”“沉头深度”“孔深”和“顶锥角”文本框中分别输入 16、20、11、32、0，如图 7-116 所示。单击应用按钮。

❹在长方体下端面（14.38,0,0）处创建带尖角的简单孔，设置“孔径”“深度”和“顶锥角”分别为 16、11 和 120，结果如图 7-117 所示。

10 创建螺纹。

❶选择“菜单(M)”→“插入(S)”→“设计特征(E)”→“螺纹(T)...”，或单击“主页”选项卡“基本”组中的“螺纹”按钮，打开“螺纹”对话框，如图 7-118 所示

❷在对话框中螺纹类型下拉列表中选择“详细”。

❸选择凸台外表面，起始对象选择凸台的上表面，“螺纹规格”选择“M27～1.5”，设置“螺纹长度”为 13，单击< 确定 >按钮，完成螺纹的创建，结果如图 7-119 所示。

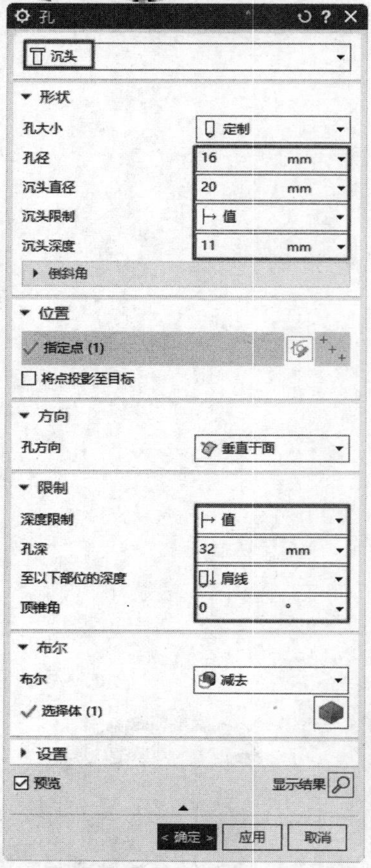

图7-116　“孔”对话框

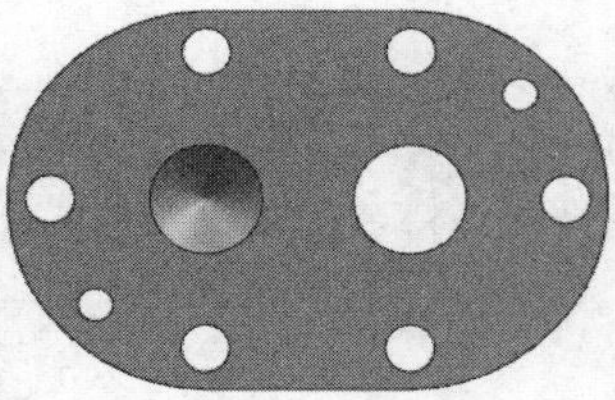

图7-117　创建孔

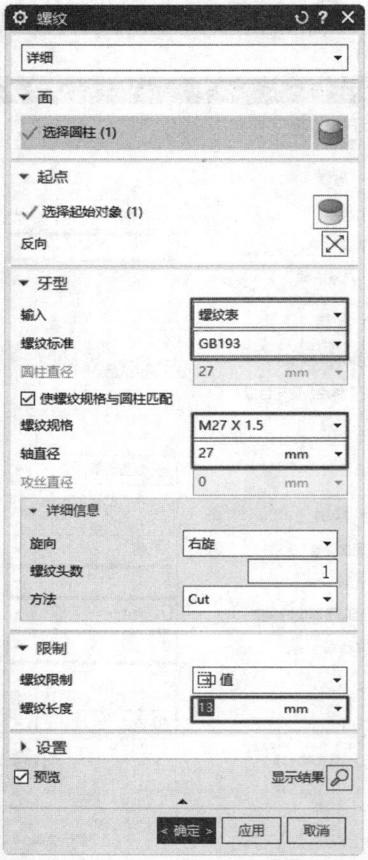

图7-118　“螺纹”对话框

11 边倒圆。设置倒圆半径为 1，分别对垫块上表面外缘、下表面外缘和长方体上表面外缘曲边进行倒圆。生成的齿轮端盖如图 7-120 所示。

图 7-119　创建螺纹

图 7-120　生成齿轮端盖

第8章

编辑特征、信息和分析

实体建模后，如果发现有的特征建模不符合要求，可以对其进行编辑，也可以通过分析查看不符合要求的特征，然后调整特征的尺寸、位置及先后顺序，以满足设计要求。

重点与难点

- 编辑特征
- 信息
- 分析

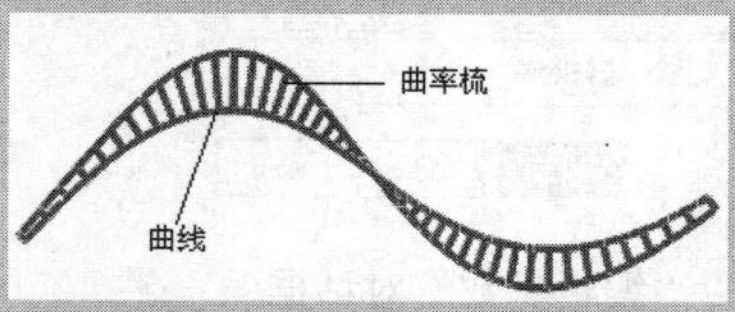

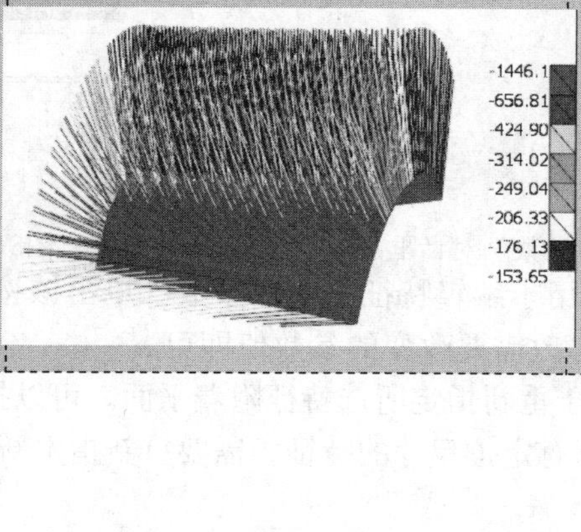

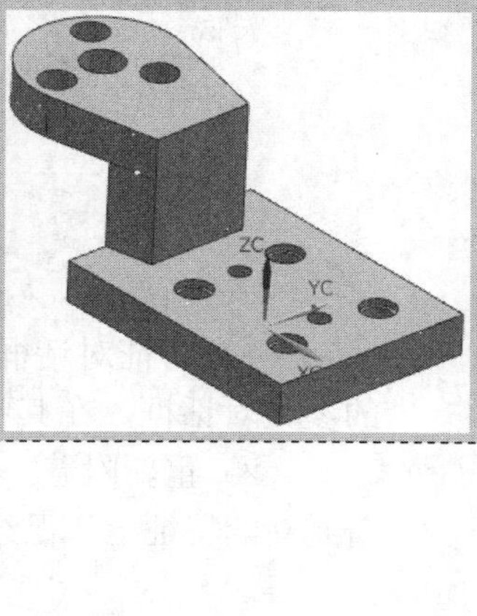

8.1 编辑特征

UG NX 的编辑特征功能主要是通过执行“菜单(M)”→“编辑(E)”→“特征(F)”命令，从打开的如图 8-1 所示的“特征”子菜单中选择命令来实现。

8.1.1 编辑特征参数

选择“菜单(M)”→“编辑(E)”→“特征(F)”→“编辑参数(P)...”，打开如图 8-2 所示的“编辑参数”对话框。该对话框可用于选择要编辑的特征。

用户可以通过以下三种方式编辑特征参数：一是在绘图区双击要编辑参数的特征，二是在“编辑参数”对话框的特征列表框中选择要编辑参数的特征名称，三是在“部件导航器”中右击要编辑的特征后选择“编辑参数(P)...”。随选择特征的不同，打开的“编辑参数”对话框形式也有所不同。

根据编辑各特征对话框的相似性，现将编辑特征参数可分成 4 种情况，分别是编辑一般实体特征参数、编辑扫描特征参数、编辑阵列特征参数和编辑其他特征参数。

一般实体特征是指基本特征、成形特征和用户自定义特征等，它们的“编辑参数”对话框类似，如图 8-3 所示。对于某些特征，其“编辑参数”对话框中可能只有其中的一个或两个选项。

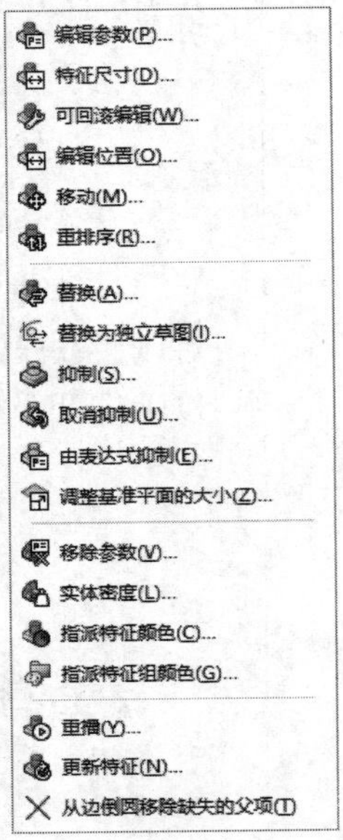

图8-1 “特征”子菜单

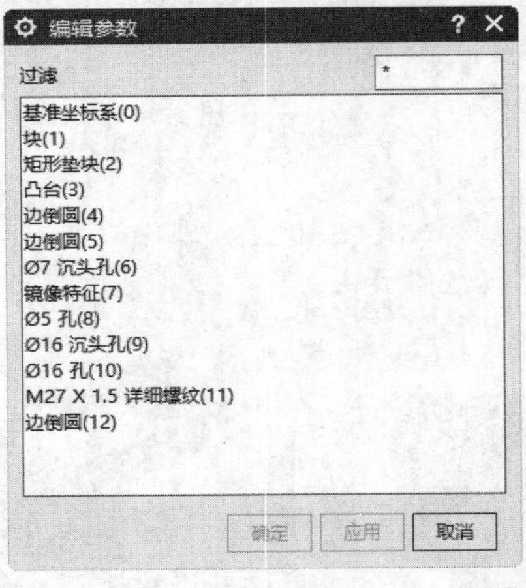

图8-2 “编辑参数”对话框

图8-3 “编辑参数”对话框

（1）特征对话框　用于编辑特征的存在参数。单击该按钮，可打开创建所选特征时对应的参数对话框，在其中修改需要改变的参数值即可。

（2）重新附着　用于重新指定所选特征附着平面。可以把建立在一个平面上的特征重新附着到新的特征上。已经具有定位尺寸的特征，需要重新指定新平面上的参考方向和参考边。

8.1.2　编辑定位

选择“菜单(M)”→“编辑(E)”→“特征(F)”→“编辑位置(O)...”，打开“编辑位置”特征选择列表框，选择要编辑定位的特征，单击 确定 按钮，打开如图 8-4 所示的“编辑位置”对话框或如图 8-5 所示的“定位”对话框。

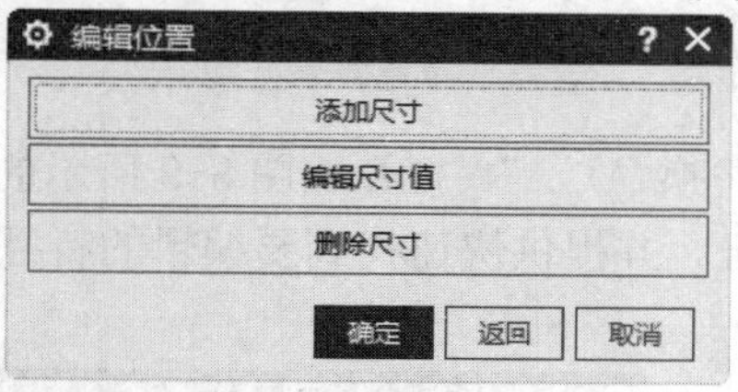

图8-4　“编辑位置”对话框

图8-5　“定位”对话框

“编辑位置”对话框可用于添加定位尺寸、编辑或删除已存在的定位尺寸。

“定位”对话框可用于添加尺寸。

8.1.3　移动特征

选择“菜单(M)”→“编辑(E)”→“特征(F)”→“移动(M)...”，打开“移动特征”特征列表框，选中要移动的特征，单击 确定 按钮，打开如图 8-6 所示的“移动特征”对话框。

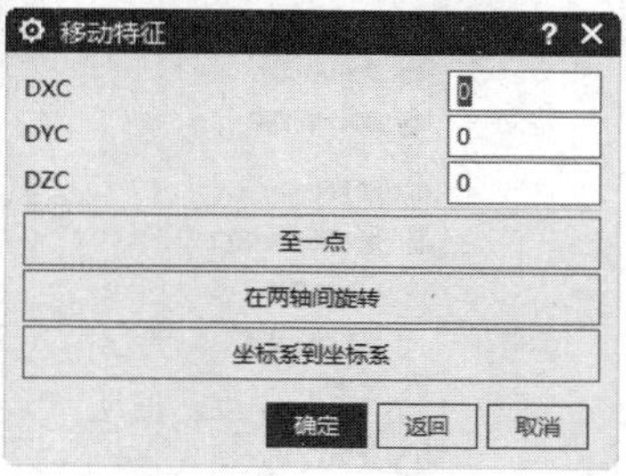

图8-6　“移动特征”对话框

（1）“DXC”“DYC”和“DZC”文本框　用于输入分别在 X、Y 和 Z 方向上需要增加的数值。

（2）至一点　可以把对象移动到一点。单击该按钮，打开“点”对话框，系统提示用户先后指定两点，系统用这两点确定一个矢量，把对象沿着这个矢量移动一个距离，而这个距离就是指定的两点间的距离。

（3）在两轴间旋转　单击该按钮，打开“点”对话框，系统提示用户选择一个参考点，接着打开“矢量构成”对话框，系统提示用户指定两个参考轴。

（4）坐标系到坐标系　单击该按钮，可以把对象从一个坐标系移动到另一个坐标系。

8.1.4　特征重新排列

选择“菜单(M)”→“编辑(E)”→“特征(F)”→“重排序(R)...”，打开如图 8-7 所示的“特征重排序”对话框。在列表框中选择要重新排序的特征，或者在绘图区直接选取特征，选中的特征显示在“重定位特征”列表框中，选择排序方法“之前”或“之后”，然后在“重定位特征”列表框中选择定位特征，单击确定按钮或应用按钮，即可完成重排序。

在“部件导航器”中右击要重排序的特征，打开如图 8-8 所示的快捷菜单，选择“重排在前”或“重排在后”命令，然后在弹出的对话框中选择定位特征即可进行重排序。

8.1.5 替换特征

选择“菜单(M)”→“编辑(E)”→“特征(F)”→“替换(A)…”，打开如图 8-9 所示的“替换特征”对话框。该对话框可用于替换实体与基准的特征，并提供快速找到要编辑的特征来提高模型创建的效率。

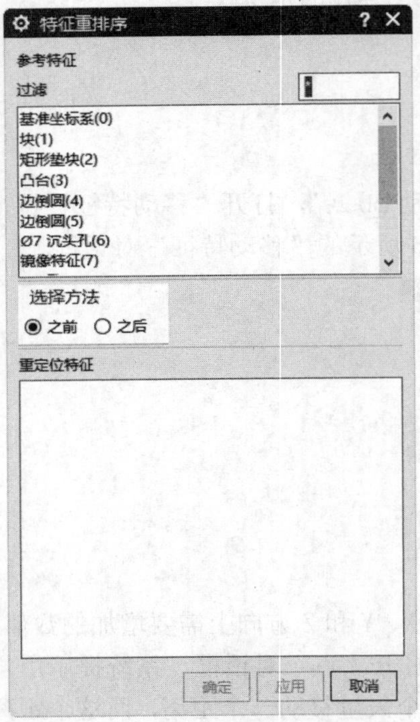

图8-7 “特征重排序”对话框

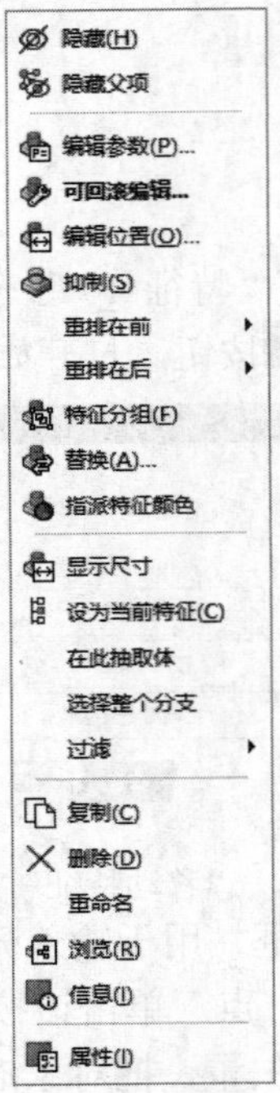

图8-8 快捷菜单

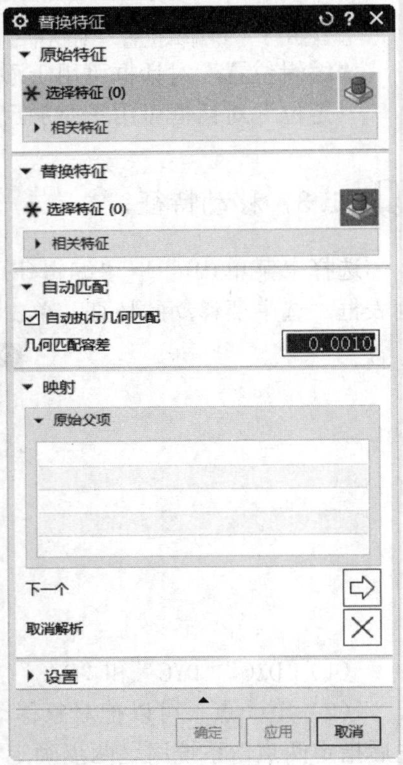

图8-9 “替换特征”对话框

（1）原始特征 用于选择要替换的原始特征。原始特征可以是相同实体上的一组特征、基准轴或基准平面特征。

（2）替换特征 用于选择要替换原始特征的形状。替换特征可以是同一零件中不同物体实体上的一组特征。如果原始特征为基准轴，则替换特征也需为基准轴；原始特征为基准平面，则替换特征也需为基准平面。

（3）映射 选择替换后新特征的父子关系。

8.1.6　抑制/取消抑制特征

选择“菜单(M)”→“编辑(E)”→“特征(F)”→“抑制(S)...”，打开如图 8-10 所示的“抑制特征”对话框。该对话框可用于将一个或多个特征从绘图区和实体中临时删除。被抑制的特征并没有从特征数据库中删除，可以通过“取消抑制”命令重新显示。

选择“菜单(M)”→“编辑(E)”→“特征(F)”→“取消抑制(U)...”，打开如图 8-11 所示的“取消抑制特征”对话框。该对话框可用于使已抑制的特征重新显示。

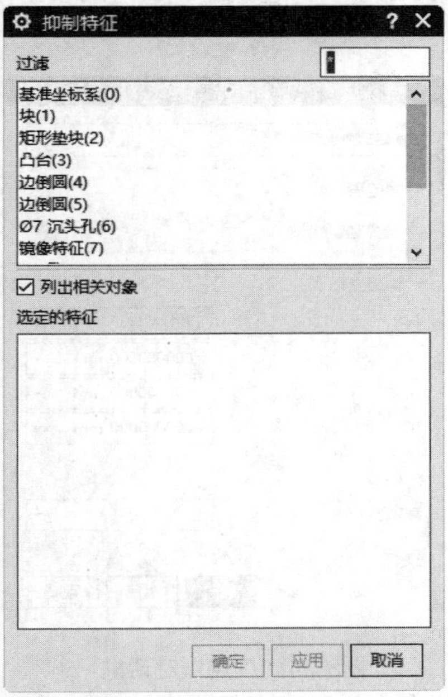

图8-10　“抑制特征”对话框

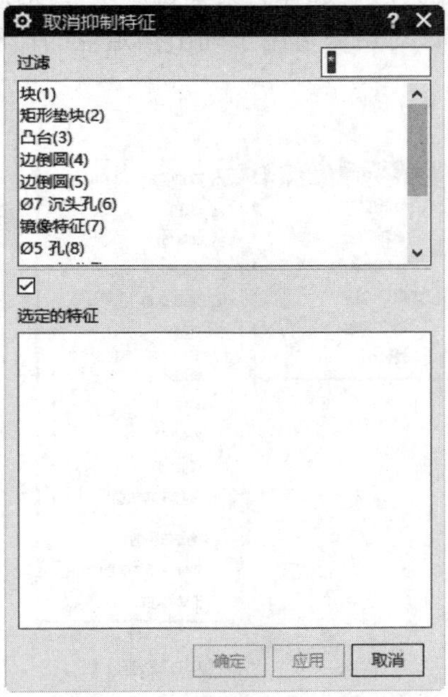

图8-11　“取消抑制特征”对话框

8.1.7　移除参数

选择“菜单(M)”→“编辑(E)”→“特征(F)”→“移除参数(V)...”，打开如图 8-12 所示的“移除参数”对话框。该对话框可用于选择要移除参数的对象。单击 确定 按钮，可将参数化几何对象的所有参数全部删除。该操作一般只用于不再修改而最后定型的模型。

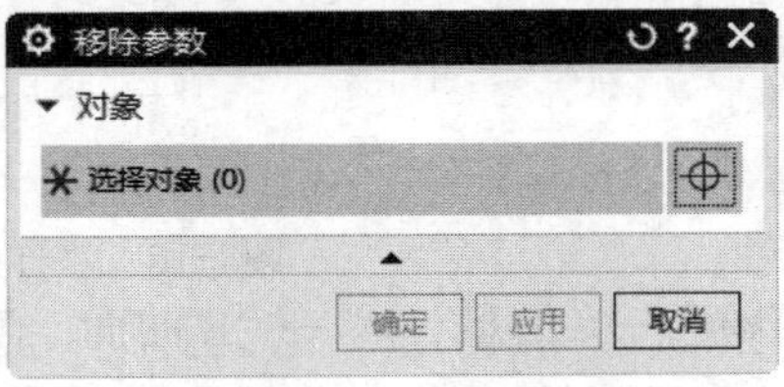

图8-12　“移除参数”对话框

8.2 信息

UG NX 提供了查找几何、物理和数学信息的功能。信息查询可以通过在菜单中选择“信息”菜单中的命令来实现，如图 8-13 所示。该菜单主要列出指定的项目或零件的信息，并以信息对话框的形式显示给用户。此菜单中的所有命令仅具有显示信息的功能，不具备编辑功能。

（1）对象　选择“菜单(M)”→“信息(I)”→“对象(O)...”，系统会列出所有对象的信息。用户也可查询指定对象的信息，如点、直线和样条等。

（2）点　选择“菜单(M)”→“信息(I)”→“点(P)...”，打开如图 8-14 所示的“点”对话框。该对话框可用于列出指定点的信息。

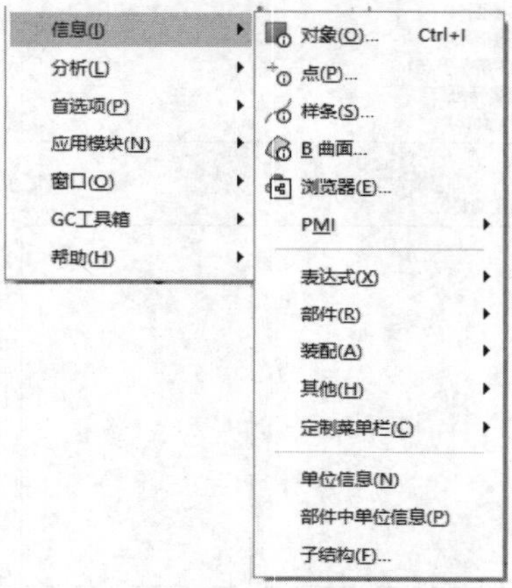

图8-13　“信息”菜单

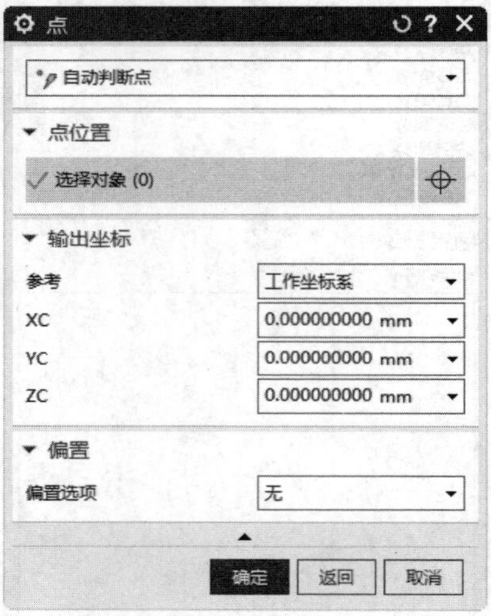

图8-14　“点”对话框

（3）样条　选择“菜单(M)”→“信息(I)”→“样条(S)...”，打开如图 8-15 所示的“样条分析”对话框。在该对话框中可设置输出的样条信息和输出方式。单击确定按钮，打开如图 8-16 所示的“样条分析”选择样条曲线对话框，在绘图区选择需要输出信息的样条曲线，则输出样条信息。

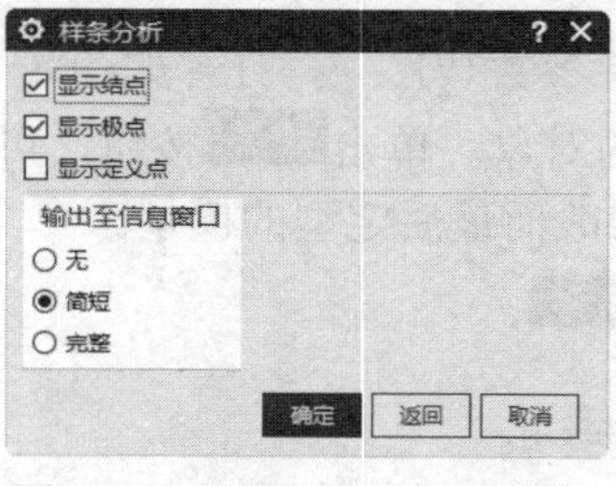

图8-15　“样条分析”对话框

图8-16　“样条分析”选择样条曲线对话框

（4）B 曲面　选择“菜单(M)”→“信息(I)”→“B 曲面...”，打开如图 8-17 所示的“B 曲面分析”对话框。在该对话框中可设置输出的 B 曲面信息和输出方式。单击确定按钮，打开如图 8-18 所示的“B 曲面分析”选择 B 样条曲面对话框，在绘图区选择需要输出信息的 B 样条曲面，则输出 B 曲面信息。

图8-17　“B 曲面分析”对话框

图8-18　“B 曲面分析”选择B样条曲面对话框

8.3 分析

UG NX 提供了大量的分析工具，可以通过在如图 8-19 所示的分析菜单中选择分析工具来实现对角度、弧长、曲线、面等特性进行精确地数学分析，还可以以各种数据格式输出。

8.3.1　几何分析

1. 测量：

选择“菜单(M)”→“分析(L)”→“测量(S)...”，或单击“分析”选项卡“测量”组中的“测量”按钮，打开如图 8-20 所示的“测量”对话框。

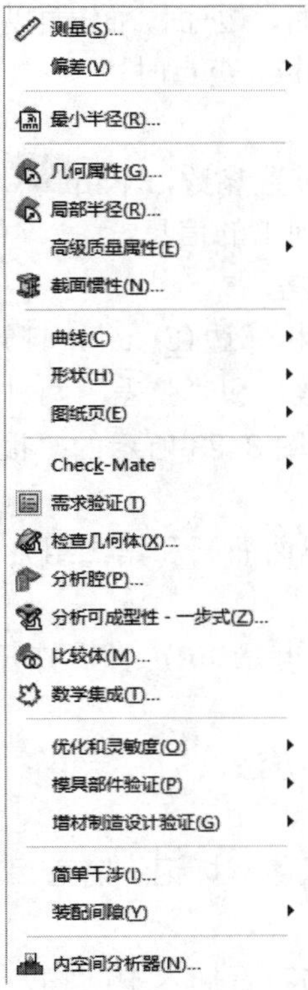

图8-19　分析菜单

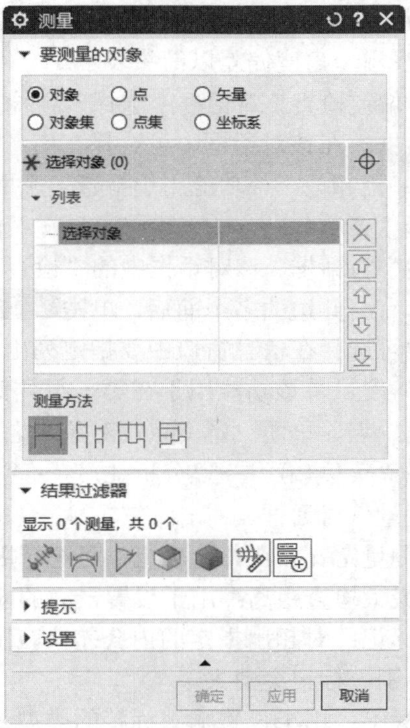

图8-20　“测量”对话框

（1）对象类型　指定可以选择的测量对象的类型。每次选择后，可以指定不同的对象类型。

在“要测量的对象”中包含了“对象”“点”“矢量”“对象集”“点集”“坐标系”。

对象的选择可以直接选择几何对象，其中点的选择也可通过“选择条”工具栏进行选择。

（2）测量方法　控制软件在测量时如何处理列表中的对象。

1）自由：将列出的每个对象、对象集或点集作为单独的对象处理，并在列出的所有对象后显示可能的测量。

2）对象对：成对测量选定的对象。

3）对象链：将列出的对象作为一个选定对象链处理。

4）从参考对象：将第一个列出的对象作为参考对象处理，并显示该对象与各个列出的其他对象之间的测量。

（3）结果过滤器　用于在图形窗口中显示或隐藏以下类型的测量：距离、曲线/边、角度、面、体、极限和其他。

2．偏差分析

（1）检查　该功能能够根据过某点斜率连续的原则，即通过对第一条曲线、边缘或表面上的检查点与其他曲线、边缘或表面上的对应点进行比较，检查选择的对象是否相接、相切或边界是否对齐。

选择“菜单(M)”→“分析(L)”→“偏差(V)”→“检查(C)...”，打开如图 8-21 所示的“偏差检查”对话框。该对话框可用于检查曲线到曲线、线-面、边-面、面-面以及边-边的连续性，并得到所选对象的距离偏差和角度偏差数值。在绘图区中检查点时以“+”号表示，距离偏差以“*”表示，角度偏差以箭头表示。

在“偏差检查”对话框中选择一种检查对象类型并设置参数，单击检查按钮，打开“信息”对话框。在该对话框中可选择在信息窗口中要指定列出的信息。

（2）相邻边　该功能用于检查多个面的公共边的偏差。

选择“菜单(M)”→“分析(L)”→“偏差(V)”→“相邻边(E)...”，打开如图 8-22 所示的“相邻边”对话框。该对话框中的“检查点”有“等参数”和“弦差”两种检查方式。在绘图区选择具有公共边的多个面后，单击确定按钮，打开如图 8-23 所示的“报告”对话框。在该对话框中可选择在信息窗口中要指定列出的信息。

（3）度量　该功能用于在第一组几何对象（曲线或曲面）和第二组几何对象（可以是曲线、曲面、点、平面、定义点等对象）之间度量偏差。

选择“菜单(M)”→“分析(L)”→“偏差(V)”→“度量 (G)...”，打开如图 8-24 所示的“偏差度量”对话框。

1）测量定义：在该选项组中可选择用户所需的测量方法。

2）最大检查距离：用于设置最大的检查距离。

3）标记：对超出指定的内公差值范围的针位置显示菱形标记。随着目标对象开始进入内公差值范围，标记会消失。

4）标签：用于设置输出标签的类型是否插入中间物。若插入中间物，要在“偏差矢量间隔”设置间隔几个针叶插入中间物。

（4）彩色图　用于设置偏差矢量起始处的图形样式。

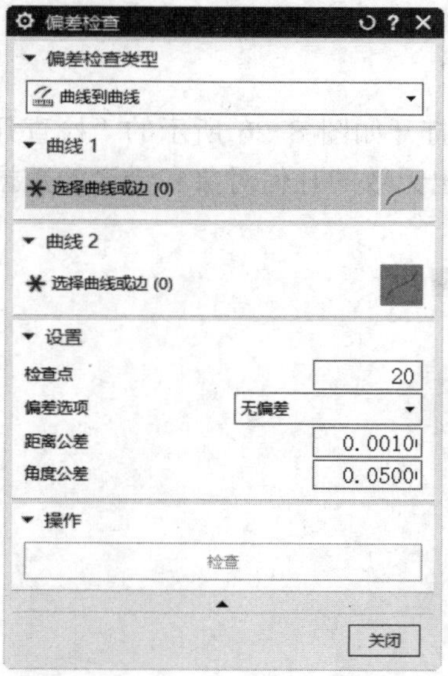

图8-21　“偏差检查”对话框

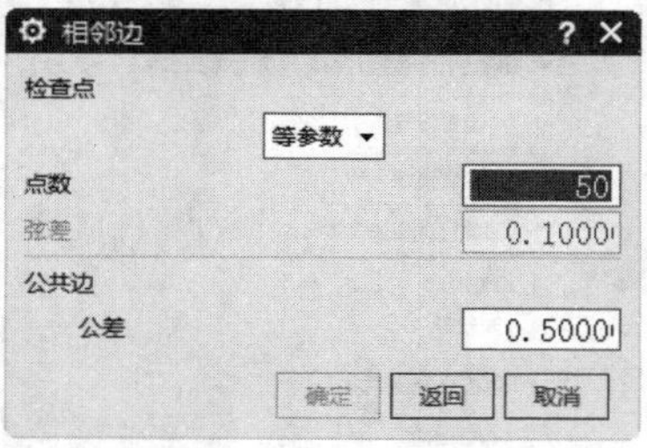

图8-22　“相邻边”对话框

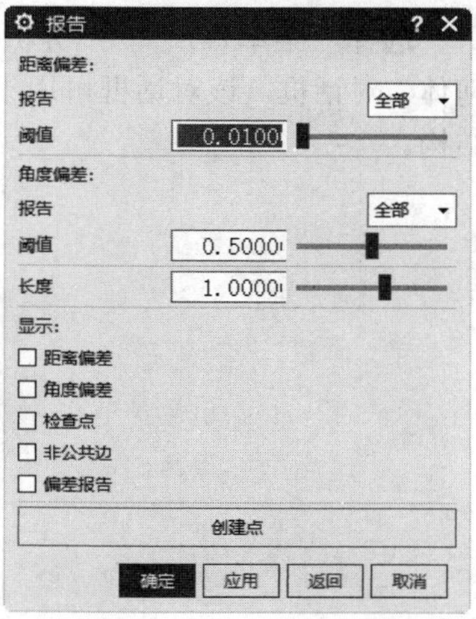

图8-23　“报告”对话框

4. 最小半径分析

选择“菜单(M)”→“分析(L)”→“最小半径(R)...”，打开如图 8-25 所示的“最小半径”对话框，系统提示用户在绘图区选择一个或者多个表面或曲面作为几何对象，选择几何对象后，系统会在弹出的信息窗口中列出选择几何对象的最小曲率半径。若勾选 ☑ 在最小半径处创建点 复选框，则在选择几何对象的最小曲率半径处将产生一个点标记。

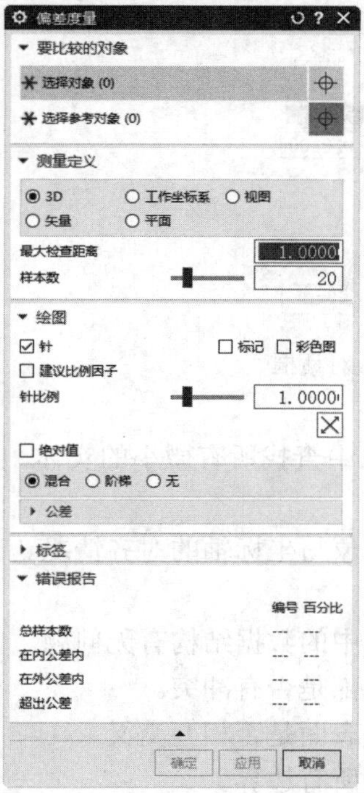

图8-24　“偏差度量”对话框

图8-25　“最小半径”对话框

UG NX

8.3.2 检查几何体

选择“菜单(M)”→“分析(L)”→“检查几何体(X)…”，打开如图 8-26 所示的“检查几何体”对话框。该对话框可用于分析各种类型的几何对象，找出无效的几何对象和错误的数据结构。

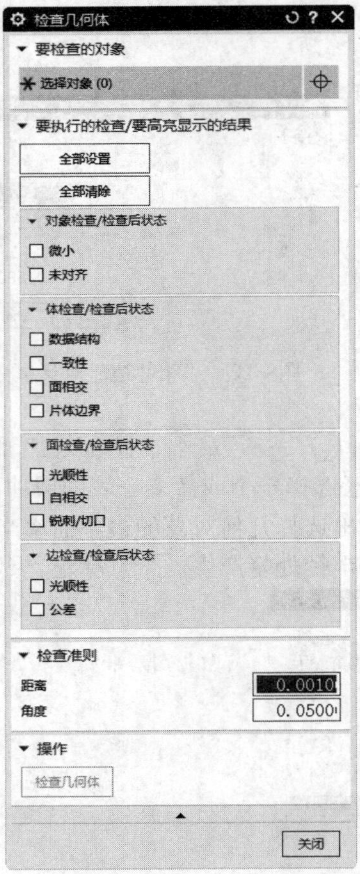

图 8-26 “检查几何体”对话框

1．对象检查/检查后状态

（1）微小　勾选该复选框，可在所选择的几何对象中查找所有微小的实体、面、曲线和边。

（2）未对齐　勾选该复选框，可检查所选的几何对象与坐标轴的对齐情况。

2．体检查/检查后状态

（1）数据结构　勾选该复选框，可检查所选择实体中的数据结构有无问题。

（2）一致性　勾选该复选框，可检测所选实体的内部是否有冲突。

（3）面相交　勾选该复选框，可检查所选实体中的表面是否相互交叉。

（4）片体边界　勾选该复选框，可查找所选片体的所有边界。

3. 面检查/检查后状态

（1）光顺性　勾选该复选框，可检查 B 表面的平滑过渡情况。

（2）自相交　勾选该复选框，可检查所选表面是否自交。

（3）锐刺/切口　勾选该复选框，可检查表面是否被分割。

4. 边检查/检查后状态

（1）光顺性　勾选该复选框，可检查所有与表面连接但不光滑的边。

（2）公差　勾选该复选框，可在选择边中查找超出距离误差的边。

5. 检查准则

（1）距离　用于设置距离的最大公差值。

（2）角度　用于设置角度的最大公差值。

8.3.3　曲线分析

曲线分析可通过选择“菜单(M)”→“分析(L)”→“曲线(C)”下拉菜单（见图 8-27）中的相应的分析选项来实现。

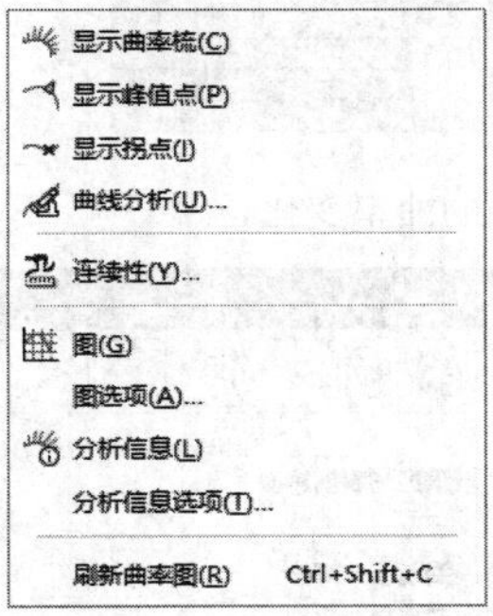

图8-27　曲线分析下拉菜单

（1）显示曲率梳　选择“菜单(M)”→“分析(L)”→“曲线(C)”→“显示曲率梳(C)...”，可显示曲率梳。曲率梳可以反映曲线的曲率变化规律并由此发现曲线的形状问题。显示曲率梳示意图如图 8-28 所示。

（2）显示峰值点　选择“菜单(M)”→“分析(L)”→“曲线(C)”→“显示峰值点(P)...”，可显示开关峰值点。显示峰值点示意图如图 8-29 所示。

（3）显示拐点　选择“菜单(M)”→“分析(L)”→“曲线(C)”→“显示拐点(I)...”，可显示开关拐点。显示拐点示意图如图 8-30 所示。

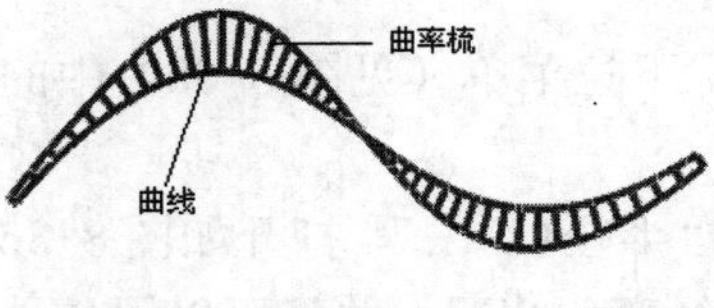

图8-28　显示曲率梳示意图

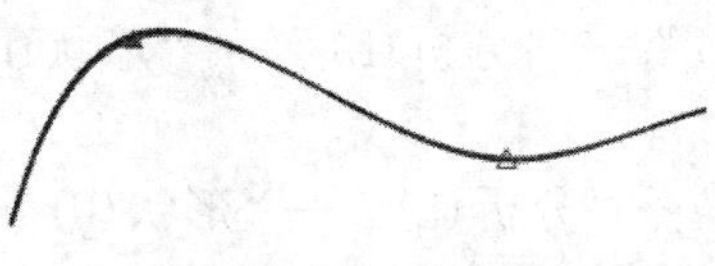

图8-29　显示峰值点示意图

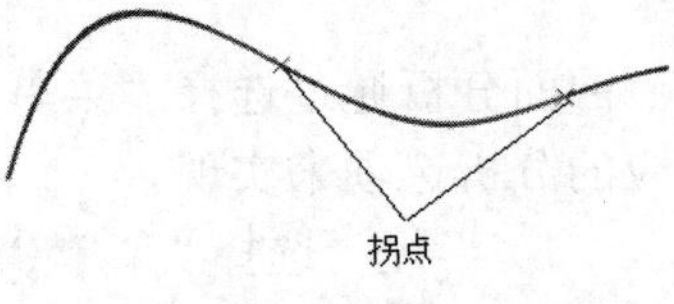

图8-30　显示拐点示意图

（4）图选项　用坐标图显示曲线的曲率变化规律。其示意图如图 8-31 所示，横坐标代表曲线的长度，纵坐标代表曲线的曲率。选择“菜单(M)”→“分析(L)”→“曲线(C)”→“图

UG NX

选项(A)...”，打开如图 8-32 所示的“曲线分析-图”对话框。

1）高度：用于设置曲率图的高度。

2）宽度：用于设置曲率图的宽度。

3）显示相关点：勾选该复选框，可显示曲率图和曲线上对应点的标记。其下方的滑块用于设置对应点在曲线上的位置。

（5）分析信息选项　选择“菜单(M)”→“分析(L)”→“曲线(C)”→“分析信息选项(T)...”，打开如图 8-33 所示的“曲线分析-输出列表”对话框，系统提示用户选择曲线，单击 确定 按钮，打开如图 8-34 所示的“信息”对话框。在该对话框中可输出所选曲线的相关信息，包括为分析所指定的投影平面、用百分比表示的拐点在曲线上的位置、拐点的坐标值等。

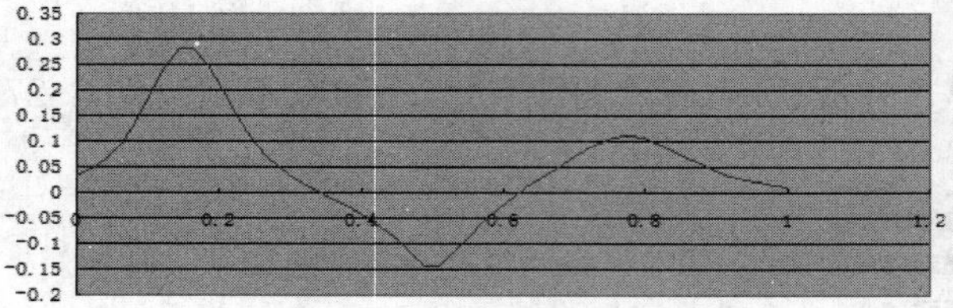

图8-31　用坐标图显示曲线的曲率变化

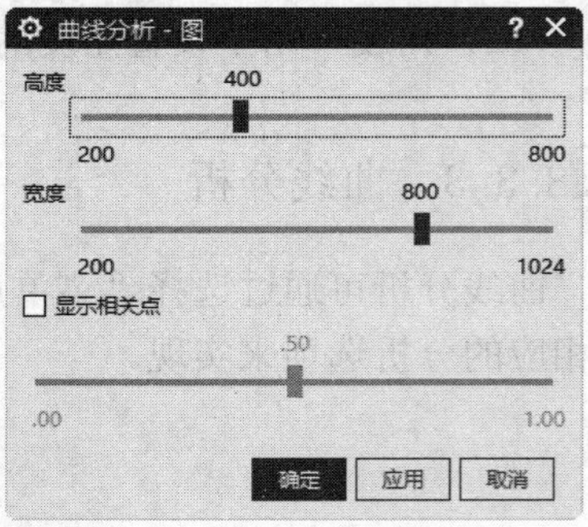

图8-32　“曲线分析-图”对话框

图8-33　“曲线分析-输出列表”对话框

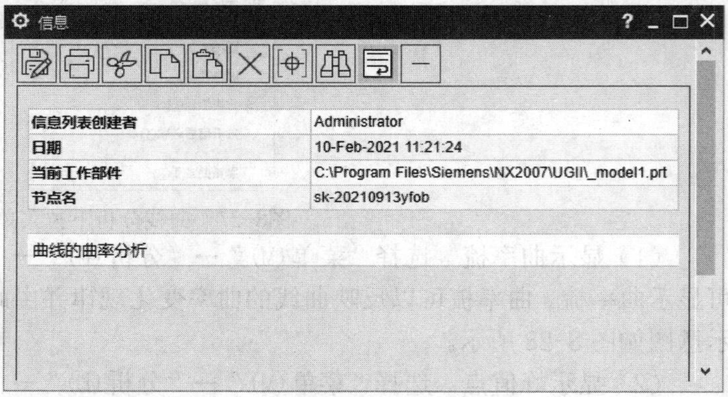

图8-34　“信息”对话框

8.3.4　曲面分析

曲面分析通过选择“菜单(M)”→“分析(L)”→“形状(H)”下拉菜单（见图 8-35）中的相应的分析选项来实现。

（1）半径　选择“菜单(M)”→“分析(L)”→“形状(H)”→“半径(R)...”，打开如图 8-36 所示的“半径分析”对话框。该对话框可用于分析曲面的曲率半径变化情况，并且可以用各种方法显示和生成。

1）类型：用于指定欲分析的曲率半径类型。“类型”下拉列表中包括 8 种半径类型。

2）分析显示：用于指定分析结果的显示类型。“模态”下拉列表中包括 3 种显示类型。图形的右边将显示一个“色谱表”，将分析结果与“色谱表”进行比较就可以由“色谱表”上的半径数值了解表面的曲率半径，如图 8-37 所示。

3）编辑限制：勾选该复选框，可以输入最大值、最小值来扩大或缩小“色谱表”的量程；也可以通过拖动滑块来改变中间值，使量程上移或下移。取消勾选，“色谱表”的量程恢复默认值，此时只能通过拖动滑块来改变中间值，使量程上移或下移，最大值和最小值不能通过输入改变。需要注意的是，因为“色谱表”的量程可以改变，所以一种颜色并不固定地表达一种半径值，但是“色谱表”的数值始终反映的是表面上对应颜色区的实际曲率半径值。

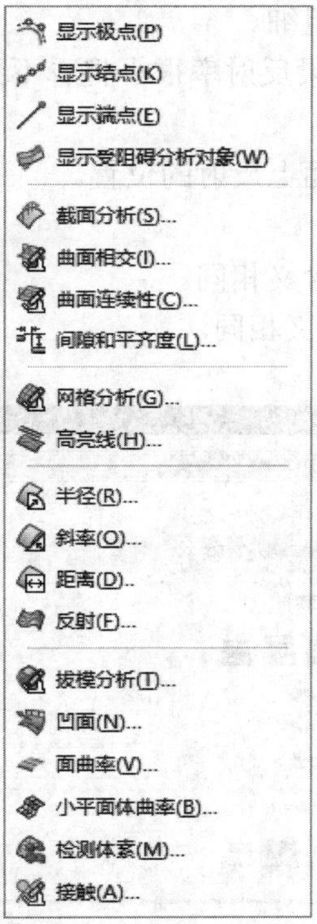

图8-35　曲面分析下拉菜单

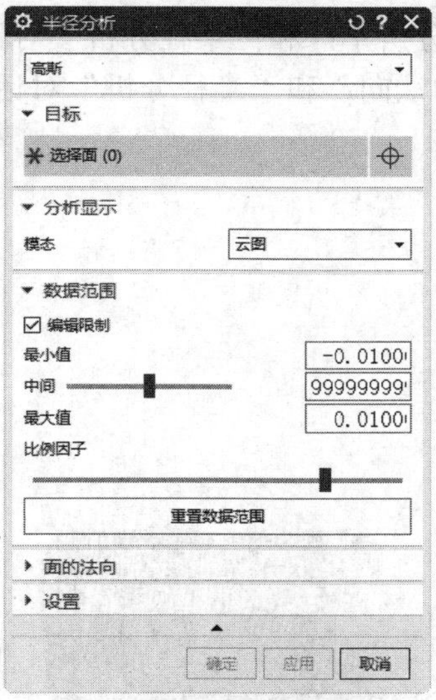

图8-36　“半径分析”对话框

4）比例因子：通过拖动滑块改变比例因子可扩大或缩小“色谱表”的量程。

5）重置数据范围：恢复“色谱表”的默认量程。

6）锐刺长度：用于设置刺猬式针的长度。

7）显示分辨率：用于指定分析公差。分析公差越小，分析精度越高，但分析速度也越慢。“标准”下拉列表中包括 7 种公差类型。

8）显示小平面的边：勾选此复选框，可显示由曲率分辨率决定的小平面的边。显示曲率分辨率越高，小平面越小。取消勾选则小平面的边消失。

9）面的法向：通过两种方法之一来改变被分析表面的法线方向。可通过在表面的一侧指定一个点来指示表面的内侧，从而决定法线方向；可通过选取表面，使被选取的表面的法线方向反转。

10）颜色图例：“圆角”表示表面的色谱逐渐过渡，“尖锐”表示表面的色谱无过渡色。

（2）反射　选择“菜单(M)”→“分析(L)”→“形状(H)”→ “反射(F)...”，或单击“分析”选项卡“面形状”组中的“反射”按钮，打开如图 8-38 所示的“反射分析”对话框。该对话框可用于通过条纹或图像在表面上的反射映像可视化地检查表面的光顺性。

1）类型：用于选择使用哪种方式的图像来表现曲面的质量。可以选择软件推荐的图片，也可以使用用户自己的图片，UG NX 将把这些图片贴合在目标表面上，对曲面进行分析。

2）图像：对应不同的类型，可以选择不同的图像。

3）线的数量：通过下拉列表中的数字指定黑色条纹或彩色条纹的数量。

4）线的方向：通过下拉列表中的选项指定条纹的方向。

5）线的宽度：通过下拉列表中的选项指定黑色条纹的粗细。

6）面反射率：通过滑块改变被分析表面的反射率。如果反射率很小将看不到反射图像。反射率越高，图像越清晰。

7）图像方位：通过左右移动滑块，可以移动图片在曲面上反射的位置。

8）图像大小：用于指定反射图像的大小。

9）显示分辨率：和“半径分析”对话框中对应选项的含义相同。

10）面的法向：和“半径分析”对话框中对应选项的含义相同。

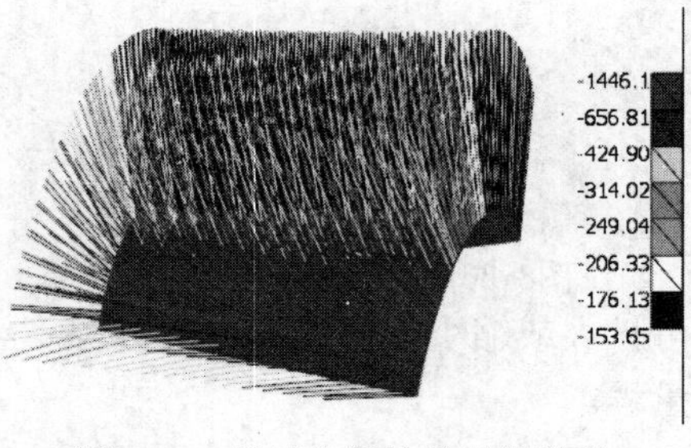

图8-37　显示分析结果及色谱表

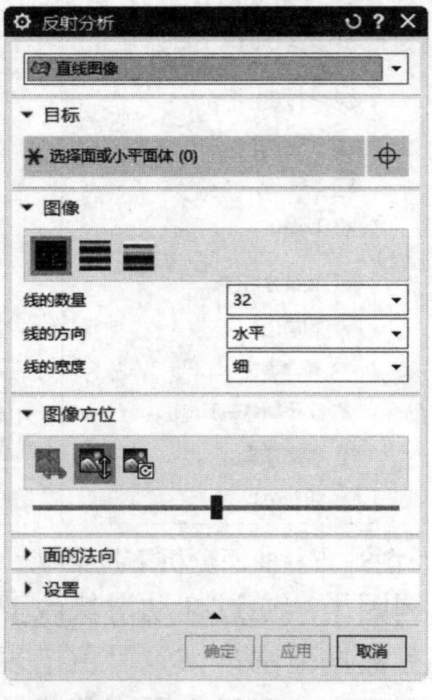

图8-38　“反射分析”对话框

（3）斜率　选择“菜单(M)”→“分析(L)”→“形状(H)”→“斜率(O)...”，打开如图 8-39 所示的“斜率分析”对话框。该对话框可用于分析表面各点的切线相对参考矢量的垂直平面的夹角。

该对话框中选项的含义与“半径分析”对话框中的相同。

（4）距离　选择“菜单(M)”→“分析(L)”→“形状(H)”→“距离(D)...”，打开如图 8-40 所示的“距离分析”对话框。该对话框可用于分析表面上的点到参考平面的垂直距离。

该对话框中选项的含义与“半径分析”对话框中的相同。

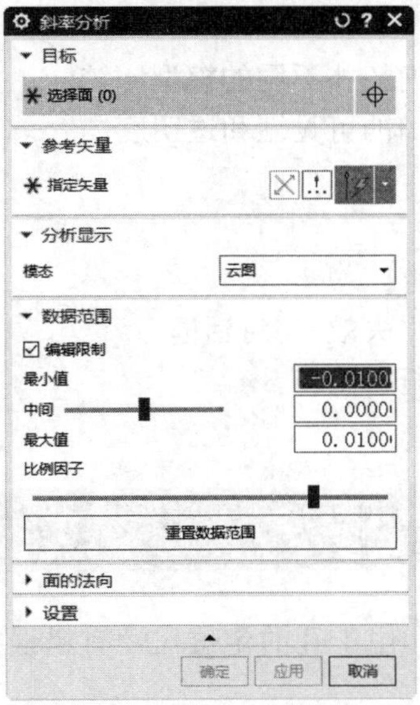

图8-39　“斜率分析”对话框

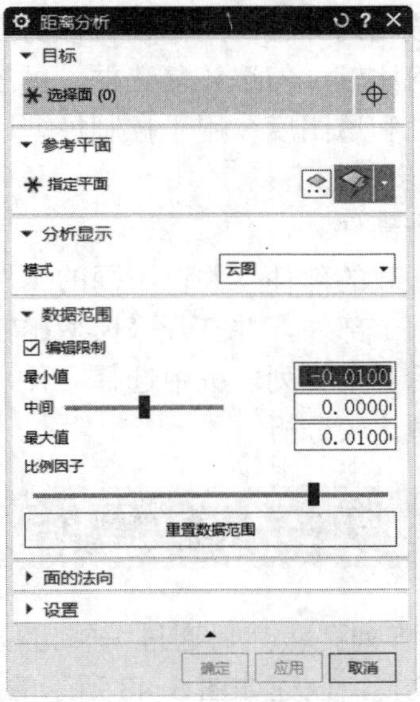

图8-40　“距离分析”对话框

8.3.5　模型比较

选择“菜单(M)”→“分析(L)”→“模型比较（即将失效）(M)”，打开如图 8-41 所示的“模型比较（即将失效）”对话框。该对话框可用于两个关联或非关联部件实体的比较。

（1）显示　用于设置在运行分析后，在比较窗口部件的“面”和“边”及其颜色如何显示。

（2）面分类规则　在“模型比较（即将失效）”对话框中单击“面分类规则”按钮，打开如图 8-42 所示的“模型比较规则”对话框。

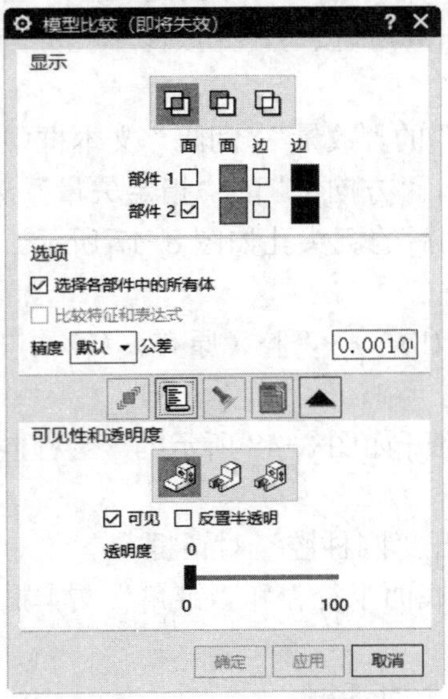

图8-41　“模型比较（即将失效）”对话框

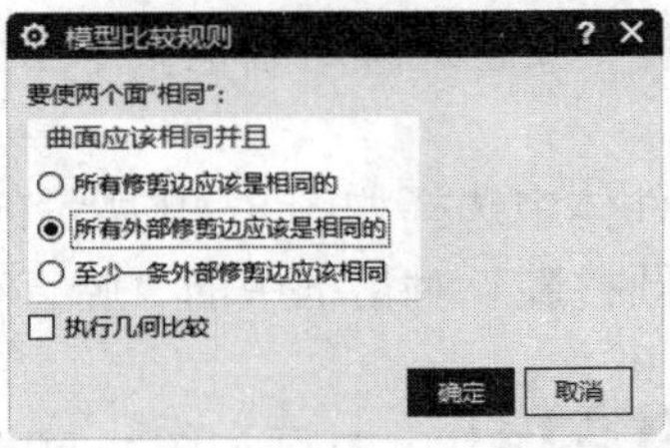

图8-42　“模型比较规则”对话框

1）曲面应该相同并且：用于设置修剪方式。

2）执行几何比较：勾选该复选框，可忽略几何拓扑不同的模型比较。

（3）可见性和透明度　用于控制模型比较窗口的可见性和透明度。

模型比较的步骤如下：

1）加载一个部件。

2）更新已加载的部件，并以不同的文件名保存。

3）加载这两个部件，并打开“模型比较（即将失效）”对话框。

4）在“显示类型”列表框中选择一种几何检查类型。

5）运行模型比较分析。

8.4 综合实例——编辑压板

首先创建并阵列孔，然后通过编辑定位尺寸（由于孔的定位尺寸有错误导致孔不符合要求），改变孔的位置，创建如图 8-43 所示的压板。

01 打开文件。单击“主页”选项卡中的“打开”按钮，打开“打开”对话框，输入“yaban”，单击确定按钮，打开如图 8-44 所示的压板图形，进入 UG NX 建模环境。

02 另存部件文件。选择“文件(F)”→“保存(S)”→“另存为(A)...”，打开“另存为”对话框，输入“bianjiyaban”，单击确定按钮，进入 UG NX 建模环境。

03 阵列简单孔和沉头孔。

❶选择“菜单(M)”→“插入(S)”→“关联复制(A)”→“阵列特征(A)...”，或单击“主页”选项卡“基本”组中的“阵列特征”按钮，打开“阵列特征”对话框。

❷选择“线性”布局，单击“选择特征”按钮，选择要阵列的简单孔。

❸在“方向 1”的“数量”“间隔”文本框中分别输入 2、30，“指定矢量”选择XC，取消“使用方向 2”复选框的勾选，如图 8-45 所示。单击应用按钮，完成简单孔的阵列，结果如图 8-46 所示。

❹采用相同的操作步骤阵列沉头孔，在“方向 1”的“数量”“间隔”文本框中输入 2、35，在“方向 2”的“数量”“间隔”文本框中输入 2、30，“方向 1”的“指定矢量”选择XC，“方向 2”的“指定矢量”选择YC，单击确定按钮，阵列后的沉头孔如图 8-47 所示。

04 创建圆柱形腔体。

❶选择“菜单(M)”→“插入(S)”→“设计特征(E)”→“腔（原有）(P)...”，打开“腔”类型选择对话框。

❷在“腔”类型选择对话框中单击圆柱形按钮，打开如图 8-48 所示的“圆柱腔”放置面选择对话框。

❸在零件体中选择如图 8-49 所示的放置面，打开“圆柱腔”对话框。

❹在“圆柱腔”对话框中的“腔直径”“深度”“底面半径”和“锥角”文本框中分别输入 10、16、0、0。

❺单击确定按钮，打开如图 8-50 所示的“定位”对话框。

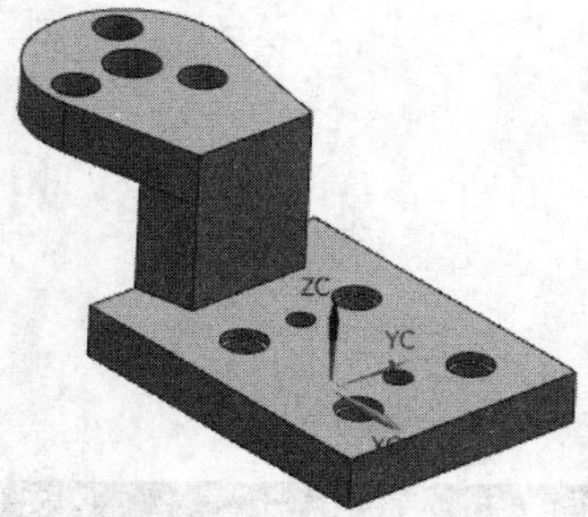

图8-43　压板

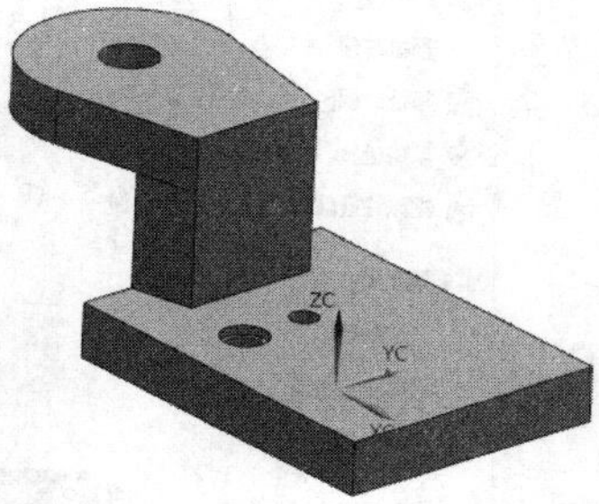

图8-44　压板图形

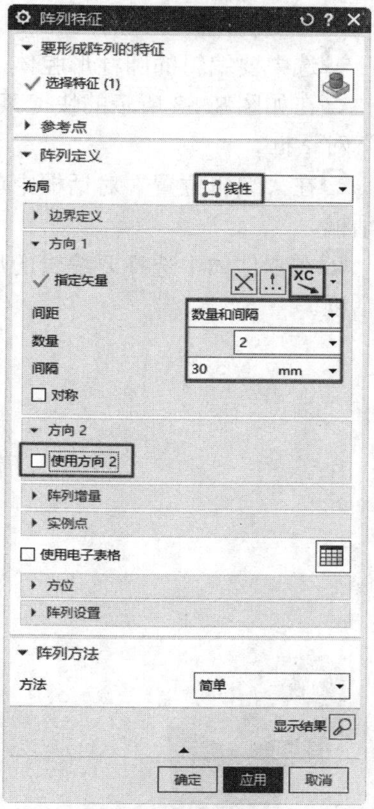

图8-45　“阵列特征”对话框

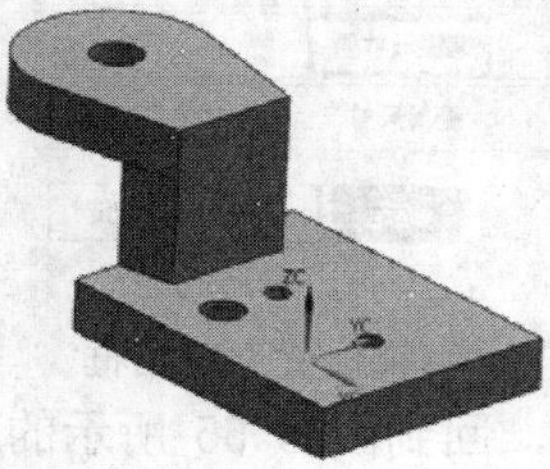

图8-46　阵列简单孔

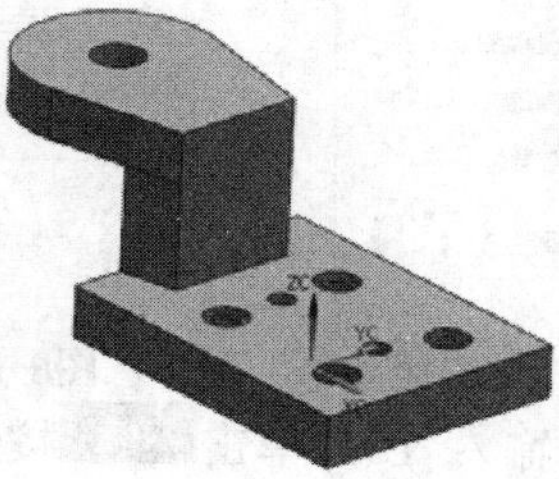

图8-47　阵列沉头孔

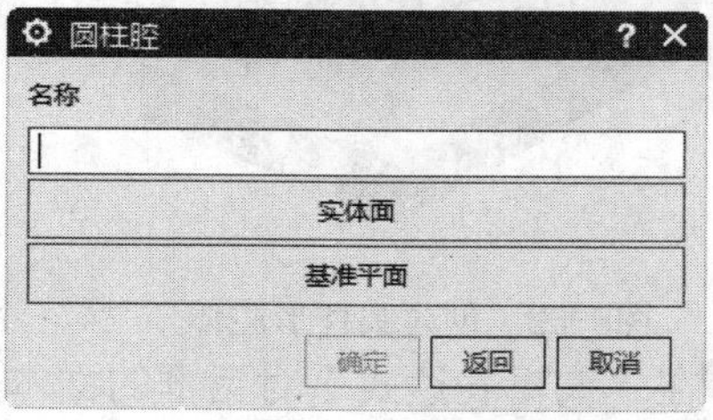

图8-48　“圆柱腔”放置面选择对话框

❻在“定位”对话框中选取“水平”按钮和“竖直”按钮，进行定位。定位后的尺寸如图 8-51 所示。

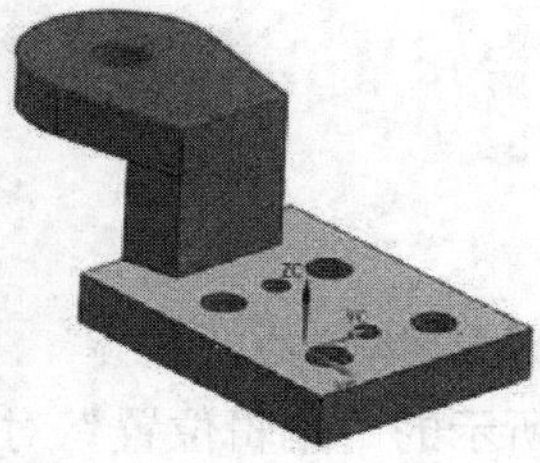

图8-49　选择放置面

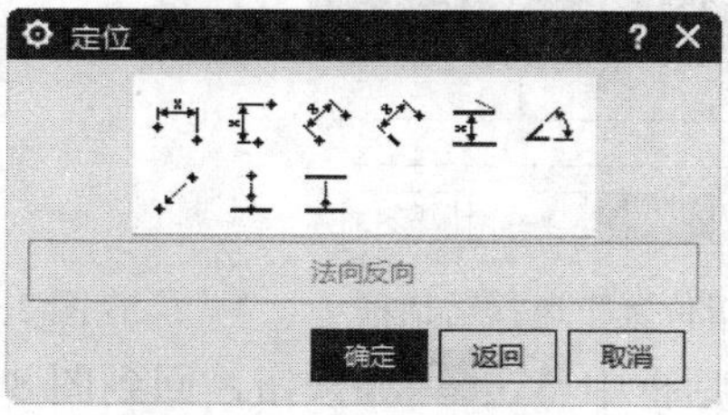

图8-50　“定位”对话框

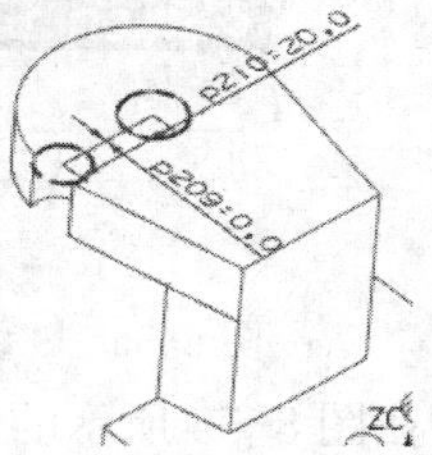

图8-51　定位后的尺寸

❼在“定位”对话框中单击确定按钮，创建圆柱形腔体，结果如图 8-52 所示。

05 编辑圆柱形腔体。

❶选中要编辑的圆柱形腔体，右击，打开如图 8-53 所示的快捷菜单。

❷在如图 8-53 所示的快捷菜单中单击“编辑位置(O)...”，打开如图 8-54 所示的“编辑位置”对话框。

❸在“编辑位置”对话框中单击 编辑尺寸值 按钮，打开如图 8-55 所示的“编辑位置”选择对话框。

❹在零件体中选择要编辑的尺寸，如图 8-56 所示，打开如图 8-57 所示的“编辑表达式”对话框。

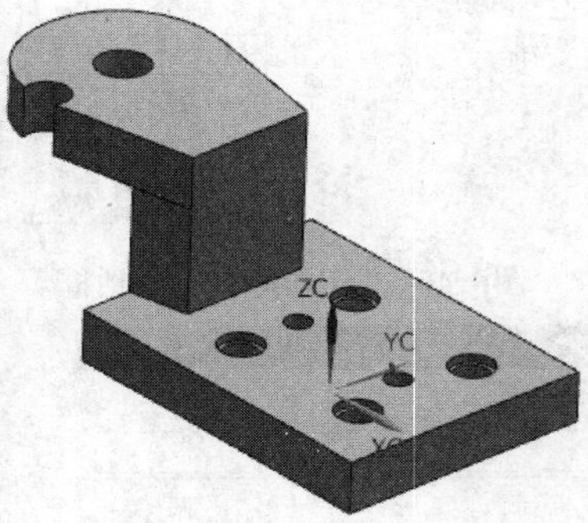

图8-52　创建圆柱形腔体

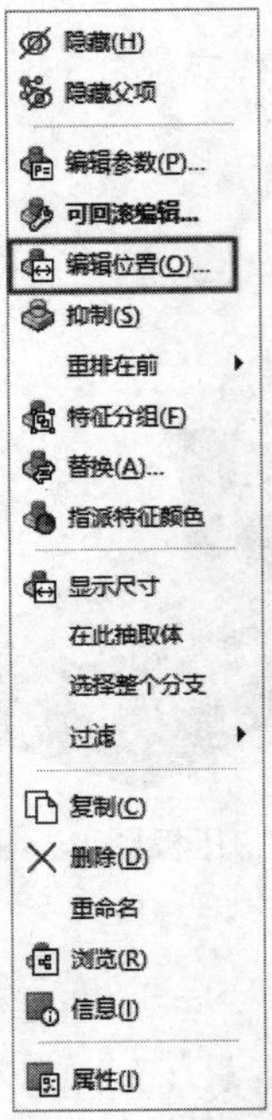

图8-53　快捷菜单

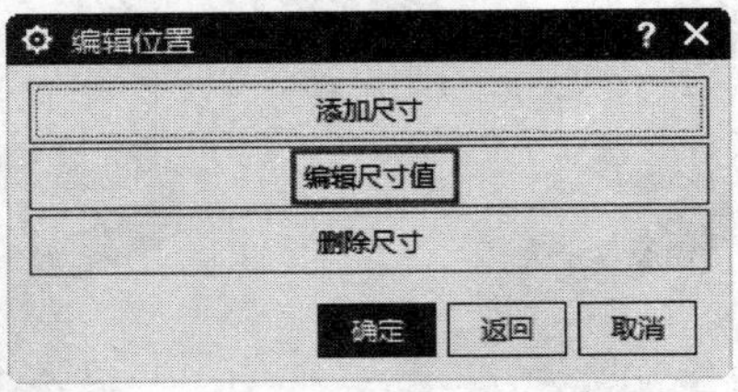

图8-54　“编辑位置”对话框

❺在“编辑表达式”对话框的文本框中输入 15，单击 确定 按钮，回到图 8-55 所示的对话框。

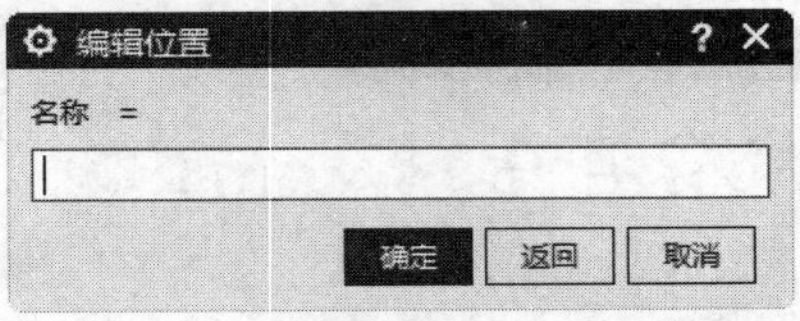

图 8-55　“编辑位置”选择对话框

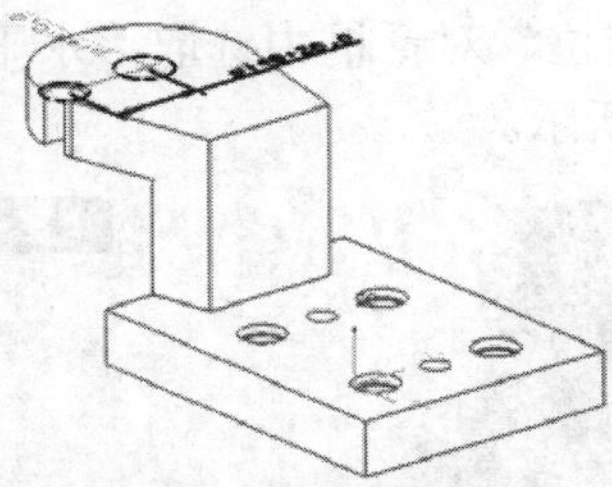

图 8-56　选择要编辑的尺寸

❻在图 8-55 所示的对话框中单击 确定 按钮，回到图 8-54 所示的“编辑位置”对话框。

❼在图 8-54 所示的“编辑位置”对话框中单击 确定 按钮，完成圆柱形腔体的编辑，结果如图 8-58 所示。

图8-57　“编辑表达式”对话框

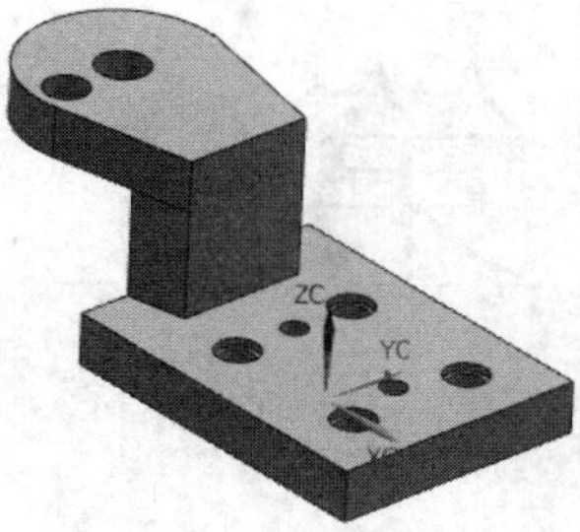

图8-58　编辑圆柱形腔体

06 阵列圆柱形腔体。

❶选择“菜单(M)”→“插入(S)”→“关联复制(A)”→“阵列特征(A)...”，或单击“主页”选项卡“基本”组中的“阵列特征”按钮，打开“阵列特征”对话框。

❷在“阵列特征”对话框中选择“圆形”布局，在“指定矢量”下拉列表中选择 ZC 图标，在“数量”和“间隔角”文本框中分别输入 3、120，如图 8-59 所示。

❸选择要阵列的圆柱形腔体，指定点位置如图 8-60 所示。单击 确定 按钮，完成圆柱形腔体的阵列，结果如图 8-61 所示。

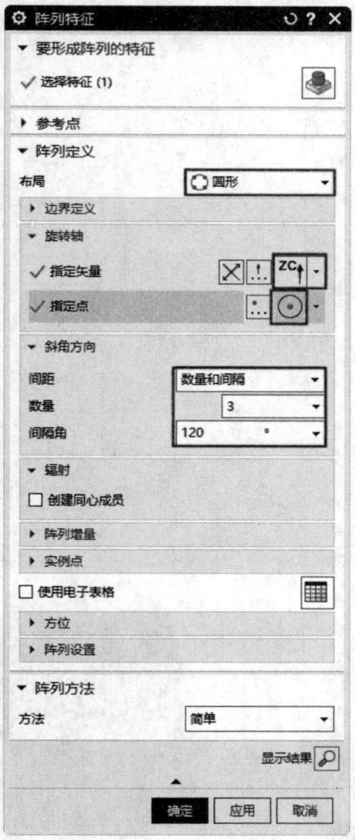

图8-59　“阵列特征”对话框

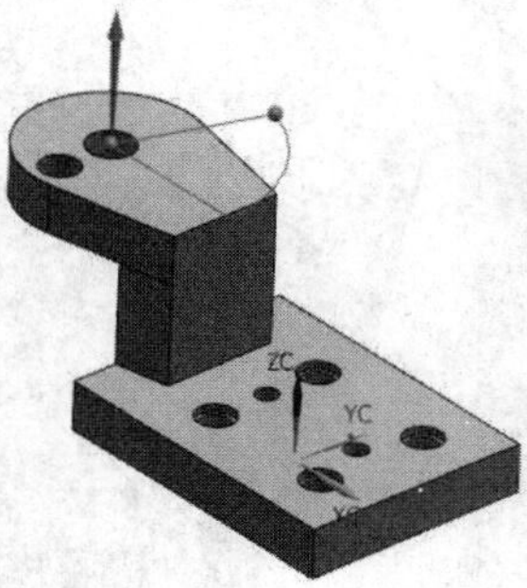

图8-60　指定点位置

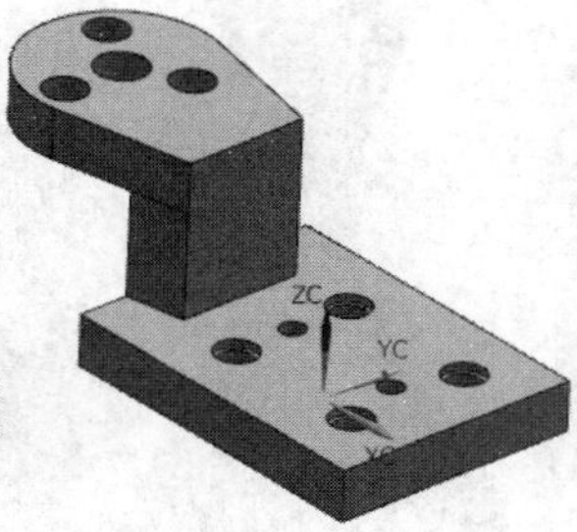

图8-61　阵列圆柱形腔体

第 9 章

曲面操作

UG NX 不仅提供了基本的特征建模模块，还提供了曲面造型模块和曲面编辑模块。通过曲面造型模块可以生成曲面薄体或实体模型，通过曲面编辑模块可以对曲面进行编辑修改操作。

重点与难点

- 曲面造型
- 编辑曲面

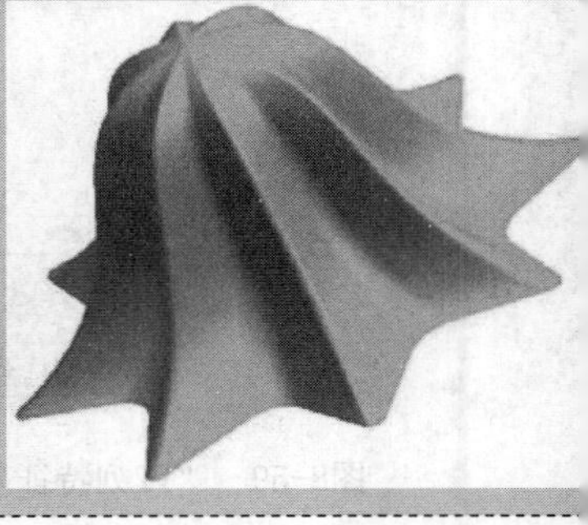

9.1 曲面造型

很多产品都需要采用曲面造型来完成复杂形状的构建，因此掌握 UG 曲面的创建十分必要。本节主要讲述 UG NX 各种曲面造型的方法。

9.1.1　点构造曲面

1．通过点

选择“菜单(M)”→“插入(S)”→“曲面(R)”→“通过点(H)...”，打开如图 9-1 所示的“通过点”对话框。该对话框可用于通过所有选定点创建曲面。

（1）补片类型

1）多个：表示使用多个补片构成曲面。选择该选项后，用户可在“行次数”和“列次数”文本框中输入曲面的行和列两方向的次数（行和列次数应比相应行和列的定义点数少 1，且最大不超过 24）。次数越低，补片越多，修改曲面时控制其局部曲率的自由度越大；反之则减少补片的数量，修改曲面时容易保持其光顺性。

2）单侧：表示使用一个补片构成曲面。选择该选项后，由系统根据行列的点数，取可能最高次数。

（2）沿以下方向封闭　该选项当“补片类型”为“多个”时被激活，用于设置沿行和列方向封闭或不封闭曲面。

1）两者皆否：曲面沿行和列方向都不封闭。

2）行：曲面沿行方向封闭。

3）列：曲面沿列方向封闭。

4）两者皆是：曲面沿行和列方向都封闭。

使用“通过点”创建曲面如图 9-2 所示。

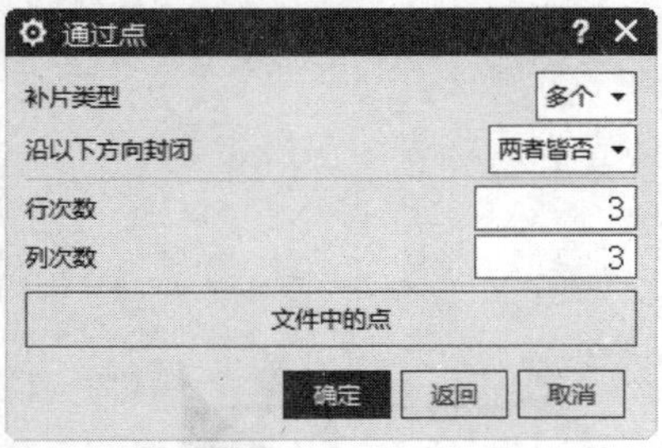

图 9-1　“通过点”对话框

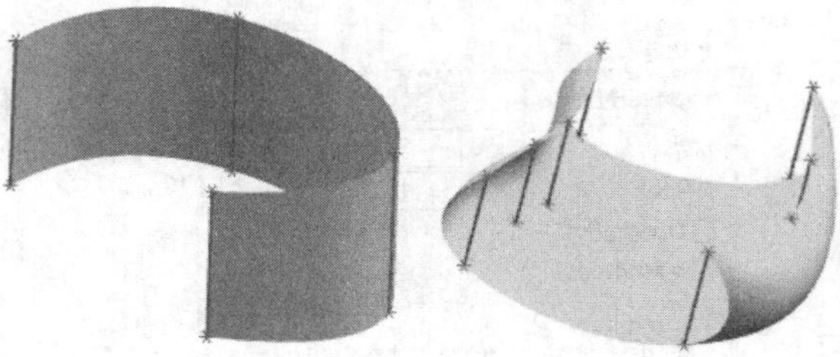

单侧补片类型　　多个补片类型

图 9-2　使用“通过点”创建曲面

2．从极点

选择“菜单(M)”→“插入(S)”→“曲面(R)”→“从极点(O)...”，打开如图 9-3 所示的“从极点”对话框。该对话框可用于通过设定曲面的极点来创建曲面。

该对话框中各选项的用法和“通过点”对话框中的相同。

使用“从极点”创建曲面如图 9-4 所示。

3．拟合曲面

选择“菜单(M)”→“插入(S)”→“曲面(R)”→“拟合曲面(C)...”，打开如图 9-5 所示

UG NX

的“拟合曲面”对话框。该对话框可用于读取选中范围内的许多点数据来创建曲面。使用“拟合曲面”创建的曲面不完全通过选取的点，但比使用“通过点”生成的曲面平滑。

（1）U 向均匀补片　用于输入 U 向的补片数。

（2）V 向均匀补片　用于输入 V 向的补片数。

U、V 方向的次数及其补片数的结合控制选取点和生成的片体之间的距离误差。

使用“拟合曲面”创建曲面如图 9-6 所示。

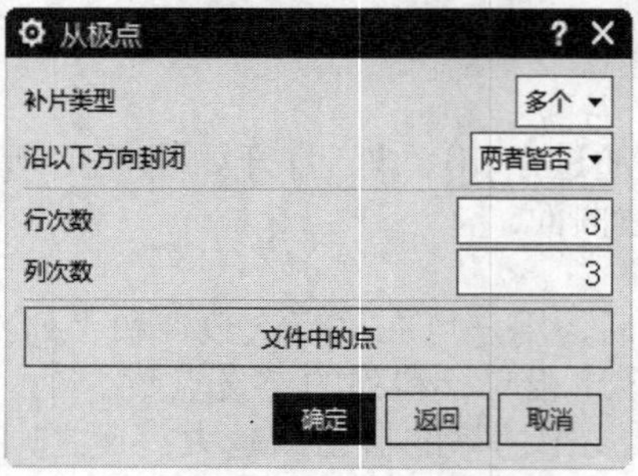

图9-3　“从极点”对话框

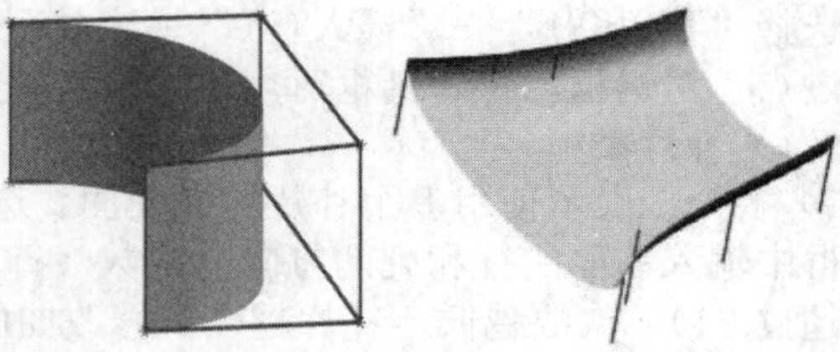

单侧补片类型　　多个补片类型

图9-4　使用“从极点”创建曲面

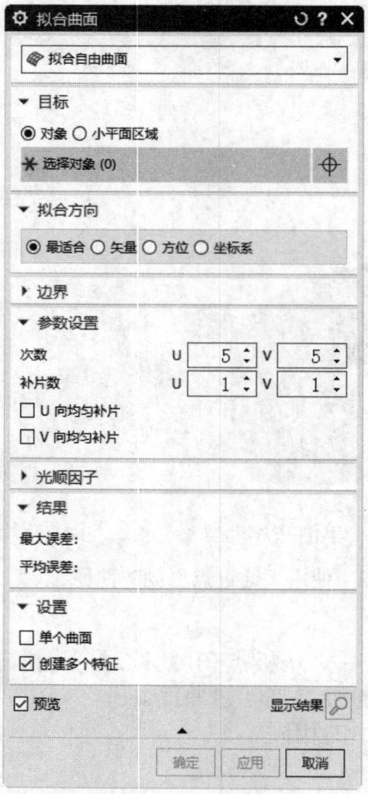

图9-5　“拟合曲面”对话框

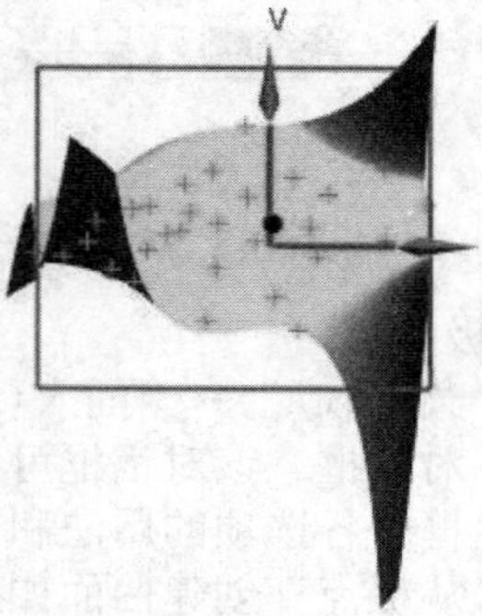

图9-6　使用“拟合曲面”创建曲面

9.1.2　曲线构造曲面

1. 直纹

选择“菜单(M)”→“插入(S)”→“网格曲面(M)”→“直纹(R)...”，或单击“曲面”选项卡“基本”组中的“直纹”按钮，打开如图 9-7 所示的“直纹”对话框。该对话框可用于通过两条曲线构造直纹面特征，即截面线上对应点以直线连接。

（1）截面 1　用于选择第一条截面曲线或点。

（2）截面 2　用于选择第二条截面曲线。

（3）对齐

1）参数：在创建曲面时，等参数和截面线所形成的间隔点根据相等的参数间隔建立。整个截面线上若包含直线则用等弧长的方式间隔点，若包含曲线则用等角度的方式间隔点。

2）根据点：用于不同形状截面的对齐。该选项特别适用于带有尖角的截面。

使用“直纹”创建曲面如图 9-8 所示。

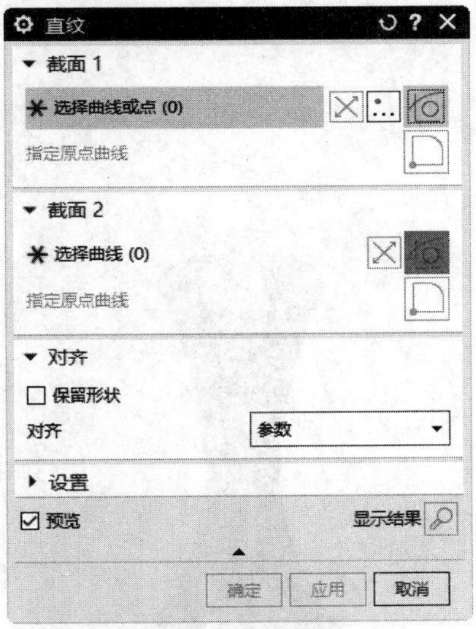

图9-7　“直纹”对话框

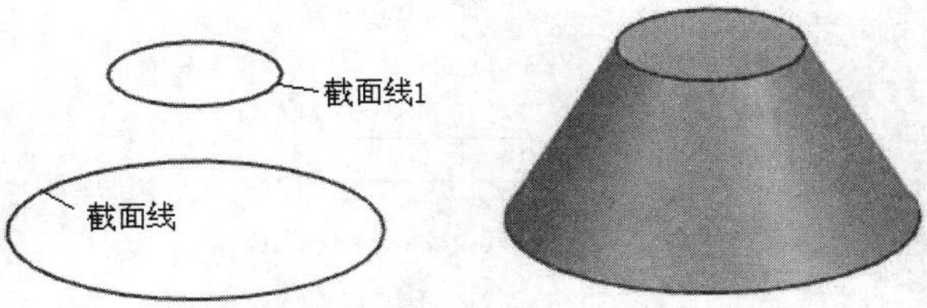

图9-8　使用“直纹”创建曲面

2. 通过曲线组

选择“菜单(M)”→“插入(S)”→“网格曲面(M)”→“通过曲线组(T)...”，或单击“曲面”选项卡“基本”组中的“通过曲线组”按钮，打开如图 9-9 所示的“通过曲线组”对话框。该对话框可用于通过一组存在的定义线串（曲线、边）创建曲面。

（1）选择曲线或点　选取截面线串时，一定要注意选取次序，而且每选取一条截面线，都要单击鼠标中键一次，直到所选取线串出现在“截面线串列表框”中为止，也可对该列表框中的所选截面线串进行删除、上移、下移等操作，以改变选取次序。

（2）第一个截面　用于设置第一个截面线串的边界约束条件，以让它在第一条截面线串处和一个或多个被选择的体表面相切或等曲率过渡。

（3）最后一个截面　在最后一个截面线上施加约束。

（4）对齐　和“直纹”对话框中的基本相同。

1）参数：在创建曲面时，等参数和截面线所形成的间隔点根据相等的参数间隔建立。整个截面线上若包含直线则用等弧长的方式间隔点，若包含曲线则用等角度的方式间隔点。

2）弧长：在创建曲面时，两组截面线和等参数建立连接点。这些连接点在截面线上的分布和间隔方式根据等弧长方式建立。

3）根据点：用于不同形状截面的对齐。该选项特别适用于带有尖角的截面。

4）距离：在创建曲面时，沿每个截面线，在规定方向等间距间隔点，结果是所有等参数曲线都在正交于规定矢量的平面中。

5）角度：用于在创建曲面时，在每个截面线上，绕着未规定的轴以等角度间隔生成曲面。这样，所有等参数曲线都位于含有该轴线的平面中。

6）脊线：在创建曲面时类似于“距离”方式，不同的是，选择一条曲线代替矢量方向，使所有平面垂直于脊线。

（5）补片类型　若采用“单侧”类型，则系统会自动计算 V 方向次数，其数值等于截面线数量减 1，因次数最高是 24，因此单个方式最多只能选择 25 条截面线。若采用“多个”类型，用户可以自己定义 V 方向的次数，但所选择的截面线数量至少比 V 方向的次数多一组。

使用“通过曲线组”创建曲面如图 9-10 所示。

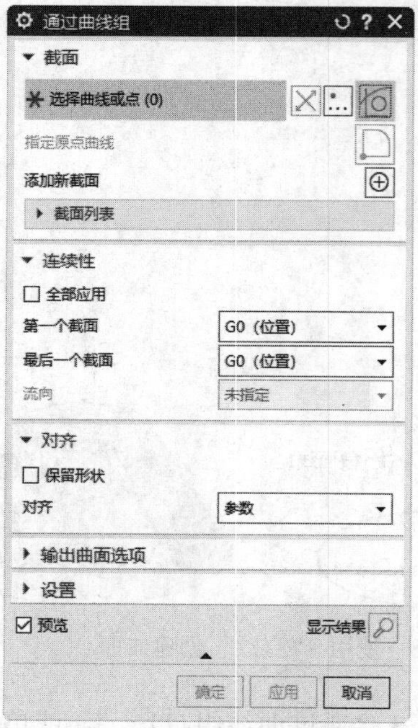

图9-9　“通过曲线组”对话框

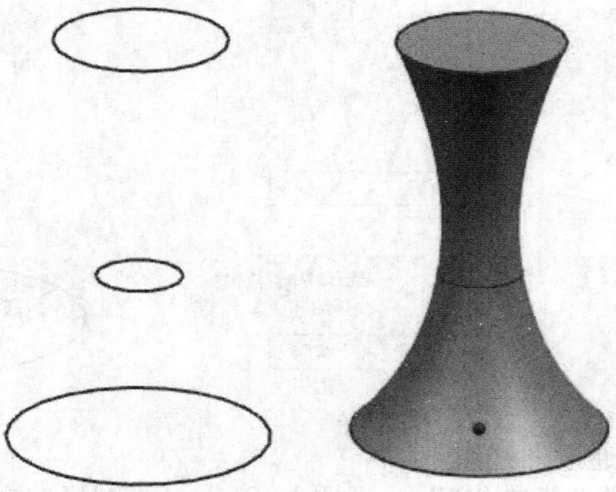

图9-10　使用“通过曲线组”创建曲面

3. 通过曲线网格

选择“菜单(M)”→“插入(S)”→“网格曲面(M)”→“通过曲线网格(M)…”，或单击“曲面”选项卡“基本”组中的“通过曲线网格”按钮，打开如图 9-11 所示的“通过曲线网格”对话框。该对话框可用于通过两簇相互交叉的定义线串（曲线、边）创建曲面或实体。创建的曲面将通过这些定义线串，先选取的一簇定义线串称为主线串，后选取的一簇定义线串称为交叉线串。

使用“通过曲线网格”创建曲面如图 9-12 所示。

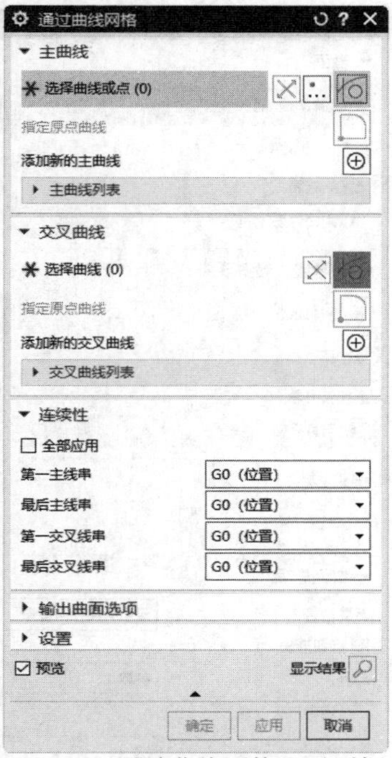

图 9-11　“通过曲线网格”对话框

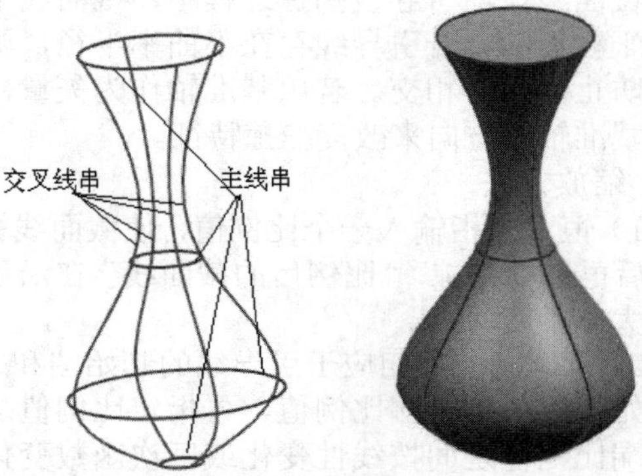

图 9-12　使用“通过曲线网格”创建曲面

9.1.3　扫掠

选择“菜单(M)”→“插入(S)”→“扫掠(W)”→“扫掠(S)...”，或单击“曲面”选项卡“基本”组中的“扫掠”按钮，打开如图 9-13 所示的“扫掠”对话框。该对话框可用于将截面线沿引导线扫掠创建曲面或实体。需注意的是先选择引导线，后选择截面线，且要注意引导线端点的选择位置，它将决定引导线的方向。

截面线最少 1 条，最大 400 条。如果引导线是封闭曲线，那么第一条截面线可以作为最后一条截面线再一次选择。

引导线必须是圆滑曲线，最少 1 条，最多 3 条。

所选取的截面线数量、引导线数量不同，打开的各级对话框也不同。下面分别介绍可能出现的对话框中的参数。

1．截面位置

（1）引导线末端　表示截面线必须在引导线的端部才能正常生成曲面。如果截面线位于引导线的中间，则可能产生意外的结果。

（2）沿引导线任何位置　表示截面线位于引导线中间的任何位置都能正常生成曲面。

2．定向方法

（1）固定　截面线在沿引导线扫掠过程中保持固定方位。

（2）面的法向　截面线在沿引导线扫掠过程中，局部坐标系的第二轴在引导线的每一点上对齐已有表面的法线。

（3）矢量方向　截面线在沿引导线扫掠过程中，局部坐标系的第二轴始终与指定的矢量对齐。若使用基准轴作为矢量，则可以通过编辑基准轴方向来改变扫掠特征的方位。注意，矢量不能在与引导线串相切的方向。

（4）另一曲线　选择一条已有的曲线（曲线不可与引导线相交），此曲线与引导线之间“构造”一个直纹面。截面线在沿引导线扫掠过程中，直纹面的“直纹”成为局部坐标系的第二轴的方向。

（5）一个点　选择一个已存在的点，此点与引导线之间“构造”一个直纹面。截面线在沿引导线扫掠过程中，直纹面的“直纹”成为局部坐标系的第二轴的方向。

（6）强制方向　用一个指定的矢量固定截面线平面的方位，截面线在沿引导线扫掠过程中，截面线平面方向不变，做平移运动。若引导线存在小曲率半径，则使用强制方向可防止曲面自相交。若用基准轴作为矢量，则可以通过编辑基准轴的方向来改变扫掠特征。

3．缩放方法

（1）恒定　指输入一个比例值，使截面线被“放大或缩小”后再进行扫掠，“比例后的截面线”在沿引导线扫掠过程中大小不变。

（2）倒圆功能　相应于引导线的起始端和末端，设置一个起始比例值和末端比例值，再指定比例值从起始比例值到末端比例值之间按线性变化或三次函数变化。截面线在沿引导线扫掠过程中按比例改变大小。

（3）另一曲线　选择一条已有的曲线（曲线不可与引导线相交），此曲线与引导线之间“构造”一个直纹面。截面线在沿引导线扫掠过程中，按照直纹的长度变化规律改变其大小。

（4）一个点　选择一点，此点与引导线之间“构造”一个直纹面。截面线在沿引导线扫掠过程中，截面线按照直纹的长度变化规律改变其大小。

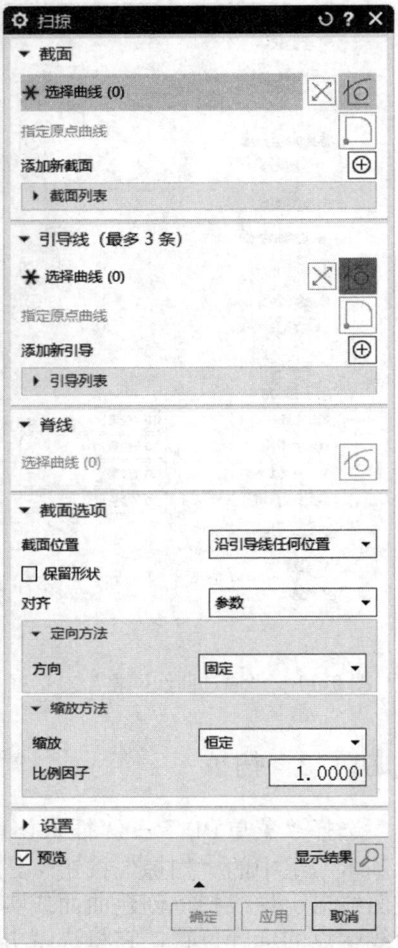

图 9-13　“扫掠”对话框

（5）面积规律　用规律子功能指定一个函数，截面线在沿引导线扫掠过程中，截面线（必须是封闭曲线）的面积值等于函数值。

（6）周长规律：用规律子功能指定一个函数，截面线在沿引导线扫掠过程中，截面线的展开长度值等于函数值。

创建“扫掠”曲面的示意图如图 9-14 所示。

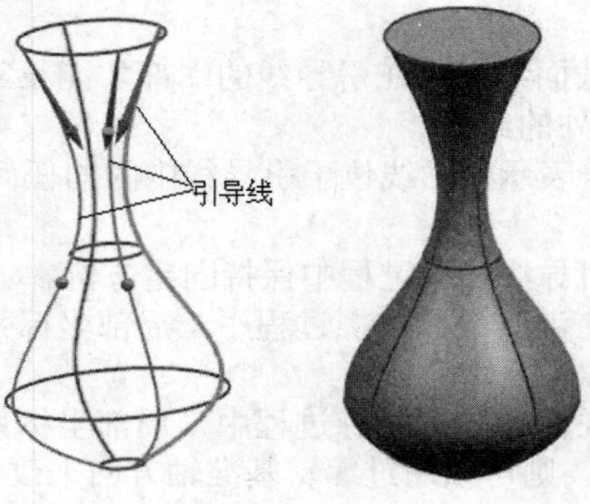

图9-14　创建“扫掠”曲面

9.1.4　抽取几何特征

选择“菜单(M)”→“插入(S)”→“关联复制(A)”→“抽取几何特征(E)...”，或单击“主页”选项卡“基本”组中的“抽取几何特征”按钮，打开如图 9-15 所示的“抽取几何特征”对话框。该对话框可用于从实体上抽取曲线、面、区域和体。

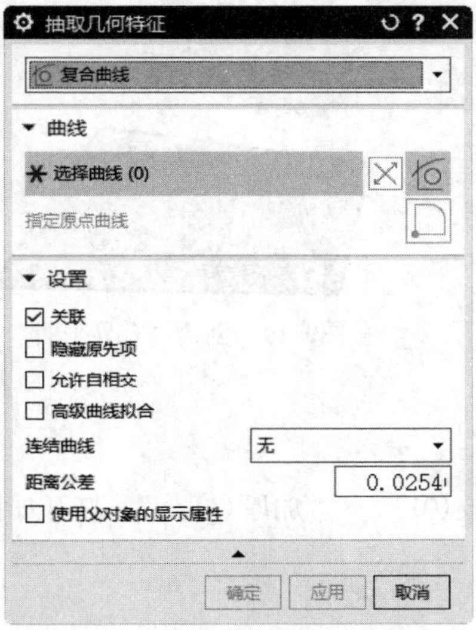

图9-15　“抽取几何特征”对话框

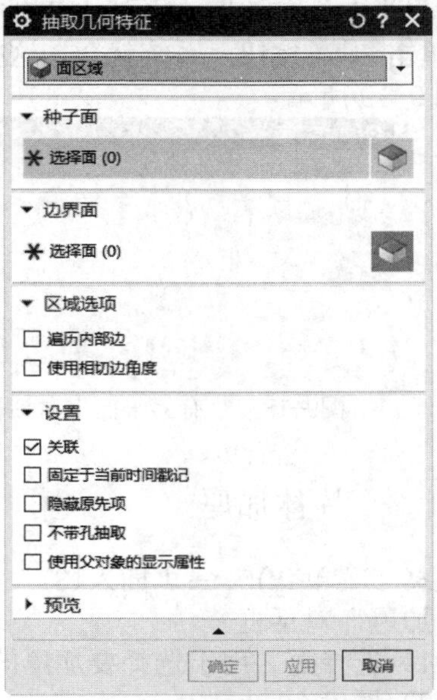

图9-16　选择“面区域”类型

（1）面　选择该类型，可从实体、曲面上直接抽取相应的面。抽取的结果可以是相同类型的曲面、三次多项式和一般 B 曲面。

（2）面区域　选择该类型后的对话框如图 9-16 所示。用户需要先选择“种子面”，然后选择“边界面”，所有夹在“种子面”和“边界面”中间的区域都会被选中。抽取几何特征时可以选择各种实体面和曲面。

（3）体　选择该类型，可选择一个实体进行抽取。

9.1.5　从曲线得到片体

选择“菜单(M)”→“插入(S)”→“曲面(R)”→“曲线成片体(E)...”，打开如图 9-17 所示的“从曲线获得面”对话框。该对话框可用于通过选择一组曲线生成曲面。

图9-17　“从曲线获得面”对话框

（1）按图层循环　勾选该复选框，表示一次对该层所有曲线进行操作。

（2）警告　勾选该复选框，表示出现错误时，显示警告信息并终止操作。

“从曲线获得面”对话框设置完毕后，单击确定按钮，若绘图区存在多条曲线，则打开“类选择”对话框，选择要得到片体的一组曲线，单击确定按钮，创建片体。若绘图区只有一条曲线，则不打开“类选择”对话框，用户可以在绘图区直接选择，然后单击鼠标中键，创建片体。其创建结果可以在“部件导航器”中找到。

9.1.6 有界平面

选择“菜单(M)”→“插入(S)”→“曲面(R)”→“有界平面(B)...”，打开如图 9-18 所示的“有界平面”对话框。该对话框可用于选择实体面或一些封闭的边或曲线（但各边界不能相交），单击 确定 按钮，系统就会在这些对象中间生成一个有界平面。创建“有界平面”的示意图如图 9-19 所示。

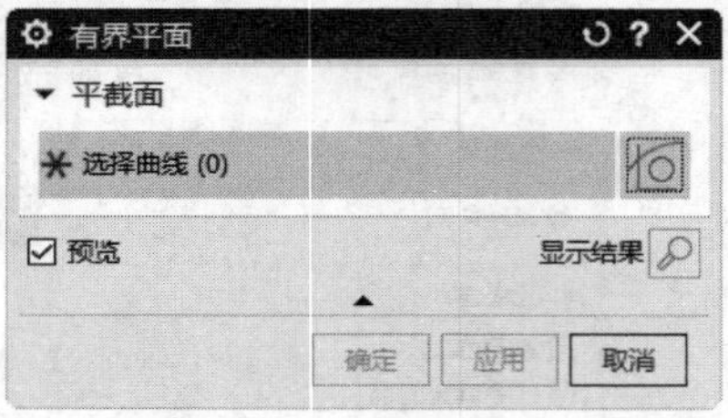

图9-18 “有界平面”对话框

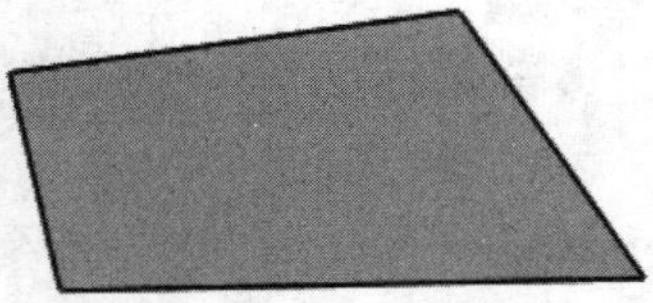

图9-19 创建“有界平面”

9.1.7 片体加厚

选择“菜单(M)”→“插入(S)”→“偏置/缩放(O)”→“加厚(T)...”，打开如图 9-20 所示的“加厚”对话框。

（1）选择面 用于选择要加厚的片体或曲面。

（2）厚度

1）偏置 1：用于设置片体的结束位置。

2）偏置 2：用于设置片体的开始位置。

参数设置完毕后，单击 确定 按钮，即可在第一偏置和第二偏置中间生成增厚的片体。创建“加厚”的示意图如图 9-21 所示。

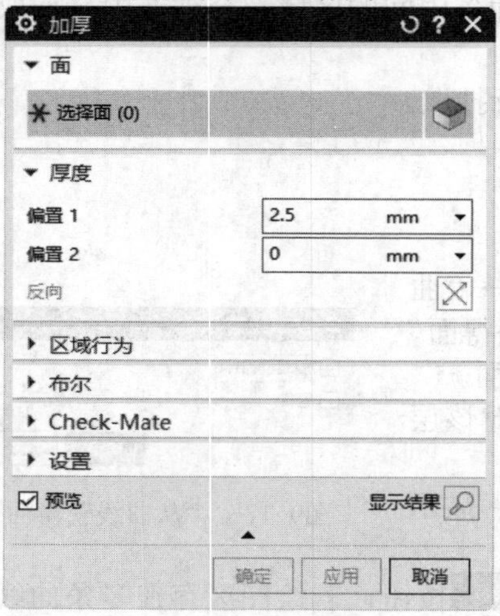

图9-20 “加厚”对话框

图9-21 创建“加厚”

9.1.8　片体到实体助理

选择“菜单(M)”→“插入(S)”→“偏置/缩放(O)”→“片体到实体助理(原有)(A)...”，打开如图 9-22 所示的“片体到实体助理”对话框。该对话框可用于首先对片体进行加厚操作，然后对加厚生成的实体进行缝合操作。

当操作不成功时，还可进行“重新修剪边界”“光顺退化”“整修曲面”和“允许拉伸边界”4 种补救措施。

“片体到实体助理”的示意图如图 9-23 所示。

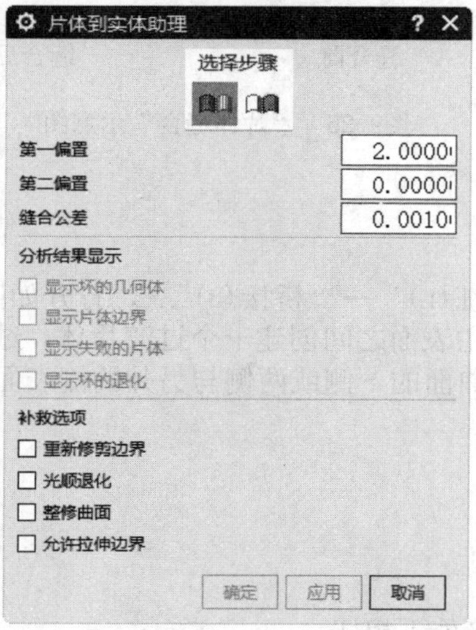

图9-22　“片体到实体助理”对话框

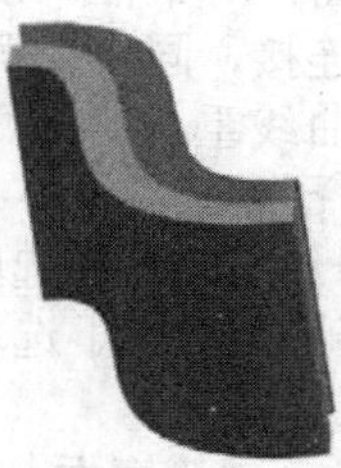

图9-23　“片体到实体助理”示意图

9.1.9　片体缝合

选择“菜单(M)”→“插入(S)”→“组合(B)”→“缝合(W)...”，打开如图 9-24 所示的“缝合”对话框。该对话框可用于将多个片体缝合成一个复合片体。在缝合片体上，原来片体所对应的区域成为缝合后形成的复合片体的一个表面。曲面缝合功能也可以将实体缝合在一起。

（1）目标　用于在绘图区选取一个目标片体。

（2）工具　用于在绘图区选取一个或多个工具片体。工具片体必须与目标片体相邻或与已选取的工具片体相邻（允许有小于缝合公差的间隙）。

（3）公差　缝合公差值必须稍大于两个被缝合曲面的相邻边之间的距离。事实上，即使两个被缝合曲面的相邻边之间的距离很大，只要符合下列条件就可以缝合：首先缝合公差值必须大于两个被缝合曲面的相邻边之间的距离，其次两个曲面延伸后能够交汇在一起，边缘形状能够匹配。

（4）输出多个片体　勾选该复选框，则允许同时选取两组或两组以上分离的曲面，并一次创建多个缝合特征。

“片体缝合”的示意图如图 9-25 所示。

UG NX

图9-24 “缝合”对话框

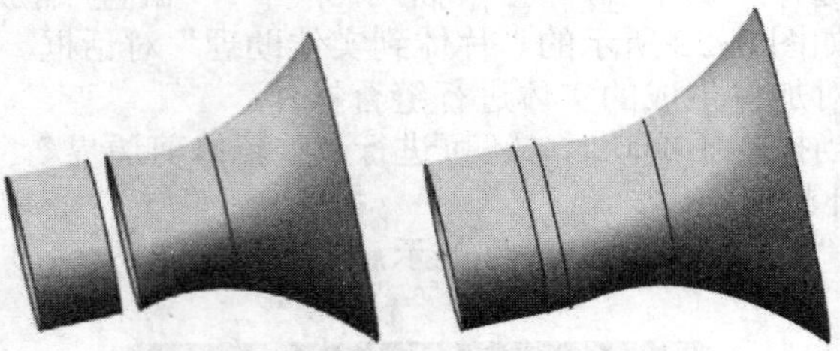

图9-25 “片体缝合”示意图

9.1.10 桥接

选择“菜单(M)”→“插入(S)”→“细节特征(L)”→“桥接(B)...”，打开如图 9-26 所示的“桥接曲面”对话框。该对话框可用于在两个主表面之间创建一个过渡片体，过渡片体与已有表面光顺连接，同时还可以根据需要，将过渡曲面的一侧或两侧与另外的侧表面光顺连接或与已有的侧曲线重合。

（1）选择步骤

1）选择边 1：用于选取第一条侧线串。

2）选择边 2：用于选取第二条侧线串。

（2）连续性

1）位置：过渡表面与主表面以及侧面在连接处不相切。

2）相切：过渡表面与主表面及侧面在连接处相切过渡。

3）曲率：过渡曲面与主表面以及侧面在连接处以相同曲率相切过渡。

（3）边限制　如果没有勾选“端点到端点”，则可以使用此功能。分别在刚生成的过渡曲面的两端按住鼠标左键反复拖动，可以动态地改变其形状，即按住鼠标左键拖动，松开鼠标左键，再按住鼠标左键拖动，如此反复进行，可实现很大的变形。

创建“桥接”特征的示意图如图 9-27 所示。

9.1.11 延伸

选择“菜单(M)”→“插入(S)”→“弯边曲面(G)”→“延伸(E)...”，打开如图 9-28 所示的“延伸曲面”对话框。该对话框可用于基于已有的基础片体或表面上的曲线或基础片体的边，产生延伸片体特征。

（1）相切　相切延伸功能只能选取片体的原始边或两条原始边的交线进行延伸，生成的是直纹面。

1）按长度：直接输入延伸片体的长度值。该方式不能选取原始片体的角做延伸。

2）按百分比：延伸曲面的长度等于原始片体长度乘以百分比。该方式除了可以由“边缘延伸”指定延伸原始片体的边之外，还可以由“拐角延伸”指定原始片体的角进行延伸，角部延伸需要输入两个方向的百分比。

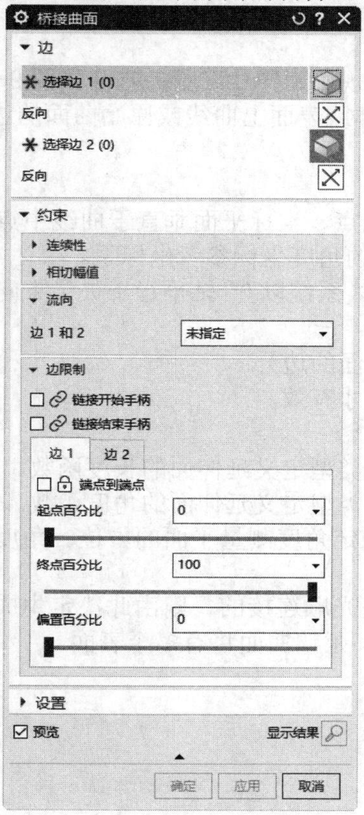

图9-26　“桥接曲面”对话框

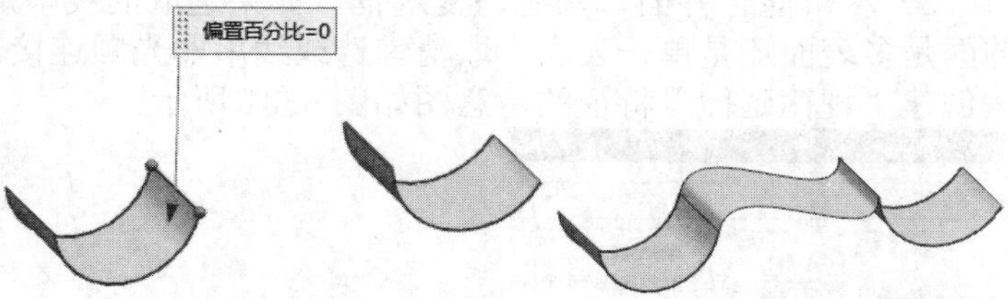

选择边 1 和边 2　　　　创建桥接特征

图9-27　创建“桥接”特征

（2）圆弧　采用圆弧延伸。圆弧延伸功能只能选取片体的原始边进行延伸。以原始边上的曲率半径生成圆弧形延伸面。延伸长度的决定方法与相切延伸相同，只是不能做角部的延伸。

创建“延伸”特征的示意图如图 9-29 所示。

图9-28　“延伸曲面”对话框

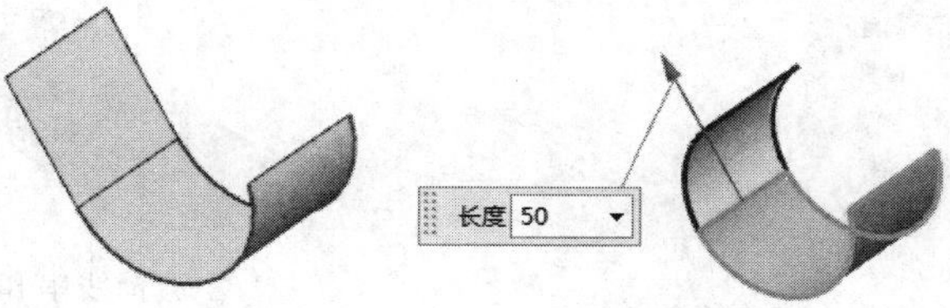

相切延伸　　　　圆形延伸

图9-29　创建“延伸”特征

UG NX

9.1.12 规律延伸

选择“菜单(M)”→“插入(S)”→“弯边曲面(G)”→“规律延伸(L)...”，打开如图 9-30 所示的“规律延伸”对话框。该对话框可用于基于已有的片体或表面上曲线或原始曲面的边，生成角度和长度都可按指定函数变化的规律延伸片体特征。

（1）类型

1）面：选取表面参考方法。系统将以线串的中间点为原点、坐标平面垂直于曲线中点的切线、0° 轴与基础表面相切的方式，确定位于线串中间点上的角度坐标参考坐标系。

2）矢量：选取矢量参考方法，系统会要求指定一个矢量。系统以 0° 轴平行于矢量方向的方式，定位线串中间点的角度参考坐标系。

（2）曲线　选取用于延伸的线串（曲线、边、草图、表面的边）。

（3）面　选取线串所在的表面。只有选择“面”类型时才有效。

（4）长度和角度规律

1）长度规律：在“规律类型”下拉列表中选择长度规律类型定义延伸面的长度函数。

2）角度规律：在“规律类型”下拉列表中选择角度规律类型定义延伸面的角度函数。

（5）脊线　选择“脊线串”选项，可选取脊线。脊线决定角度测量平面的方位。角度测量平面垂直于脊线。

（6）尽可能合并面　勾选该复选框，如果选取的线串是光顺连接的，则由此决定生成的延伸面是多表面还是单一表面。取消勾选或线串非光顺连接，延伸曲面将有多个表面。

创建“规律延伸”特征的示意图如图 9-31 所示。

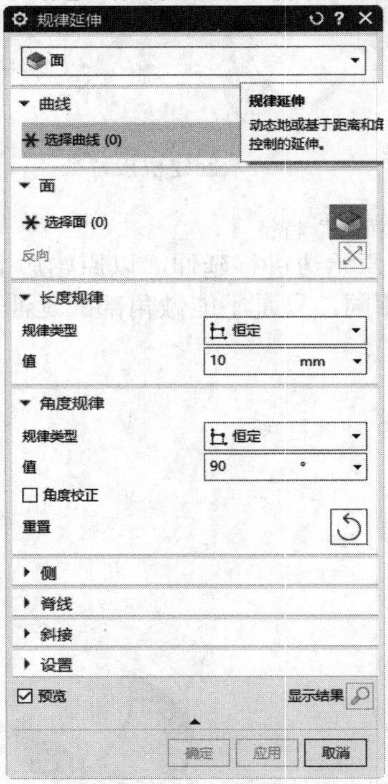

图 9-30　“规律延伸”对话框

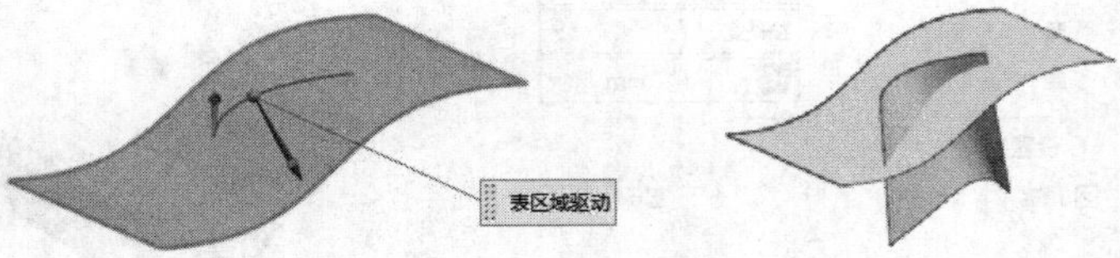

选择线串和基础表面　　创建“规律延伸”特征

图 9-31　创建“规律延伸”特征

9.1.13　偏置曲面

选择“菜单(M)”→“插入(S)”→“偏置/缩放(O)”→“偏置曲面(O)”，或单击“曲面”选项卡“基本”组中的“偏置曲面”按钮，打开如图 9-32 所示的“偏置曲面”对话框。该对话框可用于将一些已存在的曲面沿法线方向偏移生成新的曲面，并且原曲面位置不变，即实现了曲面的偏移和复制。

偏值 1：用于输入基础曲面上的点沿法线方向偏移的距离，生成偏置曲面。若要反向偏移，则取负值。

创建“偏置曲面”的示意图如图 9-33 所示。

图9-32　“偏置曲面”对话框

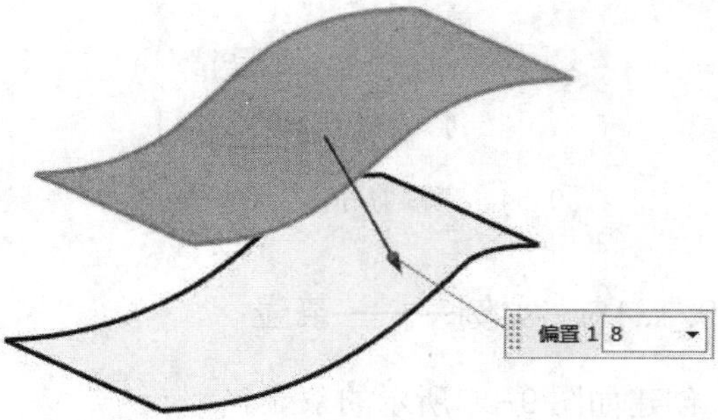

图9-33　创建“偏置曲面”

9.1.14　修剪片体

选择“菜单(M)”→“插入(S)”→“修剪（T)”→“修剪片体(R)...”，或单击“曲面”选项卡“组合”组中的“修剪片体”按钮，打开如图 9-34 所示的“修剪片体”对话框。该对话框可用于将曲线、边、表面、基准平面作为边界修剪片体。

（1）目标：用于选取被修剪的目标面。

（2）边界

1）选择对象：用于选取作为修剪边界的对象。边、曲线、表面、基准平面都可以作为修剪边界。

2）允许目标体边作为工具对象：勾选该复选框，可将目标片体的边作为修剪对象过滤掉。

（3）投影方向　用于指定投影矢量，决定作为修剪边界的曲线或边如何投影到目标片体上。其下拉列表中提供了三种选择方式。

（4）区域

1）选择区域：用于选择目标面上要保留或去掉的部分。

2）保留：保留被指定的区域，其余区域被去掉。

3）放弃：去掉被指定的区域。

（5）设置

1）保持目标：控制被修剪的目标片体是否保留。

2）输出精确的几何体：该选项将生成的相交边作为标记边，除非投影沿面法向和边或曲线被用于修剪对象时。

创建“修剪片体”的示意图如图 9-35 所示。

图9-34 “修剪片体”对话框

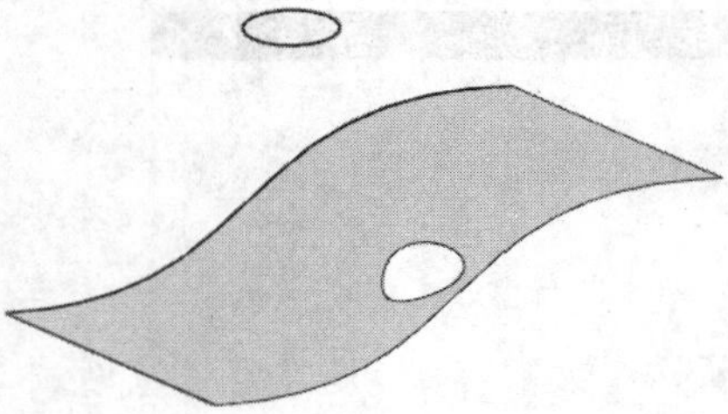

图9-35 创建“修剪片体”

9.1.15 实例——茶壶

创建如图 9-36 所示的茶壶。

图9-36 茶壶

01 新建文件。单击“主页”选项卡中的“新建”按钮，打开“新建”对话框，在“模板”列表框中选择“模型”，输入“ChaHu”，单击确定按钮，进入 UG NX 建模环境。

02 旋转坐标。

❶选择“菜单(M)”→“格式（R)”→“WCS”→“旋转（R)”，打开“旋转 WCS 绕…”对话框。

❷选中 +XC 轴：YC --> ZC 选项，设置“角度”为 90°，如图 9-37 所示。单击确定按钮。

03 绘制草图。

❶选择“菜单(M)”→“插入(S)”→“基准/点(D)”→“基准平面(D)...”或单击“主页”选项卡“构造”组中的“基准平面”按钮，打开“基准平面”对话框，选择 XC-YC 作为基准平面，然后单击确定按钮。

❷选择“菜单(M)”→“插入(S)”→“草图(S)...”，或单击“主页”选项卡“构造”组中的“草图”按钮，打开“创建草图”对话框，选择创建基准平面，进入草图绘制界面。

❸单击“主页”选项卡“基本”组中的“轮廓”按钮，打开“轮廓”绘图工具栏，如图 9-38 所示从原点绘制直线 12、直线 23、弧 34、直线 45、弧 56、直线 61（注意弧 56 与直线 45 是相切关系）。

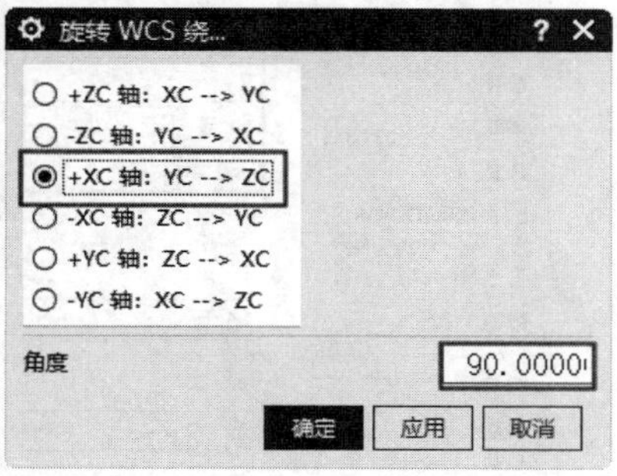

图9-37　“旋转WCS绕...”对话框

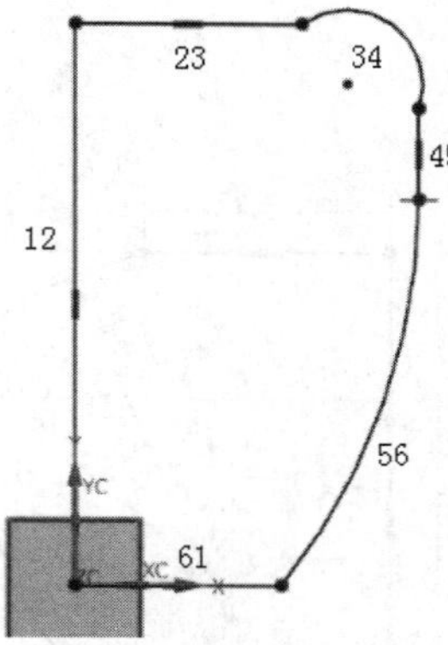

图9-38　绘制草图

04 设置约束。

❶在“草图场景条”中单击“设为共线”按钮，在图 9-38 中选择直线 12 为运动曲线，再选择 Y 轴为静止曲线，单击 应用 按钮。

❷在图 9-38 中选择直线 61 为要约束的对象，再选择 X 轴为要约束到的对象，单击 确定 按钮。

❸在“草图场景条”中单击“设为重合”按钮，在图 9-38 中选择圆弧 56 的圆心为要约束的对象，再选择 Y 轴为要约束到的对象。

05 标注尺寸。单击“主页”选项卡“求解”组中的“快速尺寸”按钮和“径向尺寸”按钮，分别标注直线 12、直线 23、直线 61，并对直线 12、直线 23、直线 61 的尺寸以及直线 45 的位置尺寸进行修改，分别输入 200、90、60、30 和 150，然后标注弧 34 的半径 R=140，如图 9-39 所示。

06 生成旋转实体。

❶选择“菜单（M）”→“插入(S)”→“设计特征(E)”→“旋转（R）...”，或单击“主页”选项卡“基本”组中的“旋转”按钮，打开“旋转”对话框。

❷在绘图区选择绘制好的草图为旋转曲线。

❸设置“指定失量”为 YC 轴、“指定点”为坐标原点。

❹在“起始角度”“结束角度”文本框中分别输入 0、360，如图 9-40 所示。单击 确定 按钮，生成旋转实体，如图 9-41 所示。

07 旋转坐标系。

❶选择“菜单（M）”→“格式（R）”→ “WCS”→“旋转（R）”，打开“旋转 WCS 绕...”对话框，如图 9-42 所示。

❷选中 -XC 轴：ZC --> YC 选项，在“角度”文本框中输入 90，单击 确定 按钮，完成坐标系旋转，如图 9-43 所示。

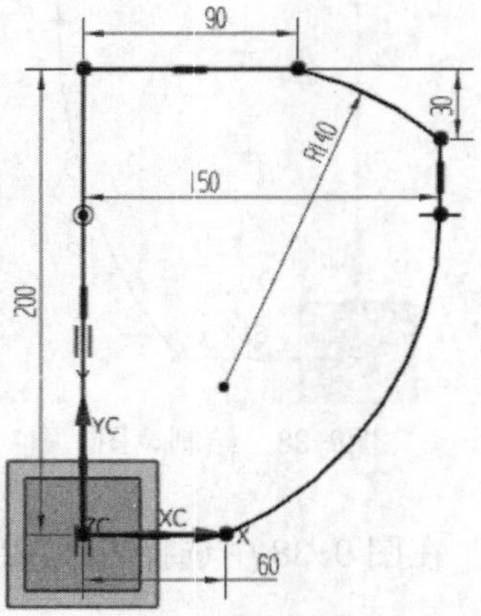

图9-39　添加尺寸约束

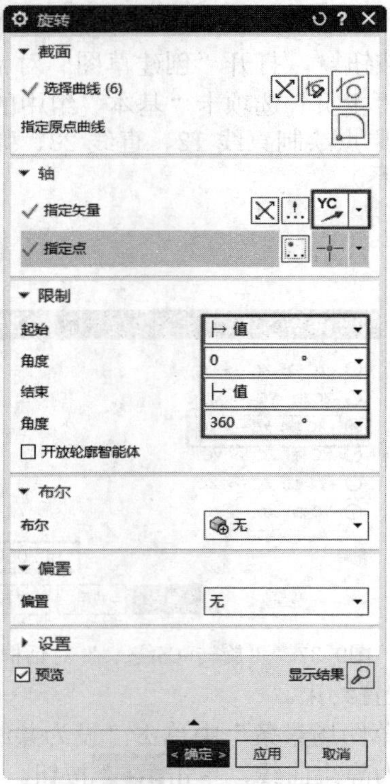

图9-40　“旋转”对话框

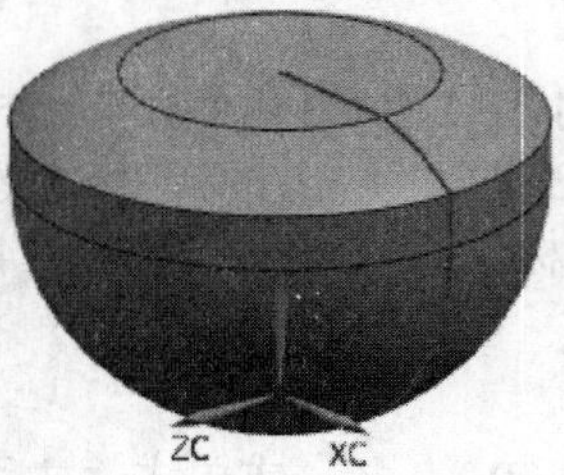

图9-41　生成旋转实体

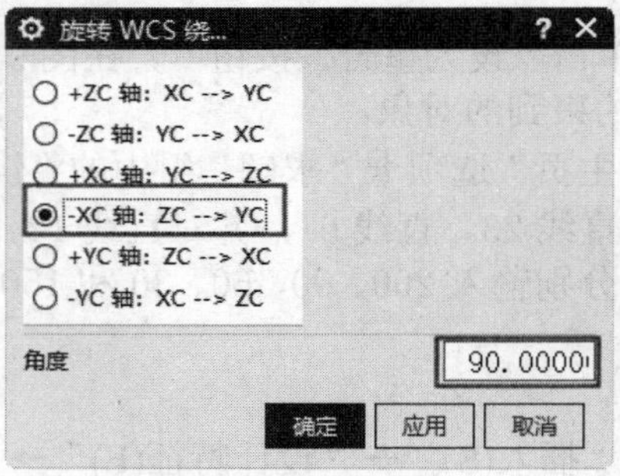

图9-42　“旋转WCS绕…”对话框

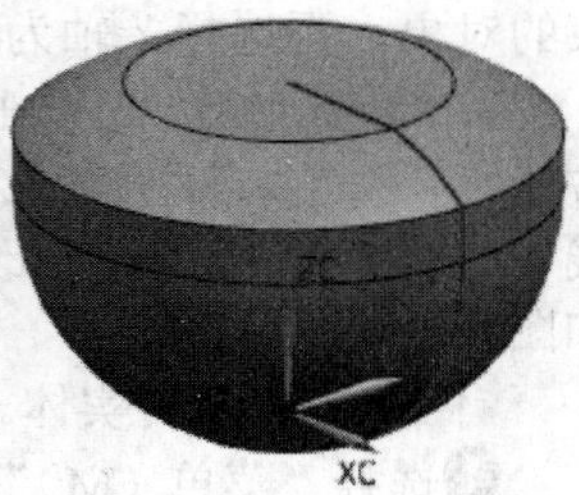

图9-43　旋转坐标系

08 创建圆柱体 1。

❶选择“菜单(M)”→“插入(S)”→“设计特征(E)”→“圆柱(C)…”，或单击“主页”选项卡“基本”组中的“圆柱”按钮，打开“圆柱”对话框。

❷在“圆柱”对话框中的“类型”下拉列表中选择“轴、直径和高度”类型。

❸设置“指定矢量”为 ZC 轴，在“直径”“高度”文本框中分别输入 180、8。

❹在“布尔”下拉列表中选择“合并”，如图 9-44 所示。

❺单击“点对话框”按钮，打开“点”对话框，输入点坐标为(0,0,200)。单击确定按钮，完成圆柱体 1 的创建，结果如图 9-45 所示。

09 创建圆柱体 2。

❶选择“菜单(M)”→“插入(S)”→“设计特征(E)”→“圆柱(C)…”，或单击“主页”

选项卡“基本”组中的“圆柱”按钮，打开“圆柱”对话框。

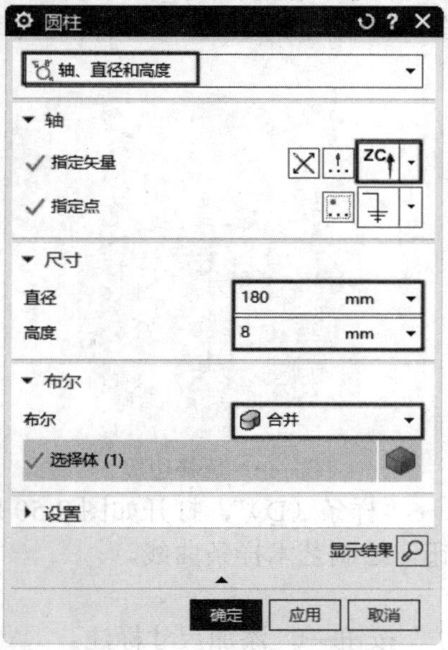

图9-44　“圆柱”对话框

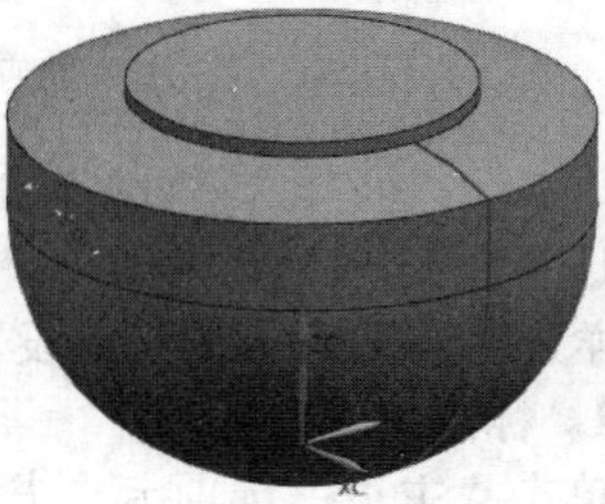

图9-45　创建圆柱体1

❷在“圆柱”对话框中的“类型”下拉列表中选择“轴、直径和高度”类型。

❸设置“指定矢量”为-ZC 轴，在“直径”“高度”文本框中分别输入 120、10。

❹设置“指定点”为坐标原点，在“布尔”下拉列表中选择“合并”，如图 9-46 所示。单击确定按钮，完成圆柱体 2 的创建，结果如图 9-47 所示。

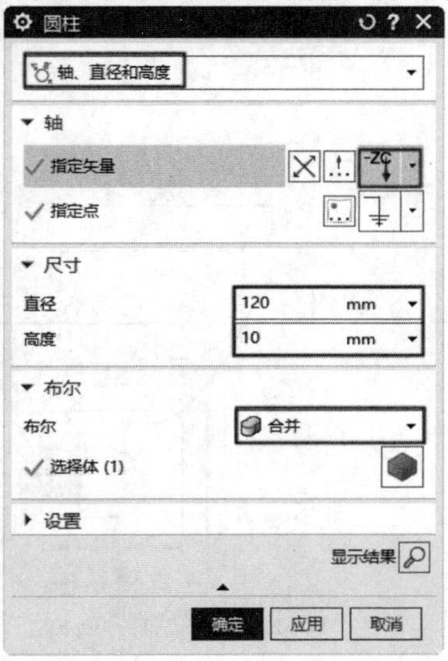

图9-46　“圆柱”对话框

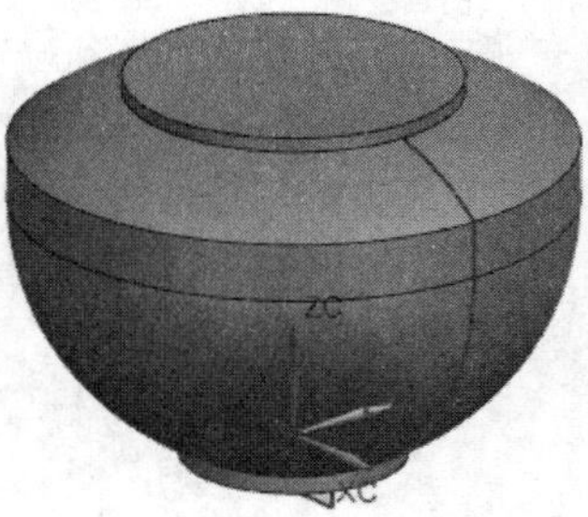

图9-47　创建圆柱体2

10 绘制草图。

❶选择“菜单(M)”→“插入(S)”→“草图(S)...”，或单击“主页”选项卡“构造”组中的“草图”按钮，打开“创建草图”对话框。选择 XC-ZC 基准平面作为基准平面，进入草图绘制环境。

UG NX

❷选择“菜单(M)”→“插入(S)”→“配方曲线（U）”→“投影曲线(J)...”，打开“投影曲线”对话框，设置参数如图 9-48 所示。单击选择如图 9-49 所示的边线，将其转化为参考曲线。

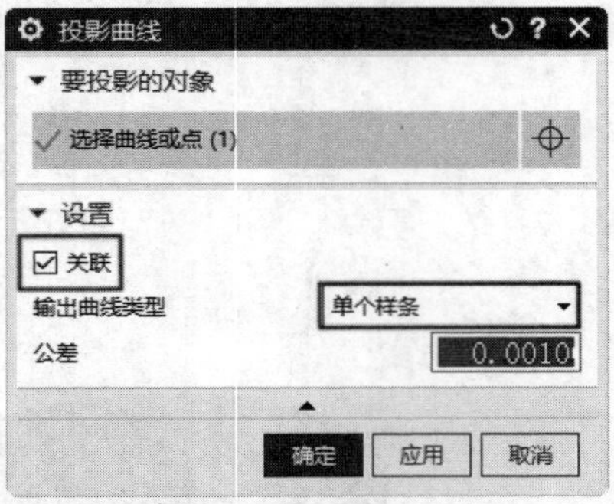

图9-48 “投影曲线”对话框

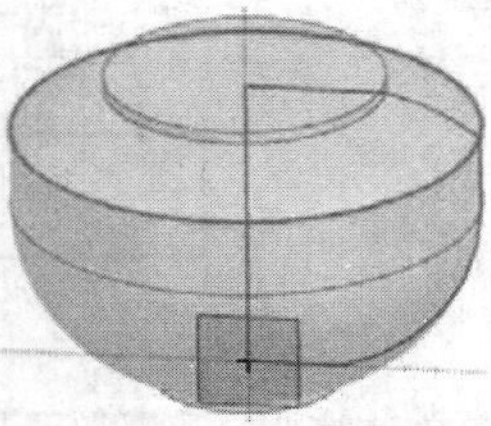

图9-49 选择边线

❸选择“菜单(M)”→“插入(S)”→“曲线（C）”→“样条（D）”，打开如图 9-50 所示的“艺术样条”对话框，在其中设置参数，单击确定按钮，绘制艺术样条曲线。

(11) 标注草图。

❶单击“主页”选项卡“求解”组中的“快速尺寸”按钮，添加尺寸标注。

❷标注点 6 的位置尺寸并修改为 240、40。

❸标注点 1 的位置尺寸并修改为 80、110。

❹标注点 2 的位置尺寸并修改为 143、98。

❺标注点 3 的位置尺寸并修改为 170、68。

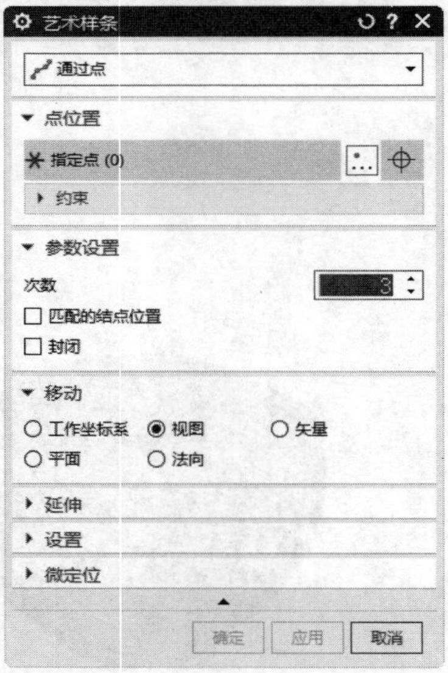

图9-50 “艺术样条”对话框

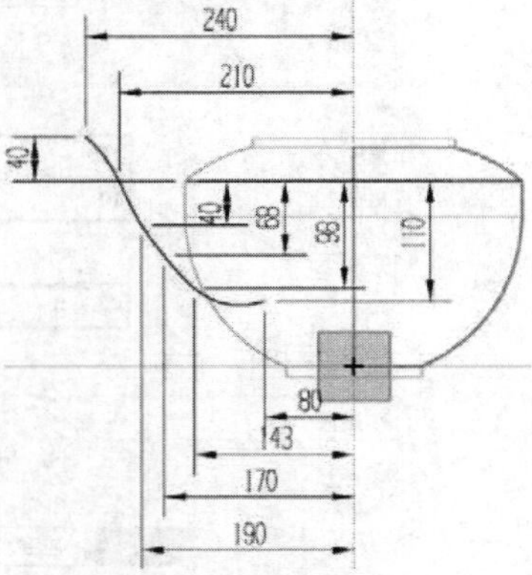

图9-51 标注草图

❻标注点 4 的位置尺寸并修改为 190、40。

❼标注点 5 的位置尺寸并修改为 210。标注完成的草图如图 9-51 所示。

(12) 约束草图。

❶在“草图场景条”中单击“设为水平”按钮，在图形中先选择点 5 为要约束的对象，

再选择投影边线为要约束到的对象，完成约束。

❷单击“主页”选项卡“构造”组中的“完成”按钮，返回到建模界面。

13 移动坐标系。

❶选择“菜单(M)”→“格式（R）”→“WCS”→“原点（O）”命令，打开“点”对话框。

❷选择“端点”类型，如图 9-52 所示。再单击步骤 **10** 绘制的曲线的下端点，将坐标系移至曲线的端点处，如图 9-53 所示。

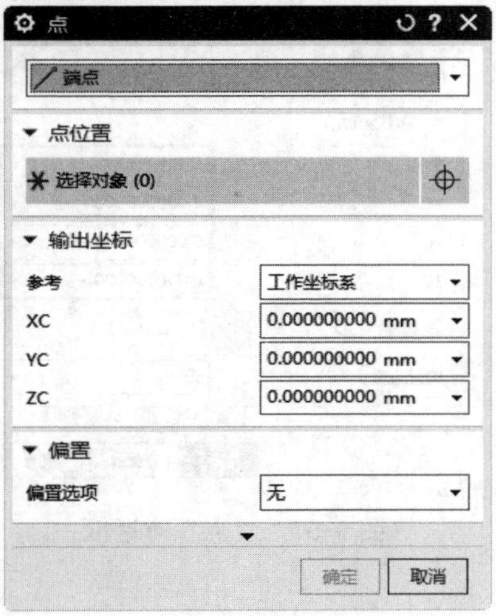

图9-52　“点”对话框

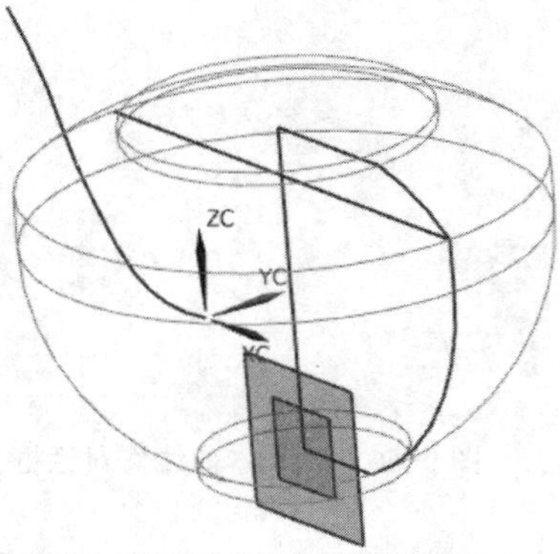

图9-53　移动坐标系

14 旋转坐标系。

❶选择“菜单(M)”→“格式（R）”→“WCS”→“旋转（R）”命令，打开“旋转 WCS 绕...”对话框。

❷选择 -YC 轴：XC --> ZC 选项，在“角度”文本框中输入 60，如图 9-54 所示。单击确定按钮，完成坐标系旋转，结果如图 9-55 所示。

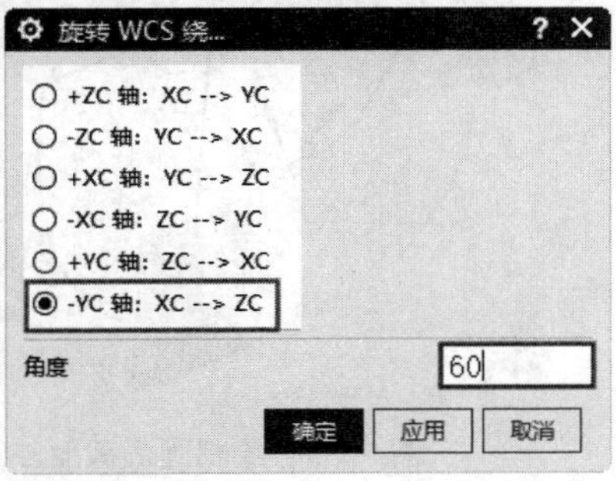

图 9-54　“旋转 WCS 绕…”对话框

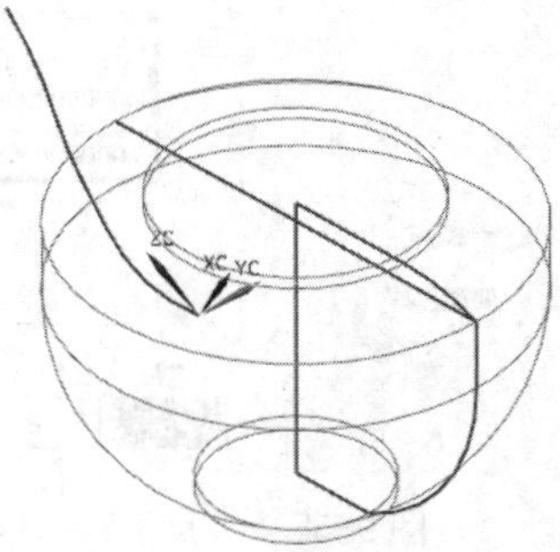

图 9-55　旋转坐标系

15 绘制圆形截面 1。

❶选择“菜单(M)”→“插入(S)”→“曲线(C)”→“基本曲线（原有）(B)...”，打开“基本曲线”对话框。

❷单击“基本曲线”对话框中的“圆”按钮○，如图 9-56 所示。在“点方法”中单击“点构造器”按钮…，打开“点”对话框，如图 9-57 所示。

❸在“点”对话框中设置“参考”为“工作坐标系”，输入坐标为（0，0，0），单击确定按钮，然后在“点”对话框中输入坐标（35,0,0），如图 9-58 所示。单击确定按钮，完成圆形截面 1 的绘制，如图 9-59 所示。

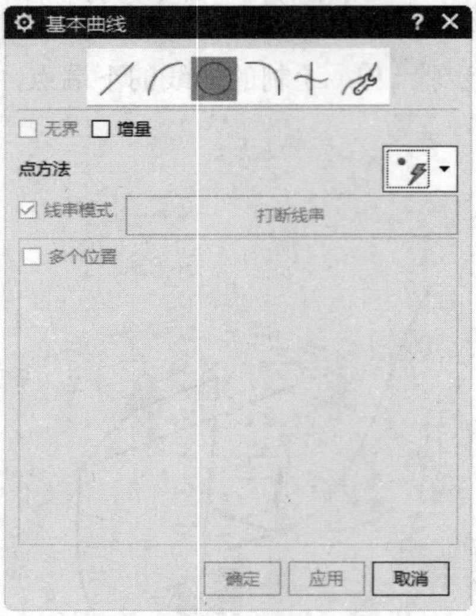

图 9-56 “基本曲线”对话框

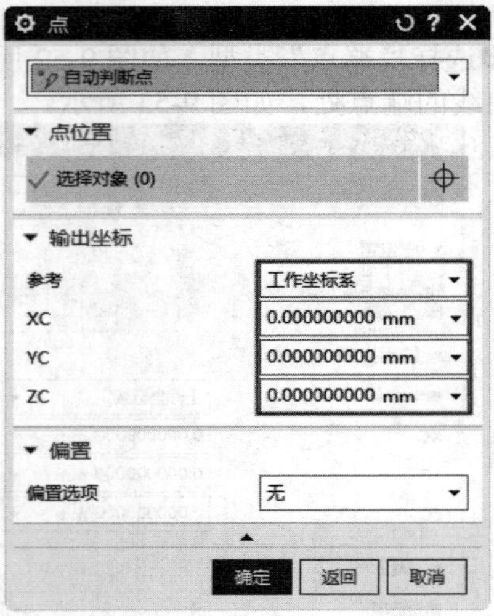

图 9-57 “点”对话框

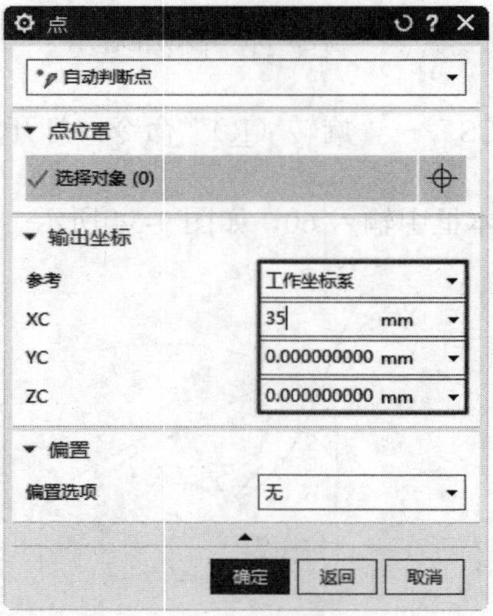

图 9-58 “点”对话框

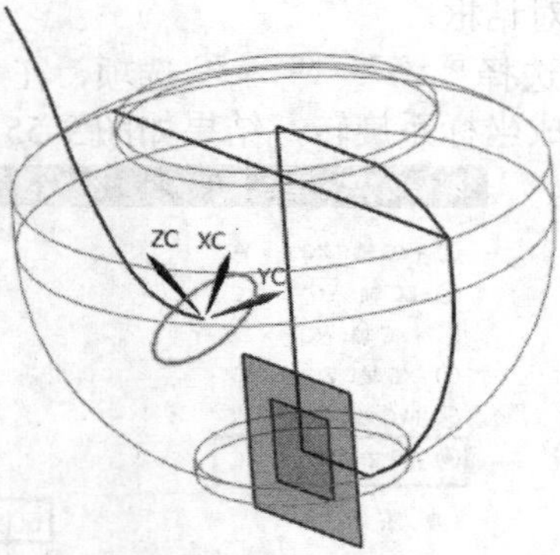

图 9-59 绘制圆形截面 1

16 移动坐标系。

❶选择“菜单(M)”→“格式（R）”→“WCS”→“原点（O）”命令，打开“点”对话框。

❷选择曲线的点 6 作为原点位置，单击确定按钮，完成坐标系的移动，结果如图 9-60 所示。

17 创建圆形截面 2。

❶选择“菜单(M)”→“插入(S)”→“曲线(C)”→“基本曲线（原有）(B)…”，打开“基本曲线”对话框。

❷单击“圆”按钮○，在“点方法”中单击“点构造器”按钮…，打开“点”对话框。在“点”对话框中输入坐标（0,0,0），单击确定按钮。

❸在“点”对话框中输入坐标（10,0,0），单击确定按钮，完成圆形截面 2 的绘制，如图 9-61 所示。

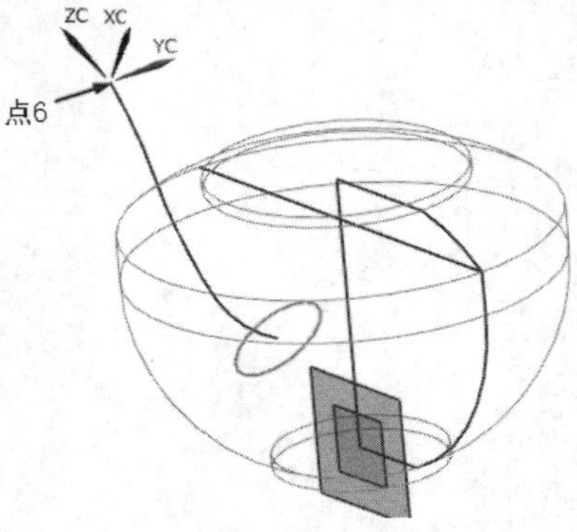

图 9-60　移动坐标系

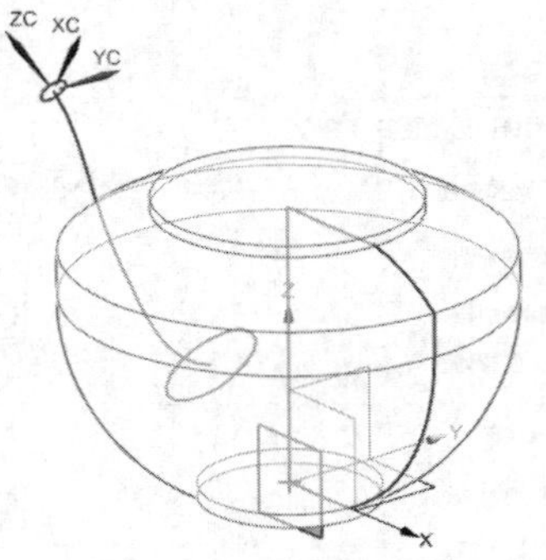

图 9-61　绘制圆形截面 2

18 创建实体。

❶选择“菜单(M)”→“插入(S)”→“扫掠(W)”→“扫掠(S)…”，打开“扫掠”对话框。

❷选择样条曲线为引导线，选择大圆为截面 1，小圆为截面 2，分别单击鼠标中键。

❸在“对齐”下拉列表中选择“参数”，在“方向”下拉列表中选择“固定”，在“缩放”下拉列表中选择“恒定”，设置“比例因子”为 1.00，如图 9-62 所示。扫掠后生成的实体如图 9-63 所示。

19 绘制样条曲线。

❶选择“菜单(M)”→“插入(S)”→“草图(S)…”，或单击“主页”选项卡“构造”组中的“草图”按钮，打开“创建草图”对话框。选择如图 9-63 所示的草绘平面作为基准平面，然后单击确定按钮，进入草图绘制界面。

❷选择“菜单(M)”→“插入(S)”→“配方曲线（U）”→“投影曲线(J)…”，打开“投影曲线”对话框，设置参数如图 9-64 所示。单击选择如图 9-65 所示的边线，将其转化为参考曲线。

❸选择“菜单(M)”→“插入(S)”→“曲线（C）”→“样条（D）”，打开“艺术样条”对话框。如图 9-66 所示依次选择点，绘制样条曲线。然后在对话框中单击确定按钮。

❹单击“草图场景条”中的“设为重合”按钮，设置点 2 和点 5 与曲线重合，结果如图 9-67 所示。

20 标注尺寸。

❶单击“主页”选项卡“求解”组中的“快速尺寸”按钮，标注尺寸。

❷标注点 2 的位置尺寸并修改为 9。

❸标注点 3 的位置尺寸并修改为 200、11。

❹标注点 4 的位置尺寸并修改为 160、115。

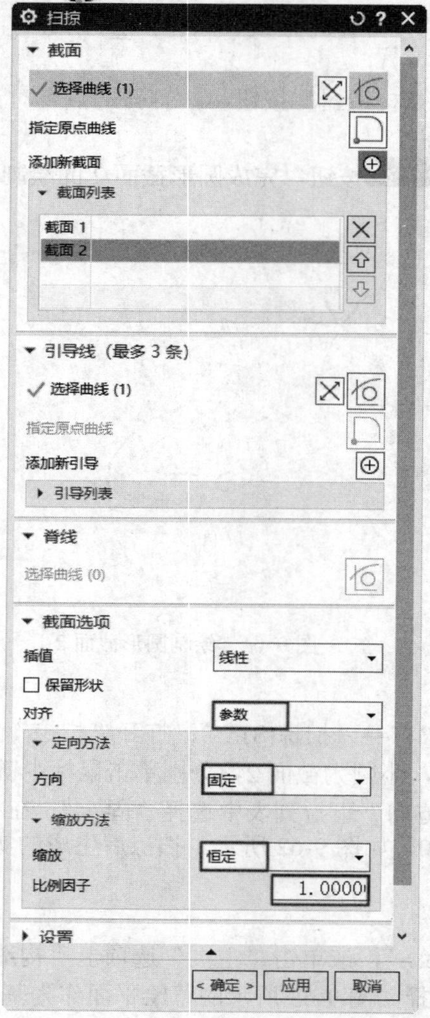

图 9-62　“扫掠”对话框

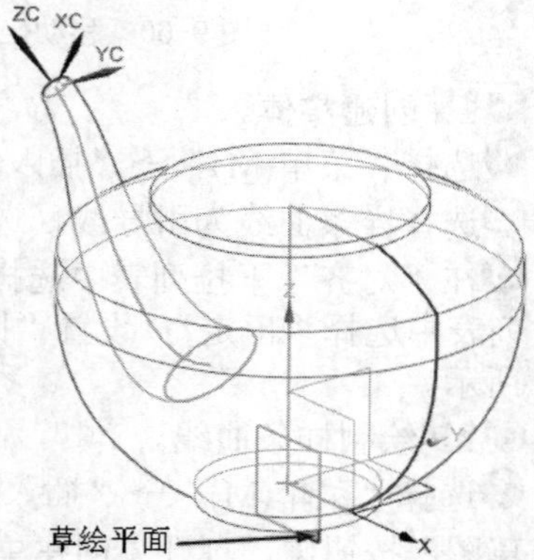

图 9-63　生成实体

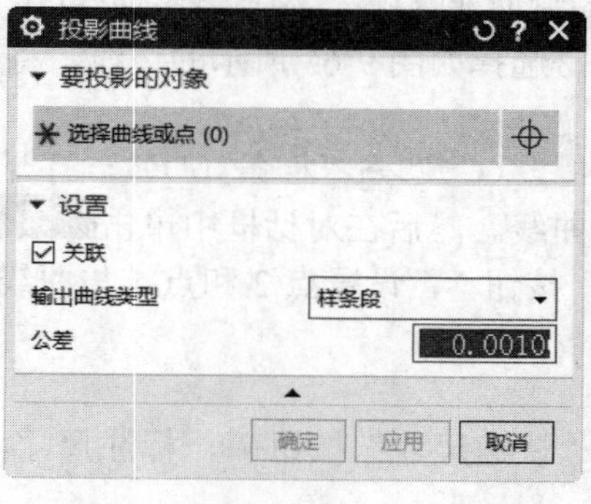

图 9-64　“投影曲线”对话框

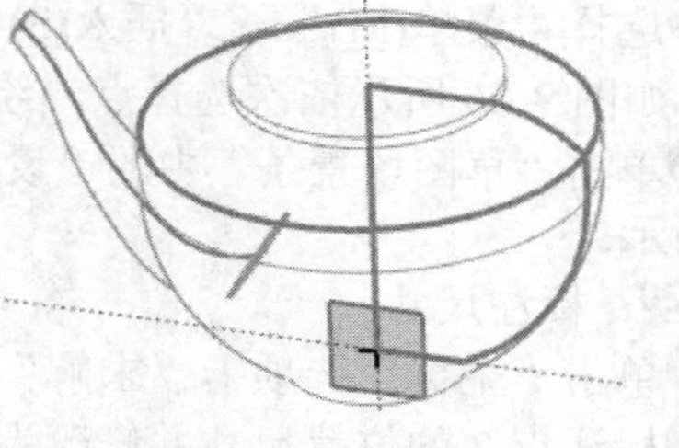

图 9-65　选择边线

❺标注点 5 的位置尺寸并修改为 94。生成的引导线如图 9-68 所示。

❻单击“主页”选项卡“构造”组中的“完成草图”按钮，返回到建模界面。

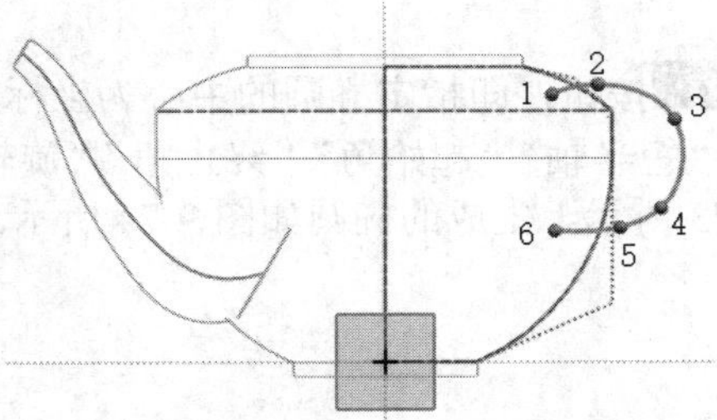

图 9-66　选择点绘制样条曲线

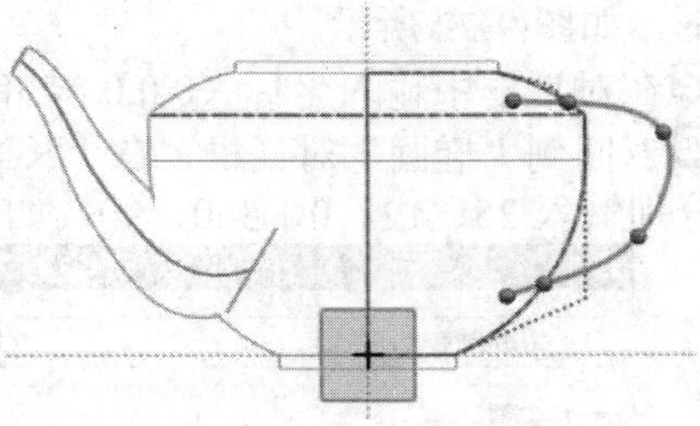

图 9-67　设置重合约束

21 移动坐标系。

❶选择"菜单(M)"→"格式（R）"→"WCS"→"原点（O）"命令，打开"点"对话框。选择"样条定义点"类型，"参考"选择"工作坐标系"。

❷如图 9-69 所示单击样条曲线上的点，将坐标系移至该点处，结果如图 9-69 所示。

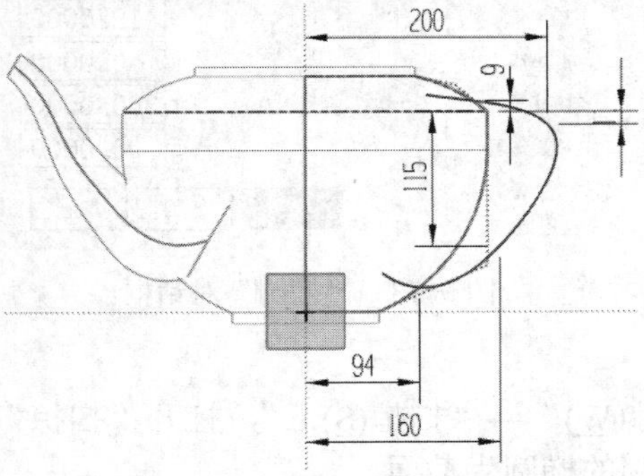

图 9-68　生成引导线

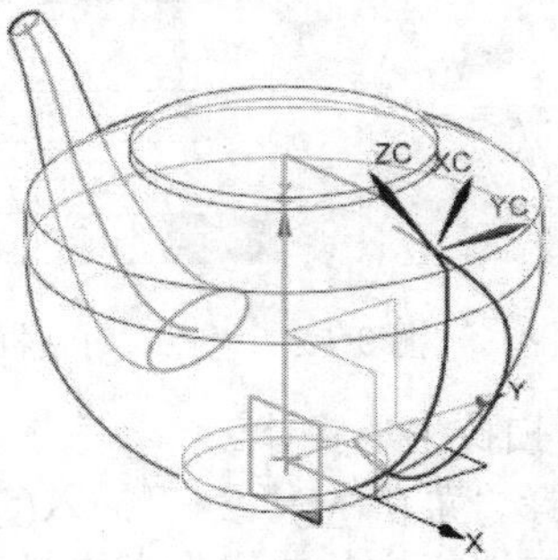

图 9-69　移动坐标系

22 旋转坐标系。

❶选择"菜单(M)"→"格式（R）"→"WCS"→"旋转（R）"命令，打开"旋转 WCS 绕…."对话框。

❷选中◉ -YC 轴 : XC --> ZC 选项，设置"角度"为 30，如图 9-70 所示。单击 确定 按钮，完成坐标系旋转，结果如图 9-71 所示。

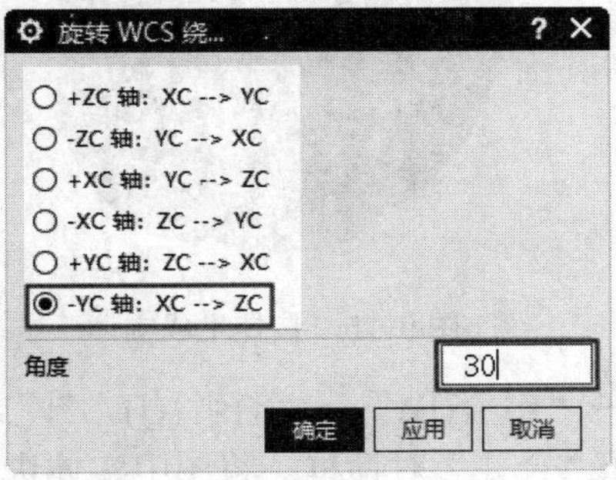

图 9-70　"旋转 WCS 绕…"对话框

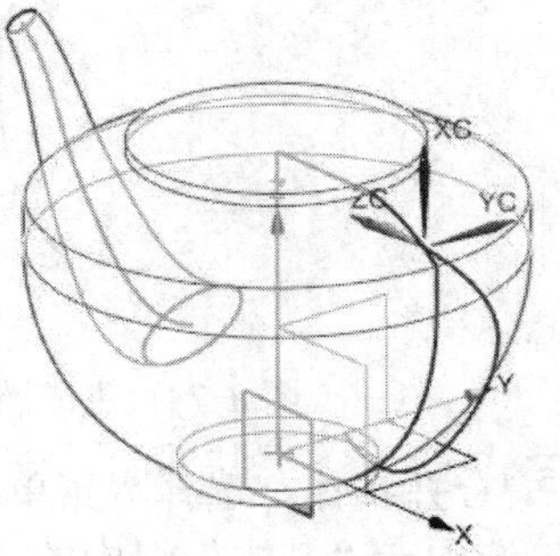

图 9-71　旋转坐标系

23 绘制椭圆。

❶选择"菜单(M)"→"插入（S）"→"曲线（C）"→"椭圆（原有）（E）…"，打开"点"

对话框，如图 9-72 所示。

❷在对话框中输入坐标（0,0,0），单击确定按钮，即指定椭圆的中心为坐标原点。

❸返回到“椭圆”对话框，在“长半轴”“短半轴”“起始角”“终止角”“旋转角度”文本框内分别输入 25、12、0、360、90，如图 9-73 所示。生成的椭圆如图 9-74 所示。

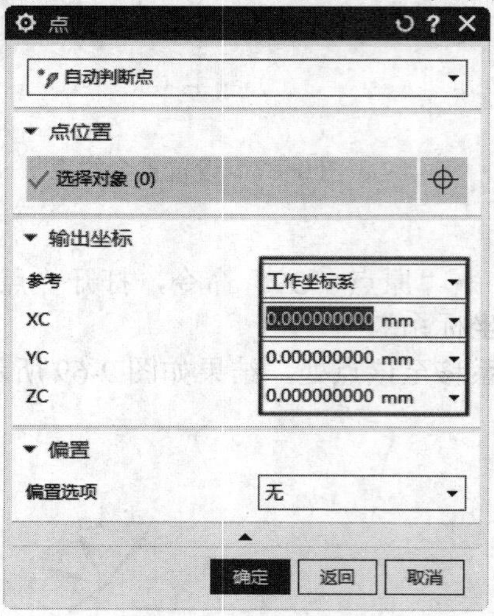

图 9-72 “点”对话框

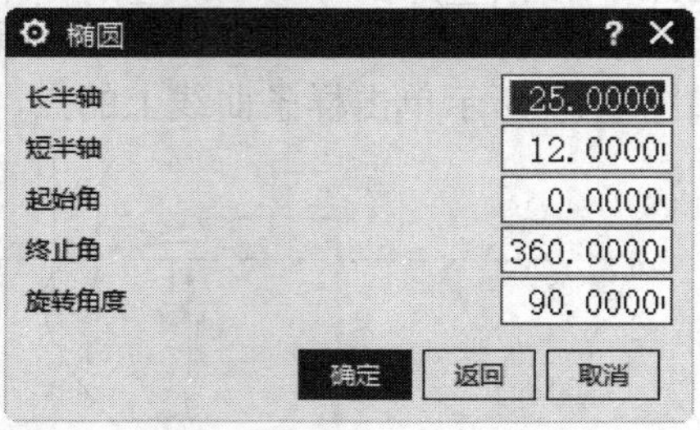

图 9-73 “椭圆”对话框

24 扫掠生成实体。

❶选择“菜单(M)”→“插入(S)”→“扫掠(W)”→“扫掠(S)...”，打开“扫掠”对话框。

❷单击选择样条曲线为引导线，选择刚绘制的椭圆为截面。

❸在“对齐”下拉列表中选择“参数”，在“方向”下拉列表中选择“固定”，在“缩放”下拉列表中选择“恒定”，设置“比例因子”为 1.00。扫掠生成的实体如图 9-75 所示。

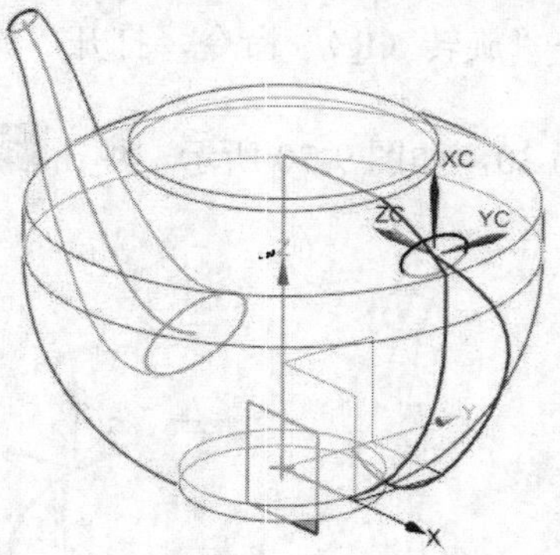

图 9-74 生成椭圆

图 9-75 扫掠生成实体

25 合并实体。选择“菜单(M)”→“插入(S)”→“组合(B)”→“合并(U)...”，或单击“主页”选项卡“基本”组中的“合并”按钮，打开“合并”对话框。将图中实体进行合并操作。

26 创建倒圆角。

❶选择“菜单(M)”→“插入(S)”→“细节特征(L)”→“边倒圆(E)...”，单击“主页”选

项卡“基本”组中的“边倒圆”按钮，弹出“边倒圆”对话框，输入“半径”为 10，如图 9-76 所示。

❷在图形区单击选择如图 9-77 所示的粗线边缘，单击确定按钮，完成倒圆操作，结果如图 9-78 所示。

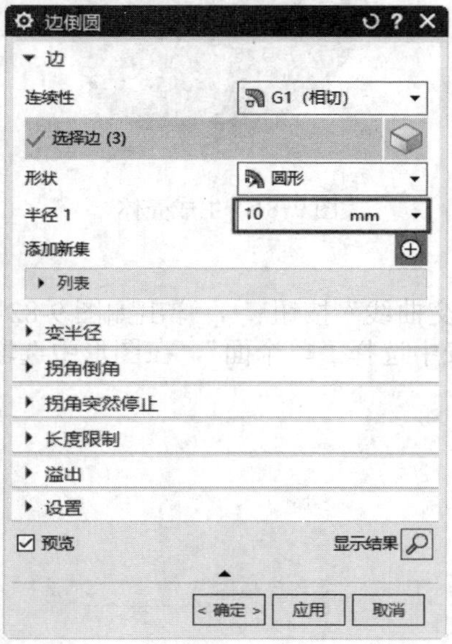

图 9-76　“边倒圆”对话框

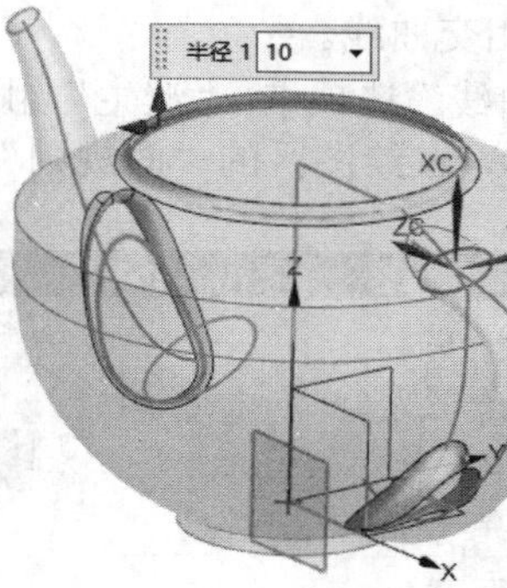

图 9-77　选择边

27 抽壳处理。

❶选择“菜单(M)”→“插入(S)”→“偏置/缩放(L)”→“抽壳（H）…”，或单击“主页”选项卡“基本”组中的“抽壳”按钮，打开“抽壳”对话框，选择“打开”类型，输入“厚度”为 5，如图 9-79 所示。

❷在图形中选择抽壳的平面，如图 9-80 所示。单击确定按钮，完成抽壳操作，结果如图 9-81 所示。

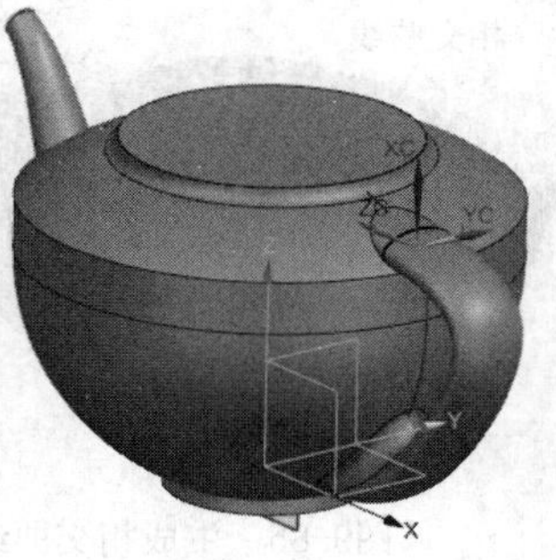

图 9-78　生成倒圆

图 9-79　“抽壳”对话框

UG NX

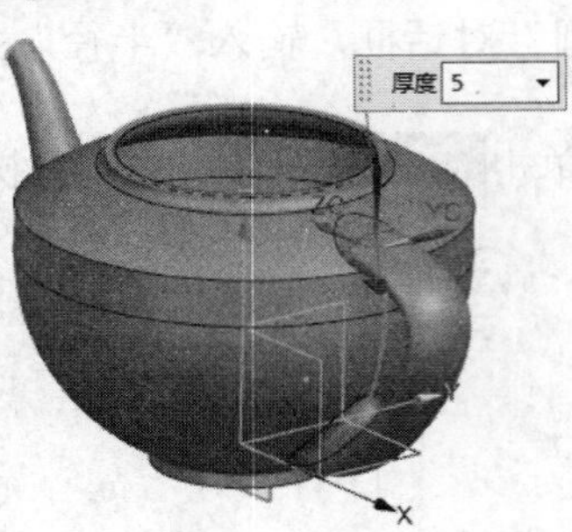

图 9-80　选择抽壳平面

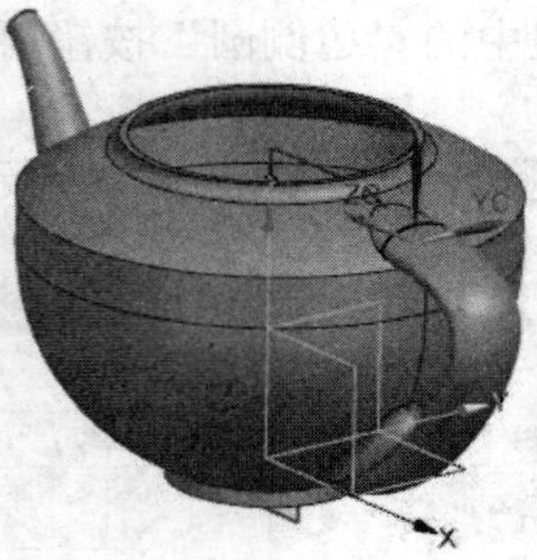

图 9-81　生成壳体

28 创建相交曲线。

❶单击“曲线”选项卡　“派生”组中的“相交曲线”按钮，弹出如图 9-82 所示的“相交曲线”对话框，在绘图区的“面规则”下拉列表中选择“单个面”，在图形中选取第一组面，如图 9-83 所示。

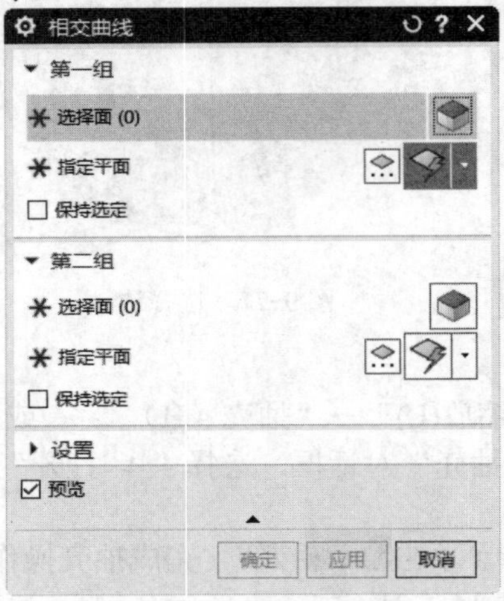

图9-82　“相交曲线”对话框

图9-83　选择第一组面

❷在图形中选取第二组面，如图 9-84 所示。在“相交曲线”对话框中单击<确定>按钮，完成相交曲线的创建，结果如图 9-85 所示。

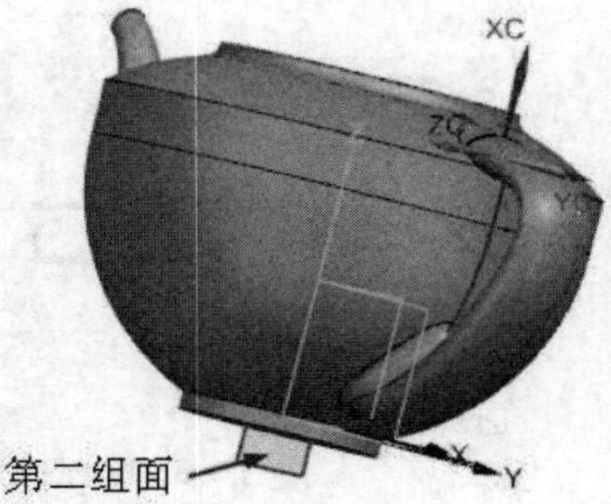

图9-84　选择第二组面

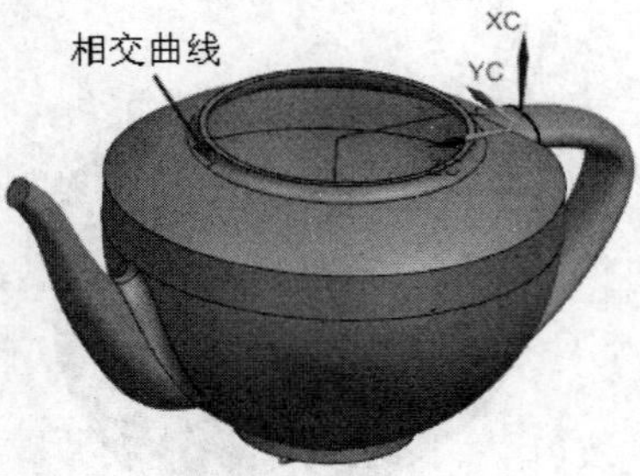

图9-85　生成相交曲线

29 移动坐标系。

❶选择“菜单（M）”→“格式(R)”→“WCS”→“原点(O)...”，命令。弹出“点”对话

框，选择“圆弧中心/椭圆中心/球心”类型，如图 9-86 所示。选择图 9-85 上的圆弧，将坐标系移至其圆心处，结果如图 9-87 所示。

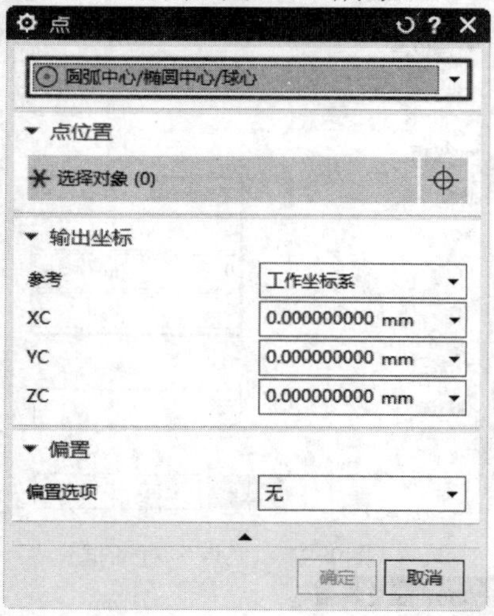

图9-86　“点”对话框

图9-87　移动坐标系

❷选择“菜单（M）”→“格式(R)”→“WCS”→“旋转(R)...”命令，弹出“旋转 WCS 绕...”对话框，选中 ◉ +XC 轴：YC --> ZC ，在“角度”文本框中输入 90，如图 9-88 所示。单击 确定 按钮，完成坐标系旋转，结果如图 9-89 所示。

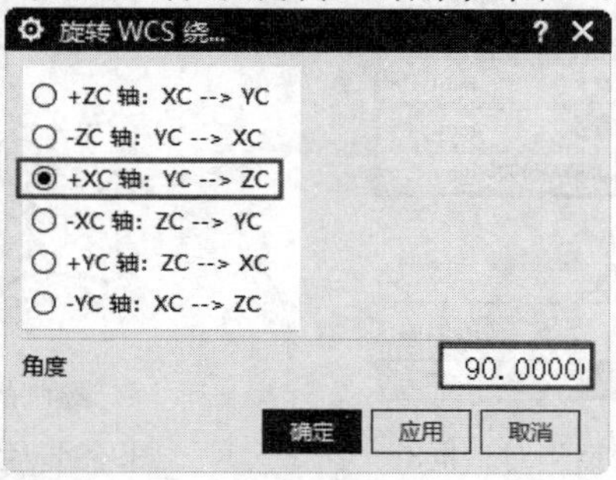

图9-88　“旋转WCS绕...”对话框

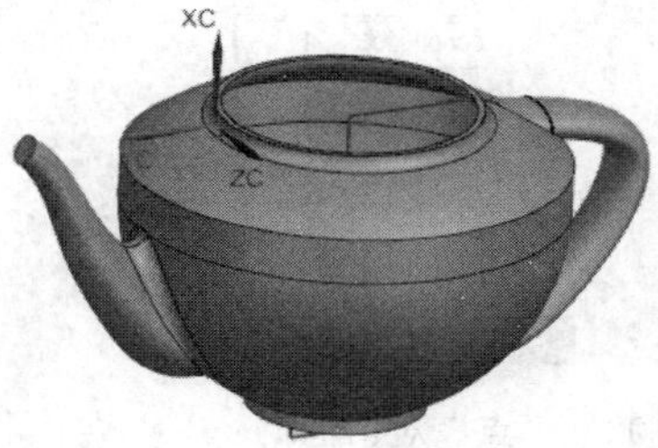

图9-89　旋转坐标系

30 创建圆弧。

❶选择“菜单（M）”→“插入(S)”→“曲线（C）”→“基本曲线（原有）(B)...”命令，弹出“基本曲线”对话框，单击“圆弧”按钮，在“创建方法”中选择“中心点，起点，终点”，如图 9-90 所示。在“点方法”中单击“点构造器”按钮…，弹出“点”对话框，输入坐标为（0,0,0），如图 9-91 所示。以原点为中心绘制圆弧，单击 确定 按钮。

❷在“点”对话框中输入坐标为（-15,0,0），如图 9-92 所示。单击 确定 按钮，系统提示单击弧的终点。然后在“点”对话框中输入坐标为（0,-15,0），如图 9-93 所示。单击 确定 按钮，完成圆弧的绘制，结果如图 9-94 所示。

31 绘制草图。

❶单击“主页”选项卡“构造”组中的“草图”按钮，弹出“创建草图”对话框，设置 XC→YC 基准平面作为基准平面，单击 确定 按钮，进入草图绘制环境，绘制如图 9-95 所示的草图。

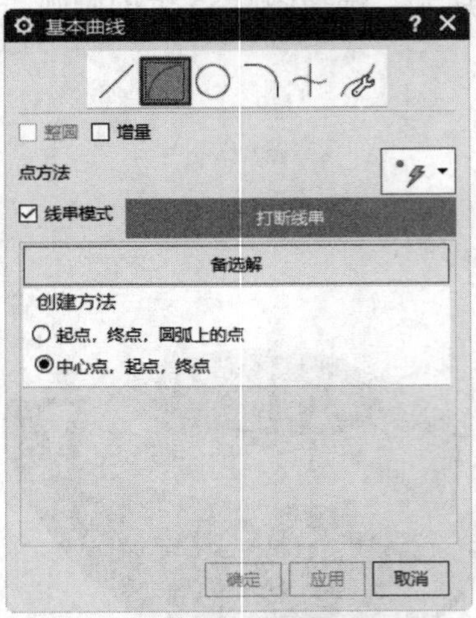

图9-90　“基本曲线”对话框

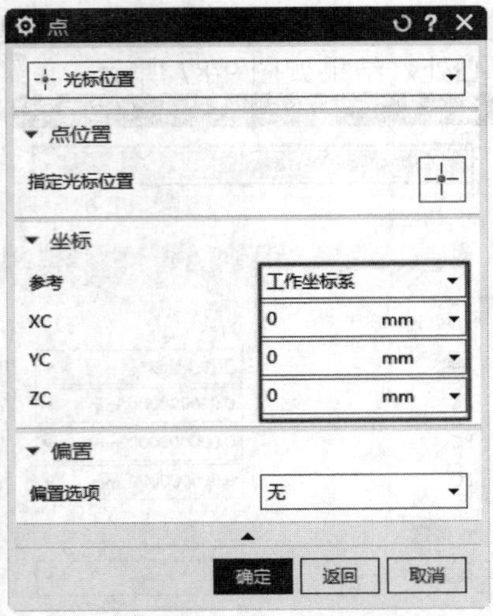

图9-91　“点”对话框1

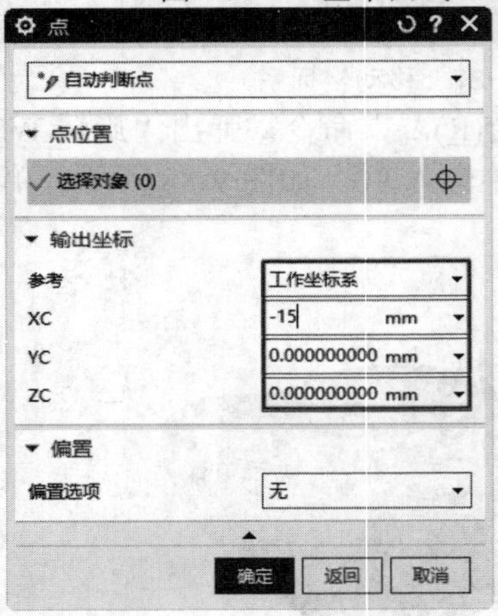

图9-92　“点”对话框2

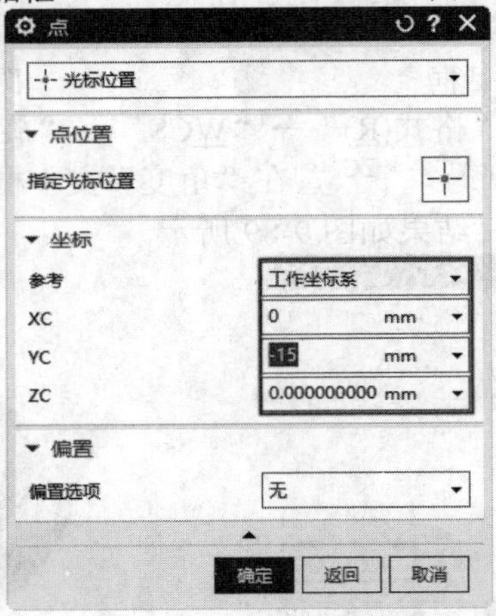

图9-93　“点”对话框3

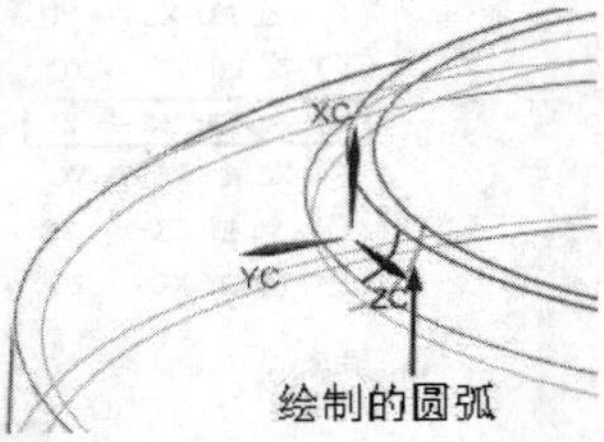

图9-94　绘制圆弧

❷单击“主页”选项卡“编辑”组中“修剪”按钮╳，选择剪切的边，如图 9-96 所示。然后修剪掉多余的曲线，完成草图的绘制，如图 9-97 所示。单击“主页”选项卡“构造”组中的“完成”按钮🏁。

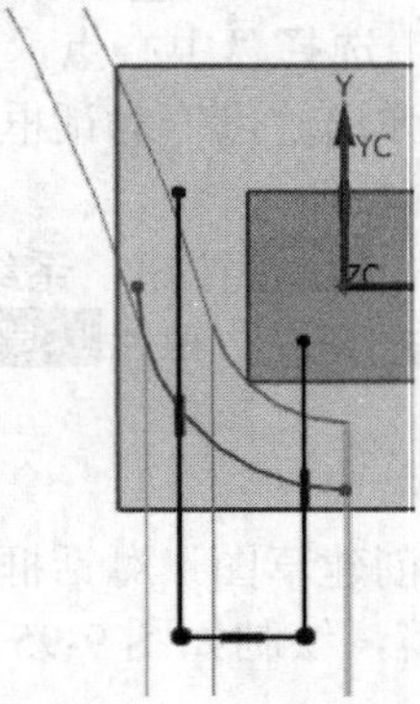

图9-95　绘制草图

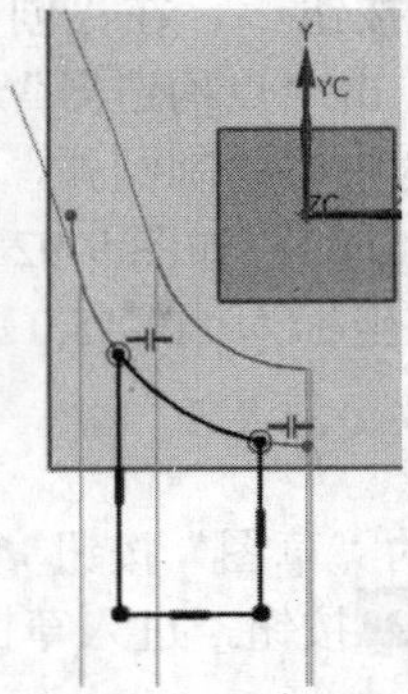

图9-96　选择剪切的边

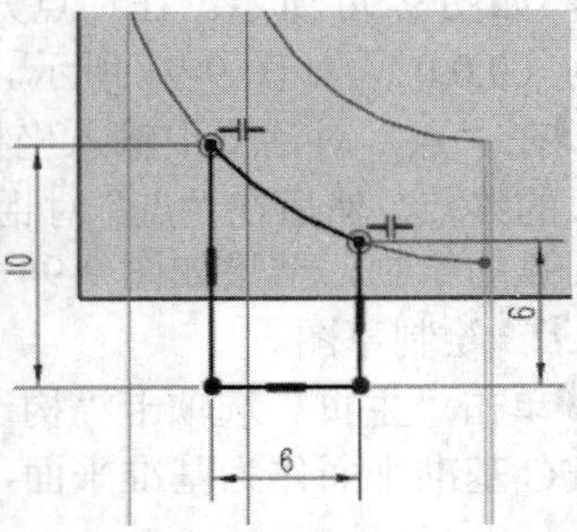

图9-97　修剪草图

32 移动坐标系。

选择“菜单(M)”→“格式(R)”→“WCS”→“原点(O)”命令，弹出“点”对话框。选择“圆弧中心/椭圆中心/球心”类型，单击茶壶上面的圆，将坐标系移至其圆心处，结果如图 9-98 所示。

33 创建旋转体。

❶单击“主页”选项卡“特征”组中的“旋转”按钮，弹出“旋转”对话框，选择 XC 轴为旋转轴，如图 9-99 所示。

❷在“部件导航器”中选中“草图（15）”，即选择如图 9-100 所示的曲线，然后单击“确定”按钮，生成旋转体，如图 9-101 所示。

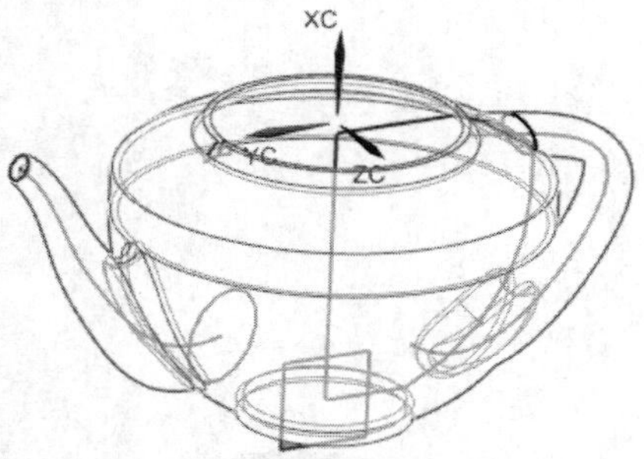

图9-98　移动坐标系

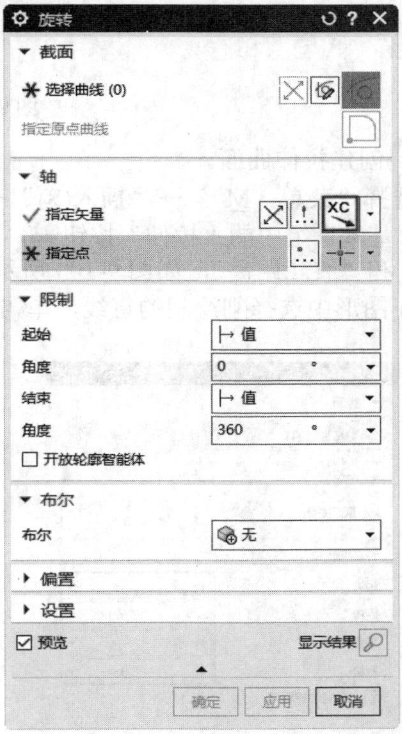

图9-99　“旋转”对话框

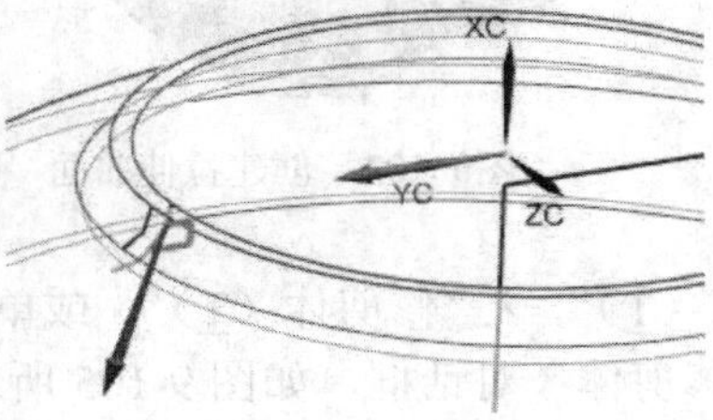

图9-100　选择曲线

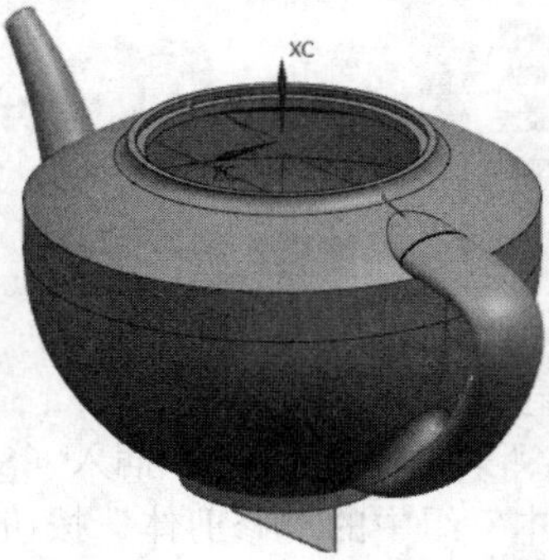

图9-101　生成旋转体

34 创建直线。选择“菜单(M)”→“插入(S)”→“草图(S)…”，或单击“主页”选项卡“构造”组中的“草图”按钮，弹出“创建草图”对话框。根据系统提示，在图形中选择XC-YC基准平面，然后单击确定按钮，进入草图绘制环境，绘制如图9-102所示的直线。

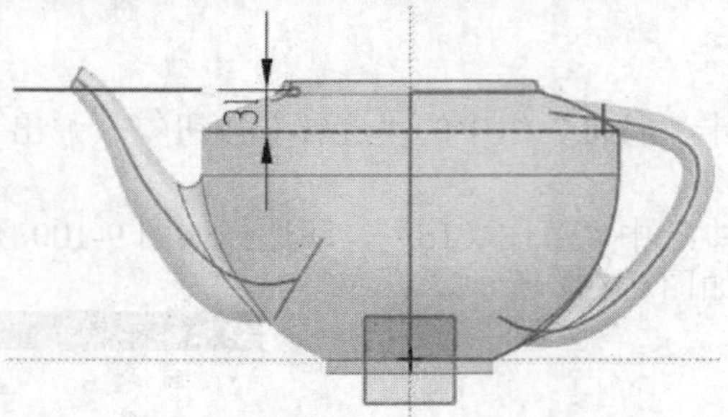

图9-102　绘制直线

35 创建拉伸曲面。

❶选择“菜单（M）”→“插入(S)”→“设计特征(E)” →“拉伸(X)…”，或单击“主页”选项卡“基本”组中的“拉伸”按钮，打开“拉伸”对话框。在“拉伸”对话框中输入“起始距离”和“终止距离”，如图9-103所示。

❷在图形中选择刚绘制的直线，单击确定按钮，完成拉伸曲面的创建，结果如图9-104所示。

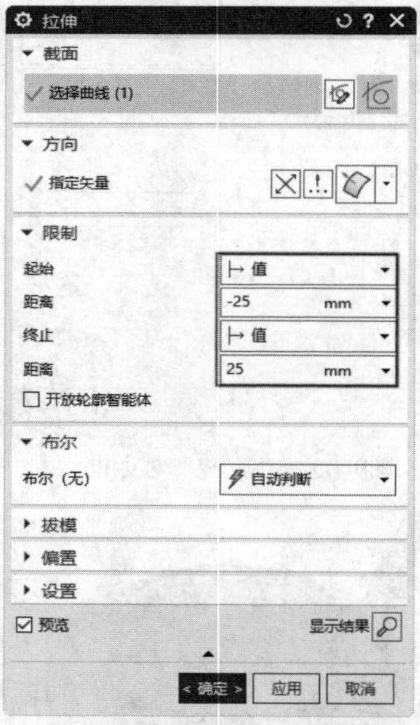

图9-103　“拉伸”对话框

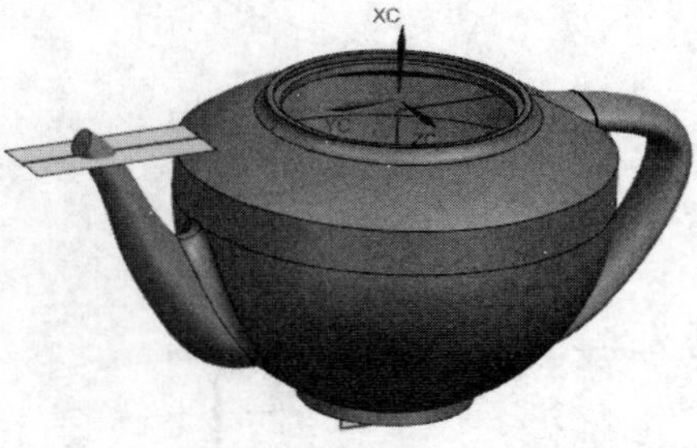

图9-104　创建拉伸曲面

36 修剪实体。

❶选择“菜单（M）”→“插入（S）”→“修剪（T）”→“修剪体（T）”，或单击“主页”选项卡“基本”组中的“修剪体”按钮，打开“修剪体”对话框，如图9-105所示。

❷在图形区内单击壶体作为目标体，如图9-106所示。

图9-105　“修剪体”对话框

图9-106　选择目标体

❸在“工具选项”下拉列表中选择“面或平面”，选择刚创建的拉伸曲面，注意单击“反向”按钮调节修剪体的方向，如图 9-107 所示。修剪以后的实体如图 9-108 所示。

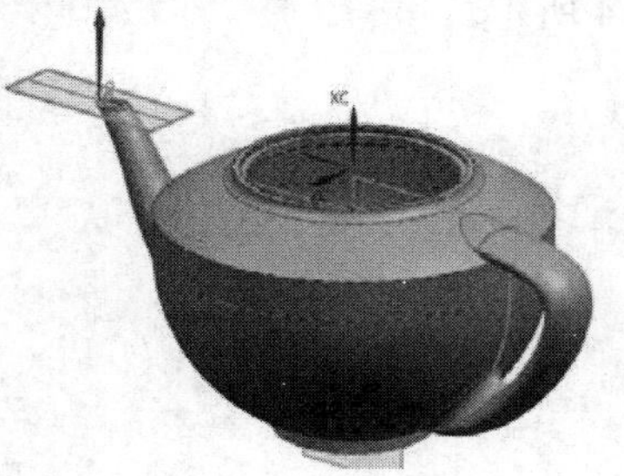

图 9-107　调节修剪体方向

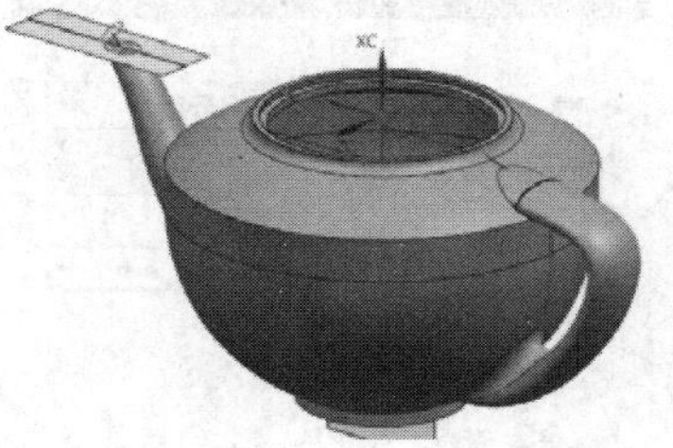

图 9-108　修剪实体

37 隐藏曲线。

❶选择“菜单（M）”→“编辑（E）”→“显示和隐藏（H）”→“隐藏（H）”命令，打开“类选择”对话框，如图 9-109 所示。

❷单击“类型过滤器”按钮，打开“按类型选择”对话框。

❸在“按类型选择”对话框中选择要隐藏的“曲线”“草图”和“片体”，如图 9-110 所示。隐藏曲线后的图形如图 9-111 所示。

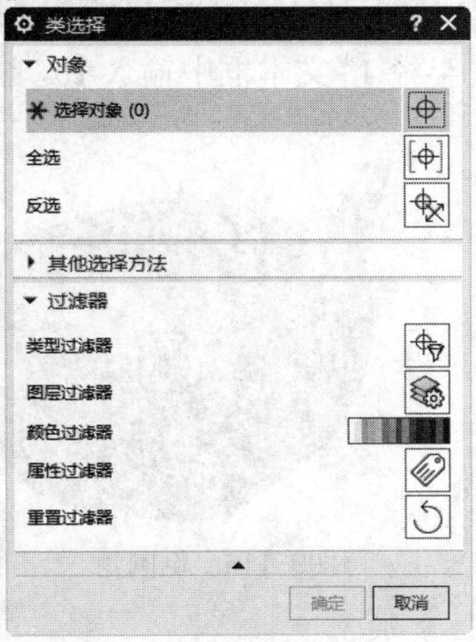

图9-109　“类选择”对话框

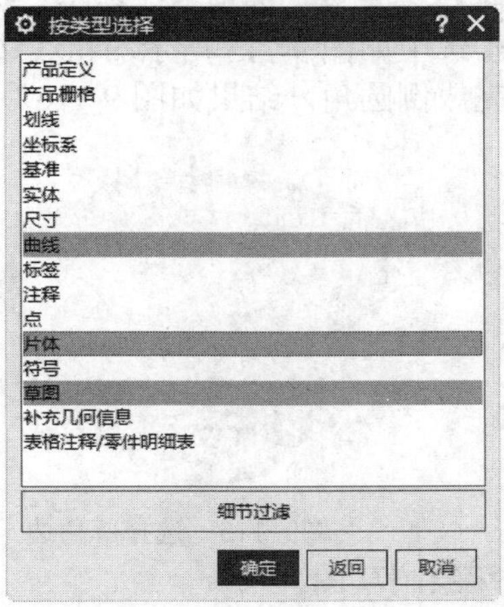

图9-110　“按类型选择”对话框

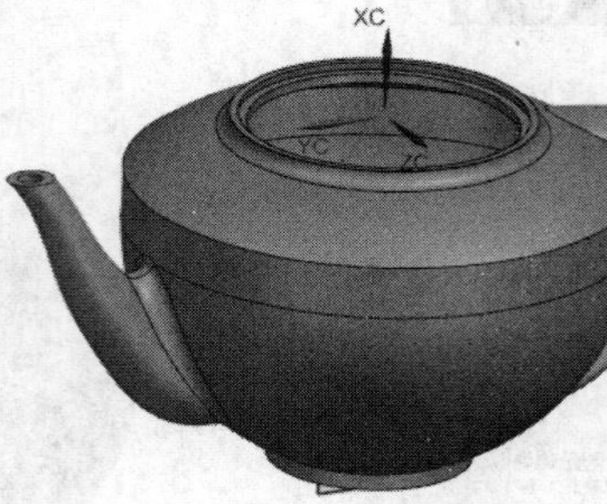

图9-111　隐藏曲线

38 倒圆角。

❶单击“主页”选项卡“基本”组中的“边倒圆”按钮，弹出“边倒圆”对话框，在“半径 1”文本框中输入 2，如图 9-112 所示。在图形中单击选中如图 9-113 所示的粗线边缘作为圆角边，单击 确定 按钮，完成倒圆角，结果如图 9-114 所示。

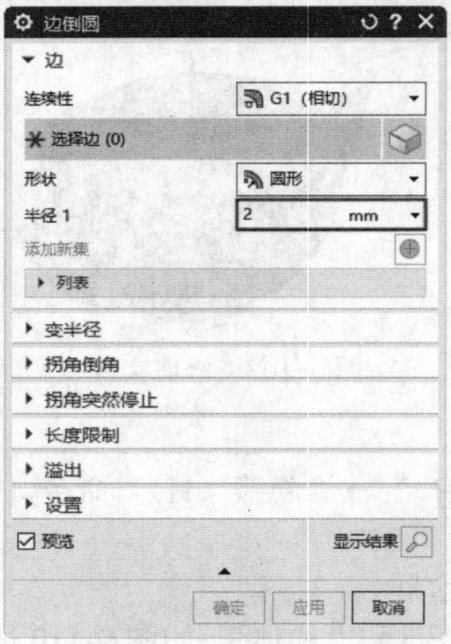

图9-112　“边倒圆”对话框

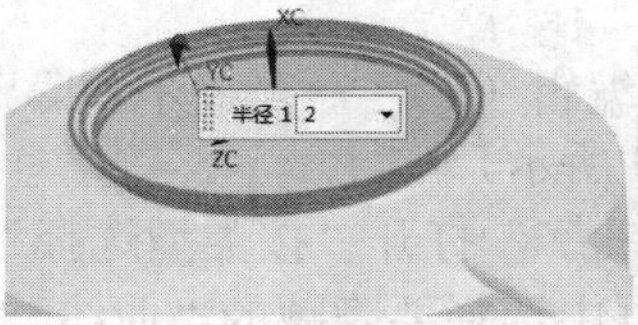

图9-113　选择圆角边

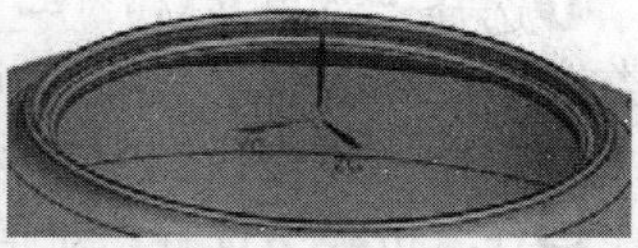

图9-114　倒圆角

❷单击“主页”选项卡“基本”组中的“边倒圆”按钮，弹出“边倒圆”对话框。在图形中单击选中如图 9-115 所示的粗线边缘作为圆角边。在“半径 1”文本框中输入 10，单击 确定 按钮，完成倒圆角，结果如图 9-116 所示。

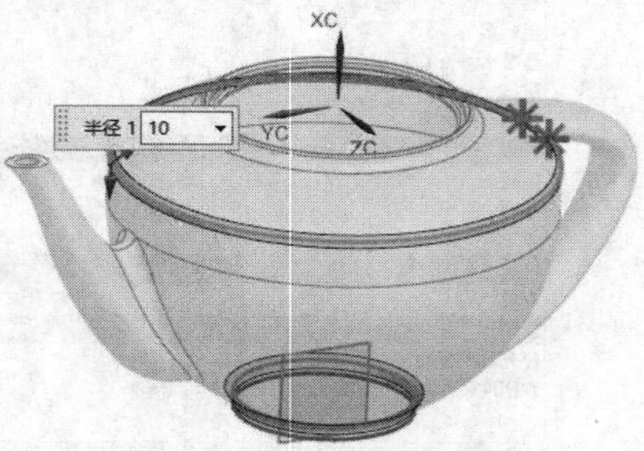

图9-115　选择圆角边

图9-116　倒圆角

39 绘制草图。

❶选择“菜单(M)”→“插入(S)”→“草图(S)”命令，弹出“创建草图”对话框。选择

YC-XC 平面作为基准平面，单击<确定>按钮，进入草图绘制界面。

❷在壶底绘制如图 9-117 所示的草图。

❸单击“主页”选项卡“构造”组中的“完成草图”按钮，退出草图。

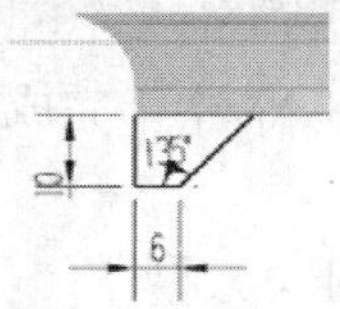

图9-117　绘制草图

(40) 创建旋转体。

❶单击“主页”选项卡“基本”组中的“旋转”按钮，弹出“旋转”对话框，选择 XC 轴为旋转轴、“指定点”为原点，如图 9-118 所示。

❷选择刚绘制的草图，单击<确定>按钮，生成旋转体，结果如图 9-119 所示。

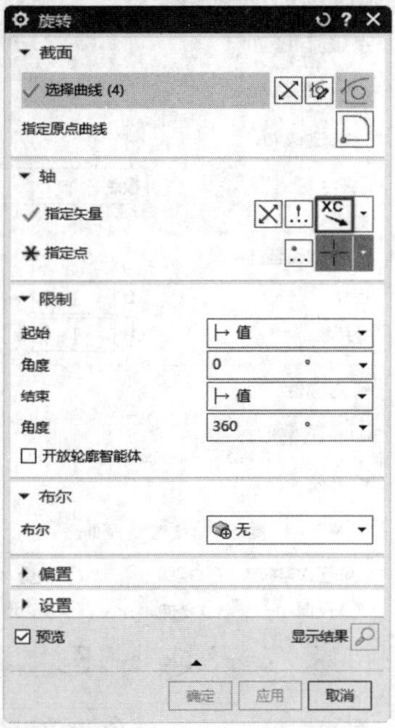

图9-118　“旋转”对话框

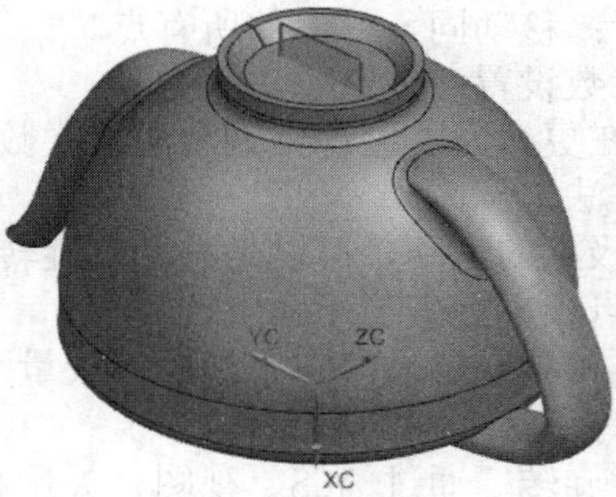

图9-119　生成旋转体

(41) 倒圆角。

❶单击“主页”选项卡“基本”组中的“边倒圆”按钮，弹出“边倒圆”对话框。

❷在图形中单击选择如图 9-120 所示的粗线边缘作为圆角曲线，在“半径 1”文本框中输入 3，单击<确定>按钮，完成倒圆角，结果如图 9-121 所示。

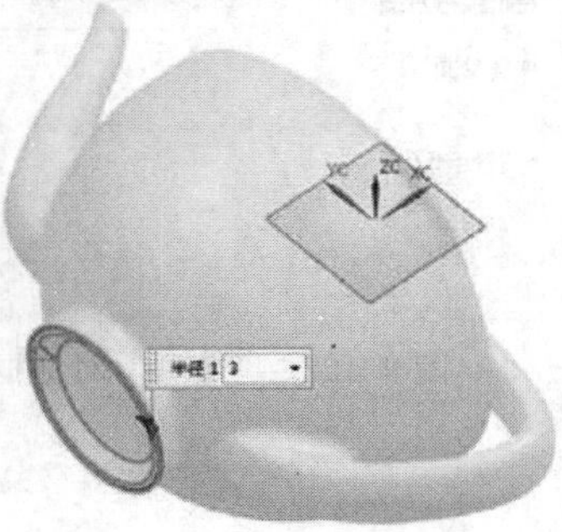

图9-120　选择圆角曲线

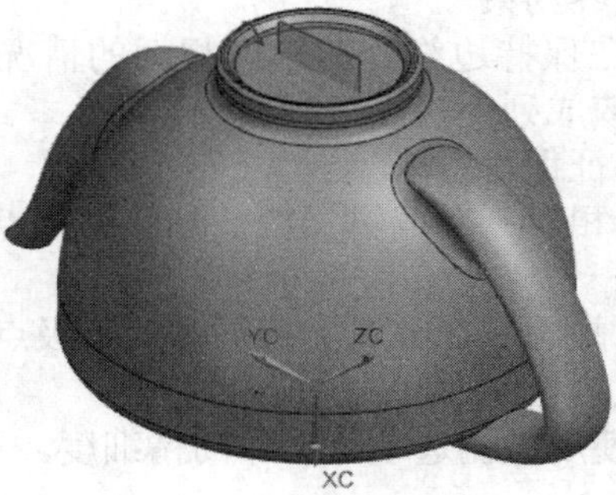

图9-121　倒圆角

9.2 编辑曲面

在 UG NX 中，完成曲面的创建后，一般还需要对曲面进行相关的编辑工作。

9.2.1 X 型

利用“X 型”命令可通过编辑样条和曲面点或极点来修改曲面。

选择“菜单(M)”→“编辑(E)”→“曲面(R)”→“X 型”，或单击“曲面”选项卡“编辑”组中的“X 型”按钮，打开如图 9-122 所示的“X 型”对话框。

图 9-122　“X 型”对话框

1．曲线或曲面

（1）选择对象　选择单个或多个要编辑的面，也可以通过“使用面查找器”选择。

（2）操控

1）任意：移动单个极点、同一行上的所有点或同一列上的所有点。

2）极点：指定要移动的单个点。

3）行：移动同一行内的所有点。

2．参数设置

用于在更改面的过程中调节面的次数与补片数量。

3．方法

控制极点的运动，可以是移动、旋转、比例缩放，以及将极点投影到某一平面。

（1）移动　通过 WCS、视图、矢量、平面、法向和多边形等方法来移动极点。

（2）旋转　通过 WCS、视图、矢量和平面等方法来旋转极点。

（3）比例　通过 WCS、均匀、曲线所在平面、矢量和平面等方法来缩放极点。

（4）平面化　当极点不在一个平面内时，可以通过此方法将极点控制在一个平面上。

4．边界约束

允许在保持边缘处曲率或相切的情况下沿切矢方向对成行或成列的极点进行交换。

5．特征保存方法

（1）相对　在编辑父特征时保持极点相对于父特征的位置。

（2）静态　在编辑父特征时保持极点的绝对位置。

6．微定位

指定使用微调选项时动作的精细度。

9.2.2　I 型

利用“I 型”命令可通过编辑等参数曲线来动态修改曲面。

选择“菜单(M)”→“编辑(E)”→“曲面(R)”→“I 型”，或单击“曲面”选项卡“编辑”组中的“I 型”按钮，打开如图 9-123 所示的“I 型”对话框。

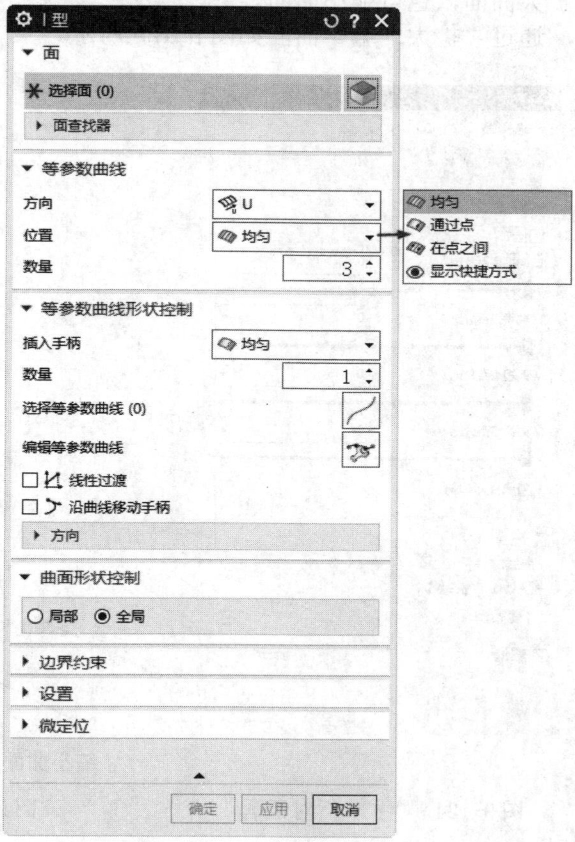

图 9-123　“I 型”对话框

1. 选择面

选择单个或多个要编辑的面，或使用“面查找器”来选择。

2. 等参数曲线

（1）方向　用于选择要沿其创建等参数曲线的 U 方向或 V 方向。

（2）位置　用于指定将等参数曲线放置在所选面上的位置所使用的方法。

1）均匀：将等参数曲线按相等的距离放置在所选面上。

2）通过点：将等参数曲线放置在所选面上，使其通过每个指定的点。

3）在点之间：在两个指定的点之间按相等的距离放置等参数曲线。

（3）数量　指定要创建的等参数曲线的总数。

3. 等参数曲线形状控制

（1）插入手柄　通过均匀、通过点和在点之间等方法在曲线上插入控制点。

（2）线性过渡　勾选此复选框，拖动一个控制点时，整条等参数曲线的区域发生变形。

（3）沿曲线移动手柄　勾选此复选框，可在等参数曲线上移动控制点。也可以通过右击来选择此选项。

4. 曲面形状控制

（1）局部　选择该选项，拖动控制点时，只有控制点周围的局部区域发生变形。

（2）全局　选择该选项，拖动一个控制点时，整个曲面跟着变形。

9.2.3　扩大

“扩大”命令可用于在选取的被修剪的或原始的表面基础上生成一个扩大或缩小的曲面。

选择“菜单(M)”→“编辑(E)”→“曲面(R)”→“扩大(L)...”，或单击“曲面”选项卡“编辑”组中的“扩大”按钮，打开如图 9-124 所示的“扩大”对话框。

（1）全部　勾选该复选框，可同时改变 U 向和 V 向的最大值和最小值，只要移动其中一个滑块，就会改变其他的滑块。

（2）线性　选择该选项后，曲面上延伸部分是沿直线延伸而成的直纹面。该选项只能扩大曲面，不能缩小曲面。

（3）自然　选择该选项后，曲面上的延伸部分按照曲面本身的函数规律延伸。该选项既可扩大曲面，也可缩小曲面。

通过“扩大”编辑曲面如图 9-125 所示。

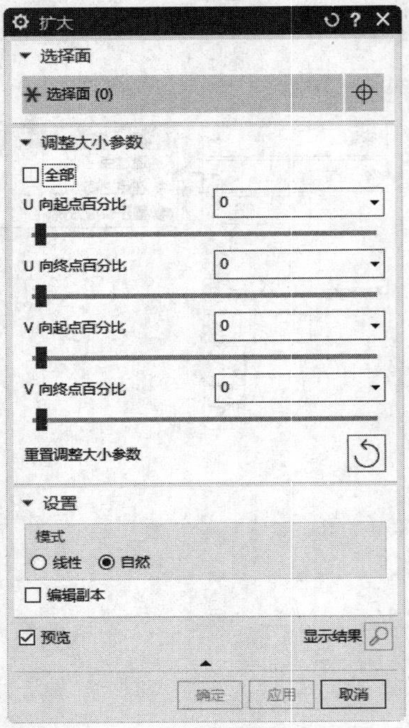

图 9-124　“扩大”对话框

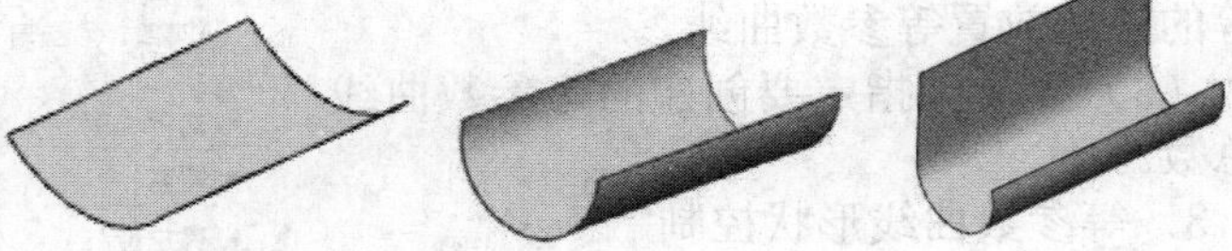

图 9-125　通过“扩大”编辑曲面

9.2.4　更改次数

“更改次数”命令可更改曲面 U 向和 V 向的次数（曲面形状保持不变）。

选择“菜单(M)”→“编辑(E)”→“曲面(R)”→“次数（E)”，打开如图 9-126 所示的“更改次数”对话框。

在绘图区选择要进行操作的曲面，打开如图 9-127 所示的“更改次数”参数输入对话框。

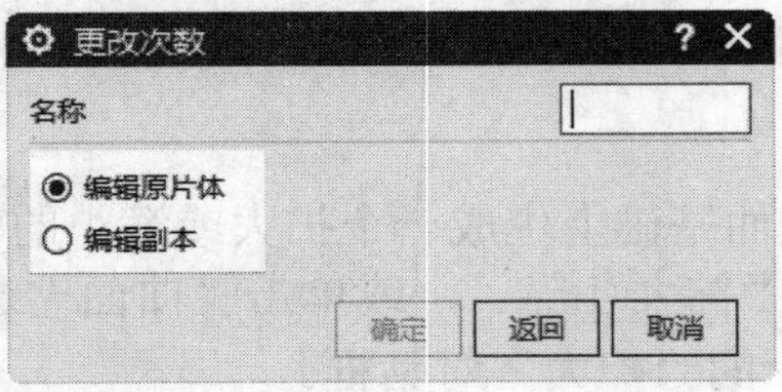

图 9-126　“更改次数”对话框

图 9-127　“更改次数”参数输入对话框

使用“更改次数”命令，增加曲面次数，将增加曲面的极点，使曲面形状的自由度增加。多补片曲面和封闭曲面的次数只能增加不能减少。

9.2.5　更改刚度

“更改硬度”命令可改变曲面 U 向和 V 向参数线的次数（曲面的形状发生变化）。

选择“菜单(M)”→“编辑(E)”→“曲面(R)”→“刚度（F)”，打开如图 9-128 所示的“更改刚度”对话框。

在绘图区选择要进行操作的曲面，打开如图 9-129 所示的“更改刚度”参数输入对话框。

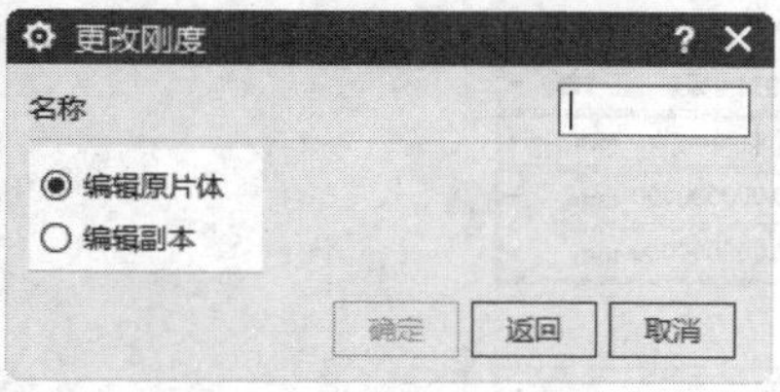

图 9-128　“更改刚度”对话框

图 9-129　“更改刚度”参数输入对话框

使用“更改硬度”命令，增加曲面次数对曲面的极点不变，补片减少，曲面更接近它的控制多边形，反之则相反。封闭曲面不能更改硬度。

9.2.6　法向反向

选择“菜单(M)”→“编辑(E)”→“曲面(R)”→“法向反向（N)”，打开如图 9-130 所示的“法向反向”对话框。

图 9-130　“法向反向”对话框

使用“法向反向”命令可创建曲面的反法向特征。改变曲面的法线方向，可以解决因表面法线方向不一致造成的表面着色问题和使用曲面修剪操作时因表面法线方向不一致而引起的更新故障。

9.3　综合实例——灯罩

本实例将通过创建基本曲线、样条曲线，再通过变换操作生成曲线，然后生成面，创建如图 9-131 所示的灯罩。

01 新建文件。单击“主页”选项卡中的“新建”按钮，打开“新建”对话框，在“模板”列表框中选择“模型”，输入“DengZhao”，单击确定按钮，进入 UG NX 主界面。

02 创建直线。

❶选择“菜单(M)”→“插入(S)”→“曲线(C)”→“直线(L)...”，或单击“曲线”选项卡“基本”组中的“直线”按钮，打开“直线”对话框，如图 9-132 所示。

图 9-131　灯罩

UG NX

❷在“起点选项”下拉列表中单击“点对话框”按钮，打开“点”对话框，在“输出坐标”文本框中输入（75,0,0），如图 9-133 所示。单击确定按钮，返回到“直线”对话框。

❸在对话框中“终点选项”下拉列表中单击“点对话框”按钮，打开“点”对话框，在文本框中输入（30,25,0），单击确定按钮，完成直线的创建。

❹步骤同上，建立起点为（75,0,0）、终点为（30,-25,0）的直线，结果如图 9-134 所示。

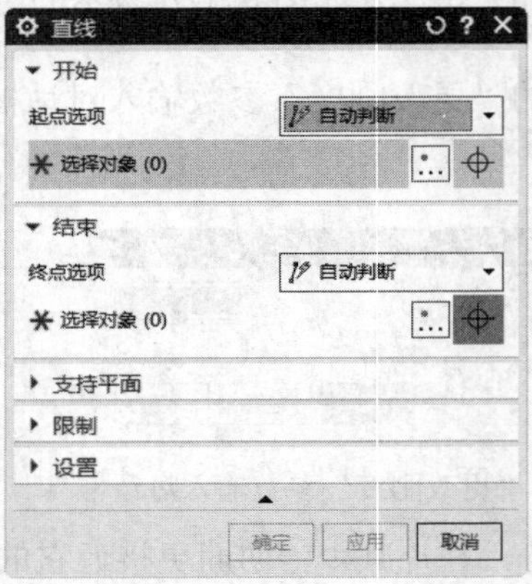

图 9-132 “直线”对话框

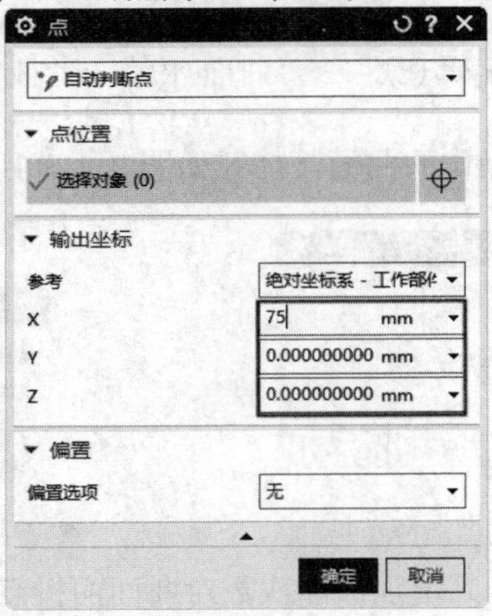

图 9-133 “点”对话框

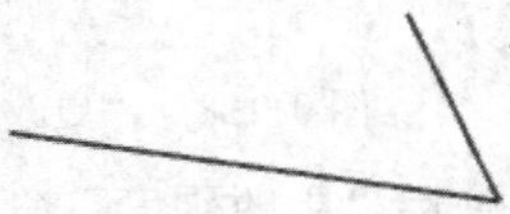

图 9-134 创建直线

03 变换操作。

❶选择“菜单(M)”→“编辑（E）”→“移动对象（O）”，或单击“工具”选项卡“实用工具”组中的“移动对象”按钮，打开“移动对象”对话框。

❷选择刚创建的两条直线，在“运动”下拉列表中选择“角度”选项。

❸单击“点对话框”按钮，打开“点”对话框，在文本框中输入（0,0,0），单击确定按钮。

❹设置“指定矢量”为“ZC 轴”。

❺在“角度”文本框中输入 45，在“结果”选项组中点选“复制原先的”单选按钮，设置“非关联副本数”为 7，如图 9-135 所示。

❻在“移动对象”对话框中单击<确定>按钮，完成变换操作，结果如图 9-136 所示。

04 裁剪操作。

❶选择“菜单(M)”→“编辑(E)”→“曲线(V)”→“修剪(T)...”，或单击“曲线”选项卡“编辑”组中的“修剪曲线”按钮，打开如图 9-137 所示的“修剪曲线”对话框。

❷按系统提示分别选择修剪边界和裁剪对象，完成修剪曲线操作，结果如图 9-138 所示。

05 倒圆角。

❶选择“菜单(M)”→“插入(S)”→“曲线(C)”→“基本曲线（原有）(B) ...”，打开“基本曲线”对话框。

❷单击对话框中的“圆角”按钮，打开“曲线倒圆”对话框。

❸在“曲线倒圆”对话框中的“半径”文本框中输入 10，如图 9-139 所示。选择图 9-138 中的各钝角（注意选择点靠近角外侧一边），对各钝角倒圆，如图 9-140 所示。

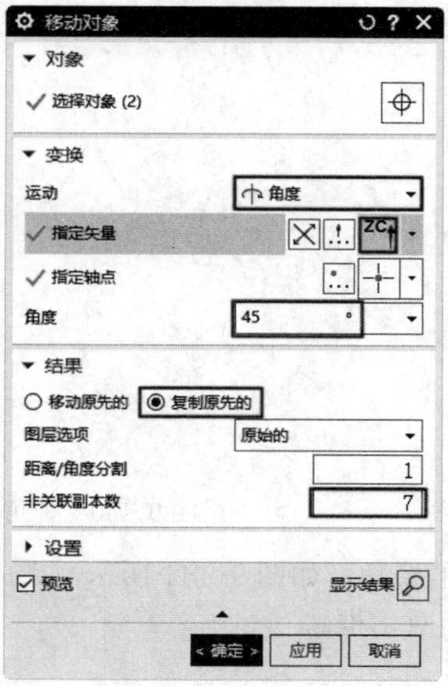

图 9-135　“移动对象”对话框

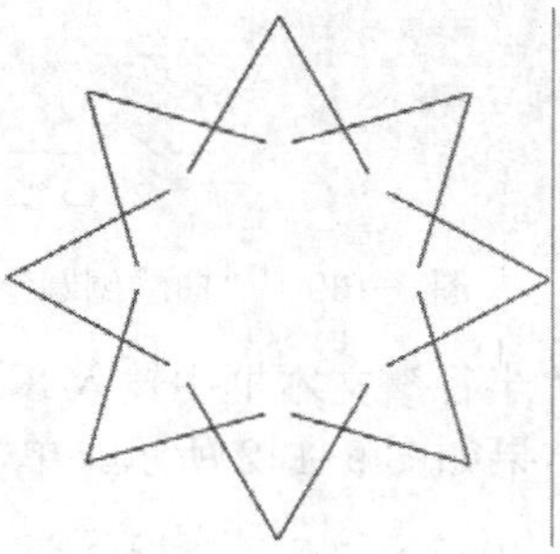

图 9-136　完成变换操作

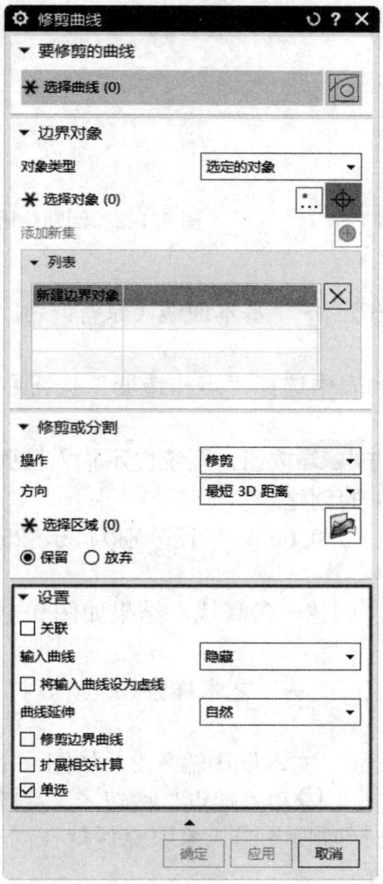

图 9-137　“修剪曲线”对话框

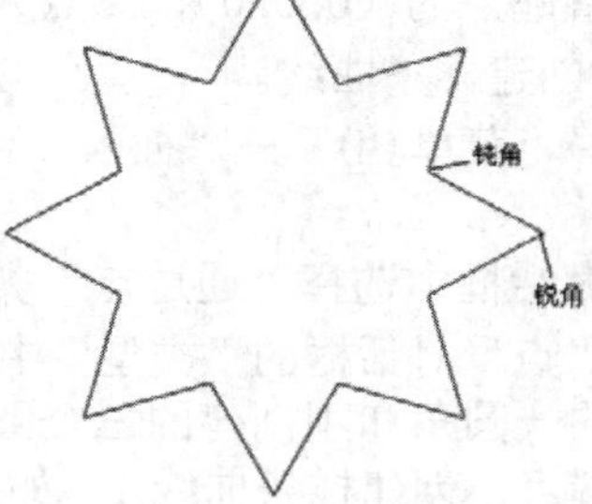

图 9-138　修剪曲线

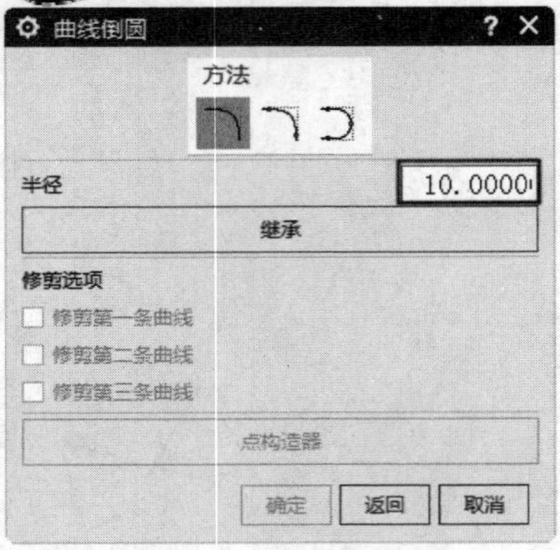

图 9-139 “曲线倒圆”对话框

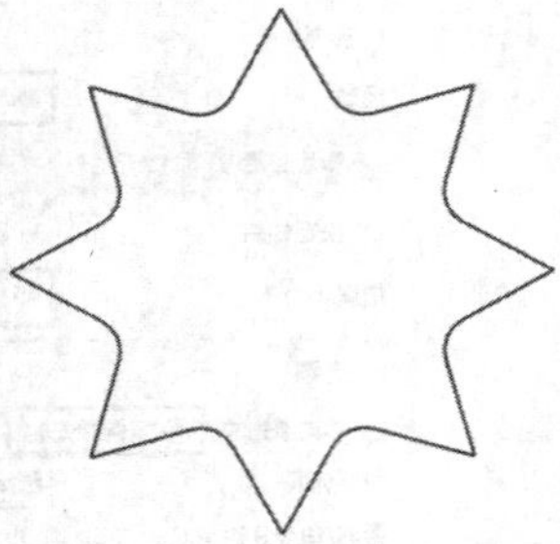

图 9-140 钝角倒圆

❹在“半径”文本框中输入 3，选择图 9-138 中的锐角，如图 9-141 所示，完成对各锐角的倒圆，结果如图 9-142 所示。单击取消按钮，关闭对话框。

图 9-141 选择锐角倒圆

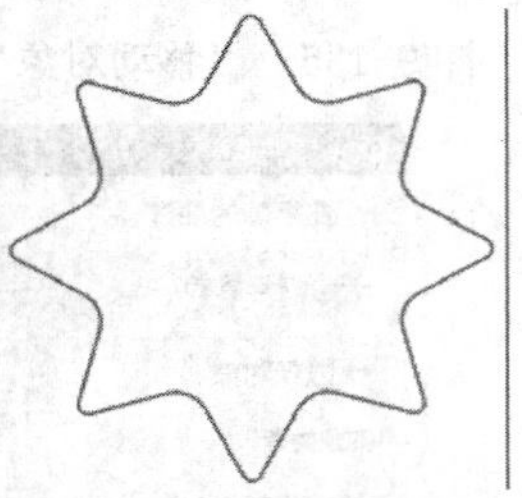

图 9-142 倒圆角后曲线

06 创建圆弧和直线。

❶选择“菜单(M)”→“插入(S)”→“曲线(C)”→“基本曲线（原有）(B)…”，打开“基本曲线”对话框。

❷单击“圆”按钮○，在“点方法”下拉列表中选择“点构造器”按钮，打开“点”对话框。

❸按系统提示输入圆心坐标（0, 0, 20），单击确定按钮，系统提示输入圆弧上的点，输入点坐标（45, 0, 20），单击确定按钮，完成圆弧 1 的创建。

❹步骤同上，创建圆心分别位于（0, 0, 40）、（0, 0, 60），半径分别为 35、25 的圆弧 2 和圆弧 3。

❺设置起点为（0, 0, 0）、终点为（0, 0, 70），创建一条直线，结果如图 9-143 所示。

07 创建样条曲线。

❶选择“菜单(M)”→“插入(S)”→“曲线（C）”→“艺术样条(D)…”，打开“艺术样条”对话框。

❷在对话框中选择“通过点”类型，在“次数”文本框中输入 3，如图 9-144 所示。

❸在“点”对话框的“类型”中选择“象限点”和“端点”按钮，按顺序分别选择星形图形中的一圆角和刚创建的三个圆弧（注意选择时使各圆弧象限点保持在同一平面内），再选择直线端点，创建样条曲线 1，如图 9-145 所示。

08 变换操作。

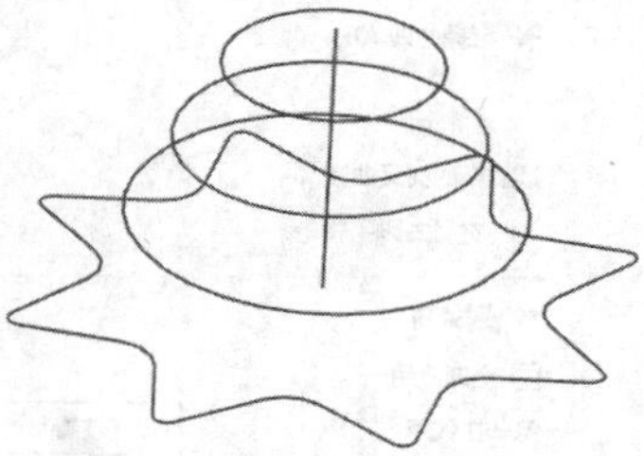

图 9-143　创建圆弧和直线

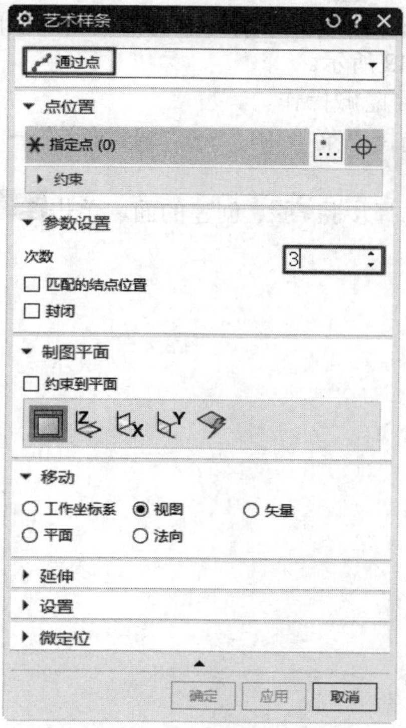

图 9-144　“艺术样条”对话框

❶选择“菜单(M)”→“编辑（E)”→“移动对象（O)”，或单击“工具”选项卡“实用工具”组中的“移动对象”按钮，打开“移动对象”对话框。

❷选择图 9-145 中刚创建样条曲线。

❸在“运动”下拉列表中选择“角度”选项。

❹单击“点对话框”按钮，打开“点”对话框。在“点”对话框中输入坐标（0，0，0），单击 确定 按钮。

❺设置“指定矢量”为“ZC 轴”。

❻在“角度”文本框中输入 45，在“结果”选项组中点选“复制原先的”单选按钮，设置“非关联副本数”为 7。

❼在“移动对象”对话框中单击 确定 按钮，完成曲线的复制，结果如图 9-146 所示。

09 曲线成面。

❶选择“菜单(M)”→“插入(S)”→“网格曲面(M)”→“通过曲线网格(M)...”，或单击“曲面”选项卡“基本”组中的“通过曲线网格”按钮，打开“通过曲线网格”对话框，如图 9-147 所示。

❷按系统提示选择图 9-146 中的第一主曲线，单击鼠标中键，系统提示选择第二主曲线，选择图 9-146 中的直线终点并单击鼠标中键，如图 9-148 所示。

❸系统提示选择第一交叉曲线，选择任意一条样条曲线，单击鼠标中键，系统提示选择第二交叉曲线，选择与第一条样条曲线相邻的样条曲线并单击鼠标中键（注意选取曲线时，选取顺序应沿第一主曲线的箭头方向顺次选择），系统提示选择第九截面线时，再次选择样条曲线 1 并单击鼠标中键，如图 9-148 所示。

❹选择曲线都分别列于对话框相应区间里面，单击 确定 按钮，完成曲面成面操作，结果如图 9-149 所示。

10 隐藏操作。

❶选择“菜单(M)”→“编辑(E)”→“显示和隐藏(H)”→“隐藏(H)”，打开“类选择”对话框。

❷选择步骤 **09** 创建的面，单击 确定 按钮，完成隐藏实体的操作。

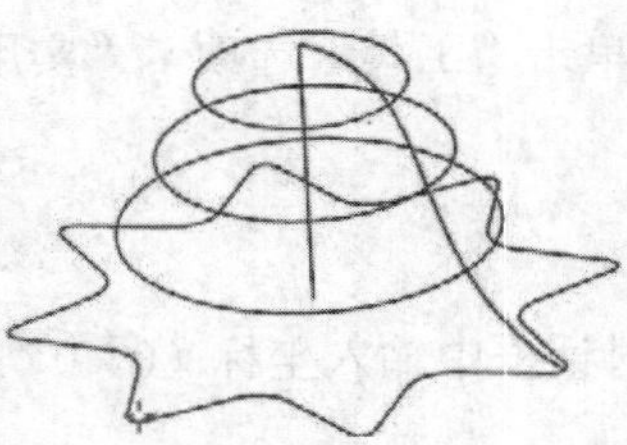

图 9-145 创建样条曲线 1

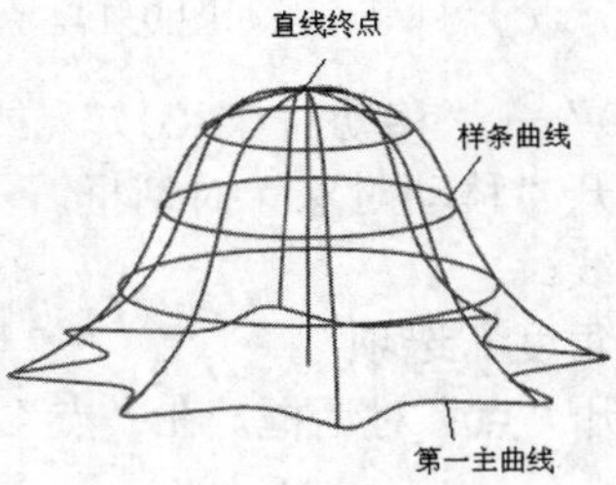

图 9-146 移动复制曲线

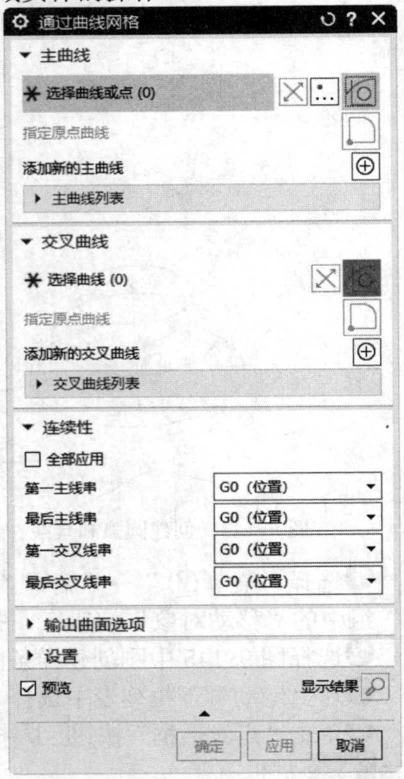

图 9-147 “通过曲线网格”对话框

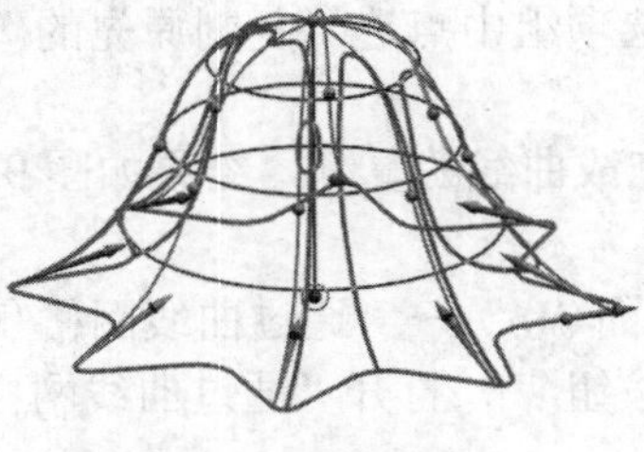

图 9-148 选择曲线

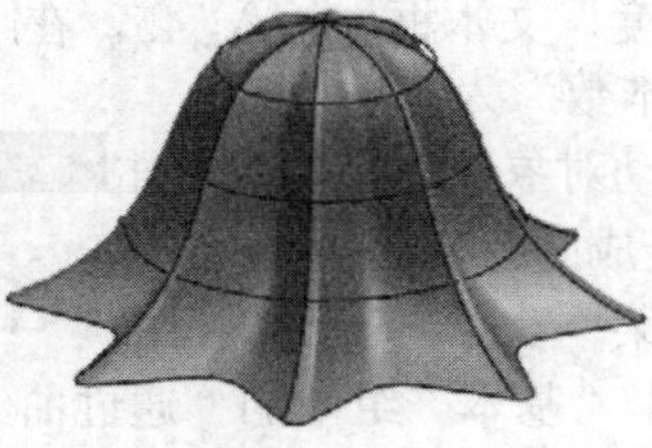

图 9-149 曲线成面

11 缩小曲线。

❶选择“菜单(M)”→“编辑（E)”→“变换（M)”，打开“变换”对话框 1。

❷选择所有曲线，单击 确定 按钮，打开“变换”对话框 2，如图 9-150 所示。

❸单击 比例 按钮，打开“点”对话框，输入基点坐标（0,0,0)，单击 确定 按钮。

❹打开“变换”对话框 3，如图 9-151 所示。在“比例”文本框中输入 0.95，单击 确定 按

钮。

❺打开“变换”对话框4，如图9-152所示。单击复制按钮，完成同比例缩小各曲线的操作。

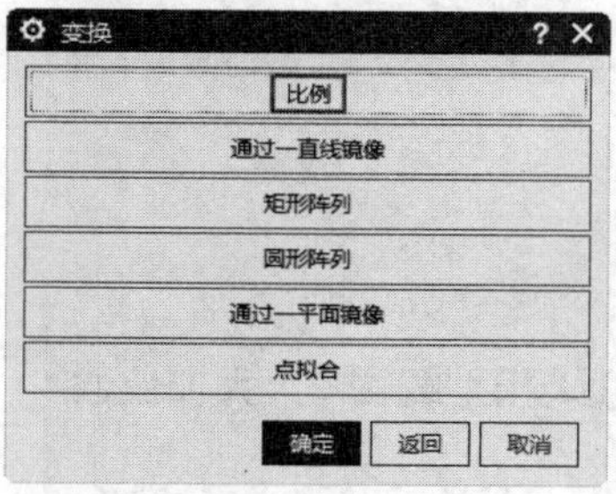

图9-150　“变换”对话框2

图9-151　“变换”对话框3

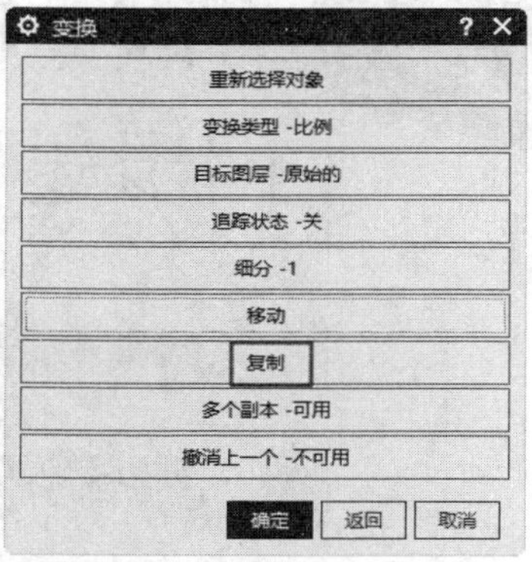

图9-152　“变换”对话框4

12 曲线成面。按步骤 **09**，将缩小的各曲线生成一新的面，再将该面与图9-149所示的面进行布尔求差操作，结果如图9-153所示。

13 隐藏操作。隐藏所有曲线，最后生成如图9-154所示的灯罩。

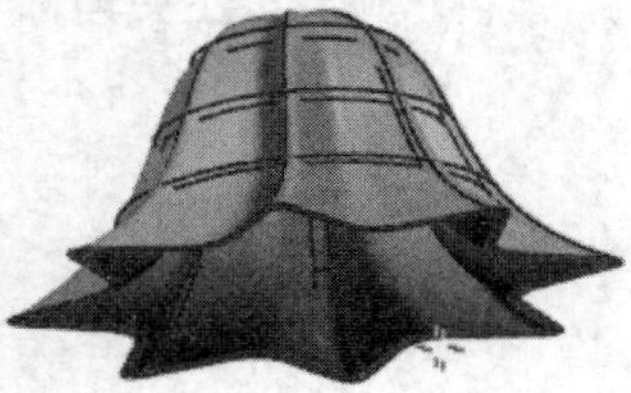

图9-153　布尔求差

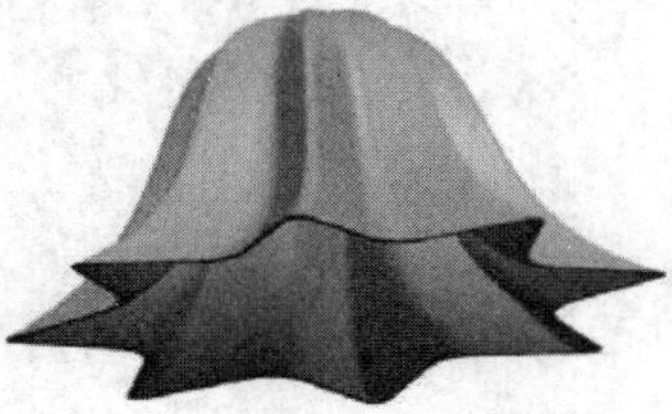

图9-154　生成灯罩

第 10 章 同步建模与 GC 工具箱

本章主要讲解同步建模和 GC 工具箱的相关内容。

同步建模功能可以在已有模型的基础上进行快速地模型编辑，大大加快建模速度并提高设计效率。

GC 工具箱是 Siemens PLM Software 为了更好地满足中国用户对于 GB 的要求，缩短 NX 导入周期，专为中国用户开发的标准件快速建模工具箱。

重点与难点

- 修改面
- 细节特征
- 重用
- GC 工具箱

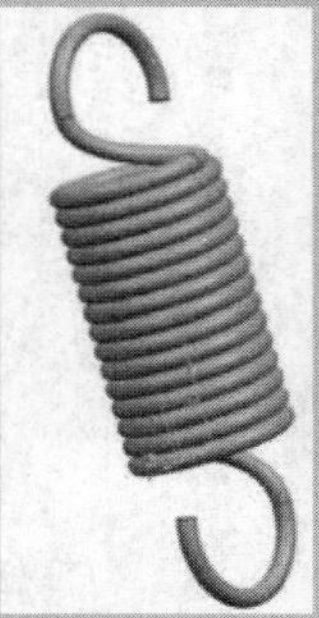

10.1 修改面

选择“菜单”→“插入”→“同步建模”→“拉动面”命令，或单击“主页”选项卡“同步建模”组“更多”库中的“拉动面”按钮，打开如图 10-1 所示的“拉动面”对话框。利用“拉动面”命令可从面区域中派出体积，接着使用此体积修改模型。

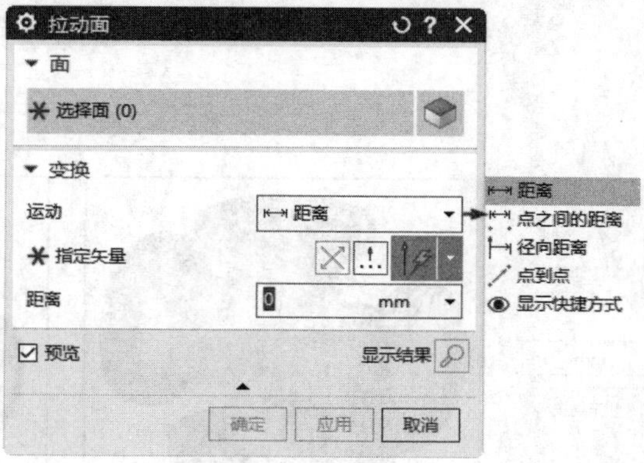

图 10-1 “拉动面”对话框

（1）选择面　选择要拉出的并用于向实体添加新体积或从实体中减去原体积的一个或多个面。

（2）运动　为选定要拉出的面提供线性和角度变换方法。

1）距离：按方向矢量的距离来变换面。

2）点之间的距离：按原点与沿某一轴的测量点之间的距离来定义运动。

3）径向距离：按测量点与方向轴之间的距离来变换面。该距离是垂直于轴而测量的。

4）点到点：将面从一点拉出到另一个点。

10.1.1 调整面的大小

选择“菜单”→“插入”→“同步建模”→“调整面大小”命令，或单击“主页”选项卡“同步建模”组“更多”库中的“调整面大小”按钮，打开如图 10-2 所示的“调整面大小”对话框。利用“调整面大小”命令可以改变圆柱面或球面的直径以及锥面的半角，还能重新生成相邻圆角面。“调整面大小”示意图如图 10-3 所示。

（1）选择面　选择要调整大小的圆柱面、球面或圆锥面。

（2）面查找器　用于根据面的几何形状与选定面的比较结果来选择面。

1）结果：列出已找到的面。

2）设置：列出用来选择相关面的几何条件。

3）参考：列出可以参考的坐标系。

（3）大小

1）直径：显示或输入球或圆柱的直径值。

2）角度：如果选择锥形，则显示或输入锥形的角度值。

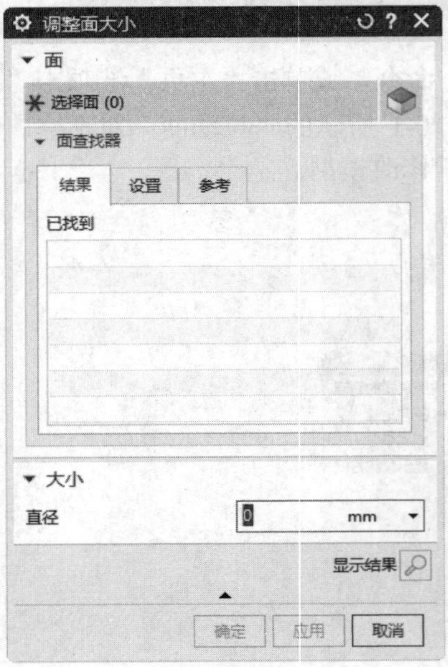

图 10-2 “调整面大小”对话框

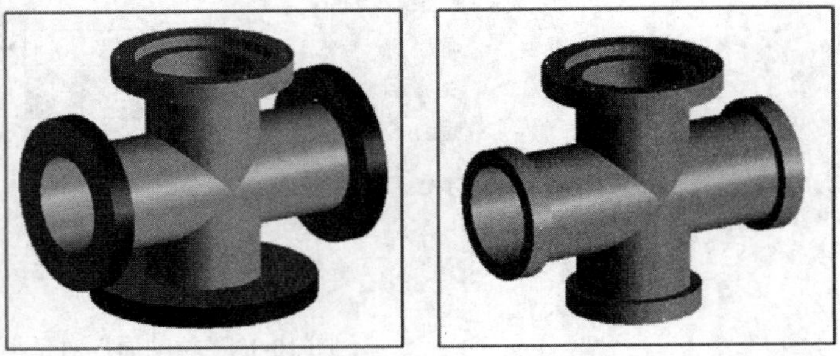

调整之前 调整之后

图 10-3 调整面的大小

10. 1. 2 偏置区域

选择“菜单”→“插入”→“同步建模”→“偏置区域”命令，或单击“主页”选项卡“同步建模”组中的“偏置”按钮，打开如图 10-4 所示的“偏置区域”对话框。利用“偏置区域”命令可以在单个步骤中偏置一组面或一个整体。相邻的圆角面可以有选择地重新生成。“偏置区域”方法可忽略模型的特征历史，是一种修改模型的快速而直接的方法。它的另一个好处是能重新生成圆角。模具设计有可能使用到此命令，如使用面来进行非参数化部件的铸造。

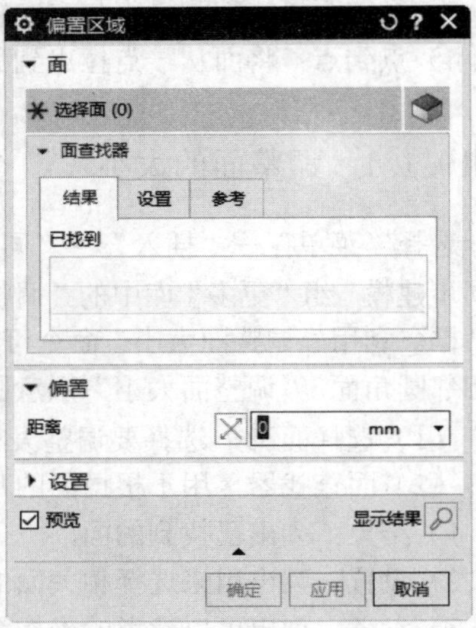

图 10-4 “偏置区域”对话框

（1）选择面 选择用来偏置的面。

（2）面查找器 用于根据面的几何形状与选定面的比较结果来选择面。

1）结果：列出找到的面。

2）设置：列出可以用来选择相关面的几何条件。

3）参考：列出可以参考的坐标系。

（3）溢出行为 用于控制移动的面的溢出特性及其与其他面的交互方式。

1）自动：拖动选定的面，使选定的面或入射面开始延伸。具体取决于哪种结果对体积和面积造成的更改最小。

2）延伸更改面：将移动面延伸到它所遇到的其他面中，或是将它移到其他面之后。

3）延伸固定面：延伸移动面，直到遇到固定面。

4）延伸端盖面：给移动面加上端盖，即产生延展边。

10.1.3　替换面

选择“菜单”→“插入”→“同步建模”→“替换面”命令，或单击“主页”选项卡“同步建模”组中的“替换”按钮，打开如图 10-5 所示的“替换面”对话框。“替换面”命令能够用另一个面替换一组面，同时还能重新生成相邻的圆角面。当需要改变面，如需要简化它或用一个复杂的曲面替换它时，就可以使用该命令，示意图如图 10-6 所示。

图 10-5 “替换面”对话框

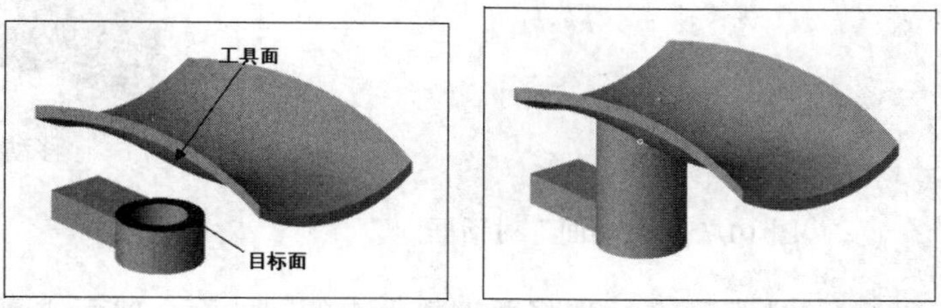

图 10-6 替换面

（1）原始面　选择一个或多个要替换的面。允许选择任意面类型。

（2）替换面　选择一个面来替换目标面。只可以选择一个面。在某些情况下，替换面操作会出现多种可能的结果，可以用“反向”按钮在这些可能的结果之间进行切换。

（3）溢出行为　用于控制移动面的溢出特性，以及它们与其他面的交互方式。

1）自动：拖动选定的面，使选定的面或入射面开始延伸（具体取决于哪种结果对体积和面积造成的更改最小）。

2）延伸更改面：将移动面延伸到它所遇到的其他面中，或是将它移到其他面之后。

3）延伸固定面：延伸移动面直到遇到固定面。

4）延伸端盖面：给移动面加上端盖，即产生延展边。

10.1.4　移动面

选择“菜单”→“插入”→“同步建模”→“移动面”命令，或单击“主页”选项卡“同步建模”组中的“移动”按钮，打开如图 10-7 所示的“移动面”对话框。“移动面”功能提供了在体上局部地移动面的简单方式。对于一个需要调整的模型来说，“移动面”命令很有用，而且快速，使用方便。“移动面”工具提供了圆角的识别和重新生成，而且不依附建模历史，甚至可以用它移动体上所有的面，示意图如图 10-8 所示。

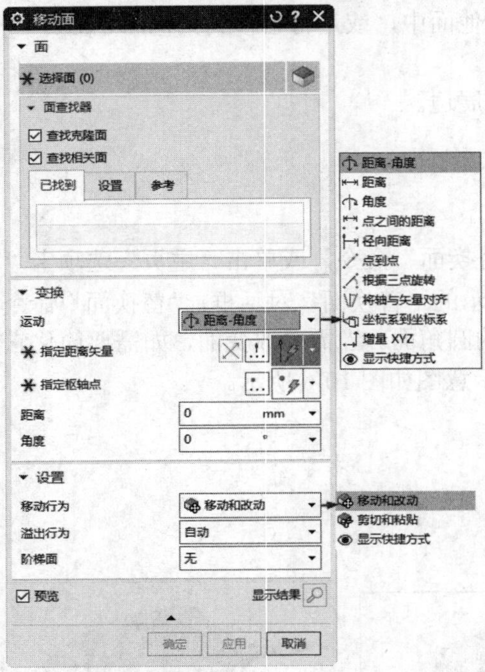

图 10-7 “移动面”对话框

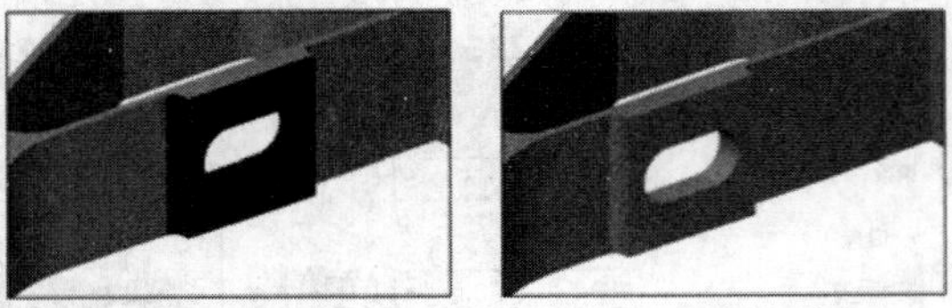

移动之前　　移动之后

图 10-8　移动面

（1）选择面　选择要调整大小的圆柱面、球面或圆锥面。

（2）面查找器　用于根据面的几何形状与选定面的比较结果来选择面。

（3）变换　为要移动的面提供线性和角度变换方法。

1）距离-角度：按方向矢量，将选中的面区域移动一定的距离和角度。

2）距离：按方向矢量和位移距离，移动选中的面区域。

3）角度：按方向矢量和角度值，移动选中的面区域。

4）点之间的距离：按方向矢量，把选中的面区域从指定点移动到测量点。

5）径向距离：按方向矢量，把选中的面区域从轴点移动到测量点。

6）点到点：把选中的面区域从一个点移动到另一个点。

7）根据三点旋转：在三点中旋转选中的面区域。

8）将轴与矢量对齐：在两轴间旋转选中的面区域。

9）坐标系到坐标系：把选中的面区域从一个坐标系移动到另一个坐标系。

10）增量 XYZ：把选中的面区域按照输入的 XYZ 值移动。

（4）移动行为

1）移动和改动：移动一组面并修改相邻面。

2）剪切和粘贴：复制并移动一组面，然后将它们从原始位置删除。

10.2 细节特征

10.2.1　调整圆角大小

选择“菜单”→“插入”→“同步建模”→“细节特征”→“调整圆角大小”命令，或单击“主页”选项卡“同步建模”组中的“调整圆角大小”按钮，打开如图 10-9 所示的“调整圆角大小”对话框。“调整圆角大小”功能允许用户编辑圆角面半径，而不用考虑特征的创建历史。“调整圆角大小”工具可用于数据转换文件及非参数化的实体，可以在保留相切属性的同时创建参数化特征，可以更直接、更高效地运用参数化设计。

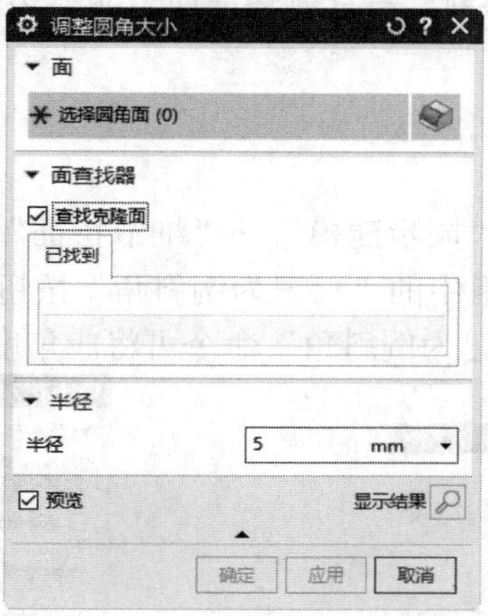

图 10-9 “调整圆角大小”对话框

（1）选择圆角面　用于选择要编辑的圆角面。
（2）半径　用于为所有选定的面指定新的圆角半径。

10.2.2　圆角重新排序

选择“菜单”→“插入”→“同步建模”→“细节特征”→“圆角重新排序”命令，或单击“主页”选项卡“同步建模”组中的“圆角重新排序”按钮，打开如图 10-10 所示的“圆角重新排序”对话框。使用“圆角重新排序”命令可更改凸度相反的两个相交圆角的顺序。

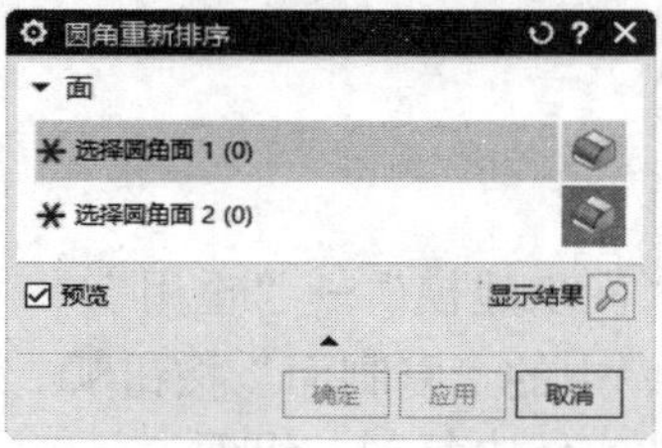

图 10-10 “圆角重新排序”对话框

（1）选择圆角面 1 用于选择要重新排序的圆角面 1。
（2）选择圆角面 2 用于选择要重新排序的圆角面 2。

10.2.3 调整倒斜角大小

选择“菜单”→“插入”→“同步建模”→“细节特征”→“调整倒斜角大小”命令，或单击“主页”选项卡“同步建模”组中的“调整倒斜角大小”按钮，打开如图 10-11 所示的“调整倒斜角大小”对话框。使用“调整倒斜角大小”命令可更改倒斜角的大小、类型、对称偏置、非对称偏置、偏置和角度。

（1）选择面 选择要调整大小的成角度的面。
（2）横截面 指定横截面类型，包括对称偏置、非对称偏置、偏置和角度。

10.2.4 标记为倒角

选择“菜单”→“插入”→“同步建模”→“细节特征”→“标记为倒斜角”命令，或单击“主页”选项卡“同步建模”组中的“标记为倒斜角”按钮，打开如图 10-12 所示的“标记为倒斜角”对话框。使用“标记为倒斜角”命令可将成角度的面标记为倒角。

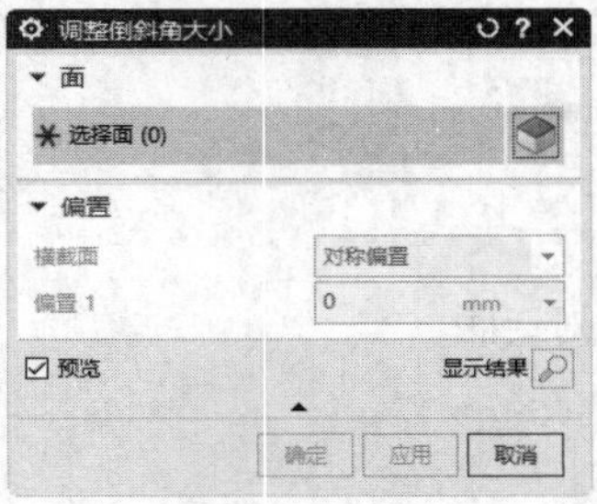

图 10-11 “调整倒斜角大小”对话框

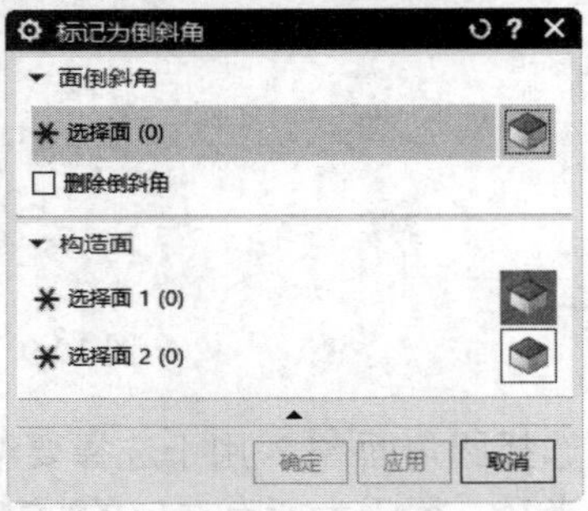

图 10-12 “标记为倒斜角”对话框

（1）面倒斜角 选择希望识别为倒角的成角度的面。
（2）构造面 指成角度的面不存在时的相邻面。这两个相邻面相交后构成要倒角的边。

10.3 重用

10.3.1 复制面

选择“菜单”→“插入”→“同步建模”→“重用”→“复制面”命令，或单击“主页”选项卡“同步建模”组 “更多”库中的“复制面”按钮，打开如图 10-13 所示的“复制面”对话框。使用“复制面”命令可从实体中复制一组面。

（1）选择面 选择要复制的面。

（2）面查找器　用于根据面的几何形状与选定面的比较结果来选择面。

（3）变换　为要复制的选定面提供线性或角度变换方法。

（4）粘贴　使用“变换”中的“运动”选项来粘贴复制的面。

10.3.2　剪切面

选择“菜单”→“插入”→“同步建模”→“重用”→“剪切面”命令，或单击“主页”选项卡“同步建模”组“更多”库中的“剪切面”按钮，打开如图 10-14 所示的“剪切面”对话框。使用“剪切面”命令可从体中复制一组面，然后从体中删除这些面。“剪切面”对话框中的选项与“复制面”对话框中的选项相似。

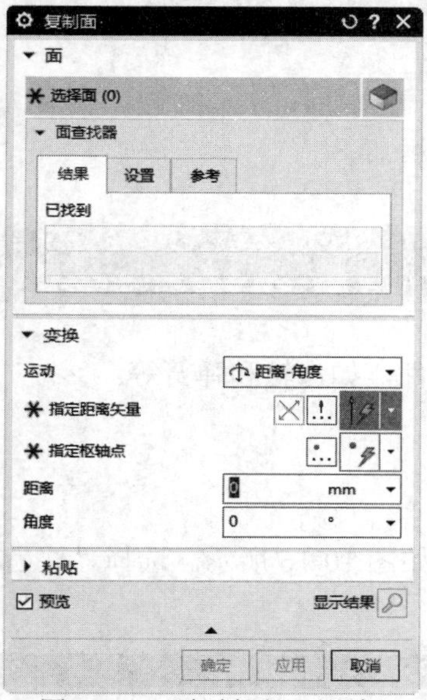

图 10-13　“复制面”对话框

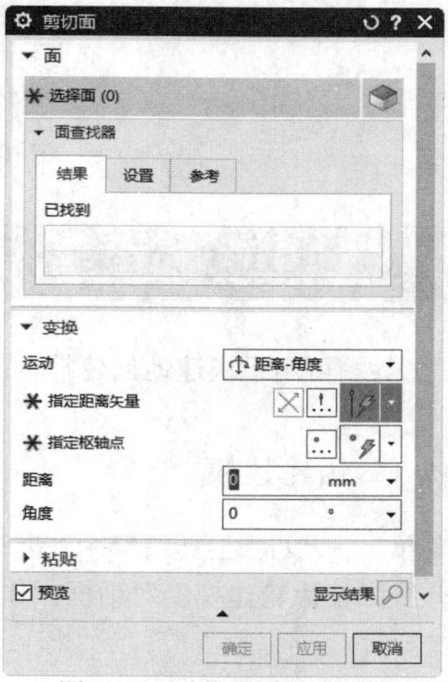

图 10-14　“剪切面”对话框

10.3.3　镜像面

选择“菜单”→“插入”→“同步建模”→“重用”→“镜像面”命令，或单击“主页”选项卡“同步建模”组“更多”库中的“镜像面”按钮，打开如图 10-15 所示的“镜像面”对话框。使用“镜像面”命令可将选中的面关于平面进行镜像，并将其粘贴到同一个实体或片体中。

（1）选择面　选择要复制并关于平面镜像的面。

（2）面查找器　用于根据面的几何形状与选定面的比较结果来选择面。

（3）镜像平面

1）平面：选择镜像平面。镜像平面可以是平的面也可以是基准平面。

2）现有平面：指定现有的基准平面或以平的面作为镜像平面。

3）新平面：新建一个平面作为镜像平面。

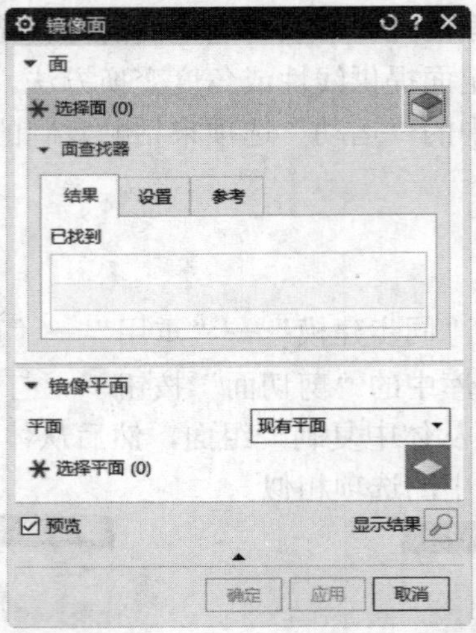

图 10-15 “镜像面”对话框

10.4 GC 工具箱

GC 工具箱可用于快速地创建符合国家标准的标准零件，如齿轮和弹簧等。

10.4.1 齿轮建模

“菜单”→“GC 工具箱”→“齿轮建模”下拉菜单如图 10-16 所示。选择“柱齿轮”，打开“渐开线圆柱齿轮建模”对话框，如图 10-17 所示。

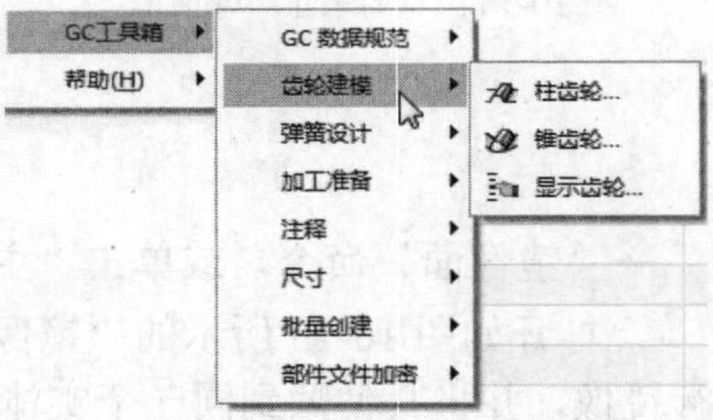

图 10-16 “齿轮建模”下拉菜单

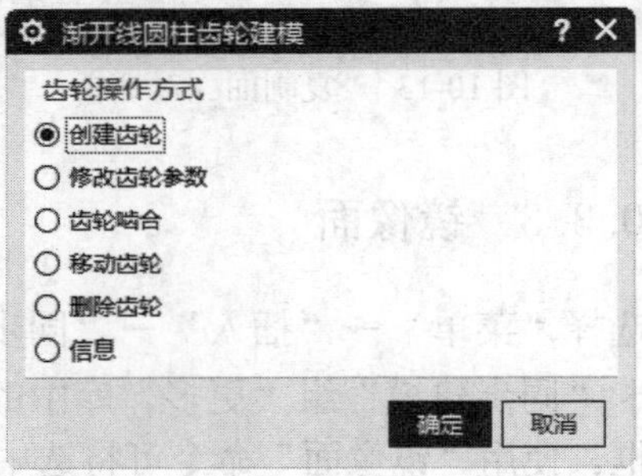

图 10-17 “渐开线圆柱齿轮建模”对话框

（1）创建齿轮　创建新的齿轮。选择该选项，单击确定按钮，打开如图 10-18 所示的“渐开线圆柱齿轮类型”对话框。

1）直齿轮：指轮齿平行于齿轮轴线的齿轮。

2）斜齿轮：指轮齿与轴线成一角度的齿轮。

3）外啮合齿轮：指齿顶圆直径大于齿根圆直径的齿轮。

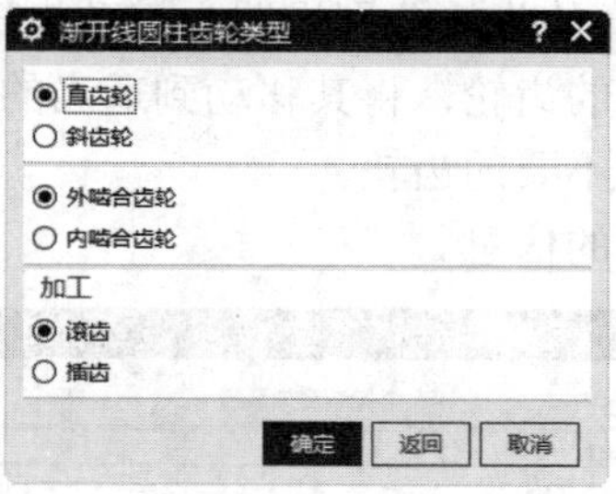

图 10-18　“渐开线圆柱齿轮类型”对话框

4）内啮合齿轮：指齿顶圆直径小于齿根圆直径的齿轮。

5）加工：

滚齿：用齿轮滚刀按展成法加工齿轮的齿面。

插齿：用插齿刀按展成法或成形法加工内、外齿轮或齿条等的齿面。

选择适当参数后，单击确定按钮，打开如图 10-19 所示的“渐开线圆柱齿轮参数”对话框。

标准齿轮：根据标准的模数、齿宽以及压力角创建的齿轮为标准齿轮。“标准齿轮”选项卡如图 10-19 所示。

变位齿轮：改变刀具和轮坯的相对位置来切制的齿轮为变位齿轮。“变位齿轮”选项卡如图 10-20 所示。

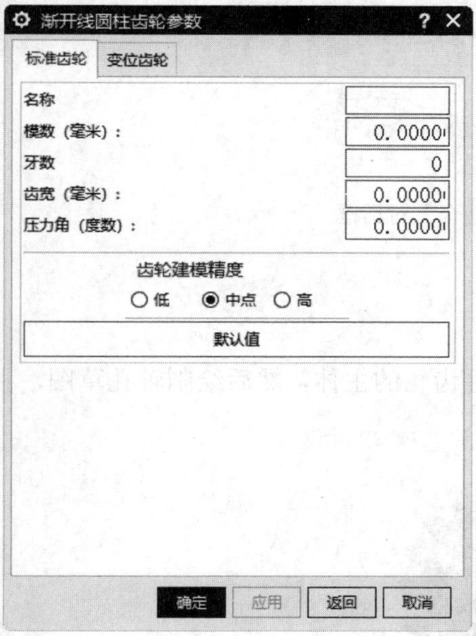

图 10-19　“渐开线圆柱齿轮参数”对话框

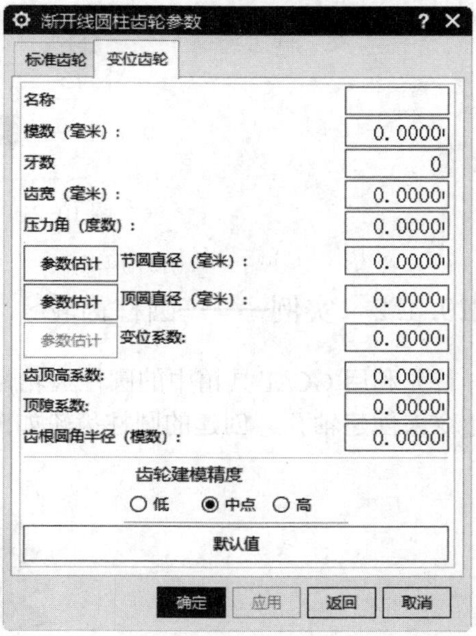

图 10-20　“渐开线圆柱齿轮参数”对话框

（2）修改齿轮参数　选择此选项，单击确定按钮，打开“选择齿轮进行操作”对话框。选择要修改的齿轮，可在“渐开线圆柱齿轮参数”对话框中修改齿轮参数。

（3）齿轮啮合　选择此选项，单击确定按钮，打开如图 10-21 所示的“选择齿轮啮合”

UG NX

对话框。在其中可将选中的要啮合的齿轮分别设置为主动齿轮和从动齿轮。

（4）移动齿轮　选择要移动的齿轮，将其移动到适当的位置。

（5）删除齿轮　删除视图中不要的齿轮。

（6）信息　显示选择的齿轮的信息。

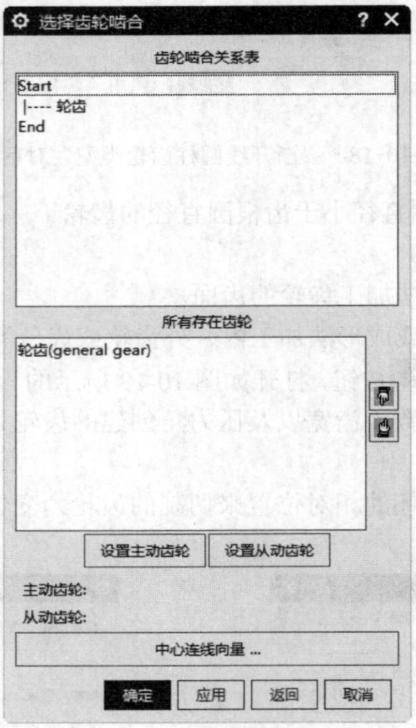

图 10-21　“选择齿轮啮合”对话框

10.4.2　实例——圆柱齿轮

首先利用 GC 工具箱中的圆柱齿轮命令创建圆柱齿轮的主体，然后绘制轴孔草图，利用拉伸命令来创建轴孔。创建的圆柱齿轮如图 10-22 所示。

图 10-22　圆柱齿轮

01 新建文件。选择“菜单”→“文件”→“新建”命令，或单击“主页”选项卡中的

“新建”按钮，打开“新建”对话框，在“模板”列表框中选择“模型”，输入文件名“yuanzhuchilun”，单击按钮，进入建模环境。

02 创建齿轮基体。

❶选择“菜单”→“GC 工具箱”→“齿轮建模”→“柱齿轮”命令，打开如图 10-23 所示的“渐开线圆柱齿轮建模”对话框。

❷选择“创建齿轮”单选按钮，单击按钮，打开如图 10-24 所示的“渐开线圆柱齿轮类型”对话框。选择“直齿轮”“外啮合齿轮”和“滚齿”单选按钮，单击按钮，打开如图 10-25 所示的“渐开线圆柱齿轮参数”对话框，在“标准齿轮”选项卡中输入“模数”“牙数”“齿宽”和“压力角”为 3、21、24 和 20，单击按钮，打开如图 10-26 所示的“矢量”对话框，在矢量类型下拉列表中选择“ZC 轴”，单击按钮，打开如图 10-27 所示的“点”对话框，输入点坐标为（0,0,0），单击按钮，生成圆柱直齿轮的基体，如图 10-28 所示。

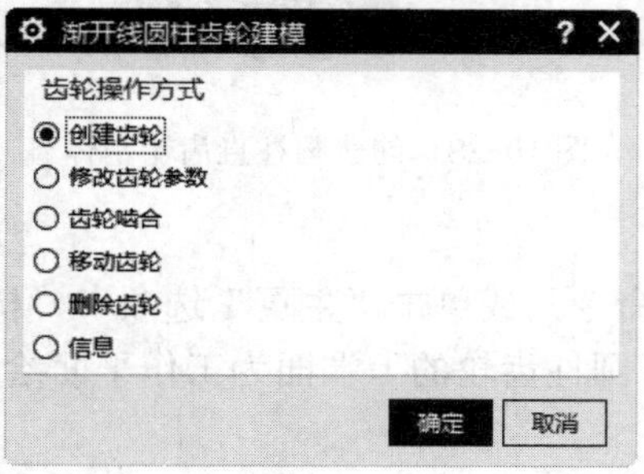

图 10-23　“渐开线圆柱齿轮建模”对话框

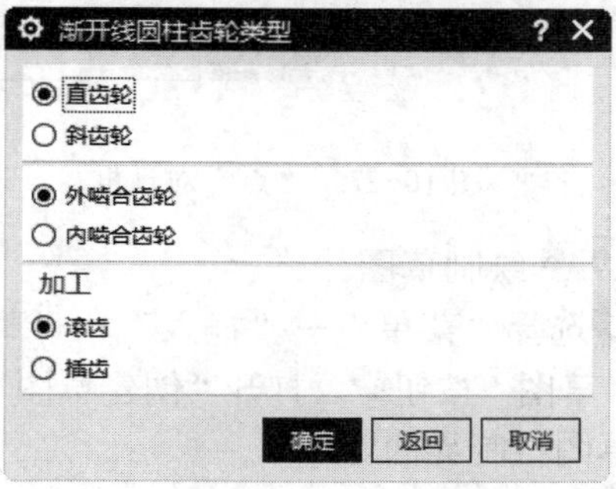

图 10-24　“渐开线圆柱齿轮类型”对话框

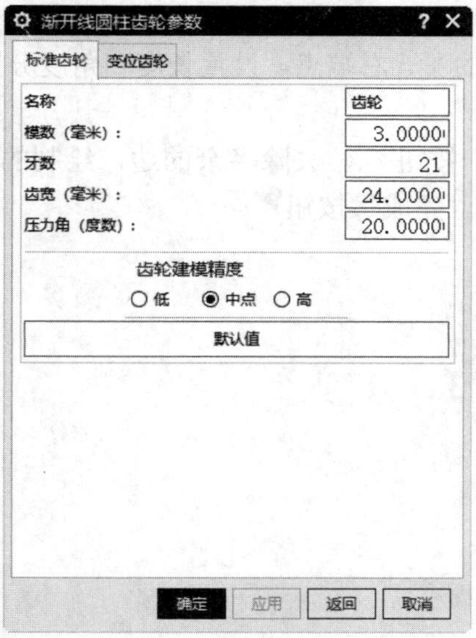

图 10-25　“渐开线圆柱齿轮参数”对话框

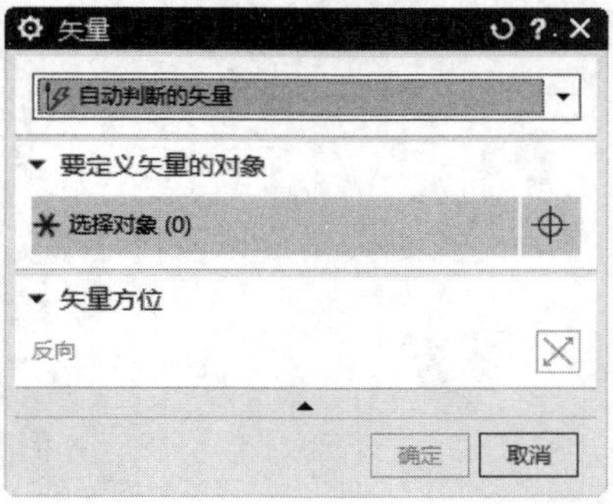

图 10-26　“矢量”对话框

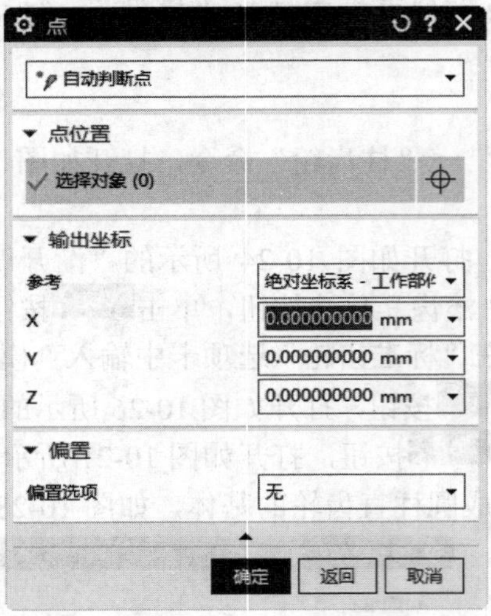

图 10-27 “点”对话框

图 10-28 创建圆柱直齿轮基体

03 绘制草图。

❶选择“菜单”→“插入”→“草图（S）...”命令，或单击“主页”选项卡“构造”组中的“草图”按钮，打开“创建草图”对话框，选择圆柱齿轮的上端面为工作平面绘制草图，进入草图绘制界面。

❷单击“主页”选项卡“曲线”组中的“圆”按钮，打开“圆”对话框，选择“圆心和直径定圆”，输入坐标（0,0），输入直径 24。

❸单击“主页”选项卡“曲线”组中的“直线”按钮，输入坐标（-3,14），设置长度和角度分别为 6 和 0，绘制水平直线；再选择水平直线的左、右端点，设置长度和角度分别为 10 和 270，绘制两条竖直直线。

❹单击“主页”选项卡“编辑”组中的“修剪”按钮，去除多余的边，绘制的草图如图 10-29 所示。单击“主页”选项卡“草图”组中的“完成”按钮。

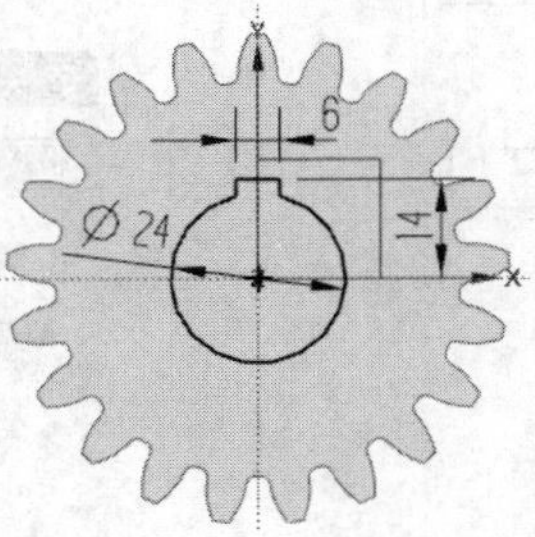

图 10-29 绘制草图

04 创建圆柱齿轮。选择“菜单”→“插入”→“设计特征”→“拉伸”命令，或单击“主页”选项卡“基本”组中的“拉伸”按钮，打开“拉伸”对话框。选择刚绘制的草图为拉伸曲线，在“指定矢量”下拉列表中选择“-ZC 轴”为拉伸方向，“终止”选择“贯通”，在“布尔”下拉列表中选择“减去”，如图 10-30 所示。单击确定按钮，生成如图 10-22 所示的圆柱齿轮。

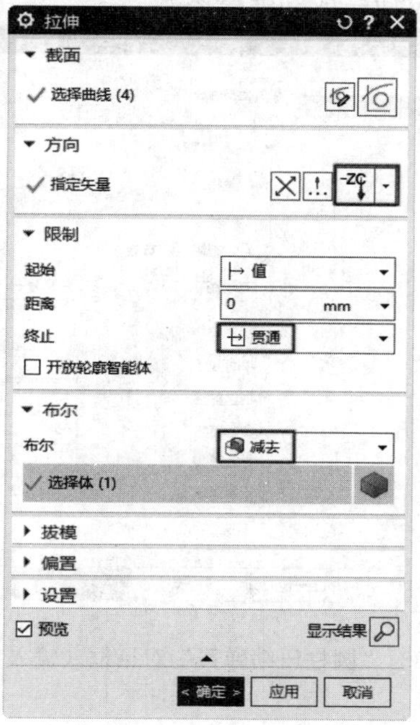

图 10-30　“拉伸”对话框

10. 4. 3　弹簧设计

“菜单”→“GC 工具箱”→“弹簧设计”下拉菜单如图 10-31 所示。选择“圆柱压缩弹簧”，打开“圆柱压缩弹簧”对话框，如图 10-32 所示。

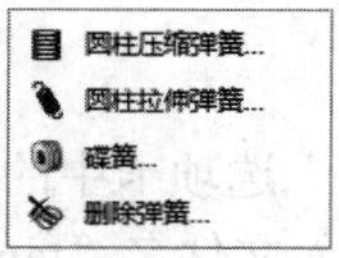

图 10-31　“弹簧设计”下拉菜单

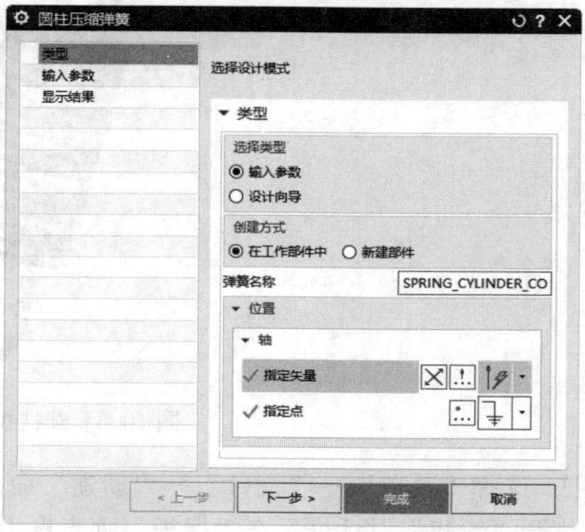

图 10-32　“圆柱压缩弹簧”对话框（类型）

（1）类型　用于选择类型、创建方式和轴的位置。

（2）输入参数　用于输入弹簧的各个参数，如图 10-33 所示。

（3）显示结果　用于显示设计完成的弹簧参数。

图 10-33 “圆柱压缩弹簧”对话框（输入参数）

10.4.4　实例——圆柱拉伸弹簧

本实例利用“GC 工具箱”中的“圆柱拉伸弹簧”命令，通过在打开的“圆柱拉伸弹簧”对话框中设置选项，直接创建如图 10-34 所示的圆柱拉伸弹簧。

图 10-34 圆柱拉伸弹簧

01 选择“菜单”→“文件”→“新建”命令，或单击“主页”选项卡中的“新建”按钮，打开“新建”对话框，在“模板”列表框中选择“模型”，输入文件名“tanhuang”，单击 确定 按钮，进入建模环境。

02 选择“菜单”→“GC 工具箱”→“弹簧设计”→“圆柱拉伸弹簧”命令，打开如图 10-35 所示的“圆柱拉伸弹簧”对话框。

图 10-35　“圆柱拉伸弹簧”对话框

03 设置“选择类型”为“输入参数”，设置“创建方式”为“在工作部件中”，其余选面采用默认设置，单击 下一步 > 按钮。

04 选择“输入参数”选项卡，如图 10-36 所示。设置“旋向为“右旋”，设置“端部结构”为“圆钩环”，输入“中间直径”为 30、“材料直径”为 4、“有效圈数”为 12.5，单击 下一步 > 按钮。

图 10-36　“输入参数”选项卡

05 选择“显示结果”选项卡，其中显示了弹簧的各个参数，如图 10-37 所示。单击 完成

UG NX

按钮，完成弹簧的创建，结果如图 10-37 所示。

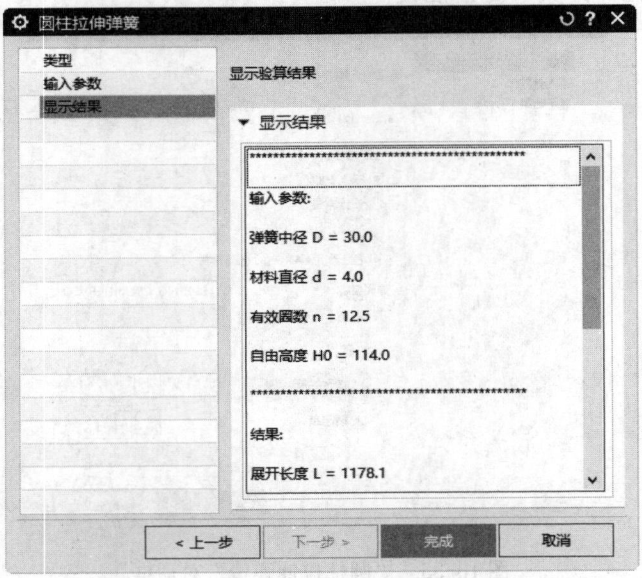

图 10-37 “显示结果”选项卡

第 11 章

钣金设计

鉴于钣金件具有广泛用途，UG NX 中文版中设置了钣金设计模块，专用于钣金的设计工作。将 UG NX 应用到钣金件的设计制造中，可以使钣金件的设计非常快捷，制造和装配效率得以显著提高。

重点与难点

- 钣金预设置
- 基础钣金特征
- 高级钣金特征

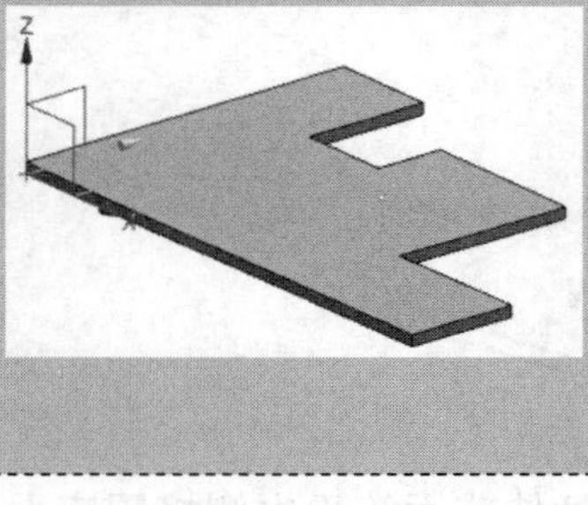

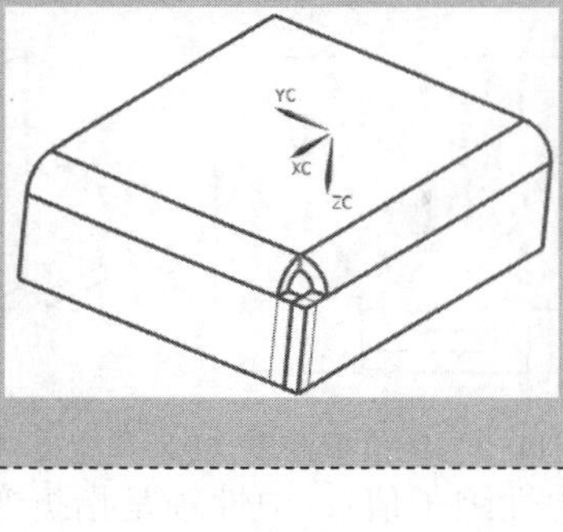

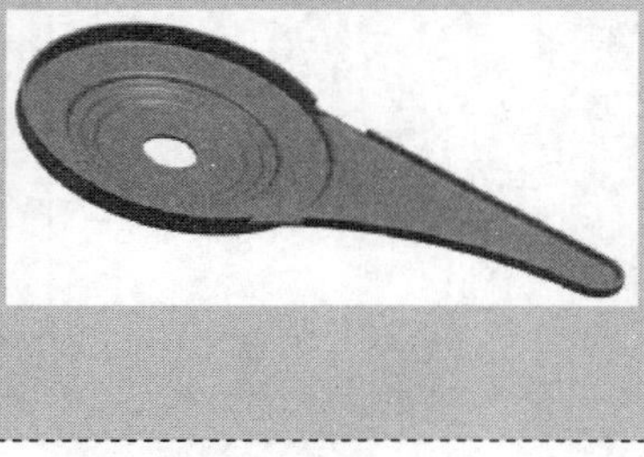

11.1 钣金预设置

在 UG NX 钣金设计环境中选择“菜单(M)”→“首选项（P)”→“钣金（H)”命令，打开如图 11-1 所示的“钣金首选项”对话框，在其中可以修改钣金默认设置项，包括部件属性、展平图样处理、展平图样显示、钣金验证和标注配置等。

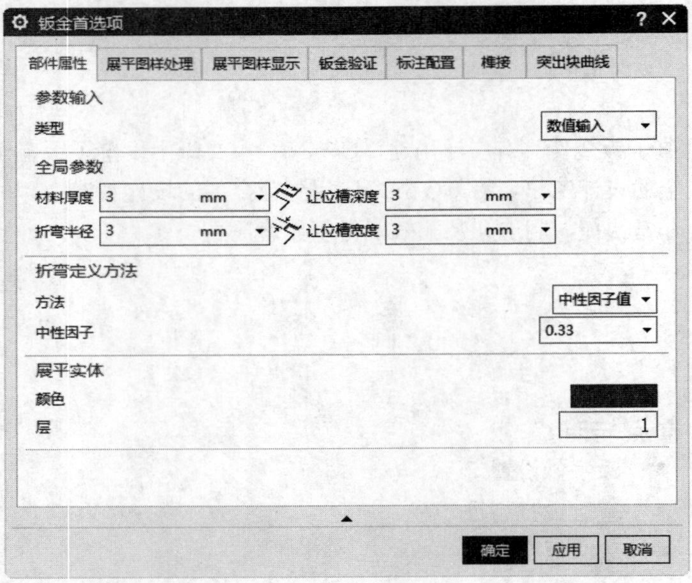

图11-1 “钣金首选项”对话框

（1）部件属性

1）材料厚度：钣金零件默认厚度。可以在 “钣金首选项”对话框中设置材料厚度。

2）折弯半径：折弯默认半径（基于折弯时发生断裂的最小极限来定义）。在 “钣金首选项”对话框中可以根据所选材料的类型来更改折弯半径设置。

3）让位槽深度和宽度：从折弯边开始计算折弯缺口延伸的距离称为让位槽深度（D），跨度称为让位槽宽度（W），如图 11-2 所示。可以在“钣金首选项”对话框中设置让位槽宽度和深度。

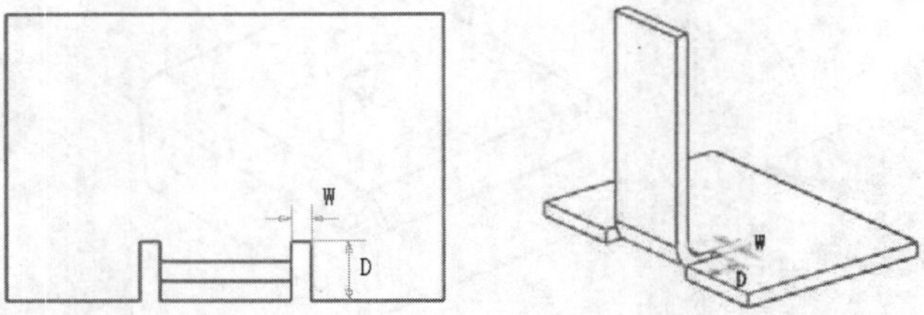

图11-2 让位槽深度（D）和宽度（W）示意图

4）折弯许用半径公式(中性因子值)：中性轴是指折弯外侧拉伸应力等于内侧挤压应力处。中性因子值由折弯材料的机械特性决定，用材料厚度的百分比来表示，从内侧折弯半径来测量，默认值为 0.33，有效范围为 0～1。

（2）展平图样处理　在“钣金首选项”对话框的“展平图样处理”选项卡中可以设置展平图样处理参数，如图 11-3 所示。

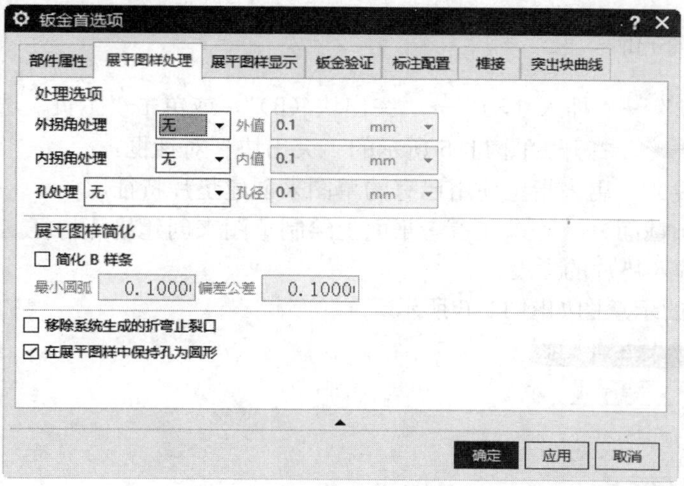

图11-3　“展开图样处理”选项卡

1）处理选项：用于在平面展开图样处理时对内拐角和外拐角进行倒角和倒圆。在后面的文本框中可输入倒角边长或倒圆半径。

2）展平图样简化：对圆柱表面或折弯线上具有裁剪特征的钣金零件进行平面展开时，生成 B 样条曲线。该选项可以将 B 样条曲线转化为简单直线和圆弧。用户可以在如图 11-3 所示的“钣金首选项”对话框中定义“最小圆弧”和“偏差公差”值。

3）移除系统生成的折弯止裂口：当创建没有止裂口的封闭拐角时，系统在图 11-2 所示的图形上生成一个非常小的折弯止裂口。该选项用于设置在定义平面展开图实体时，是否移除系统生成的折弯止裂口。

（3）展平图样显示　在“钣金首选项”对话框的“展平图样显示”选项卡中可设置平面展开图样显示参数，包括各种曲线的显示颜色、线型、线宽和标注，如图 11-4 所示。

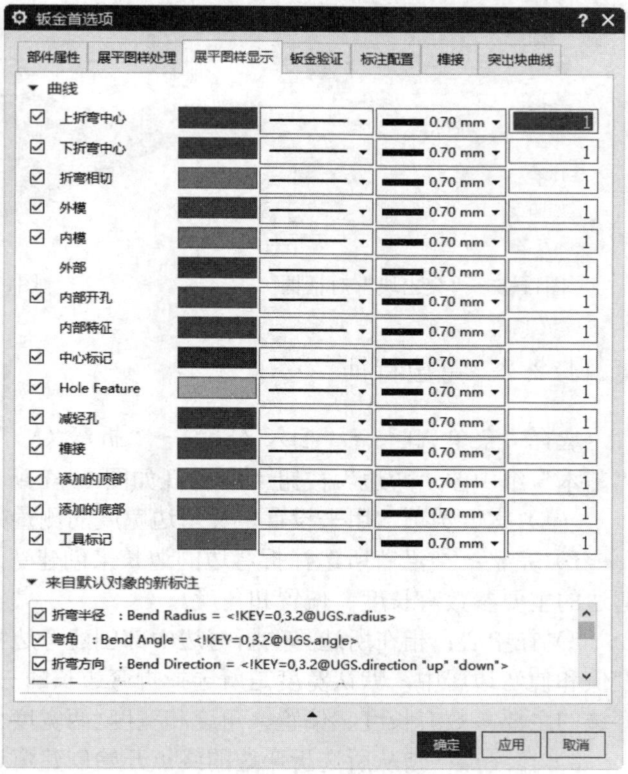

图11-4　“展平图样处理”属性页

11.2 基础钣金特征

11.2.1 垫片特征

选择“菜单(M)”→“插入（S）”→“突出块（B）”，或单击“主页”选项卡“基本”组中的“突出块”按钮，打开如图 11-5 所示的“突出块”对话框。

（1）（曲线） 用来指定使用已有的草图来创建垫片特征。

（2）（绘制截面） 可以在参考平面上绘制草图来创建垫片特征。

（3）厚度 输入垫片的厚度。

创建垫片特征的示意图如图 11-6 所示。

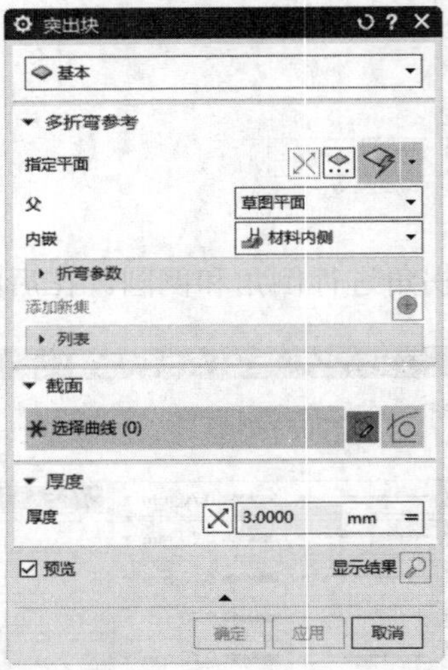

图11-5 “突出块”对话框

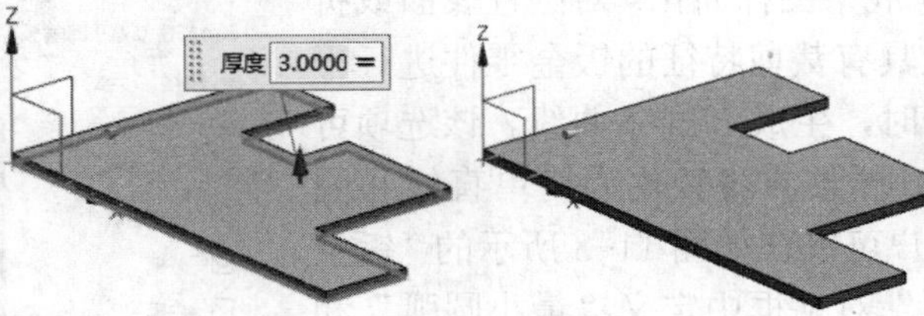

图11-6 创建垫片特征

11.2.2 弯边特征

选择“菜单(M)”→“插入（S）”→“折弯（N）”→“弯边（F）”，或单击“主页”选项卡“基本”组中的“弯边”按钮，打开如图 11-7 所示的“弯边”对话框。

（1）宽度选项 用来设置定义弯边宽度的测量方式。

1）完整：指沿着所选择折弯边的边长来创建弯边特征。当选择该选项创建弯边特征时，弯边的主要参数有长度、偏置和角度。

2）在中心：指在所选择的折弯边中部创建弯边特征，如图 11-8a 所示。可以编辑弯边宽度值和使弯边居中，默认宽度是所选择折弯边长的三分之一。当选择该选项创建弯边特征时，弯边的主要参数有长度、偏置、角度和宽度(两宽度相等)。

3）在终点：指从所选折弯边的终点开始创建弯边特征，如图 11-8b 所示。当选择该选项创建弯边特征时，弯边的主要参数有长度、偏置、角度和宽度。

4）从两端：指从所选择折弯边的两端定义距离来创建弯边特征，如图 11-8c 所示。默认宽度是所选择折弯边长的三分之一。当选择该选项创建弯边特征时，弯边的主要参数有长度、偏置、角度、距离 1 和距离 2。

5）从端点：指从所选折弯边的端点定义距离来创建弯边特征，如图 11-8d 所示。当选择该选项创建弯边特征时，弯边的主要参数有长度、偏置、角度、从端点(从端点到弯边的距离)和宽度。

（2）角度　用来创建弯边特征的折弯角度。可以在绘图区动态更改角度值，示意图如图 11-9 所示。

（3）参考长度　用来设置定义弯边长度的测量方式。

1)内侧:指从已有材料的内侧测量弯边长度,如图 11-10a 所示。

2)外侧:指从已有材料的外侧测量弯边长度,如图 11-10b 所示。

（4）内嵌　用来表示弯边嵌入基础零件的距离。

1）材料内侧：指弯边嵌入到基本材料的里面，这样弯边区域的外侧表面与所选的折弯边平齐，如图 11-11a 所示。

2）材料外侧：指弯边嵌入到基本材料的里面，这样弯边区域的内侧表面与所选的折弯边平齐，如图 11-11b 所示。

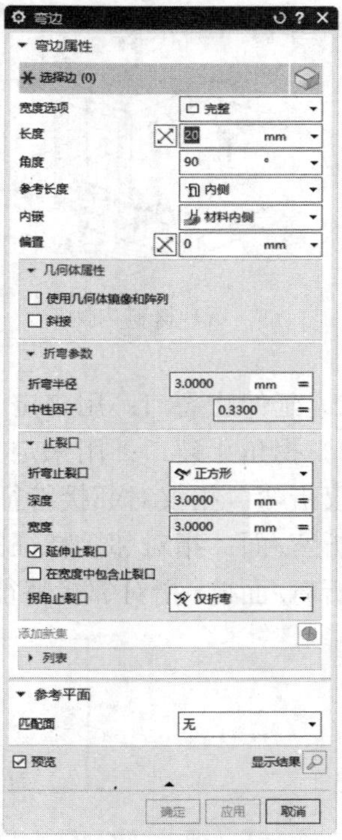

图11-7　“弯边”对话框

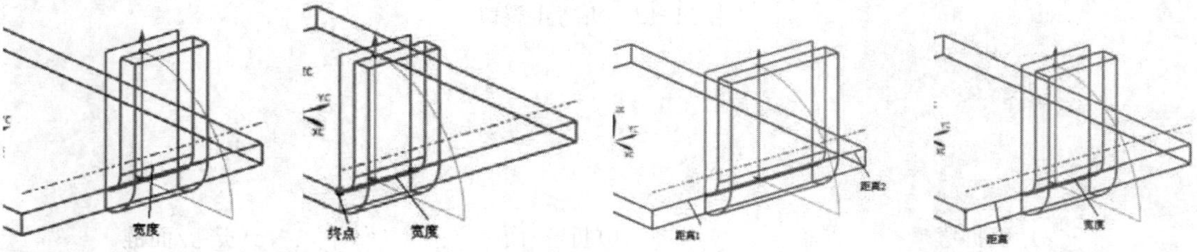

a)在中心　b)在终点　c)从两端　d)从端点

图11-8　“宽度选项”示意图

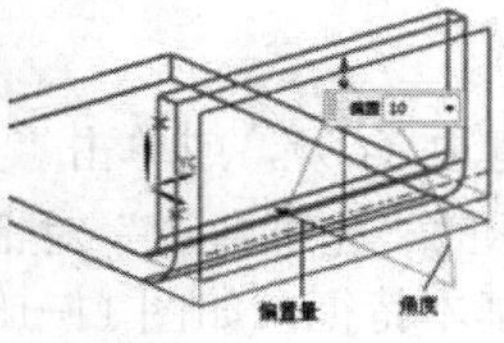

图11-9　“角度”示意图

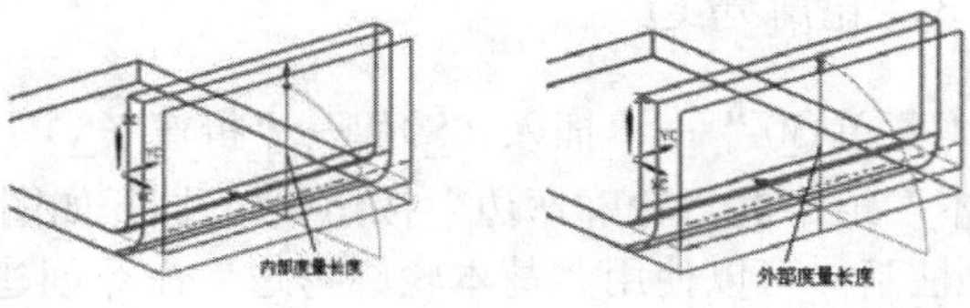

a)内部　b)外部

图11-10　“参考长度”示意图

3）折弯外侧：指材料添加到所选中的折弯边上形成弯边，如图 11-11c 所示。

（5）止裂口

1）折弯止裂口：采用过小的折弯半径或硬质材料折弯时，常常会在折弯外侧产生毛刺或断裂。在折弯线所在的边上开止裂口槽可解决这个问题。折弯止裂口类型包括正方形和圆形两种，如图 11-12 所示。

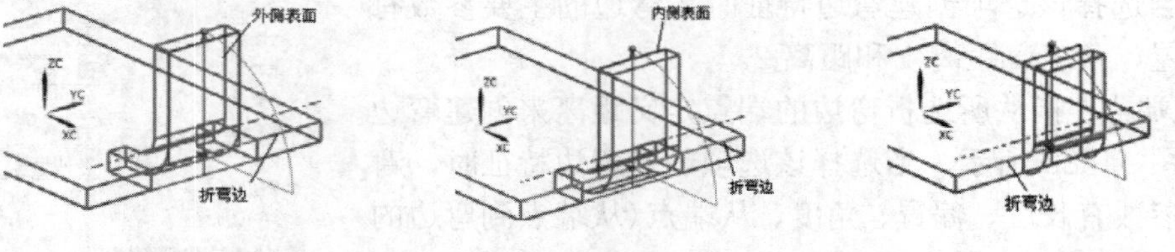

a）材料内侧　　　b）材料外侧　　　c）折弯外侧

图11-11　“内嵌”示意图

2）延伸止裂口：用来定义是否延伸折弯缺口到零件的边。

3）拐角止裂口：用来定义是否对创建的弯边特征所邻接的特征采用拐角缺口。

仅折弯：指仅对邻接特征的折弯部分应用拐角缺口，如图 11-13a 所示。

折弯/面：指对邻接特征的折弯部分和平板部分应用拐角止裂口，如图 11-13b 所示。

折弯/面链：指对邻接特征的所有折弯部分和平板部分应用拐角止裂口，如图 11-13c 所示。

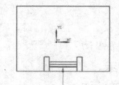

正方形止裂口　　　圆形止裂口

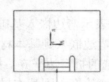

图11-12　折弯止裂口

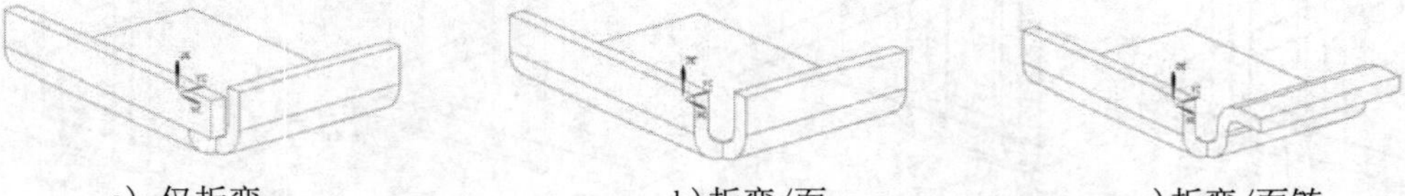

a）仅折弯　　　b)折弯/面　　　c)折弯/面链

图11-13　拐角止裂口

11.2.3　轮廓弯边

选择“菜单(M)”→“插入（S)”→“折弯（N)”→“轮廓弯边（C)”，或单击“主页”选项卡“基本”组中的“轮廓弯边”按钮，打开如图 11-14 所示的“轮廓弯边”对话框。

（1）柱基　可以使用“基本轮廓弯边”命令创建新零件的基本特征，如图 11-15 所示。

（2）宽度选项

1）有限：指创建有限宽度的轮廓弯边，如图 11-16 所示。

2）对称：指用二分之一的轮廓弯边宽度值作为轮廓两侧距离来定义轮廓弯边宽度创建轮廓弯边，如图 11-17 所示。

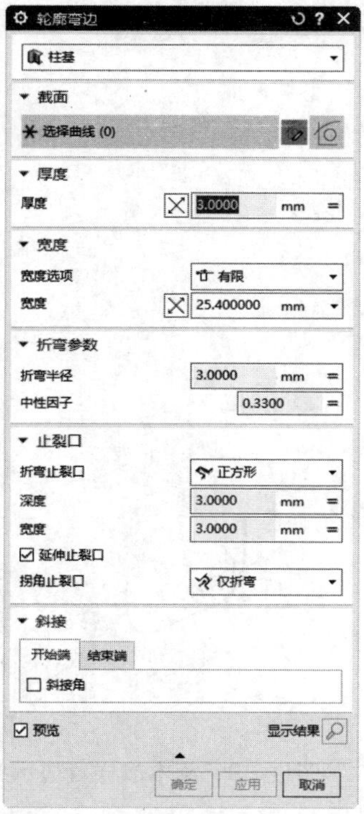

图11-14　“轮廓弯边”对话框

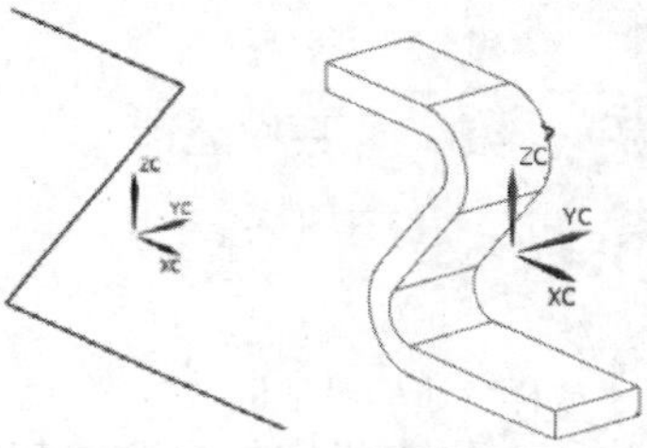

图11-15　基本轮廓弯边示意图

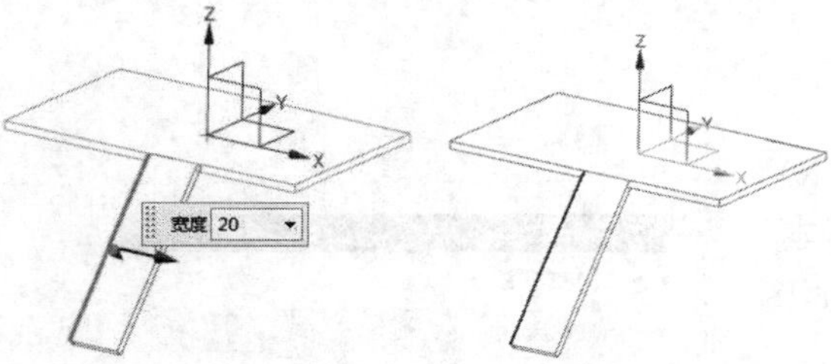

图11-16　使用“有限”方式创建轮廓弯边

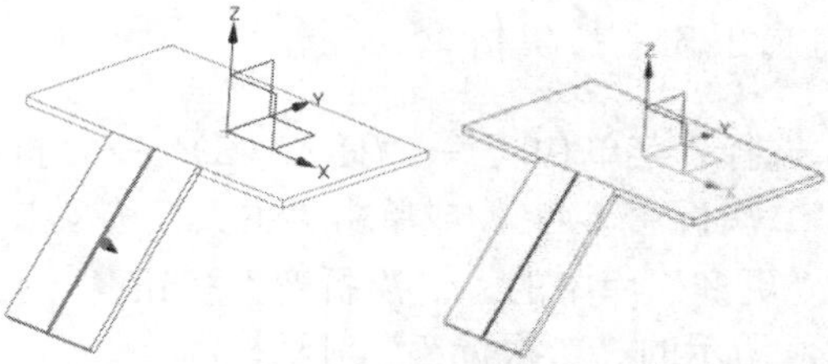

图11-17　使用“对称”方式创建轮廓弯边

11. 2. 4　放样弯边

选择“菜单(M)”→“插入（S)”→“折弯（N)”→“放样弯边（L）…”，或单击“主页”选项卡“基本”组“轮廓弯边”下拉菜单中的“放样弯边”按钮，打开如图 11-18 所示的“放样弯边”对话框。

（1）柱基　可以使用“基本放样弯边”命令创建新零件的基本特征，如图 11-19 所示。

（2）选择曲线　用来指定使用已有的轮廓作为放样弯边特征的起始轮廓来创建放样弯边特征。

（3）起始截面　以在参考平面上绘制的轮廓草图作为放样弯边特征的起始轮廓来创建基本放样弯边特征。

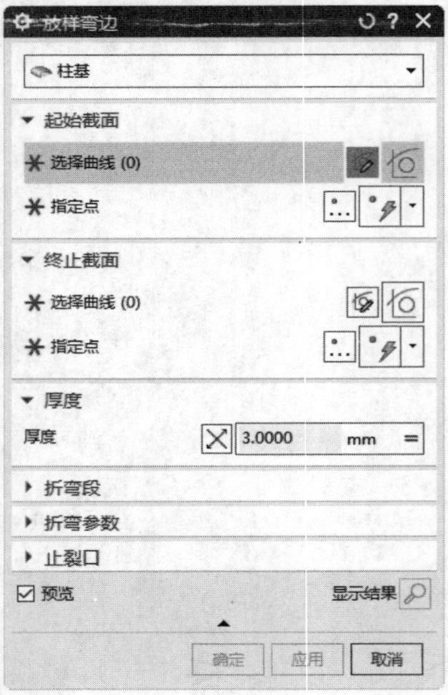

图11-18 “放样弯边”对话框

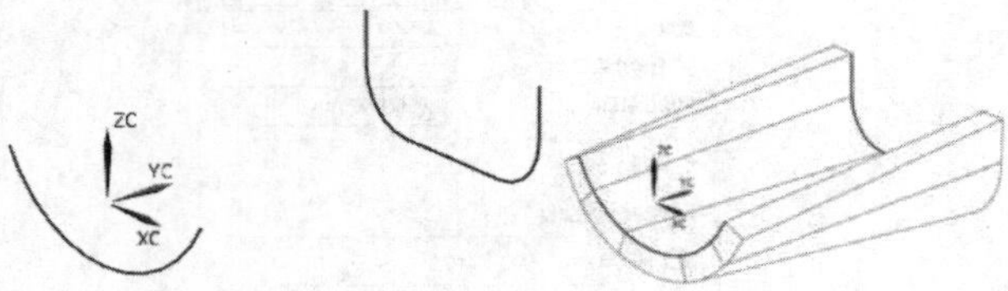

图11-19 基本放样弯边示意图

（4）指定点 用来指定放样弯边起始轮廓的顶点。

11.2.5 二次折弯

选择“菜单(M)”→“插入（S)”→“折弯（N)”→“二次折弯（O)”，或单击“主页”选项卡“基本”组“更多”库中的“二次折弯”按钮，打开如图11-20 所示的“二次折弯”对话框。

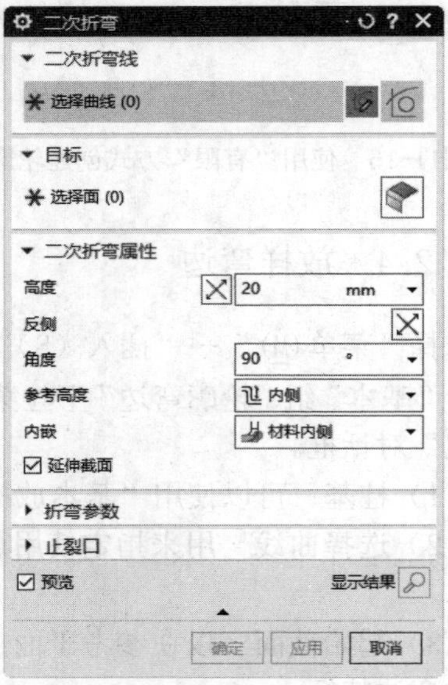

图11-20 “二次折弯”对话框

（1）高度 创建二次折弯特征时可以在绘图区中动态更改的高度值。

（2）参考高度 包括内侧和外侧两个选项。

1）内侧：指定义选择面(放置面)到二次折弯特征最近表面的高度，如图 11-21a 所示。

2）外侧：指定义选择面(放置面)到二次折弯特征最远表面的高度，如图 11-21b 所示。

（3）内嵌

1）材料内侧：指凹凸特征垂直于放置面的部分在轮廓面内侧，如图 11-22a 所示。

2）材料外侧：指凹凸特征垂直于放置面的部分在轮廓面外侧，如图 11-22b 所示。

3）折弯外侧：指凹凸特征垂直于放置面的部分和折弯部分都在轮廓面外侧，如图 11-22c 所示。

（4）延伸截面　选择该复选框，定义延伸直线轮廓到零件的边。

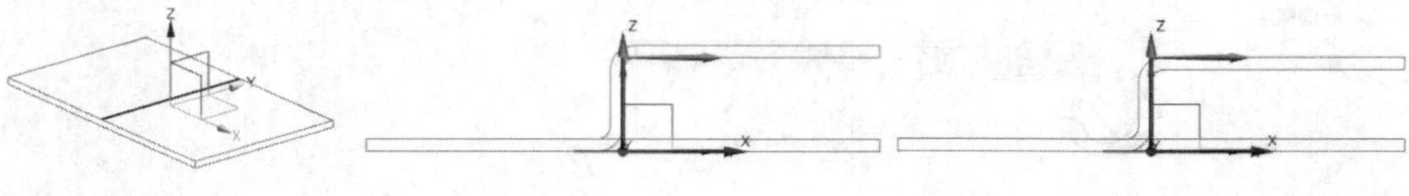

a)内侧　　b）外侧

图11-21　“参考高度”选项二次折弯特征示意图

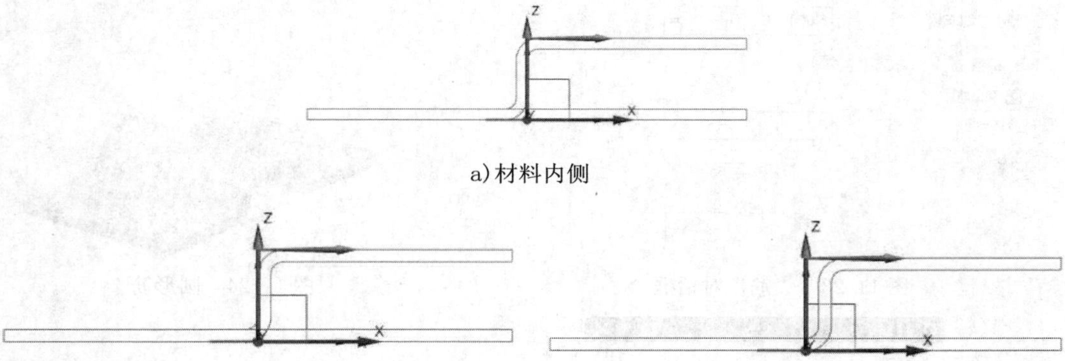

a)材料内侧

b)材料外侧　　c)折弯外侧

图11-22　“内嵌”选项凹凸特征示意图

11.2.6　筋

选择“菜单(M)”→“插入（S）”→“冲孔（H）”→“筋（B）”，或单击“主页”选项卡“凸模”组中的“筋”按钮，打开如图 11-23 所示的“筋”对话框。

（1）圆形　用于创建圆形筋。创建的圆形筋如图 11-24 所示。

1）深度：指圆形筋的底面和圆弧顶部之间的高度差值。

2）半径：指圆形筋的截面圆弧半径。

3）冲模半径：指圆形筋的侧面或端盖与底面倒角半径。

（2）U 形　选择“U 形”后的“筋”对话框如图 11-25 所示。创建的 U 形筋如图 11-26 所示。

1）深度：指 U 形筋的底面和顶面之间的高度差值。

2）宽度：指 U 形筋顶面的宽度。

3）角度：指 U 形筋的底面法向和侧面或端盖之间的夹角。

4）冲模半径：指 U 形筋的顶面和侧面或端盖倒角半径。

5）冲压半径：指 U 形筋的底面和侧面或端盖倒角半径。

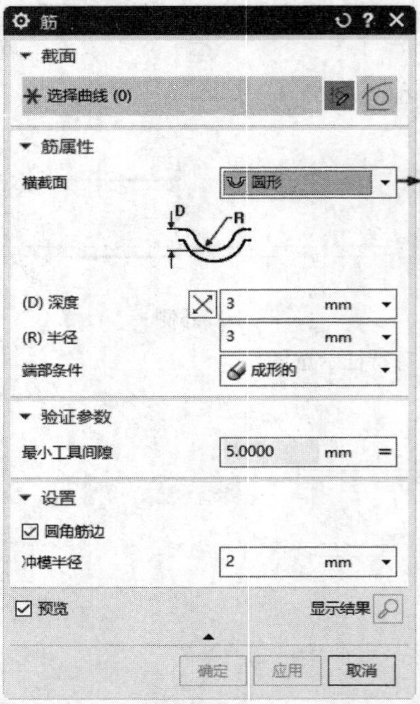

图 11-23 “筋”对话框

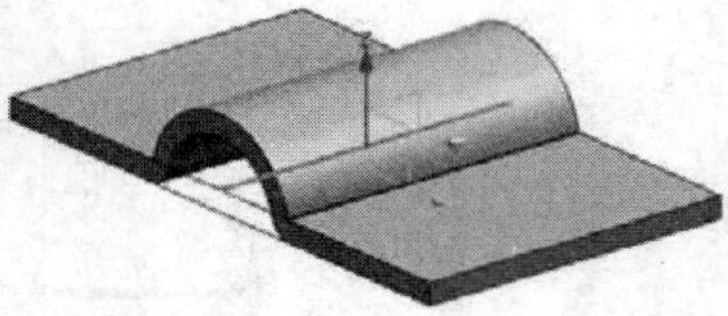

图 11-24 圆形筋

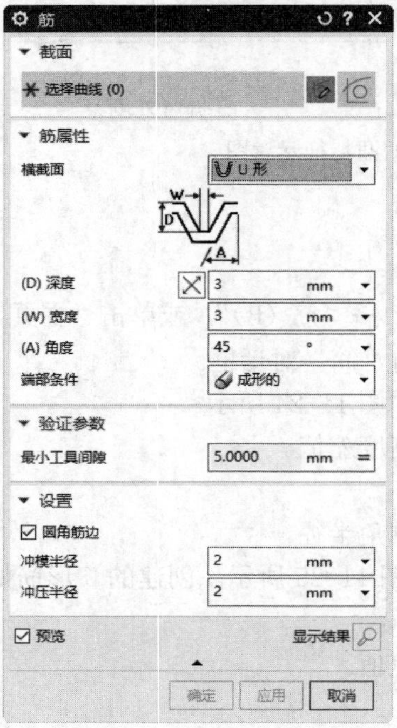

图11-25 选择“U形”

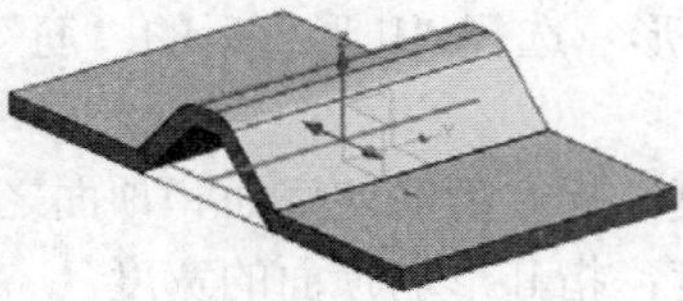

图11-26 U形筋

（3）V 形　选择“V 形”后的“筋”对话框如图 11-27 所示。创建的 V 形筋如图 11-28 所示。

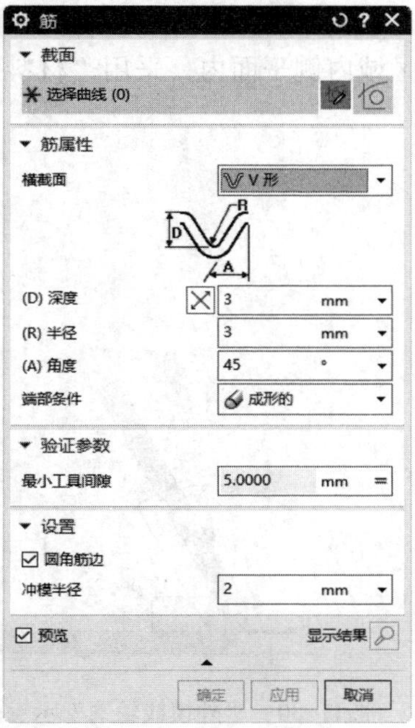

图11-27 选择“V形”

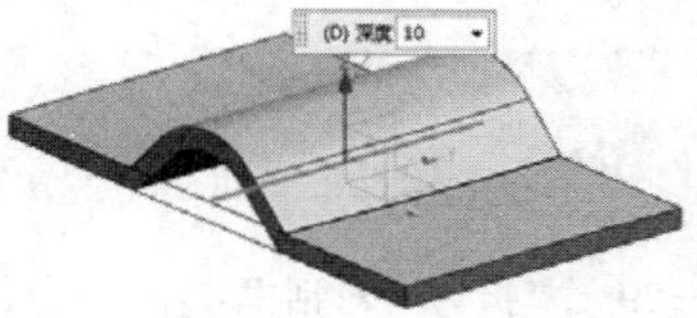

图11-28 V形筋

1）深度：指 V 形筋的底面和顶面之间的高度差值。

2）角度：指 V 形筋的底面法向和侧面或端盖之间的夹角。

3）半径：指 V 形筋的两个侧面或两个端盖之间的倒角半径。

4）冲模半径：指 V 形筋的底面和侧面或端盖倒角半径。

11.3 高级钣金特征

11.3.1 折弯

选择“菜单(M)”→“插入（S)”→“折弯（N)”→“折弯（B)”，或单击“主页”选项卡“折弯”组中的“折弯”按钮，打开如图 11-29 所示的“折弯”对话框。

（1）内嵌

1）外模线轮廓：指轮廓线表示在展开状态时平面静止区域和圆柱折弯区域之间连接的直线，示意图如图 11-30 所示。

2）折弯中心线轮廓：指轮廓线表示折弯中心线。在展开状态时折弯区域均匀分布在轮廓线两侧，示意图如图 11-31 所示。

3）内模线轮廓：指轮廓线表示在展开状态时平面外部区域和圆柱折弯区域之间连接的直线，示意图如图 11-32 所示。

4）材料内侧：指在成形状态下轮廓线在外部区域外侧平面内。采用“材料内侧”选项创建折弯特征示意图如图 11-33 所示。

5）材料外侧：指在成形状态下轮廓线在外部区域内侧平面内。采用“材料外侧”选项创建折弯特征示意图如图 11-34 所示。

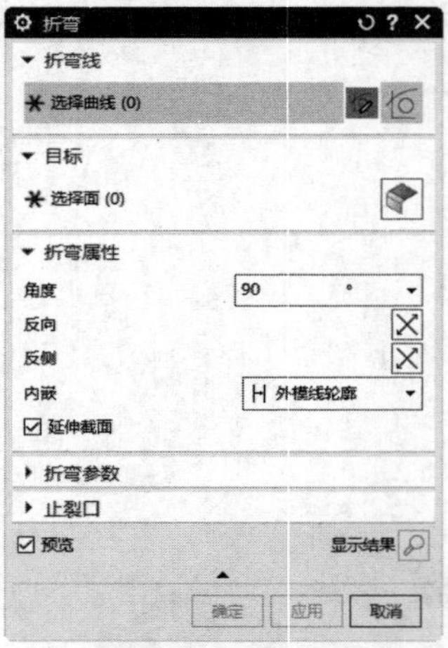

图11-29 “折弯”对话框

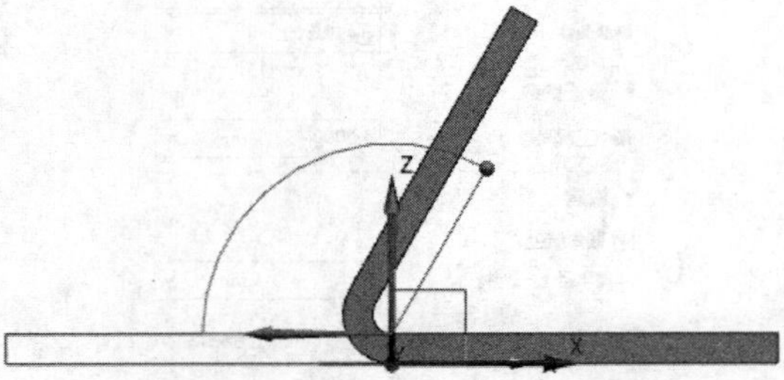

图11-30 “外模线轮廓”示意图

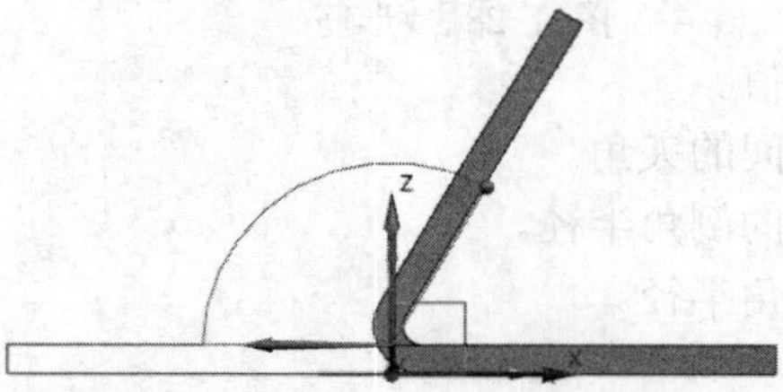

图11-31 “折弯中心线轮廓”示意图

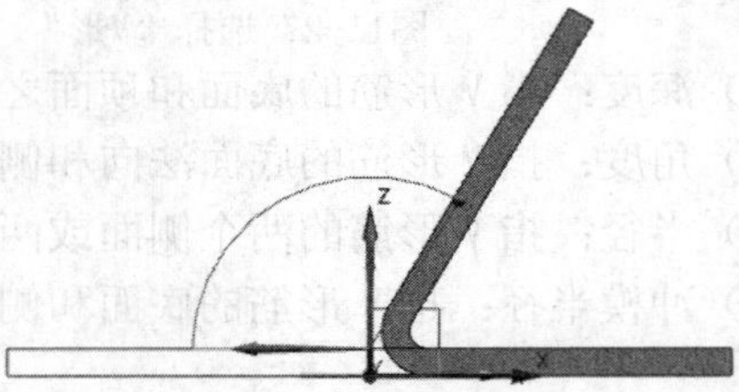

图11-32 “内模线轮廓”示意图

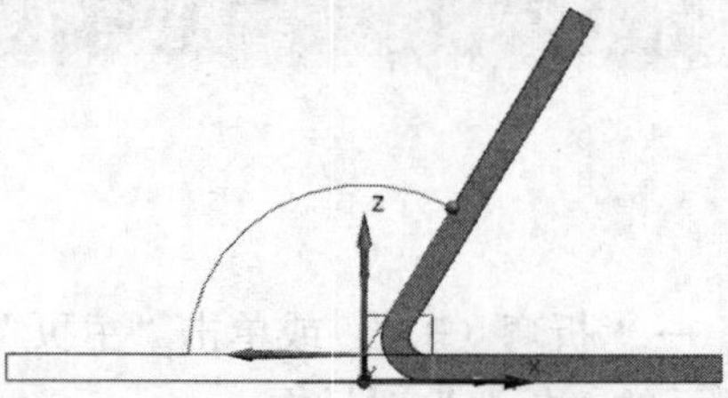

图11-33 “材料内侧”示意图

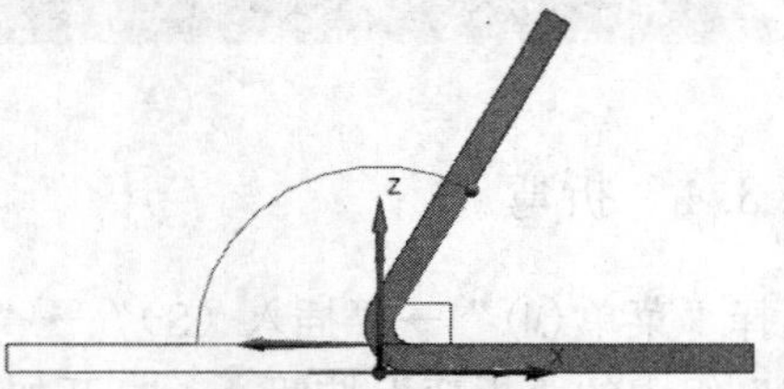

图11-34 “材料外侧”示意图

（2）延伸截面 定义是否延伸截面到零件的边，示意图如图 11-35 所示。

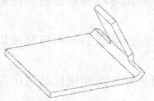

勾选“延伸截面”选项　　取消勾选“延伸截面”选项

图11-35 “延伸截面”示意图

11.3.2　法向开孔

选择“菜单(M)”→“插入（S)”→“切割（T)”→“法向开孔（N)”，或单击“主页”选项卡“基本”组中的“法向开孔”按钮，打开如图 11-36 所示的“法向开孔”对话框。

（1）切割方法

1）厚度：指在钣金零件体放置面沿着厚度方向进行裁剪，如图 11-37a 所示。

2）中位面：指在钣金零件体放置面的中间面向钣金零件体的两侧进行裁剪，如图 11-37b 所示。

（2）限制

1）值：指沿着法向穿过至少指定厚度的深度尺寸的裁剪。

2）所处范围：指沿着法向从开始面穿过钣金零件的厚度，延伸到指定结束面的裁剪。

3）直至下一个：指沿着法向穿过钣金零件的厚度，延伸到最近面的裁剪。

4）贯通：是指沿着法向穿过钣金零件所有面的裁剪。

图11-36　“法向开孔”对话框

a）厚度　　b）中位面

图11-37　“法向开孔”示意图

（3）对称深度　勾选该复选框，可在深度方向向两侧沿着法向对称裁剪，示意图如图 11-38 所示。

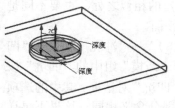

图11-38　“对称深度”示意图

11.3.3　冲压开孔

选择“菜单(M)”→“插入（S)”→“冲孔（H)”→“冲压开孔（C)”，或单击“主页”选项卡“凸模”组中的“冲压开孔”按钮，打开如图 11-39 所示的“冲压开孔”对话框。

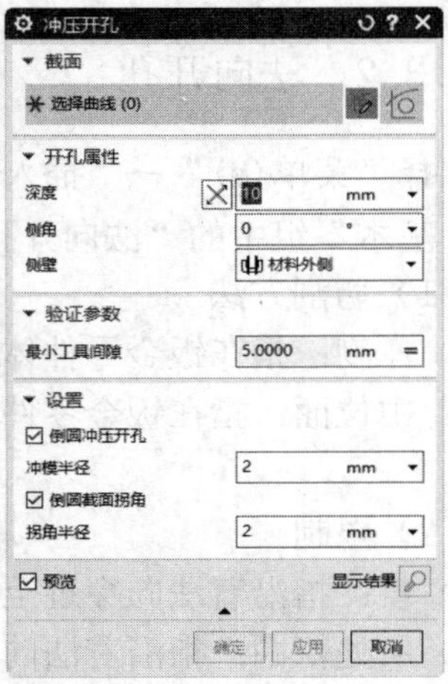

图11-39 “冲压开孔”对话框

（1）深度 指钣金零件放置面到弯边底部的距离。

（2）侧角 指弯边在钣金零件放置面法向倾斜的角度。

（3）侧壁

1）材料内侧：指冲压除料特征所生成的弯边位于轮廓线内部，如图 11-40a 所示。

2）材料外侧：指冲压除料特征所生成的弯边位于轮廓线外部，如图 11-40b 所示。

（4）冲模半径 指钣金零件放置面转向折弯部分内侧圆柱面的半径值。

（5）拐角半径 指折弯部分内侧圆柱面的半径值。

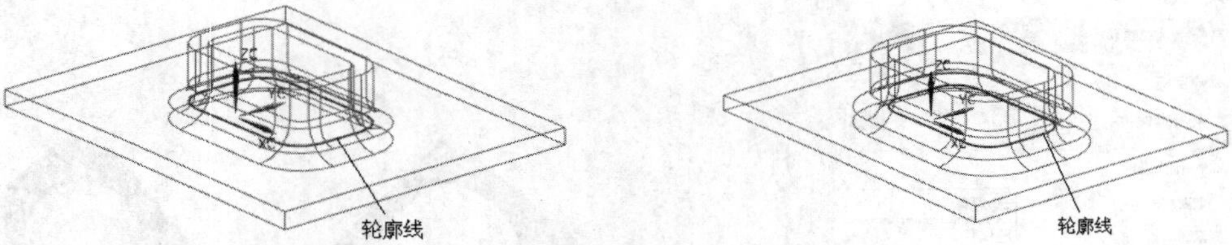

a) 材料内侧 b) 材料外侧

图11-40 “侧壁”示意图

11.3.4 凹坑

凹坑是指用一组连续的曲线作为成形面的轮廓线，沿着钣金零件体表面的法向成形，同时在轮廓线上建立成形钣金部件的过程。它和冲压开孔有一定的相似之处，主要不同是浅成形，不裁剪由轮廓线生成的平面。

选择“菜单(M)”→“插入（S)”→“冲孔（H)”→“凹坑（D)”，或单击“主页”选项卡“凸模”组中的“凹坑”按钮，打开如图 11-41 所示的“凹坑”对话框。其中的选项和“冲压开孔”对话框中的对应部分含义相同，这里不再详述。

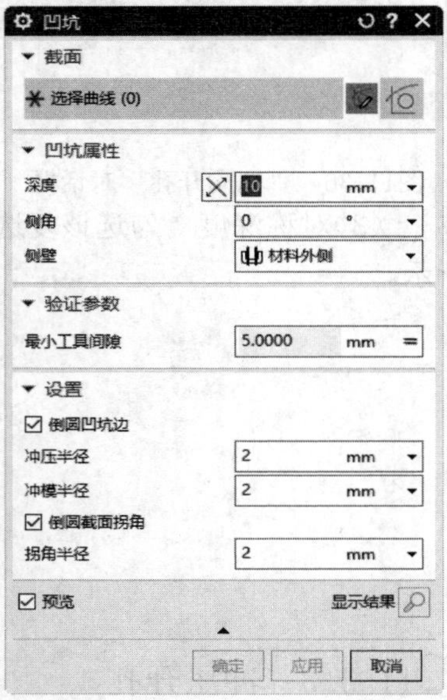

图 11-41 “凹坑”对话框

11.3.5　封闭拐角

选择"菜单(M)"→"插入(S)"→"拐角(O)"→"封闭拐角(C)…"，或单击"主页"选项卡"拐角"组中的"封闭拐角"按钮，打开如图 11-42 所示的"封闭拐角"对话框。

图11-42　"封闭拐角"对话框

（1）处理　包括"打开""封闭""圆形开孔""U 形开孔""V 形开孔"和"矩形开孔"几个选项，示意图如图 11-43 所示。

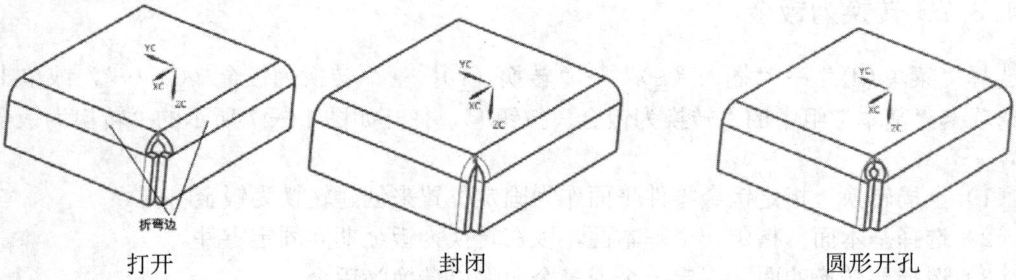

图11-43　"处理"选项示意图

（2）重叠

1）封闭：指对应弯边的内侧边重合，如图 11-44a 所示。

2）重叠的：指一条弯边叠加在另一条弯边的上面，如图 11-44b 所示。

（3）缝隙　指两弯边封闭或重叠时铰链之间的最小距离，如图 11-45 所示。

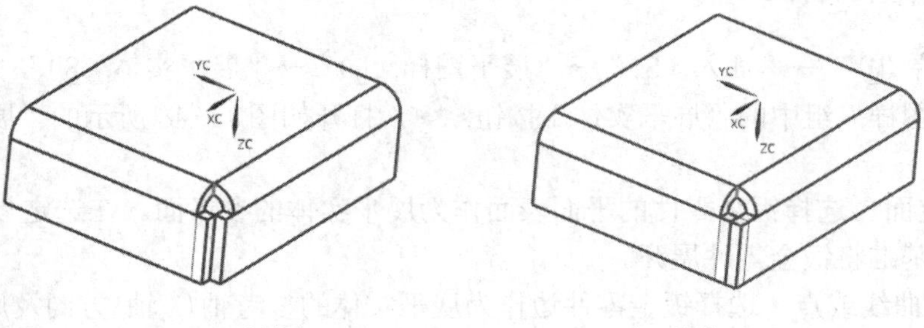

图11-44　"重叠"选项示意图

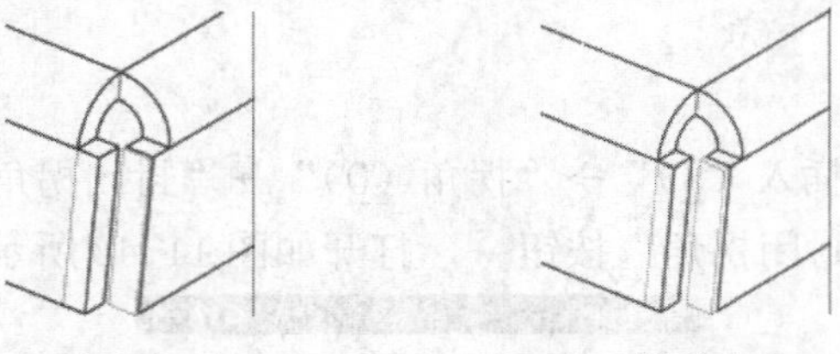

缝隙为0.5　　　　缝隙为1

图11-45　“缝隙”示意图

11.3.6　裂口

选择“菜单(M)”→“插入（S)”→“转换（V)”→“裂口（R)”，或单击“主页”选项卡“转换”组“更多”库中的“裂口”按钮，打开如图 11-46 所示的“裂口”对话框。

（1）选择边　使用已有的边缘来创建裂口特征。

（2）选择曲线　使用已有的曲线来创建裂口特征。

（3）绘制截面　使用在钣金零件放置面上绘制的边缘草图来创建裂口特征。

11.3.7　转换为钣金

选择“菜单(M)”→“插入（S)”→“转换（V)”→“转换为钣金（C）…”，或单击“主页”选项卡“基本”组中的“转换为钣金”按钮，打开如图 11-47 所示的“转换为钣金”对话框。

（1）全局转换　指定钣金零件平面作为固定位置来创建转换为钣金特征。

（2）选择基本面　指定一个基本面，以在转换为钣金期间固定零件。

（3）选择要转换的面　指定一个或多个面，以转换为钣金。

（4）选择折弯面　选择包含非圆柱折弯的零件的折弯面作为附加几何进行转换。

（5）选择相邻折弯面　选择相邻折弯面，以清理拐角。

（6）折弯止裂口　用于指定要应用到折弯区域的止裂口类型。

11.3.8　展平实体

选择“菜单(M)”→“插入（S)”→“展平图样（L)”→“展平实体（S)”，或单击“主页”选项卡“展平图样”组中的“展平实体”按钮，打开如图 11-48 所示的“展平实体”对话框。

（1）固定面　选择钣金零件的平面表面作为展平实体的参考面。在选定参考面后，系统将以该平面为基准将钣金零件展开。

（2）选择曲线或点　选择钣金零件边作为展平实体的参考轴(X 轴)方向及原点，并在绘图区中显示参考轴方向。在选定参考轴后，系统将以该参考轴和选择的固定面为基准将钣金零件展开，创建钣金实体。

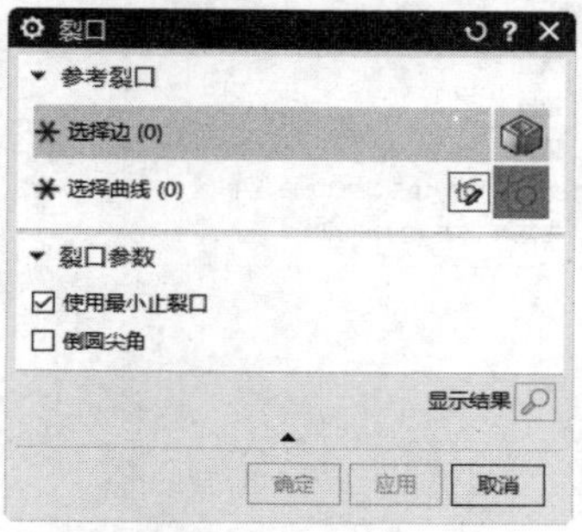

图11-46　“裂口”对话框

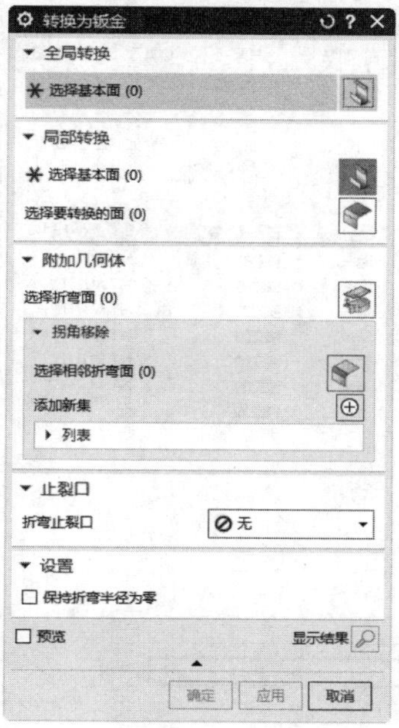

图11-47　“转换为钣金”对话框

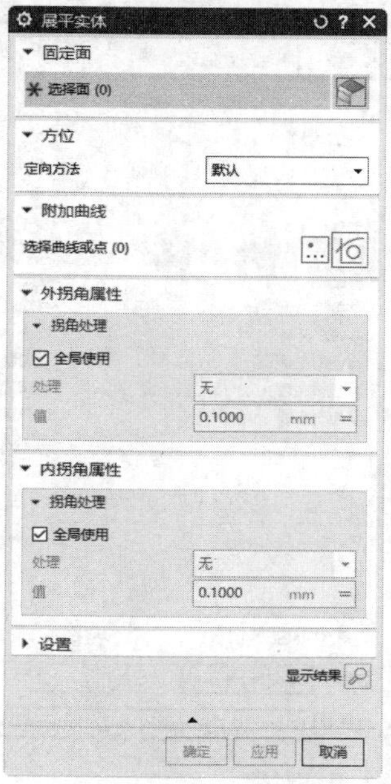

图11-48　“展平实体”对话框

11.4　综合实例——抱匣盒

抱匣盒如图 11-49 所示。

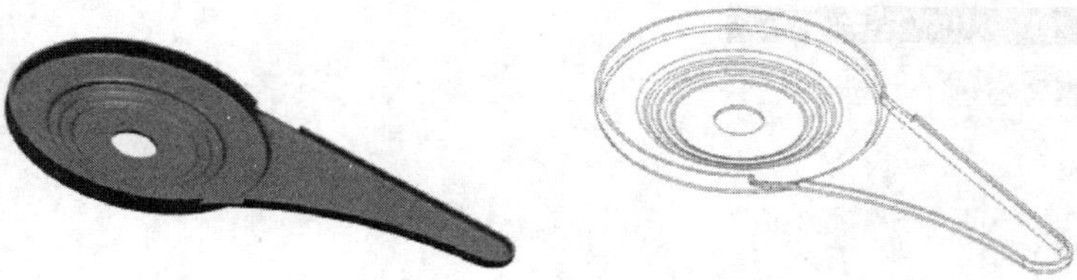

图11-49　抱匣盒

01 创建文件。

❶单击“主页”选项卡中的“新建”按钮，打开“新建”对话框，如图 11-50 所示。

❷在“新建”对话框中选择“模型”模板。

❸在“新建”对话框中的“名称”文本框中输入“BaoXiaHe”，在“文件夹”文本框中输入保存路径，单击 确定 按钮，进入 UG NX 建模环境。

02 绘制草图。

❶选择“菜单(M)”→“插入(S)”→“草图(S)...”，或单击“主页”选项卡“直接草图”组中的“草图”按钮，打开如图 11-51 所示的“创建草图”对话框。

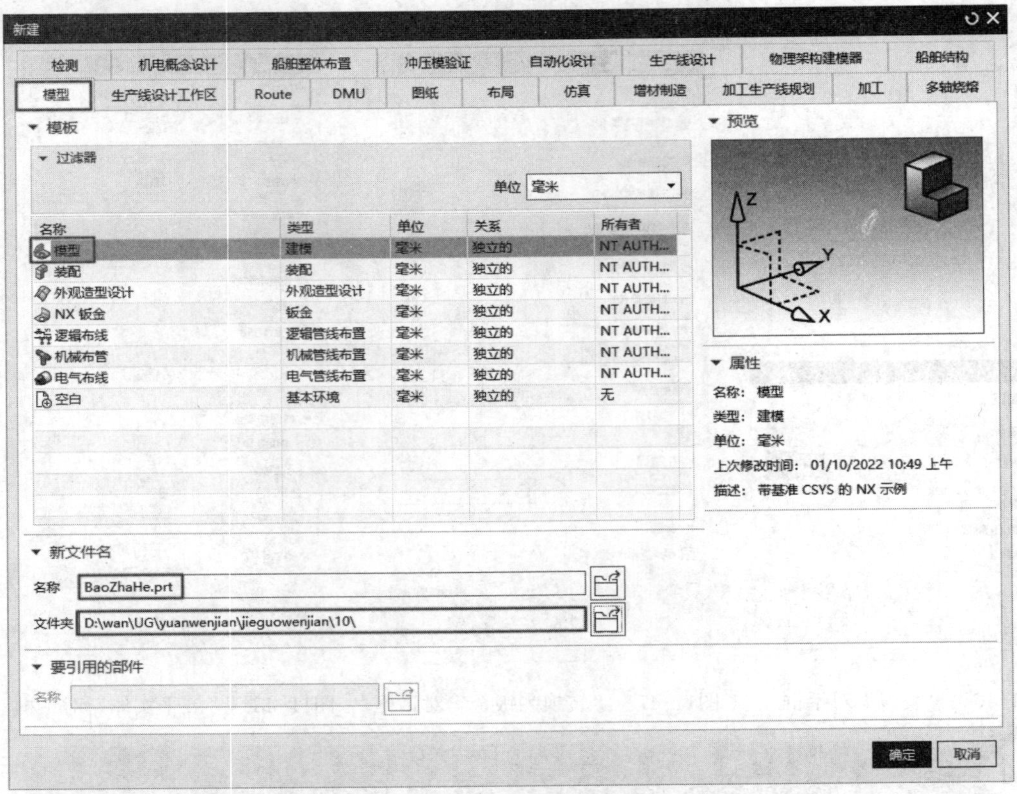

图11-50 “新建”对话框

❷在“创建草图”对话框中选择 XY 平面作为工作平面，单击确定按钮，进入草图绘制环境，绘制如图 11-52 所示的草图。

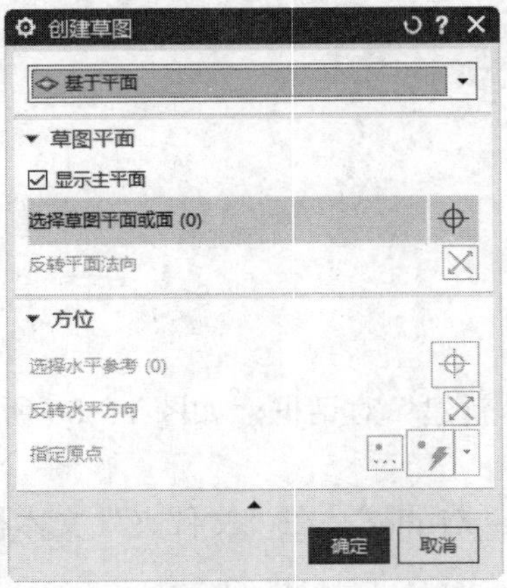

图11-51 “创建草图”对话框

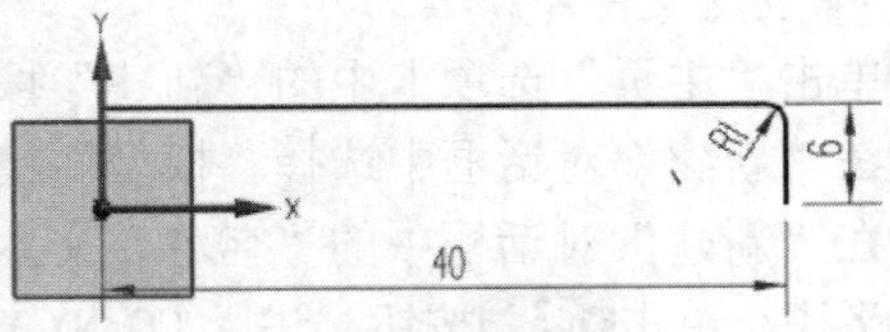

图11-52 绘制草图

03 创建旋转特征。

❶选择“菜单（M）”→“插入(S)”→“设计特征(E)”→“旋转（R）...”，或单击“主页”选项卡“基本”组中的“旋转”按钮，打开“旋转”对话框。

❷在绘图区选择刚绘制的草图。

❸在“指定矢量”下拉列表中选择 YC 轴为旋转轴。

❹设置“限制”选项组中的“起始角度”为 0、 “结束角度”为 360。

❺设置“偏置”选项组中的“偏置”为“两侧”、“开始”为 0、“结束”为 1，如图 11-53 所示。

❻单击“指定点”右侧的“点对话框”按钮，打开“点”对话框，设置坐标原点为旋转点，如图 11-54 所示。

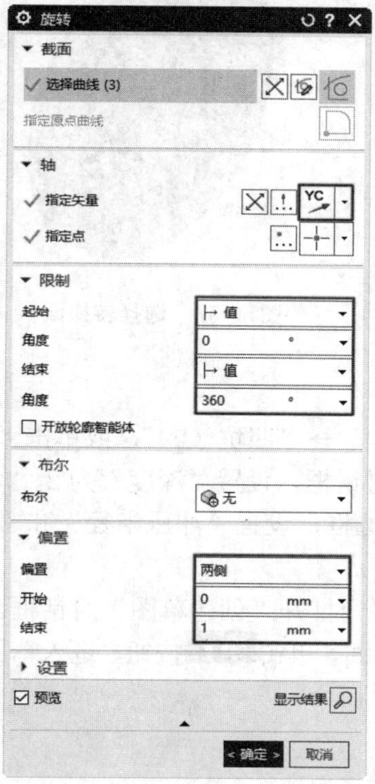

图11-53　“旋转”对话框

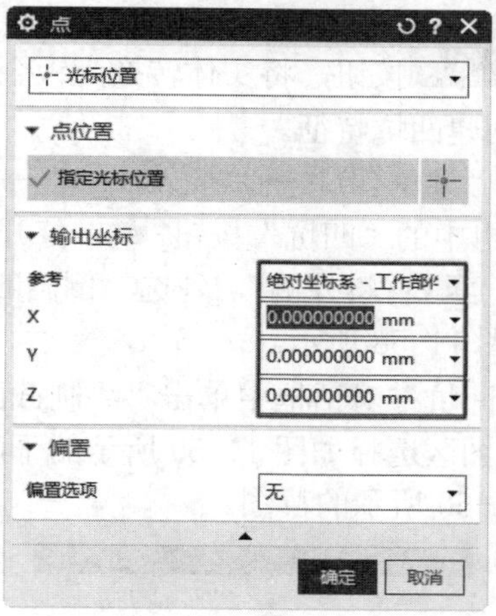

图11-54　“点”对话框

❼单击确定按钮，创建旋转特征，结果如图 11-55 所示。

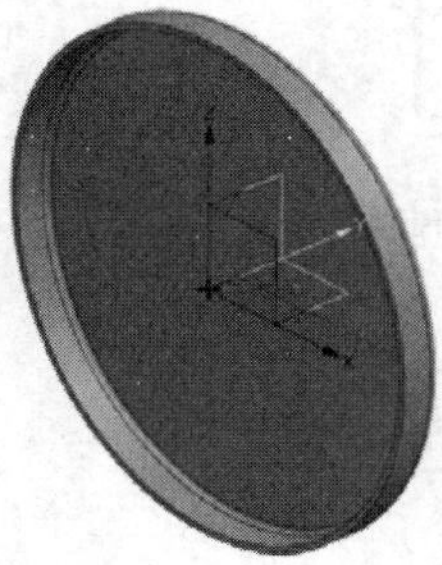

图11-55　创建旋转特征

04 创建转换为钣金特征。

❶单击“应用模块”选项卡“设计”组中的“钣金”按钮，进入 UG NX 钣金环境。

❷选择“菜单(M)”→“插入（S)”→“转换（V)”→“转换为钣金（C）…”，或单击“主页”选项卡“转换”组中的“转换为钣金”按钮，打开如图 11-56 所示“转换为钣金”对话框。

❸在绘图区选择转换面，如图 11-57 所示。

图11-56 “转换为钣金”对话框

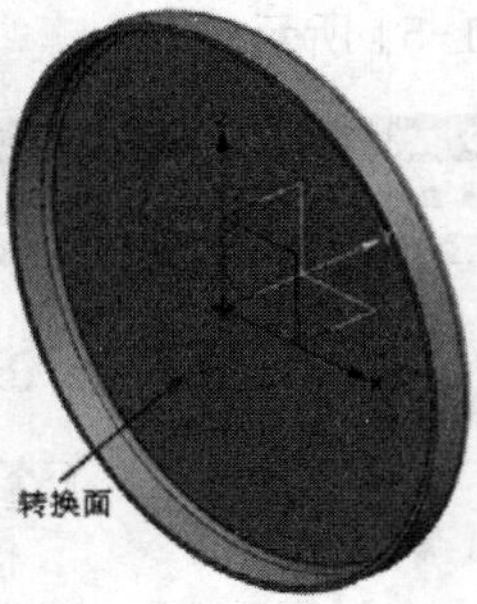

图11-57 选择转换面

❹单击确定按钮，将实体转换为钣金。

05 创建凹坑特征。

❶选择“菜单(M)”→“插入（S)”→“冲孔（H)”→“凹坑（D)”，或单击“主页”选项卡“凸模”组中的“凹坑”按钮，打开“凹坑”对话框，设置“深度”为 2、“侧角”为 0、“侧壁”为“材料外侧”，勾选“倒圆凹坑边”复选框，设置“冲压半径”和“冲模半径”都为 1，如图 11-58 所示。

❷在“凹坑”对话框中单击“绘制截面”按钮，打开“创建草图”对话框。

❸在绘图区选择如图 11-59 所示的平面为工作平面，单击确定按钮，进入草图绘制环境，绘制如图 11-60 所示的草图。

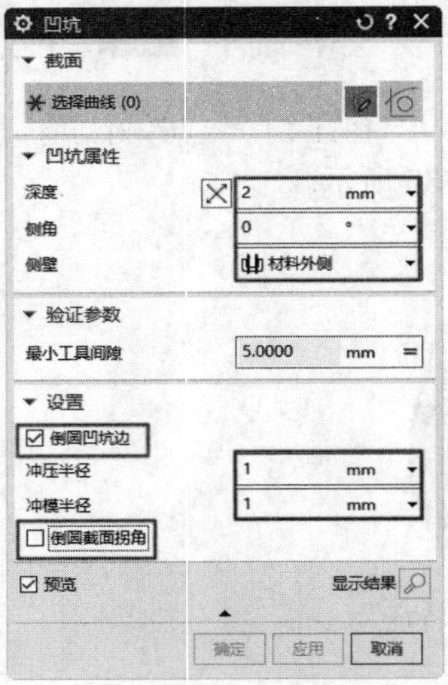

图11-58 “凹坑”对话框

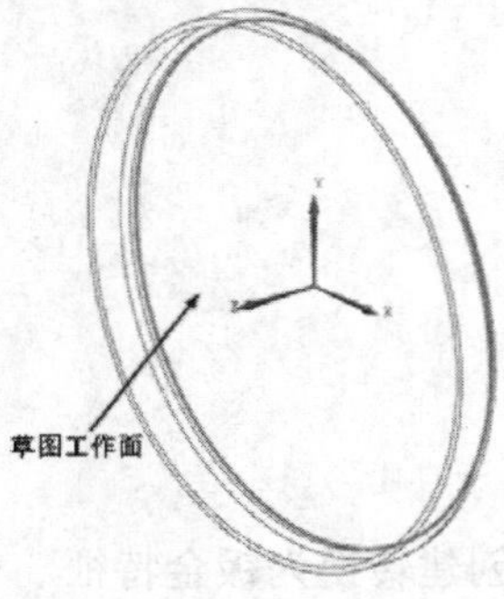

图11-59 选择工作平面

❹单击“主页”选项卡“草图”组中的“完成”按钮，返回“凹坑”对话框，同时绘图区显示如图 11-61 所示创建的凹坑特征预览。

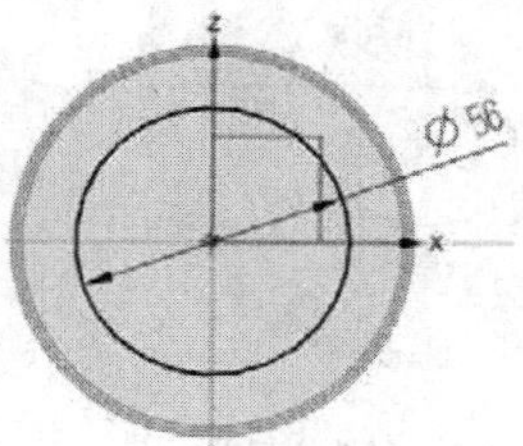

图11-60　绘制草图

图11-61　预览所创建的凹坑特征

❺单击应用按钮，创建凹坑特征 1，如图 11-62 所示。

❻在“凹坑”对话框中单击“绘制截面”按钮，打开“创建草图”对话框。

❼在绘图区选择如图 11-63 所示的平面为工作平面，单击确定按钮，进入草图绘制环境，绘制如图 11-64 所示的草图。

❽单击“主页”选项卡“草图”组中的“完成”按钮，返回“凹坑”对话框，同时绘图区显示如图 11-65 所示创建的凹坑特征预览。

图11-62　创建凹坑特征1

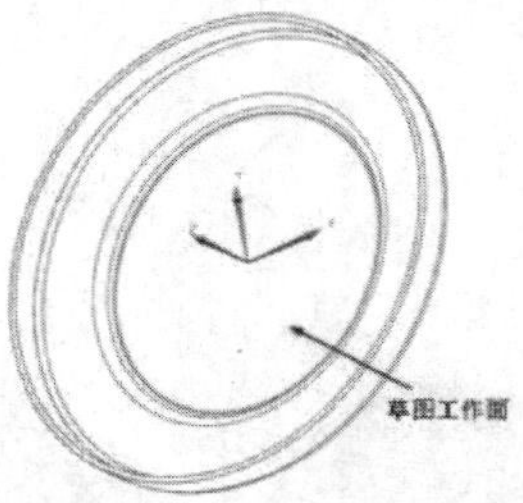

图11-63　选择工作平面

❾在“凹坑”对话框中单击应用按钮，创建凹坑特征 2，如图 11-66 所示。

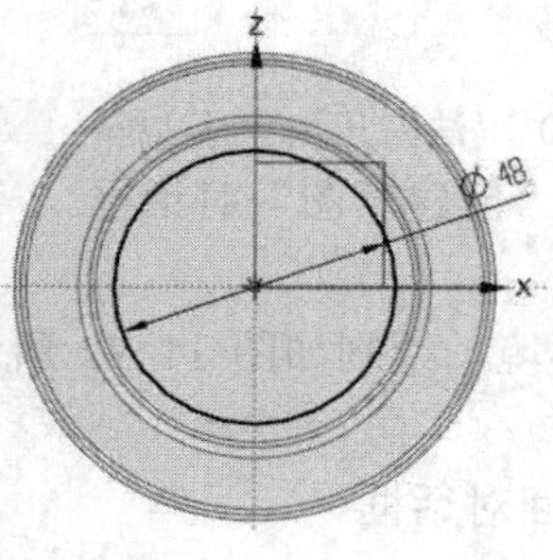

图11-64 绘制草图

图11-65　预览所创建的凹坑特征

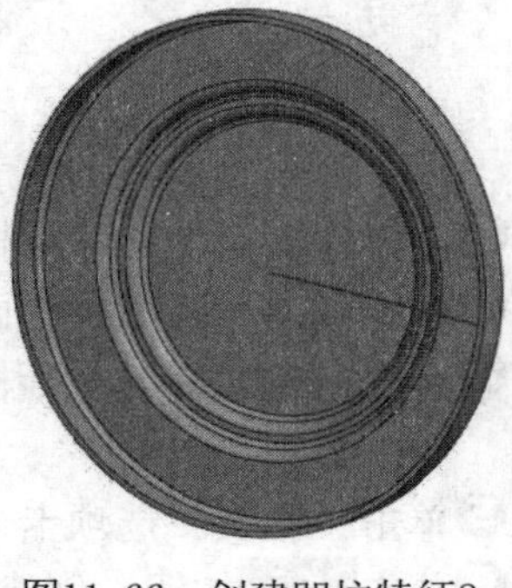
图11-66　创建凹坑特征2

❿在“凹坑”对话框中单击“绘制截面”按钮，打开“创建草图”对话框。

⓫在绘图区选择如图 11-67 所示的平面为工作平面，单击确定按钮，进入草图绘制环境，绘制如图 11-68 所示的草图。

⓬单击“主页”选项卡“草图”组中的“完成”按钮，返回“凹坑”对话框。

UG NX

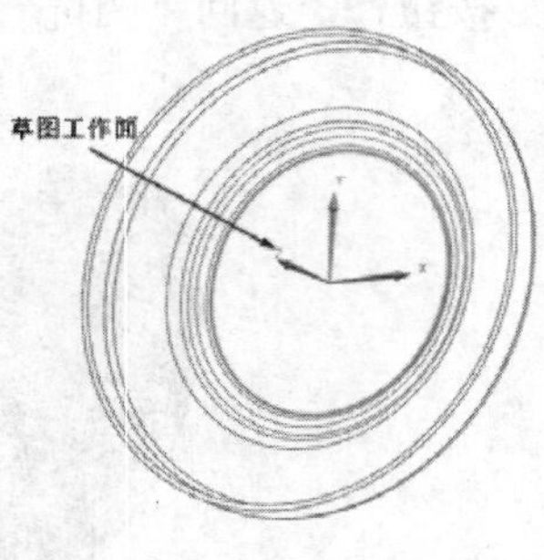

图11-67　选择工作平面

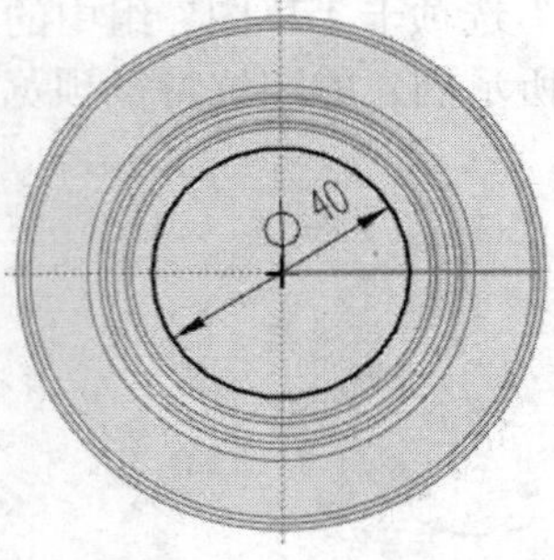

图11-68　绘制草图

⑬在“凹坑”对话框中单击 应用 按钮，创建凹坑特征 3，如图 11-69 所示。

06 创建法向开孔特征。

❶选择“菜单(M)”→“插入（S)”→“切割（T)”→“法向开孔（N)”，或单击“主页”选项卡“基本”组中的“法向开孔”按钮，打开“法向开孔”对话框，设置参数如图 11-70 所示。

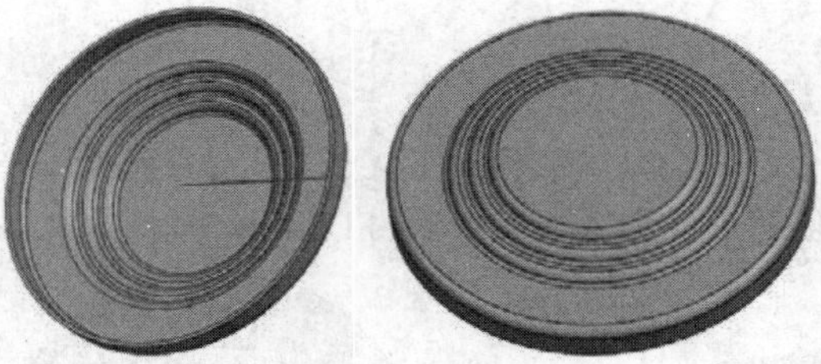

图11-69　创建凹坑特征3

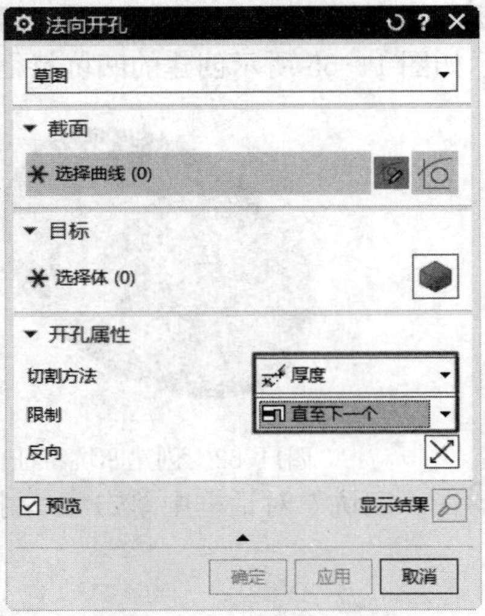

图11-70　“法向开孔”对话框

❷在“法向开孔”对话框中单击“绘制截面”按钮，打开“创建草图”对话框。

❸在绘图区选择工作平面，如图 11-71 所示。

❹在“创建草图”对话框中单击 确定 按钮，进入草图设计环境，绘制如图 11-72 所示的草图。

❺单击“主页”选项卡“草图”组中的“完成”按钮，返回对话框。

❻单击 确定 按钮，创建法向开孔特征，如图 11-73 所示。

07 绘制草图。

❶单击“应用模块”选项卡“设计”组中的“建模”按钮，进入建模模式。

❷选择“菜单(M)”→“插入(S)”→“草图(S)...”，或单击“主页”选项卡“构造”组中的“草图”按钮，打开“创建草图”对话框。

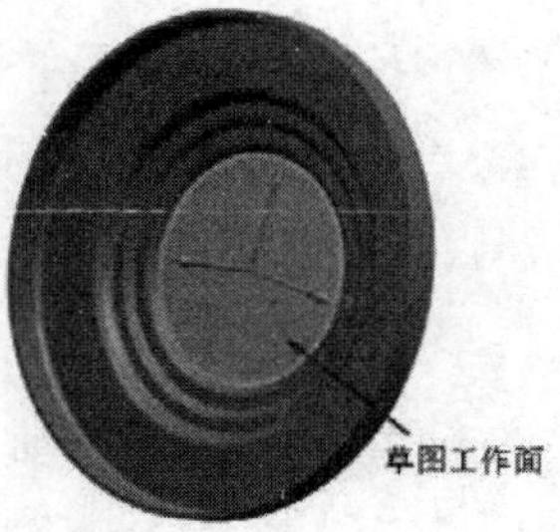

图11-71　选择工作平面

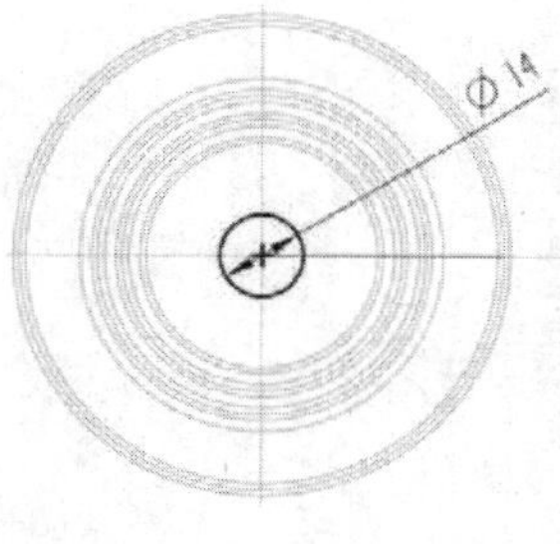

图11-72　绘制草图

图11-73　创建法向开孔特征

❸选择工作平面，如图 11-74 所示，单击确定按钮，进入草图绘制环境，绘制如图 11-75 所示的草图。

图11-74　选择工作平面

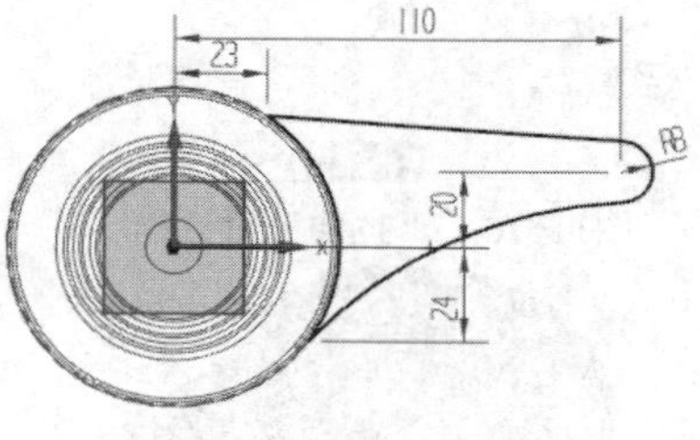

图11-75　绘制草图

08 创建拉伸特征。

❶选择“菜单（M）”→“插入(S)”→“设计特征(E)”→“拉伸(X)…”，或单击“主页”选项卡“基本”组中的“拉伸”按钮，打开“拉伸”对话框。

❷在绘图区选择刚绘制的草图。

❸在“拉伸”对话框中的“终止距离”文本框中输入 4。

❹设置“布尔”运算为“合并”，如图 11-76 所示。同时在绘图区预览所创建的拉伸特征，如图 11-77 所示。

❺单击确定按钮，创建拉伸特征，如图 11-78 所示。

09 创建腔体特征。

❶复制粘贴步骤 **07** 绘制的草图，双击进入草图绘制环境，执行“偏置”命令，将草图向内偏移 1，对其进行编辑，如图 11-79 所示。

❷选择“菜单(M)”→“插入(S)”→“设计特征(E)”→“腔（原有）(P)…”，打开“腔体”对话框。单击常规按钮，打开如图 11-80 所示的“常规腔”对话框。在绘图区选择放置面，如图 11-81 所示。

❸在“常规腔”对话框中单击“放置面轮廓”图标，或单击鼠标中键。

❹在绘图区选择放置面轮廓，如图 11-82 所示。

❺在“常规腔”对话框中单击“底面”图标，或单击鼠标中键，此时“常规腔”对话框（局部）如图 11-83 所示。

❻在“常规腔”对话框中的“从放置面起”文本框中输入 3。

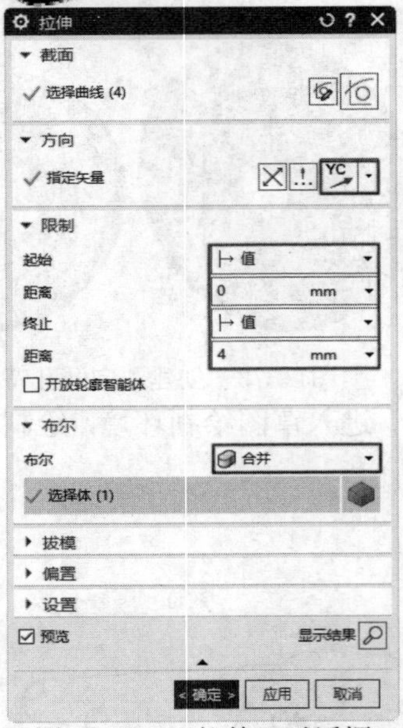

图11-76 “拉伸”对话框

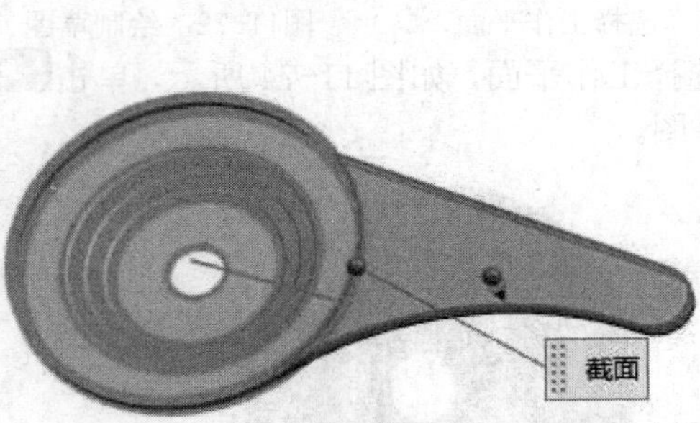

图11-77 预览所创建的拉伸特征

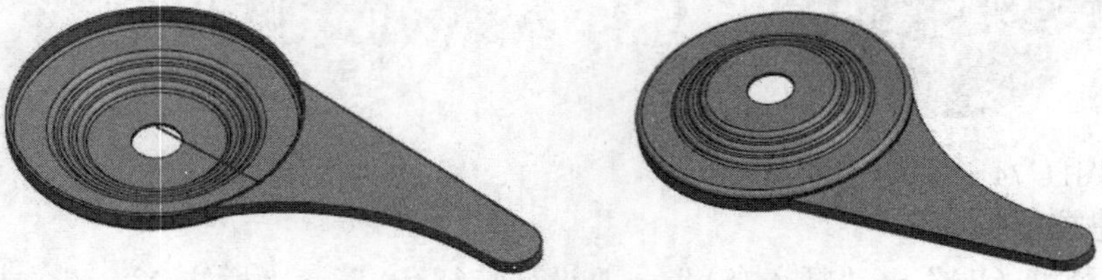

图11-78 创建拉伸特征

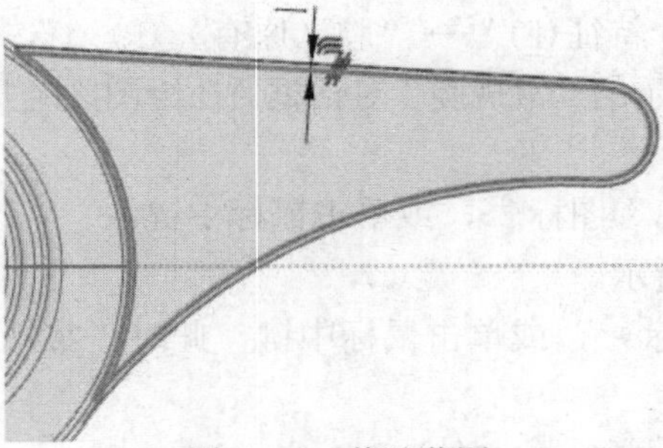

图11-79 偏移草图

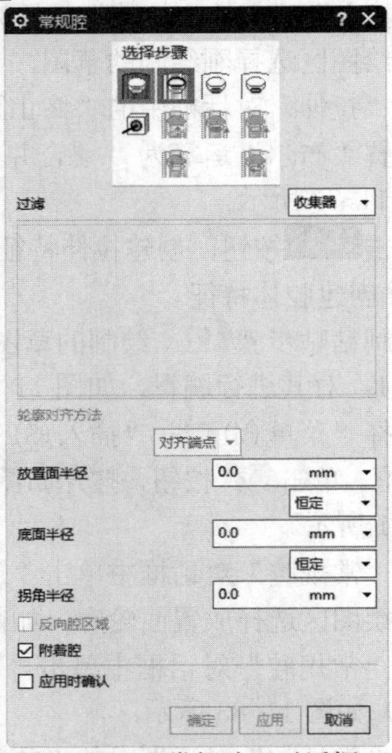

图11-80 “常规腔”对话框

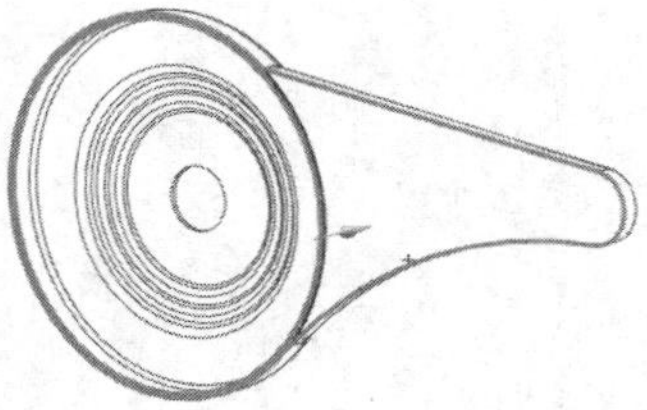

图11-81　选择放置面

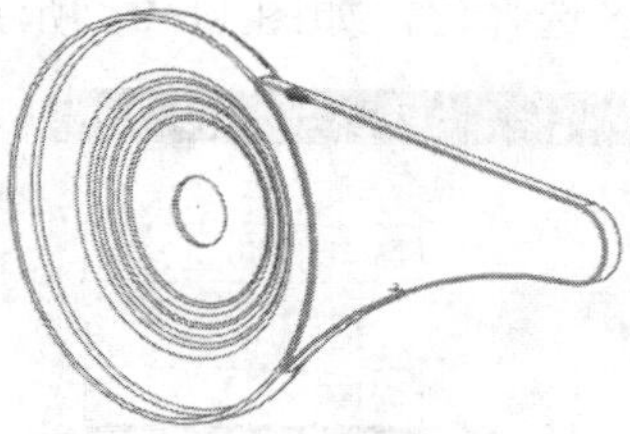

图11-82　选择放置面轮廓

❼在“常规腔”对话框中单击“底面轮廓”图标，或单击鼠标中键，此时“常规腔”对话框（局部）如图 11-84 所示。

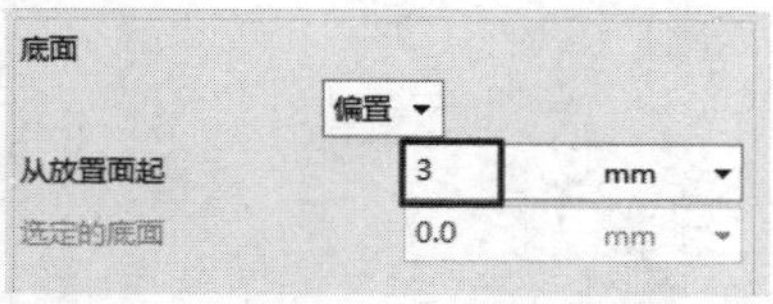

图11-83　“常规腔”对话框“底面”选项组

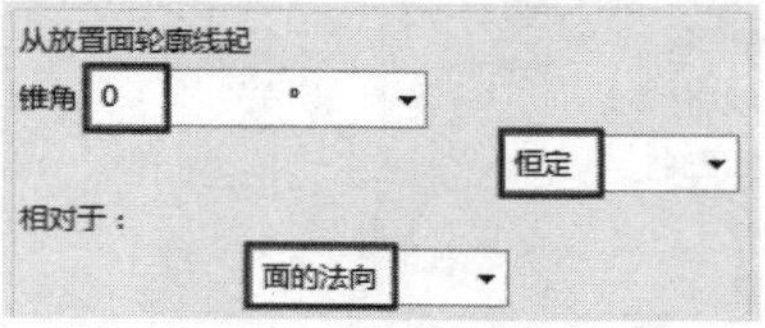

图11-84　“常规腔”对话框“从放置面轮廓线起”选项组

❽在“常规腔”对话框中的“锥角”文本框中输入 0。

❾在“常规腔”对话框中单击“目标体”图标，或单击鼠标中键。

❿在绘图区选择目标体，如图 11-85 所示。

⓫在“常规腔”对话框中单击“放置面轮廓线投影矢量”图标，或单击鼠标中键。

⓬指定放置面投影矢量为“垂直于曲线所在的平面”。

⓭在“常规腔”对话框中单击 确定 按钮，创建腔体特征，如图 11-86 所示。

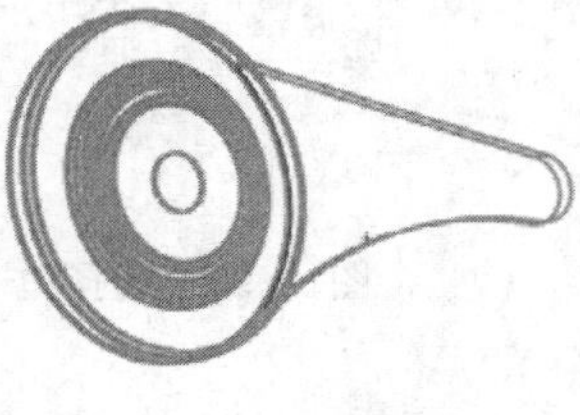

图11-85　选择目标体

图11-86　创建腔体特征

(10) 创建边倒圆特征。

❶选择“菜单(M)”→“插入(S)”→“细节特征(L)”→“边倒圆(E)...”，或单击“主页”选项卡“基本”组中的“边倒圆”按钮，打开“边倒圆”对话框，在“半径 1”文本框中输入 2，如图 11-87 所示。

❷在绘图区选择边，如图 11-88 所示。

❸单击 应用 按钮，创建边倒圆特征。

❹在绘图区选择边，如图 11-89 所示。

❺在“边倒圆”对话框的“半径 1”文本框中输入 5。

❻单击 应用 按钮，创建边倒圆特征。

❼在绘图区选择边，如图 11-90 所示。

❽在“边倒圆”对话框的“半径 1”文本框中输入 2。

❾单击 应用 按钮，创建边倒圆特征。

⑩在绘图区选择边，如图 11-91 所示。

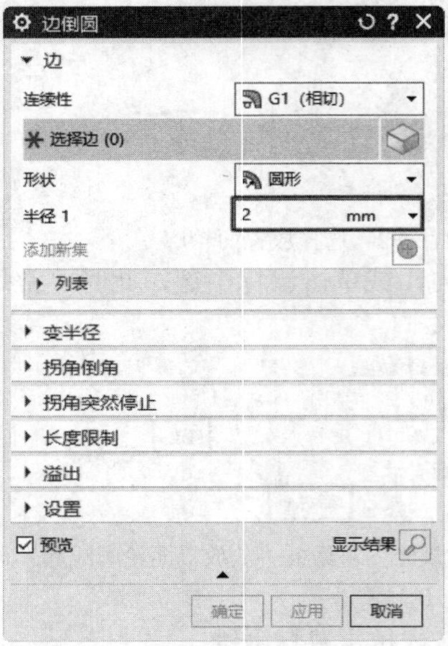

图11-87 “边倒圆”对话框

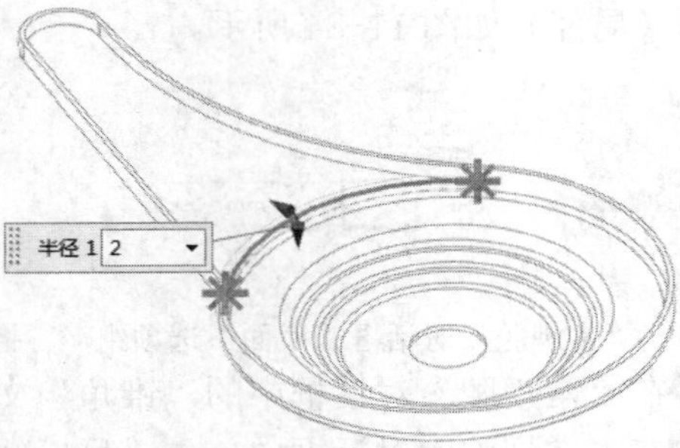

图11-88 选择边

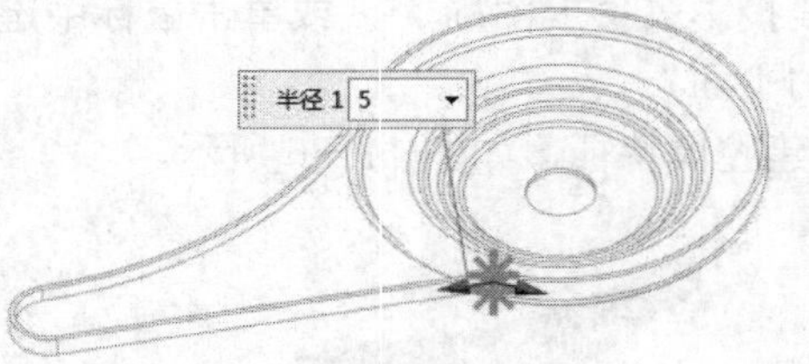

图11-89 选择边

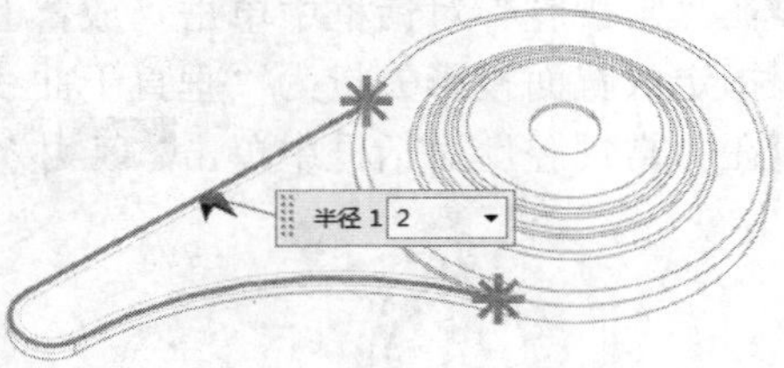

图11-90 选择边

⑪在“边倒圆”对话框的“半径 1”文本框中输入 2。

⑫单击 应用 按钮，创建边倒圆特征。

⑬在绘图区选择边如图 11-92 所示。

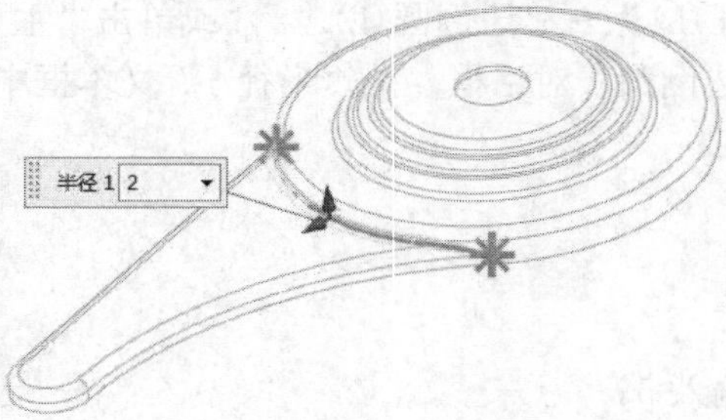

图11-91 选择边

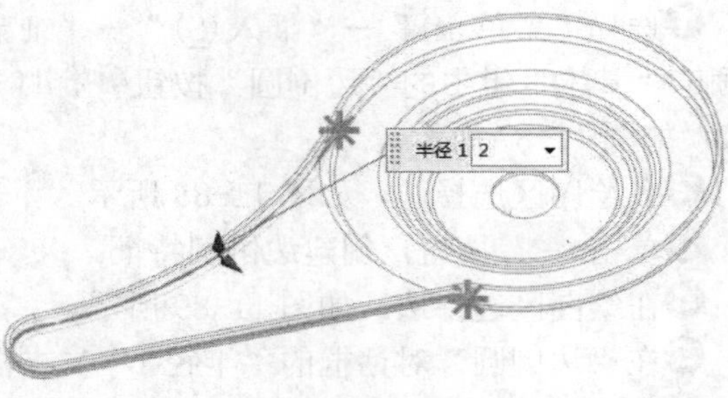

图11-92 选择边

⑭在“边倒圆”对话框的“半径 1”文本框中输入 2。

⑮单击 确定 按钮，创建边倒圆特征，如图 11-93 所示。

(11) 绘制草图。

图11-93　创建边倒圆特征

❶选择“菜单(M)”→“插入(S)”→“草图(S)...”，或单击“主页”选项卡“构造”组中的“草图”按钮，打开“创建草图”对话框。

❷在“创建草图”对话框中，选择 XY 基准平面作为工作平面，单击确定按钮，进入草图绘制环境，绘制如图 11-94 所示的草图。

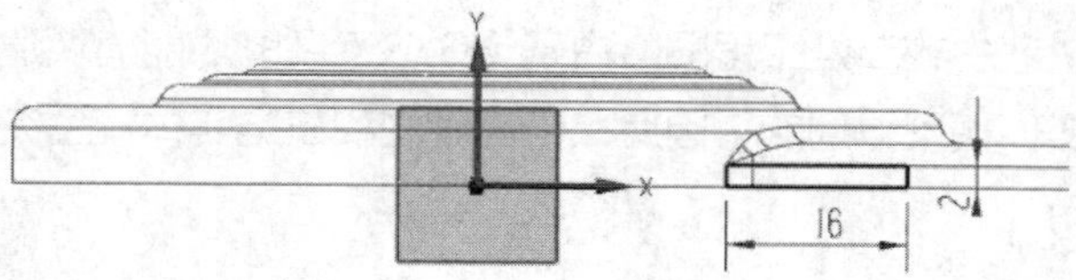

图11-94　绘制草图

12 创建拉伸特征。

❶选择“菜单（M)”→“插入(S)”→“设计特征(E)”　→“拉伸(X)...”，或单击“主页”选项卡“基本”组中的“拉伸”按钮，打开“拉伸”对话框。

❷在绘图区选择刚绘制的草图。

❸在“拉伸”对话框中，“指定矢量”选择 ZC 轴，在“起始距离”文本框中输入 0，在“终止距离”文本框中输入 35。

❹设置“布尔”运算为“减去”。

❺单击应用按钮，创建拉伸特征，结果如图 11-95 所示。

❻在“拉伸”对话框中单击“绘制截面”按钮，打开“创建草图”对话框。

❼在“创建草图”对话框中，设置“水平”面为参考平面，单击确定按钮，进入草图绘制环境，绘制如图 11-96 所示的草图。

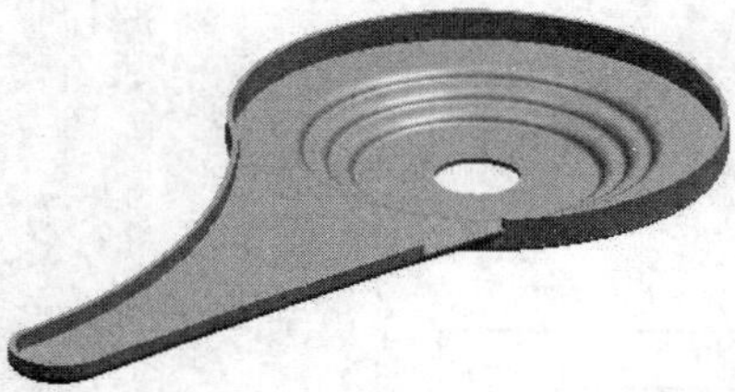

图11-95　创建拉伸特征

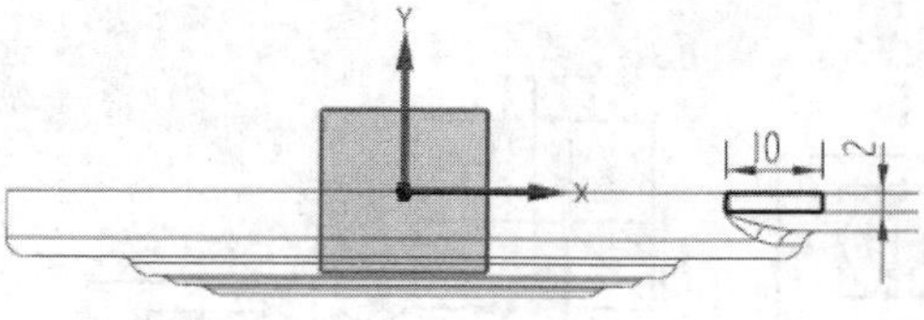

图11-96　绘制草图

❽单击“主页”选项卡“草图”组中的“完成”按钮，回到“拉伸”对话框。

❾在“拉伸”对话框中的“起始距离”文本框中输入 5、“终止距离”文本框中输入 25。

❿在“拉伸”对话框中，设置“布尔”运算为“减去”，“指定矢量”选择 ZC 轴。

⓫单击确定按钮，创建拉伸特征，结果如图 11-97 所示。

第12章

工程图

利用 UG NX 建模功能创建的零件和装配模型，可以被引用到 UG NX 制图模块中快速生成二维工程图。由于 UG NX 制图功能模块建立的工程图是由投影三维实体模型得到的，因此二维工程图和三维实体模型完全相关。

重点与难点

- 工程图概述
- 工程图参数设置
- 图纸操作
- 视图操作
- 图纸标注

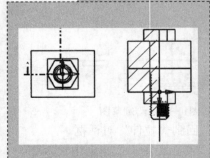

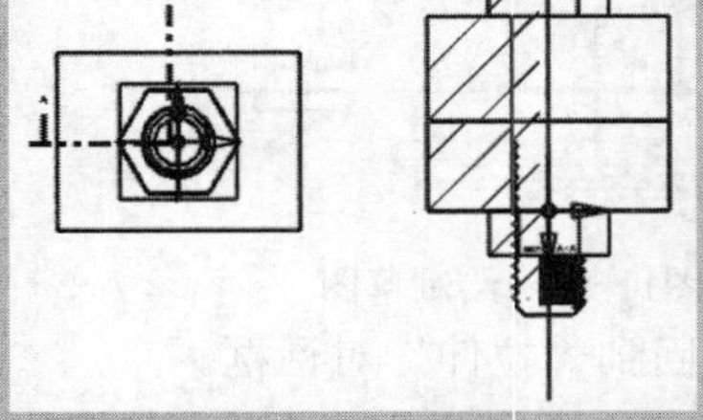

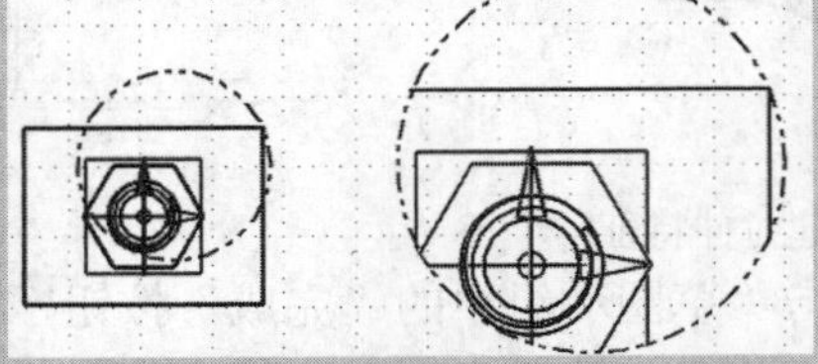

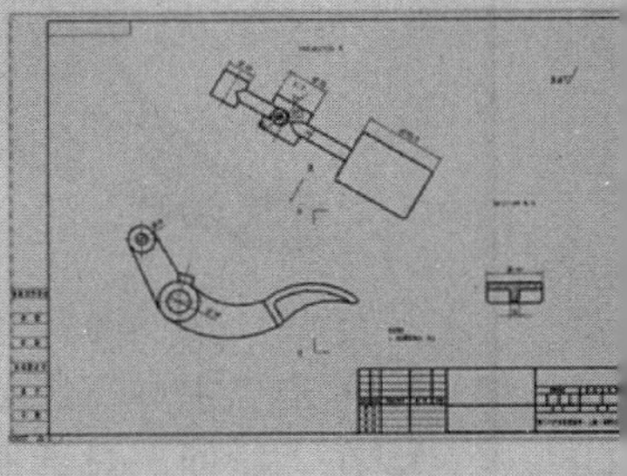

12.1 工程图概述

在 UG NX 中，可以运用制图模块在建模基础上生成平面工程图。由于建立的平面工程图是由三维实体模型投影得到的，因此平面工程图与三维实体完全相关。三维实体模型的尺寸、形状和位置的任何改变都会引起平面工程图的相应改变，且过程可由用户控制。

工程图一般可实现如下功能：

1. 对于任何一个三维模型，可以根据不同的需要，使用不同的投影方法、不同的图幅尺寸和不同的视图比例建立模型视图、局部放大视图和剖视图等各种视图，各种视图能自动对齐，完全相关的各种剖视图能自动生成剖面线并控制隐藏线的显示。

2. 可半自动对平面工程图进行各种标注，且标注对象与基于它们所创建的视图对象相关，当模型变化和视图对象变化时，各种相关的标注都会自动更新。标注的建立与编辑方式基本相同，其过程也是即时反馈的，从而使得标注更容易和有效。

3. 可在工程图中加入文字说明、标题栏和明细栏等注释。UG NX 提供了多种绘图模板，也可自定义模板，使标注参数的设置更容易、方便和有效。

4. 可用打印机或绘图仪输出工程图。

5. 拥有更直观和容易使用的图形用户接口，使得图纸的建立更加容易和快捷。

单击“主页”选项卡中的“新建”按钮，打开如图 12-1 所示的“新建”对话框。在该对话框中打开“图纸”选项卡，选择适当的图纸并输入名称，可以导入要创建图纸的部件。单击确定按钮，进入工程图环境。

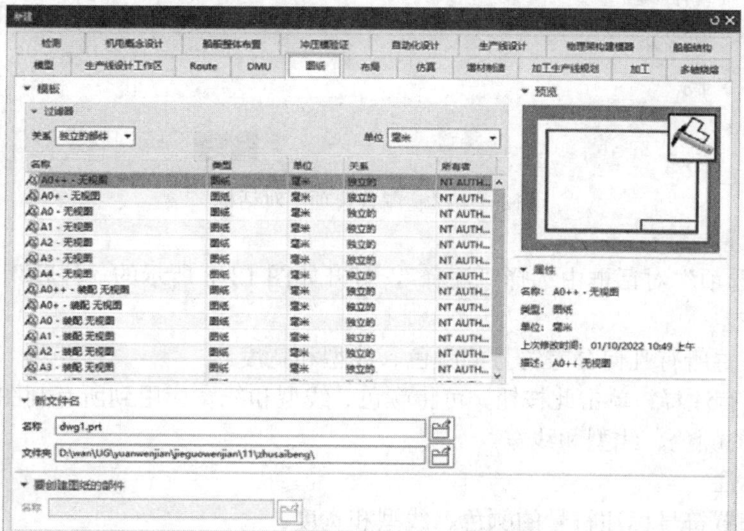

图12-1　“新建”对话框

12.2 工程图参数设置

工程图参数用于设置在制作过程中工程图的默认设置情况，如箭头的大小、线条的粗细、隐藏线的显示与否、标注的字体和大小等。UG NX 默认安装完成以后，使用的是通用制图标准，其中很多选项是不符合国家标准的，因此需要用户自己设置符号国家标准的工程图尺寸，以方便使用。

选择“菜单(M)”→“首选项(P)”→“制图(D)...”，打开如图 12-2 所示的“制图首选项”对话框。

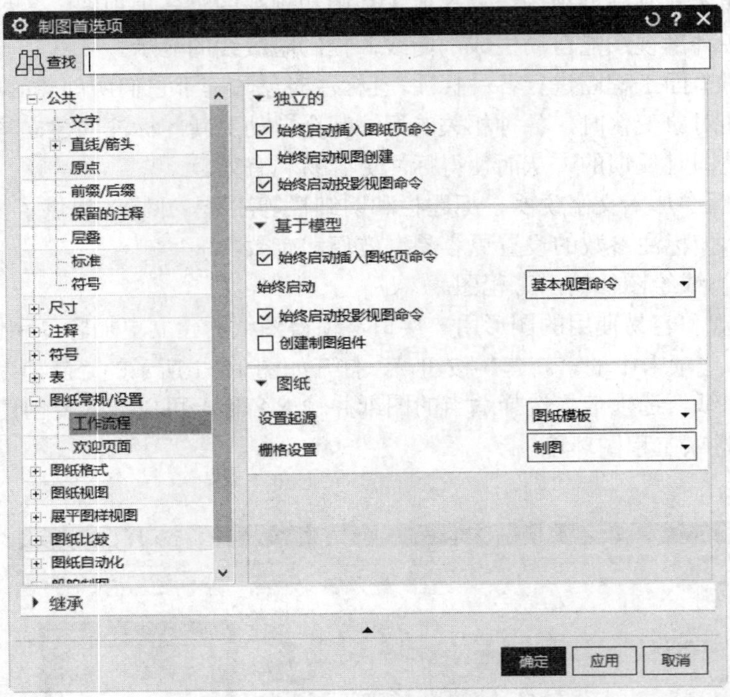

图12-2 “制图首选项”对话框

1．注释预设置

在“制图首选项”对话框中选择“注释”，打开如图 12-3 所示的“注释”菜单。

（1）形位公差

1）格式：设置所有几何公差符号的颜色、线型和宽度。

2）应用与所有注释：单击此按钮，可将颜色、线型和线宽应用到所有制图注释。该操作不影响制图尺寸的颜色、线型和线宽。

（2）符号标注

1）格式：设置符号标注符号的颜色、线型和宽度。

2）直径：以毫米或英寸为单位设置符号标注符号的大小。

（3）焊接符号

1）间距因子：设置焊接符号不同组成部分之间的间距默认值。

2）符号大小因子：控制焊接符号中的符号大小。

3）焊接线间隙：控制焊接线和焊接符号之间的距离。

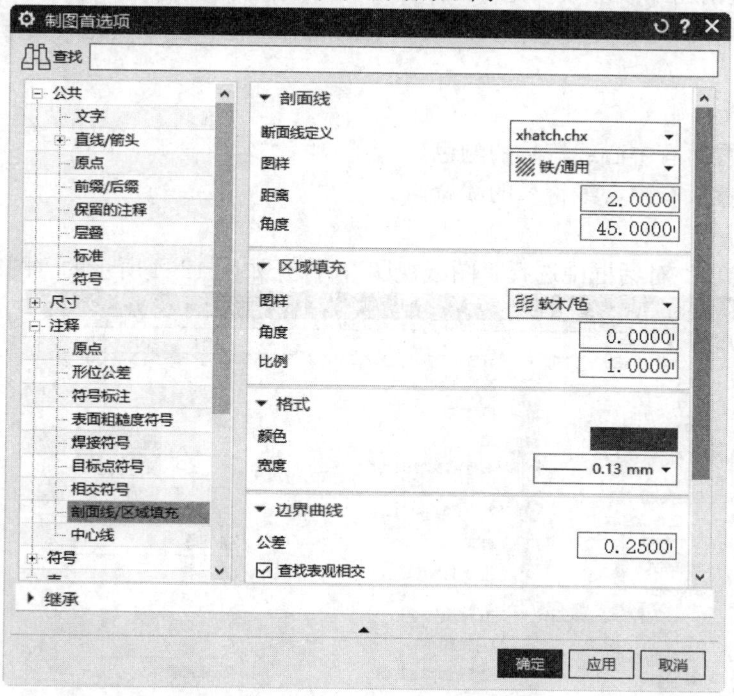

图12-3 打开“注释”菜单

（4）剖面线/区域填充

1）剖面线：

①断面线定义：显示当前剖面线文件的名称。

②图样：从派生自剖面线文件的图样列表设置剖面线图样。

③距离：控制剖面线之间的距离。

④角度：控制剖面线的倾斜角度。从正的 XC 轴到主剖面线沿逆时针方向测量角度。

2）区域填充：

①图样：设置区域填充图样。

②角度：控制区域填充图样的旋转角度。该角度从平行于图纸底部的一条直线开始沿逆时针方向测量。

③比例：控制区域填充图样的比例。

3）格式：

①颜色：设置剖面线颜色和区域填充图样。

②宽度：设置剖面线和区域填充中曲线的线宽。

4）边界曲线：

①公差：用于控制沿着曲线逼近剖面线或区域填充边界的紧密程度。

②查找表观相交：表现相交和表观成链是基于视图方位看似存在的相交曲线和链，但实际上不存在于几何体中。

5）岛：

①边距：设置剖面线或区域填充样式中排除文本周围的边距。

②自动排除注释：勾选此复选框，可设置剖面线对话框和区域填充对话框中的自动排除注释选项。

（5）中心线

1）颜色：设置所有中心线符号的颜色。

2）宽度：设置所有中心线符号的线宽。

2．视图预设置

在“制图首选项”对话框中选择“图纸视图”，打开如图 12-4 所示的“图纸视图”菜单。

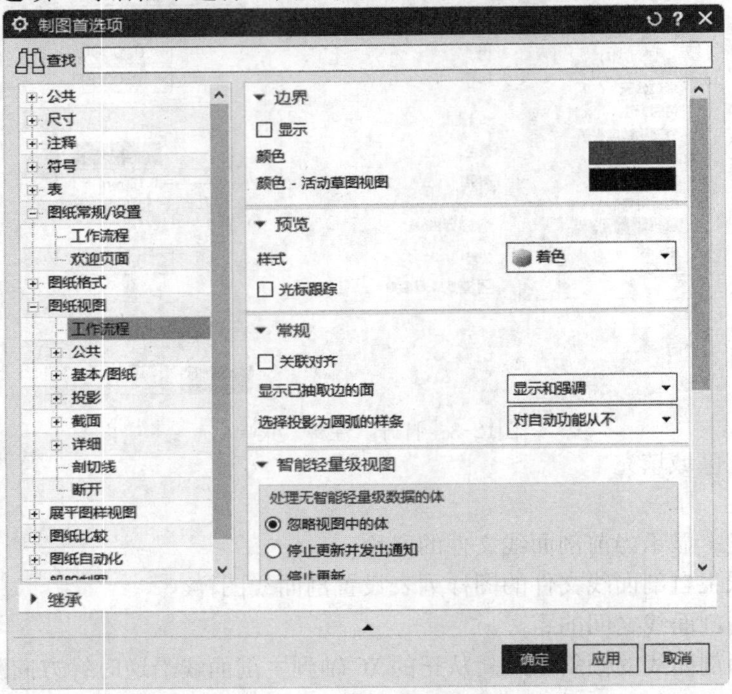

图12-4　打开“图纸视图”菜单

（1）公共

1）隐藏线：用于设置在视图中隐藏线的显示方法。其中有详细的选项可以控制隐藏线的显示类别、显示线型和粗细等。

2）可见线：用于设置可见线的颜色、线型和粗细。

3）光顺边：用于设置光顺边是否显示以及光顺边显示的颜色、线型和粗细。还可以设置光顺边距离边缘的距离。

4）虚拟交线：用于设置虚拟交线是否显示以及虚拟交线显示的颜色、线型和粗细。还可以设置理论交线距离边缘的距离。

5）常规：用于设置视图的最大轮廓线、参考、UV 栅格等细节选项。

6）螺纹：用于设置螺纹表示的标准。

7）PMI：用于设置视图是否继承在制图平面中的几何公差。

（2）截面

1）格式：

①显示背景：用于显示剖视图的背景曲线。

②显示前景：用于显示剖视图的前景曲线。

③剖切片体：用于在剖视图中剖切片体。

④显示折弯线：在阶梯剖视图中显示剖切折弯线。仅当剖切穿过实体材料时才会显示折弯线。

2）剖面线：

①创建剖面线：控制是否在给定的剖视图中生成关联剖面线。

②处理隐藏的剖面线：控制剖视图的剖面线是否参与隐藏线处理。此选项主要用于局部剖视图和轴测剖视图，以及任何包含非剖切组件的剖视图。

③显示装配剖面线：控制装配剖视图中相邻实体的剖面线角度。设置此选项后，相邻实体间的剖面线角度会有所不同。

④将剖面线限制为+/-45 度：强制装配剖视图中相邻实体的剖面线角度仅设置为 45° 和 135° 。

⑤剖面线相邻公差：控制装配剖视图中相邻实体的剖面线角度。

（3）剖切线

1）显示：

①显示截面线：设置在创建剖切线时所用的方法。

有剖视图：在向视图中添加了剖切线符号后，系统会自动创建关联的剖视图。

无剖视图：仅创建剖切线符号，不会创建任何关联的剖视图。

②类型：设置剖切线的外观。

2）格式：

①

：设置整个剖切线的颜色和线宽。

②折弯和结束段宽度因子：控制截面符号线折弯段和结束段的宽度。此宽度作为一个线宽因子给出，仅限于 1～4 之间的值。

3）箭头：

①样式：设置箭头的样式。

②长度：控制箭头长度的尺寸（单位为毫米）。

③角度：控制箭头角度的大小（单位为度）。

4）箭头线：

①箭头长度：控制箭头的全长（即从箭头的尖端到箭头线的末端）。长度以部件的单位给出。

②边界到箭头的距离：控制剖切线箭头段与包围部件的几何体框之间的距离。

③延展：控制扩展超过箭头段的剖切线部分。

④直线长度：控制剖切线端点与包围部件的几何体框之间的距离。

5）标签：

显示字母：控制是否在剖切线符号中显示标签字母。

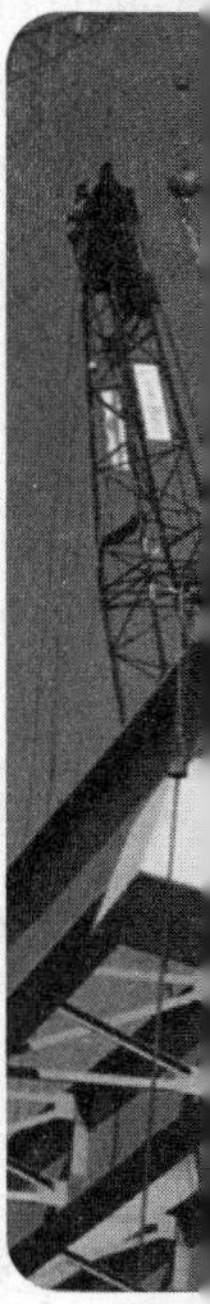

6）偏置：

①使用偏置：用于确定剖切线任何一侧的距离通道是否用于体选择。

②间隙：用于指定偏置距离值。

（4）详细

1）边界格式：设置局部放大图边界的颜色、线型和宽度。

2）剪切边界：勾选该复选框则创建带有部分边界的局部放大图。

3）创建独立的局部放大图：勾选该复选框则自动创建独立局部放大图，而非关联局部放大图。

12.3 图纸操作

在 UG NX 中，任何一个三维模型都可以通过不同的投影方法、不同的图样尺寸和不同比例创建灵活多样的二维工程图。

12.3.1 新建图纸

选择“菜单(M)”→“插入(S)”→“图纸页(H)...”，或单击“主页”选项卡“片体”组中的“新建图纸页”按钮，打开“图纸页”对话框，选择“标准尺寸”单选按钮，如图12-5所示。

（1）图纸页名称　用于输入新建图纸的名称。输入的名称由系统自动转化为大写形式。系统会自动排序为 Sheet1、Sheet2 和 Sheet3 等。用户也可以指定相应的图纸名。

（2）大小　用于指定图纸的尺寸规格。可在其后的下拉列表中选择所需的标准图纸号，也可在“高度”和“长度”文本框中输入用户自定义的图纸尺寸。图纸尺寸随所选单位的不同而不同，如果选中“英寸”则为英制规格，如果选择了“毫米”则为米制规格。

（3）比例　用于设置工程图中各类视图的比例大小。系统默认的设置比例为 1:1。

（4）投影法　用于设置视图的投影角度方式。系统提供了两种投影角度：第一角投影和第三角投影。

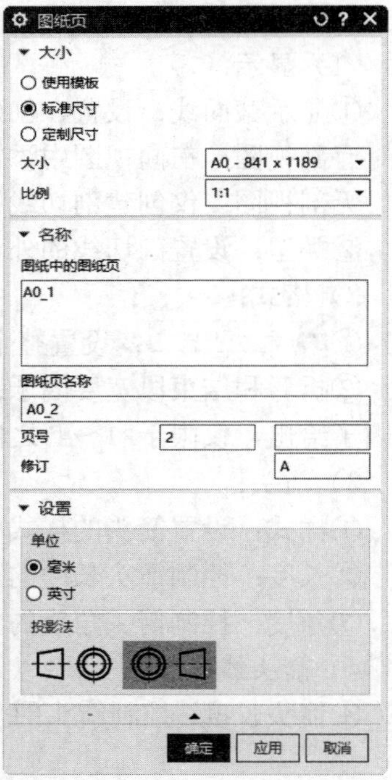

图12-5 “图纸页”对话框

12.3.2 编辑图纸

选择“菜单(M)”→“编辑(E)”→“图纸页(H)...”，或单击“主页”选项卡“片体”组中的“编辑图纸页”按钮，打开“图纸页”对话框。

可按 12.3.1 节中介绍的创建图纸的方法，在该对话框中修改已有的图纸名称、尺寸、比例和单位等参数。修改完成后，系统就会以新的图纸参数来更新已有的图纸。在图纸导航器上选中要编辑的片体，然后右击，选择“编辑图纸页”，也可打开“图纸页”对话框。

12.4 视图操作

UG NX 制图模块可用于创建各种视图，还可用于对齐视图和编辑视图等。

12.4.1　基本视图

选择“菜单(M)”→“插入(S)”→“视图(W)”→“基本(B)...”，或单击“主页”选项卡“视图”组中的“基本视图”按钮，打开如图 12-6 所示的“基本视图”对话框。

（1）要使用的模型视图　用于设置向图纸中添加何种类型的视图。其下拉列表中提供了“俯视图”“前视图”“右视图”“后视图”“仰视图”“左视图”“正等测视图”和“正二测视图”8 种类型的视图。

（2）定向视图工具　单击该图标，打开如图 12-7 所示的“定向视图工具”对话框。该对话框可用于旋转视图、寻找合适的视角、设置关联方位视图和实时预览。设置完成后，单击鼠标中键就可以放置基本视图。

（3）比例　用于设置图纸中的视图比例。

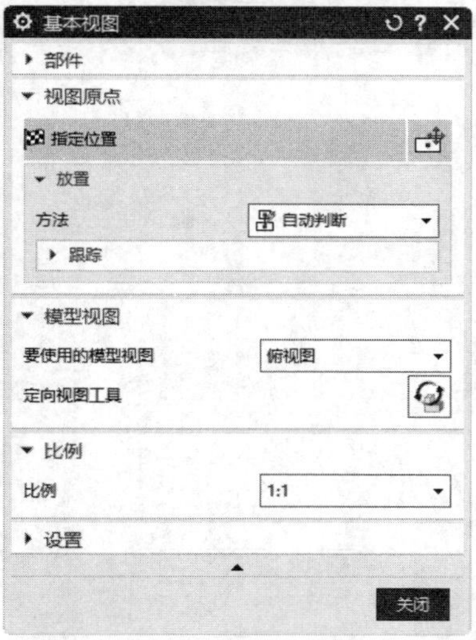

图12-6　“基本视图”对话框

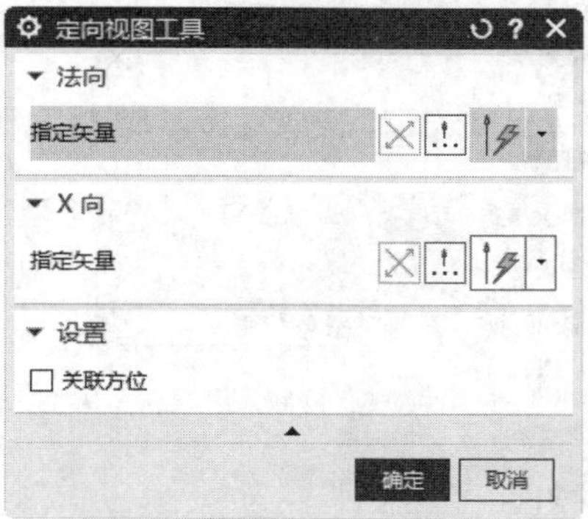

图12-7　“定向视图工具”对话框

12.4.2　添加投影视图

在添加了主视图后，系统会自动打开如图 12-8 所示的“投影视图”对话框。选择“菜单

(M)”→“插入(S)”→“视图(W)”→“投影(J)...”，或单击“主页”选项卡“视图”组中的“投影视图”按钮，也打开“投影视图”对话框。

（1）父视图　系统会自动选择上一步添加的视图为主视图来生成其他视图。用户也可以单击“选择视图”按钮，选择相应的主视图。

（2）铰链线　系统会自动在主视图的中心位置显示一条折叶线。用户可以拖动鼠标来改变折叶线的法向方向，以此来判断并实时预览生成的视图。单击“反转投影方向”按钮，则系统按照铰链线的反向方向生成视图。

（3）移动视图　用于在视图放定位置后，重新移动视图。

采用这种方法，可以一次生成各种方向的视图，并且同时预览三维实体。只有在视图放定以后才真正生成最后的图纸。

12.4.3　添加局部放大图

选择“菜单(M)”→“插入(S)”→“视图(W)”→“局部放大图(D)...”，或单击“主页”选项卡“视图”组中的“局部放大图”按钮，打开如图 12-9 所示的“局部放大图”对话框。

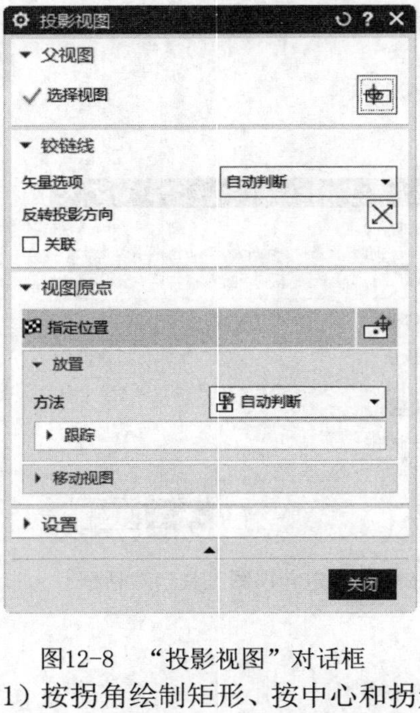

图12-8　“投影视图”对话框

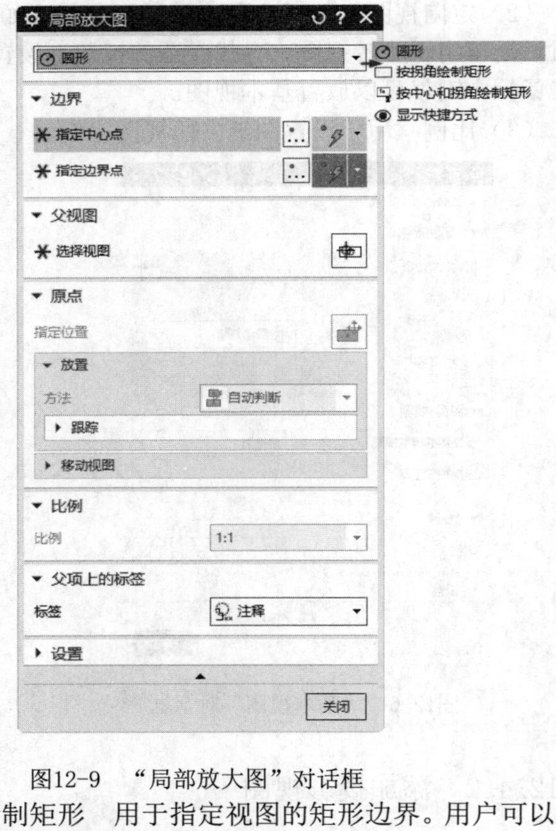

图12-9　“局部放大图”对话框

（1）按拐角绘制矩形、按中心和拐角绘制矩形　用于指定视图的矩形边界。用户可以选择矩形中心点和边界点来定义矩形大小，同时可以拖动鼠标来定义视图边界大小。

（2）圆形　用于指定视图的圆形边界。用户可以选择圆形中心点和边界点来定义圆形大小，同时可以拖动鼠标来定义视图边界大小。

“局部放大图”示意图如图 12-10 所示。

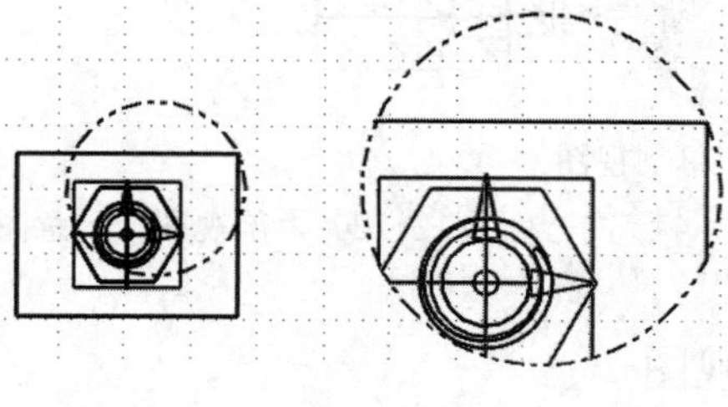

图12-10　“局部放大图”示意图

📖12.4.4　添加剖视图

选择“菜单(M)”→“插入(S)”→“视图(W)”→“剖视图(S)...”，或单击“主页”选项卡“视图”组中的“剖视图”按钮，选择要剖切的视图，打开如图 12-11 所示的“剖视图”对话框。

（1）剖切线

1）定义：包括“动态”和“选择现有的”两种。如果选择“动态”，则根据创建方法，系统会自动创建截面线，将其放置到适当位置即可；如果选中“选择现有的”，则根据截面线创建剖视图。

2）方法：用于选择创建剖视图的方法，包括简单剖/阶梯剖、半剖、旋转和点到点。

（2）铰链线

1）矢量选项：包括“自动判断”和“已定义”。

①自动判断：为视图自动判断铰链线和投影方向。

②已定义：允许为视图人工定义铰链线和投影方向。

2）反转剖切方向：反转剖切线箭头的方向。

（3）设置

1）非剖切：在视图中选择不剖切的组件或实体，做不剖处理。

2）隐藏的组件：在视图中选择要隐藏的组件或实体，使其不可见。

“剖视图”示意图如图 12-12 所示。

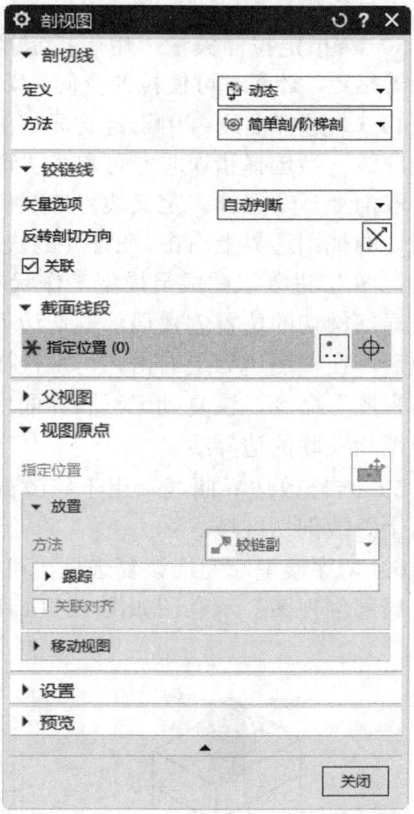

图12-11　“剖视图”对话框

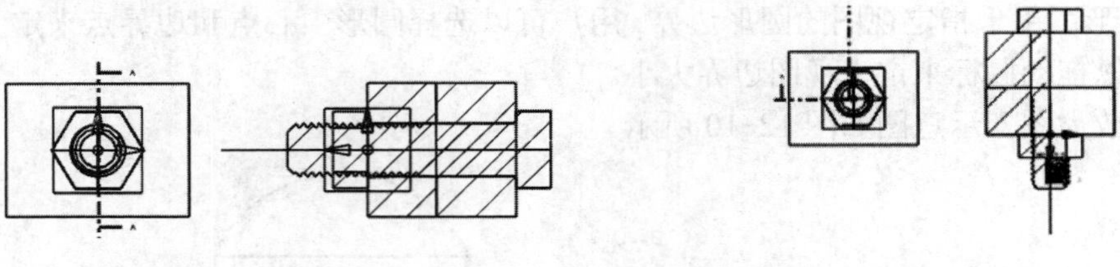

简单剖视图　　　　　　　　　　　　半剖视图

图12-12　“剖视图”示意图

12.4.5　局部剖视图

选择“菜单(M)”→“插入(S)”→“视图(W)”→“局部剖(O)...”，或单击“主页”选项卡“视图”组中的“局部剖”按钮，打开如图 12-13 所示的“局部剖”对话框。该对话框可用于创建、编辑和删除局部剖视图。

（1）选择视图　用于选择要进行局部剖切的视图。

（2）指出基点　用于确定剖切区域沿拉伸方向开始拉伸的参考点。该点可通过“捕捉点”工具栏指定。

（3）指定拉伸矢量　用于指定拉伸方向。可用矢量构造器指定，必要时可使拉伸反向，或指定为视图法向。

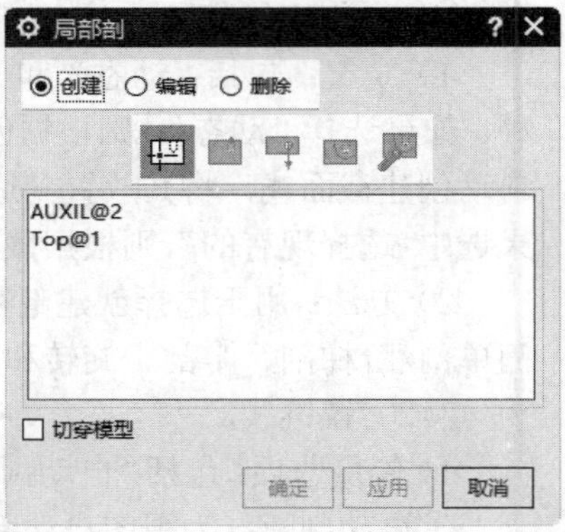

图12-13　“局部剖”对话框

（4）选择曲线　用于定义局部剖切视图剖切边界的封闭曲线。当选择错误时，可单击“取消选择上一个”按钮，取消上一个选择。定义边界曲线的方法是：在进行局部剖切的视图边界上右击，在打开的快捷菜单中选择“扩展成员视图”，进入视图成员模型工作状态，用曲线功能在要产生局部剖切的位置创建局部剖切边界线，完成边界线的创建后，在视图边界上右击，再从快捷菜单中选择“扩展成员视图”命令，恢复到工程图界面，这样就建立了与选择视图相关联的边界线。

（5）修改边界曲线　用于修改剖切边界点，必要时可用于修改剖切区域。

（6）切穿模型　勾选该复选框，可在剖切时完全穿透模型。

“局部剖视图”示意图如图 12-14 所示。

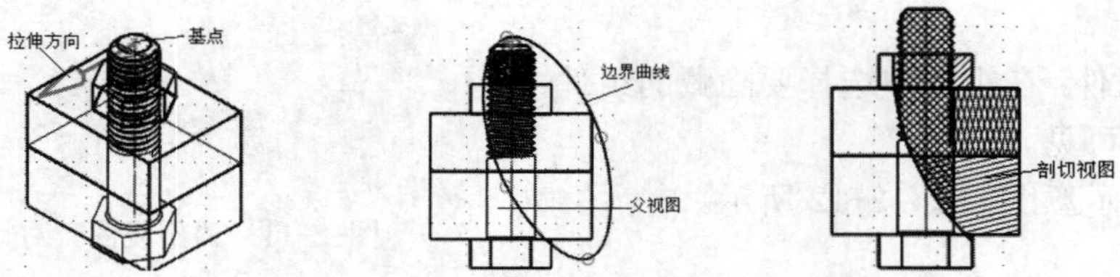

图12-14　“局部剖视图”示意图

12.4.6　断开视图

选择“菜单(M)”→“插入(S)”→“视图(W)”→“断开视图(K)...”，或单击“主页”选项卡“视图”组中的“断开视图”按钮，打开如图 12-15 所示的“断开视图”对话框。该对话框可用于创建或编辑断开视图。

断开视图可通过指定锚点确定断裂线位置，并设置断裂线之间的缝隙和断裂线样式等参数来创建。

（1）类型

1）常规：创建具有两条表示图纸上概念缝隙的断裂线的断开视图。

2）单侧：创建具有一条断裂线的断开视图。

(2)主模型视图　用于在当前图纸页中选择要断开的视图。

（3）方向　断开的方向垂直于断裂线。

1）方位：指定与第一个断开视图相关的其他断开视图的方向。

2）指定矢量：添加第一个断开视图。

（4）断裂线 1、断裂线 2

1）关联：将断开位置锚点与图纸的特征点关联。

2）指定锚点：用于指定断开位置的锚点。

3）偏置：设置锚点与断裂线之间的距离。

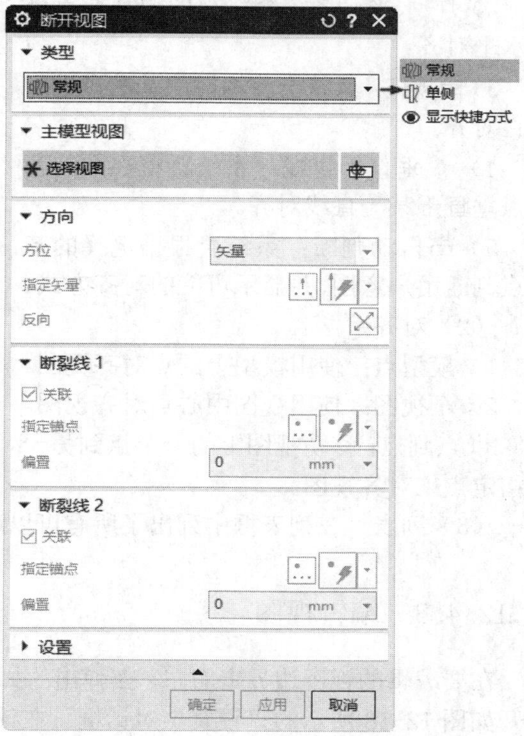

图 12-15　“断开视图”对话框

（5）设置

1）间隙：设置两条断裂线之间的距离。

2）样式：指定断裂线的类型，包括简单线、直线、锯齿线、长断裂、管状线、实心管状线、实心杆状线、拼图线、木纹线、复制曲线和模板曲线。

3）幅值：设置用作断裂线的曲线的幅值。

4）延伸 1/延伸 2：设置穿过模型一侧的断裂线的延伸长度。

5）显示断裂线：显示视图中的断裂线。

6）颜色：指定断裂线颜色。

7）宽度：指定断裂线的密度。

12.4.7　对齐视图

选择“菜单(M)”→“编辑(E)”→“视图(W)”→“对齐(I)...”，或单击“主页”选项卡“视图”组中的“视图对齐”按钮，打开如图 12-16 所示的“视图对齐”对话框。该对话框可用于调整视图位置，使之排列整齐。

（1）方法

1）叠加：即重合对齐，系统会将视图的基准点进行重合对齐。

2）水平：系统会将视图的基准点进行水平对齐。

3）竖直：系统会将视图的基准点进行竖直对齐。

4）垂直于直线：系统会将视图的基准点垂直于某一直线对齐。

5）自动判断：系统会根据选择的基准点判断用户意图，并显示可能的对齐方式。

（2）对齐

1）模型点：使用模型上的点对齐视图。

2）至视图：使用视图中心点对齐视图。

3）点到点：移动视图上的一个点到另一个指定点来对齐视图。

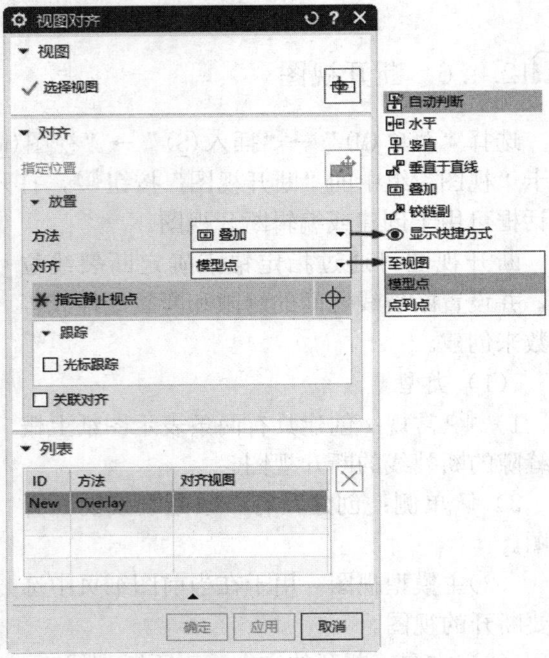

图 12-16 “视图对齐”对话框

（3）列表 在列表框中列出了所有可以进行对齐操作的视图。

12.4.8 编辑视图

在要编辑的视图边界上右击，在弹出的如图 12-17 所示的快捷菜单中选择“设置”命令，打开如图 12-18 所示的“设置”对话框。在该对话框中可编辑所选视图的名称、比例和旋转角等参数。

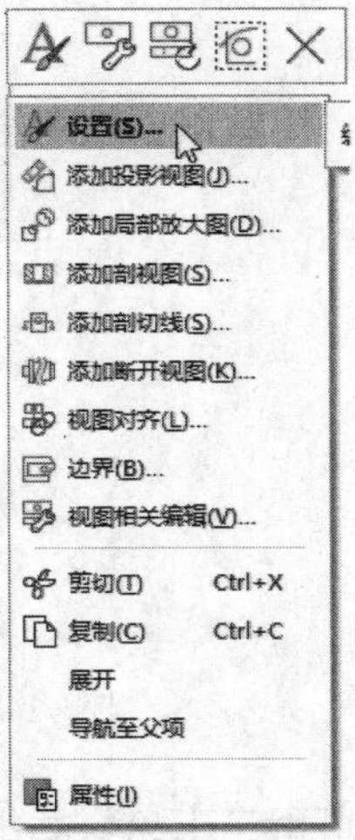

图12-17 选择“设置”命令

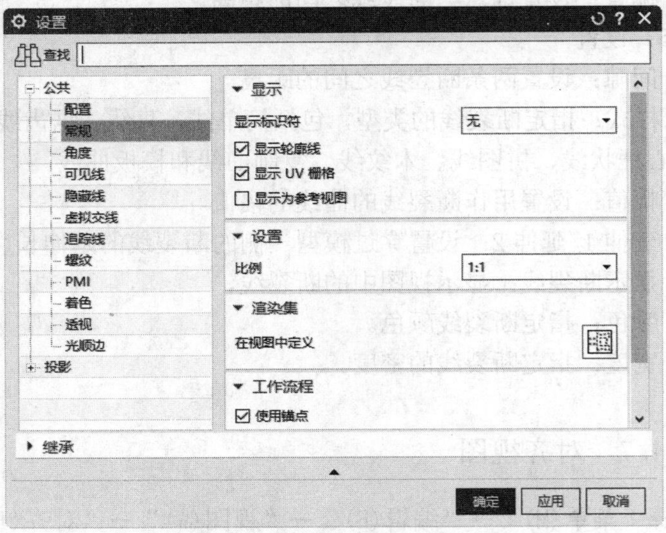

图12-18 “设置”对话框

12.4.9　视图相关编辑

选择“菜单(M)”→“编辑(E)”→“视图(W)”→“视图相关编辑(E)...”，或单击“主页”选项卡“视图”组中的“视图相关编辑”按钮，打开如图12-19 所示的“视图相关编辑”对话框。在该对话框中可编辑几何对象在某一视图中的显示方式（此操作不影响在其他视图中的显示）。

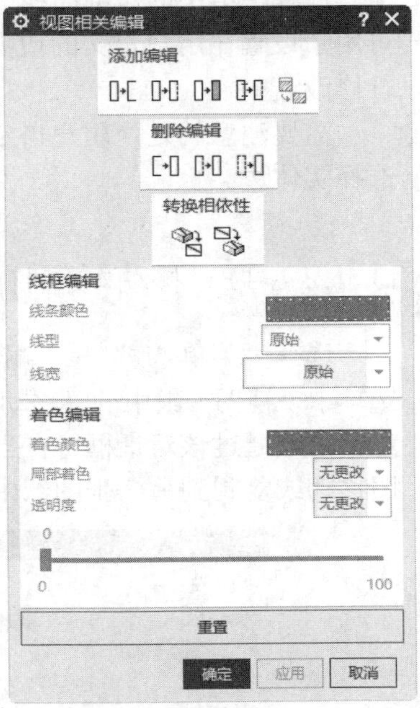

图12-19　“视图相关编辑”对话框

（1）添加编辑

1）擦除对象：擦除选择的对象，如曲线和边等。擦除并不是删除，只是使被擦除的对象不可见而已，使用“删除选定的擦除”命令可使被擦除的对象重新显示。若要擦除某一视图中的某个对象，则先选择视图；而若要擦除所有视图中的某个对象，则先选择图纸，再选择此功能，然后选择要擦除的对象并单击“确定”按钮，即可擦除所选择的对象。

2）编辑完整对象：编辑整个对象的显示方式，包括颜色、线型和线宽。单击该按钮，设置颜色、线型和线宽，再单击“应用”按钮，打开“类选择”对话框，选择要编辑的对象并单击“确定”按钮则所选对象按设置的颜色、线型和线宽显示。如要隐藏选择的视图对象，则只要设置选择对象的颜色与视图背景色相同即可。

3）编辑着色对象：编辑着色对象的显示方式。单击该按钮，设置颜色，再单击“应用”按钮，打开“类选择”对话框，选择要编辑的对象并单击“确定”按钮，则所选的着色对象按设置的颜色显示。

4）编辑对象段：编辑部分对象的显示方式，用法与“编辑完整对象”相似。在选择编辑对象后，再选择一个或两个边界，则只编辑边界内的部分。

5）编辑截面视图背景：编辑剖视图背景线。在建立剖视图时，可以有选择地保留背景线，而使背景线可编辑。不但可以删除已有的背景线，而且还可添加新的背景线。

（2）删除编辑

1）删除选定的擦除：恢复被擦除的对象。单击该图标，将高显已被擦除的对象，可选择要恢复显示的对象并确认。

2）删除选定的编辑：恢复部分编辑对象在原视图中的显示方式。

3）删除所有编辑：恢复所有编辑对象在原视图中的显示方式。单击该按钮，将打开“删除所有编辑”对话框，单击“是(Y)”按钮，则删除所有编辑，单击“否(N)”按钮，则相反。

（3）转换相依性

1）模型转换到视图：转换模型中单独存在的对象到指定视图中，且对象只出现在该视图中。

2）视图转换到模型：转换视图中单独存在的对象到模型视图中。

12.4.10 定义剖面线

选择“菜单(M)”→“插入(S)”→“注释（A)”→“剖面线（O)”，或单击“主页”选项卡“注释”组中的“剖面线”按钮，打开如图 12-20 所示的“剖面线”对话框。该对话框可用于设置在用户定义的边界内填充剖面线或图案、在局部添加剖面线或对局部的剖面线进行修改。

需要注意的是，用户自定义的边界只能选择曲线、实体轮廓线、剖视图中的边等，不能选择实体边。

12.4.11 移动/复制视图

选择“菜单(M)”→“编辑(E)”→“视图(W)”→“移动/复制(Y)...”，或单击“主页”选项卡“视图”组中的“移动/复制视图”按钮，打开如图 12-21 所示的“移动/复制视图”对话框。通过该对话框可在当前图纸上移动或复制一个或多个选定的视图，或者把选定的视图移动或复制到另一张图纸中。

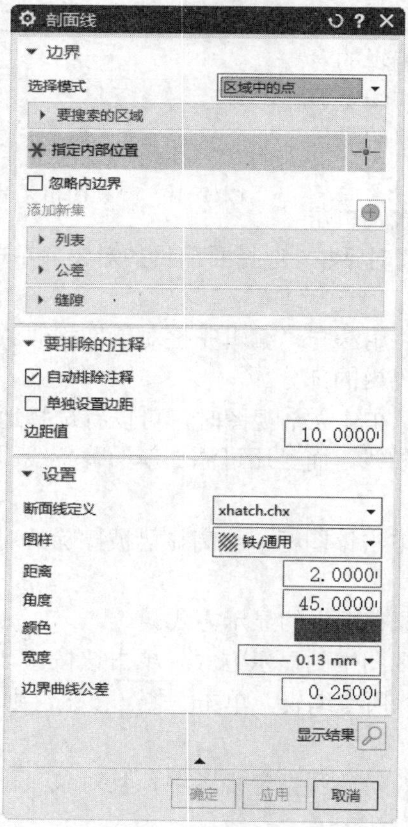

图12-20 “剖面线”对话框

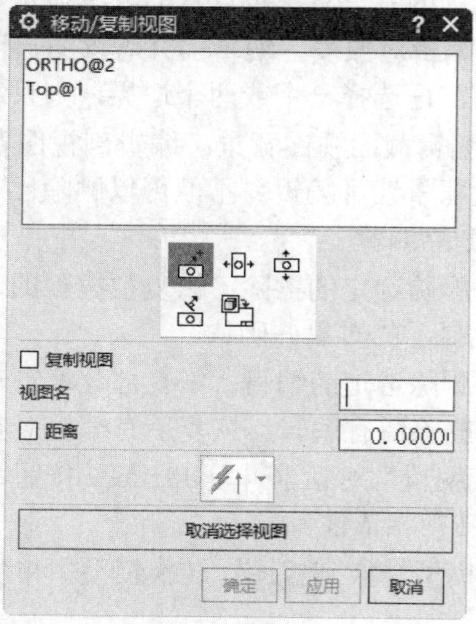

图12-21 “移动/复制视图”对话框

（1）至一点　移动或复制选定的视图到指定点。该点可用光标或坐标指定。

（2）水平　在水平方向上移动或复制选定的视图。

（3）竖直　在竖直方向上移动或复制选定的视图。

（4）垂直于直线　在垂直于直线方向上移动或复制视图。

（5）至另一图纸　移动或复制选定的视图到另一张图纸中。

（6）复制视图　勾选该复选框，可复制视图，否则移动视图。

（7）距离　勾选该复选框，可输入移动或复制后的视图与原视图之间的距离值。若选择了多个视图，则以第一个选定的视图作为基准，其他视图将与第一个视图保持指定的距离。若不勾选该复选框，则可移动光标或输入坐标值指定视图位置。

12.4.12　更新视图

选择“菜单(M)”→“编辑(E)”→“视图(W)”→“更新(U)...”，或单击“主页”选项卡“视图”组中的“更新视图”按钮，打开如图 12-22 所示的“更新视图”对话框。该对话框可用于当模型改变时更新视图。

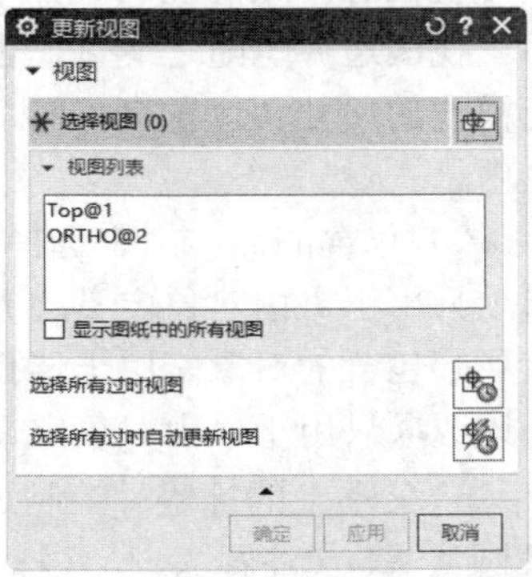

图 12-22　“更新视图”对话框

（1）显示图纸中的所有视图　该选项用于控制在列表框中是否列出所有的视图，并自动选择所有过时视图。勾选该复选框后，系统会自动在列表框中选取所有过时视图，否则，需要用户自己更新过时视图。

（2）选择所有过时视图　用于选择当前图纸中的过时视图。

（3）选择所有过时自动更新视图　用于选择每一个在保存时自动更新的视图。

12.4.13　视图边界

选择“菜单(M)”→“编辑(E)”→“视图(W)”→“边界(B)...”，或单击“主页”选项卡“视图”组中的“视图边界”按钮，或在要编辑视图边界的视图的边界上右击，在打开的快捷菜单中选择“边界”命令，打开如图 12-23 所示的“视图边界”对话框。该对话框可用于重新定义视图边界，既可以缩小视图边界只显示视图的某一部分，也可以放大视图边界显示所有视图对象。

1. 边界类型选项

（1）断裂线/局部放大图　定义任意形状的视图边界。使用该选项，只显示出被边界包围的视图部分。若用此选项定义视图边界，则必须先建立与视图相关的边界线。当编辑或移动边界线时，视图边界会随之更新。

（2）手工生成矩形　以拖动方式手工定义矩形边界。该矩形边界的大小由用户定义，可以包围整个视图，也可以只包围视图中的一部分。该边界方式主要用在一个特定的视图中隐藏不需要显示的几何体。

（3）自动生成矩形　自动定义矩形边界。该矩形边界能根据视图中几何对象的大小自动更新。该边界方式主要用在一个特定的视图中显示所有的几何对象。

（4）由对象定义边界　由包围对象定义边界。该边界能根据被包围对象的大小自动调整。该边界方式通常用于大小和形状随模型变化的矩形局部放大视图。

2．其他参数

（1）锚点　用于将视图边界固定在视图对象的指定点上，从而使视图边界与视图相关，当模型变化时，视图边界会随之移动。锚点主要用于局部放大视图或用手工定义边界的视图。

（2）边界点　用于指定视图边界要通过的点。该功能可使任意形状的视图边界与模型相关，当模型修改后，视图边界也随之变化，也就是说，当边界内的几何模型的尺寸和位置变化时，该模型始终在视图边界之内。

（3）包含的点　用于选择视图边界要包围的点。该选项只用于“由对象定义边界”方式。

（4）包含的对象　用于选择视图边界要包围的对象。该选项只用于“由对象定义边界”方式。

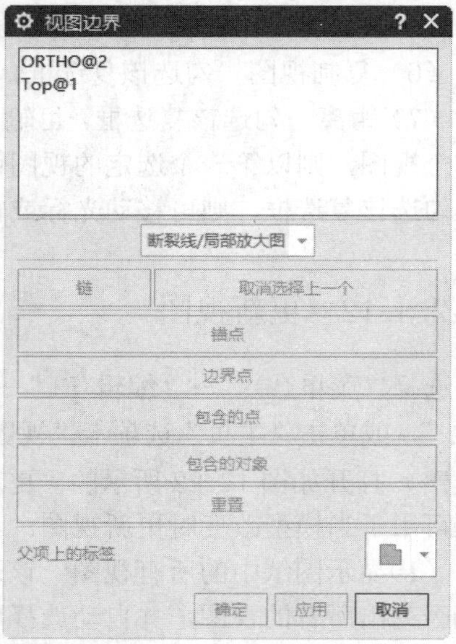

图 12-23　“视图边界”对话框

（5）父项上的标签　控制边界曲线在局部放大图的父视图上显示的外观，包括（无）、（圆）、（注释）、（标签）、（内嵌）、（边界）和（边界上的标签）7 种。

12.5　图纸标注

12.5.1　标注尺寸

进入“工程图”功能模块后，在“主页”选项卡“尺寸”组中选择所需的尺寸类型，可进行尺寸标注。

（1）快速　用于自动根据情况判断可能标注的尺寸类型。单击此按钮，打开“快速尺寸”对话框，如图 12-24 所示。

（2）线性　用于标注所选对象间的线性尺寸。

（3）倒斜角　用于标注符合国家标准规定的 45° 倒角。

（4）角度　用于标注所选两直线间的角度。

（5）径向　用于标注所选圆或圆弧的半径或直径尺寸，但标注不通过圆心。

（6）厚度　用于标注等间距两对象之间的距离尺寸，如同心圆弧之间的距离尺寸。

（7）圆弧长　用于标注所选圆弧的弧长尺寸。

（8）坐标　用于标注从公共点沿某一条坐标基线到某一位置的距离的坐标尺寸。

12.5.2　尺寸修改

尺寸标注完成后，如果要进行修改，直接双击该尺寸，会重新出现尺寸标注的环境，修改成为需要的形式即可。

如果需要进行更新修改，首先单击该尺寸，然后右击，打开如图 12-25 所示的快捷菜单，在其中选择相应的命令即可。

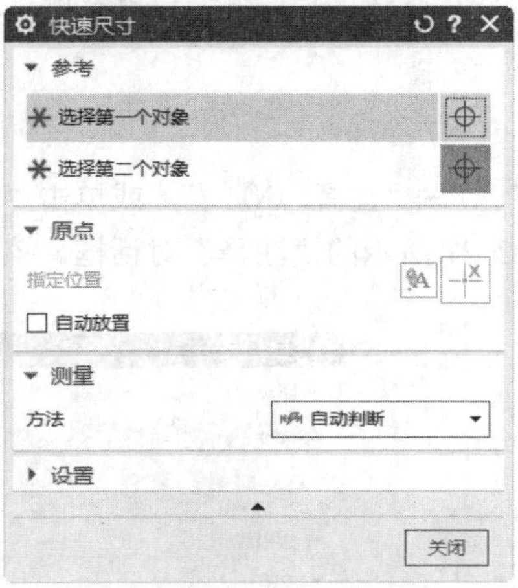

图12-24　“快速尺寸”对话框

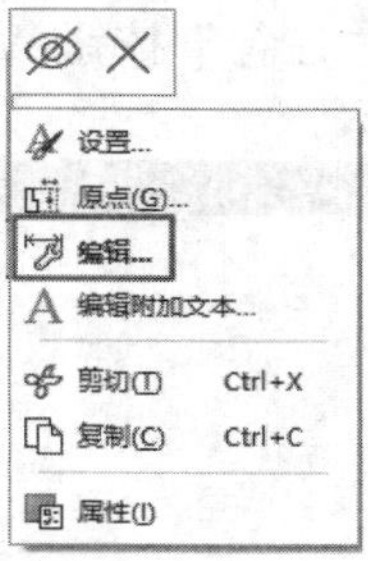

图12-25　标注尺寸的快捷菜单

（1）原点　用于定义整个尺寸的起始位置和文本摆放位置等。

（2）编辑　单击该按钮，系统回到尺寸标注环境，用户可以修改。

（3）编辑附加文本　单击该按钮，打开“注释编辑器”对话框，可以在尺寸上追加详细的文本说明。

（4）设置　单击该按钮，打开“设置”对话框，可以重新设置尺寸的参考设置。

（5）其他的命令　可以进行删除、隐藏、编辑颜色和线宽等操作。

12.5.3　表面粗糙度

选择“菜单(M)”→“插入(S)”→“注释(A)→“表面粗糙度符号(S)...”，或单击“主页”选项卡“注释”组中的“表面粗糙度符号”按钮√，打开如图 12-26 所示的“表面粗糙度”对话框。该对话框可用于创建表面粗糙度。

（1）属性

1）除料：指定符号类型。

2）图例：显示表面粗糙度符号参数图例。

3）上部文本(a1)：指定表面粗糙度的最大限制。

4）下部文本(a2)：指定表面粗糙度的最小限制。

5）生产过程(b)：指定生产方法、处理或涂层。

6）波纹(c)：波纹是比表面粗糙度间距更大的表面不规则性。

7）放置符号(d)：指定放置方向。放置是由工具标记或表面条纹生产的主导表面图样的方向。

8）加工(e)：指定材料的最小许可移除量，也称加工余量。

9）切除(f1)：切除时表面不规则的采样长度，用于确定表面粗糙度的平均高度。

（2）设置

1）角度：更改符号的方位。

2）圆括号：在表面粗糙度符号旁边添加左括号、右括号或二者都添加。

12.5.4　注释

选择“菜单(M)”→“插入(S)”→“注释(A)→“注释　(N)...”，或单击“主页”选项卡“注释”组中的“注释”按钮A，打开如图12-27所示的“注释”对话框。该对话框可用于输入要注释的文本。

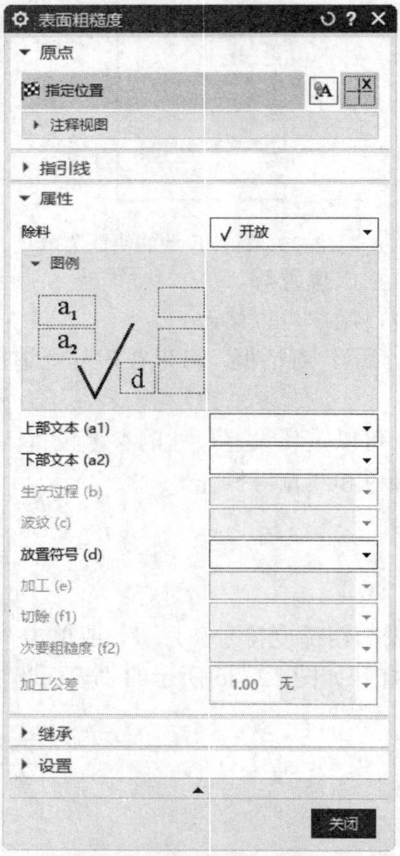

图12-26　“表面粗糙度”对话框

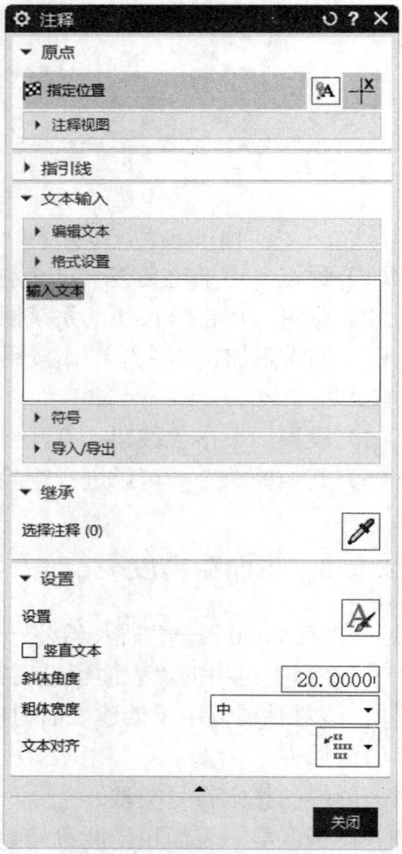

图12-27　“注释”对话框

（1）原点　用于设置和调整文字的放置位置。

（2）指引线　用于为文字添加指引线。可以选择类型下拉列表中的选项指定指引线的类型。

（3）文本输入

1）编辑文本：用于编辑注释，具有复制、剪切、加粗、斜体及大小控制等功能。

2）格式设置：编辑窗口是一个标准的多行文本输入区，使用标准的系统位图字体，用于输入文本和系统规定的控制符。用户可以在“字体”选项中选择所需字体。

12.5.5　符号标注

选择“菜单(M)”→“插入(S)”→“注释(A)”→“符号标注(B)...”，或单击“主页”选项卡“视图”组中的“符号标注”按钮，打开如图 12-28 所示的“符号标注”对话框。该对话框可用于插入和编辑 ID 符号及其放置位置。

（1）类型　用于选择要插入的 ID 符号类型。系统提供了多种符号类型可供用户选择，每种符号类型可以配合该符号的文本选项，在 ID 符号中放置文本内容。如果选择了上下型的 ID 符号，用户可以在“上部文本”和“下部文本”文本框中输入上下两行的内容。如果选择了独立型的 ID 符号，则只能在“文本”文本框中输入文本内容。各类 ID 符号都可以通过“大小”文本框的设置来改变符号的显示比例。

（2）指引线　为 ID 符号指定指引线。单击该按钮，可指定一条指引线的开始端点，最多可指定 7 个开始端点，同时每条指引线还可指定多达 7 个中间点。根据指引线类型，一般可选择尺寸线箭头、注释指引线箭头等作为指引线的开始端点。

（3）文本　将文本添加到符号标注。如果选择分割符号，则可以将文本添加到上部文本或下部文本。

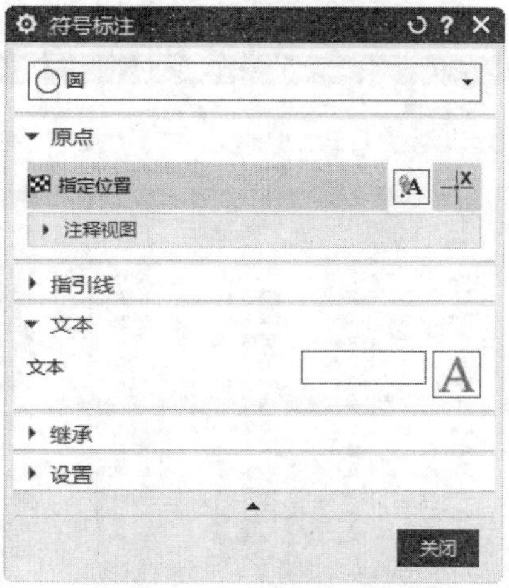

图12-28　“符号标注”对话框

12.6　综合实例——踏脚杆

本节主要介绍如图 12-29 所示的踏脚杆工程图的创建方法，包括各种视图的投影设置、编辑视图、工程图中的剖面线设置、注释预设置、标注尺寸、标注表面粗糙度和技术要求等操作。

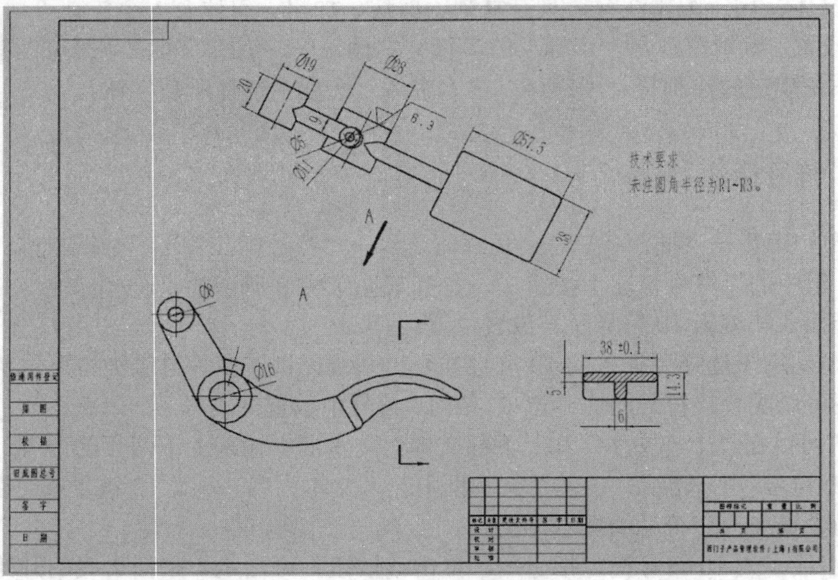

图12-29　踏脚杆工程图

01 新建文件。单击“主页”选项卡中的“新建图纸页”按钮，打开“新建”对话框，选择“图纸”模板中的“A3-无视图”模板，在“名称”文本框中输入“TaJiaoGan_dwg1.prt”，在“要创建图纸的部件”中选择“TaJiaoGan”，如图 12-30 所示。单击确定按钮，进入 UG NX 制图环境。

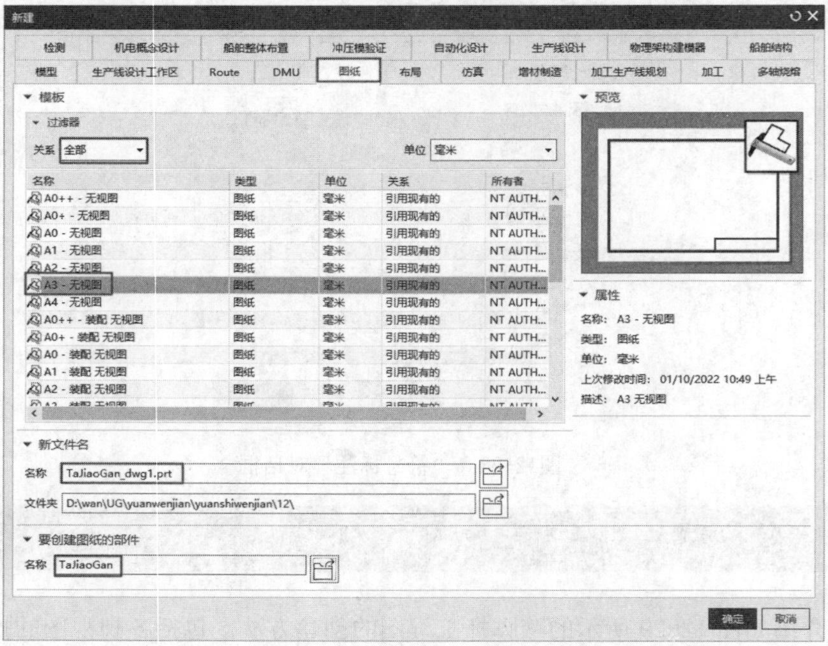

图12-30　“新建”对话框

02 创建基本视图。

❶选择“菜单(M)”→“插入(S)”→“视图(W)”→“基本(B)...”，或单击“主页”选项卡“视图”组中的“基本视图”按钮，打开“基本视图”对话框，如图 12-31 所示。

❷同时显示实体模型的主视图，根据幅面大小，将基本视图放置在适当的位置。按 Esc 键，关闭“基本视图”对话框。创建完成的基本视图工程图如图 12-32 所示。

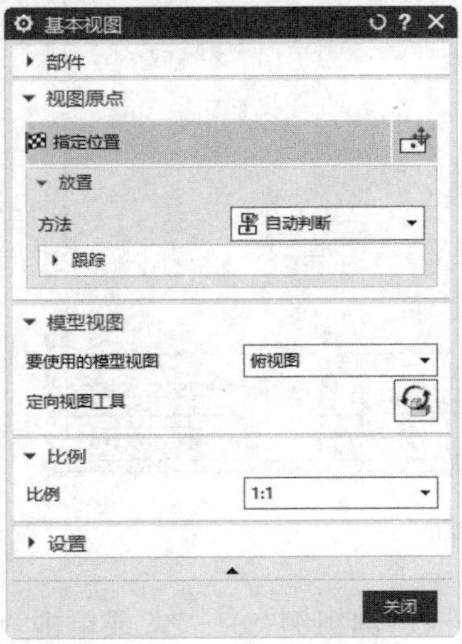

图12-31 “基本视图”对话框

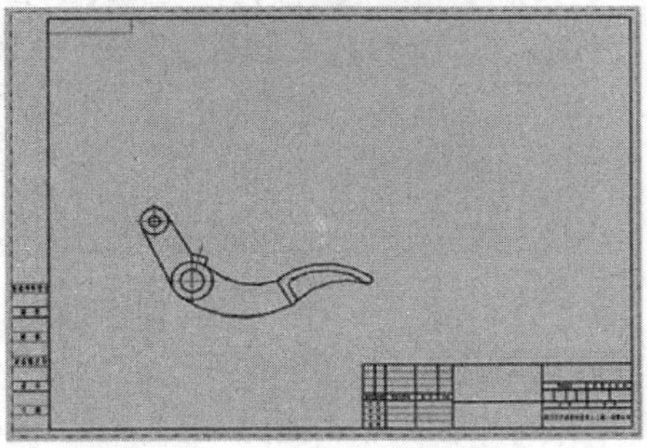

图12-32 基本视图工程图

03 创建投影视图。

❶选择“菜单(M)”→“插入(S)”→“视图(W)”→“投影视图(J)...”，或单击“主页”选项卡“视图”组中的“投影视图”按钮，打开“投影视图”对话框，如图 12-33 所示。

❷将视图移动到适当的位置单击，完成投影视图的创建，如图 12-34 所示。

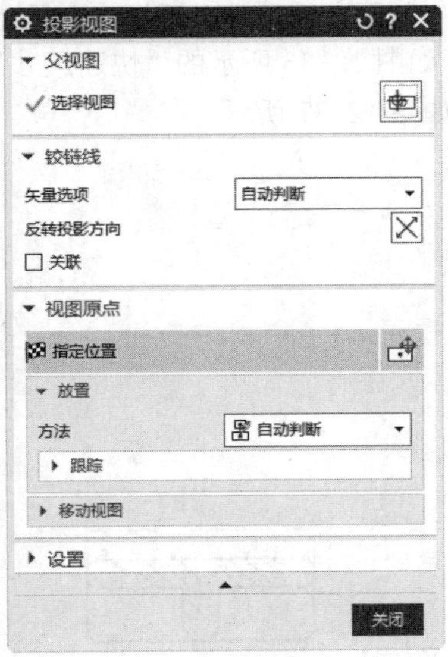

图12-33 “投影视图”对话框

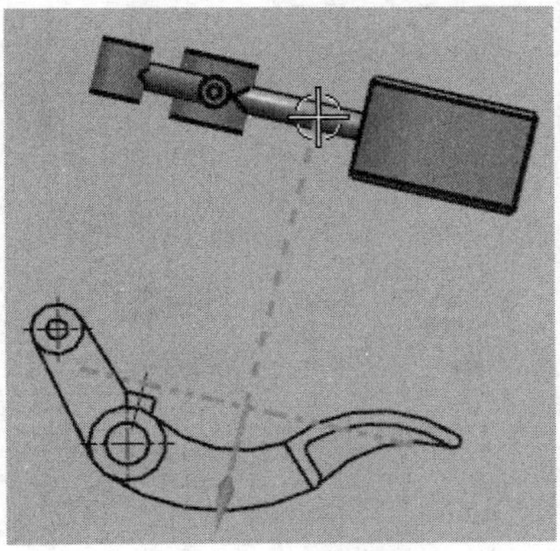

图12-34 创建投影视图

UG NX

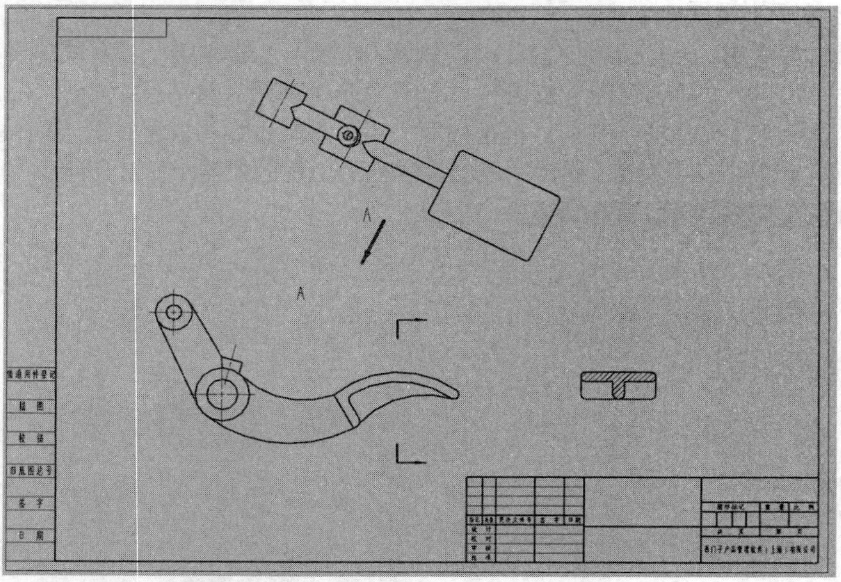

图12-35　创建剖视图

04 创建剖视图。

❶选择“菜单(M)”→“插入(S)”→“视图(W)”→“剖视图(S)...”，或单击“主页”选项卡“视图”组中的“剖视图”按钮，打开“剖视图”对话框。

❷在“定义”下拉列表中选择“动态”，在“方法”下拉列表中选择“简单剖/阶梯剖”。

❸将截面线放置到图中适当位置，拖动视图到主视图的右侧单击创建剖视图，并调整各视图位置，结果如图 12-35 所示。

05 标注尺寸。

❶选择“文件”→“首选项”→“制图”，打开“制图首选项”对话框，选择“菜单(M)”→“插入(S)”→“尺寸（M)”→“快速（P)”，打开如图 12-36 所示的“快速尺寸”对话框。

❷选择第一个对象和第二个对象，标注尺寸，如图 12-37 所示。

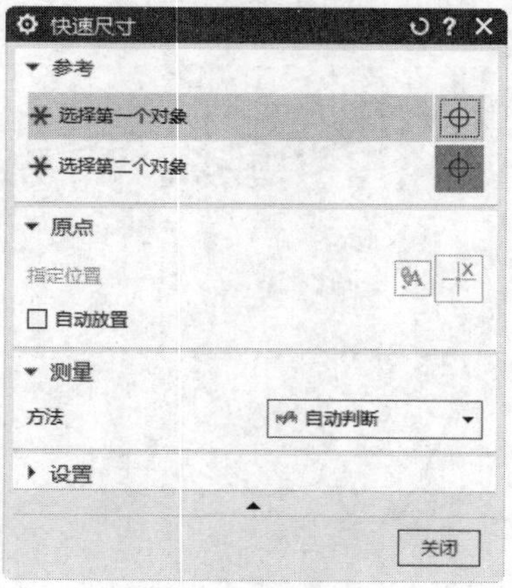

图12-36　“快速尺寸”对话框

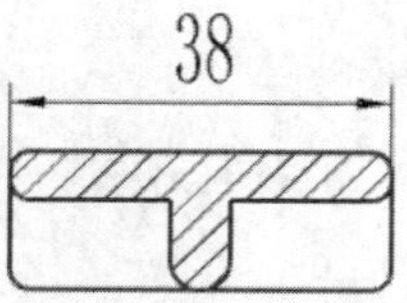

图12-37　标注尺寸

❸双击尺寸，弹出小工具栏，选择“等双向公差”，输入公差值为 0.1，如图 12-38 所示。单击对话框中的“关闭”按钮，完成公差标注，结果如图 12-39 所示。

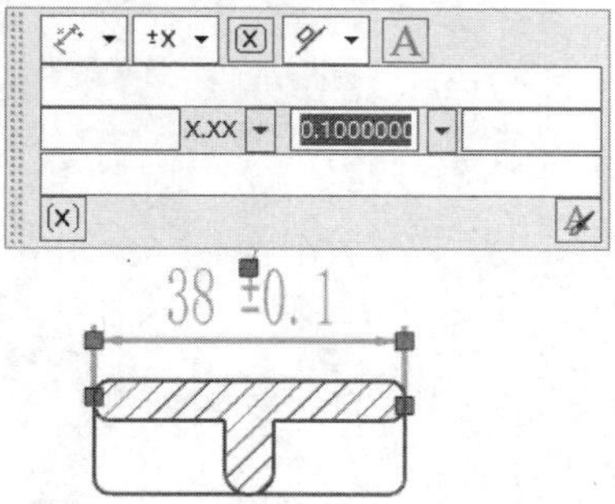

图12-38　设置公差

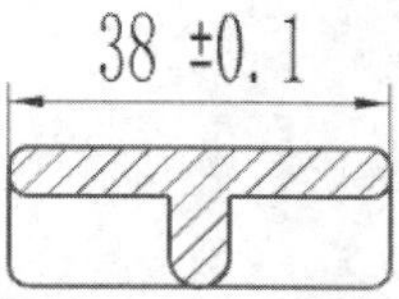

图12-39　标注公差

标注其他尺寸，结果如图 12-40 所示。

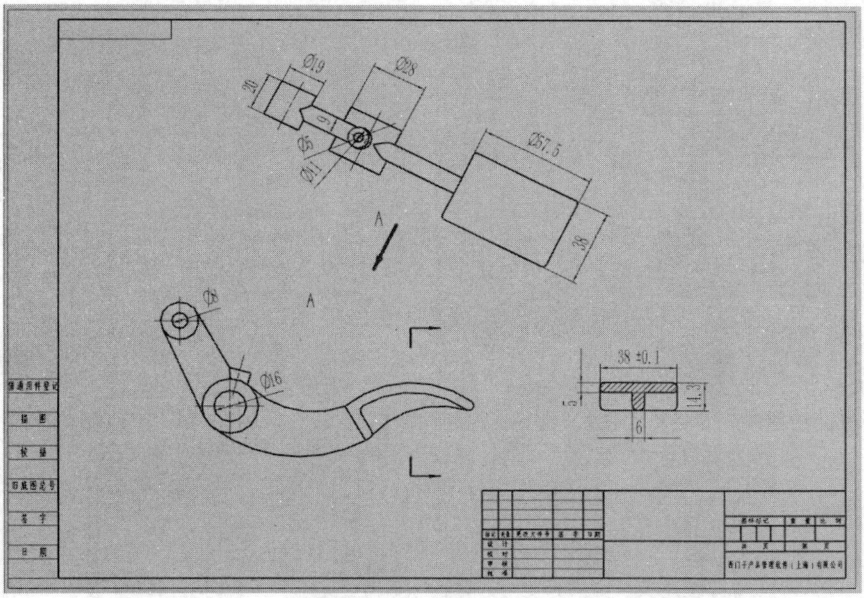

图12-40　标注尺寸

06 标注表面粗糙度。

❶选择“菜单(M)”→“插入(S)”→“注释(A)”→“表面粗糙度符号 (S)...”，或单击“主页”选项卡“注释”组中的“表面粗糙度符号”按钮√，打开“表面粗糙度”对话框，如图 12-41 所示。

❷根据幅面大小，设置“角度”为-25，将表面粗糙度符号放置在如图 12-42 所示的位置。

07 标注技术要求。

❶选择“菜单(M)”→“插入(S)”→“注释(A)→“注释 (N)...”，或单击“主页”选项卡“注释”组中的“注释”按钮A，打开“注释”对话框，如图 12-43 所示。

❷在对话框中部的文本框中输入技术要求，单击关闭按钮，将文字放在图面右侧。创

建完成的脚踏杆工程图如图 12-44 所示。

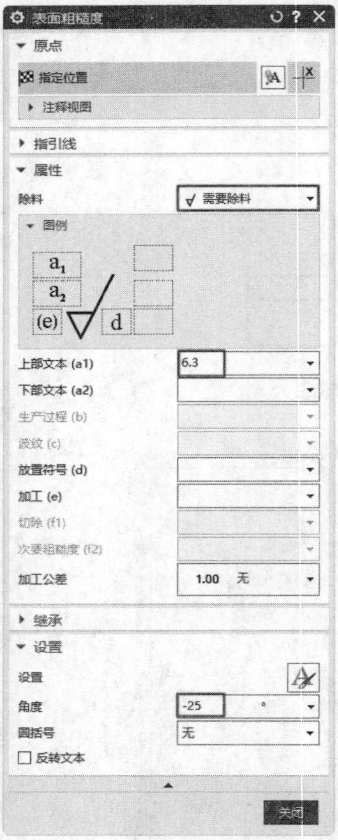

图12-41 “表面粗糙度”对话框

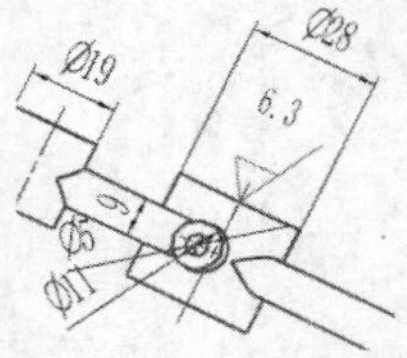

图12-42 标注表面粗糙度

图12-43 “注释”对话框

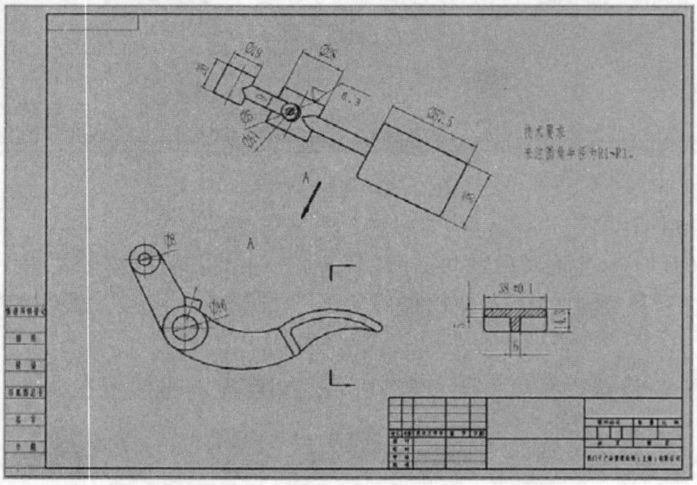

图 12-44 创建踏脚杆工程图

第13章

装配特征

本章将详细介绍 UG NX 的装配建模功能。在前面三维建模的基础上，本章将讲述如何利用 UG NX 的强大功能将多个零件装配成一个完整的组件。

重点与难点

- 装配概述
- 自底向上装配
- 装配爆炸图
- 组件家族
- 装配序列化
- 变形组件装配
- 装配排列

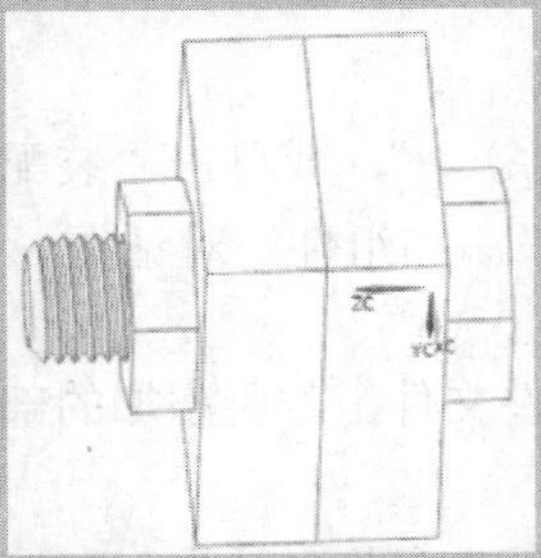

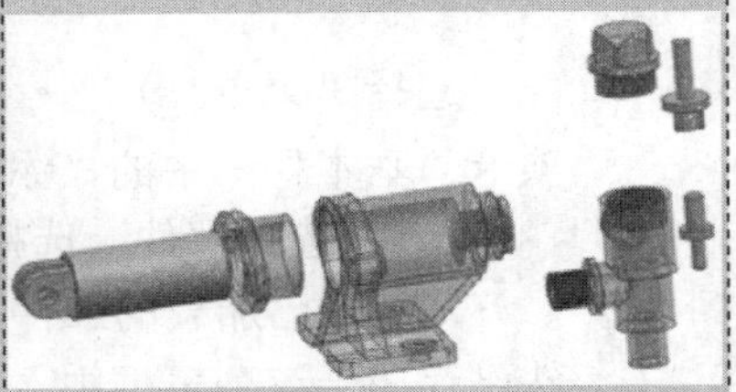

13.1 装配概述

UG NX 的装配建模过程其实就是建立组件装配关系的过程，如图 13-1 所示。利用 UG NX 的装配模块，可以快速将组件组成产品，还可以在装配过程中建立新的零件模型，并产生明细列表，而且在装配中，可以参照其他组件进行组件配对设计，并可对装配模型进行间隙分析、质量管理等操作。装配模型生成后，可建立爆炸图，并可将其引入到装配工程图中。

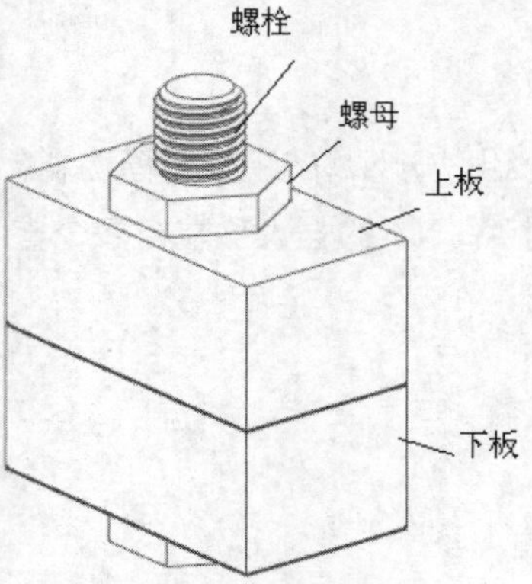

图13-1　装配组件

一般装配组件有两种方式：一种是首先设计出装配中的全部组件，然后将组件添加到装配体中，这种装配方式称为自底向上装配；另一种是根据实际情况判断装配件的大小和形状，首先创建一个新组件，然后在该组件中建立几何对象，或将原有的几何对象添加到新建的组件中，这种装配方式称为自顶向下装配。

13.2 自底向上装配

自底向上装配的设计方法是常用的装配方法，即先设计组件，再将组件自底向上逐级进行装配，添加到装配体中。

13.2.1　添加已存在组件

选择“菜单(M)”→“装配(A)”→“组件(C)”→“添加组件(A)...”，或单击“装配”选项卡“基本”组中的“添加组件”按钮，打开如图 13-2 所示的“添加组件”对话框。

（1）选择部件　选择要装配的部件文件。

（2）“已加载的部件”列表框　在该列表框中显示已打开的部件文件。若要添加的部件文件已存在于该列表框中，可以直接选择该部件文件。

（3）打开　单击“打开”按钮，可打开如图 13-3 所示的“部件名”对话框。在该对话框中可选择要添加的部件文件*.prt。

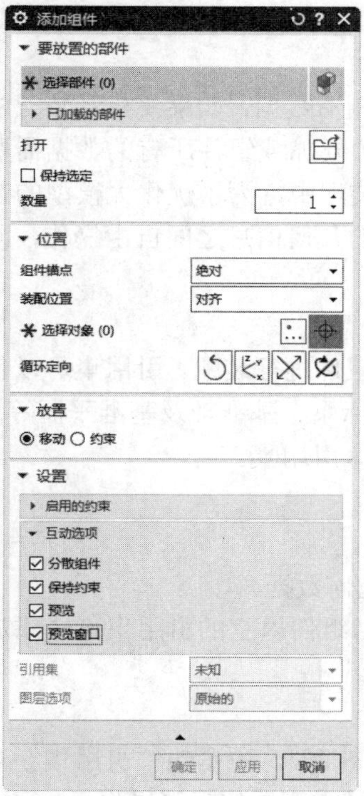

图 13-2　“添加组件”对话框

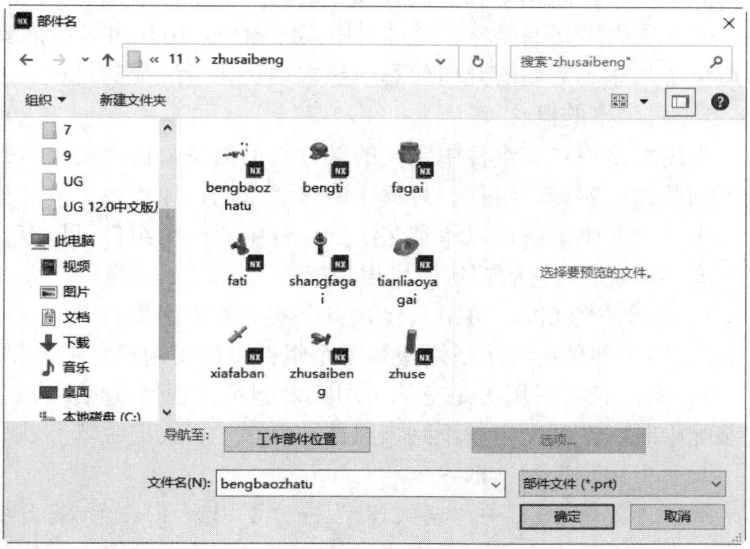

图 13-3　“部件名”对话框

部件文件选择完毕后，单击 确定 按钮，返回到如图 13-2 所示的“添加组件”对话框。同时，系统将出现一个预览窗口，用于预览所添加的组件，如图 13-4 所示。

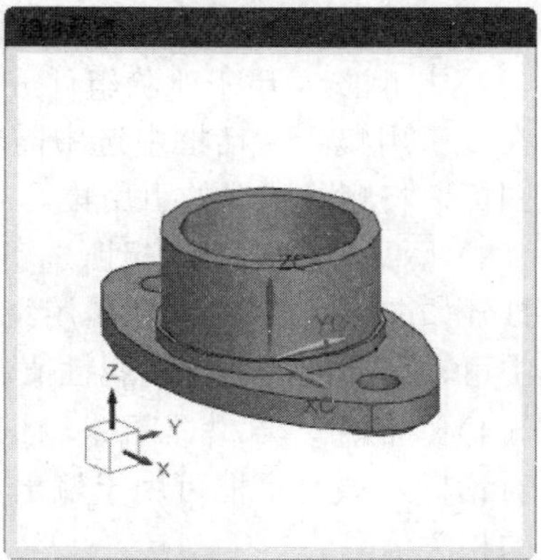

图13-4　预览添加的组件

（4）装配位置　用于指定组件在装配中的位置。其下拉列表中提供了“对齐”“绝对坐标系-工作部件”“绝对坐标系-显示部件”和“工作坐标系”4 种装配位置。其详细概念将在后面介绍。

（5）保持选定　勾选此复选框，可保持部件的选择，这样就可以在下一个添加操作中快速添加相同的部件。

（6）引用集　用于选择引用集。默认引用集是模型，表示只包含整个实体的引用集。用户可以在其下拉列表中选择所需的引用集。

（7）图层选项：用于设置添加组件到装配组件中的哪一层。

1）工作的：表示添加的组件放置在装配组件的工作图层中。

2）原始的：表示添加的组件放置在该组件创建时所在的图层中。

3）按指定的：表示添加的组件放置在另行指定的图层中。

13.2.2　引用集

由于在零件设计中包含了大量的草图、基准平面及其他辅助图形数据，如果要显示装配中各组件和子装配的所有数据，一方面容易混淆图形，另一方面由于要加载组件所有的数据需要占用大量内存，因此不利于装配工作的进行。于是，在 UG NX 的装配中，为了优化大模型的装配，引入了引用集的概念。通过引用集的操作，用户可以在需要的几何信息之间自由操作，同时避免了加载不需要的几何信息，极大地优化了装配的过程。

1. 引用集的概念

引用集是用户在组件中定义的部分几何对象，它代表相应的组件进行装配。引用集可以包含下列数据：实体、组件、片体、曲线、草图、原点、方向、坐标系、基准轴及基准平面等。引用集一旦产生，就可以单独装配到组件中。一个组件可以有多个引用集。

UG NX 系统包含的默认的引用集有：

1）模型（"MODEL"）：只包含整个实体的引用集。

2）整个部件：表示引用集是整个组件，即引用组件的全部几何数据。

3）空：表示引用集是空的引用集，即不含任何几何对象。当组件以空的引用集形式添加到装配中时，在装配中看不到该组件。

2.“引用集”对话框

选择“菜单(M)”→“格式(R)”→“引用集(R)...”，打开如图 13-5 所示的“引用集”对话框。在该对话框中可对引用集进行创建、删除、更名、编辑属性和查看信息等操作。

（1）添加新的引用集　用于创建引用集。组件和子装配都可以创建引用集。组件的引用集既可在组件中建立，也可在装配中建立，但组件要在装配中创建引用集，必须使其成为工作部件。

（2）删除　用于删除组件或子装配中已创建的引用集。在“引用集”对话框中选中需要删除的引用集后，单击该图标，将删除所选的引用集。

（3）属性　用于编辑所选引用集的属性。单击该图标，打开如图 13-6 所示的“引用集属性”对话框。在该对话框中可输入属性的名称和属性值。

（4）信息　单击该图标，打开如图 13-7 所示的“信息”对话框。该对话框可用于输出当前组件中已存在的引用集的相关信息。

（5）设为当前　用于将所选引用集设置为当前引用集。

在正确地建立引用集并将其保存之后，在该零件加入装配时，在“引用集”选项中就会列出用户自己设定的引用集。在加入零件以后，还可以通过装配导航器在定义的不同引用集之间进行切换。

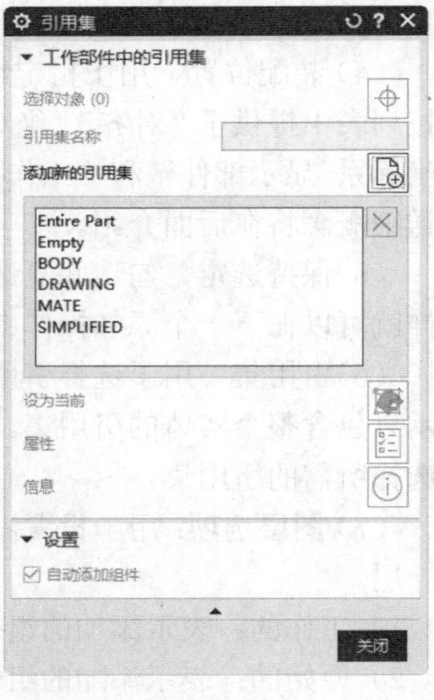

图13-5　“引用集”对话框

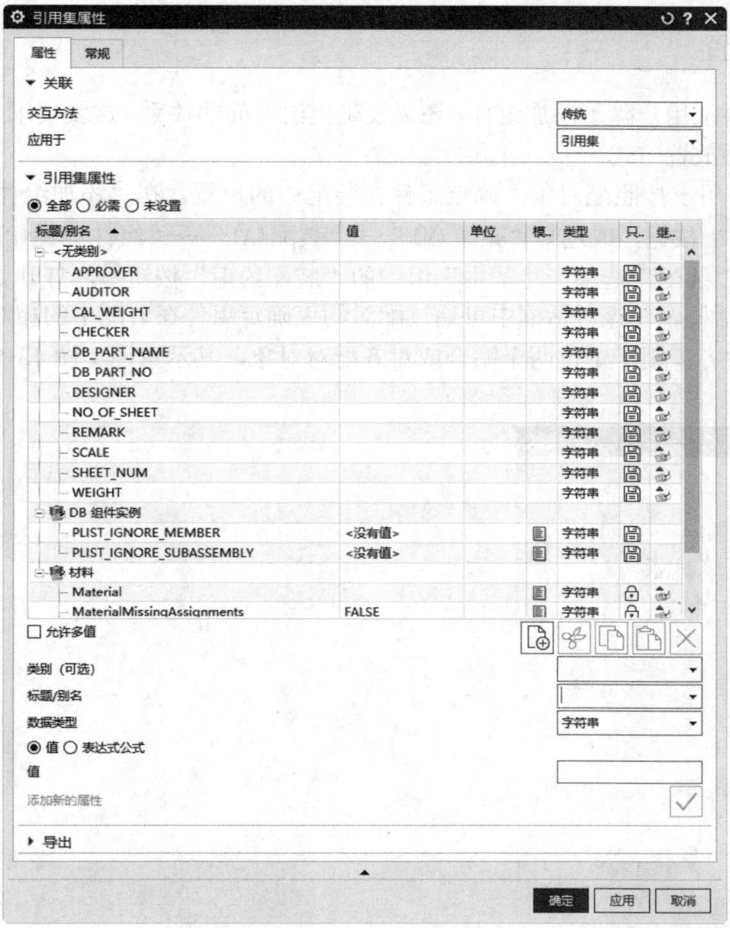

图13-6　“引用集属性”对话框

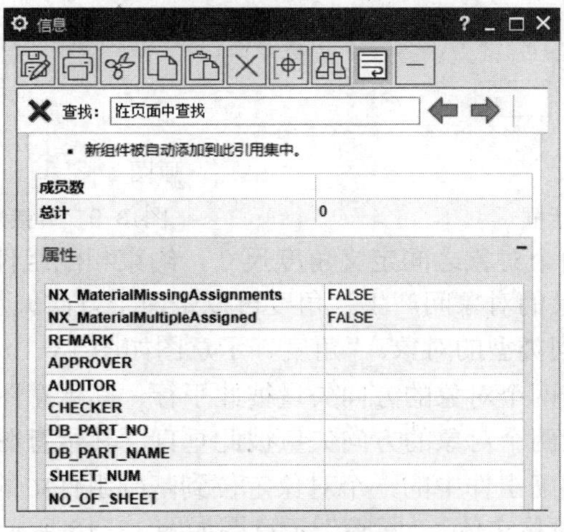

图 13-7　“信息”对话框

UG NX

13.2.3 放置

在装配过程中，用户除了添加组件，还需要确定组件间的关系，这就要求对组件进行定位。UG NX 提供了两种放置方式。

（1）约束　用于按照配对条件确定组件在装配中的位置。在“添加组件”对话框中选择该选项后单击确定按钮，或选择“菜单(M)”→“装配(A)”→“组件位置(P)”→“装配约束(N)...”，或单击“装配”选项卡“基本”组中的“装配约束”按钮，打开如图 13-8 所示的“装配约束”对话框。在该对话框中可通过配对约束确定组件在装配中的相对位置。

1）接触对齐：用于定位两个贴合或对齐配对对象，其示意图如图 13-9 所示。

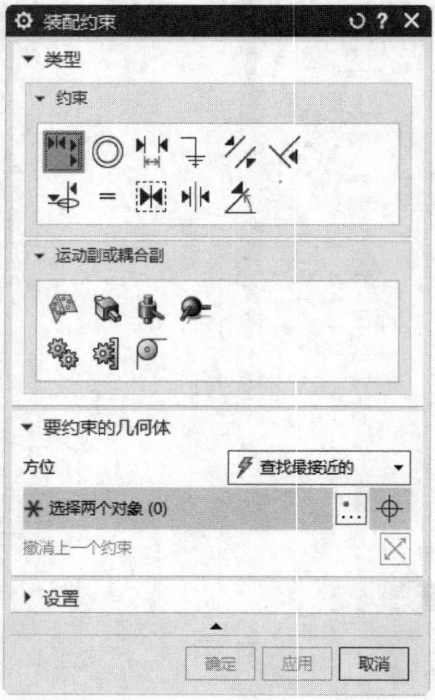

图13-8　“装配约束”对话框

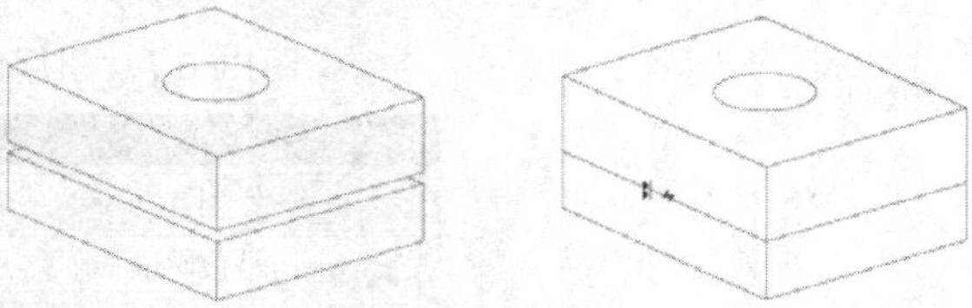

原图　　接触对齐

图13-9　“接触对齐”示意图

2）角度：用于在两个对象之间定义角度尺寸，约束相配组件到正确的方位上。角度约束可以在两个具有方向矢量的对象间产生，角度可以是两个方向矢量间的夹角也可以是 3D 角度。这种约束允许配对不同类型的对象。“角度”示意图如图 13-10 所示。

3）平行：用于约束两个对象的方向矢量彼此平行，其示意图如图 13-11 所示。

4）垂直：用于约束两个对象的方向矢量彼此垂直，其示意图如图 13-12 所示。

5）同心：用于将相配组件中的一个对象定位到基础组件中的一个对象的中心上，其中一个对象必须是圆柱或轴对称实体。“同心”示意图如图 13-13 所示。

6）中心：用于约束两个对象的中心对齐。

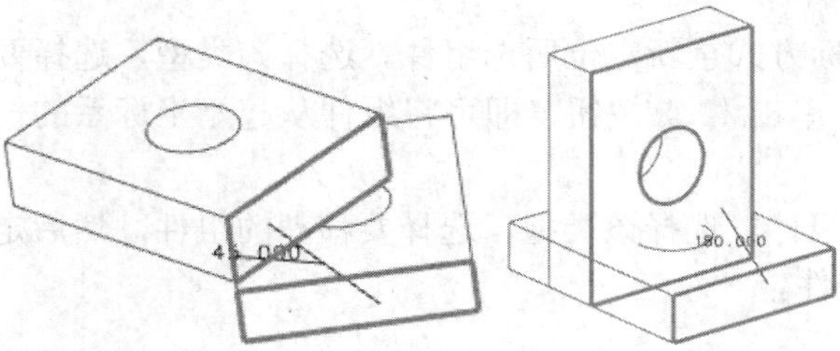

方向角度　　　　3D角度

图13-10　“角度”示意图

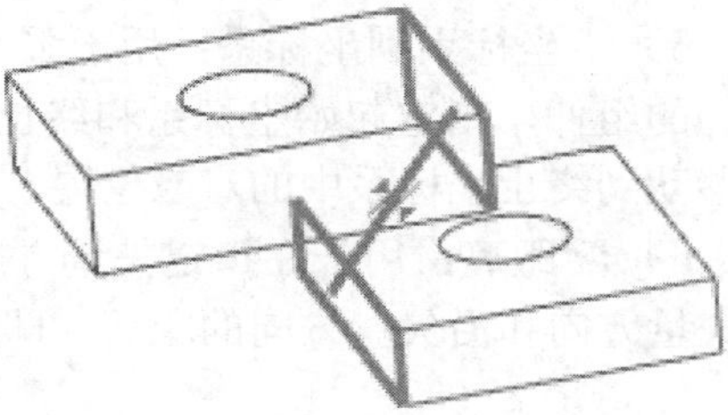

图13-11　“平行”示意图

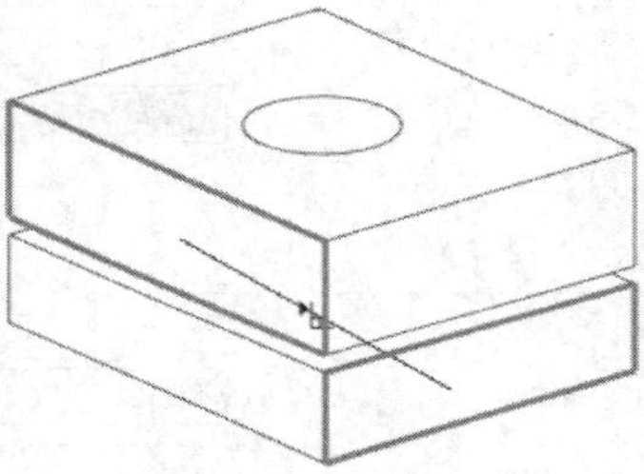

图13-12　“垂直”示意图

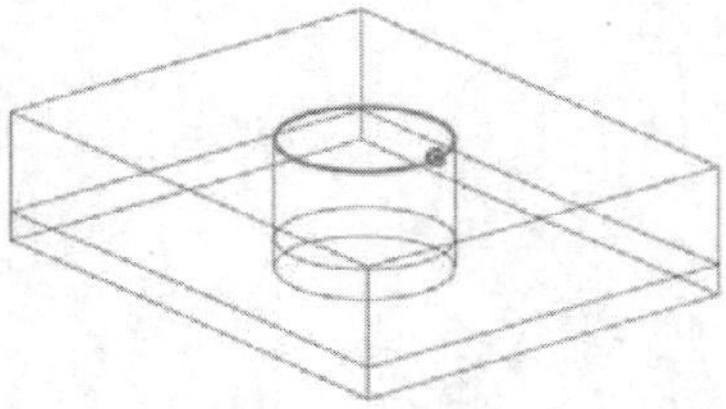

图13-13　“同心”示意图

①1 对 2：用于将相配对象中的一个对象定位到基础组件中的两个对象的对称中心上。

②2 对 1：用于将相配组件中的两个对象定位到基础组件中的一个对象上，并与其对称。

③2 对 2：用于将相配组件中的两个对象与基础组件中的两个对象成对称布置。

需要说明的是，相配组件是指需要添加约束进行定位的组件，基础组件是指位置固定的组件。

7）距离：用于指定两个相配对象间的最小三维距离。距离可以是正值也可以是负值，正负号确定相配对象是在目标对象的哪一边。“距离”示意图如图 13-14 所示。

（2）移动　如果使用配对的方法不能满足用户的实际需要，还可以通过手动编辑的方式来进行定位。在“添加组件”对话框中选择“移动”选项并指定方位后单击确定按钮，或选择“菜单(M)”→“装配(A)”→“组件位置(P)”→“移动组件(E)...”，或单击“装配”选项卡“位置”组中的“移动组件”按钮，打开“移动组件”对话框，如图 13-15 所示。在绘图区选择要重定位的组件，单击确定按钮。

1）点到点：用于采用点到点的方式移动组件。选择该类型，选择要移动的组件，再先后选择两个点，系统即可根据这两点构成的矢量方向和两点间的距离来移动组件。

2）增量 XYZ：用于平移所选组件。选择该类型，将沿 X、Y 和 Z 坐标轴方向移动一个距离。如果输入的值为正则沿坐标轴正向移动，反之，则沿负向移动。

3）角度：用于绕点旋转组件。选择该类型，选择要移动的组件，选择旋转点，然后在“角度”文本框中输入要旋转的角度值，即可旋转组件。

4）根据三点旋转：用于绕轴旋转所选组件。选择该类型，选择要旋转的组件，然后在对话框中定义三个点和一个矢量，即可旋转组件。

5）坐标系到坐标系：用于采用移动坐标方式重新定位所选组件。选择该类型，选择要定位的组件，指定起始坐标系和终止坐标系，单击 确定 按钮，即可将组件从起始坐标系的位置移动到终止坐标系中的对应位置。

6）距离：用于在指定矢量方向上移动组件。选择该类型，选择要移动的组件，然后定义矢量方向和沿矢量方向的距离，即可移动组件。

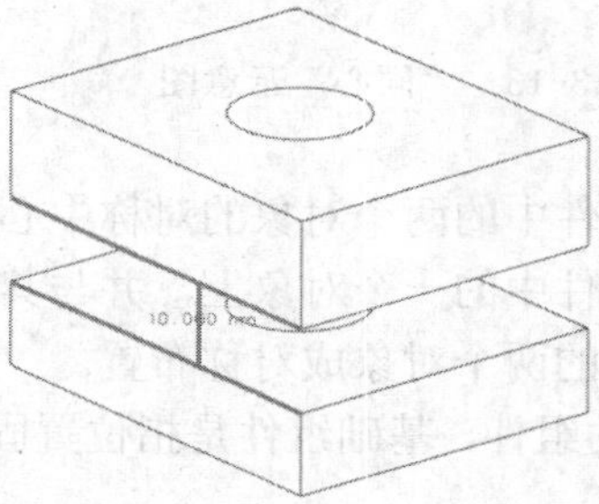

图13-14 “距离”示意图

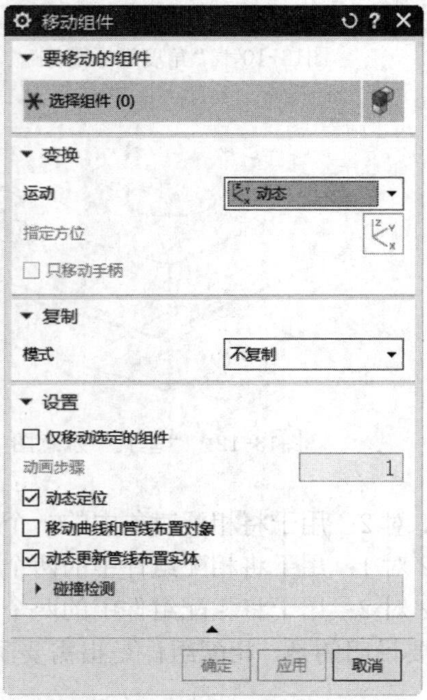

图13-15 “移动组件”对话框

13.3 装配爆炸图

爆炸图可以更好地表示整个装配的组成状况，便于观察每个组件，如图 13-16 所示。

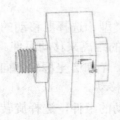

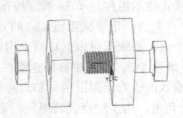

图13-16 爆炸图

11.3.1　创建爆炸图

选择“菜单(M)”→“装配(A)”→“爆炸(X)...”，打开如图 13-17 所示的“爆炸”对话框。单击“新建爆炸”按钮，弹出如图 13-18 所示的“编辑爆炸”对话框，在该对话框中可新建爆炸图。

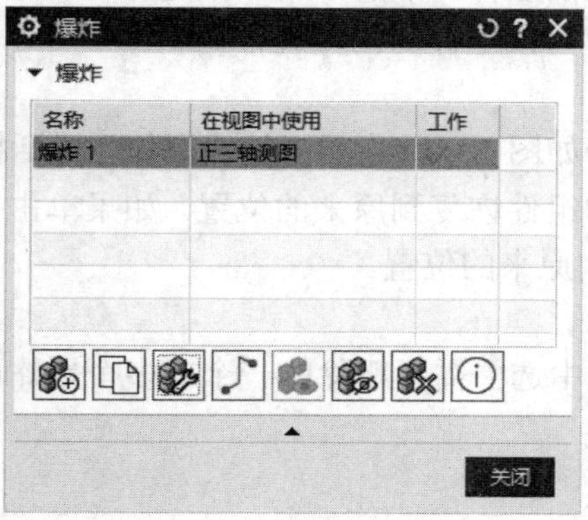

图13-17　“爆炸”对话框

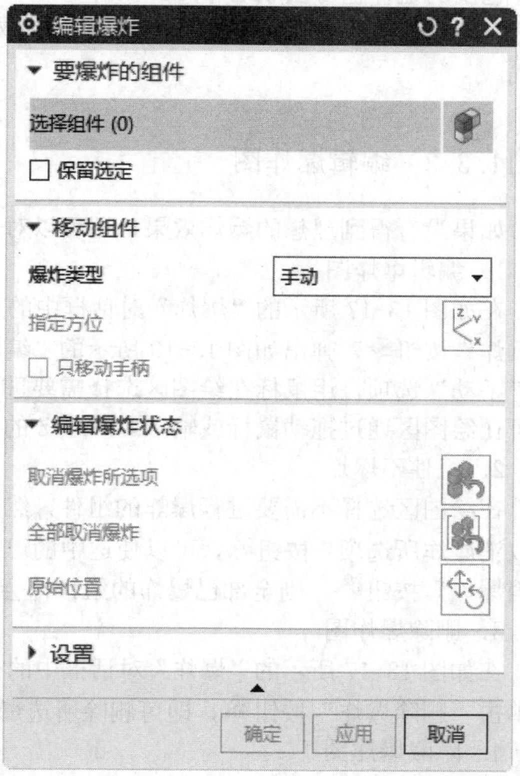

图13-18　“编辑爆炸”对话框

11.3.2　爆炸组件

新创建了一个爆炸图后，可以使用自动爆炸方式完成组件分解，即基于组件配对条件沿表面的正交方向自动爆炸组件。

在“编辑爆炸”对话框的“爆炸类型”下拉列表中选择“自动”选项，然后单击“自动爆炸所有”按钮，系统可对整个装配进行爆炸图的创建。若利用鼠标选择，则可以连续选中任意多个组件，实现对这些组件的爆炸。自动爆炸组件时， UG NX 将根据“使用附加方向”选项以及每个选定组件的几何体和约束来确定爆炸的方向和距离。影响选定组件自动爆炸移动方式的方向类型包括：

（1）装配轴向，即+X、-X、+Y、-Y、+Z 和-Z。

（2）组件装配约束所定义的方向（当它们与装配轴向不匹配时）。

（3）装配空间中组件的坐标方向（当它们与装配轴向不匹配时）。

如果勾选“使用附加方向”复选框，UG NX 将基于所有方向类型的输入，计算每个选定组件的自动爆炸方向。如果取消勾选“使用附加方向”复选框，UG NX 将沿装配轴向自动爆炸选定的组件。

UG NX 会自动计算每个选定组件与其他组件分开以避免碰撞所需的距离，即使完全被其他组件包围的组件也可以成功爆炸。

自动爆炸只能爆炸具有配对条件的组件，对于没有配对条件的组件则需要使用手动编辑的方式。

11.3.3　编辑爆炸图

如果没有得到理想的爆炸效果，还可以对爆炸图进行编辑。

1．编辑爆炸图

在如图 13-17 所示的“爆炸”对话框中的列表框中选中需要编辑的爆炸图，然后单击“编辑爆炸”按钮，弹出如图 13-19 所示的“编辑爆炸”对话框。在“爆炸类型”下拉列表中选择“手动”选项，用鼠标在绘图区选择需要进行调整的组件，然后单击“指定方位”按钮，即可在绘图区通过拖动鼠标或输入 X、Y、Z 的坐标值对该组件的位置进行调整。

2．组件不爆炸

在绘图区选择不需要进行爆炸的组件，然后单击如图 13-19 所示“编辑爆炸”对话框中的“取消爆炸所选项”按钮，可以使选中的已爆炸的组件恢复到原来的位置。如果单击“全部取消爆炸”按钮，则全部已爆炸的组件都会恢复到原来的位置。

3．删除爆炸图

在如图 13-17 所示的“爆炸”对话框中的列表框中选中需要删除的一个或多个爆炸图，然后单击“删除爆炸”按钮，即可删除所选爆炸图。

4．隐藏爆炸图

在如图 13-17 所示的“爆炸”对话框中的列表框中选中需要隐藏的一个或多个爆炸图，然后单击“在可见视图中隐藏爆炸”按钮，则将选中的爆炸图隐藏起来，使绘图区中的组件恢复到爆炸前的状态。

5．显示爆炸图

在如图 13-17 所示的“爆炸”对话框中的列表框中选中一个爆炸图，然后单击“在工作视图中显示爆炸”按钮，则将已建立的爆炸图显示在绘图区。

6.复制到新爆炸

在“爆炸”对话框中选定某个爆炸图，单击“复制到新爆炸”按钮，将弹出如图 13-19 所示的“编辑爆炸”对话框，系统会根据现有爆炸创建新的爆炸。

7.查看信息

在“爆炸”对话框中选定某一个或多个爆炸图，单击“信息”按钮ⓘ，将弹出如图 13-20 所示的“信息”对话框，显示一个或多个选定爆炸的信息。

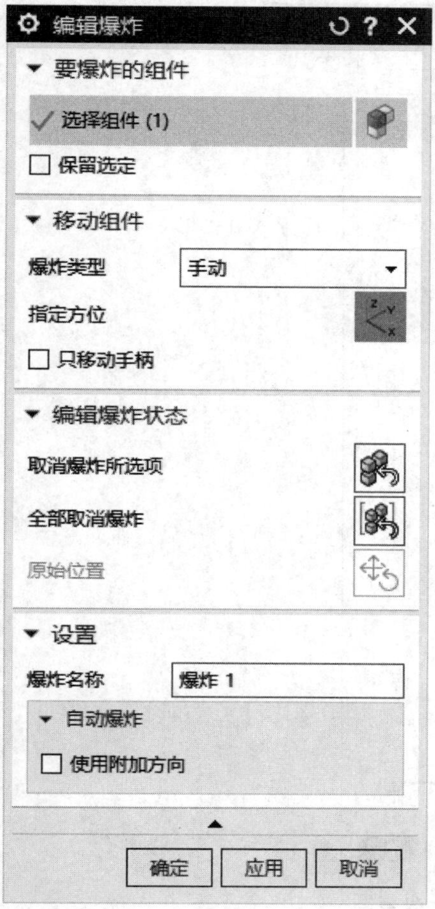

图13-19　“编辑爆炸”对话框

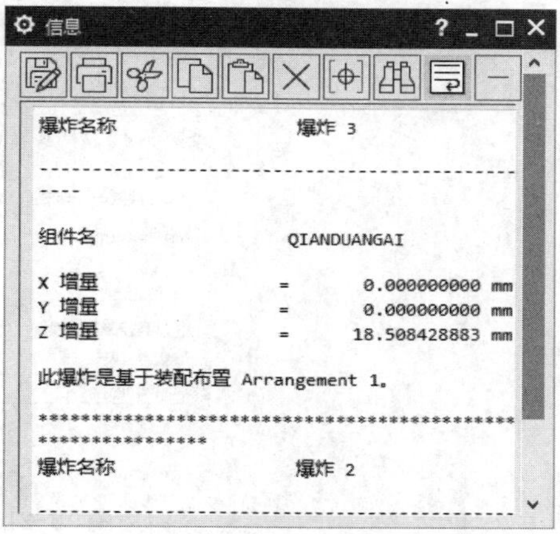

图13-20　“信息”对话框

13.4 组件家族

组件家族可通过一个模板零件快速定义一类似组件（零件或装配）的家族。该功能主要用于建立系列标准件，可以一次生成所有的相似组件。

选择“菜单(M)”→“工具(T)”→“部件族(L)...”，打开如图13-21所示的“部件族”对话框。

（1）可用的列　用于选择可选择的选项来驱动系列件。其下拉列表中包括“属性”“组件”“表达式”“镜像”“密度”“材料”“赋予质量”和“特征”8个选项。

（2）创建电子表格　单击该按钮，系统会自动启动Excel表格，选中的相应条目都会列在其中。

（3）可导入部件族模板　勾选该复选框，可以在将部件组从一个环境中移动到其他环境中时不需要交换电子表格列的内容。

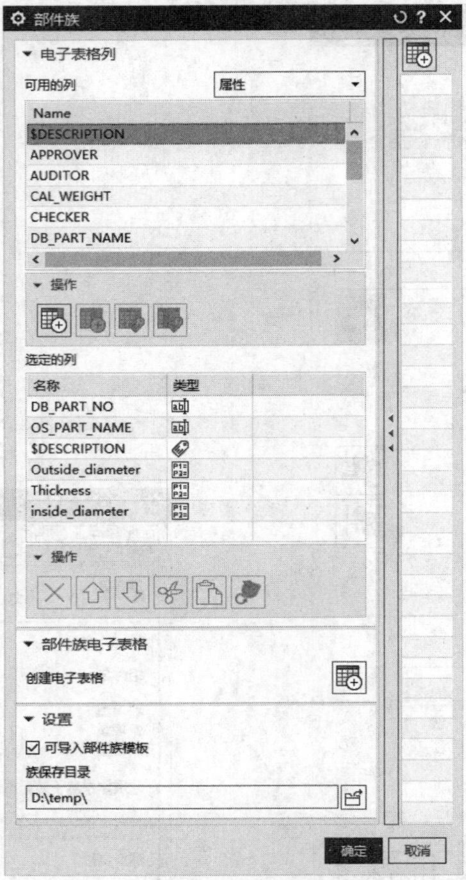

图 13-21 “部件族”对话框

13.5 装配序列化

装配序列化的功能主要有两个：一个是规定一个装配的每个组件的时间与成本特性；另一个是用于演示装配顺序，指挥一线的装配工人进行现场装配。

完成组件装配后，可建立序列化来表达装配各组件间的装配顺序。

选择“菜单(M)”→“装配(A)”→“序列(S)”，系统会自动进入序列化环境，其中“主页”选项卡如图 13-22 所示。

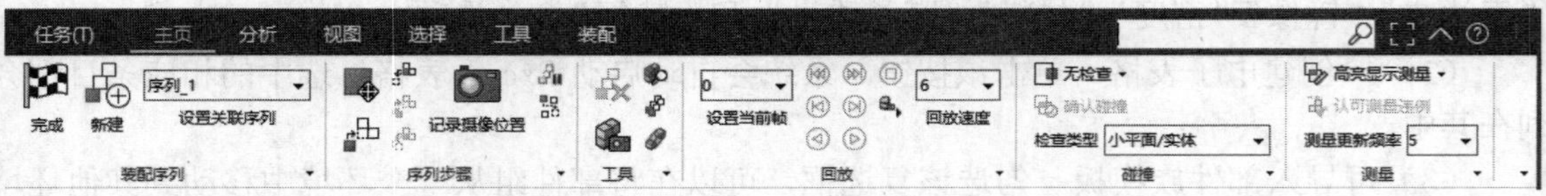

图13-22 “主页”选项卡

（1）完成　退出序列化环境。

（2）新建　用于创建一个序列。系统会自动为这个序列命名为序列_1，以后新建的序列依次命名为序列_2、序列_3 等。用户也可以修改名称。

图13-23　“录制组件运动”工具栏

（3）插入运动　单击该按钮，打开如图 13-23 所示的“录制组件运动”工具栏。该工具栏可用于建立一段装配动画模拟。

1）选择对象：选择需要运动的组件对象。

2）移动对象：用于移动组件。

3）只移动手柄：用于移动坐标系。

4）运动录制首选项：单击该按钮，打开如图 13-24 所示的“首选项”对话框。该对话框用于指定步进的精确程度和运动动画的帧数。

5）拆卸：拆卸所选组件。

6）摄像机：用来捕捉当前的视角，以便于回放的时候在适当的角度观察运动情况。

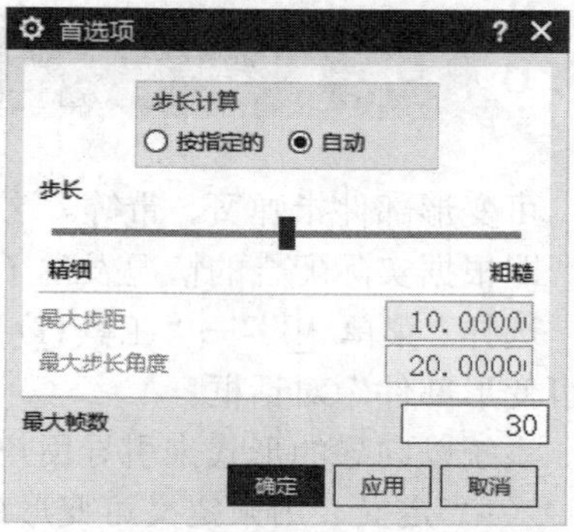

图 13-24　“首选项”对话框

（4）装配　单击该按钮，打开“类选择”对话框，按照装配步骤选择需要添加的组件，这些组件会自动出现在绘图区右侧。用户可以依次选择要装配的组件，生成装配序列。

（5）一起装配　用于在绘图区选择多个组件，一次全部进行装配。“装配”功能只能一次装配一个组件，该功能在“装配”功能选中之后可选。

（6）拆卸　在绘图区选择要拆卸的组件，这些组件会自动恢复到绘图区左侧。该功能主要是模拟与装配相反的拆卸序列。

（7）一起拆卸：一起装配的反过程。

（8）记录摄像位置　用于为每一步序列生成一个独特的视角。当序列演示到该步时，自动转换到定义的视角。

（9）插入暂停　用于插入暂停并分配固定的帧数，使得回放时看上去象暂停一样，直到走完这些帧数。

（10）抽取路径　用于计算所选组件的抽取路径。

（11）删除　用于删除一个序列步。

（12）在序列中查找　单击该按钮，弹出“类选择”对话框，可以选择一个组件，然后查找应用了该组件的序列。

（13）显示所有序列　用于显示所有的序列。

（14）捕捉布置　用于把当前的运动状态捕捉下来，作为一个装配序列。用户可以为这个排列取一个名字，系统会自动记录这个排列。

（15）运动包络　用于在一系列运动步骤中，在一个或多个组件占用的空间中创建小平面化的体。

完成序列定义以后，可以通过如图 13-25 所示的“回放”组中的按钮来播放装配序列。还可以在“回放”组最左边设置当前帧数，在最右边调节播放速度，从 1～10，数字越大，播放的速度越快。

图 13-25 “回放”组

13.6 可变形部件装配

可变形部件指弹簧、带等。这些部件在建模的时候是一个形状，在装配的时候又是一个形状，即根据实际配合的情况发生了变形。可变形部件装配一般也称为柔性装配。

选择“菜单(M)”→“工具(T)”→“定义可变形部件（B）...”，打开如图 13-26 所示的“定义可变形部件”对话框。

系统以向导的形式来引导用户完成可变形部件的设计，一共 5 步，都列在对话框的左边。

（1）定义　用来定义可变形部件的名称和帮助页。

（2）特征　用来定义可变形部件的特征。“定义”完成以后，单击 下一步 > 按钮，打开的对话框如图 13-27 所示。

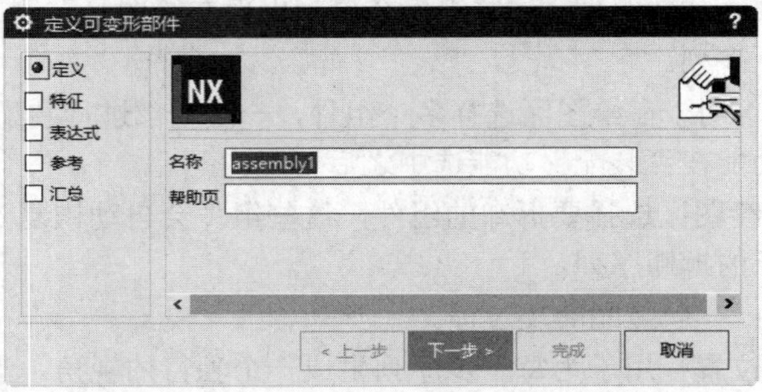

图13-26 “定义可变形部件”对话框（定义）

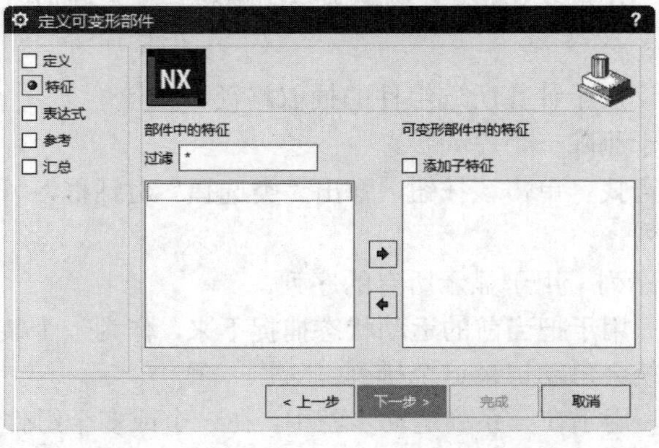

图13-27 “定义可变形部件”对话框（特征）

1）部件中的特征：用于列出当前部件的所有特征。用户可以选择需要发生变形的特征，将其加入到“可变形部件中的特征”列表框中。在列表框中选中某个特征，单击“移除特征”按钮←，或双击所选中的特征，也可放弃该特征的选择。

2）添加子特征：用于控制在选择父特征时是否也连带选择该特征的子特征。

（3）表达式：特征选择完成后，单击下一步>按钮，打开的对话框如图 13-28 所示。在该对话框中可设置表达式。

图13-28　“定义可变形部件”对话框（表达式）

1）可用表达式：用户可以选择刚选中的特征下的所有表达式，也可选择需要加入“可变形的输入表达式”列表框中的表达式。

2）表达式规则：用于设置定义表达式范围的方式。

①无：不定义范围，在需要时直接输入。

②按整数范围：通过定义最大、最小值规定取值范围，但只能是整数位变化。

③按实数范围：通过定义最大、最小值规定取值范围，但可以小数位变化。

④按选项：通过选项选择。用户可以自己指定选择的值，如一个值只能为 5 和 10，用户在“值选项”列表框中第一行输入 5，第二行输入 10 就可以了。

（4）参考　定义好表达式后，单击下一步>按钮，打开的对话框如图 13-29 所示。在该对话框中可定义参考步骤，即用于指定将来生成的变形体的定位参考。

添加几何体：用来选择可变形体的参考。如果没有，该项可以使用默认设置。

（5）汇总　定义好参考以后，单击下一步>按钮，打开的对话框如图 13-30 所示。在该对话框中可检查前几步定义的正确性，如果不对，可单击下一步>按钮，返回相应的步骤进行修改。

全部定义完成以后，单击“完成”按钮。

定义好用户需要的参数之后，就可以将需要的可变形部件加入装配了，以后还可以根据需要随时调整参数。将定义好的可变形部件添加到装配中，在指定部件的位置后，打开如图 13-30

所示的对话框。该对话框根据选择的参数和限制范围的方法不同略有区别。

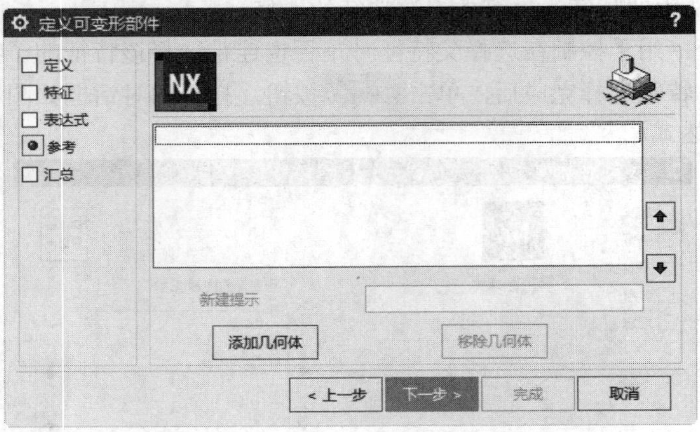

图13-29 “定义可变形部件”对话框（参考）

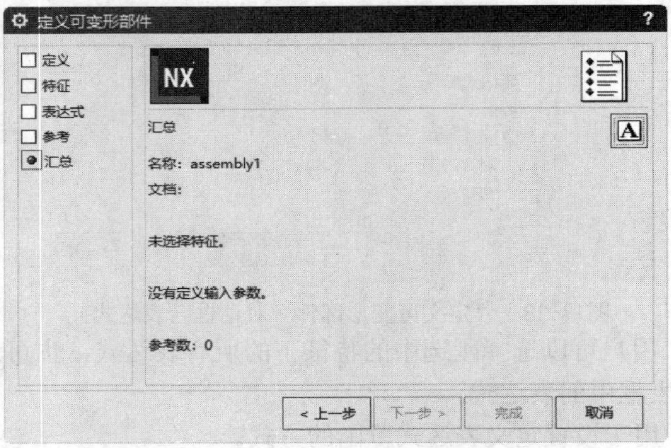

图13-30 “定义可变形部件”对话框（汇总）

13.7 装配排列

装配排列功能可使同一个零件在装配中处于不同的位置。

用户可以定义装配排列来为多个组件指定可选位置，并将这些可选位置与组件存储在一起。该功能不能为单个组件创建排列，只能为装配或子装配创建排列。

选择“菜单(M)”→“装配(A)”→“布置(G)…”，打开如图 13-31 所示的“装配布置”对话框。在该对话框中可实现创建、复制、删除、更名、设置默认排列等功能。

用户打开“装配布置”对话框后，首先复制一个排列，再使用装配中的重定位把需要的组件定位到新的位置上，然后退出对话框，保存文件就可以了。如果需要设置多个排列位置，可以多次重复这个操作。完成设置后，还可以在不同的排列之间进行切换。装配排列示意图如图 13-32 所示。

图13-31　“装配布置”对话框

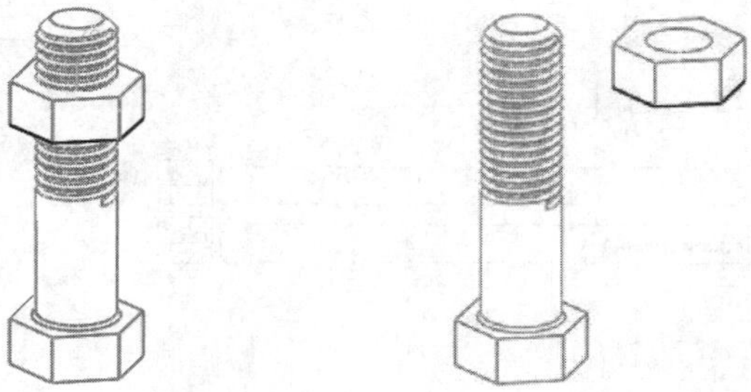

图13-32　装配排列示意图

13.8　综合实例——柱塞泵

13.8.1　柱塞泵装配图

柱塞泵由 7 个零件组成，即泵体、填料压盖、柱塞、阀体、阀盖、上阀瓣和下阀瓣。本节将介绍柱塞泵装配的过程和方法，具体操作步骤为：首先新建一个装配图文件，然后将泵体零件以绝对坐标定位方法添加到装配图中，将余下的 6 个柱塞泵零件以配对定位方法添加到装配图中。

01 新建文件。单击“主页”选项卡中的“新建”按钮，打开“新建”对话框，进入装配环境，如图 13-33 所示。选择“装配”模板，输入文件名“beng”，单击确定按钮，关闭弹出的“装配”对话框。选择“菜单(M)”→“装配(A)”→“组件(C)”→“添加组件(A)...”，或单击“装配”选项卡“基本”组中的“添加组件”按钮，打开“添加组件”对话框，如图 13-34 所示。

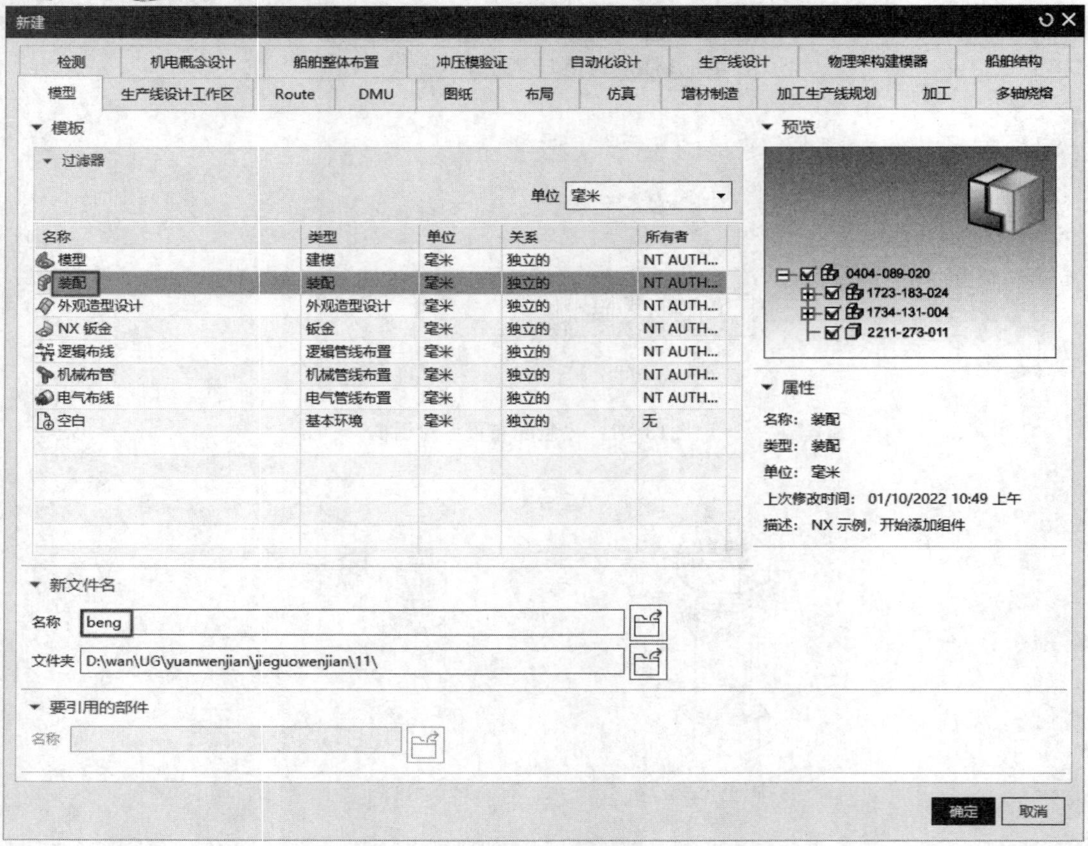

图 13-33 “新建”对话框

02 按绝对坐标定位方法添加泵体零件。

❶单击“打开”按钮，弹出“部件名”对话框，如图 13-35 所示。

❷在“部件名”对话框中选择已存在的零部件文件，单击右上角的“显示/隐藏预览窗格”按钮，可以预览/隐藏已选中的零部件。选择“bengti.prt”文件，在右侧预览窗口中显示出该文件中保存的泵体实体。打开“组件预览”窗口，如图 13-36 所示。

❸在“添加组件”对话框的“引用集”下拉列表中选择“模型（"MODEL"）”选项，在“图层选项”下拉列表中选择“原始的”选项，在“放置”选项组中选择“移动”选项，单击“位置”选项组中“选择对象”右侧的“点对话框”按钮，弹出“点”对话框，输入坐标（0,0,0），单击确定按钮，完成添加泵体零件，结果如图 13-37 所示。

03 按配对定位方法添加填料压盖零件。

❶选择“菜单(M)”→“装配(A)”→“组件(C)”→“添加组件(A)...”，或单击“装配”选项卡“基本”组中的“添加组件”按钮，打开“添加组件”对话框，单击“打开”按钮，打开“部件名”对话框，选择“tianliaoyagai.prt”文件，在右侧预览窗口中显示出填料压盖实体的预览图。单击确定按钮，弹出“组件预览”窗口，如图 13-38 所示。

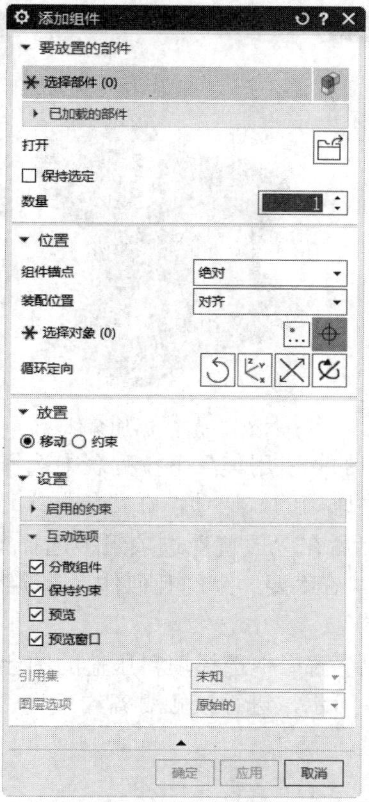

图13-34　“添加组件”对话框

图13-35　“部件名”对话框

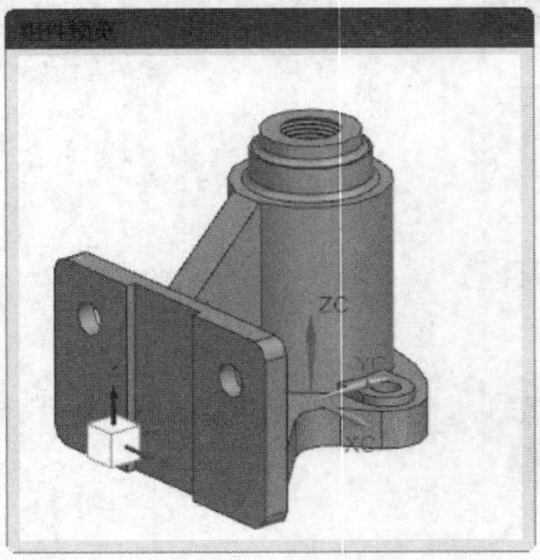

图13-36 “组件预览”窗口

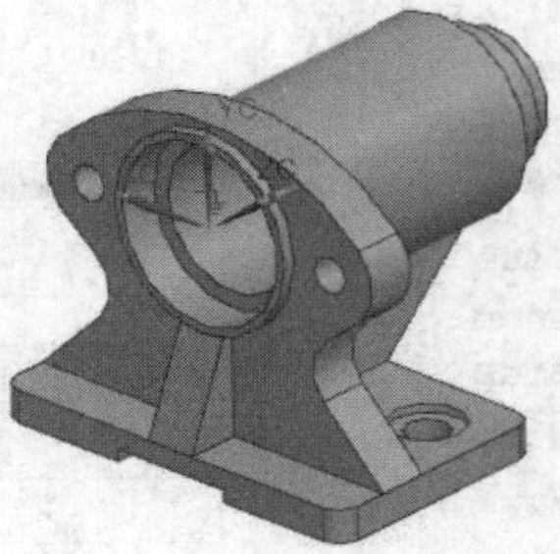

图13-37 添加泵体

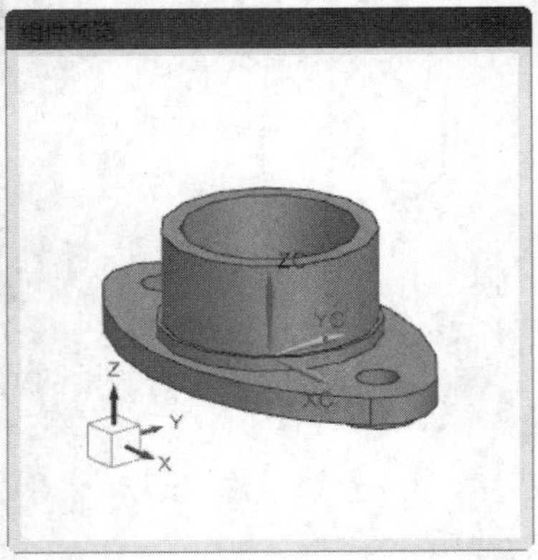

图13-38 “组件预览”窗口

❷在“添加组件”对话框中的“引用集”下拉列表中选择“模型（"MODEL"）”选项，在“图层选项”下拉列表中选择“原始的”选项，在“位置”选项组中单击“选择对象”，在绘图区任意位置放置填料压盖。然后在“放置”选项组中选择◉约束选项，在“约束类型”选项组中选择“接触对齐”类型，在“要约束的几何体”选项组的“方位”下拉列表中选择“接触”，如图 13-39 所示。

❸用鼠标首先在“组件预览”窗口中选择填料压盖的圆台端面，接下来在绘图窗口中选择泵体膛孔中的端面，如图 13-40 所示，进行接触对齐约束。

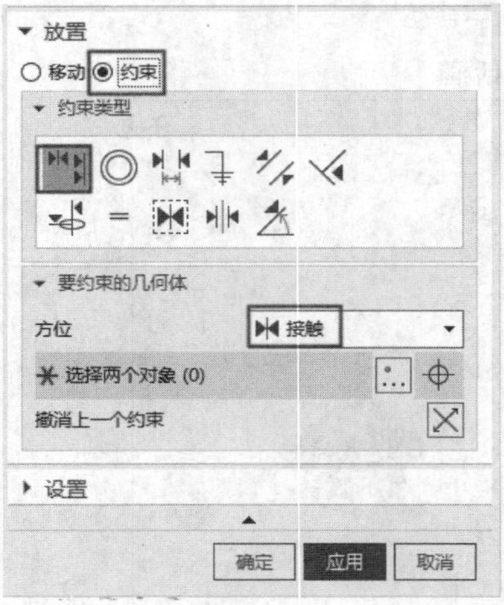

图13-39 “添加组件”对话框

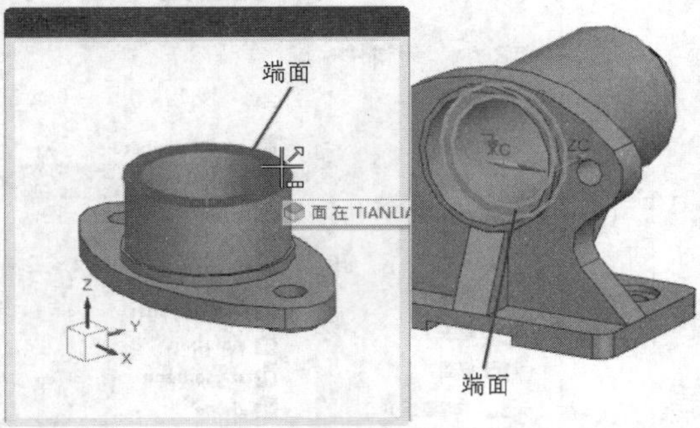

图13-40 选择端面

❹在“约束类型”选项组内选择“接触对齐”类型，在“方位”下拉列表中选择“自动判断中心/轴”，用鼠标首先在“组件预览”窗口中选择填料压盖的圆柱面，接下来在绘图窗口中选择泵体膛体的圆柱面，如图 13-41 所示，进行中心对齐约束。

❺同步骤❹，选择填料压盖的前侧螺栓安装孔的内孔面，接下来选择泵体安装板上的螺栓孔的内孔面，如图 13-42 所示，进行中心对齐约束。

❻对于填料压盖与泵体的装配，由以上三个配对约束可以形成完全约束。添加完某一种约

束后，会在“约束导航器”中显示出该约束的具体信息。在“添加组件”对话框中单击确定按钮，完成填料压盖与泵体的配对装配，结果如图 13-43 所示。

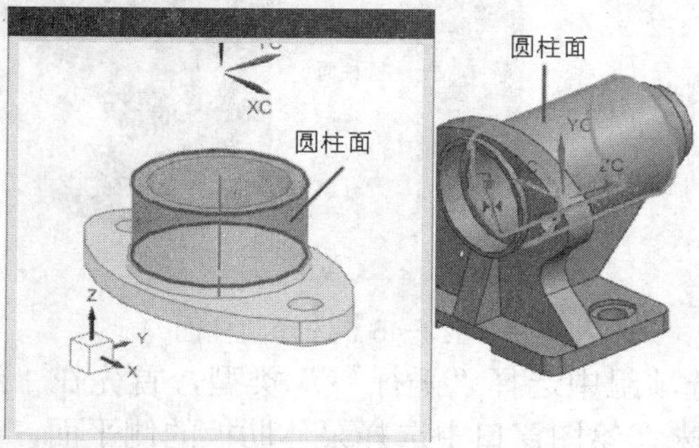

图13-41　选择圆柱面

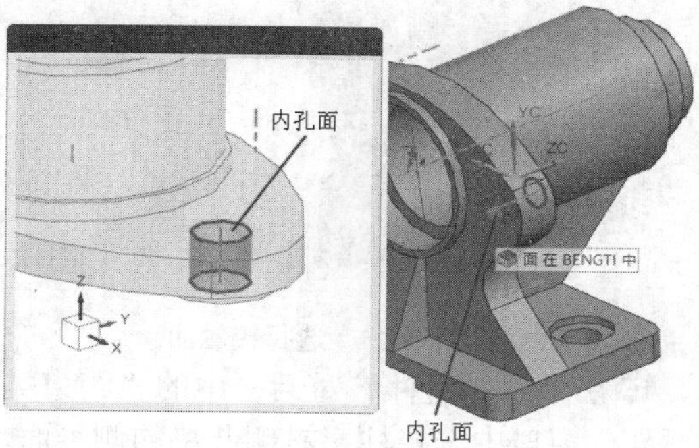

图13-42　选择内孔面

04 按配对定位方法添加柱塞零件。

❶选择“菜单(M)”→“装配(A)”→“组件(C)”→“添加组件(A)...”，或单击“装配”选项卡“基本”组中的“添加组件”按钮，打开“添加组件”对话框，单击按钮，弹出“部件名”对话框，选择“zhusai.prt”文件，在右侧预览窗口中显示出柱塞实体的预览图。单击确定按钮，弹出“组件预览”窗口，如图 13-44 所示。

图13-43　填料压盖与泵体的配对装配

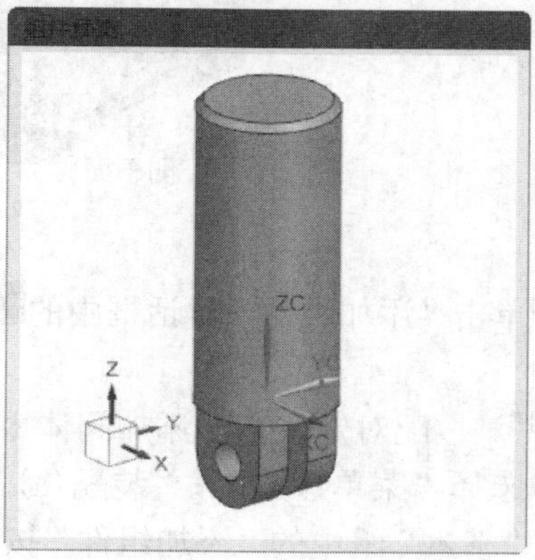

图13-44　“组件预览”窗口

❷在“添加组件”对话框中的“引用集”下拉列表中选择“模型”选项，在“图层选项”下拉列表中选择“原始的”选项，在“位置”选项组中单击“选择对象”，在绘图区任意位置放置柱塞。然后在“放置”选项组中选择约束选项，在“约束类型”选项组中选择“接触对齐”类型，在“要约束的几何体”选项组“方位”下拉列表中选择“接触”。

❸用鼠标首先在“组件预览”窗口中选择柱塞底面端面，接下来在绘图窗口中选择泵体左侧膛孔中的第二个内端面，如图 13-45 所示，进行接触对齐约束。

❹在“添加组件”对话框中的“约束类型”选项组中选择“接触对齐”类型，在“方位”下拉列表中选择“自动判断中心/轴”，用鼠标首先在“组件预览”窗口中选择柱塞的圆柱面，

接下来在绘图窗口中选择泵体膛体的圆柱面，如图 13-46 所示，进行中心对齐约束。

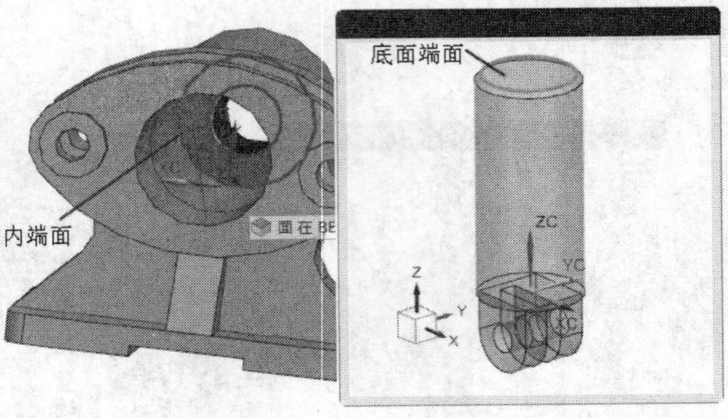

图13-45　选择接触面

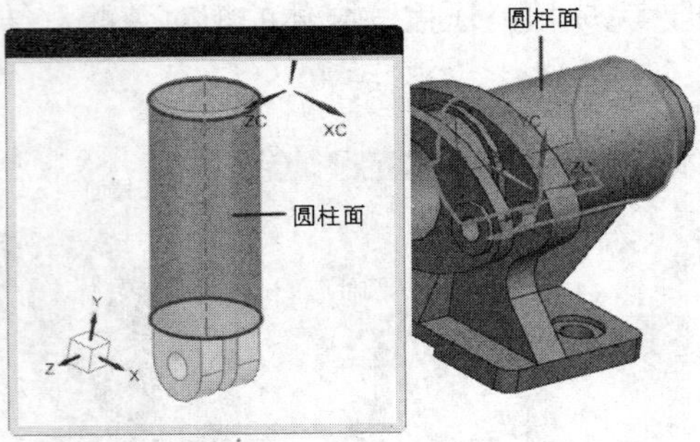

图13-46　选择圆柱面

❺在“添加组件”对话框中的“约束类型”选项组中选择“平行”类型，首先在“组件预览”窗口中选择柱塞右侧凸垫的侧平面，接下来在绘图窗口中选择泵体肋板的侧平面，如图 13-47 所示，进行平行约束。

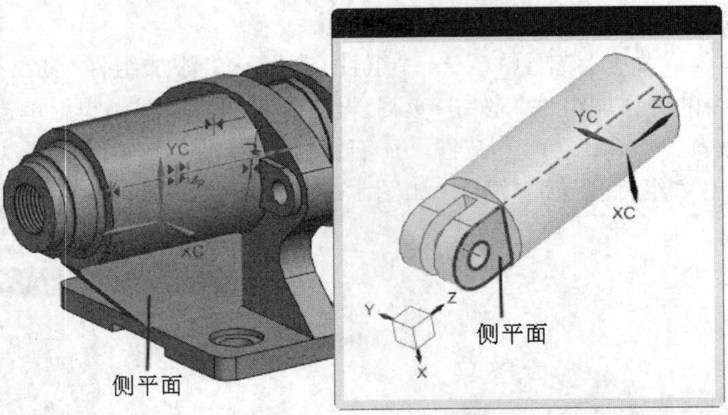

图13-47　选择侧平面

❻单击“添加组件”对话框中的确定按钮，完成柱塞与泵体的配对装配，结果如图 13-48 所示。

05 按配对定位方法添加阀体零件。

❶选择“菜单(M)”→“装配(A)”→“组件(C)”→“添加组件(A)...”，或单击“装配”选项卡“基本”组中的“添加组件”按钮，打开“添加组件”对话框，单击按钮，打开“部件名”对话框，选择“fati.prt”文件，在右侧预览窗口中显示出阀体实体的预览图。单击确定按钮，弹出 “组件预览”窗口，如图 13-49 所示。

❷在“添加组件”对话框中的“引用集”下拉列表中选择“模型”选项，在“图层选项”下拉列表中选择“原始的”选项，在“位置”选项组中单击“选择对象”，在绘图区任意位置放置阀体。然后在“放置”选项组中选择约束选项，在“约束类型”选项组中选择“接触对齐”类型，在“要约束的几何体”选项组“方位”下拉列表中选择“接触”，用鼠标首先在“组件预览”窗口中选择阀体左侧圆台端面，再在绘图窗口中选择泵体膛体的右侧端面，如图 13-50 所示，进行接触对齐约束。

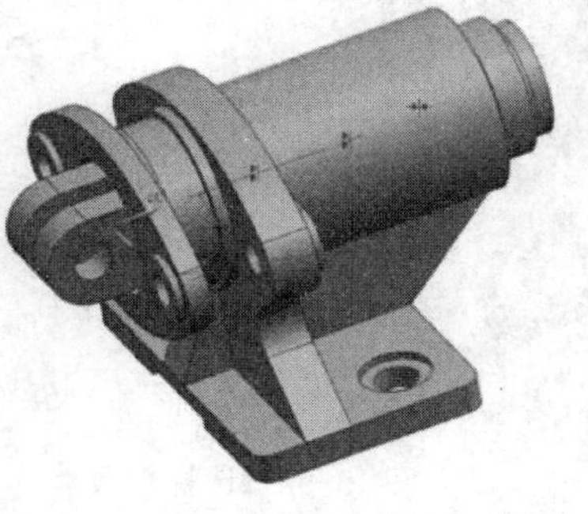

图13-48　柱塞与泵体的配对装配

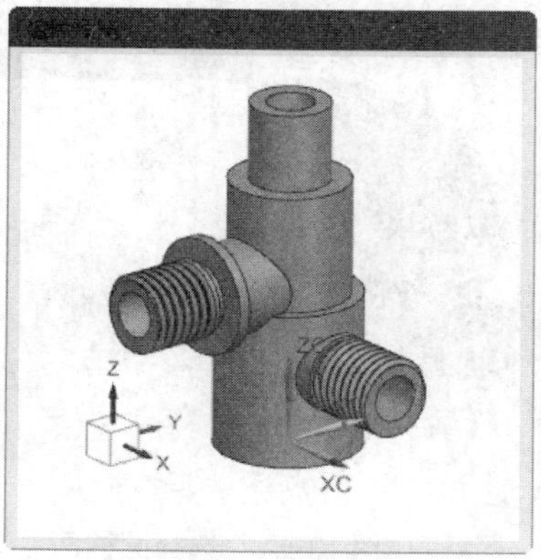

图13-49　“组件预览”窗口

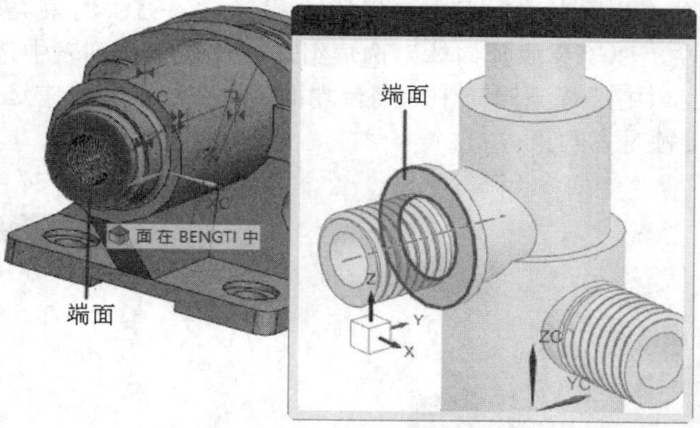

图13-50　选择端面

❸在“添加组件”对话框中的“约束类型”选项组中选择“接触对齐”类型，在“方位”下拉列表中选择“自动判断中心/轴”，用鼠标首先选择“组件预览”窗口中的阀体左侧圆台外圆柱面，接下来在绘图窗口中选择泵体膛体的圆柱面，如图 13-51 所示，进行中心对齐约束。

❹在“添加组件”对话框中的“约束类型”选项组中选择“平行”类型，继续添加约束，用鼠标首先在“组件预览”窗口中选择阀体圆台的端面，再在绘图窗口中选择泵体底板的上平面，如图 13-52 所示，进行平行约束。

❺单击 确定 按钮，完成阀体与泵体的配对装配，结果如图 13-53 所示。

06 按配对定位方法添加下阀瓣零件。

❶选择“菜单(M)”→“装配(A)”→“组件(C)”→“添加组件(A)...”，或单击“装配”选项卡“基本”组中的“添加组件”按钮，打开“添加组件”对话框，单击按钮，弹出“部件名”对话框，选择“xiafaban.prt”文件，在右侧预览窗口中显示出下阀瓣实体的预览图。单击 确定 按钮，弹出 “组件预览”窗口，如图 13-54 所示。

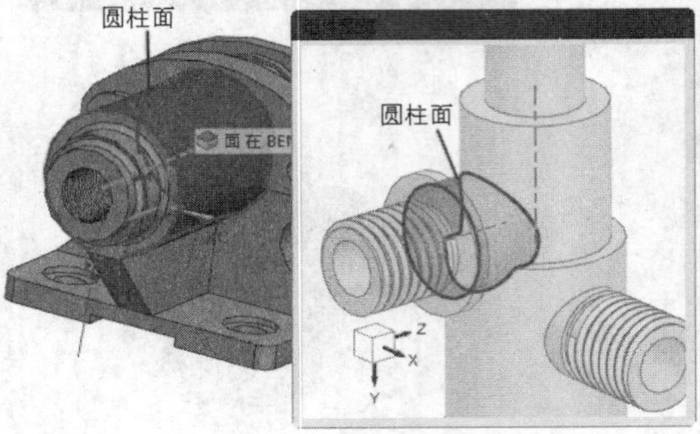

图 13-51　选择圆柱面

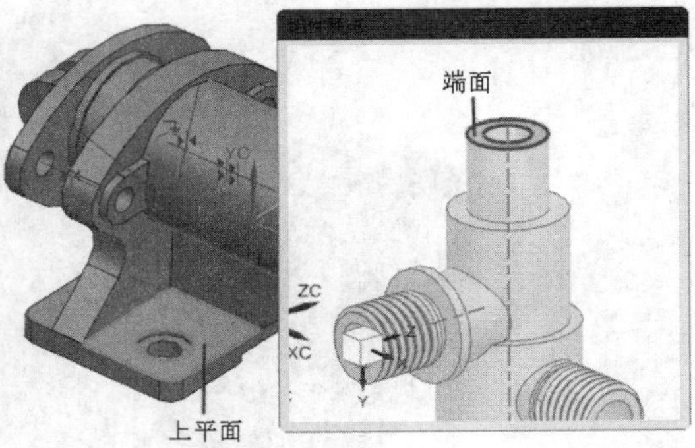

图 13-52　选择平面

❷在“添加组件”对话框中的“引用集”下拉列表中选择“模型”选项，在“图层选择”下拉列表中选择“原始的”选项，在“位置”选项组中单击“选择对象”，在绘图区任意位置放置下阀瓣。然后在“放置”选项组中选择◉ 约束选项，在“约束类型”选项组中选择“接触对齐”类型，在“要约束的几何体”选项组“方位”下拉列表中选择“接触”，用鼠标首先在“组件预览”窗口中选择下阀瓣中间圆台端面，再在绘图窗口中选择阀体内孔端面，如图13-55 所示，进行接触对齐约束。

图13-53　阀体与泵体的配对装配

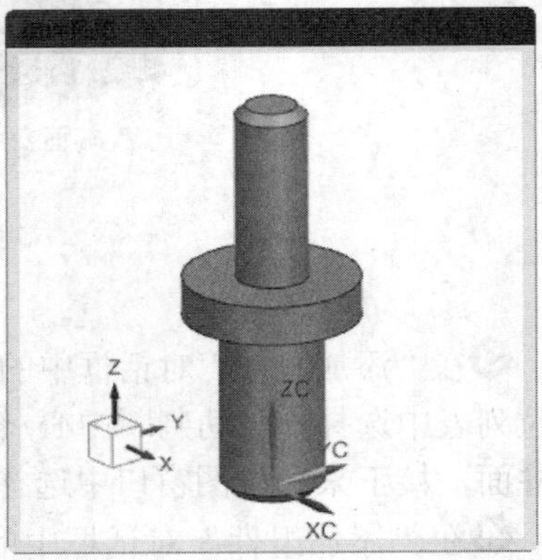

图13-54　“组件预览”窗口

❸在“添加组件”对话框中的“约束类型”选项组中选择“接触对齐”类型，在“方位”下拉列表中选择“自动判断中心/轴”，用鼠标首先在“组件预览”窗口中选择下阀瓣圆台外圆柱面，接下来在绘图窗口中选择阀体的外圆柱面，如图 13-56 所示，进行中心对齐约束。

❹单击“添加组件”对话框中的 确定 按钮，完成下阀瓣与阀体的配对装配，结果如图 13-57 所示。

07 按配对定位方法添加上阀瓣零件。

❶选择“菜单(M)”→“装配(A)”→“组件(C)”→“添加组件(A)...”，或单击“装配”选项卡“基本”组中的“添加组件”按钮，打开“添加组件”对话框，单击按钮，打开“部件名”对话框，选择“shangfaban. prt”文件，在右侧预览窗口中显示出上阀瓣实体的预览图。单击 确定 按钮，弹出“组件预览”窗口，如图 13-58 所示。

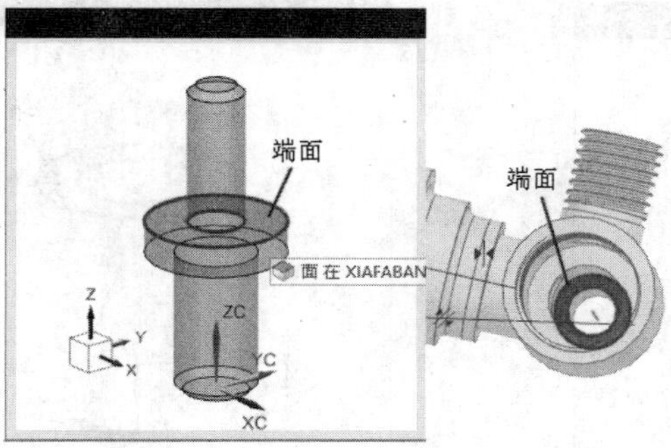

图13-55 选择端面

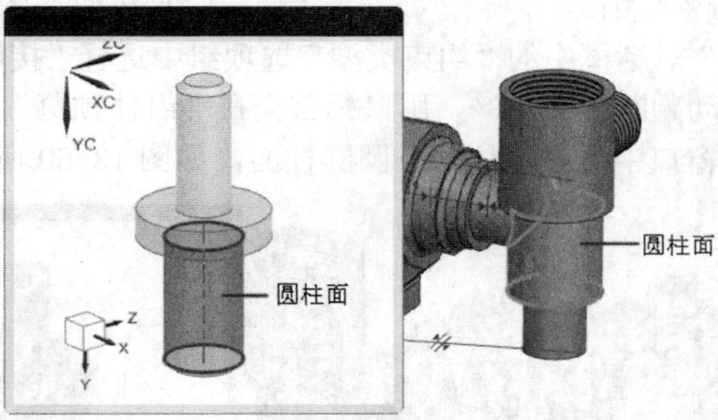

图13-56 中心对齐约束

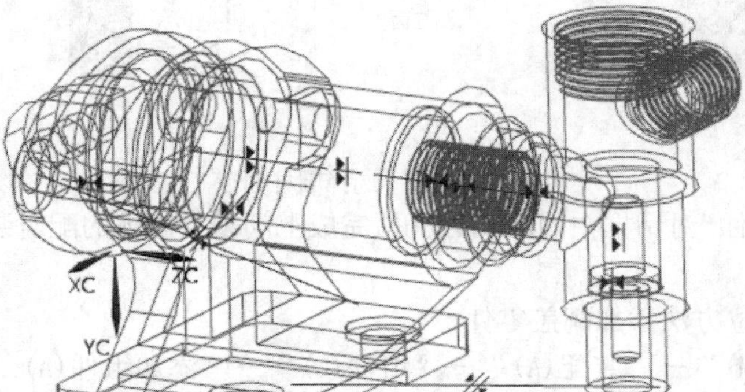

图13-57 下阀瓣与阀体的配对装配

❷在“添加组件”对话框中的“位置”选项组中单击“选择对象”，在绘图区任意位置放置上阀瓣。然后在“放置”选项组中选择◉ 约束选项，在“约束类型”选项组中选择“接触对齐”类型，在“要约束的几何体”选项组“方位”下拉列表中选择“接触”，用鼠标首先在“组件预览”窗口中选择上阀瓣中间圆台端面，再在绘图窗口中选择阀体内孔端面，如图13-59所示，进行接触对齐约束。

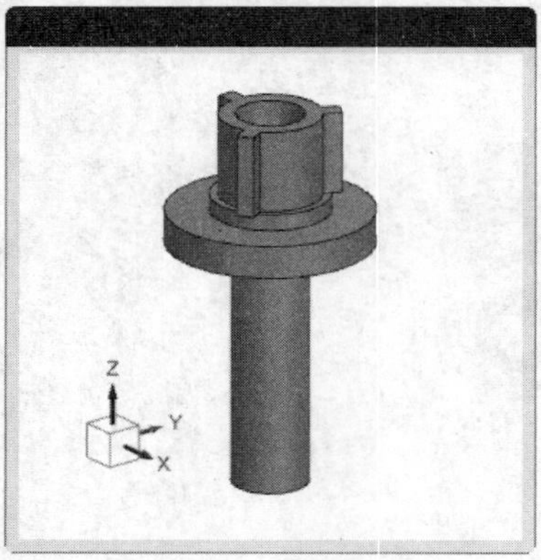

图13-58 “组件预览”窗口

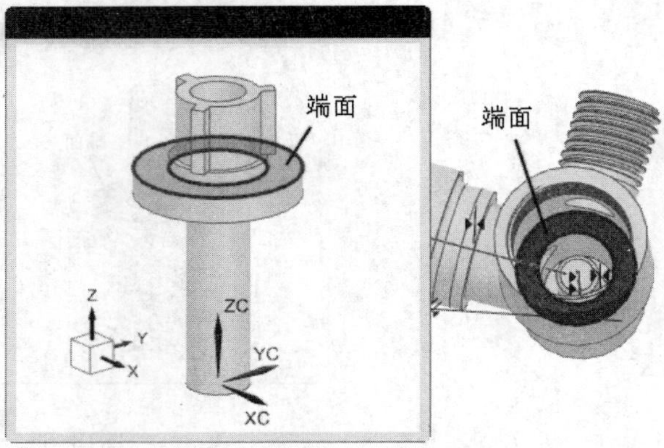

图13-59 选择端面配对约束

❸在“添加组件”对话框中的“约束类型”选项组中选择“接触对齐”类型，在“方位”下拉列表中选择“自动判断中心/轴”，用鼠标首先在“组件预览”窗口中选择上阀瓣圆台外圆柱面，接下来在绘图窗口中选择阀体的外圆圆柱面，如图 13-60 所示，进行中心对齐约束。

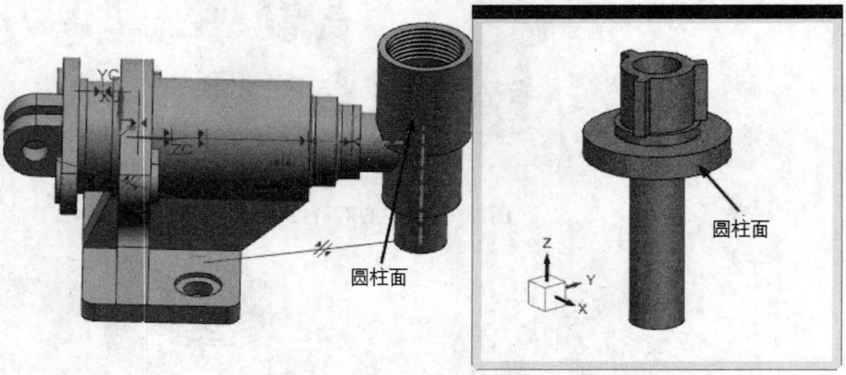

图13-60 选择圆柱面

❹单击“添加组件”对话框中的 确定 按钮，完成上阀瓣与阀体的配对装配，结果如图 13-61 所示。

08 按配对定位方法添加阀盖零件。

❶选择“菜单(M)”→“装配(A)”→“组件(C)”→“添加组件(A)...”，或单击“装配”选项卡“基本”组中的“添加组件”按钮，打开“添加组件”对话框，单击按钮，打开“部件名”对话框，选择“fagai.prt”文件，在右侧预览窗口中显示出阀盖实体的预览图。单击 确定 按钮，打开“组件预览”窗口，如图 13-62 所示。

❷在“添加组件”对话框中的“位置”选项组中单击“选择对象”，在绘图区任意位置放置上阀盖。然后在“放置”选项组中选择◉约束选项，在“约束类型”选项组中选择“接触对齐”类型，在“要约束的几何体”选项组“方位”下拉列表中选择“接触”，用鼠标首先在“组件预览”窗口中选择阀盖中间圆台端面，再在绘图窗口中选择阀体上端面，如图 13-63 所示，进行接触对齐约束。

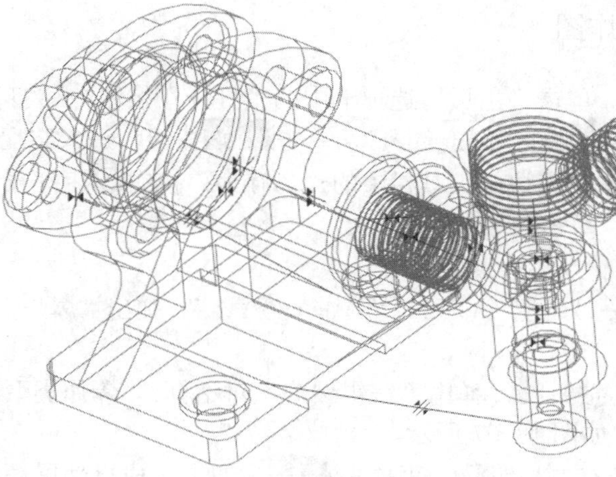

图13-61　上阀瓣与阀体的配对装配

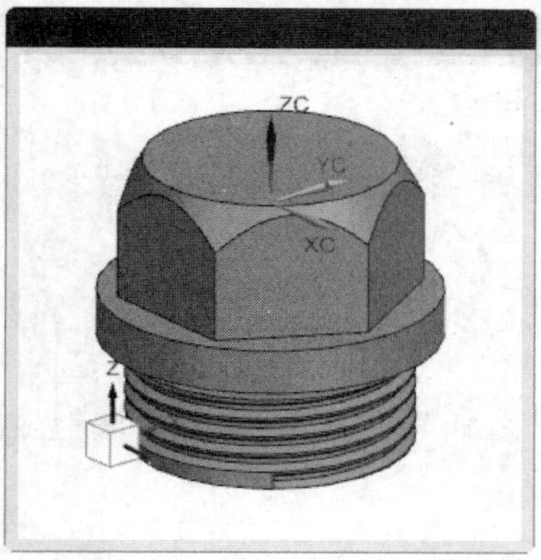

图13-62　“组件预览”窗口

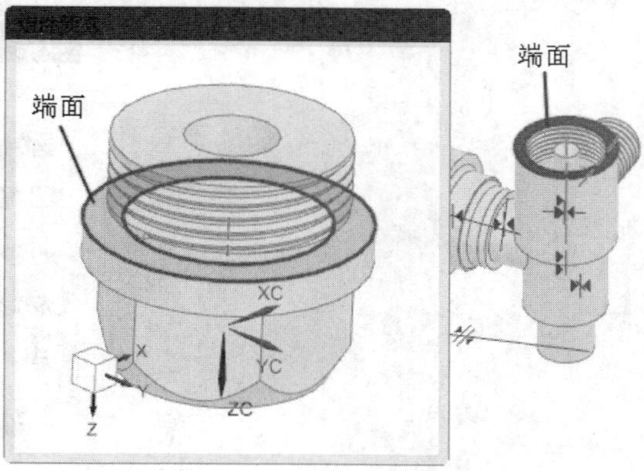

图13-63　选择端面

❸在“添加组件”对话框的“约束类型”选项组中选择“接触对齐”类型，在“方位”下拉列表中选择“自动判断中心/轴”，用鼠标首先在“组件预览”窗口中选择阀盖圆台外圆柱面，接下来在绘图窗口中选择阀体的外圆柱面，如图13-64所示，进行中心对齐约束。

❹单击“添加组件”对话框 确定 按钮，完成阀盖与阀体的配对装配，结果如图13-65所示。

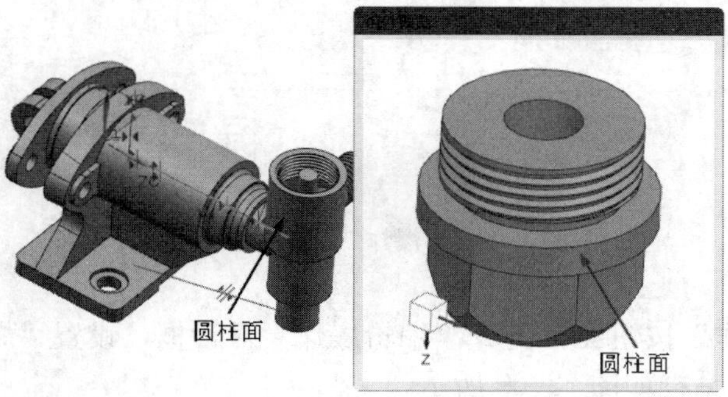

图13-64　选择圆柱面

图13-65　阀盖与阀体的配对装配

13.8.2　柱塞泵爆炸图

01 打开装配文件。单击“主页”选项卡中的“打开”按钮，打开“弹出部件文件”对话框，打开柱塞泵的装配文件“beng.prt”，单击确定按钮，进入装配环境。

02 另存文件。单击快速访问工具栏中的“另存为”按钮，打开“另存为”对话框，输入“bengbaozha.prt”，单击确定按钮。

03 建立爆炸图。

❶选择“菜单(M)”→“装配（A）”→“爆炸（X） ...”，弹出“爆炸”对话框，如图 13-66 所示。

❷单击“新建爆炸”按钮，弹出“编辑爆炸”对话框，“爆炸类型”选择“自动”，“爆炸名称”采用默认选项，如图 13-67 所示。

❸单击“自动爆炸所有”按钮，再单击确定按钮，生成自动爆炸图，结果如图 13-68 所示。然后返回“爆炸”对话框。

图13-66　“爆炸”对话框

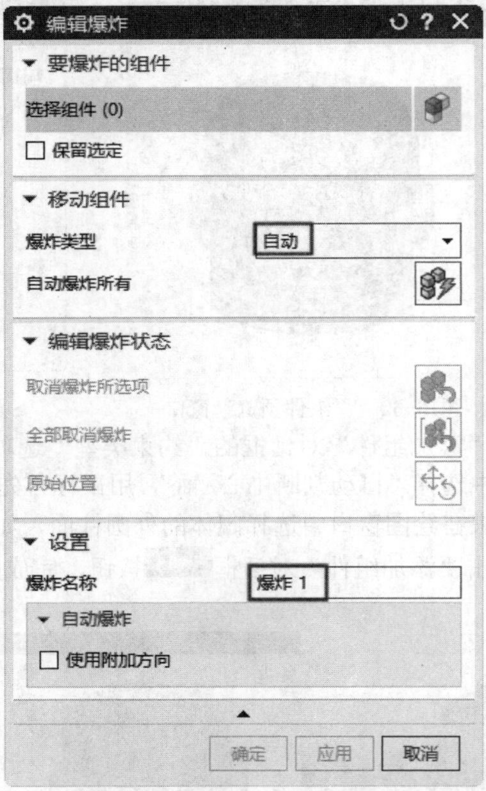

图13-67　“编辑爆炸”对话框

04 编辑爆炸视图。

❶单击“爆炸”对话框中的“编辑爆炸”按钮，打开“编辑爆炸”对话框，设置“爆炸类型”为“手动”，选择“阀盖”，此时对话框如图 13-69 所示。

❷单击“指定方位”右侧的按钮，绘图区显示动态坐标系，如图 13-70 所示。

❸设置 X、Y、Z 值分别为 0、100、130，单击应用按钮，完成阀盖移动，结果如图 13-71 所示。

05 编辑组件。在绘图区选中阀体，单击“编辑爆炸”对话框中“指定方位”右侧的按钮，绘图区显示动态坐标系，拖动动态坐标系的原点，将其移动到适当位置，单击确定按钮，关闭“爆炸”对话框，结果如图 13-72 所示。

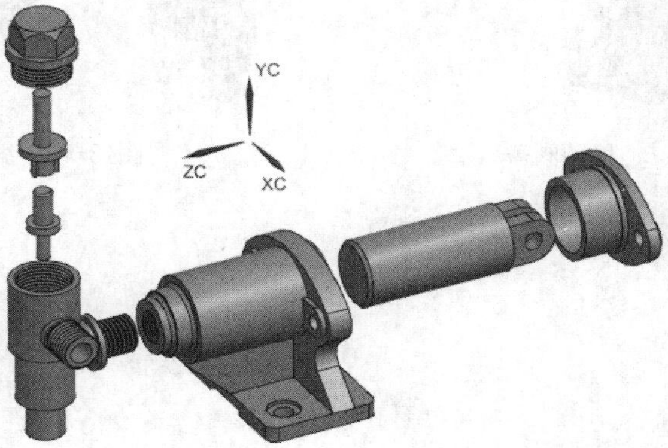

图13-68　生成自动爆炸图

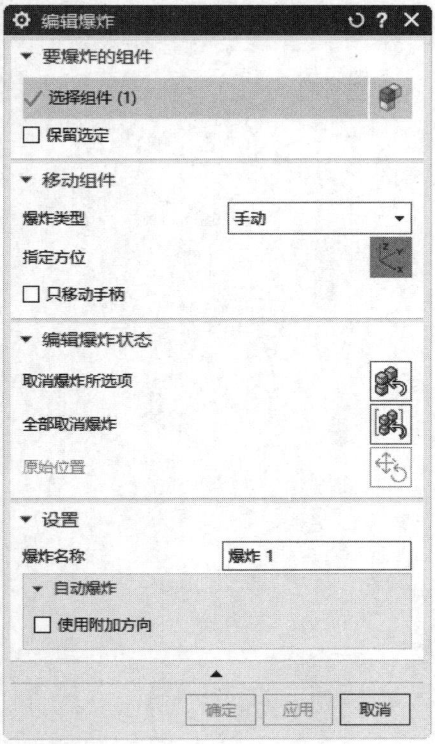

图13-69　“编辑爆炸”对话框

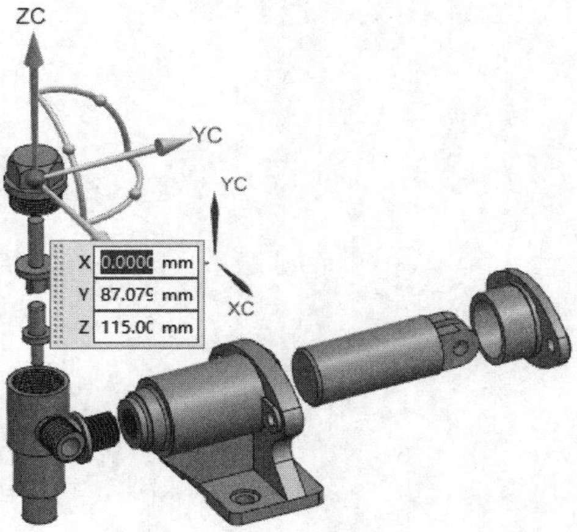

图13-70　显示动态坐标系

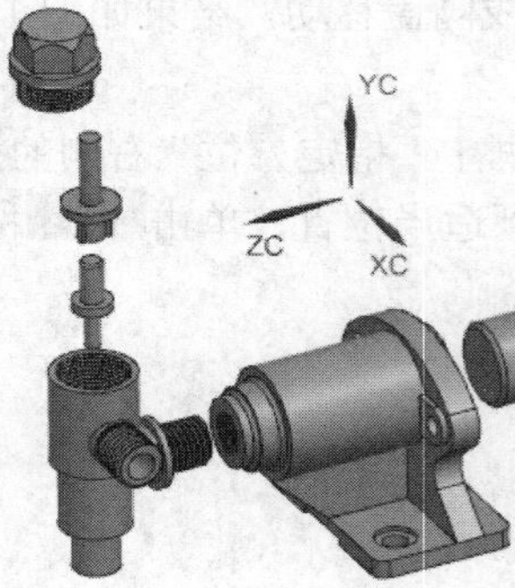

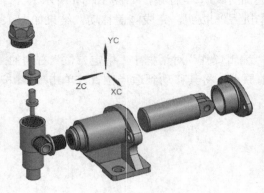

图13-71　移动阀盖

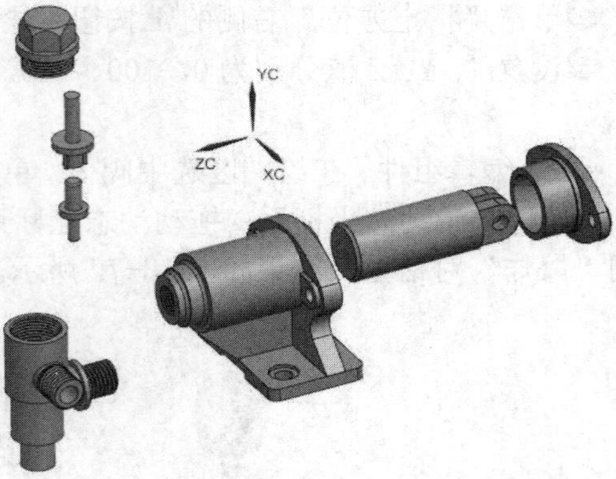

图13-72　编辑组件